엑손 밸디즈 호
기름 유출 사건의
진실과 거짓

리키 오트 지음 / 강윤재·조아라 옮김

바다가 죽은 날

소나무

바다가 죽은 날

초판 발행일 2011년 11월 10일

지은이   리키 오트
옮긴이   강윤재·조아라
펴낸이   유재현
출판감독   장만
편집   온현정·강주한
마케팅   박수희
디자인   박정미
인쇄·제본   영신사
종이   한서지업사

펴낸곳 소나무
등록 1987년 12월 12일 제2-403호
주소 121-830 서울시 마포구 상암동 11-9, 201호
전화 02-375-5784   팩스 02-375-5789
전자우편 sonamoopub@empas.com
전자집 www.sonamoobook.co.kr

ISBN 978-89-7139-571-4 93530
책값   25,000원

표지·게티 이미지/멀티비츠

바다가 죽은 날

▪리키 오트 Riki Ott

기름 오염을 전문으로 하는 해양독성학자이자 사회활동가이다. 엄청난 파괴력의 엑손 밸디즈 호 기름 유출 사건을 직접 경험했다. 석유, 광산업, 벌목산업이 환경과 해양 및 수중 생태계에 미치는 영향에 대한 연구에 열정을 쏟고 있으며, 알래스카 기름오염지역재단, 알래스카 환경책임포럼 등 환경단체와 몇몇 주정부의 자문위원으로 활동하고 있다. 현재 알래스카 주 코도바에서 살고 있다.

메인 주 콜비대학교 졸업, 사우스캐롤라이나대학교 석사(「기름이 동물성 플랑크톤에 미치는 영향에 대한 연구」), 워싱턴대학교 박사(「중금속이 저생 무척추동물에 미치는 영향에 관한 연구」)

저서: *Alaska's Copper River Delta*(University of Washington Press, 1998).

    Sound Truth and Corporate Myth\$: The Legacy of the Exxon Valdez Oil Spill(Dragonfly Sisters Press, 2005). [벤자민 프랭클린 과학·환경 분야 도서상, USA Book News 과학 분야 최고의 책]

    Not One Drop(Chelsea Green, 2008).

일러두기

1. 본문의 각주 중에서 원저자의 주는 숫자 1), 2), 3) 등으로, 옮긴이 주는 *. **. *** 등으로 표시했다.

2. 꼭 필요한 용어와 인명 외에는 영어를 병기하지 않았다. 그러나 <찾아보기>에는 표기했다. 본문에 나오는 주요 인물에 대한 정보는 <부록 4>에 요약·정리했다.

타키투스 시대 이후 역사가들은 당면한 문제를 해결할 수 있는 지혜를 찾고자 과거를 기록하고 해석해왔다. 이 책은 역사에 대한 탐사서로서, 엑손 밸디즈 호의 재잉을 둘리싸고 벌어졌던 일련의 사건을 다루고 있다. 이 책에는 방대한 주석이 달려 있는데 법정 기록물, 공식 보고서, 개인적 회고 등을 참고해 1989년 3월 24일부터 현재*까지의 사건을 재구성한 후 해석하고 있다.

모든 역사가들처럼 나도 분석·연역·추론 등의 방법으로 일련의 사건을 해석한다. 엑손 사의 직원을 비롯한 여러 행위자의 동기와 행동은 '나'라는 역사가의 프리즘을 통해 쉽게 왜곡될 수 있는 까닭에 해석에 대한 절대적 확실함을 주장할 수 있는 근거는 없다. 그러나 나는 이 책이 엑손 밸디즈 호 사태의 실체와 발생 이유를 정확하게 묘사한 역사적 기록물이라고 믿는다. 그러나 재앙의 해석과 결과, 교훈을 평가하는 일은 독자의 몫이다.

---

* 여기서 현재는 2004년 말까지를 말한다. 이 책은 2005년 1월 미국에서 출간되었다.

역사적으로 사회의 잘못을 지적하는 개인을 가장 효율적으로 다루는 방식은 헛소리하는 미치광이라고 딱지 붙이고 가능하면 십자가에 못 박아 버리는 것이다. 사람들은 '틀리지 않는 것'에 신경 쓰면서 반대되는 정보가 명확한 경우조차 자신의 신념을 강화하는 데만 힘을 쏟는다. 그런 신념이 도전에 직면할 때, 특히 신념이 틀렸다는 명확한 증거가 제시될 때 오히려 저항의 강도는 더욱 커진다. 역사적 사례는 풍부하지만, 의학계에서 가장 대표적인 사건은 제멜바이스(Ingaz Semmelweiss)의 경우일 것이다.

제멜바이스는 시체 해부를 막 끝낸 의대생이 수술에 참여했을 때 임산부가 종종 산욕열로 목숨을 잃는다는 사실에 주목했다. 그는 감염성 미생물이 수술 과정에서 산모에게 전염됐다고 판단하곤 수술 과정마다 멸균작업을 실시했다. 그러자 분만 후 임산부의 사망률이 현저하게 떨어졌다. 이 정보를 동료 ― 생명을 살리는 일을 한다는 점에서 분명히 동료인 다른 의사들 ― 에게 알렸을 때, 역설적으로 그는 도편추방 당할 처지에 놓여 있음을 절감했다. 고상한 직업과 상관없이 그들은 자신이 틀렸다는 말을 들으려고 하지 않았다.

제멜바이스의 확신을 공유한 사람들이 계속해서 지구에 살고 있다는 것은 참으로 다행스런 일이다. 특히 환경의학 분야에 그런 사람이 여럿 있다는 점에 진심으로 감사한 마음을 갖는다. 바로 리키 오토가 그런 사람이다. 그녀와 이 책에 등장하는 많은 사람들이 '별나다'고 할 수는 없다. 그러나 그녀가 선명하게 그리고 있는 그림을 보지 않은 채 그들 모두를 괴짜라고 치부하려는 사람도 있다. 리키는 진실을 말하고 있다. 모든 미국인과 확실히 책임을 져야 할 위치에 있는 사람이 반드시 들어야만 하는 그런 진실을. 말에게 물을 먹이려면 먼저 말을 물가로 끌고 가야만 한다!

슬픈 진실은 농업 및 화학물질 제조업자를 포함한 석유 관련 주요 산업이 인류를 대상으로 거대한 과학 실험을 실시해왔다는 사실이다. 그리하여 현재 우리 몸속에는 석유 기반 화학물질이 넓게 퍼져 있다(Ashford and Miller, 1998; National Academy of Sciences, 1991). 이 책을 읽는 동안에도 우리 몸속에서는 최소한 70종의 비분해 독성물질이 돌아다니고 있다. 그 수가 경고에 그칠 정도로 보이지만, 조사 대상이 210종의 회합물질에 불과했다는 사실을 염두에 둬야 한다. 평균적으로 210종에서 91종의 독성물질이 나왔다는 사실은 조사 대상을 늘리면 더욱더 많은 독성물질이 발견될 수 있음을 암시한다. 조사 대상인 독성물질의 43퍼센트가 그 물질과는 별다른 관련이 없는 일을 하는 사람에게서 발견됐다.

왜 그들은 독성물질에 중독되었을까? 간단히 말해, 그들은 매일 일정량의 독성물질을 먹고 마시고 호흡하는 나쁜 습관을 지니고 있기 때문이다. 현재 미국에서 사용허가를 받은 화학물질은 8만 종을 넘어섰고, 그중에서 약 3,800종은 '사용빈도가 높은' 화합물질로 등록되어 있다. 가능한 모든 화학적 노출을 고려한다면 우리 각자는 쓰고 있는 화학물질 중 43퍼센트를 발견할 수 없을지 모른다.* 그것은 너무 끔찍해서 생각하기조차 싫다.

화학물질의 제조에 앞장서는 사람들은 화학물질 및 중금속 잔류물이

---

* 약 3,800종에 달하는 화학물질은 잦은 사용으로 주변에 만연해 있는 까닭에 굳이 화학적 노출이라고 할 수 없을 지경이다. 냄새나는 방에 익숙해지면 냄새에 대한 노출은 큰 의미가 없게 되는 것과 같은 이치이다.

현재 인간과 야생동물 전체에 퍼져 있다는 점을 마지못해 인정할 것이다. 그러나 그들은 독성물질이 실제로 인간의 건강에 해를 입힌다는 어떤 증거도 발견되지 않았다고 강변한다. 이 점과 관련해 그들은 매우 얇은 얼음 위에서 스케이트를 타고 있는 셈이다. 인체에서 발견되는 것과 같은 비분해성 화학물질이 신경계(뇌 기능)와 면역계(감염 대응), 호르몬계 등에 해롭다는 사실을 보여주는 증거는 많다. 이런 화합물질과 사망의 관련성은 실외 대기오염의 경우에 분명하게 드러난다. 천식과 알레르기의 증가율과 화합물질의 관련성 또한 분명하다. 암(주로 악성림프종과 백혈병)과 화합물질의 관련성도 최근에 분명해졌고 자기면역 장애와의 관련성도 점점 커지고 있다. 디젤 배기가스에 대한 노출은 천식과 암에 걸릴 확률을 높인다. 최근의 연구에 따르면, 임산부의 폴리염화바이페닐(polychlorinated biphenyl: PCB) 수위가 출산 아동의 아이큐를 저하시킨다. 심지어 다이옥신에 대한 노출은 남자아이의 출산을 가로막는 요인으로 작용한다. 불행하게도 양식 연어와 비유기농 버터를 소비하는 것은 동일한 성질을 지닌 PCB와 다이옥신 화합물질에 노출될 가능성이 커졌음을 뜻한다. 이 같은 목록은 계속될 수 있다.

명백한 질병 상태에 더해 각종 전문적 진단으로도 잡아낼 수 없는 많은 환경독성 관련 건강 상태가 존재한다. 내 진료 대상자 명단에는 최고의 대증요법 의사를 찾아갔던 경험을 가진 환자들로 가득 차 있다. 그곳에서 그들은 이런 말을 들었다. "전적으로 정신적인 것이다." 그들은 일상적으로 접하는 극미량의 화학물질을 들이마실 때 신체적·정신적·정서적으로 부작용 증세를 보인다. 앞으로 여러분은 이런 문제를 각색한 이야기들을 접하게 될 것이다. 내 환자들처럼 그들은 보건의료 공급자, 고용주, 친구, 가족으로부터 버림을 받았고 괴짜라는 낙인을 붙이고 산다. 이런 조건에서 대증요법 의료계가 택하고 있는 치료법은 항울제이다. 그런 조건에 처한다는 것은 확실히 우울한 일이지만 프로작*(Prozac)이 없기 때문에 그들이 각자의 지옥 속에서 살고 있는 것은 아니다! 그들의 복합적 증세는 몸속에 독성이 퍼져 있기 때문에 발생하는 것이다.

평균적으로 우리의 몸속에 포함된 비분해성 공해물질의 양은 이미 기준치를 초과한 상태이지만, 일부 사람은 그 정도가 더욱 심하다. 이 책에 등장하는 사람들은 아마도 엑손 밸디즈 호 청소작업에 참여하기 전에는 우리와 같은 양의 화합물질을 보유하고 있었을 것이다. 기름 유출 현장에서 일하면서 그들의 몸속에는 날마다 일정한 양의 화학물질이 차곡차곡 쌓여 나갔다. 이렇게 화학물질의 부하가 커지면서 다중 시스템의 붕괴가 일어났고 만성 질병으로 이어졌다. 전통의학에서는 시간이 지나면 우리 몸이 독성물질을 자체적으로 정화할 것이라고 말한다. 만약 그런 지혜가 옳다면 이런 사람들은 화학적 노출로부터 병을 얻지 않았을 것이다. 전통의학의 지혜에 충실한 유일한 대안적 설명은 질병의 원인을 심리적 균형의 붕괴에서 찾는 것이다.

문제는 몸속에 있는 화합물질은 물론 몸속에 들어오는 화합물질도 쉽게 제거할 수 없다는 점이다. 우리 몸은 수용성 화합물질은 쉽게 제거하는 반면 지용성 물질은 빠르게 흡수하도록 설계되어 있다. 즉, 우리 몸에는 지방이나 지용성 화합물질을 쉽게 제거할 수 있는 메커니즘이 없는데, 그런 화합물질이 매우 유용할 것으로 기대되기 때문이다. 지용성 화합물질은 에너지원과 조직 보존, 호르몬 등을 위해 사용되며 유익한 기능이 많다. 우리 몸에서 지방이나 기름의 흡수를 중단한다면 건강은 크게 위협받을 것이다. 또한 지용성 화합물질이 영양제가 아닌 독성물질일 때 자기 보호를 위해 설계된 메커니즘은 자기 파괴 메커니즘으로 돌변한다.

오트 박사는 엑손 밸디즈 호 재앙을 매우 사실적으로 또한 분명하고 흥미진진하고 전복적인 사고방식으로 다루고 있으며, 그 결과 기존의 연구

---

* 우울증 치료제의 하나.

와는 차별되는 뛰어난 작업을 수행했다. 이 책을 읽고 결코 옛날로 되돌아갈 수 없는 분들을 위해 눈물을 흘리자. 그리고 우리 자신이 독성물질에 피해를 입지 않았음에 감사하자.

여러분이 이 책에서 접한 이야기와 비슷한 경험을 겪게 되는 것은 단지 시간과 노출의 문제일 뿐이다. 그러니 지금 당장 일상적인 노출을 줄일 수 있는 생활양식으로 바꾸고, 전 지구적으로 사용되는 화학물질의 양을 줄이기 위해 곧바로 할 수 있는 일을 시작하기 바란다.

애리조나 주 템피 시 사우스웨스트 자연요법의과대학

고등환경의학센터 소장

월터 크린니온(Walter J. Crinnion)

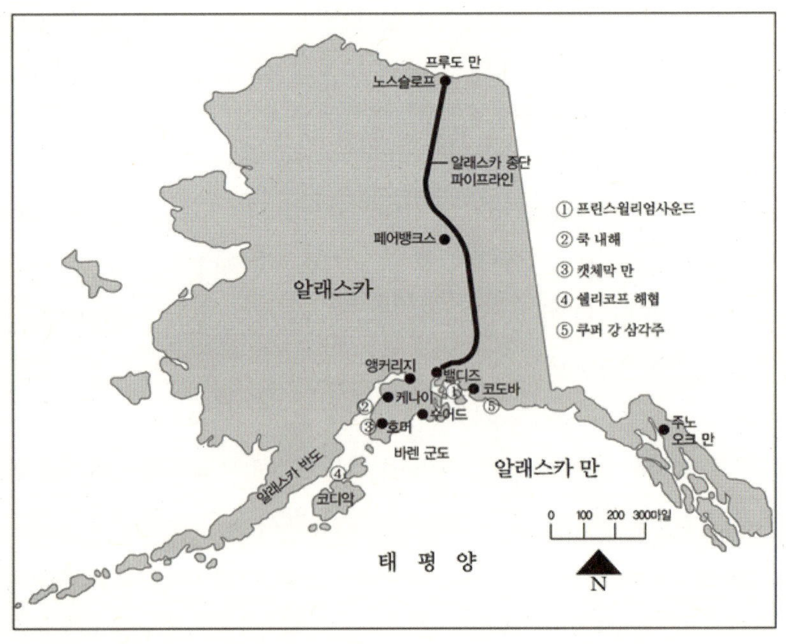

진실

"당신은 진실만을, 오로지 완전한 진실만을 말할 것을 맹세합니까?"

보통 사람에서 대통령에 이르기까지 증언대에 서는 모든 사람에게 어김없이 이 질문이 던져진다. 그럼, 우리는 오른손을 성경 위에 올려놓은 채 조금의 주저함도 없이 "예"라고 대답한다.

그러나 1970년대 후반에 캐나다 퀘벡 주에서 열린 제임스 만 수력발전사업 공청회에서 크리족의 족장은 다르게 답했다. 표준적 질문을 받은 그는 통역사에게 약간은 장황하게 말을 늘어놓았다. 그 내용은 자신은 완전한 진실을 말할 수 없다는 것이었다. 그는 오로지 자신의 진실을 말할 수 있을 뿐이었다.

엑손 밸디즈 호 기름 유출을 다룬 이 책은 일종의 집단 창작으로, 자신의 삶 일부를 이 책을 위해 나눠준 분들의 이야기가 주를 이루고 있다. 그들은 프린스윌리엄사운드를 연구했던 과학자들이고, 유출된 기름을 청소하는 데 앞장섰던 작업자들이고, 기름과 청소작업의 피해자들을 보호하려 애쓴 의사들과 변호사들이다. 나 또한 그들 속에 속한다. 사실상 집단 창작에 가깝다고 하더라도, 이야기의 완결성과 우수함에 대한 책임은 전적으로 저자에게 있다. 모름지기 저자란 개인이 나눠준 이야기들을 가닥으로 삼아 전체를 아우르는 실체적 진실을 얽어내야 하기 때문이다.

기름 유출을 경험한 모든 사람(특히 기름 유출과 함께 살았던 사람들)이 자신의 진실을 함께 공유할 수 있었다면 세계는 훨씬 더 나아졌을 것이다. 서로 진실을 공유할 때에만 우리는 기업과 정부 편에 서 있는 의사가 창조해 낸 가상현실을 벗겨낼 수 있고, 참사를 불러일으킨 진짜 문제점을 파악할 수 있고, 또 다른 참사를 막아낼 수 있는 용기와 해결책을 찾아낼 수 있다.

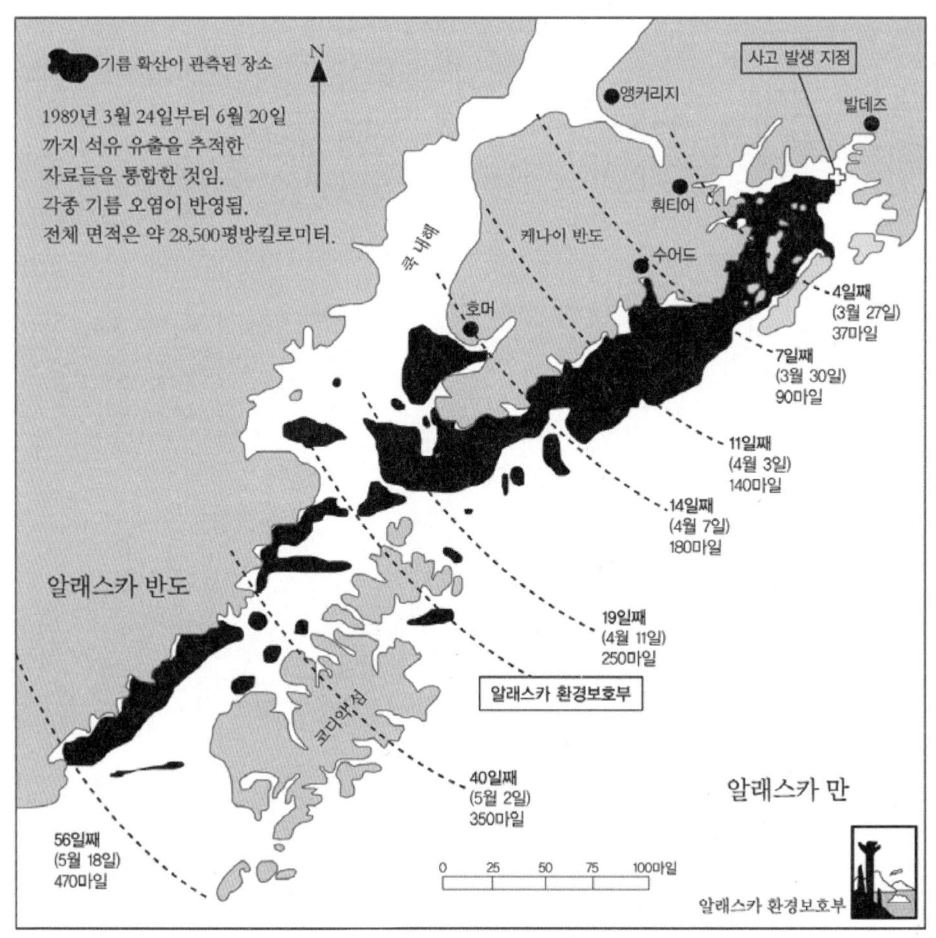

 바다가 죽은 날

▌차례▐

제1부 병든 작업자들

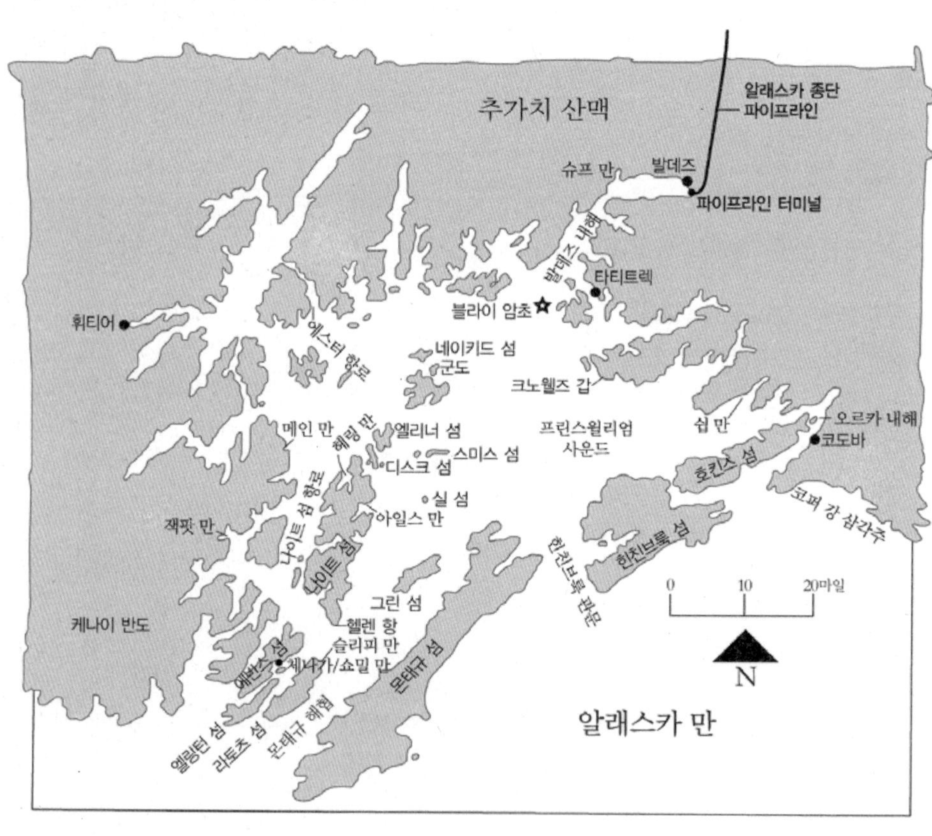

추가치 산맥
알래스카 종단 파이프라인
슈프 만
발데즈
파이프라인 터미널
블레즈 내해
타티트렉
블라이 암초
휘티어
네이키드 섬 군도
크노웰즈 갑
에스터 항로
프린스윌리엄 사운드
쉽 만
오르카 내해
코도바
메인 만
해링 만
엘리너 섬
스미스 섬
디스크 섬
호킨스 섬
나이트 섬 항로
실 섬
아일스 만
코퍼 강 삼각주
잭팟 만
나이트 섬
힌친브룩 섬
힌친브룩 반도
케나이 반도
그린 섬
헬렌 항
슬리피 만
에반스 섬
세나가/쇼밀 만
모태규 섬
0 10 20마일
엘링턴 섬
라토즈 섬
모태규 해협
N
알래스카 만

맹세

"꽝, 꽝, 꽝!"

나는 벌떡 일어났다. 심장은 무섭게 고동치고 있었다. 1989년 3월 24일 오전 7시 15분, 누군가 현관문을 다급하게 두들기고 있었다. 나는 맨발에 잠옷만 걸친 채 황급히 아래층으로 내려가 문을 열었다. 코도바 어부연합 (Cordova District Fishermen United: CDFU) 회장인 잭 램이 문 앞에 서 있었다.

"옷 입는 데 얼마나 걸려요?"

"오 분이오, 왜요?"

"큰 사고예요. 유조선이 블라이 암초에 좌초됐어요. 이미 일천만 갤런[*]이 유출됐는데, 배에는 아직 그 네 배가 남아 있대요."

우리는 잠시 동안 서로를 물끄러미 바라보았다. 나는 그에게서 눈을 떼서 저 멀리 펼쳐진 오르카 내해와 북서쪽의 호킨스 섬으로 시선을 돌렸다. 찰나적으로 내 정신은 텅 비었고, 잠시 후 감정의 파고가 다시 밀려들어왔다. 부정, 분노의 작렬, 아드레날린의 격동, 폭주하는 생각들.

"옷을 입어야겠네요. 마음속에서 불이 타올라요."

10분 후 우리는 CDFU 사무실로 향했다. 그날 내내 마음속 불길은 서서히

---

* 1갤런은 약 3.8리터.

타올랐다. 내가 되돌아오는 데는 일주일 — 그리고 평생 — 이 걸릴 터였다.

한 시간이 채 안 되어 나는 오지(奧地) 비행사 스티브 래니의 비행기를 타고 프린스윌리엄사운드 해역으로 날아갔다. 램은 실무책임자인 머릴린 리랜드와 함께 CDFU 사무실에 남아서 어부들에게 전화를 걸어 배를 타고 사건 현장으로 갈 것을 종용하기로 했다. 사무실을 나오면서 들었던 그들의 목소리가 머릿속에서 소용돌이쳤다.

"……일천만 갤런……엑손 밸디즈 호……한밤중……알코올도 포함됐을지……"

일천만 갤런의 기름이 아름다운 사운드 해역에 떠 있다.

내가 탄 비행기에는 기름이 퍼지기 전 항공으로 바다수달을 연구하던 지역 과학자 척 모넷도 함께 있었다. 놀스 만의 돌출부를 벗어나자마자 푸른 심해 위에 검은 얼룩을 뿜어내고 있는 좌초된 유조선이 눈에 들어왔다. 섬과 만으로 이루어진 구불구불한 해안선을 따라 130마리의 바다수달, 30마리의 바다표범, 많은 돌고래와 바닷새 무리가 서식하고 있었지만, 아무 것도 눈에 띄지 않았다.

우리는 연료를 보충하기 위해 밸디즈로 날아갔고, 그곳에서 CDFU 사무실로 전화를 걸었다. 램은 나에게 밸디즈에 머물면서 CDFU가 대응전략을 짤 때까지 관련 정보를 전달해주고 어부들의 이익을 대변해달라고 부탁했다. 나는 공항에 있는 밸디즈 유드라이브 임대사무실에 어부들의 첫 번째 지휘본부를 차렸다.

오전 11시, 밸디즈 공항의 공기가 팽팽해지고 있었다. 비행기를 타고 사람들 — 검정 옷을 입은 비장한 표정의 엑손 사 직원들, 현장장비와 컴퓨터를 담은 박스를 질질 끄는 과학자들, 카메라와 클립보드를 든 기자들 — 이 속속 도착했다. 기자들이 몰려와서 나를 밖으로 끌어내더니 얼굴에 카메라를 고정시켰다. 내가 카메라에 잘 적응하지 못했기 때문에 촬영기사가 만족할 때까지 여러 차례 인터뷰가 반복됐다.

나는 인터뷰를 마치고 흥분되고 놀란 마음을 가라앉히려고 살며시 밖으로 나왔다. 청명한 푸른 하늘을 배경으로 밝게 빛나는 만년설로 뒤덮인 추가치 산맥의 정상이 눈에 들어오자 항공기들이 내뿜는 주변의 굉음이 서서히 잦아들었다. 나는 스스로에게 질문을 던졌다. 중요성은 익히 알고 있었지만, 과연 내 삶을 바칠 정도로 사운드 해역을 보살펴왔던 것일까?

문득 추가치 산맥이 사라지고 어느새 나는 위스콘신 주로 되돌아가 있었다. 아버지와 동생 둘과 함께 부엌 창문 앞에 서 있는 열세 살짜리 소녀가 눈에 들어왔다. 주정부의 트럭이 달콤한 냄새를 풍기는 하얀 DDT 가루를 뿌리며 지나가자 거리는 안개가 낀 듯 뿌옇게 변했고, 아버지의 얼굴은 슬프게 일그러졌다.

내 삶은 빠르게 흐르는 강물처럼 앞으로 나아갔다. 내 손바닥 위에 놓인 울새는 공허하게 허공을 응시하고 있었다. 울새는 신경독성물질인 DDT 때문에 죽어가고 있었다. 소녀는 어른들의 세계에서 벌어지는 일을 이해하고자 레이첼 카슨이 쓴 『침묵의 봄』을 읽었다. 아버지는 사람들에게 행동에 나설 것을 촉구했다. 환경보호기금의 생물학자와 변호사가 우리 집 식탁에서 법정투쟁을 준비했다. 위스콘신 주는 1968년에 DDT를 금지했고, 1972년 미국의 나머지 주들도 그 뒤를 따랐다(Rogers, 1990). 그해에 한 젊은 여성은 카슨과 같은 해양 생물학자가 되고자 대학으로 떠났다.

나에게는 여러 대양 위에 떠 있는 연구선(研究船)의 갑판에서 그리고 버뮤다, 영국, 몰타, 캐롤라이나 주, 워싱턴 주의 실험실에서 해양오염 — 기름오염 — 을 공부할 수 있는 길이 열려 있었다. 5개의 단과대학과 종합대학교에서 13년을 공부하며 3개의 학위 — 사우스캐롤라이나 대학교에서 해양 생물학과 기름오염 전공의 석사학위, 워싱턴 대학교에서 어업 및 해양독성학 분야의 박사학위 — 를 취득한 후 나는 잠시 망설이다가 알래스카가 있는 북쪽을 올려다봤다.

5월 초 고기잡이배의 갑판에서 생애 최초로 프린스윌리엄사운드를 만났다. 공기는 새들 — 바다오리, 삼색부리바다오리(퍼핀), 갈매기, 바다쇠오리, 가마우지, 대머리독수리 — 이 자아내는 풍광과 울음소리와 함께 살아 있었고, 바다는 바다수달, 돌고래, 바다표범, 바다사자와 함께 살아 움직였다. 대지는 울퉁불퉁한 만년설로 뒤덮인 영혼의 향연이고, 빙하는 뻗어내려 바다에 닿았으며, 해안선을 따라 가문비와 솔송나무의 우림지대가 두터운 띠를 이루고 있었다.

나는 안정된 직업을 갖기 위해 한 해 여름만 보낸 후 떠나기로 마음먹고 있었는데, 코도바라는 어업도시를 처음 본 순간 그 결심은 이내 사라지고 말았다. 나는 사랑에 빠졌고 어부가 되었다. 바람과 파도를 맞으며, 아드레날린을 솟구치게 하는 부서지는 파도 속에서, 요람을 살며시 흔드는 고요함 속에서, 퍼붓는 빗속에서, 내리쬐는 햇볕 아래서, 밝은 달빛 아래서, 극광 아래서, 프린스윌리엄사운드의 쿠퍼 강 삼각지의 연안 바다에서 은색 연어를 낚아 올렸다. 그러나 어부로 지내면서 내가 받은 교육을 활용하지 않는 것에 죄책감을 느꼈다.

1987년 가을 나는 CDFU와 알래스카 어민연합의 임원으로서 전임자들이 남겨놓은 일을 시작했다. 나는 우리 어장인 밸디즈 항의 유조선 터미널에서 상시적으로 발생하는 대기오염과 수질오염 문제를 연구했다(Ott, 1989a). 잘못된 점이 무엇이고 오염을 막으려면 어떻게 해야 하는지는 알고 있었지만 현실적 해결책은 쉽게 손에 잡히지 않았다.

나는 주정부 경상 세입의 85퍼센트가 800마일이나 뻗어 있는 알래스카 횡단송유관망(Trans-Alaska Pipeline: TAPS)에서 흘러나오는 알래스카의 정치에 대해 배우고 있다. TAPS는 미국 내에서 생산되는 석유의 25퍼센트를 노스슬로프[*]에서 밸디즈 항의 유조선으로 전달하는 통로이다. 나는 주 및 연

---

* North Slope. 미국 알래스카 주 북부의 연안지대.

방 감독당국과 정치가, 과학자, 석유회사 과학자, 해안경비대, 알예스카 (Alyeska) — TAPS를 운영하는 7개의 석유회사로 이루어진 컨소시엄 — 가 일반 시민의 삶에 어떤 영향을 미치는가를 다루는 드라마에 배우로 출연한 적이 있다.

1989년 봄이었다. 나는 알래스카의 주노, 워싱턴, 텍사스 주의 댈러스 등지에서 정치가, 석유업체, 연방정부 당국자에게 프린스윌리엄사운드에서 기름 유출의 위험이 매우 높다고 경고했다. 사고 발생 16시간 전인 3월 23일 저녁 나는 원격화상회의를 통해 밸디즈의 석유행동위원회(Mayor's Oil Action Committee)에게 말했다.

"밸디즈 항에 유조선의 출입이 잦을 뿐만 아니라 유조선의 연령과 크기가 함께 늘이니고 알레스카의 공해에서 기름이 유출될 경우 신속하게 대처할 수 있는 능력이 턱없이 부족하다는 점을 고려할 때, 어민들은 마치 러시안 룰렛을 하는 상황에 처해 있다. '대형 참사'가 조업철에 터지기라도 하는 날에는 어획량이 크게 감소해 막대한 손해가 불가피하다. 가공업자, 지원산업, 지역사회에 대한 보상은 불가능하지는 않겠지만 대단히 어려울 것이다"(Ott, 1989a).

나는 잠에서 깨어나면서 어민들이 우려했던 최악의 공포가 현실로 나타났음을 알았다. '대형 참사'가 프린스윌리엄사운드에서 일어나고 말았던 것이다.

추가치 산맥이 다시 눈앞에 펼쳐져 있다. 내가 지금 여기에 있는 것은 우연일 수 없다. 여기에 함께함으로써 내 인생은 완전히 바뀔 것이다. 그것이 곧 내 삶이 될 테니까. 캄캄한 고요 속에서 나는 답을 찾았다. 그래, 나는 진심으로 원하고 있어. 결코 사운드에 등 돌릴 수 없어.

마침내 격정과 함께 침묵의 껍데기가 깨지고 재난에 대응하는 소리가 다시 들려왔다. 새롭게 다짐하며 나는 혼란 속으로 다시 걸어들어 갔다.

엑손 밸디즈 호가 유출한 기름의 양

사고 후 처음 24시간 동안 엑손 밸디즈 호에서 유출된 기름의 양은 최소 1,100만 갤런에서 최대 3,800만 갤런으로 추산된다. 1년 후 두 곳의 신문에서는 2,700만~3,800만 갤런의 기름이 유출됐다고 계산했다(Hennelly, 1990; Spence, 1990). 한 신문은 알래스카 환경보호부와 엑손 사가 공동으로 케일럽브렛 사 ― 석유회사의 의뢰로 유조선의 적재용량을 측정하는 회사 ― 와 계약을 체결했다고 보도했다(Hennelly, 1990). 그 회사가 유출량 추산의 바탕이 되는 탱크의 부피를 재기로 한 것이다. 하지만 '엑손 사와 관계가 돈독한' 케일럽브렛 사는 고용자-의뢰인 관계를 이유로 조사 결과의 공개를 거부했다(Hennelly, 1990: 14).

나는 알래스카 법무부가 엑손 사를 상대로 야생생물과 서식지의 피해에 대한 보상을 목적으로 하는 시민소송을 준비하면서 유출량을 별도로 조사했다는 사실을 알게 됐다. 이 소송은 1991년에 끝났지만(Tip 2 참조), 알래스카 주정부는 그 조사 결과를 공개하지 않았다. 정보공개청구 요구가 계속되자 주정부는 1994년 앵커리지에 위치한 알래스카 자원도서관 정보서비스(ARLIS)를 통해 정보를 공개했다(Alaska Department of Law, 1991).

케일럽브렛 사가 작성한 한 장짜리 보고서에 따르면(Caleb Brett, 1989), 엑손 밸디즈 호는 1989년 3월 23일 5,304만 갤런의 기름을 싣고 밸디즈 항의 유조선 터미널을 떠난 후 한밤중에 블라이 암초에 좌초됐다. 케일럽브렛 사는 세 대의 엑손 사 유조선과 바지선 선단에 4,220만 갤런을 옮겨 실었다고 보고했다. 엑손 밸디즈 호가 총 5,304만 갤런의 석유를 운반하고 있었기 때문에 케일럽브렛 사의 결론은 간단한 수학에 속한다. 1,080만 갤런. 하지만 이 양에 대해서는 별도의 검증과정이 없었다. 1989년 당시에는 다른 정보가 없었기 때문에 언론에서는 엑손 사가 자체 조사한 유출량 추정치를 사용했는데, 그것이 현재에도 계속 사용되고 있다.

알래스카 주정부의 독자적인 연구자는 "25만 8,000배럴[1,080만 갤런] 이상의 석유가 유출됐다고 [케일럽브렛 사가] 보고했다"고 말했다(Murchison, 1991; ACE 9486070). 그는 계속해서 다음과 같이 덧붙였다. "[유출량의 추정치에서] 큰 차이가 나는 이유는 선박에서 기름이 새어나간 후 수압으로 바닷물이 역류하면서 발생하는 강력한 '교반력'(휘젓는 힘) 때문으로, 이로 인해 기름과 물의 유화작용(기름과 물은 서로 분리되어 섞이지 않는데 강력한 교반력의 작용으로 일시적으로 뒤섞인다)이 일어났다"(Murchison, 1991). 그는 좌초된 엑손 밸디즈 호에 남아 있던 기름 양의 계산에 오류가 있음을 발견했다. "대부분의 물은 무시되었는데, 그렇지 않으면 선박의 구멍들 때문에 잔류량 측정이 문제시될 수 있기 때문이었다. 기름과 물을 분리하는 데 사용한 방법이 부정확한 결과를 낳았음은 분명하다. 그리하여 낮은 추정치의 물과 높은 추정치의 기름이라는 결론이 나왔다"(Murchison, 1991; ACE 9486069).

주정부의 조사관들은 엑손 밸디즈 호에서 기름을 옮겨 실은 엑손 사 유조선 세 척을 추적했다(Alaska Department of Law, 1991). 세 척의 유조선은 세 곳의 엑손 사 정유공장에 옮겨 실은 기름을 내려놓았다. 엑손 사는 그것이 100퍼센트 기름이라고 주장했지만 사실은 그렇지 않았다. 예를 들면, 배턴루지 호에서 하역작업을 책임졌던 엑손 해운사의 임원 클라우드 웬델 디스의 증언에 따르면 "우리 배는 평상시보다 많은 물을 실었고, 솔리워다 선장도 그 사실을 알고 있었다. 그는 조기퇴직해서 엑손 사를 떠났다"(Dees, 1991: 193). 엑손 사는 세 곳의 정유공장 탱크에 하역한 기름의 양을 공개하지 않고 있다. 그 기록은 하역한 기름에 섞여 있는 물의 양을 알려줄 것이다. 디스는 이렇게 말했다. "하와이에 하역한 기름에는 물이 너무 많이 포함된 까닭에 재활용이 불가능했다"(Dees, 1991:164).

엑손 사는 엑손 밸디즈 호의 적재 기록을 완전히 파악하지 못했는데, 기름을 전량 정유공장에 하역하지 않았기 때문이다. 디스는 "우리는 하와이로 항해하면서 기름 탱크들을 계측해 물의 양을 판단했다"고 말했다(Dees,

1991: 222). "나는 기름 탱크 한 곳에서 물의 일부를 중력으로 가라앉히고 항해 기간 동안 더러운 밸러스트*로 놔두었다. 그것은 기름을 하역하고 엑손 밸디즈 호로 되돌아갈 때도 그대로 실려 있었다"(Dees, 1991: 46). 다른 두 척의 하역 유조선에서도 사정은 마찬가지였다. 주정부의 검사 보고서에 따르면, 밸러스트로 사용하는 물에 포함된 기름의 양은 하역 유조선이 엑손 밸디즈 호로 되돌아가기 직전 눈대중으로 총량에 대한 퍼센트로 어림셈됐다(Alaska Department of Law, 1991; ACE 10864138-10864143). 더러운 밸러스트의 양과 밸러스트 탱크가 있는 곳은 밸디즈 항 유조선 터미널에 있는 알래스카 환경보호부의 밸러스트 물 하역공인서(Ballast Water Discharge Certificate Affidavits)에 기록되어 있다. 엑손 사는 세 척의 유조선에 실렸던 엑손 밸디즈 호에서 나온 물의 양을 공개하지 않았지만 알래스카 주정부의 검사관은 공개했다(<표 1> 참조).

이런 증거에 비춰볼 때 엑손 사가 자체 조사한 유출량 1,100만 갤런은 부정확한 값이다. 나는 알래스카 주정부의 보수적 예상치 3천만 갤런이 엑손 밸디즈 호의 기름 유출량에 대한 참고자료가 되어야 한다고 믿는다.

---

*배의 균형을 유지하기 위해 배의 바닥에 싣는 물이나 자갈 따위의 중량물.

기름 유출: 바다가 죽은 날

"조업철의 흥분이 막 시작되던 바로 그때 우리는 엄청난 기름이 드넓은 바다를 죽이고 있다는 뉴스를 들었다. 너무 끔찍해서 받아들일 수 없었다. 천 년을 내려온 우리의 전통에서는 바다가 죽는다는 것은 상상조차 할 수 없었지만, 실제로 그런 일이 벌어지고 말았다."_알래스카 주 케나이 반도 그래엄 항 원주민마을 민속촌 추장 월터 메가낙 (National Wildlife Federation et al., 1990: 44).

1989년 3월 24일 엑손 밸디즈 호는 블라이 암초에 좌초되어 원유 약 3천만 갤런(선적량의 56퍼센트)을 프린스윌리엄사운드에 쏟아냈다. 이 유출량은 알래스카 주정부의 조사보고서에 따른 것이다(Tip 1과 <표 1> 참조).[1] 고요했던 날씨가 이틀 후 사나운 폭풍으로 바뀌면서 사운드를 강타하자 기름은 알래스카 만으로 흘러갔고, 결국 3,200마일 이상의 알래스카 해변이 기름으로 뒤덮였다. 케나이 반도와 코디악 섬을 지나 블라이 암초에서 약 1,200마일 떨어진 알래스카 반도의 일부 지역까지 기름이 퍼져나갔다. 만약 미국 동부에서 비슷한 기름 유출 사건이 일어났다면 뉴욕에서 플로리다 주의 케이프커내버럴에 이르는 해변이 기름으로 뒤범벅되었을 것이다.

바다 위의 기름은 폭주하면서 닿는 곳마다 유린해나갔다. 엑손 사의 기름은 전 세계적으로 지금까지 발생했던 어떤 기름 유출 사건보다 더 많은 수의 야생생물을 죽음으로 몰아넣었다. 수천 마리의 해양 포유류 — 바다수달, 표범, 그리고 범고래까지 — 와 수십만 마리의 해양 조류 — 바다오리, 알락쇠오리, 흰줄박이오리, 검둥오리, 쇠오리, 흰뺨오리, 가마우지 등 — 가 희생양이었다. 수면 밑에서 퍼져나가는 보이지 않는 기름 때문에 수백만 마리의 연어와 청어가 소리 없이 떼죽음을 당했다. 수면 위로는 사운드 해역을 가득 메운 넓은 기름띠가 부유하고 있었다.

죽음으로 이끈 것은 기름만이 아니었다. 엑손 사의 해안 청소는 초기에 기름을 뒤집어쓴 채 간신히 살아남은 동식물의 생명마저 앗아갔다. 바다 동식물 군락으로 온통 뒤덮여 있던 해변에 고압의 온수를 살포한 결과, 생물이 전멸해 휑뎅그렁한 큰 폭의 띠가 길게 이어졌다. 1989년 말에 이르면 청소작업으로 인해 죽은 동식물이 초기에 기름을 뒤집어쓰고 죽은 것보다 더 많아졌다(Mearns, 1996).

---

1) 존 키블(John Keeble)은 정확한 유출량 예측값을 보고한 최초의 작가이다. 그 값은 그의 책 *Out of the Channel*의 10주년 기념판에 실려 있다.

<표 1> 옮겨 실은 화물에 포함되어 있는 물의 양

(단위: 100만 갤런)

	옮겨 실은 화물(a)	옮겨 실은 화물 속의 물
엑손 배턴루지 호(유조선)	19.40	5.5
엑손 샌프란시스코 호(유조선)	16.91	3.6
엑손 베이타운 호(유조선)	5.01	10.1
다섯 척의 바지선	0.87	?
추산 총량	42.20	19.2

유출량 계산(b)
엑손: 53.04−42.20≒10.8, 즉 1,080만 갤런
　　　(엑손 사는 옮겨 실은 화물이 모두 기름이라고 주장했다.)
알래스카 주정부 자료: 10.8+19.2=30, 즉 3,000만 갤런

출처: Alaska Department of Law, 1991; Caleb Brett, 1989.

옮겨 실은 화물(a)=엑손 밸디즈 호에서 옮겨 실은 기름 또는 물 혼탁액.
옮겨 실은 화물 중 물의 양(추산)은 다음과 같다(Alaska Department of Law, 1991; ACE 10864138- 10864143).
• 엑손 배턴루지 호는 기름-물 혼합액 약 920만 갤런을 실었다. 물과 기름 비율의 추정치는 60:40이었다. 그것은 엑손 밸디즈 호에서 옮겨졌다고 추산된 약 550만 갤런의 '기름'이 물이라는 뜻이다(920×0.6=552)
• 엑손 샌프란시스코 호는 기름과 물 혼합액 약 560만 갤런을 실었다. 물과 기름 비율의 추정치는 65:35이다. 그것은 엑손 밸디즈 호에서 옮겨진 것으로 추산된 약 360만 갤런의 '기름'이 물이라는 뜻이다(560×0.65=364)
• 엑손 베이타운 호도 많은 양을 실어 날랐다. 물과 기름 비율의 추정치가 70:30인 기름과 물 혼합액 약 660만 갤런을 엑손 배턴루지 호에서 옮겨 실어 밸디즈 항의 유조선 터미널로 돌아왔다. 또한 물과 기름 비율의 추정치가 70:30인 기름과 물 혼합액 약 790만 갤런을 엑손 샌프란시스코 호에서 옮겨 실어 밸디즈 항의 유조선 터미널로 돌아왔다. 정리하면, 엑손 밸디즈 호에서 옮겨졌다고 추산된 약 1,010만 갤런의 '기름'이 물이라는 뜻이다 [(660×0.70=462)+(790×0.7=553)].
유출량(b): 알래스카 주정부의 보고서는 조사관들이 정유공장에 하역한 화물에 포함된 물의 비율과 다섯 척의 바지선으로 옮겨진 물의 양과 같은 미지수를 계산에 포함시키고자 ±20퍼센트의 오차범위를 설정했음을 보여준다. 따라서 유출량의 범위는 2,400만~3,600만 갤런이다. 주정부 조사관은 2,400만 갤런은 "최소량으로, 기름이 완전히 하역되기 전에 훨씬 많은 양이 사라졌을 것"이라고 강조한다(Murchison, 1991; ACE 9486068).

　　죽음의 행진은 1989년 내내 멈추지 않았다. 사흘간의 매서운 폭풍우로 유출량의 절반 가까운 기름이 프린스윌리엄사운드의 중앙과 남서쪽 해변

을 덮쳤다(Spies et al., 1996). 많은 양의 기름이 해변을 뒤덮은 까닭에 홍합 양식장과 조밀한 해초 숲이 펼쳐져 있는 조간대(潮間帶)에는 상대적으로 풍화가 덜 된 기름이 남았고, 밀물 때마다 반복적으로 기름으로 해변이 오염되었기 때문에 사운드의 여러 만과 작은 피오르드는 수개월 동안 두터운 기름으로 뒤덮여 있었다. 이처럼 어려운 상황이 반복되자 언론의 관심은 집중되었지만 한편으로 청소대원들은 의기소침해졌다.

1990년 수면의 기름은 야생생물에게 거의 위협을 가하지 않는 타르 덩어리와 두터운 때처럼 굳어졌다. 그러나 사람들이 크게 주목하지 않았지만 땅속에 스며든 기름은 독성을 거의 그대로 유지했다(Short et al., 2004). 이렇게 스며든 기름은 시간이 흐름에 따라 서서히 퍼지면서 얕은 조간대와 연안 해역의 바다에서 서식하고 산란하며 먹이를 구하는 바다생물에게 치명적인 독성을 내품었다. 이렇듯 땅속에 스며든 액체 석유는 유출 사고가 발생한 이후 수년 동안 야생생물을 죽음으로 몰아넣었다.

세계적으로 알려진 대부분의 기름 유출 사고와는 달리 엑손 밸디즈 호의 기름 유출과 청소작업이 서식지와 바다생물에 미친 영향은 공익을 대변하는(엑손 사가 아닌 곳에서 연구비를 지원받은) 과학자와 엑손 사(또는 엑손 사로부터 연구비를 지원받은) 과학자의 연구를 통해 비교적 자세히 밝혀졌다(Rice et al., 1996; Wells, Butler and Hughes, 1995). 1990년과 1991년 엑손 사의 견해는 뉴스에서 접할 수 있는 사실상의 유일한 목소리였다. 공익을 대변하는 과학자들은 야생생물과 그 서식지의 피해를 둘러싼 소송을 진행하는 과정에서 획득한 사실을 비밀에 부치도록 법원으로부터 명령받았기 때문이었다(Tip 2; Cummings, 1992). 엑손 사는 대중성 있는 언론 캠페인을 통해 프린스윌리엄사운드가 빠르게 회복되고 있으며 기름 유출 사건이 발생한 새벽 이전으로 모든 것이 정상을 되찾고 있다는 메시지를 연속해서 내보냈다(Mattews, 1993). 엑손 사의 이야기는 기름 유출, 청소작업, 비극의 생물학적 영향 등에서 점차 대중적 호소력을 갖게 됐다.

비밀과 화해

엑손 밸디즈 호에 실려 있던 기름의 절반이 프린스윌리엄사운드에 유출된 후 연방정부와 알래스카 주정부는 엑손 사에 대한 형사소송과 야생생물과 공유지의 피해 복구를 위한 민사소송을 제기했다.

연방 및 주정부와 엑손 사가 모든 쟁점에 합의하기까지 2년여(1989~1991)가 걸렸다. 그동안 정부는 주장을 뒷받침할 수 있는 유출량 조사와 같은 증거를 수집했으나, 정부와 엑손 사는 소송의 진행을 명목으로 야생생물과 공유지(서식지)의 피해 정도에 대한 조사와 과학연구를 비밀에 부쳤다. 정부 과학자들은 법무부의 발언금지명령에 따라 자신의 연구를 외부에 공개할 수 없었다(Cummings, 1992). 시민은 피해의 정도를 알지 못했다. 다만 엑손 사가 언론에 배포했거나 홍보용으로 제작한 화려한 소책자에 들어 있는 정보, 즉 빠른 회복의 주장을 접하는 것이 전부였다(Baker, Clark and Kingston, 1990; 1991; Exxon, 1991a; 1991b; Neff, 1990; 1991; Owens, 1991a; 1991b).

1991년 10월 9일 지방법원은 연방정부 및 주정부와 엑손 사의 화해를 승인했다(U.S.A. v. Exxon[1991b]; State of Alaska v. Exxon[1991]). 형사청원협약(U.S.A. v. Exxon[1991a])에 따라 엑손 사에 1억 5천만 달러의 벌금이 부과됐는데, 유출된 기름의 청소에 엑손 사가 기업적 책임을 다했다는 점을 인정해 1억 2,500만 달러를 감면해주었다. 나머지 2,500만 달러는 북아메리카습지보존기금(1,200만 달러)과 전국 조직인 범죄희생자기금(1,300만 달러)으로 납부됐다. 형사 배상으로 엑손 사는 연방정부와 주정부에 각각 5천만 달러(총 1억 달러)를 지불했다. 또한 민사 합의에 따라 엑손 사는 10년 동안 연간 9억 달러를 납부하기로 했다(이것은 공익 조사에서 산출된 최소 피해 추정액의 1/3 정도일 뿐만 아니라 인플레이션, 세금감면, 10년에 걸친 분납 등을 고려하면 약 5억 달러에 불과한 액수이다[Lancaster, 1991; Schneider, 1991; U.S. Congress, House, 1991a]).

1991년의 민사 합의에 따라 주 및 연방신탁위원회 — 엑손 밸디즈 호 기름유출(Exxon Valdez Oil Spill: EVOS) 신탁위원회 — 가 출범했다. EVOS 신탁위원회의 목적은 피해보상금 9억 달러로 피해 입은 야생생물과 서식지의 회복을 감독하는 것이다. 자금의 사용은 양해각서와 동의판결(U.S.A v. Alaska[1991])에 따르도록 했다. 이 책에서 나는 EVOS 신탁위원회나 여러 정부기관에서 공적 자금의 지원을 받은 과학자를 '공익 대변 과학자'라고 부르고 있다. 그들의 연구와 성과, 그리고 엑손 사의 기름 유출과 관련된 과학에 대해서는 제2부에서 다루고 있다.

1991년 민사 합의 제17조에는 '알려지지 않은 상해의 교섭 재개' 조항이 포함되어 있다(U.S.A. v. Exxon, 1991a: 18-19; State of Alaska v. Exxon 1991b: 18-19). 이것은 사고 당시 기름의 피해 효과에 대한 과학적 이해에 근거해 '합리적으로 알 수 없었거나 ……예상할 수 없었던' 피해로 인한 야생생물과 서식지의 복구를 위해 최대 1억 달러의 추가 지불을 규정하고 있다. 이 합의에 따라 2002년 9월 1일부터 2006년 9월 1일까지 세 당사자 중 어느 누구라도 추가로 요청하면 교섭이 재개될 수 있었다. 통상적으로 '1억 달러 교섭 재개 조항'으로 알려진 이 내용은 제3부에서 자세히 살펴볼 것이다.

1993년 마침내 기름 유출에 대한 공익 대변 과학자들의 견해가 공표되었는데, 이미 시기가 너무 늦어버렸다(Solomon, 1993). 대중은 엑손 사의 이야기를 사실로 받아들였고, 지금도 여전히 그렇다. 그 후 10년 동안 사운드에 살고 있는 우리는 그곳에서 벌어지고 있는 일 ― 내가 사운드의 진실이라고 말하는 것 ― 이 엑손 사의 이야기와 너무 다르다는 사실을 놀라움 속에서 지켜봤다. 기본적으로 엑손 사는 기름 유출이 사운드에 준 피해 정도를 호도하고 있는데, 오늘날에도 거짓된 신화를 여전히 고수하고 있다.

공익 대변 과학자들의 요약 보고서가 2000년 이후에 발표될 것이라는 사실을 접하고 나는 사운드의 진실을 시민과 함께 나눌 수 있는 책을 쓰기로 결심했다. 엑손 사의 기름이 사운드의 바다생물에 어떤 영향을 미쳤는가를 살펴보는 과정에서 나는 청소작업자들이 겪고 있는 건강 문제가 예상외로 심각하고 광범위하다는 사실을 알게 됐다. 병든 야생생물과 작업자의 이야기는 기름 피해를 그대로 보여주었다.

청소작업: 상상을 초월한 비극

원래 위험한 작업

기름 유출에 대응하는 방안은 유출에 앞서 이미 잘못된 길로 가고 있었다. 1988~1989년 석유업체들이 제안하고 해안경비대가 뒷받침한 분산제 사용 지침에 대해 연방 과학자, 주정부 당국자, 나를 포함한 CDFU 어민 모두가 화를 내고 있었다. 분산제 사용은 감정적으로 비난받은 이슈였다. 석유회사들이 기름 유출 대응에서 최초의 방어선으로 분산제의 제조 및 판매를 앞세웠기 때문이다. 분산제는 수면 위의 기름띠를 작은 방울로 쪼개는 액체 비누처럼 작용한다. 이렇게 만들어진 작은 방울은 바람과 파도에 휩쓸려 물속으로 퍼지면서 희석된다(Lethcoe and Nurnberger, 1989). 분산제는 희석을 통해 오염 문제를 해결하려는 석유업체의 방식을 대변한다. 중요한 것은 수면 위의 기름띠가 우리의 눈에서, 우리의 마음에서, 결국 홍보활동의 악몽에서 '사라진다'는 것이다.

문제는 확산된 작은 기름방울이 해수면 아래에서 서식하는 물고기와 생물에게 치명적인 독성을 내품는다는 점이다. 더욱이 분산제는 끈적끈적한 노스슬로프의 원유를 포함하고 있는 차가운 물에서는 그 효과가 10~15퍼센트에 불과하다. 그 결과 엄청난 양의 기름이 해변에 그대로 남을 가능성이 높다(Fingas, Bobra and Velicogna, 1987). 어부들은 물고기와 해변이 위험에 처해야 하는 이유를 따져 물었다. CDFU는 어장의 물을 사용해 독성을 띤 석유를 희석·분산시키는 것보다 기계적 청소작업 — 물리적 방법으로 가능한 많은 양의 석유를 제거하는 작업 — 을 선호했다.

기름 유출 2주 전에 승인된「분산제 사용의 초기 지침(Initial Guidelines for Dispersant Use)」은 절충안이었다(ADEC, 1993; Lethcoe and Nurnberger, 1989). 이 지침은 국가연구위원회(National Research Council: NRC)의 권고를 따라 프린스윌리엄사운드를 세 구역으로 나누고 있다(NRC, 1989). 즉, 유조선이 지나다니는 심해와 사운드의 중심 해역 대부분을 1구역으로 지정하고, 그곳에서의 분산제 사용은 물속에 청어와 같이 민감한 수중생물이 있을 때를 제외하곤 언제든지 허용된다. 또한 해변과 조간대 그리고 얕은 근해를 3구역으로 지정하고, 그곳이 생물학적으로 풍요로운 지역이라는 점을 고려해 독성을 지닌 확산된 기름의 농축을 피하고자 그 구역에서의 분산제 사용은 원천적으로 금지되며, 다만 사안에 따라 환경청과 주정부의 승인을 얻어 분산제를 사용할 수 있다. 심해외 얕은 해변 사이에 위치한 사운드의 구간을 2구역으로 지정하고, 그곳에서 분산제의 사용은 조건부로 허용된다. 민감한 야생생물을 보호하고자 환경청과 주정부의 승인을 필수적으로 요구했기 때문이다.

그로부터 2주 후 조 해즐우드 선장이 자정에서 30분 지난 시간에 해안경비정에 무선으로 자신의 유조선이 블라이 암초에 좌초되었고 "분명히 ……약간의 기름이 유출됐다"고 보고했던 바로 그때「분산제 사용의 초기 지침」은 시험에 들었다.

이렇게 해서 미국 역사상 처음으로 기름 유출 청소작업이 산업안전보건법상의 '유해물질취급 및 비상대응(Hazardous Waste Operations and Emergency Response: Hazwoper[해즈워퍼])' 기준(OSHA, 1989)에 맞춰 실시되기에 이르렀다. 바뀐 규정의 잉크가 채 마르지 않은 상태였다. 3주 전에 직업안전보건청(Occupational Safety and Health Act: OSHA)의 관리자와 노동조합은 엑손 사에 맞서 원유와 석유가 건강과 안전에 중대한 위협을 가할 수 있다는 주장을 성공적으로 관철했다(U.S. Congress, House, 1989a: 1056-1057). 해즈워퍼 훈련은 40시간의 안전교육, 특정한 절차 및 장비, 의료 감시, 장기간 기록 보관 등을 요구하고 있다.

유해물질 청소 기준에 따르면, 모든 작업자는 업무에서 접할 수 있는 모든 유해물질에 관한 정보를 제공받을 수 있어야 한다. 관련 화학물질에 관한 기초 정보는 물질안전보건자료(Material Safety Data Sheet: MSDS)에서 얻을 수 있는데, 이 자료는 통상적인 해즈워퍼 훈련 과정에서 작업자에게 반드시 제공되어야 한다.

MSDS의 발췌문에 따르면, 석유와 세 가지 대표적인 용매제 — 분산제, '생물정화'제, 다용도 탈지제(Tip 3 참조) — 를 비롯해 1989년의 청소작업에 노출되었던 화학물질은 단기적(급성) 및 장기적(만성) 증후군을 일으키는 물질로 분류된다. 노출에 따른 급성 증후군은 피부염, 두통, 현기증, 메스꺼움, 중추신경계문제 등이며, 만성 증후군은 빈혈, (백혈병 같은) 혈액 장애, 태아 결함, 간 및 신장 손상, '전신 독성' 효과 등이다. MSDS는 증기와 에어로졸에 대한 노출을 피하고, 두 경우 모두 관련 물질이 하수구나 수로에 들어가지 않게 처리하도록 경고하고 있다. '사전경고가 사전준비를 낳았을' 것으로 예상할 수도 있지만, 불행히도 그렇지 않았다.

수면 위의 기름 유출에 대한 초기 대응

기름 유출 대응에서 주정부의 역할을 기록한 1993년 알래스카 환경보호부 최종 보고서의 필자인 에니 피퍼가 간결하게 언급했듯이 "기름 유출에 대한 대응은 기름이 해안선을 뒤덮기 전 수면 위에 떠 있을 때 취하는 것이 가장 효과적이다. 대응 속도가 빠를수록 상황이 호전될 가능성은 그만큼 높다. 대부분의 기름이 수면 위에 떠 있을 때 사용하는 대응기법의 효율성은 기름이 비바람을 맞고, 유화되고, 거대한 기름띠가 조각남에 따라 크게 떨어진다"(ADEC, 1993: 49).

이제까지 있었던 기름 유출과 청소작업의 성격은 매번 달랐지만 기름 유출 대응 기술과 기법은 대체로 동일하게 비효율적이었다. 1989년 대청

1989년 EVOS 청소 기간에 제공된 유해물질에 관한 물질안전보건자료

원유(Exxon Shipping Company, 1988)

모든 제품에 대한 노출한도: 확립되어 있지 않음

보건학에 따르면, 다수의 석유 탄화수소는 인체 건강에 잠재적 위험 요소이다. 위험 정도는 사람에 따라 다르다. 사전예방책으로 액체, 증기, 연기에 대한 노출을 최소화해야 한다. 고농도의 증기는 눈과 호흡기를 자극하며, 두통과 현기증을 유발할 수 있고, 마취성분이 있어 의식을 잃게 할 수 있으며, 죽음을 포함해 또 다른 중추신경계 손상을 가져올 수 있다. 더운 온도에서 이 제품과 오랫동안 반복적으로 접촉하면 피부의 기름기를 빼앗겨 자극이나 피부염의 증상을 경험할 수 있다. 더운 온도에서 이 제품과 접촉하면 눈을 자극할 수 있다.…… 이 제품에 벤젠이 포함될 수 있는데……고농도의 벤젠에 오랫동안 반복해서 노출되면 빈혈이나 다른 혈액질환(백혈병 포함)이 발생할 수 있다.……벤젠은 동물실험에서 태아 결함을 초래했다. 이 제품은 열악한 위생조건에서 반복적이고 지속적인 피부 접촉을 통해 인간에게 피부암을 초래하는 것으로 나타났다[EVOS 청소 환경은 종종 위생조건을 충족시키지 못했다]. 가급적 증기를 들이마시지 말 것. 피부 접촉을 최소화할 것. 닫힌 공간을 환기시킬 것.

코렉시트(Corexit) 9527™(Exxon Company, USA, 1992)

유해 성분: 2-부톡시에탄올(2-butoxyethanol)

직업안전보건청 위해정보: 눈과 피부 자극, 눈과 호흡기를 자극하는 증기, 소화·흡입·피부를 통한 독성 침투 살충제.

피부를 통해 흡수되어 용혈성 빈혈과 콩팥 손상을 낳을 수 있다. 이 증상은 소변이 약해지고 붉은색을 띠는 것으로 확인할 수 있다. 온도의 상승으로 형성될 수 있는 증기와 에어로졸은 침투 살충제의 효과를 낳을 수 있다.

만성적 피해: 흡입이나 피부접촉에 따른 과도한 노출은 혈액과 콩팥을 손상하는 결과를 초래할 수 있다.

액체가 하수도·수로·저지대로 흘러들어오는 것을 막을 것. 유출된 액체는 담아둘 것……[강조 추가, 프린스윌리엄사운드는 수로에 해당한다].

이니폴(Inipol) EAP22™(Exxon Company, USA, 1989a)

유해 성분: 2-부톡시에탄올

보건학에 따르면, 많은 석유 탄화수소와 합성 윤활유는 인체 건강에 잠재적 위험 요소이다. 그 위험은 개인 차이를 보인다. 사전예방책으로 액체, 증기, 연기에 대한 노출을 최소화할 필요가 있다. 고농도의 증기 흡입은 현기증, 두통, 호흡기 자극으로부터 의식불명과 사망에 이르는 결과를 낳을 수 있다. 이 제품의 성분(2-부톡시에탄올)은 피부를 통해 흡수되어 혈액과 콩팥의 손상을 가져올 수 있다. 과도한 노출의 징후로는 소변이 약해지고 붉은색으로 변하는 것을 들 수 있다.

석유 용제(솔벤트)/석유 탄화수소: 피부 접촉은 기존의 피부염을 악화시킬 수 있다.

글리콜에테르: 혈액과 신장 질환 병력이 있는 사람들은 이 제품에 노출되지 않도록 해야 한다.

제품이 배출 또는 유치되었을 때 취해야 할 조치: 사람들로부터 격리할 것. 제품을 수거할 것. 피부 접촉을 최소화할 것. 닫힌 공간을 환기할 것. 제방을 쌓거나 가두어서 하수도와 수로에 제품이 흘러들어가지 않도록 할 것[강조 추가, 프린스윌리엄사운드는 수로에 해당한다].

심플그린(Simple Green)®(Sunshine Makers, Inc., 2002)

제품 사용: 다용도용 세제와 탈지제……

성분: 2-부톡시에탄올(6퍼센트 이하)

그러나 주의하라. 부틸 셀로솔베(2-부톡시에탄올)는 제조과정에서 심플그린®의 공정 및 희석을 겪는 원료 성분 중 하나에 불과할 뿐이다. 제조과정이 끝난 후 심플그린®은 희석되지 않은 부틸 셀로솔베에 대한 노출과 연관해서 직업적 건강 위험을 드러내지 않는대[강조 원저자].

심플그린®으로부터 예상되는 인체 건강에 대한 부작용은 없다. 이것은 지난 20년 동안 다양한 인구집단에서 사용되었지만 보고된 건강상의 문제점은 없었다는 사실에 기초한다. 여기에는 미국 연방교도소의 수감자들이 참여한 경우를 비롯한 광범위한 청소작업이 포함되어 있다.

심플그린®을 피부에 날마다 반복해서 접촉하거나 씻어내지 않으면, 가역적인 일시적 자극을 초래할 수 있다. 심플그린®은 눈을 가볍게 자극하고 짙은 연무는 점막을 자극할 수 있다. 심플그린®은 소정의 목적을 위해 라벨에 표시된 지침에 따라 사용하면 공식적으로 건강에 아무런 해가 없다.

저자 노트 미국 환경청(2003)은 '청소제품오염방지프로그램'에서 피해야 할 성분의 목록에서 2-부톡시에탄올을 가장 위에 올려놓고 있다. 환경청 웹페이지에 따르면, 목록에 실린 성분을 포함하고 있는 제품은 "이를 사용하는 청소부, 건물 거주자, 환경에 매우 높은 위험을 가져다준다." 2-부톡시에탄올의 만성적 효과에 대한 코멘트에는 생식 및 태아 결함, 간 및 콩팥 손상, 혈액 손상 등이 제시되어 있다 (www.westp2net.org/janitorial/tools/haz2.htm).

소의 연방현장책임자인 해안경비대 부사령관 클라이드 로빈스는 기름 유출 대응 기술이 15년 전 자신의 경험에서 조금도 진전하지 않았다는 사실에 충격을 받았다(ADEC, 1993: 51).

수면에서의 유출 대응 기술은 크게 연소와 분산제 사용으로 나눌 수 있다. 처음 선택된 분산제는 엑손 사의 코렉시트 9527이었다. 하지만 분산제를 효과적으로 사용하기에는 바다가 처음에는 너무 고요했고 그다음에는 폭풍이 너무 거셌다(Lethcoe and Nurnberger, 1989: 44-49). 1989년 여름 기름을 가둬두기 위한 차단막이 설치되었고 갇힌 기름을 걷어 올리는 도구인 스키머가 사용됐다. 처음의 작업은 공해상에서 이루어졌고 그 후에는 추가적인 조치로 해변에서 흘러나오는 기름과 기름/기름용제 혼합물을 가두고 걷어 올리려는 목적으로 연안 해역을 대상으로 작업이 이루어졌다.

사흘째의 사나운 폭풍이 지난 후 기름을 가둬둘 수 있다는 희망이 완전히 사라져버렸다. 엑손 사가 사운드의 남서쪽을 관통해 움직이고 있는 거대한 기름띠와 조각으로 나눠진 기름띠를 한꺼번에 처리하기 위해 점점 더 많은 사람과 선박과 장비를 동원했지만 수면 위의 대응 조치보다는 해안선 청소가 더 급한 문제가 되고 있음이 분명해졌다. 수면 위의 기름 유출에 대응하는 기간은 해안선 청소작업이 본격화되는 5월 중순까지 연장됐다(ADEC, 1993; Harrison, 1991).

수면 위의 대응에서 해안선 청소로 전략을 바꾸기 이전 상황을 현장 방문 중이던 하원의원 피터 데파지오(오레곤 주 4지구)는 이렇게 정리했다. "그동안 알예스카는 거대 생태계의 잔존물을 보존하고자 지원에 나선 소함대(어부들의 배), 낚싯배, 지역공동체 등에 의존할 수밖에 없었다. 나로서는 상상할 수 없는 비극이다"(U.S. Congress, House, 1989a: 146). 불행히도 인체 건강의 관점에서 보면 진짜 비극은 이제 막 시작되었을 뿐이다.

해안선 청소작업

엑손 사의 해안선 청소작업은 여름 내내 진화하는 실험이었다(ADEC, 1993: 61-82). 4월 첫째 주 엑손 사는 흡수제를 사용해 바위 하나하나를 직접 닦는 헛된 시도를 시작했다(그리고 거의 끝냈다). 대중의 시선을 크게 끌어 모았던 이 시도는 상황 호전에 대한 희망이 사라지면서 거센 반발에 부딪혔다.

그다음 엑손 사는 절벽을 씻어내기 위해 다양한 기술을 동원했다. 먼저, 선원들이 가는 구멍이 뚫린 호스를 이용해 조간대의 고지대에서 많은 물을 흘려보내면 작업자들이 갈퀴를 비롯한 다양한 도구로 조간대의 저지대를 갈아엎어서 기름이 밖으로 빠져나오도록 했다. 이 작업은 효과가 있었지만 속도가 느렸다. 호스에 적절한 압력을 가하면 효과가 좋아졌는데, 바닷물이 따뜻할 때 특히 효과가 컸다. 기름을 빼내려면 손이 델 정도의 온도로 가열된 바닷물과 고압 호스가 필요했다.

4월 중순 해양경비대 사령관 폴 요스트는 현장을 둘러보고 "온수 세척이야말로 그가 선택할 수 있는 기름 제거법임을 확신했다"(ADEC, 1993: 96; Wohlforth, 1989). 엑손 사는 겨울 폭풍이 본격적으로 시작되는 "9월 15일까지 작업을 완수할 수 있도록 약 4천 명의 인원을 고용해 찬물로 300마일의 해안선을 세척하겠다"는 계획을 제출했다(ADEC, 1993: 96). 주정부와 연방정부는 많은 야생생물이 새끼를 거느리고 찾아올 것이라고 생물학자들이 예측한 5월 15일 이전에 "대원들을 현장에 보내 효과적인 청소를 진행하라"(98)고 엑손 사를 밀어붙였다. 온수와 냉수 분출 시스템을 사용하자는 합의가 도출됐다. "엑손 사와 군대는 해변 청소대원을 지원하기 위해 바지선, 보일러, 호스, 휴대 펌프 등을 끌어들이기 시작했다. 5월 첫째 주에 해안선 청소는 전체 작업의 핵심으로 부각됐다"(120). 엑손 사에 따르면, 5월 중순에는 3천 명에 불과했던 청소대원의 수가 한창일 때는 세 배에 달했다(Harrison, 1991; Nauman, 1991).

고압온수 세척도 기름 제거에 너무 느린 방법이라는 것이 밝혀지자 엑손 사는 주정부와 환경청으로부터 코렉시트 9580M2를 필두로 한 화학 세척제 ― 분산제 ― 를 시험할 수 있는 권한을 넘겨받았고, 시민이 반대하자 '생물 정화'라는 기만적인 이름으로 모습을 감춘 이니폴 EAP22를 시험하기 시작했다. 두 가지는 모두 엑손 사의 제품으로, 공업용 용제를 포함하고 있다.

청소작업 ― 또는 코도바와 기름에 오염된 21곳의 다른 지역에서는 '돈 유출'이라고 불렀다 ― 은 기름 유출 자체보다 프린스윌리엄사운드의 야생동물과 서식지, 청소작업자의 육체적 건강, 거주민의 정신적 건강 등에 더 오랫동안 피해를 입힐 수 있는 비극이었다.

맹세 지키기

1993년 프린스윌리엄사운드에서 곱사송어와 청어 어장이 파괴된 후 나는 에너지와 재능을 기름 유출로 인한 경제와 환경 문제에 쏟을 때라고 생각했다. '내 고장에서 발생한 문제조차 해결할 수 없다면 어떻게 주 전체에서 발생하는 쟁점을 제대로 다룰 수 있단 말인가?' 나는 내 배의 절반을 고기잡이 동료이자 친구들에게 팔고 CDFU와 알래스카 어민연합 이사직에서 물러났다.

그런 다음 나는 두 곳의 비영리단체의 설립을 도왔다. 하나는 국부(國富)의 지속 가능한 사용을 통해 침체된 국가 경제를 재건하는 데 지역 주민의 참여를 촉진하는 단체였고, 다른 하나는 내가 CDFU와 함께 시작했던 일을 계속 해나가기 위해 만든 단체였다. 두 번째 단체인 알래스카 환경책임 포럼(Alaska Forum for Environmental Responsibility: AFER)은 점차로 석유회사(특히 TAPS 소유주들)가 시민의 건강, 작업자의 안전, 환경 등을 보호하는 법을 준수하도록 하는 문제로 관심사를 좁혀나갔다. AFER의 지원으로 나는 엑손 밸디즈 호의 기름 유출이 미친 사회적·경제적·환경적 영향을 5년에 걸쳐 탐구해나갔다.

그 탐구의 결과는 두 권의 책에 실려 있다. 그중 첫 번째는, 엑손 밸디즈 호의 기름 유출이 남긴 '유산'에 초점을 맞추고 그것이 어떻게 생겨났는지를 서술한 연대기인 바로 이 책이다. 엑손 사의 기름 유출은 놀라운 진실을 이해하기 위한 중요한 통로이다. 기름은 이제까지 생각했던 것보다 사람과 환경에 훨씬 더 많은 독성을 내뿜는다. 이 책은 원유의 특정 성분인 다환방향족탄화수소(polycyclic [or polynuclear] aromatic hydrocarbons: PAHs)가 21세기의 DDT가 될 수 있음을 보여주고 있다. 만약 자각한 시민으로서 석유에 대한 의존성이 뜻하는 바를 공중보건 및 환경에 대한 위험의 관점에서 제대로 인식하고 이를 해결하려는 생각을 품고 있다면, 여러분은 이 책의 말미에서 변화를 위한 제안을 만나볼 수 있을 것이다.

두 번째 책인『충분해! 엑손 밸디즈 호 기름 유출의 유산에 비용 지불하기(Enough! Paying for the Legacy of the Exxon Valdez Oil Spill)』(2007)는 어촌인 코도바에서 기름 유출이 미친 사회적·경제적·정치적 차원의 다양한 효과와 가해자— 엑손 사, TAPS 석유회사, 주정부와 연방정부 등— 에 초점을 맞추고 있다. 강조하건대, 엑손 사의 기름 유출은 더 큰 진실을 말해주고 있다. 즉, 생명에 관한 문제와 마찬가지로 정치적·법률적·경제적·사회적 시스템을 우리 힘으로 통제하고자 한다면 기업이 아닌 시민의 요구를 맨 앞에 두어야 한다.

이 책을 위해 자신이 겪은 이야기를 공유해준 많은 분들에게 한 약속을 지키기 위해 언급해야 할 것이 있다. 이 책에 실린 의견은 그들 자신의 것으로 그들이 일했거나 일하고 있는 부서, 정부기관, 단체의 의견과 반드시 일치하지는 않는다. 또한 나는 문장을 매끄럽게 다듬기 위해 간혹 내용을 조금씩 바꾸었다. 물론 내용의 사실 자체를 왜곡하지는 않았다.

병든 작업자들

다환방향족탄화수소를 포함하고 있는 연무와 에어로졸은
원리적으로 암을 일으킬 수 있는 위험 물질이다.

_John Park and Michael Holliday (1999).

제1부_1

대재앙의 시작

제1장

청소작업자,
위험에 빠지다

수면 위 대응 기간의 작업자 안전과 건강 문제

맨 처음 기름 유출의 대응에 나선 이들은 어부였다. 사고 발생 후 아홉 시간이 지난 다음 비행기를 타고 좌초된 유조선 위를 나는 동안, 나는 암흑 천지로 변해버린 수면 위로 소용돌이치며 상승하는 푸른 아지랑이 — 공기 속으로 증발하고 있던 방향족탄화수소 —를 보았다. 탄화수소의 악취는 너무도 강력하여 비행기를 탄 우리의 머리와 위장을 온통 뒤집어놓았다. 고도를 높이고 나서야 우리는 간신히 악취에서 벗어날 수 있었다. 나는 닷새 동안 밸디즈에 머물면서 '기름 유출 대응'이라고 태평하게 이름 붙여진 초기 혼란의 일부를 목격했다.

두통, 메스꺼움, 현기증 그리고 궁여지책

초기 기름 유출 대응을 책임지고 있었던 알예스카와 엑손 사는 첫날 아침 내가 밸디즈에 도착하기 이전에 기름띠가 퍼져나가는 앞부분에 5만 갤런의 분산제를 투입할 것을 해안경비대에 공식 요청했다(ADEC, 1993: 60). 사전에 허용된 분산제 지침에 따르면, 1구역에서조차 분산제를 사용하려면 그 효율성을 먼저 입증해 보여야 한다. 해안경비대는 시험을 승인했지만 전체 규모의 적용은 아니었다. 그 이유는 기상조건이 너무 고요했던 관계로 분산제와 기름이 섞이지 않아서 기름띠를 분산시킬 수 없었고, 설상가상으로 알예스카가 분무 장비를 갖추지 못했기 때문이었다. 알예스카는 분산제를 양동이에 담아 헬리콥터로 나를 계획이었다.

자포자기의 심정으로 나는 하버드대학교의 짐 버틀러 교수에게 전화를 걸어 조언을 구했다. 버틀러는 국가연구위원회(NRC)의 분산제 재평가연구 책임자였다. 그는 "막대한 기름 유출에 따른 분산제의 사용과 효과에 대한 평가들이 거의 가설에 불과할 뿐이라는 점을 명심해야 한다. 주로 실험실 자료와 몇 차례에 걸친 소규모 시험에 근거하고 있기 때문이다. 어느 누구도 이런 대규모 기름 유출을 성공적으로 다뤄본 적이 없다"고 말했다.

석유업체들이 분산제의 화학적 성질을 제대로 모르고 있었다는 사실이 밝혀졌다. 기름 유출이 있고 나서 여러 날 동안 녹음된 알예스카 비상센터의 내선 통화 녹취록이 상당량 공개됐다.[1] 앵커리지 공항에 분산제 코렉시트 9527을 운반한 유조차 운전수가 유조차 청소방법을 묻는 전화를 걸어왔을 때 알예스카의 과학자 딕 미켈슨은 어떻게 대답해야 할지 모르고 있었다. 그는 "우리가 지금 말하고 있는 것은 수십만 갤런에 달하는 엄청난 양의 물질이다. 그것을 프린스윌리엄사운드 전역에 뿌리려 한다. 그러니 독성이 그렇게 강할 수는 없는 노릇 아니겠는가"라고 말했다. 그는 유조차 운전자에게 이렇게 통보했다. "물을 사분의 삼 정도 채우고 삼십 분

---

1) 알예스카의 과학자들과 다른 사람들의 대화가 녹음된 이 녹취록에는 분산제 코렉시트 9527이 야생생물에 독성을 내뿜는지, 그것이 수용성인지, 오염된 장비를 어떻게 청소할 것인지 등에 대한 질문이 들어 있다(APSC, 1989: KWY001042402-409).

에서 사십오 분 정도 운전하고 난 후 그 망할 것을 하수구에 버려라"(APSC, 1989; KWY001042402- 403).

엑손 사의 분산제 전문가 고든 린드블룸도 하수구를 이용한 처분을 전화로 승낙해주었다. 그는 이렇게 조언했다. "그건 표면활성제이다. 그걸 [도시 하수체계에] 직접 콸콸 쏟아버리려고 하는 건 아니겠지요?……시간을 두고 천천히 버린다면 괜찮을 것이다"(APSC, 1989; KWY001042534-535).

미켈슨은 물질안전보건자료를 쓱 훑어보고는 읊조렸다. "'수로에 정화되지 않은 물질을 버리지 마라'고 적혀 있다"(APSC, 1989; KWY001042403). 알예스카가 그 지역의 가장 큰 수로 —프린스윌리엄사운드—에 '정화되지 않은 물질'을 버리고 싶어 한다는 사실과 그 자료에 나와 있는 경고 사이의 아이러니가 미켈슨에게는 별다른 의미로 다가오지 않았던 것 같다.

해안경비대는 분산제의 효과를 확신하지 못했지만 사흘 동안 세 차례 시험할 수 있도록 허가해주었다(Lethcoe and Nurnberger, 1989). 그때 알예스카는 적절한 분무장치를 갖춘 C-130 비행기를 가져왔지만 시기를 놓쳤다. 강력한 봄 폭풍이 휘몰아쳐서 기름을 80퍼센트 이상의 물이 포함된 거품으로 만들어놓았다. 기름 거품은 강풍에 밀려 사운드를 가로질러 연안지대와 조간대의 서식지로 몰려들었다. 기름의 상태 때문에 분산제 효과가 매우 제한적이었음에도 불구하고 엑손 사는 1구역과 유조선 근처의 2구역에 많은 양의 분산제를 투입했다. 그 과정에서 엑손 밸디즈 호의 갑판에 그리고 해안경비대원과 유조선 선원에게 분산제를 끼얹었다.

절망스럽게도 엑손 사는 3구역인 나이트 섬 수로에서 기름오염이 가장 심한 곳에 분산제를 사용할 수 있게 해달라고 승인을 요청했다. 주정부는 엑손 사의 요청을 거부했다. "엑손 사는 1구역에 분산제 코렉시트 9527을 정확하고 효과적으로 살포할 수 있는 능력을 보여주는 데 실패했다. 따라서 주정부는 3구역에서의 분산제 사용을 승인할 수 없다"(Lamoreaux and Baker, 1989). 승인 거부와 폭풍으로 말미암아 수면 위의 대응 전략으로 분산제 사용은 중단되었지만 화학물질의 사용 여부를 둘러싼 논쟁은 계속되었고, 해안선 청소작업이 진행되는 동안 뒤늦게 다시 쟁점으로 떠올랐다.

분산제 논쟁이 격렬했던 3월 25일 오후 9시경 엑손 사는 구즈 섬 근처에 있는 비교적 규모가 작은 기름띠(1만 2천에서 1만 5천 갤런의 규모)를 대상으로 연소 시험을 실시했다. 이 기름띠는 좌초된 유조선에서는 꽤 멀리 떨어져 있었지만 그로부터 10마일 밖에 있는 타티트렉 마을은 역풍이 불어 영향권에 포함됐다(ADEC, 1993: 56). 다음 날 아침 타티트렉 마을에서 온 두 명의 알래스카 원주민은 밸디즈 항의 부둣가를 함께 걸으면서 나에게 마을 사람들이 아프고 길거리에서 토하고 있다고 전해주었다.

나는 그 사실을 쉽게 믿을 수 없었다. "여러분에게 엑손 사에서 연소 시험을 한다는 사실을 미리 알리지 않았나요? 임산부와 아이들은 미리 다른 곳으로 보냈나요? 이 물질은 독성을 띠고 있어요!"

그러자 한 사람이 몸을 돌리더니 선착장으로 뛰어가서 급히 소형 보트에 몸을 싣고는 떠나버렸다. 남아 있던 다른 사람이 슬픈 표정으로 말했다. "그의 아내가 임신 중이에요."

나중에 원주민들이 물었다. "그곳에서의 발병은 누구 책임인가? 우리를 소개시키지 않은 책임은 누가 져야 하나?" 원주민들의 질문은 대답 없는 메아리처럼 무시되었고, 그들에 대한 소개는 결코 이루어지지 않았다. 증상에 대한 치료도 전혀 이루어지지 않았다. 더 이상의 연소 작업은 없었다. 사흘째 되는 날 저녁에 분 폭풍으로 사전에 그 가능성이 차단당했기 때문이다.[2]

알예스카와 엑손 사가 연소와 분산제를 이용한 대응법을 실험하고 있

---

2) Alaska Oil Spill Commission, 1990: IV(25일) 10, IV(26일) 11; Sims 1989: 95. 심한 두통과 구토의 유발에 더해 프루도 만 원유를 대상으로 한 연소 시험에서는 기름과 잔류물질 모두 돌연변이를 유발한다는 사실이 밝혀졌다(Georghiou, 1989).

는 동안 어부들은 블라이 암초에 접근해 유출된 기름을 가둘 수 있도록 유조선 주변에 차단막을 치려고 했다. 하지만 헛된 시도였다. 일부 사람들은 메스꺼움과 현기증을 호소했다. 유조선 근처의 공기에 두텁게 깔려 있는 기름 증기에 과도하게 노출되었을 때 나타나는 전형적인 증상이었다. 초기의 현장 작업자들은 알예스카로부터 아무런 보호장비를 지원받지 못했고 기름과 증기가 자신의 건강에 심각한 위협을 줄 수 있다는 사실을 전혀 전달받지 못했다(APSC, 1989; KWY001043337; Hill, 1989).

폭풍이 모든 것을 바꿔놓았다. 엑손 사의 관심은 수면 위의 기름을 기계적으로 수거하는 것으로 옮아갔다. 나는 고기잡이 동료와 함께 엑손 사의 청소작업에는 참여하지 않기로 결정했다. 그 대신 나중에 청소작업에 참여했던 사람들로부터 경험담을 수집했다.

피부발진과 두통

코도바의 어부 린 숀은 어촌 가정에서 자랐고 16살에 어부와 결혼했다(Weidman, 2001). 그녀는 대부분의 삶을 사운드에서 자망으로 물고기를 잡고 예인망을 치고 소형 선박으로 실어 나르며(통조림 공장에 물고기를 납품하기 위해) 보냈다. 기름 유출에 대한 그녀의 대응은 "이미 벌어진 일을 처리하기 위해 현장에 가는 것이었다. 우리는 청어잡이를 할 수 없다는 것을 알았고, 연어가 오기 전에 기름을 치워야 한다는 것도 알고 있었다. 우리가 진짜 그것을 치워 없앨 수 있다고 믿었다."

그녀의 남편인 스킵 숀은 곧바로 청어잡이 선구를 내려놓고 소형 함대 — 사우밀 만에 있는 연어 부화장으로 기름이 흘러들어오는 것을 막으려는 어선과 스포츠낚시 배들로 이루어진 함대 — 에 참여했다. 린 숀은 정기여객선이 기름 유출 청소에 재배치되기 이전인 4월 3일 어린 딸을 와실라에 있는 학교에서 데리고 나와 마지막 코도바행 알래스카 주 정기여객선에 올라탔다. 코도바는 알래스카 도로체계에서 벗어나 있다. 여객선의 갑판에서 그녀는 '평범한 새와 동물'을 보곤 했는데, 그때는 "아무것도 없었다. 완전한 고요만이 있을 뿐이었다." 그녀는 코도바의 친척집에 딸을 맡기고 엑손 사를 대행하는 CDFU 사무실로 가 청소 계약서에 사인을 하고 4월 5일 남편과 합류하기 위해 사우밀 만에 있는 자신의 배 뉴어드벤처 호로 갔다.

그다음 달까지 숀 부부와 선원 두 명은 사운드의 남서쪽에 위치한 엘링턴, 라토츠, 나이트 섬 수로에서 알래스카 주 정기여객선을 따라다니면서 일을 했다. 그 여객선은 죽거나 다친 야생동물을 거둬들이는 소형 함대 선원을 위한 생활공간으로 사용되고 있었다. 숀 부부는 알래스카 환경보호부(Alaska Department of Environmental Conservation: ADEC)의 레스 리더베리와 여러 사람들로부터 지시를 받았다. 그들은 숀 부부가 사우밀 만에 있는 연어 부화장을 지키는 일을 주정부와 함께했기 때문에 주정부와 계약을 맺고 있다고 생각했다. 그들의 임무는 소형 선박과 자망선에 연료를 공급해주고 죽어가는 바다수달에게 호스피스를 제공하는 것이었다. 죽은 수달과 새들은 여객선으로 보내졌지만, 린 숀은 "여객선은 너저분한 장소였다. 기자들이 떼로 몰려 있었다. 우리는 수달을 조용하고 편안함이 깃든 안전한 장소로 보냈다. 그곳은 플래시 불빛과 재잘거림, 소음, 이 모든 것에서 멀찍이 떨어져 있었다"고 말했다.

뉴어드벤처 호에서 성소를 찾았던 다른 사람들도 있다. "저 밖에 있는 기자들의 관심을 끄는 것이 좋은 일이라고 생각할지 모르겠지만, 이렇게 폐허를 보는 것이 정신적으로 매우 큰 고통일 때 당신의 얼굴에 카메라를 들이대는 것은 너무도 야만적인 행위일 뿐이다.……저 밖에 있는 수다쟁이들은 프린스윌리엄사운드에 처음으로 온 사람들이다. 계속 여기에 있었던 사람들은 말을 할 수 없다. 그들의 마음은 이미 황폐해졌다"고 린 숀은 말했다.

뉴어드벤처 호가 엘리너 섬을 향해 북쪽으로 나가면서 일할 때 린 숀은 건강에 이상을 느끼기 시작했다. 그녀는 사우밀 만 안쪽의 크랩 만에 처음

들어갈 때 유출된 원유에서 나는 구역질나는 냄새를 기억하고 있었지만, 그 냄새는 뉴어드벤처 호와 선원들이 더 북쪽 지역에서 접하게 된 것에 비하면 아무것도 아니었다. 그녀는 "물에 떠 있는 기름의 악취와 두께는 역겨움을 자아냈다. 모든 바위와 해변이 온통 기름을 뒤집어썼고, 그곳에서는 기름 냄새가 빠져나갈 구멍이 없었다. 엘리너 섬에 도착한 지 약 이틀 후부터 가슴에 발진이 생겼고 두통이 왔다. 그 섬의 끝에서 머물러 있던 기간 내내 나는 기분이 좋지 않았다.……기름이 직접 몸을 관통하는 것 같은 느낌이었다. 맛이 느껴지고 냄새가 나는 것 같았다. 그것에서 도망칠 수 없었다. 내 몸은 그것을 좋아하지 않았다. 그것은 확실했다"라고 말했다.

린 숀은 자신의 건강에만 문제가 있는 것이 아님을 눈치 챘다. "모든 소형 선박 선원들이 두통, 눈 충혈, 기침 등으로 지쳐 있었다." 그녀는 여객선에 머물고 있던 소형 선박 선원들로부터 선박과 해변에서 일하던 초기 작업자들 중 일부가 단 며칠을 버티지 못하고 치료를 받으러 병원으로 후송됐다는 이야기를 전해 들었다. 소형 선박 선원들 중 어느 누구도 장갑이나 마스크를 착용한 사람이 없었다. 우비를 입고 있는 것이 전부였다.

점차 엑손 사와 베코 사 — 엑손 사와 계약을 맺은 가장 큰 청소업체 — 가 초기의 혼란을 정리하면서 청소작업에 주도권을 행사하기 시작하자 뉴어드벤처 호는 사실상 엑손 사의 전용선이 됐다. 그 배는 코도바로 되돌아갔고 그곳에서 다시 명령을 받아 베코 사를 위해 일하도록 밸디즈로 보내졌다. 린 숀의 두통과 가슴의 발진은 청소작업을 시작한 지 한 달 후인 5월 1일 코도바로 돌아갔을 때 깨끗하게 없어졌다. "나는 의사에게 가슴의 발진을 검진 받으려 했지만, 그때는 가라앉아서 아무것도 보이지 않았다. 나는 그것이 사라져버렸기 때문에 기분이 매우 좋았다."

뉴어드벤처 호의 새로운 임무는 사운드에 머물고 있는 선박에 화물과 보급품을 제공하는 일이었다. 남편인 스킵이 쿠퍼 강 출어 준비를 위해 코도바에 머물렀기 때문에 린 숀이 선장이었다. 그녀는 새로운 임무를 "아무런 쓸모가 없는 짓"이라고 말했다. "우리의 배는 자망선과 비교했을 때 매우 느렸다. 우리는 그린 섬에 팩스 종이 네 롤과 잡화 한 상자를 배달하는 일과 같이 정말로 멍청한 짓을 지시받았다. 우리 배의 길이가 무려 47피트(약 14미터)인데도 말이다." 정말로 그녀를 화나게 만든 것은 베코 사가 그들에게 목적지를 지정해주지도 않고 사운드로 가라고 명령했을 때였다. 그녀는 베코 사가 "해안경비대나 엑손 사가 주요 인물을 비행기에 태우고 상공을 날고 있는 동안 바삐 일하고 있는 것처럼 시늉해주기를 원한다"고 느꼈다. "베코 사는 할 일 없이 항구에 머물지 못하게 했다."

린 숀이 너무 자주 엔진을 멈추거나 시늉내기를 계속하는 것을 거부하자 베코 사는 뉴어드벤처 호를 엘리너 섬과 나이트 섬 주변의 기름 폐기물 처리반에 배정했다. 그녀는 이렇게 말했다. "그곳은 지옥이었다. 우리는 기름이 뒤덮인 해변 가까이 뉴어드벤처 호를 접안했다. 분무기와 물속의 슬러지에서 연무가 피어올랐다. 기름은 주변으로 그냥 흩어질 뿐이었다. 냄새는 유출 초기만큼 여전히 나빴다. 그런 악조건에서 우리는 기름에 쩐 쓰레기봉지를 수거했다. 폐기물 ― 대부분이 썩고 있는 푸쿠스(갈색의 해초)와 기름에 쩐 흡수 패드 ― 을 쓰레기봉지에 담아서 운반했는데, 안팎으로 기름이 묻어 있었다. 나는 우비를 입고 있었는데, 계속 입고 있어서 우비 전체가 기름으로 얼룩져 있었다. 첫 주가 지나자 기름이 묻지 않은 옷은 바닥이 나고 말았다. 쓰레기봉지는 큰 배가 와서 거둬가기 전까지 며칠 동안이나 햇빛이 내려쬐는 갑판 위에 놓아둘 수밖에 없었다. 그런 뒤 밸디즈 항이나 코디악 항에 있는 소각장으로 운반됐다. 봉지에서는 코를 찌르는 악취가 났다. 그것은 상당히 지저분한 일이었다."

린 숀은 폐기물 처리반에서 일하면서 다시 발진, 두통, 눈 충혈을 경험했다. "지옥을 보는 것 같았다. 모든 사람들이 그랬다. 나만 그런 게 아니었다."

6월 초순 그녀는 청소 계약을 끝마쳤기 때문에 다시 예인망 작업에 착수할 수 있었다. 코도바로 돌아왔을 때 그녀의 두통, 발진, 기타 징후는 다시 깨끗해졌다. 린 슌은 징후가 사라졌기 때문에 의사에게 진찰을 받지 않았으며, 자신의 건강 문제를 엑손 사와 베코 사 그리고 주정부에 알리지 않았다. 그녀는 청소작업을 시작한 지 61일 후에서야 작업자들이 작업에 투입되기 전에 유해폐기물 교육을 네 시간씩 받게 되어 있다는 사실을 알게 됐다. 린 슌은 자신의 건강을 손상시킬 수 있는 위험한 화학물질에 과도하게 노출되어 있었다는 기분 나쁜 느낌을 떨쳐버릴 수 없었다.

보건전문가의 경고

건강 문제는 꽤 빠르고 폭넓게 퍼졌기 때문에 의사와 노동지원단체가 1989년 4월이라는 꽤 이른 시기부터 주목하고 경고음을 발하고 있었다. 스탠더드 알래스카의 의료책임자였던 로버트 리그는 "보호장비를 갖추지 않은 (또는 부적절한 보호장비를 갖춘) 상태에서 원유를 비롯한 석유화학 부산물에 노출된 경우 작업자에게 신경학적 변화(두뇌 손상), 피부 장애(암을 포함), 간 및 콩팥 손상, 기타 장기의 암, 합병증 등이 발생한다는 것은 잘 알려진 사실이다. 단기적 증상 ― 피부발진, 메스꺼움, 현기증, 호흡기 증상 등 ― 은 노출과 독성에 대한 초기 단계의 신호에 불과할 뿐이며, 보다 심각한 장기적 피해를 반드시 예방해야 한다"라고 경고했다. 그는 "인체의 고통, 질병과 질환이라는 형태로 나타날 수 있는 심각한 비극을 피하려면 해변에서 또한 프린스윌리엄사운드에서" 청소작업자들을 물러나게 하라고 권고했다(Rigg, 1989).

알래스카 주 검찰총장이었던 존 하브록은 이렇게 경고했다. "엑손 사와 그 계약사들이 주정부를 대신해서 복구 작업을 계속 맡도록 해서는 안 된다. 사람을 친 음주 운전자에게 치료의 형태, 의사의 고용, 치료법을 결정하는 것과 같은 중요한 일을 맡기지는 않을 것이다"(CFS, 1989: 1[26]).

전문가의 경고에도 불구하고 알래스카 주는 알래스카 보건사회복지부에서 마련한 공중보건에 관한 두 가지 자문에서 청소작업자의 건강 위험을 과소평가했다(1989a; 1989b). 청소작업이 유해폐기물 처리과정이라고 규정한 첫 번째 자문 — 나중에야 알래스카 노동부가 이를 공표했다 — 에는 이런 내용이 담겨 있었다. "공기 흡입에 따른 건강상의 부작용은 없다. 청소작업 기간에 기름에 심하게 노출된 작업자가 가장 위험하지만, 그 위험은 상당히 낮은 수준이기 때문에 유해폐기물 규정대로 적절한 훈련을 받고 개인 보호장비를 갖추기만 하면 청소작업을 계속해도 좋다. 작업자는 자신의 건강이 악화되지 않을 것이라는 점을 확신해도 좋다"(Stuart, 1989: 2).

북미노동자국제연맹에서 온 파견단은 주정부 공무원에게 행동에 나설 것을 촉구했다. 파견단은 원유가 "독성을 띠고 있고 유해하다"는 점을 지적하면서 접촉에 의한 피부암, 벤젠 흡입에 따른 백혈병, 온수 살포에서 발생하는 기름-물 에어로졸로 말미암은 호흡기 손상 등과 같은 건강 위험을 나열했다(Phillips, 1999). 또한 파견단은 중추신경계, 간, 콩팥, 혈액 장애 등과 같은 장기적이고 만성적 피해에 따른 위험도 지적했다. 파견단의 대표인 에울라 빙험 — 카터 행정부에서 직업안전보건을 담당한 노동부 차관을 역임 — 은 주정부에 청소작업이 유해폐기물 처리과정임을 공표하라고 촉구하는 동시에 독자적으로 작업자의 화학물질에 대한 노출 정도를 조사할 것을 제안했다.

엑손 사 간부와 심각한 논쟁을 벌인 후 알래스카 노동부는 입장을 바꿔서 청소작업이 유해폐기물 처리과정이라고 선언했다. 이것은 엑손 사가 작업자를 적절하게 교육하고 보호하는 것이 필수사항에 속한다는 뜻이었다. 빙험의 파견단은 직업안전보건청 기준에 따라 작업자는 장기적 건강 문제의 위험을 최소화하기 위해 원유를 비롯한 화학물질의 취급법을 40시간 이상 교육 받아야 한다고 주장했다. 엑손 사는 청소가 여름 내내 계속될 것을 인정했지만 청소작업의 긴급성을 핑계로 4시간 교육으로 축소할 것을 제안했다. 주정부는 엑손 사의 요청을 받아들였다. 국립직업안전보건연구소(National Institute of Occupational Safety and Health: NIOSH) 관리는 4시간짜

리 교육이 적절하다고 봤지만, 실제로는 독성물질의 취급 훈련에 약간의
시간만 할애되고 있었다(NIOSH, 1991; Stuart, 1989; VECO, 1989).

　그러나 교육용 비디오를 본 사람들은 동의하지 않았다. 직업보건과 법
적권리재단(Occupational Health and Legal Rights Foundation)의 맷 길렌은 이 교육
이 연방 규정에 따른 작업자의 알권리를 위반했다고 주장했다. "그들은 타
르 성분에 독성이 없다고 말하고 있지만 그것은 사실이 아니다. 그것은 피
부암을 유발할 수 있다"(Lamming, 1989b). 워싱턴 대학교의 직업보건클리닉
의 내과의사 스콧 반하트도 관심을 보였다. 그는 교육 프로그램이 석유의
흡입이 메스꺼움과 현기증을 유발할 수 있음을 언급하지 않고 있으며, 백
혈병과 혈액 장애 같은 장기적 피해에 대해서는 아무런 정보도 제공하지
않고 있다고 말했다. 작업자들은 자신이 마신 증기가 유해할 정도의 양은
아니며 시간이 흐를수록 기름에서 나오는 증기의 독성이 약해질 것이라고
엑손 사가 장담했다고 언론에 말했다. 빙험의 파견단은 계속해서 작업자
들이 기름을 다룰 때 발생하는 장기적·단기적 피해를 제대로 이해하고 있
지 못하다는 점에 우려를 표했다.

　작업자들의 운명은 엑손 사와 베코 사의 손에 달려 있었다. 베코 사는
수년 동안 석유회사를 위해 일했다. 이 회사는 환경 규제에 맞서 싸우는—
그리고 무시하는—것으로 정평이 나 있었다. 1988년 환경청은 "유해폐기
물의 생성, 저장, 처분과 관련된 적절한 기록을 남기지 못한" 그리고 노스
슬로프에 위치한 유전 지원시설에서 "유해폐기물을 취급하는 데 필요한
사원 교육을 실시하고 폐기물과 관련된 작업조건을 유지하는 데 실패한"
사례로 베코 사를 들고 있다(Kelder, 1988). 보다 앞선 시기에 베코 사는 불법
적인 방식으로 피고용인에게 친(親)석유산업 그룹에 정치적으로 기여할 것
을 조장했다는 이유로 유죄를 선고받기도 했다(Keeble, 1999: 103). 베코 사의
유해폐기물 청소작업에 대한 저돌적인 태도로 수천 명에 이르는 청소작업
자들의 건강이 위험에 내몰렸다.

해안선 청소: 알래스카를 구하려 애쓰면서 죽이는 일

기름 유출이 발생한 첫 주 동안 약 800명이 청소작업을 위해 고용됐다. 그리고 한 달 동안 약 3천 명이 고용됐다. 엑손 사가 해안선 정화작업에 속도를 내자 그 수는 9천 명 그리고 1만 1천 명을 넘어섰다(Harrison, 1991). 하지만 아무리 많은 작업자를 투입해도 열악한 기상조건을 이겨낼 수 있도록 설계된 효율성 높은 장비가 없다면 유출된 기름을 완벽하게 제거하기란 불가능했다. 그런데 이런 종류의 장비란 존재하지 않는다. 제2부에서 살펴보겠지만, 오히려 작업자들은 예민한 서식지와 야생생물에 더 큰 피해만 안겼다(Davidson, 1990: 195-196).

우선권: 작업자의 안전이냐 '수마일의 해변'이냐

5월 말에 이르자 기름 유출 청소작업은 전국에서 날마다 텔레비전으로 방영되는 대규모 기업 홍보전의 양상을 띠고 있었다. 베코 사의 관리자는 그 상황을 이렇게 압축적으로 표현했다. "엑손 사는 자신의 이미지를 살리고자 한다. 베코 사는 그 파이의 한 조각을 얻고자 한다. 우리에게 진짜로 필요한 것은 기름 유출 전문 청소업체라는 점의 부각이다"(Davidson, 1990: 190). 그 당시 베코 사는 그리 탁월한 전문 청소업체가 아니었지만 엑손 사는 해변에서 이루어진 베코 사의 활동에 만족하고 있었다. 엑손 사는 날마다 "아주 구체적으로 동원된 선박의 수, 관련된 작업자의 수, 다양한 형태의 청소장비와 보일러 그리고 최종적으로 제거작업을 마친 수마일의 해변"을 발표할 수 있었다(ADEC, 1993: 120).

'수마일의 해변'은 청소 진척 정도의 기준으로 자리 잡았지만 베코 사와 동원된 작업자는 설렁설렁 일하고 있었다. 베코 사의 현장 책임자들은 언론 매체에 실상을 있는 그대로 밝히는 작업자에게 화를 내며 몰아세웠고, 심지어 그들을 해고하기도 했다. 그런 다음 현장 책임자들은 진행과정에 대해 거짓말을 했다(Davidson, 1990: 189-190). ADEC의 보고에 따르면 "어떤 현장 책임자는 실제로 현장에서는 기름 1배럴과 기름에 쩐 푸쿠스가 든 쓰레기봉지 20개를 치웠을 뿐인데, ADEC 팀원에게 기름 8배럴과 쓰레기봉지 40개를 치운 것으로 보고했다고 알려줬다"(CFS, 1989: 1[58]).

ADEC 감시요원들은 "본부에 보고하는 '수마일의 진척'과 맞지 않는 청소 진행 상황"을 발견했다. "진척 상황 보고에 등장하는 '수마일의 해변'이 제대로 청소된 것이 아닐 수 있으며, 해변에서 흘러나온 기름이 전부 수거된 것도 아니었다"(ADEC, 1992; 1993: 122). 여름이 다가오자 엑손 사는 '청소된 해변'에서 '처리된 해변'으로 용어를 바꾸었는데, ADEC는 해변 '청소(cleanup)'가 '깨끗한(clean)'이라는 의미에 걸맞게 효과적으로 이루어지지 않았을 것이라고 주장했다.

에드 머거트는 ADEC의 청소 감시요원이었다. 그는 44세로 책임감이 강하고 원격지에서의 작업 경험이 풍부했다. 4월 중순 대학원을 막 졸업한 그는 데날리 호에 배치됐다. 이 배는 나이트 섬 수로에서 접근 가능한 해변을 중심으로 작업했다. 다행스럽게도 두 명의 ADEC 감시요원이 승선해 그에게 간략한 오리엔테이션을 해주었다. 그의 임무는 나이트 군도에서 동쪽으로는 스미스 섬까지, 남쪽으로는 라토츠 섬과 엘링턴 섬까지 청소 대원들이 정해진 작업 계획에 따라 해변으로 쏟아져 들어오는 기름을 수거하는지 살펴보는 일이었다. 일은 단순해 보였다. 하지만 그는 곧 그 일이 그렇게 단순하지 않다는 사실을 깨달았다(Moggert, 2001).

모거트는 소형 선박을 타고 수백 마일을 항해하면서 여름 내내 일주일에 7일 동안 12시간에서 14시간 일했다. 4월 베코 사는 작업자들을 6개 작업 팀으로 조직했는데, 각 팀의 규모는 해변 작업자 수와 관리자의 위계에 따라 달랐다. 그는 몇몇 해변 대원은 꾸준히 일을 잘 해내고 있지만, 일부는 그렇지 않다는 것을 발견했다. 해변에서 빠져나오는 기름을 가두기 위해 설치된 붐(boom)을 바로잡는 일은 조류로 어려움에 처할 수 있다. 썰물 때 붐은 조류를 따라 바다로 빠져나가야 한다. 그렇지 못하면 붐은 바닷물이 빠져나간 해안에 남아 꼼짝할 수 없게 되어 제 기능을 할 수 없다. 계속 기름을 붙잡아 두고 있어야 하는 붐은 밀물과 썰물이 바뀌면서 제대로 기능을 하지 못하는 수가 있다. 머거트가 엑손 사와 베코 사의 관리자에게 게으름을 피우는 작업자의 명단을 반복해서 보고하자 회사는 그들을 야간조에 재배치시켰다. 그는 자신의 근무시간을 쪼개어 그들을 야간에도 계속 감시했다. 그는 자신과 다른 ADEC 감시요원의 존재가 베코 사와 엑손 사의 청소작업 방식에 변화를 불러왔다고 믿고 있다.

머거트는 베코 사와 엑손 사의 하급 관리자 대부분은 매우 진지하게 맡은 일을 처리하고 있음을 알 수 있었다. 그는 알래스카 외부에서 온 일부 관리자들에게 기름에 오염되지 않은 해변을 보여주었다. 그들은 피해의 규모에 비해 청소작업이 턱없이 부족하다는 것을 깨닫고 더욱 부지런히 움직였다. 그러나 상층 관리자와 최고위층 책임자들은 "출세주의자에 불과했다. 검은 것을 희다고 말할 수 있을 정도였다." 어느 날 엑손 사의 관리자가 작은 몸집의 원주민 노파가 양손에 가득 찬 쓰레기봉지를 들고 경사진 해변을 가로질러 가는 것을 보고는 봉지마다 석유 1배럴씩 들어 있다고 말했다. 그러자 머거트가 응수했다. "참 튼튼한 노파네요. 양손에 오백 파운드(약 226킬로그램)씩 들고 있다니!"

베코 사의 속 보이는 숫자놀음은 주정부와 연방정부의 관심사가 전혀 아니었다. 베코 사는 고압온수가 저압냉수보다 훨씬 빠르게 해변에서 기름을 제거할 수 있다는 것을 알아냈다. 엑손 사는 해양경비대와 주정부를 설득해 해안 청소에 고압온수 세척 방식을 쓸 수 있게 승인받았다. 이 방법이 해양 생물에 더 많은 피해를 입힐 수 있다는 자사 소속 과학자들의 경고는 무시됐다(제13장 참조).

국립해양대기청(National Oceanic & Atmospheric Administration: NOAA)의 과학자들도 고압온수 세척이 해변 생물을 삶는 결과를 가져오기 때문에 초기

의 기름오염에서 살아남을 정도로 저항력이 강한 동식물조차 죽게 할 것
이라고 경고했다(Associated Press, 1991; Wohlforth, 1990a). 해변에 다시 서식지
를 만들어 생태계를 회복할 수 있게 만드는 생물조차 남지 않은 까닭에
'처리된' 해변은 그대로 놓아둔 해변보다 회복속도가 느릴 것이다(ADEC,
1993: 63-64). 더욱이 고압온수 세척은 미세 퇴적물(암분[巖粉]과 미세 퇴적물과
세균이 뭉친 느슨한 솜털 모양의 덩어리인 플록)과 기름을 뒤섞어놓는 결과를
낳는데, 이로 말미암아 해변에서 밀려나온 기름이 오염에서 벗어나 있었
던 더 예민한 지역으로 [퇴적물과 함께] 가라앉을 수 있다. 엑손 사의 과학자
들은 이것을 기름에 오염된 해변의 '자연 정화'과정이라고 주장했다(Bragg
and Yang, 1995). 하지만 공익 대변 과학자들은 미세 퇴적물이 엑손 밸디즈
호의 기름을 홍합이나 다른 생물 — 물을 여과해 미립자를 음식으로 취하는 생
물 — 로 전달하는 주요 통로로 작용함으로써 체내에 축적될 수 있다고 주
장했다(Houghton and Elbert, 1991; Juday and Foster, 1990).

7월 시애틀에서 열린 기름 유출 관련 학술대회에서 증기 정화의 승인과
청소작업 감독의 최종 책임자인 해안경비대 부사령관 클레이드 로빈스는
이렇게 물었다. "해변을 구하고자 하면서 해변에 얼마나 큰 손상을 입히길
원하는가? 나는 알래스카를 구하기 위해 알래스카를 죽인 사람이라는 평
가를 받길 원치 않는다"(Robbins, 1989: 2-3). NOAA 과학자들은 "기름 유출에
대한 최고의 대응법은 아무것도 하지 않는 것일 수 있다"고 주장했다(ADEC,
1993: 64). '아무것도'는 엑손 사에게 바람직한 선택이 아니었다. 청소작업
은 정치적 이유로 멈출 수 없었다. 그것은 스스로 움직였다.

결과야 어찌됐든 일단 해변에서 기름을 씻어내야만 하는 절박한 상황
에서 엑손 사는 기름 제거에 속도를 낼 수 있는 화학제품을 현장에서 시험
할 수 있는 길을 찾았다(제6장 참조). 엑손 사의 코렉시트 9580M2 — 케로신
기반 산업 용제 — 는 과학자들 사이에 우려를 자아냈는데, 그것이 기름을
분해한 다음 분해물을 퇴적층에 전달함으로써 생태계 피해를 가중시킬 수

있다고 판단했기 때문이다(ADEC, 1993: 69). 엑손 사, 해안경비대, NOAA, 어민 모두 이 사실을 알고 있었다. 이런 이유로 연안지대와 조간대에서의 분산제 사용을 금지하고 있었다.

납중독 폐와 호흡기 문제

에드 머거트는 코렉시트 9580M2를 처음 시험한 7월 24일 나이트 섬의 정북에 위치한 디스크 섬에서 ADEC 감시요원으로 활동하고 있었다(CFS, 1989: 2[14]). 그는 그날 쌀쌀하고 바람이 없는 가운데 안개비가 내렸다고 기억하고 있다. 먼저 그 화학물질이 해변에 뿌려졌고, 일정한 시간이 지난 후 고압온수 세척이 이루어졌다. 낮게 안개가 깔리면서 세척과정에서 생긴 연무가 해변에 있는 모든 사람을 감쌌다. 아무도 그것을 피할 수 없었다

ADEC 감시요원은 유해폐기물 청소에 대해 어떤 교육도 받은 적이 없지만 머거트는 본능적으로 바람이 불어오는 방향으로 서서 고압온수 세척에서 발생하는 마취 성분의 연무 밖에 머물고자 했다. 그는 연무를 의심하고 있었는데, 청소작업자들이 일을 시작한 4월부터 계속 얼굴 보호장비와 방독면을 요청했기 때문이었다. 그는 베코 사와 엑손 사의 관리자에게 작업자의 청원을 알렸지만 그런 장비는 한 번도 지급되지 않았다.

디스크 섬에서 이루어진 분산제 시험에서 방독면을 쓴 사람은 아무도 없었다. 그날 저녁 머거트는 폐가 묵직하고 화끈거리는 느낌을 받았다. 다음 날 해변으로 나간 그는 디스크 섬의 코렉시트 시험에 함께했던 청소작업자의 수가 크게 줄었다는 사실을 발견했다. 그는 베코 사의 관리자인 페리 윌리엄스에게 무슨 일이냐고 물었다. 윌리엄스는 14명인가 15명의 작업자에게 '의료 휴가'를 줄 수밖에 없었다고 대답했다. 이듬해 봄 그는 엑손 사가 디스크 섬에서 코렉시트 시험을 한 후 청소작업자들에게 향후 엑손 사를 상대로 한 모든 건강 관련 청구권을 포기하도록 했다는 사실을 알게 됐다. 엑손 사는 청구권 포기의 대가로 작업자에게 각각 600달러 50센

<그림 1-1> 청소작업자에게 건강 피해 면책을 위한 엑손 사의 서류

PARTIAL RELEASE

FOR AND IN CONSIDERATION of the sum of ___________*************600 DOLLARS AND 50 CENTS Dollars ($______******600.50_____) paid to the undersigned, receipt of which is hereby acknowledged, and intending to be legally bound hereby, the undersigned ABSOLUTELY AND IRREVOCABLY RELEASES AND DISCHARGES, Exxon Corporation, Exxon Shipping Company, their directors, officers, employees and agents, and the M/V EXXON VALDEZ, its officers and crew, from any and all claims, demands and causes of action of every kind and character, whether known or unknown, for any and all damages and claims that have been or may be sustained by the undersigned prior to and including the date of this release, and arising out of or in association with the incident involving the M/V EXXON VALDEZ on March 24, 1989, including any oil-containment or clean-up procedures that followed. The undersigned expressly excepts and reserves all claims, demands and causes of action that arise after the date of this release.

The sum stated above is accepted by the undersigned in full settlement of the claim described above. The undersigned understands that this sum was agreed upon as compromise settlement and is not an admission of liability by any party. In further consideration of the payment stated above, the undersigned hereby assigns, sells, transfers and subrogates to Exxon Corporation, without limitation, any and all rights, claims, interests and causes of action known or unknown for Exxon Corporation's own use and benefit, that the undersigned has or may have in respect to the claims described above against any person, corporation or governmental agency, including any liability fund that may be available for the payment of damage claims; by so doing, the undersigned gives Exxon Corporation full power and authority, for Exxon Corporation's own use and benefit, and on such terms and conditions as Exxon Corporation may deem reasonable in the exercise of its sole discretion, to litigate, compromise, settle or otherwise dispose of, in the name of the undersigned or otherwise, any claims described above, including the power and authority to release and discharge, in the name of the undersigned or otherwise, any persons, corporations or governmental agencies.

Executed this ________ day of _______________, 1990.

Witness: _______________________

S. S. No. :
Check No. :
Check Date:
Claim No. :

Signature ___________________

Printed Name ________________

____

Address ___________________

출처: ADOL·AWCB, 1992a; Exxon, 1989c.

트를 지불했다(<그림 1-1> 참조. Exxon, 1989c).

디스크 섬의 코렉시트 시험 직후 머거트는 '밸디즈 잡병(Valdez Crud)'—이 용어는 베코 사 의사들이 두통, 따끔거리는 목, 비강(鼻腔) 감염, 기침 등을 포함하는 기름 유출과 관련된 다양한 증상을 묘사하기 위해 사용했다—때문에 건강이 악화되었고 그 후 완전히 회복되지 않았다. 그해 가을 머거트는 밸디즈의 한 철물점에서 우연히 페리 윌리엄스를 봤다. '수척하고 등이 굽고 혈색이 창백한 이 사람을 어떻게 기름 유출 청소 때 알게 된 다부진 전직 권투선수라고 생각할 수 있단 말인가?' 윌리엄스는 기름 제거작업에 참여한 후부터 건강이 악화된 것은 알았지만, 뭐가 잘못된 것인지는 미처 알지 못했다. 머거트가 디스크 섬 해변에서 자신에게 그리고 모든 사람에게 무슨 일이 일어났는지를 밝혀내는 데 무려 10년이 걸렸다.

2주 후 스미스 섬에서 코렉시트 9580M2의 대규모 현장 시험이 재개됐다. 스미스 섬의 청소작업자들은 그 물질을 해변에 뿌리길 거부했는데 용기에 '물고기에 유해하다'는 표시가 있었기 때문이다. 해변 대원 전체가 해고되었고 명령을 따르는 대원으로 교체됐다(Wells and McCoy, 1989). 현장 시험 과정에서 ADEC 감시요원은 붐 주위를 배로 달리는 베코 사의 계약자들을 붙잡았는데, 그들은 소형 어선의 프로펠러를 이용해 붐 밑으로 새어나오는 눈에 잘 안 띄는 적갈색 용제 플룸(깃털 모양의 기둥)을 숨기려 하고 있었다(ADEC, 1993: 70). 엑손 사는 기름-용제 혼합물이 암분과 뒤섞이면서 부력을 잃었다고 주장했다. 하지만 암분이 없는 상태에서 행해진 실험실 시험에서도 화학 분산제는 수면 밑으로 갈색 플룸을 발생시켰다. 결국 공공의 반대와 해양 생물의 안전에 대한 불확실성으로(CFS, 1989: 2[20], 2[24]a), 코렉시트 9580M2의 대규모 사용에 대한 승인을 내려지지 않았다(CFS, 1989: 2[24]b). 그러나 엑손 사는 승인이 내려져야 한다는 입장에서 한발도 물러서지 않았다(ADEC, 1993: 71; U.S. Coast Guard, 1993: 135, 350).

통제

엑손 사는 병을 얻은 작업자에 대한 정보를 통제하기 위해 엄격한 절차를 마련했다. 또한 엑손 사와 그 계약사들은 독자적으로 작업자의 건강과 노출 정도를 파악하려는 연방 및 주 감시기관의 임무를 방해했다. 엑손 사는 유해폐기물 청소작업의 감독을 책임지고 있는 연방기관인 NIOSH나 북미노동자국제연맹 사람들이 작업자에게 접근하는 것을 허락하지 않았다(NIOSH, 1991: 30; Philips, 1999). NIOSH 직원은 원래 계획대로 체계적이고 기록에 근거한 작업자의 환경 및 건강에 대한 현장 평가가 불가능하게 되자 엑손 사의 노출 조사 자료와 임상 자료에 의존할 수밖에 없었다. 하지만 여름이 끝났을 때 엑손 사와 베코 사는 자신들의 기록을 연방정부에 공개하는 것을 거부했다. NIOSH 직원은 기록을 확보하기 위해 엑손 사나 베코 사를 소환하지 않았는데, 소송을 진행하기에는 인원이 턱없이 부족했기 때문이었다.

에울라 빙험은 북미노동자국제연맹에서 온 파견단과 함께 연방정부를 비판했다. "솔직히 말해 정부는 좀 더 공격적이어야 했다. 그러나 정부는 그대로 접고 말았다"(Phillips, 1999). 이제 병든 작업자는 스스로를 지킬 수밖에 없게 됐다.

하나의 끝과 많은 것들의 시작

질질 끄는 기름, 지속되는 위험

엑손 사가 설정한 청소 마감일은 겨울 폭풍이 닥치기 전인 9월 15일이었다. 마지막 청소 주간 동안 엑손 사는 홍보에 진력했다. 엑손 사의 회장 로렌스 라울은 사운드 해안을 둘러보고 이렇게 선언했다. "많은 이들이 프린스윌리엄사운드와 알래스카 만의 수백 마일이 확실히 깨끗해졌다고 생각하게 됐다. 피해가 가장 컸던 해변에는 여러 번에 걸친 청소작업에도 불구하고 기름이 일부 남아 있기 하지만, 이 지역은 환경적으로 안정되었고 어류나 야생생물에 대한 위험은 더 이상 없다"(CFS, 1989: 2[39]).

사운드의 거주자와 청소 참여자는 잘 알고 있었다. 해변 청소대원 한 사람이 나이트 섬 저지대에 위치한 헬렌 곶에서 철수하기 직전에 어느 정도 깊이까지 '깨끗해졌는지' 알아보려고 해변에 실험용 구멍을 파보았다. 성긴 자갈땅인 까닭에 금세 깊이 4피트(1.2미터)에 폭 8피트(1.6미터)의 웅덩이를 파서 바닥에 여러 명이 서 있을 정도가 됐다. ADEC 감시요원인 머거트는 다공질 해변의 바닥에서 새어나온 기름이 웅덩이를 채우는 것을 볼 수 있었다. 눈 깜짝할 사이에 웅덩이 속에 들어간 사람들이 신은 고무장화 높이(18인치)까지 석유가 차올랐다. 안전을 위해 사람들은 급히 웅덩이에서 빠져나왔다.

종합적이고 장기적인 연구만이 잔류 기름이 어류와 야생생물에 미치는 장기적 위험의 구체적 내용을 말해줄 수 있을 것이다. 또한 사운드 자체가 기름 유출이 해양 생태계에 미치는 10년 이상의 장기적 피해를 드러내 보여줄 것이다. 사운드의 느린 회복을 조사했던 어부, 원주민, 과학자들이 알게 된 사실은 이 책의 제2부에서 만날 수 있을 것이다.

약 1,800명의 사람들이 기름 유출과 관련된 부상과 질병으로 알래스카 노동자보상위원회에 청구 서류를 제출해놓고 있다(ADOL, 1990a). 머거트도 그중 한 사람이다. 이 청구이 성격과 출처, 병든 작업자가 겪은 일에 대해서는 제6장에서 다루고 있다.

몇몇 청소작업자는 '유해 불법행위'에 대한 소송 — 화학물질로 발생한 손상에 대한 개별적인 손해보상 소송 — 을 청구했다. 그러나 일부는 재판 결과를 보지 못한 채 죽었고 나머지 사람들도 서서히 진행되는 건강 악화를 경험하고 있다. 병든 작업자의 대부분은 자신의 병이 청소작업과 관련되어 있을 것이라고 생각조차 해본 적이 없어서 청구나 소송을 제기하지 못했다. 무엇보다 엑손 사와 베코 사가 반복해서 "다만 제대로 된 장비만 갖춘다면 기름이 안전"하다고 말했기 때문이었다(Moeller 1989). 병든 작업자들의 이야기는 이어지는 제2~10장에서 펼쳐질 것이다.

몇 가지 통계

1989년의 청소작업이 끝날 무렵 엑손 사에서 연속해서 발표한 자료에 따르면, 회사가 고용한 총인원은 1만 1천 명 이상이었고, 고용인의 총 노동시간은 2,100만 시간에 달했다(ADOL, 1990a). 엑손 사는 청소작업자의 45퍼센트가 '기름 유출 대응 기술자'라고 보고했는데, 그들은 직접 해변의 기름을 처리하거나 인접한 앞바다에서 소형 어선을 타고 제거작업을 했으며 붐을 관리하기도 했다(Carpenter, Dragnich and Smith, 1991). 작업자의 19퍼센트는 '지원선 대원'으로, 숀 부부가 몰았던 뉴어드벤처 호 같은 재공급과 쓰레기처리용 선박이 포함되어 있다. 또한 약 9퍼센트는 '해안 선박 대원'으로 접근이 불가능한 해안에서 배를 이용해 청소했다(나머지 27퍼센트는 보안, 호텔 서비스, 계약 관리자, 지원 업무 등이었다). 다음 장에서 살펴보겠지만, 이들 중 일부는 건강 문제와 청소작업에 관한 이야기를 공유하고 있다.

NOAA 과학자들의 추산에 따르면, 1989년의 청소작업으로 회수된 기름의 양은 유출된 기름의 약 14퍼센트에 달했는데, 수면 위의 대응으로 8~9퍼센트, 해안 청소로 5~6퍼센트를 회수했다(Spies et al., 1996). 하지만 나는 이 수치조차 엑손 사의 통계 — 유출된 양과 회수된 기름 양을 둘러싼 — 에 기초했다는 점에서 매우 우호적으로 계산한 결과라고 생각한다. 예를 들어 3,500만 배럴의 유출량을 기준으로 했을 때 엑손 사가 자체 조사한 기름의 회수율은 4퍼센트를 조금 상회할 뿐이다.

엑손 사는 2년에 걸쳐 제한적으로 청소작업을 지속하다가 1992년 완전히 종료했다. 막대한 피해를 입힌 고압온수 세척은 1989년 이후에는 거의 행해지지 않았다. '생물정화'가 1990년과 1991년 이루어진 주요한 화학처리법이었다(Mearns, 1996). 제6장과 제7장은 이니폴(청소에 사용되었던 엑손 사의 제품)을 사용했거나 그것에 노출된 작업자의 이야기와 건강에 미친 영향에 초점을 맞추고 있다.

청소작업에서 이익 얻기

기름 유출로 훼손된 엑손 사의 이미지 회복에 앞장섰던 베코 사는 그 대가를 톡톡히 챙겼다(ADN, 1990; Tyson, 1990). 청소작업에서만 8억 달러의 수익을 올렸는데, 그중 4퍼센트(3,200만 달러)는 비용추가 청소 계약에서 나온 수익금이었다(Keeble, 1990: 103). 베코 사는 그 후에도 여러 해 동안 엑손 사의 이미지 제고에 힘을 쏟았다. 베코 사는 청소작업에서 얻은 수익으로 1989년 10월 알래스카 주에서 두 번째로 큰 신문인 ≪앵커리지 타임스≫를 손에 넣었고, 신문사에서 손을 떼기 전 3년 동안 기름 유출 청소작업을 집중 보도했다(Frost, 1989). "석유회사가 소유하고 있는 강력한 신문이 (기름에 관한 쟁점에서) 공정하고 충실하게 보도할 것이라고 예상하는 것은 교황의 바티칸 신문이 낙태 문제를 공정하게 다루기를 바라는 것과 같은 일"이라고 ≪워싱턴 포스트≫ 기자였던 대중매체 비평가 벤 바그디키안이 논평했다(Postman, 1989).

엑손 사는 청소작업에 들어간 현금 지출 중 많은 액수를 보상받은 것으로 드러났다. 엑손 사는 청소작업에 22억 달러를 지출했다고 주장한다. 그러나 엑손 사의 식원들은 회사가 세금 감면, 소송, 상환 등의 방법으로 이 비용 중 얼마를 회수했는지 입 다물고 있다. ≪댈러스 모닝 뉴스≫에 실린 탐사보도에 따르면, 엑손 사는 1994년 이전에 기름 유출 관련 지출 비용 중 28억 달러 이상을 감면받았다(Curriden, 1999). (엑손 사가 수입의 약 24퍼센트를 세금으로 낸다는 점을 고려하면 이것은 직접세 약 6억 7천만 달러를 절약하는 효과이다.) 1997년에 이르러 엑손 사는 보험사를 윽박질러 약 12억 달러의 청소비용을 회수했다(Curriden, 1999).3) 엑손 사가 두 수치 사이의 관계를 공개적으로 분명하게 언급한 적은 없지만, 청소비용의 절반 이상을 회수한 것은 분명해 보인다.

---

3) 처음에 엑손 사는 이자를 포함한 청소비용으로 8억 5천만 달러를 청구했다(Freemantle, 1995). 하지만 나중에 보험회사가 나쁜 의도로 청구를 거부했다며 3배에 달하는 25억 달러를 청구했다. 소송은 텍사스 주 댈러스의 법정에서 이뤄졌다. 런던의 로이드 사와 100개의 보험회사들은 뉴욕 법원에 맞소송을 제기했는데, 엑손 사가 문제 해결에 적극 나서지 않았으며(4억 달러에 상당한다), 기름 유출이 엑손 사의 의도된 부정행위 — 이것은 보험 계약의 범위를 넘어선 것이다 — 에서 비롯됐다고 주장했다(ADN staff, 1996; Dragoo, 1996; Mibank, 1994).

제2장

엑손 사의 대책:
없음

2001년 나는 앵커리지에 본부를 둔 비영리단체인 알래스카 독성저항행동(Alaska Community Action on Toxics: ACAT)의 팜 밀러에게 엑손 사의 청소작업자가 겪는 만성적 건강 문제를 파헤치려는 AFER의 노력을 도와달라고 요청했다(Tip 4 참조). 그 과정에서 우리는 승리로 끝난 유해 불법행위에 따른 청구소송인 '스터블필드 대 엑손 사'(1994) 판례를 알게 됐다. 이 소송이 승리한 이유는 세 가지이다. 첫째, 의뢰인에게 헌신적인 훌륭한 변호사가 있었고, 둘째, 화학물질 과민증이라는 지뢰를 피할 수 있었으며(제3장), 셋째, 엑손 사의 직업안전관리 프로그램의 실패를 밝혀낼 수 있었다.

이 장에서는 '스터블필드 대 엑손 사' 유해 불법행위 청구소송에서 전문가 증언에 나섰던 의학박사 다니엘 테이텔바움이 지적한 엑손 사의 직업안전관리 프로그램이 놓친 다섯 가지 핵심 요소를 살펴보고자 한다. NIOSH의 「건강 위해 평가 보고서」를 작성한 연방 조사관들은 이와 동일한 요소 중 일부만 다뤘다. 우리는 엑손 사의 직업안전관리 프로그램이 '중간 가로대가 많이 사라진 사다리' 같다는 사실을 깨달았다. 그것은 업무에 적합하지 않을 뿐만 아니라 실제로 작업자를 해로운 길로 안내한 후 방치해버렸다.
(저자 노트 이 장에서의 인용 글과 기타 정보에 따라붙는 괄호 안의 숫자는 1994년
테이텔바움 증언 조서의 쪽수이다. 그 외의 인용은 출처를 밝혔다.)

Tip 4

협동작업: ACAT와 AFER

알래스카 독성저항행동(ACAT)은 1997년에 설립된 주 단위 단체로 환경
보건과 그 정의의 실현을 목표로 삼고 있다. ACAT는 환경 및 공동체의 건
강을 옹호함으로써 정의를 굳건히 하고자 한다. 누구나 깨끗한 공기, 깨끗
한 물, 독성이 없는 음식을 누릴 권리가 있다. ACAT는 산업과 군대에서 배
출되는 유독성 물질을 제거하고, 공동체의 알권리를 확보하고, 사전예방원
칙에 충실한 정책을 실현하고, 원주민의 권리와 주권을 뒷받침하기 위해 애
쓴다. ACAT는 화학약품 때문에 재해를 당한 노동자와 군인의 요구에 발맞
춰 환경 보건에 대한 정보와 법적·의학적 지원을 제공한다. ACAT는 군사적
독성 및 보건, 북부지방의 오염물질과 보건, 살충제에 대한 알권리, 수질 보
호 등을 주요 활동영역으로 삼고 있다. 보다 구체적인 정보는 ACAT의 웹사
이트(www.akaction.org)를 방문하면 볼 수 있다.

알래스카 환경책임포럼(AFER)은 1994년 알래스카 횡단송유관망(TAPS)을
소유·운영하는 석유회사들과 보안업체인 와켄후트 사가 민간인과 공무원
을 상대로 비밀 감시 작전을 수행한 사건에 대한 소송 없는 합의에서 나온
민간 후원과 자금 지원으로 설립됐다(U.S. Congress, House, 1991b; 1992). AFER
는 기업과 정부가 환경보호 관련 법을 준수하도록 압력을 행사하고, 안전하
고 보복 없는 작업장을 제공하고, 최신 과학에 기반을 둔 공공교육을 촉구
한다. AFER은 TAPS 석유회사와 정부의 규제기관에 대한 시민 감시를 제공
하는 데 초점을 맞추고 있다. TAPS에 대한 역사적 정보 그리고 AFER의 독
자적 평가와 보고는 www.alaskaforum.org에 있다.

사라진 가로대 1: 기본적 통제권 확보의 실패

산업의학 전공의인 테이텔바움은 문제해결사이다. 그는 화학물질 누출과 비행기 충돌사고에 대응하는 직업안전관리 프로그램을 짰다. 그는 수백 번 이상에 걸쳐 병든 작업자들과 함께 여러 날 동안 지내면서 질병의 화학적 원인을 밝혀내서 문제를 바로잡는 일을 했다. 테이텔바움은 산업의학을 "직업에 미치는 건강의 영향과 건강에 미치는 직업의 영향"으로 정의한다(107). '건강에 미치는 직업의 영향'을 다루고자 하는 적절한 직업안전관리 프로그램은 다음의 조건을 만족해야 한다. 즉, 프로그램은 빈틈없이 설계되어야 하고, 직업과 관련된 부상과 질병에 대처할 수 있도록 전문의를 고용해야 하고, 관련 화학물질을 제대로 다룰 수 있도록 작업자를 교육해야 하며, 건강 문제를 최소화하기 위해 발 빠른 대응에 나서도록 해야 한다. 또한 직업안전관리 프로그램은 작업자의 육체적 능력과 건강이 해당 업무에 적합한지를 확인할 수 있는 사전 신체검사와 직무내용 설명서 같은 요소를 포함하고 있어야 한다.

산업의학 책임의사의 부재

테이텔바움은 '기본적 통제권 확보의 실패'를 이유로 엑손 사의 직업안전관리 프로그램을 비판했다. 산업의학적 조직구조의 형성에 결정적인 문제가 있다는 것이었다. 그는 이런 문제를 폭넓게 지적해왔고, 화학물질 누출에 대응하고자 군대와 같은 강력한 조직을 구축한 경험이 있었다. "대규모 재난이 발생했을 때 우리는 산업보건과 안전관리 프로그램을…… 책임질 수 있는 사람과 함께해야 한다"(102).

산업의학 책임의사는 즉각적인 환자 치료, 기록 보존, 환자 분류 등을 책임지고, 질병의 발생, 건강 문제, 현장의 위험 등을 최소화할 수 있도록 자금과 자원의 우선순위를 결정하고 배분하는 일을 한다(107). 현장 선별

작업의 성공은 아프거나 부상당한 환자가 소수에 불과하며 질병이 발생 초기에 신속하게 통제됐다는 점을 통해 확인할 수 있다. 작업자들은 적절한 진찰을 통해 치료를 받을 수 있고 작업장에는 안전조치가 취해지기 때문이다.

직업안전관리 프로그램을 이끌 수 있는 산업의학 전문의를 고용하는 대신 엑손 사는 (주계약사인 베코 사를 통해) 응급실 의사를 고용했다. 테이텔바움은 6~9월에는 '더 이상의 응급상황'이 없었다고 강조했다(141). 응급실 의사는 직업과 관련된 건강 문제를 가려낼 수 있는 훈련을 받지 않는다. 핵심적 선별 능력도 갖추지 못한 상태에서 모든 질병을 파악하고 대응하려는 엑손 사의 직업안전관리 프로그램의 역량은 보잘것없었다.

자격을 깆춘 산업의학 진문의가 없있딘 관계로 엑손 사의 직입인진관리 프로그램은 실패하고 말았다. 그것은 마치 산업의학 책임의사이라는 '차장'을 둔 기차와 그렇지 않은 기차가 처할 운명과 유사하다. 엑손 사의 의료 팀은 잘못된 기차에 올라탔고 잘못된 정거장을 거친 결과 자생력을 갖춘 직업안전관리 프로그램이라는 목적지에 결코 다다를 수 없었다. 엑손 사의 기차 — 직업안전관리 프로그램 — 는 교묘한 속임수 속에서 그 모습을 드러냈다.

오류투성이의 조직체계

테이텔바움의 견해에 따르면, 산업의학 프로그램에서 적절한 조직체계에 대한 확고한 기준은 존재하지 않는다. 예를 들어, 1만 명 이상의 작업자가 참여한 정화작업의 경우 "나라면 한 명의 책임의사와 그를 보좌하는 네 명의 산업의학 의사를 둬서 이천오백 명당 한 명꼴로 배치할 것이다. 그리고 두 명의 간호사와 한 명의 산업위생사를 각 팀에 배당하고……안전요원들, 그렇게 해서 모든 해변과 교대조에서 응급조치를 취할 수 있는 구급의료기사나 자격증을 갖춘 안전요원의 도움을 받을 수 있도록 했을 것이다. 이렇게 해야 제대로 된 조직체계를 갖췄다고 할 수 있다"(109).

더욱이 그는 산업의학 책임의사와 핵심적인 보건의료 종사자가 반드시 청소작업 진행 기간 동안 현장에 머물러 있어야 했다고 주장했다. 그래야만 발생하는 건강 문제를 체계적으로 이해할 수 있고 작업자에게 제때에 질 높은 서비스를 일관되게 제공할 수 있기 때문이다(117-120).

그는 계속해서 엑손 사의 직업안전관리 프로그램은 "제 기능을 발휘하지 못했다"고 강조했다. 엑손 사의 프로그램은 산업위생사에 의해 관리되었는데 그들은 "순환근무 형태로 하도급계약을 맺었다. 따라서 그들은 실태를 제대로 파악할 수 없었고 긴급한 현안에 대처하기 위해 필요한 자원·실험시설·장비 등을 끌어들일 수도 없었다. 그리고 [위생사들에게는] 주요 책임자 또는 의료 담당자에게 보고할 수 있는 계통이 마련되어 있지 않았다. 만약 그런 계통이 갖춰져 있었다면 인체 건강에 미치는 영향과 산업위생 환경의 쟁점을 함께 다룰 수 있었을 것이다"(99-100). 엑손 사의 안전관리 프로그램은 효과적이지도 않았는데, 보건의료 제공업자가 연속되는 비디오보다는 시간적 간격을 두고 찍힌 일련의 사진을 통해 복잡한 문제를 이해하고자 했기 때문이다.

테이텔바움은 부적절한 직업안전관리 프로그램의 책임이 엑손 사에 있음을 직설적으로 언급했다. "엑손 사는 막강한 의료부서를 갖춘 매우 정교한 회사이다. 엑손 사가 일만 일천 명의 작업자를 현장에 투입하면서 적절한 의료체계를 지원하지 않았다는 것은 상상하기조차 힘들다. 도저히 믿기 힘든 사실이다"(137-138).

작업자에게 미친 영향

테이텔바움은 엑손 사의 약점투성이 직업안전관리 프로그램 때문에 자신의 의뢰인이 병을 얻었다고 확신했다. 만약 작업 환경을 잘 아는 산업의학 전문의가 게리 스터블필드를 치료했다면 사정이 달라졌을 것이라는 말이다. 전문의였으면 그의 건강 문제가 디젤 배기가스와 기름 연무의 과다 흡입에서 비롯됐음을 파악하고 환자를 도왔을 것이기 때문이었다.

상황은 정반대로 흘러갔다. 스터블필드는 앵커리지 병원을 찾았지만 그곳에서 제대로 된 치료를 받지 못했다. 앵커리지 병원의 의사는 산업환경에 대한 훈련을 받은 적이 없었서 건강에 대한 직업의 영향을 제대로 이해할 수 없었다. 스터블필드는 병의 악화를 막을 수 있는 방독면 착용이나 환기 같은 조치를 전혀 받지 못한 채 발병 환경과 똑같은 상태로 다시 일을 해야만 했다(110-113, 117-118).

테이텔바움은 엑손 사의 잘못된 직업안전관리 프로그램 때문에 병든 사람이 스터블필드만은 아닐 것이라고 확신했다. '호흡기 전염병'이 출현했다고 해도 과언이 아닐 정도로 상기도 감염 — 기도 상층부의 감염 — 의 발병률이 높기 때문이었다(113). 작업자의 절반을 넘어서는 6,722명의 사례가 보고됐다(Exxon, 1989b). 산업의학 전문의가 있었다면 문제의 심각성을, 특히 상기도 감염이 전염병처럼 발병했음을 알아차렸을 것이다. 의사는 선임 위생사와 면담을 통해 발병 원인인 노출 문제를 찾아내서 개선하도록 조치했을 것이고, 현장 작업자와 힘을 합쳐 상황을 개선해나갔을 것이다. 산업의학 책임의사가 없는 관계로 직업안전관리 프로그램은 산발적으로 실행되었고 그 결과 수천 명의 작업자가 병을 얻고 말았다(107-109, 113).

테이텔바움은 호흡기 질병의 원인은 차치하더라도 질병 파악과 문제 해결에 거의 아무런 노력도 기울이지 않았다는 이유로 엑손 사와 그 직업안전관리 프로그램을 비판했다. 엑손 사는 청소작업 기간 동안 매주 수백 명의 작업자를 질병에 걸리도록 방치했다. 훌륭한 산업위생 프로그램이 마련되어 있었다면 며칠 또는 2주일 내에 문제의 소재를 파악하고 개선할 수 있었을 텐데 엑손 사의 프로그램은 "문제를 파악하고 대응하기 위해 설계된 것이 아니었다"(111-112).

사라진 가로대 2: 종합적인 산업위생계획의 부재

훌륭한 산업위생계획은 작업 현장에서의 화학오염물질에 의한 노출을 감시하고, 발병을 예방하거나 차단하고, 만성적 질병 위험을 최소화하기 위해 상해와 질병 관련 보고를 추적할 수 있도록 설계되어야 한다. 재난대응 프로그램의 본질적인 환자 분류 절차는 산업위생계획의 좋고 나쁨에 달려 있다. 또한 환자 분류 절차는 산업위생계획의 효과적 실행과 지속적 감독 여부에 달려 있다. 즉, 계획이 있고 나서야 실행이 이루어진다.

테이텔바움에 따르면, 엑손 사 직업안전관리 프로그램의 또 다른 "본질적 실패는 종합적인 산업위생 프로그램 개발의 실패에 따른 것이다"(98-99). 엑손 사의 직업안전관리 프로그램에서는 "일관되고 효과적인 산업위생……프로그램이 실행되지" 않았다(102). 그는 잘못된 가정과 설계, 부적절한 검사, 품질보증/품질관리의 부재, 발병을 억제하는 예방적 치료계획의 부재 등을 이유로 엑손 사의 프로그램에 문제가 있다고 비판했다.

잘못된 가정과 설계

엑손 사의 산업위생계획은 작업자가 처한 기름 유출에 따른 통념적인 두 가지 주요 노출 위험을 가정하고 있다. 즉, 풍화과정을 거친 원유의 피부 접촉과 휘발성유기탄소(volatile organic carbons: VOCs) 또는 '기름 증기'의 흡입이다. 그러나 엑손 사, 연방 및 주정부의 건강감시요원, 노동조합 대표 등은 모두 석유에서 발생한 휘발성 화합물질이 공기 속으로 빠르게 증발해 흩어져버릴 것으로 예측했다. 1989년 연방 공무원이 유해폐기물 교육시간을 40시간에서 4시간으로 줄일 수 있도록 허가해준 것은 이런 이유가 크게 작용했기 때문이었다. 엑손 사는 해당 화합물질의 노출이 작업자에게 미치는 영향을 평가하고 기름 증기가 예상대로 빨리 흩어지는가를 확인하고자 기름 증기 샘플을 채취했다.

그러나 고압온수 세척은 예상을 뒤집어놓았고 이런 가정을 무색하게 만들었다. NIOSH 조사관들은 고압 세척액이 바위에서 튀면서 기름 연무와 분진을 발생시키고, 이것이 미처 고려하지 못한 잠재적 건강상 위험을 유발했음을 알게 됐다. 연방 조사관들의 지적에 대응하고자 엑손 사는 114개의 기름 연무 샘플과 30개의 다환방향족탄화수소(PAHs) 에어로졸 샘플을 수집해 분석했다(Med Tox, 1989b; 1989c). 이런 조치가 테이텔바움이 수천 명의 작업자에게 '만연했던 경험'(76)이라고 언급했던 것 — 고압온수 세척으로 발생하는 기름 섞인 물보라 — 에 적합한 노출 위험을 정의할 수 있는 적절한 통계적 검사였는지는 대단히 의심스럽다.

한편 엑손 사는 1,611개의 기름 증기 샘플을 수집했다(Med Tox, 1989a). 이것은 공기 중 PAHs 샘플 하나당 54개에 해당하는 VOCs 샘플이었다. 이런 샘플 구성은 작업자의 노출 위험을 정확하게 반영하지 못하고 있었다. 엑손 사는 기름 증기와 같이 존재할 것 같지 않은 화합물질의 샘플 채집에는 많은 노력을 기울인 반면, 해변과 그에 접한 지역에서 거의 모든 사람이 경험했던 기름 연무와 PAHs 분진의 샘플 채취에는 별다른 관심을 두지 않았다. 테이텔바움은 엑손 사의 직업안전관리 프로그램이 유해 화학물질에 대한 작업자의 노출을 이처럼 부정확한 가정에 기초하고 있었기 때문에 '결함이 있었다'고 지적했다(101).

설상가상으로 포집된 소수의 PAHs 표본은 제대로 다뤄지지 않았다. 기름 연무 샘플에서 발견되지 않은 PAHs를 측정하고자 한다면 분진을 포집해서 PAHs만 별도로 측정해야 한다. 엑손 사는 자료 수집 절차와 관련해서 통계적 타당성을 충족시키기 위해 필요한 NIOSH 매뉴얼을 따르지 않았다. NIOSH 조사관들은 분진을 포집했지만 PAHs를 측정하지는 않았다. OSHA 직원들은 PAHs 자료를 수집할 때 낡은 장비를 사용했는데, 테이텔바움에 따르면 그것은 "형편없는 수준이었다"(125). 이렇게 그 어떤 조직도 포괄적으로 '안전하다'고 인정받을 수 있을 만큼 제대로 된 PAHs에 대한 노출 평가를 실시하지 않았던 것이다. 이 점은 청소작업자에 대해서도 마찬가지였다(125-130).

부적절한 검사

테이텔바움은 세척제나 용제가 사용된 지역에서 수집된 기름 증기 샘플이 거의 없음을 알아냈다. 엑손 사의 공기 질(質) 자료는 1,611개 VOCs 샘플 중에서 이런 작용제의 검사용으로 수집된 것은 100개 이하에 불과할 뿐임을 보여준다(Med Tox, 1989a). 그는 이것을 '놀라운 간과'라고 지적하면서 다음과 같이 말했다. "밖으로 나가서 벤젠을 찾는다. 전혀 없을 것 같은 장소와 있을 것 같은 장소에서 찾지만 그에 대한 어떠한 평가도 없다. 이것은 작업 환경의 영향 평가에서 엄청난 오류이다." 그는 "중요한……뭔가가……평가되지 않았다"(75)고 강조했다.

데콘(Decontamination unit: DECON, 오염제거 팀) 세탁 담당 직원들의 공기 중 PAHs에 대한 노출은 어느 누구도 조사 대상으로 삼지 않았다. 작업자들은 증기를 이용해 우비를 세탁했는데, 그 원리는 바위를 청소할 때 사용했던 고압온수 세척과 같은 것이었다. 비좁은 세탁실에 가득한 연무는 제5장에서 필리스 '돌리' 라 조이가 묘사하고 있는 것처럼 데콘 직원을 병들게 했다. NIOSH 조사관들은 데콘 청소 직원의 유일한 대처방식이 "세탁소의 농축된 증기를 환기시키기 위한……자연 환기(문 개방)"라는 사실을 발견했다(NIOSH, 1991: 29). 하지만 데콘 청소 직원은 춥거나 비오는 날에는 옷과 '개인 방호장비' ― 우비, 고무장화, 장갑, 안전모, 보안경, 마스크 등 ― 가 빨리 마르도록 문을 닫고 있었다. 라 조이는 연방정부와 주정부, 엑손 사의 하도급회사 그 누구도 야간근무 중 작업 현장을 감독하지 않았다고 증언했다(La Joie, 1996: 125).

NIOSH 조사관들은 여섯 프로젝트 팀(청소 직원 팀) 중 두 팀을 대상으로 데콘의 세탁작업을 평가했는데, 그나마 두 팀에 대한 평가 결과도 제각각이었다. 한 팀에서는 "개인 방호장비에 대한 세탁이 거의 이루어지지 않았다. 작업자의 작업복은 눈에 띄게 오염되어 있었다"(NIOSH, 1991: 28). 반면에 다른 팀에서는 주어진 임무가 비교적 잘 수행되고 있었다.

테이텔바움과 NIOSH 조사관은 청소 용제의 결함에 대한 조사가 없었음을 밝혀냈다. 테이텔바움의 지적대로, 엑손 사는 데콘 직원이 청소작업용 우비에 사용하는 리모넨(limonene) — 디솔브잇*의 활성 성분 — 의 초과 사용 정도를 검사하지 않았다(Phillips 1999). 이 물질에 대한 노출 여부를 측정한 적이 없다는 사실을 발견한 후 그는 이렇게 말했다. "그것은 [감독계획의] 핵심적인 결함이다. 그것은 온순한 물질이 아니다"(51). 시트로클린, 심플그린 등과 같은 다른 세척 용제도 론 스미스와 돌리 라 조이(제4장과 제5장 참조)가 묘사히듯, 작업지기 미음대로 시용할 수 있었고 그런 사실이 엑손 사의 용역업체나 정부 감독기관 어디에서도 포착되지 않았다. NIOSH의 건강 위해 평가는 이런 제품이나 용제에 대해 언급하지 않고 있다.

품질보증/품질관리 프로그램

테이텔바움은 증언 조서에서 전체 데이터의 품질관리에 문제가 있다고 진술했다. 엑손 사의 공기 질 샘플이 품질보증/품질관리 프로그램이 없는 가운데 여러 실험실에서 분석되었기 때문이었다(56). "여러분이 할 수 있는 가장 위험한 일은 실험실 간의 품질보증 프로그램 없이 여러 실험실을 이용하는 것이다"(124). 엑손 사의 1,611개 샘플을 기준으로 볼 때 "실제로 의미를 가질 수 있는 샘플 수는 매우 적다"(124). 실험실 간 품질보증 프로그램은 필수 과정으로 여러 실험실에서 이루어진 실험 절차를 보정할 수 있도록 설계되어 있다. 그런 프로그램이 없다면 여러 실험실에서 나온 결과를 서로 비교해 연관지을 수 있는 방법이 없다. 그의 말처럼 감시 프로그

---

* 디솔브잇(De-Solv-It)은 작업자의 우비 세탁에 데콘 세탁 담당 직원이 사용한 용제이다.

램은 "이런 [샘플의 검사 결과를] 함께 묶어줄 동아줄을……잃어버렸는데, 그것은 품질보증이라는 동아줄이어야만 한다"(125). 이 동아줄이 없으면 작업자의 노출 수위가 '안전하다'는 엑손 사의 주장은 의미가 없어진다.

존재하지 않는 예방치료계획

테이텔바움의 법정 증언 기록에 따르면, 엑손 밸디즈 호의 기름 유출 사건에서 청소작업이 시작된 지 5개월 동안 '일종의 호흡기 전염병'이 존재했는데 이에 대한 조사는 전혀 이루어지지 않았다(113). 제대로 된 산업위생계획이라면 예방치료계획이 마련되어 있어야 하는데, 본질적으로 발병을 최소화하기 위한 피드백이기 때문이다. 만약 엑손 사의 산업위생계획에 이런 피드백이 있었다면 산업의학 책임의사는 상기도 감염의 발병에 신경 썼을 것이다. 선임 산업위생사에게도 그 사실을 알려주었을 것이고, 그에 따라 위생사들은 현장요원과 함께 발병의 원인이 노출이라는 것을 알아내고 상황을 개선하거나 더 이상의 악화를 막기 위해 노력했을 것이다. 피드백을 통해 발병 여부를 파악하는 데는 보통 며칠에서 몇 주일이면 충분하다. 하지만 전염병은 수개월 동안이나 소리 없이 퍼져나가고 있었다(113-118).

그러나 엑손 사의 직업안전관리 프로그램에서 산업위생사는 "사용 중인 물질의 성질에 대한 적절한 정보를 제공받지 못하고 있었다." 그들은 "바위에서 튀어나온 것이……에어로졸을……발생한다"는 사실을 이해하지 못했다. 그들은 "피부에 용제를 포함하고 있는 물질 또는 2-부톡실에 탄올이 묻는다는 것이 무엇을 의미하는지" 이해하지 못했다(132-133). "리모넨이 알레르겐*이 될 수 있고 천식의 원인이 될 수 있다는 사실을 의심한 사람은 전혀 없었다.……집단생활이라는 조건이 호흡 기능과 질병의

---

* 알레르기를 일으키는 물질.

확산에 어떤 역할을 하는지 이해했던 사람도 없었던 것 같다"(134). 그들은 "디젤 연료나 다른 엔진의 배기가스에 대한 노출……또는 바닷물 분말을 품고 있는 에어로졸에 대한 노출의 의미를 전혀 알지 못했다"(154). "산업위생사는 엑손 사의 네 시간짜리 안전교육 과정도 거치지 않았다!"(133)

테이텔바움의 추론에 따르면, 해변에 있었던 위생사들은 청소작업과 관련된 건강 문제를 다룰 수 있는 특별한 훈련을 받지 않았기 때문에 "현장[위생사들]에서 산업의학 책임의사에게 피드백을 할 수 없었고, [책임자들은] 실제 상황을 파악하지 못했을 것이다. 그것은 마치 최고책임자에게로 올라가는 사다리의 가로대가 일정 부분 파괴되어 산업위생과 현장 작업자 사이의 접촉이 끊어진 것과 다름없었다"(101).

감독 당국은 '호흡기 전염병'의 발병을 포착하고 억제하고 저지하는 데 거의 아무런 관심도 기울이지 않았다. 엑손 사가 호흡기 질병과 관련해 제기된 6,722건의 청구를 주정부와 연방정부 보건공무원, 주정부와 연방정부 보상위원회, 해안경비대, 알래스카 역학자에게 보고하지 않았기 때문이다(제3장; ADOL, 1990a; Wilson, 1991). 건강 위해 평가에서 NIOSH 조사관들은 감시체제는 앞으로 부상뿐만 아니라 질병도 추적해야 한다고 제안하고 있다(NIOSH, 1991: 33). 이것은 NIOSH 조사관들이 엑손 사가 질병을 보고하지 않았음을 인식하고 있었을 가능성이 높음을 보여준다. 어쨌든 엑손 사는 작업자의 안전을 제대로 보장하지 못했다. 그 결과 수천 명의 작업자들이 병을 얻게 됐다.

사라진 가로대 3: 적절한 훈련의 결여

적절한 재난대응 직업안전관리 프로그램이란 의료 팀은 물론 작업자가 관련 화학물질을 인지하고 적절히 다루고 질병예방 차원에서 과도한 노출에 따른 증상을 인식할 수 있도록 교육하는 것이다. 앞에서 살펴봤듯이, 테이틸바움은 엑손 사가 의료 팀, 특히 작업자와 해변에 머물렀던 산업위생사에게 청소작업과 특별히 관련이 깊은 건강상의 위험을 충분히 인식할 수 있는 제대로 된 훈련을 시키지 않았다는 의견을 피력했다. 작업자의 훈련 결여에 대해서도 비슷한 의견을 내놓았다.

연방 보건공무원의 승인을 얻은 훈련 매뉴얼과 4시간짜리 비디오 교육 프로그램을 조사한 테이틸바움은 "부적절하고"(101) "완전히 실망스런"(165) 수준이라고 평가했다. 그 프로그램은 그가 앞장서서 만든 연방법의 '위험요인에 대한 알권리의 충족 기준(Hazard Communication Standard)'의 기본 요건을 충족시키지 못했다(OSHA, 1994).

이 기준의 주목적은 작업장의 유해물질에 대한 '정보를 이용할 수 있고' 작업과정에서 접하게 될 화학물질에 대해 '알권리가 있다는 사실을 작업자에게 알려주는 것'이다. 연방정부의 기준은 '무엇을 물어볼지 모를 정도로 충분히 교육받지 못한 작업자에게서 발생하는 고전적 문제를 없애기 위해' 화학물질에 대한 충분한 정보를 제공해줘야 한다고 규정하고 있다(166-167).

하지만 안전훈련 교육을 받는 엑손 사의 작업자들은 어떤 자료 — 심지어 메모지 — 도 받지 못했다. 그는 물었다. "과연 작업자가 무엇을 배울 수 있었을까요"(170). 작업자들에게 청소작업이나 사전예방 조치과정에서 화학물질의 노출에 따른 잠재적 건강 위협을 회피할 수 있도록 정보가 주어졌는지 사전 또는 사후에 전혀 확인하지 않았다.

테이틸바움은 많은 작업자가 작업에 따른 잠재적 위험에 관한 정보를 제대로 제공받지 못했다고 느꼈는데, 그들은 "어떤 위험에 노출될 수 있는지 전혀 눈치 채지 못했기" 때문이다(101-102). 예를 들면, 스터블필드는 자신이 직면했던 노출의 복잡성을 전혀 이해하지 못했다. "그는 해변에서 자신이 취급하는 물질이 독하지 않으며 옷에 묻은 기름을 제거하는 데 사용되는 물질이 무해하다는 설명을 들었지만, 그것은 사실과 달랐다. 그에게 는 물질안전보건자료나 정보 접근권이 전혀 주어지지 않았다"(166). 그와 다른 작업자들에게는 자신의 건강 문제를 보고하거나 자신의 병이 화학적 노출에서 비롯되었을 수 있다는 것을 인지할 수 있는 교육기회가 전혀 제 공되지 않았다(117-120). 테이텔바움은 "그들은 스스로를 지키기 위해 무엇 을 해야 할지 모르고 있었다. 그들은 의학자료에 대해 몰랐다. 그들이 아는 것은 아무것도 없었다"고 말했다(164-165).

청소작업자들이 건강 위험과 영향에 대한 자신의 이해 정도를 가장 잘 정리할 수 있으리라. 알래스카 주 솔도트나에 사는 데일 헤릭은 기자에게 이렇게 말했다. "나는 기름과의 접촉에 전혀 신경 쓰지 않는다. 엑손 사는 작업자들을 대상으로 검사를 실시했지만 독성 증기를 들이마시는 일은 없 었다고 결론 내렸다. 기름이 풍화되면서 그런 증기가 온화해졌기 때문이 라고 말했다. 작업자들은 원하면 방독면을 쓸 수 있었다"(Lamming, 1989b). 솔 도트나에 사는 스미스는 교육 요원이 "우리에게 팬케이크 위에 묻은 그 물 질[석유]은 먹어도 괜찮다고 말했다"고 증언했다(Phillips, 1999). 5개월 동안 기름 유출 현장에서 일했던 솔도트나 출신의 팀 로버슨은 원유나 화학물 질이 미치는 건강 위험에 관한 의학자료를 한 번도 본 적이 없다고 증언했 다. 그는 해변에 투입하기 전 작업자를 대상으로 실시해야 하는 기초 소변 검사가 불필요한 것으로 알고 있었고 방독면은 '선택사항'으로 알고 있었 다(MeDowell, 1989; Spence, 1989).

사라진 가로대 4: 프로그램 실행의 실패

프로그램 실행의 실패

재난대응을 위한 직업안전관리 프로그램을 계획하는 것과 실행에 옮기는 것은 서로 다른 차원의 일이다. 종종 일은 계획과 다르게 진행되는데, 초기 가정이 틀렸거나 엉터리라는 사실이 밝혀지면서 작업자를 보호하기 위한 조정을 필요로 하기 때문이다.

엑손 사의 청소작업은 계획대로 거의 진행되지 않았지만 실제 상황에 맞게 프로그램을 조정하려는 노력이 거의 없었다. 가장 중요한 현안은 부유하는 기름 연무와 PAHs로부터 작업자를 보호해야 하는 예상치 못한 일이었다. PAHs에 대한 공기 질 조사는 대부분 8월에 이루어졌는데, 그때는 고압온수 세척이 시작된 지 4개월이나 지난 시점으로 작업자에게 도움을 주기에는 너무 늦은 시기였다. 작업자들은 시험 결과는 물론 위험에 대한 어떤 정보도 전달받지 못했다.

엑손 사의 네 시간짜리 교육 프로그램은 방독 마스크의 사용을 권고했지만 현실은 그렇지 못했다. 장갑과 방독 마스크 등의 장비 부족은 1989년의 청소작업 전반부에는 일상적인 일이었다. 기름이 유출되고 6주가 지난 후 의회의 감시위원회 청문회에서 청소작업자 리사 존스는 이렇게 진술했다. "우리는 호스로 뿌린 물이 얼굴에 튀면 그 즉시 화끈거렸기 때문에 [방독] 마스크의 지급을 약속받았다.…… 나는 아직도 계속 두통에 시달리고 있다"(Jones, 1989: 1142-1143; Olsen, 1989; Ward, 1989).

라 조이의 법정 진술서에는 방독 마스크, 보안경, 장갑 등의 지급 상황에 대한 그녀의 경험이 기록되어 있다. 데콘 청소작업자였던 그녀는 이렇게 말했다. "우리는 잠시 방독 마스크를 써보기도 했지만 계속 쓸 수는 없었다.……이주일 만에……물건이 부족했다. 장갑과 방독 마스크가 더 이상 지급되지 않았다"(La Joie, 1996: 98, 100). 그녀는 해변 청소작업을 하면서도 방독 마스크를 구하는 데 똑같은 어려움을 겪었다. "왜 얻을 수 없는지 물었다. 그러자 [베코 사의 현장 책임자는] '글쎄, [방독 마스크가 없어] 일할 수 없다면 집으로 가라'고 말했다"(La Joie, 1996: 139). 그녀는 아침마다 "최소한 한 시간 이상 방독 마스크를 찾아다니느라"(La Joie, 1996: 151) 시간을 보냈으며, 해안 청소작업자 동료들에게 그녀가 찾아낸 방독 마스크를 주기도 했다고 말했다.

라 조이는 보호장비를 착용하는 것에 대해 "증기로 인해 앞을 볼 수 없었기 때문에 [보안경을 쓰는 것은] 문제가 많았다"(La Joie, 1996: 98)고 말했다. 다른 해변 청소작업자들도 마찬가지로 보호장비에 문제점을 느끼고 있었다. 그녀의 말에 따르면, 햇볕이 내리쬐는 날에는 우비 때문에 "사우나에 있는 꼴"(La Joie, 1996: 146)이었고, 정오쯤이면 우비를 벗고 내복, 커버롤스,* 구명복만 입은 채 분무기를 작동시켰다. "물보라가 날렸다"(La Joie, 1996: 146). 기름 찌꺼기와 연무가 '항상' 그녀의 얼굴에 그리고 이따금 눈에 튀었다. 그녀는 기름이 피부에 닿는 것을 방지하고자 '항상' 우비 밑에 타이벡 슈트**를 입도록 규정되어 있다고 말했다. 그러나 "우리는 기름 유출[청소] 기간 동안 [타이벡 수트를]……봤을 수는 있지만……아무도 그것을 입지 못했다"(La Joie, 1996:, 147).

NIOSH 조사관들은 세 곳의 현장을 방문하는 동안 다음과 같은 사실을 발견했다. "개인 보호장비의 착용은 현장마다 동일한 규정을 따르지 않고 있었다. 많은 작업자들은 장비를 제대로 갖추고 있었지만 예외도 많았다. 주로 보안경, 장갑, PVC 의복[우비]의 미착용이 관찰됐다. 많은 작업자들의 손과 손목에는 '풍화된' 원유가 묻어 있었다. 날씨가 따뜻한 기간 동안 기름 유출 대응기술자들[예를 들어 해변 청소작업자들]이 PVC 우비의 윗덮개 단추를 풀고 있는 것이 자주 목격됐다"(NIOSH, 1991: 31). NIOSH 조사관들은 보호장비를 착용하지 않아 생긴 발진 — 대개 손·손목·얼굴·목에 나타났다 — 을 치료했다고 보고한 간호사들과 이야기를 나누었다(NIOSH, 1991: 29).

테이텔바움은 다음의 사실에 주목했다. 엑손 사의 의료진은 "[청소작업

---

* 벨트가 달린 내리닫이 작업복.

** 고밀도 폴리에틸렌 섬유로 만든 방수복.

의] 초기에 일련의 가정을 가지고 있었다. 즉, 어떤 노출도 없을 것이다, 의료적 감시는 필요 없을 것이다, 사람들은 보호장비와 방독 마스크를 착용하고 차단 크림을 바를 것이다 등등. [그러나] 그런 가정들이 실제로 이루어지고 있는지 그리고 많은 곳에서 집행되지 않은 결과로 어떤 일이 발생하고 있는지 평가하려는 종합적 노력은 없었다"(Teitelbaum, 1994: 100-101). 작업자의 안전을 책임지는 사람이 아무도 없는 것이나 다름없었다.

프로그램 효과에 대한 감독 실패

일단 직업안전관리 프로그램이 수립되고 실행되면, 프로그램이 원래 계획한 대로 작업자의 건강과 안전을 효과적으로 보호하고 있는지를 정규적으로 검사해야 한다. 이를 '프로그램 효과성 검사'라 한다.

엑손 사의 직업안전관리 프로그램이 제대로 작동하지 않았음을 보여주는 많은 사례가 있다. NIOSH 조사관들에 따르면 "풍화된 원유의 피부 접촉을 지속적으로 예방하는 데 도움을 줄 수 있는 개인 장비의 세척이 제대로 이루어지지 않았다"(NIOSH, 1991: 31). 청소작업자 존스는 의회의 감시위원회에서 이렇게 진술했다. 기름에 쩐 "옷들이 바지선에 죽 널려 있었다. ……우리는 한 번도 옷을 세탁하지 못했다. 우비는 항상 더러웠고 장화는 젖어 있었다. 사흘이 지난 후에 옷을 세탁하려 했다. [하지만] 우리가 곧바로 해고될 수 있다는 이야기를 들었다"(Jones, 1989: 1142).

NIOSH 조사관들은 분산제와 이니폴을 살포하는 대원이 화학용제로부터 피부를 보호하기 위해 개인 장비를 효과적으로 사용하는지 여부를 검사하지 않았다. 그 이유는 이니폴의 사용이 연방 조사관들이 떠난 8월 이후에 본격적으로 이루어졌기 때문이다. 작업자들은 분무기 팩에 담긴 이니폴이 고무 개스킷을 녹여서 밖으로 새어나온다는 사실을 알고 있었다. 또한 그것이 자신의 우비를 녹여서 직접 피부에 닿으면 붉은색 반점이 생기고 소변에 피가 섞여 나오는 등의 문제를 야기한다는 점도 알고 있었다

(제6장과 제7장 참조). 이런 증상을 겪은 작업자는 이니폴 살포 대원에서 제외됐다. 그러나 그들은 이미 과다노출된 상태였다. 이처럼 분명하게 문제가 있었지만 엑손 사의 의료진과 현장 책임자는 작업자에게 '좋은 장비만 갖추면' 이니폴이 유해하지 않다고 반복해서 말했다(Moeller, 1989). 하지만 작업자들은 플라스틱 우비가 '좋은 장비'가 아니라는 사실을 전해 듣지 못했다.

청소작업에 대한 경험을 바탕으로 NIOSH 조사관들은 다음을 권고하고 있다. "제일선의 책임자는 작업자가 ①적절한 개인 보호장비를 지급받아 착용하고, ②개인 보호장비의 착용을 위한 적절한 절차를 교육받고, ③날마다 작업 개시 전에 각자 개인 보호장비를 점검하도록 해야 한다. 또한 개인 보호장비의 적절한 세탁·저장·검사 등을 날마다 실행할 수 있도록 책임성을 부과해야만 한다"(NIOSH, 1991: 50).

NIOSH의 이런 권고는 엑손 사 안전훈련 프로그램의 일부로 이미 수용되고 있다고 짐짓 가정되고 있었다. 하지만 엑손 사는 작업자의 안전 보호를 목적으로 설계한 프로그램이 제대로 작동하는지 여부를 제대로 감독하지 않았다.

사라진 가로대 5: 적절한 의료적 관심의 부재

푸딩의 맛은 먹어보면 알 수 있다. 모든 안전교육, 감시, 의료 전문가, 개인 보호장비 등에 대한 직업안전관리 프로그램의 진짜 시험은 작업자가 얼마나 아픈가를 살펴보는 것이다. 유해폐기물 청소작업에 관한 직업안전관리 프로그램이 이러한 시험을 통과하려면 노출 이전 시기와 청소작업과정에서 적절한 의료적 관심이 표명될 필요가 있다. 만약 엄청난 수의 작업자들이 청소작업 기간 동안 병에 걸린다면 후속적 차원의 의료적 관심이 별도로 요구된다. 엑손 사가 세 번의 시험에서 모두 낙제한 것은 작업자에게는 큰 불행이었다.

NIOSH 조사관들은 건강 위해 평가에서 직업안전관리 프로그램의 핵심적 요소를 빠뜨렸지만, 테이텔바움은 그렇지 않았다. 사전예방적인 의료적 관심에 관해 테이텔바움은 산업의학 책임의사는 고용인의 육체적 능력과 건강이 업무에 적합한지 여부를 파악하기 위한 업무 평가와 함께 채용 전 신체검사와 직무내용 설명서를 통해 '직업에 대한 건강의 영향'을 결정해야만 한다고 설명했다(139-140).

그는 스터블필드를 사례로 들고 있다. 스터블필드는 배당된 업무를 수행하기에는 육체적으로 충분하지 않았거나 사전 상태에 문제가 있었을 것이다. 물질안전보건자료에 따르면, 원유는 물론 청소작업 기간에 사용된 제품들에 노출되면 피부염, 알레르기, 천식, 혈액·간·콩팥의 질병에 약한 사람의 건강은 더 악화될 수 있다. 엑손 사는 기초적 의료 정보와 검사 절차도 거치지 않은 채 어떤 업무에 누구를 고용할지 어떻게 알 수 있었단 말인가(110-113). 테이텔바움은 작업 환경을 잘 알고 있는 산업의학 전공의라면 관련 분야에 경험이 없는 일반의사와는 달리 직업성 천식과 기타 직업 관련 질병을 훨씬 더 잘 인지할 수 있었을 것이라고 지적했다(117-118).

청소작업자에 대한 후속 의료행위가 있었다고 보기도 어렵다. 최소한 유해폐기물 정화작업이 실패로 끝났을 때조차 유출 책임자의 책임하에 법적 구속력을 갖는 종합적이고 장기적 형태의 검사를 시행하지 않았다. 나는 공중보건 조사관들이 엑손 사의 청소작업이 산업보건상 재해였다는 사실을 알고 있었을 가능성을 조사하고 있지만, 아무도 그것을 사실로 받아들이지 않고 있다(제8장 참조).

팜 밀러와 나는 엑손 사의 작업자 안전 사다리가 맨 꼭대기 바로 아래에서부터 파손됐다고 생각하는데, 그것은 보건진료 최고전문가가 청소작업에서 발생할 수 있는 화학적 질병을 파악하고 처치할 수 있는 능력을 갖추지 못하고 있다는 사실과 관련이 깊다. 그리고 그 사다리는 맨 밑에서 조금 윗부분도 파손되어 있는데, 그로 인해 작업자와 감독이 청소작업에 사용된 화학물질(PAHs 에어로졸 등)을 파악하거나 과다노출에 따른 증상을 인지하는 훈련을 받지 못했다.

그런 환경에서 작업자들이 위험한 화학물질에 노출되는 것은 너무나 당연해 보였다. 그러나 다음에 살펴보는 것처럼, 중요한 질문은 "작업자가 화학물질에 과다노출되어 있는가"이다. 즉, 화학물질에 대한 작업자의 노출 정도가 위험 수준을 넘어섰는가(제3장 참조)이다.

제3장

'밸디즈 잡병'의 진실:
스터블필드 대 엑손 사

　　이 장에서 '스터블필드 대 엑손 사'(1994) 판례를 통해 스터블필드뿐만 아니라 작업자의 대부분이 청소작업 기간 동안 화학물질에 위험한 수준으로 노출되어 있었다는 주장을 뒷받침할 수 있는 의학적 증거와 노출 증거를 살펴볼 것이다.

(저자 노트 이 장에서 인용이나 정보에 뒤따르는 괄호 안의 숫자는 1994년 테이텔바움 증언 조서의 쪽수이다. 6자리 수는 '스터블필드 대 엑손 사' 판례에서 인용한 명령신청, 명령, 기타 자료이다.)

'직업성 천식', 파멸적 증거, 뜻밖의 발견

　　1991년 텍사스 주 그랜버리에 사는 게리 스터블필드는 엑손 사와 베코 사, 베코 사의 계약사인 노르콘 사를 상대로 기름 유출 청소작업 기간 동안 입은 심각한 호흡기 질환과 뇌 손상에 대한 소송을 청구했다. 스터블필드는 엑손 사, 베코 사, 노르콘 사가 기름이 섞인 바닷물 연무의 높은 위험성을 작업자에게 제대로 경고하지 않았고 연무로부터 작업자를 적절히 보호하는 조치에 소홀했다고 주장했다. 그리고 자신은 과다한 디젤 증기로부터 보호받을 수 없었다고 덧붙였다.

1989년 스터블필드는 여러 척의 바지선에서 크레인 조종사로 일하면서 기름으로 오염된 해변에 온수를 뿌리는 호스를 관리하고 있었다(Phillips, 1999). 기침, 가쁜 숨, 짧은 호흡 등으로 자격을 상실하기 전까지 일한 기간이 단 두 달에 불과했기 때문에 그는 이런 증세가 작업하는 곳 근처에 있던 발전기와 날마다 운전실을 뿌옇게 만들었던 기름 분무에서 비롯되었고 생각했다. 그는 청소작업을 그만둔 후 건강 문제가 아직 두드러지지 않았을 때 의사를 찾아갔다. 의사는 그의 폐가 화학적 노출에 의해 영구적 손상을 입었으며 암으로 발전할 위험성이 있다고 말했다. 스터블필드는 앵커리지의 변호사인 데니스 메스타스를 고용해 알래스카 주 고등법원에 '유해 불법행위' 소송을 제기했다.

엑손 사와 베코 사는 즉시 기밀유지를 위한 포괄적 법원 명령을 요청했고 법원은 이를 받아들였다. 법원의 명령에 따라 스터블필드의 소송에 필요한 비밀문서의 사용이 제한되었고 소송 당사자들에 대한 문서의 접근성이 제약됐을 뿐만 아니라 문서의 복사가 제한됐고 재판의 종료 후에는 모든 기밀문서의 반환을 요구받았다(No.910919).

메스타스는 '공공정의를 위한 변호사회' 알래스카 지회장이었다. 그는 이러한 명령이 병에 걸린 다른 작업자에게도 영향을 미친다는 사실을 알고 있었다. 소송을 제기한 작업자들은 각자 별도로 엑손 사와 베코 사에게 필요한 서류를 요청해야만 했다. 그는 공공의 접근성과 언론자유의 침해를 근거로 기밀유지에 반대했다. 연방법원은 원고들의 문서 공유를 허락했는데 "그런 협력이 빠르고 저렴하게 행위의 결정을 증진하고" 거대 기업을 상대할 충분한 힘이 없는 개인에게 기록에 대한 접근권을 허용해주기 때문이었다(No.930604: 6). 앵커리지 지방법원은 그의 주장이 '가치 있다'

고 인정하면서도 원래의 명령은 지속되어야 한다고 판단했다(No.931018: 3).

메스타스는 엑손 사와 베코 사에게 필요한 서류 목록을 제시했는데, 여기에는 유조선과 청소작업 기간에 적용된 엑손 사의 표준 안전절차와 매뉴얼, 엑손 사가 정부 공무원에게 제출을 거부했던 1989년 메드톡스 사에 의해 수집된 공기 질 조사 자료, 청소작업에서 나온 의학 기록 등이 포함되어 있었다(No.911030). 기밀유지가 보장되었음에도 불구하고 엑손 사와 베코 사는 정보의 제공을 극도로 꺼렸다. 엑손 사가 안전절차와 매뉴얼을 내놓기에 앞서 명령신청과 명령신청 철회를 둘러싼 작은 소동을 겪으며 한 해가 지나갔다. 메스타스가 찾던 조사 결과와 의학 기록을 받아내기까지 자료 생성을 위한 세 번의 요청, 강제집행을 위한 세 번의 명령신청, 두 번의 법정 심리, 법정 명령 등으로 또 한 해가 지나갔다(No.930604: 3).

1993년 메스타스는 안전절차 및 매뉴얼을 검토하고 나서 엑손 사가 심하게 저항한 이유를 알 수 있었다. 법원의 증거에 따르면, 엑손 사는 프루도 만의 원유가 건강에 해롭다는 사실을 미리 알고 있었음을 짐작할 수 있었다. 엑손 사는 원유의 독성과 적절한 작업자 보호와 관련된 방대한 자료를 보유하고 있었다. 예를 들어 엑손 사의 '대양함(Ocean Fleet) 안전 매뉴얼'은 디젤, 석유, 기타 해로운 증기를 탐지할 수 있는 엑손 사의 지식과 능력을 보여주고 있었으며, 이런 화학물질에 대한 노출로부터 작업자를 보호하기 위한 절차와 사전예방의 내용도 담고 있었다(No.920906: 9-16). 매뉴얼의 한 절 전체가 청소작업에서 기름 연무와 같은 '공기 미세입자 상태로 존재하는 저농도 독성/비독성 가스에 노출되는 것을 예방하기 위한' 공기정화 방독면 같은 다양한 호흡기 장비에 할애되어 있다(No.920906: 8).

그러나 청소작업 동안 대부분의 작업자에게 방독 마스크가 지급되지 않았으며, 심지어 그런 장비가 필요하다는 말조차 없었다. 엑손 사 선박에 승선한 선원의 안전을 보장하기 위한 공기 시험 장비가 청소 선박에는 전혀 제공되지 않았다. 메스타스는 이것이야말로 '엑손 사의 태만에 대한 확

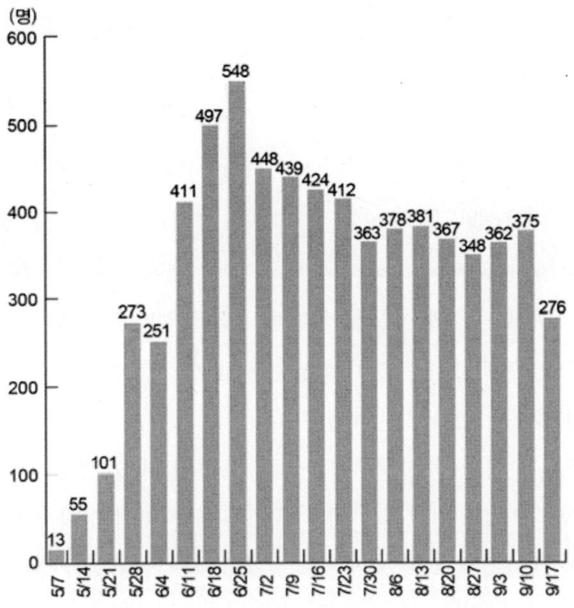

<그림 3-1> 1989년 청소작업 기간에 보고된 작업자들의 상기도 감염(URIs) 사례

출처: Exxon Company, USA, 1989b; '스터블필드 대 엑손 사'(1994) 판례.
저자 노트 이 수치에 대한 자료는 부록의 <표 A-2> 참조.

실한 증거'이자 엑손 사가 자신의 의뢰인에게 이런 종류의 안전 정보를 감추려고 노력했던 이유라고 주장했다(No.920906: 10).

1993년 마침내 메스타스는 의학 자료와 조사 보고서를 넘겨받았다. 그것은 100개가 넘는 상자에 뒤죽박죽 섞여 있었는데, 그는 그것을 앵커리지 환경연구원 칼 렐러에게 보내 모든 기록을 분류하고 개괄해달라고 부탁했다(No.921231: 2). 렐러는 철저하고 끈기 있고 능력을 갖춘 사람이었다(개인적 의견교환, 2000년 12월 7일). 그는 임상 자료를 정리해서 그래프를 만들었는데, 그 자료에 따르면 5월 말에서 9월 중순에 이르는 청소작업 기간 동안 매주 300~500명의 작업자가 '상기도 감염(URIs)' — 기침과 독감 유사 증상을 동반한 상기도 감염(<그림 3-1> 참조) — 으로 치료를 받았다. 그는 세로축의

값을 계산해 상기도 감염으로 보고된 사례가 총 6,722건에 이른다는 사실을 밝혀냈는데, 엑손 사는 청소작업 기간 동안 작업 관련 발병률이 영(0)에 가깝다고 주장했다(ADOL, 1990a; Wilson, 1991).

놀랍게도 상기도 감염을 정리한 그래프와 메드톡스 사의 공기 질 조사에 관한 주요 목록은 기밀유지 대상으로 지정되지 않은 몇 개에 속해 있었다. 기회를 잡은 렐러는 자신이 속해 있는 공익비영리단체인 알래스카 건강프로젝트(Alaska Health Project)의 대표에게 이 자료를 이용해 기름 연무, 증기, 에어로졸 등의 화학물질에 대한 청소작업자의 노출 수위를 분석해 달라고 요청했다. 공기 질 자료로 많은 작업자가 호흡기 문제로 고통 받는 이유를 밝혀낼 수 있다고 생각했던 것이다.

메스타스는 법원에 명령신청을 제출하면서 해당 정보에 대한 면제가 신청되지 않았으므로 그것을 발표해도 문제될 것이 없다고 주장했다. 엑손 사의 변호사들은 누락 요청서의 제출 마감시한을 넘기는 실수를 범했는데, 베코 사의 변호사들이 핵심적 의학 자료는 베코 사 관할이기 때문에 기밀유지의 대상이라고 법원에 압박을 가했다(No.930324). 그러나 때는 이미 늦었다. 렐러는 자료의 공개가 허용된 잠깐 사이에 사적 용도를 위해 문서를 이미 복사해두었다. 엑손 사의 공기 질 자료에 대한 그의 분석은 1993년 일반에 공개되었는데 뒤의 '노출 수준'에서 다시 살펴볼 것이다.

엑손 밸디즈 호 청소작업에서 사용된 위험한 화학물질들

메스타스는 의뢰인의 건강 문제가 청소작업 과정의 과다노출에서 비롯되었음을 증명해냈다. 1994년 5월 그는 스터블필드의 의학기록과 엑손 사의 서류를 검토해줄 전문가 증인으로 다니엘 테이텔바움을 고용했다. 그는 덴버에서 활동하는 독성학과 산업의학 전문의였다. 독성학자인 테이텔바움은 대규모 산업위생 실험실인 포이즌랩(Poisonlab)을 설립·운영하고 있었다. 그는 수천 건의 개별 샘플을 대상으로 작업했으며, 화학적 노출에 따른 직업성 천식을 앓고 있는 수천 명을 치료하고 있었다. 그는 수천 명의 석면 작업자에게도 가장 중요한 의료 제공자이다.

직업성 천식과 부유 화학물질

스터블필드의 천식에 대한 진료 기록을 토대로 테이텔바움은 그가 앓고 있는 천식이 반응성 기도 질환의 한 형태라고 지적했다. 스터블필드의 증세는 매우 가쁜 호흡, 헐떡거림, 수축된 폐기도, 폐에서의 분비물 유출 등이었다. 스터블필드는 영구적 손상을 입었으며 몇 년 사이에 '경련성' 또는 과민성이 기도 질환으로 진행되었고 어떤 자극제 — 담배연기, 향수, 디젤 배기가스 등 — 에 의해 갑자기 끔찍한 호흡곤란을 겪을 수 있는 상태였다(30, 54-55). 테이텔바움은 화학물질 과민증을 믿지 않았지만 너무도 많은 화학물질이 천식과 같은 공격을 감행할 수 있기 때문에 상기되거나 발작적 기도를 지니고 있는 사람은 과민반응을 보일 수 있다는 것을 알고 있었다(26, 69-71).

테이텔바움은 스터블필드의 발병이 청소작업 중에 과도하게 디젤 연기에 노출되었기 때문이라고 믿었다(33). 청소작업에 사용된 다른 바지선들과는 달리 스터블필드가 일했던 바지선에는 배기가스 굴뚝이 수평으로 나 있는 발전기가 있었는데, 그로 인해 디젤 증기가 크레인 조종실로 향했던 것이다(160-161). 디젤 배기가스는 복잡한 혼합물로서 그 속에는 황과 질소 산화물, 일산화탄소, 많은 양의 분진, 검댕(매연)이 포함되어 있으며, 검댕에는 PAHs, 금속, (알데히드나 케톤 같은) 불용성 유기화합물 등이 포함되어 있다(24-26).

테이텔바움은 디젤 배기가스를 단기적인 자극제이자 장기적인 암 전달물질이라고 생각했다(36-41). 디젤 배기가스는 직업성 천식을 유발하며 암

발생의 위험을 증가시킨다고 알려져 있다. 디젤 배기가스를 마시면 호흡기 상피조직 섬모가 손상되어 검댕, 기름 연무, 분진 같은 자극제를 스스로 정화하는 폐의 능력을 떨어뜨린다. NIOSH 조사관들의 보고에 따르면, 디젤 매연은 단단한 탄소핵으로 이루어져 있는데, 그것은 '연소과정에서 발생하는 서로 다른 1만 8,000개에 달하는 성분'을 흡수할 수 있는 조그만 공기 필터로 기능한다(NIOSH, 1991: 13-14). 디젤 배기가스는 폐의 면역체계에 손상을 입히는데, 그로 인해 다른 독성 화학물질의 영향에 더 취약해지고 바이러스에 의한 호흡기 질환에도 더 잘 걸리게 된다.

테이텔바움은 기름 연무가 "이제까지 알고 있었던 것보다 훨씬 복잡한 노출이고……이 연무는 이따금씩 풍화된 기름, 바닷물, 디솔브잇, 이니폴, 기타 청소에 사용된 물질이 뒤섞인 혼합물일 수 있다"(46-47)고 지적했다. 그는 기름 연무를 '극도로 자극적인 미세입자'라고 칭하면서, 각각의 구성 요소에 대한 과도한 노출에서 발생하는 잠재적인 건강 문제를 진술했다(53-56).

그에 따르면, 풍화된 기름은 "끈적끈적하고 높은 분자량을 지닌 석유 물질로서 대부분 휘발성이 없으며[유기탄소], 박테리아의 성장을 돕는 꽤 많은 금속과 오염물질을 포함하고 있다"(47). 풍화된 석유에는 크리센, 벤잔트라센, 벤조피렌 등과 같은 서로 다른 농도의 'PAHs'가 포함되어 있다. 환경청은 이들 물질을 요주의 화합물질로 규정하고 있다. 예를 들어 벤잔트라센은 피부암, 폐암, 방광암 등을 일으키는 것으로 알려져 있다(62-64).

테이텔바움은 고압온수 세척이 풍화된 기름(PAHs)를 공기 중으로 에어로졸 형태로 분출시킨다고 생각했는데, 이것이 폐 속으로 깊이 파고들거나 노출된 피부를 덮어씌웠다. 그는 기름 성분이 섞인 바닷물 증기 연무가 해변 작업자를 감싸고 있고 연무에 휩싸인 크레인 조종실과 디젤 연기에서 벗어나려고 종종 조종실 밖에 서 있는 스터블필드를 비디오에서 본 적이 있었다. 그의 견해에 따르면, 스터블필드가 직업성 천식에 걸린 이유는 기름 연무에 대한 노출 때문이며, 향후 암으로 발전할 위험이 있었다. 숨을 들이쉴 때 풍화된 기름이 폐 속으로 들어와 기관지에 염증을 일으키는데, 그것이 기도의 과민반응을 불러일으켜서 염증이 나은 이후에도 스터블필드의 사례처럼 폐는 발작에 민감한 상태에 놓이게 된다.

테이텔바움은 기름 연무에 대한 스터블필드의 노출이 '암의 개시를 알리는 사건'이라는 점에도 관심을 보였다. 그는 이것을 "(발암 화합물질) 분자와 DNA 분자의 유전적 상호작용"(84)이라고 묘사했다. 이 사건은 암 발생에서 필수적인 첫 번째 단계로 영구적이고 비가역적이며 유전적이다(84-85). 이 사건은 스터블필드의 발암 위험을 가시화했다. 폐암·피부암·방광암과 기름 연무의 연결고리가 잘 확립되어 있었기 때문이다(83-87).

바닷물 연무에 대한 노출은 중요한 건강 문제를 제기했는데, 테이텔바움은 바닷물이 '폐에 작용하는 민감한 자극물질'이라는 점을 강조했다(48). 바닷물을 소화수로 사용했던 영국 해군의 한 소방수가 스터블필드와 유사한 호흡곤란을 겪었다는 사례가 보고된 후 연구가 진행되었고, 그 결과 바닷물이 산소를 운반하는 폐의 능력을 떨어뜨린다는 사실이 밝혀졌다. 익사 또는 익사 직전의 상태에서 바닷물은 폐에 심각한 염증 반응을 불러일으킨다. 구조된 사람은 종종 기관지염과 폐렴에 걸리며, 회복된 사람도 단 한 번의 바닷물 흡입에 따른 노출로 천식과 민감성 기도 질환을 영구적으로 앓게 된다. 테이텔바움은 바닷물에 서식하고 있는 박테리아와 미생물이 사람의 폐 속 깊숙이 침투해 건강에 악영향을 미칠 수 있다는 점에도 관심을 기울이지만, 이와 관련해서 진행된 연구는 아직 없다(75-78).

하지만 '세정액'에 대한 연구는 수없이 많이 이루어졌다. 테이텔바움은 이 세정액을 청소작업에서 사용된 용제라고 부른다. 그는 옷, 피부, 소형 선박, 기타 물건을 세척하기 위해 디솔브잇과 심플그린을 아무런 규제 없이 광범위하게 사용했다는 사실에 깜짝 놀랐다(72). 이니폴과 코렉시트, 디솔브잇 등에는 휘발성 나프타가 포함되어 있는데, 이 물질은 발암성 벤젠과 그 파생물을 생성하는 원천으로 기능한다. 이니폴과 코렉시트, 심플그린에는 2-부톡시에탄올이 포함되어 있는데, 이 물질들을 흡입하면 꽤나 강력한 자극을 느낀다(174). 디솔브잇에는 "매우 강력한 알레르기 유발 물질"(49)인 리모넨이 포함되어 있는데, 이것은 급성 중독, 천식, 피부염(49), 지방성 폐렴(폐의 염증), 단백뇨(소변 속에 혈액 단백질이 섞여 나오는 것으로 신장병의 한 증상이다), 혈뇨증(소변에 혈액 및 혈액 세포가 섞여 나오는 증상) 등을 불러일으킬 수 있다(127).

기준의 선택

테이텔바움은 엑손 사가 청소작업 기간에 적용했던 허용노출한계가 작업자 보호에는 적절치 않았다고 강하게 주장했다(Tip 5 참조). 예를 들어 원유 자체에 대한 기준이 사실상 없다는 점을 지적했다(60). OSHA가 유일하게 원유의 구성요소 각각에 대한 허용노출한계를 확립해두었지만, 이 기준은 다양한 방향족탄화수소의 동시다발적 노출에 따른 잠재적 시너지효과를 계산에 넣지 못했다.

렐러는 엑손 사가 석유산업에서 공통으로 사용되고 있는 관례를 따르고 있음을 알아냈다(Reller, 1993). 즉, 엑손 사는 기름 증기(독성을 품고 있으며 발암성 물질로 알려져 있다)에 대한 안전노출한도를 결정하기 위한 대체 기준으로 광물성 석유(순도가 높은 무독성 제품)에 적용되는 OSHA 허용노출한계를 사용했다.* 렐러는 엑손 사가 잘못된 기준 선택으로 작업자의 건강에 미치는 영향에 어떤 차이가 있는지를 측정하고자 푸르도 만의 [광물성] 원유 증기에서 채취한 샘플과 여러 해변에서 수집한 [기름 증기] 샘플을 비교했다는 증거를 전혀 찾을 수 없었다. NIOSH 또한 작업자의 건강 보호를

---

* 독성물질인 원유 증기의 노출한도를 결정하기 위해서 무독성물질인 광물성 석유에 적용되는 노출한도를 적용하는 것은 올바른 선택이라 할 수 없다.

허용노출한계와 권장노출한도, 작업자의 건강

직업안전보건청(OSHA) 웹사이트에 따르면, OSHA는 "유해성분의 노출에 따른 건강 문제로부터 작업자를 보호하기 위해 허용노출한계를 정하고 있다. 허용노출한계는 공기 중에 있는 해당 성분의 양이나 농도에 대한 규제한도이다. 여기에 피부에 대한 규제한도도 포함되어 있다. OSHA 허용노출한계는 평균 몸무게의 성인을 기준으로 8시간 이상 시간가중평균노출을 잣대로 삼는다." OSHA 허용노출한계는 미국 노동부를 통해 강제집행된다 (www.osha.gov).

"국립직업안전보건연구소(NIOSH)는 작업 관련 부상과 질병 예방을 위한 연구를 진행하고 권고사항을 제시하는 연방기구이다. NIOSH는 보건복지부 산하의 질병예방통제센터에 속해 있다"(www.niosh.gov). 자체 연구를 토대로 NIOSH는 작업자를 보호하기 위해 권장노출한도를 발표한다. NIOSH 권장노출한도는 OSHA의 허용노출한계보다 항상 보수적이지만, 강제성을 띠지 않는다.

작업자 보호 기준에서 차이 나는 이유는 OSHA 기준 결정과정에 기원한다. 이 과정은 해당 제품이나 성분을 사용하는 데 따른 편익과 위험을 가름하기 위한 여론 수렴과 위험 평가와 관련되어 있다. 따라서 OSHA 허용노출한계는 사용자집단과 잠재적으로 영향을 받는 당사자 사이의 타협인 반면, NIOSH 권장노출한계는 경제적 관심보다는 과학적 관심에 기반하고 있다. 기업은 자발적으로 비정상적 노동시간이나 왜소한 체격의 고용인(위험평가에서 사용되는 표준은 70킬로미터인 사람)을 대상으로 OSHA 허용노출한계를 보다 더 엄격하게 적용하기도 한다.

위해 현재 노출한도를 OSHA의 안전 기준보다 10배 정도 낮게(즉, 더 엄격하게) 적용할 것을 권고하고 있다(NIOSH, 2004; OSHA, 2004b; 부록의 <표 A-1>).

더욱이 엑손 사는 PAHs 에어로졸의 노출한도에 대해서도 대체 기준, 즉

'일반 분진'에 대한 OSHA의 허용노출한계를 적용했다. 테이텔바움은 이런 대체 기준을 사용함으로써 엑손 사는 PAHs 에어로졸에 포함되어 있는 자극제와 금속, PAHs 에어로졸의 면역독성과 발암성 성질, PAHs 에어로졸에 있는 화학물질 사이의 상호작용을 무시했다고 지적한다(188-189).

연장 작업시간의 효과

테이텔바움은 엑손 사의 허용노출한계에 관한 기준 선택을 우려하면서 연장 작업이 정상적인 24시간 주기의 생체 리듬을 교란시켜서 유해물질이 무엇이냐에 상관없이 감염이나 스트레스에 대처하고 약물 치료를 받아들이는 신체능력을 현저히 약화시켰다고 설명했다(145-150). 연장된 작업시간은 결과적으로 교대근무 수면 장애 증후군 또는 '비동시성 심실 수축'을 초래한다(152).

일주일 내내 매일 18시간씩 일하는 청소작업 교대조의 운영은 견디기 힘들고 스트레스가 매우 큰 환경이다(149, 153). "교대작업은 일반적으로 상상하는 것 이상으로 매우 위험하고 파괴적인 일이며, 하루에 18시간씩 작업하는 것은 사람을 골병들게 한다. 다행히 아무 일도 일어나지 않았다고 해도 그렇다"(149). 그것은 "육체적으로 하루에 육십 파운드짜리 물체를 스무 번 들어 올릴 수 있는" 사람에게 "하루에 백 파운드짜리 물체를 서른 번 들어 올리도록" 하는 것과 같다. "문제가 생긴다.……의문의 여지가 없다"(144).

테이텔바움은 연장 근무만 고려하더라도 허용노출한계는 OSHA 기준의 20퍼센트 — 엑손 사가 선택한 것보다 다섯 배 낮다 — 로 낮췄어야 했다고 주장했다(191). 연장 근무를 하거나 '표준' 남성보다 몸무게가 가벼운 사람을 포함한 모든 작업자를 보호하고자 했다면 엑손 사는 자발적으로 OSHA의 허용노출한계를 더 낮출 필요가 있었다(Tip 5 참조). 예를 들어 IBM 사의 공장은 OSHA 허용노출한계의 10퍼센트를 기준으로 적용하고 있고, 아모코 사는 회사 전체를 대상으로 OSHA 허용노출한계의 25퍼센트를 기준으로 삼고 있다(192).

렐러(1993)는 엑손 사가 연장 교대작업으로 작업자가 처한 위험의 전모를 알고 있었다고 주장한다. 기름 유출이 발생하기 3년 전 엑손 사(1986)는 '비정상적 작업 스케줄'에 놓여 있는 작업자를 제대로 보호하려면 기준 허용노출한계가 더 낮춰질 필요가 있다는 연구 결과를 발표한 적이 있다. 렐러의 계산에 따르면, 자체적으로 도출한 모델을 적용할 경우 엑손 사는 기름 연무 노출에 대한 허용노출한계를 주당 84시간 노동에서 최소한 절반으로 낮춰야만 했다.

테이텔바움은 엑손 사, 그 계약사, 연방 조사관 등 모두가 청소작업에서 발생한 원유와 기타 물질의 적절한 노출한도에 대한 정보의 "진짜 진공" (60) 상태에 빠진 채 일에 몰두하고 있었다고 한마디로 정리했다.

화학물질의 위험한 수준

엑손 사의 조사관이 테이텔바움에게 기름 연무, PAHs, 디젤 배기가스, 디솔브잇, 이니폴, 기타 유해 성분에 대한 스터블필드의 노출 수준에 대한 의견을 물었을 때 그는 "측정만 중요할 뿐 그렇지 않은 것에 대한 의견은 소용없다"(32)라고 대답했다. 그는 엑손 사와 연방정부가 실시한 조사 프로그램이 완전히 부적절했다고 말한다. 그는 이렇게 덧붙였다. "답을 줄 수 있고 개인의 노출 정도를 측정할 수 있는 샘플을 수집하려는 노력이 전혀 없었다"(57).

하지만 청소작업자 전체 집단의 평균과 최대(높은 쪽 끝) 노출 수준에 대해서는 많은 노력이 이루어졌다고 할 수 있다. 어느 특정한 날에 해변 작업자들은 광범위한 농도의 기름 증기, 기름 연무, 기름 에어로졸, 기타 위험한 화학물질 등에 노출되어 있었다. 엑손 사의 계약사인 메드톡스 사는 개별 작업자의 외부 장비에 부착된 샘플링 장치를 통해 서로 다른 직무에 종사하는 작업자의 노출 수준을 조사했다. 자료에 따르면, 요주의 화학물질에 대한 노출 범위가 영(노출 없음)에서 최대 수위까지 폭넓게 나타났다.

자료는 평균값이었지만, 테이텔바움은 엑손 밸디즈 호 기름 유출에 따른 청소작업과 같은 작업 환경 — 에어로졸의 흡입이나 피부가 주요한 노출 경로이다 — 에서는 높은 쪽 끝 노출을 살펴보는 것이 중요하다고 설명했다. "방울 속의 [기름 및/또는 화학물질의] 농도는 평방미터당 농도가 낮은 것과는 대조적으로 매우 높다. 이것은 방울이 넓게 분산되어 있기 때문이다. 방울이 우리에게 부딪힐 때 대체로 매우 높은 오염이 유발된다. 분진이나 에어로졸에 신경 써야 하는 것은 바로 이런 이유 때문이다. 에어로졸은 고농축되어 있다"(174). 달리 말해, 방울을 흡입할 위험은 낮지만 일단 오염된 미립자를 흡입하면 독성의 위험은 매우 높아진다. 엑손 사의 청소작업 기간 동안에는 방울을 흡입할 위험도 높았다. 기름 연무가 너무 두터워서 최대 노출 수위가 미립자에 대한 OSHA의 허용한도를 두 배나 초과했기 때문이다(부록의 <표 A-1> 참조).

실제로 메드톡스 사(1989c)의 통계 요약집에 따르면, 기름 증기(벤젠), 기름 연무, PAHs 에어로졸, 2-부톡시에탄올, 일산화탄소(디젤 배기가스), 황화수소(분해된 기름 파편들과 잔해) 등에 대한 최대 노출 수준은 모두 OSHA의 허용노출한계(부록 <표 A-1>)를 넘어서고 있었다. PAHs 에어로졸을 제외한 모든 것의 최대 노출은 NIOSH 권고 기준도 넘어서고 있었다(PAHs 에어로졸에 대한 NIOSH의 권장노출한도는 없다). 이것은 다음을 의미했다. 만약 PAHs 에어로졸이 무독성물질이라면 기름 연무에 그대로 노출된 청소작업자는 허용한도의 두 배에 달하는 혈중알코올 농도로 운전하고 있는 셈이다. 최대 노출 수준이 PAHs 에어로졸에 대한 OSHA의 허용노출한계를 두 배나 초과했기 때문이다.

OSHA는 모든 성분을 대상으로 보다 엄격하게 허용노출한계를 정하려고 노력했으며, 실제로 1989년 3월 1일부터 마련된 새로운 기준이 영향을 미치기 시작했음은 언급할 만하다. 하지만 보다 엄격해진 기준은 그 후에 폐기됐다.[1] OSHA 제안을 적극적으로 반영하기 위해 더욱 엄격해진 NIOSH의 권장노출한도가 1989년 3월 1일 영향력을 발휘하기 시작했다. NIOSH의 권장노출한도는 그 후에도 철회되지 않았다. 만약 더욱 엄격해진 OSHA의 기준이 계속해서 효과를 발휘했다면 최대 노출은 부록의 <표 A-1>에 기록되어 있는 것보다 훨씬 높았을 것이다(NIOSH의 권장노출한도에서 과다노출에 가까웠을 것이다).

평균 노출은 다른 이야기를 들려준다. 노출은 법률적 허용한도에 있지만, 테이텔바움이 설명하듯이 '많은 흡입성 물질'이 있는 상황에서 "문제가 없을 수 없다"(Teitelbaum, 1994: 59). 평균 노출은 기름 연무를 흡입하는 청소작업자이 상태를 반영하는 실제 노출 수준이리기보다는 순진히 시뮤싱의 통계에 불과하다. 기름 연무의 최대 노출은 작업자가 고압온수 세척을 실시했던 해변에서 이루어졌다. 이 모든 것은 다음을 말해준다. 즉, 해변 청소에 적극 참여했던 작업자는 위험한 화학물질에의 과다노출이라는 심각한 위험에 처해 있었다.

NIOSH 조사관들은 「건강 위해 평가 보고서」(1991)에서 PAHs 에어로졸에 대한 엑손 사의 자료는 보수적이라고 지적했다. 엑손 사의 계약사들이 이용한 분석 절차가 연방정부의 조사 팀이 사용한 방법에 비해 PAHs의 탐지가능성이 10~100배 정도 낮기 때문이다(11, 13, 26). 더욱 문제가 되는 것은 엑손 사와 연방정부의 조사 팀에 의해 분석된 PAHs는 17개의 우선관리 대상 오염물질이었는데, 다수의 부유하는 PAHs가 분석에서 배제된 것처

---

1) 질병통제센터 산하 NIOSH의 산업위생사 마이크 바산은 OSHA와 NIOSH 기준에 대한 배경지식을 알려주었다(개인적 의견교환, 2004년 3월 3일). 1989년 3월 1일부터 보다 엄격해진 OSHA의 기준이 영향력을 발휘하기 시작했다는 증거는 www.osha.gov/pls/oshaweb/owadisp.show_document?p_table=FEDERAL_REGISTER&p_id=12908 참조.

럼 작업자에 대한 노출을 과소 대표했다(Med-Tox, 1989c: Table 11.2.1). 증거에 비춰봤을 때 테이텔바움은 엑손 사의 청소작업자(특히 해변과 연안 해역에서 일했던 작업자)가 위험한 화학물질에 위험 수준으로 과다노출됐다고 확신했다.

고비용의 매우 비밀스런 합의

수천 건에 달하는 문서를 읽으면서 메스타스는 테이텔바움의 전문가 증언이 엑손 사와 베코 사의 태만을 분명하게 보여주었다고 결론 내렸다. 즉, 그들은 작업자를 위험한 수준의 화학물질에 노출시켰다는 점에서 책임져야 했다. 제4장과 제5장에서 다루고 있듯이, 다른 청소작업자들도 보고되지 않은 많은 질병을 말하고 있다. 베코 사가 병든 작업자에게 사흘간의 무급병가를 내주고 그 사이에 해고를 통지했기 때문에 그들의 부상이나 질병은 기록으로는 남아 있지 않다. 메스타스는 '알래스카 작업자 보상 내역서'(ADOL, 1990a)를 통해 엑손 사와 베코 사가 접수받은 6,722건의 호흡성 질병 신고를 NIOSH나 알래스카 역학자에게 보고하지 않았음을 밝혀냈다. 작업 관련 질병과 부상에 대한 보고를 10일 이상 미루면 연방법(33 USCS 930)과 알래스카 주법(AS 23.30.070)을 위반하는 것이다. 그 경우 연방법상 최고 1만 달러까지 벌금을 물어야 한다.

메스타스는 '기록 보존' 질병과 나머지 질병 사이의 법률적 차이가 무엇인지 궁금해졌다. 그는 답을 얻고자 두꺼운 OSHA의 규정집을 뒤졌고, 작업 관련 부상과 질병의 보고에서 예외 조항을 찾아냈다(29 CFR Part 1904). 세부 조항[1904.5(b)(2)]에는 이렇게 서술되어 있다. "직업 관련 부상과 질병을 식별하는 데 유용한 정보를 제공해주지 않고, 따라서 자연적 부상/질병 자료를 왜곡시킬 수 있는 그런 부상/질병은 기록 보존에서 제외할 것." 예외 목록의 내용은 이렇다. "감기와 독감은 작업과 관련된 것으로 볼 수 없다"(U.S. Dept. of Labor, OSHA, 2004a).

마침내 메스타스는 상기도 감염 분류를 이해했다. 6,722건의 호흡성 질병 신고를 직업성 질병이 아니라 감염 — 상기도 감염 — 으로 분류함으로써 엑손 사는 연방법에 정해놓은 보고 의무와 장기간 의료조사 의무를 회피할 수 있었다. 엑손 사가 수천 명의 청소작업자에 대한 보건의료 제공자로서의 책임을 피하기 위해 예외조항을 이용한 것은 분명해 보였다.

메스타스는 '밸디즈 잡병' — 매주 수백 명의 작업자가 감기나 독감 비슷한 증상의 전염병을 보고하고 있다는 소문을 돌게 만든 유령 바이러스 — 은 없었다고 확신했다(Stranahan, 2003). 메스타스는 그런 주장이나 소문을 뒷받침해주는 어떤 과학적·의학적 근거를 찾을 수 없었다. 알레스기 주의 역학자도 식별된 바이러스는 없었다고 확인해주었고, 엑손 사의 의학 책임자는 신문기자에게 질병은 항생제에 반응하지 않았다고 말했다(Phillips, 1999).

한편 주당 평균 385건의 상기도 질환은 오직 베코 사의 안전 팀에 의해서만 재검토됐다. 그러나 의학적 검토나 산업위생상의 검토는 없었다. 의료계획에서 의료진과 현장 위생사 사이에서 종합적 예방치료를 위한 핵심적 피드백은 전혀 이루어지지 않았다. 효과적으로 가동되는 의료감시 프로그램이란 아예 존재하지 않았다. 엑손 사와 계약을 맺은 베코 사의 안전 팀은 수천 명이나 걸린 직업성 호흡기질환을 '감기' 또는 '독감'이라고 간단히 적은 다음 작업자에게 타이레놀과 항생제를 주었을 뿐이다. 청소작업자들이 말하듯이 효과는 거의 없었다(La Joie, 1996:121).

메스타스는 사려 깊게 그리고 철저하게 증거들을 짜 맞추어서 사건을 재구성하자 구석에 몰린 엑손 사와 베코 사는 어떻게든 분쟁을 수습하려 했다. 합의 내용은 비밀이지만, 그 사건을 뒤쫓고 있던 기자는 엑손 사와 베코 사를 대표하는 보험회사들이 스터블필드의 사건에 따른 지불 책임을 둘러싸고 별도의 소송을 벌이고 있음을 알아냈다. 엑손 사는 스터블필드에게 200만 달러를 지불하기에 앞서 베코 사를 상대로 싸우는 데 100만 달러를 썼다(Phillips, 1999).

밀러와 나는 조사를 마치면서 만약 NIOSH 조사관들이 엑손 사의 조사 자료와 임상기록을 청구해서 검토했다면 청소작업 기간에 호흡기질환이야말로 가장 심각한 질병이었음을 파악할 수 있었을 것이라고 결론 내렸다. 그리고 연방 조사관들은 우리가 그랬던 것처럼 이용할 수 있는 증거에 의해 엑손 밸디즈 호 기름 유출에 따른 청소작업자를 위한 장기적 건강 감시와 진료가 절대적으로 필요하다는 결론에 도달했을 것이다.

메스타스가 얻은 사건 관련 서류는 엑손 사와 베코 사로 반환됐다. 엑손 밸디즈 호 기름 유출 직후에 제기된 소규모 '유해 불법행위' 소송에서도 다른 변호사들은 그 서류를 이용할 수 없었다. '스터블필드 대 엑손 사' 소송에서 사용된 서류는 아직도 기밀유지 조항에 의해 비공개 상태이다.

제1부_2
드러나는 피해의 실체

제4장

청소대원 론 스미스와
랜디 로의 사례

(저자 노트 엑손 사와 베코 사를 상대로 한 1994년의 개인 상해 소송 '로버츠 대 엑손 사'의 합의 조항에 따른 웃기는 명령 때문에 나는 론 스미스를 인터뷰할 수 없었다. 그래서 법정 기록에 기초해 스미스의 이야기를 재구성했다. 괄호 속의 숫자는 스미스의 1996년 법정 증언서의 쪽수이고, 다른 자료는 따로 출처를 밝혔다.)

급성 건강 문제(1989)

1989년 3월 기름 유출 사고가 있고 나서 곧바로 솔도트나 출신의 론 스미스는 나무 운반용 트랙터와 트럭을 이웃집의 알루미늄 그물 세트를 갖춘 23피트 소형 선박 및 외장형 모터와 맞바꿨다. 아내인 셜리도 그 거래를 승인했다. 십대 후반에 결혼한 스미스 부부는 그 당시 삼십대 중반으로 꽤 오랫동안 함께 살고 있었다. 그들은 여러 직업을 찾아 이동했으며, 십대가 된 세 명의 자식을 두고 있었다. 용접공이었지만 사업가를 꿈꾸는 스미스는 육체노동과 야외활동을 즐겼다. 몇 해 동안 그는 가족의 생계를 위해 벌목공, 중장비 운전사, 기계공 등 다양한 직업에 종사했다. 기름 유출과 관련된 작업은 보수가 좋을 것이라고 생각해 그는 케나이 반도 출신의 많은 사람들처럼 밸디즈를 향했다.

밸디즈에서 스미스는 엑손 사와 두 건의 계약을 체결했다. 하나는 그의 소형 선박 ‘제이비’와 관련된 것이고, 다른 하나는 그가 끌고 온 친구의 소형 선박 ‘탱크’에 대한 것이었다. 그는 탱크 호를 운전하게 된 랜디 로에게 자신의 지시를 따르라고 확실히 해두었다. 스미스는 랜디가 솔도트나에서 이웃으로 지냈다는 것을 알게 됐다.

스미스와 랜디는 ‘소형 선박 대원’으로 사운드에서 여름 내내 함께 일했다. 그들은 청소작업을 할 때 해변에서 흘러나오는 기름을 가두기 위해 만에 흡수제 붐을 설치했고, 해변과 근해에 설치된 닻을 서로 연결하는 형태로 이루어진 붐의 차단막이 썰물과 밀물에도 계속해서 같은 모양을 유지할 수 있도록 관리했다. 그들은 소형 선박의 뱃머리에 붐을 감은 채 만에서 만으로 기름에 오염된 붐을 옮기기도 했다. 해변에서 기름이 낀 폐기물을 끌어냈고, 해변과 바지선 사이를 정기적으로 운항하면서 장비·간이화장실·점심 등과 함께 해변 청소대원을 실어 날랐다. 그들은 끈적거리는 기름을 닦아내고 작업자를 안전하게 운송할 수 있는 상태를 유지하고자 날마다 강력한 용제인 시트로클린과 심플그린 — 매일 2, 3, 5갤런 — 로 선박을 청소했다. 밤에는 주거용 바지선에서 함께 지냈는데, 처음에는 코스틸스타 호에서, 나중에는 더 작은 크리스털스타 호에서, 마지막에는 커다란 그린스크리크 호에서 지냈다. 두 사람은 여름이 깊어가면서 빠르게 친구가 됐다.

랜디와 스미스는 청소작업 초기에 계약을 맺었기 때문에 엑손 사나 베코 사로부터 유해 화학물질이나 방호복에 관해 어떤 교육도 받지 못했다. 노출된 작은 선박에서의 작업은 불결한 것이었다. 그들은 일반 면장갑을 끼고 구명복과 우비용 바지를 입고 고무장화를 신고 일했다. 스미스가 날카롭고 강력한 두통을 느끼기 시작했을 때 "태양 아래서, 물 위에서……
[기름] 증기와 장시간의 중노동"(93) 탓으로 돌렸다. 바람이 없는 여름 날 그
의 두통은 가장 격심했다. 그는 만을 가로질러 '사방이 몇 에이커에 달하
는' 바다에서 열선처럼 기름 증기가 피어오르는 것을 볼 수 있었다(178).

그해 가을 솔도트나로 돌아갔을 때 스미스는 몇 개월 동안 여행을 떠날
계획이었다. "두 해 동안 먹고 살 수 있을 만큼 그 여름에 충분히 일했기"
때문이었다(48). 그는 '집으로 돌아와 정말로 행복해야' 한다고 생각했지
만 까닭 모르게 지속적으로 "심각한 불행에 빠졌고……아주 갑작스레 의
기소침해지고 처지고 녹초가 됐다"(125-126). 기분의 급격한 변화와 의기소
침은 그에게는 완전히 낯선 경험이었다. 또한 크게 화를 내곤 했는데 평소
의 그답지 않은 일이었다(Didriksen, 1993: 2-3). 그는 기억과 집중력 장애도 함
께 느꼈다. 이따금씩 자신이 안개 속에 갇혀 있다는 느낌에 빠지곤 했다.
두통은 계속해서 그를 괴롭혔다. 청소작업 때부터 시작된 날카로운 두통
은 작업이 끝난 후에도 여전했고 '규칙적인' 삶의 일부가 됐다(94).

만성 증상(1990~2003)

1990년 1월 스미스는 뭔가를 하지 않으면 미치고 말 것 같은 심정이었
다. 그는 랜디에게 전화를 걸어 버진 섬에 함께 가지고 제안했다. 허리케인
으로 피해를 입은 건물을 복구하는 목수 일을 하자는 것이었다. 랜디는 기
꺼이 동참했다. 두 달 후에 돌아온 스미스는 광어잡이를 시작했고 그 후에
는 청어잡이에 나섰다. 랜디는 봄에 그와 함께 청어잡이에 나섰고 여름에
는 따로 일했다.

그해 가을 스미스는 도와달라는 랜디의 전화를 받았다. 랜디의 고통이
너무 심했기 때문에 스미스는 그를 데리고 병원으로 내달았다. 랜디의 그

런 모습은 처음 보는 것이었다. 두 사람 모두에게 경고하듯, 랜디의 건강은 급속도로 악화됐다. 스미스는 그해 가을과 겨울 동안 많은 시간을 임종이라도 하는 듯 친구를 지켜보며 지냈다(88). 스미스는 기름 유출 현장에서 쉬지 않고 함께 일했던 친구가 "몸이 쇠약해져서 정기적으로 병원을 들락거린다"는 사실에 걱정이 밀려왔다(107). 그는 자신의 두통과 극심한 감정 변화를 떠올리며 "뭔가 우리에게 영향을 미쳤다"는 생각을 하기에 이르렀다. 두 사람은 "아마도 [기름 유출에서 비롯된] 화학적 노출 때문"일 것이라고 결론 내렸다(107). 랜디는 부모와 함께 지내기 위해 캘리포니아로 이사 갔고 진료 받을 곳을 찾았다. 두 사람은 계속 전화로 연락을 주고받았다.

1991년 2월 심한 눈보라 속에서 비행기가 비상착륙하면서 스미스는 심한 목 부상을 입었다. 그 후 반 년 동안 스미스는 악몽, 불면증, 약물, 의사 방문, 치료 등에 시달렸다. 치료 속도가 느린 것에 좌절해 그는 점점 더 의기소침해졌다. 그는 기름 유출 청소 이후에 나타난 격심한 변덕을 더 이상 견딜 수 없음을 깨달았다. 그는 처음으로 항울제를 먹었는데, 이 약은 청소 작업 이후에 가급적 피하고 싶었던 것이었다.

1991년 7월 그는 근력과 지구력을 회복하기 위해 6주 과정의 직업재활 프로그램에 참여했지만 뚜렷한 진척이 없었다(Hopkins, 1991). 컴퓨터 단층 촬영을 통해 그의 목에서 추간판탈출증이 발견되었는데, 이 증상은 처음에 찍은 엑스선 촬영에서는 잘 드러나지 않았다. 담당의사는 그에게 회복이 어려우니 다른 직업을 찾아보라고 권고했다. 목 부상으로 그는 운동능력의 14퍼센트를 잃었다(Dowler, 1992). 스미스에게 "자동차 판매원은 자신이 상상할 수 있는 영역을 완전히 벗어난 것이었다"(225).

스미스는 더 이상의 치료를 중단했지만 스트레칭과 강화 훈련은 계속했고 자신의 생활을 육체적 한계에 맞춰 조정했다. 그는 육체적 조건 때문에 취업하긴 힘들지만 사업은 시작할 수 있다고 생각했다. 그는 계속 용접을 할 수 있고 가벼운 노동이나 작업 감독은 충분히 해낼 수 있었다.

1992년 6월 스미스는 아내인 셜리의 도움으로 고철재활용사업을 시작했다. 그런데 스완슨 강 유전 서비스 기업의 작업장에서 고철을 자르면서 그는 메스꺼움을 느꼈다. 그의 표현대로 "구역질이 났다"(69). 성인이 된 후 자격증을 갖춘 용접공으로 수시로 일했던 스미스는 금속 연기나 아세틸렌 불꽃 증기에 부작용을 경험한 적이 한 번도 없었다. 고철에 특별한 것이라곤 전혀 없어 보였다. 다만 매우 두꺼운 기름 찌꺼기가 덮여 있었다.

스미스는 뜻밖의 경험을 셜리에게 말했는데, 그 후로는 다른 것에도 비슷한 반응을 보였다. 자동차나 장비에 기름을 넣을 때 가스나 디젤 냄새가 현기증을 일으켰고, 햇볕이 내려쬐는 날 증기 발생이 심해지면 상황은 더 악화됐다. 가스와 디젤의 배기가스가 역겨웠다. 매스꺼웠고 호흡이 가빠졌다. 용접 연기가 곧바로 바람에 날아가지 않으면 도저히 참을 수 없는 상태가 됐다. 나무 연기는 그를 숨차게 만들었다. 어느 날 잡화점에서 줄을 서서 기다리고 있던 그는 갑자기 메스꺼움을 느꼈는데, 앞에 서 있는 여성의 향기에 반응하고 있음을 알아차렸다. 그 후에 그는 스프레이 페인트, 화장품, 향수 등에 민감하게 반응한다는 사실을 자각했다.

6월 중순 자신의 삶에서 익숙했던 주변의 것들에 대한 이상한 반응에 문제를 느낀 스미스는 그 경험을 랜디에게 말했다. 랜디는 놀라지 않았다. 그는 댈러스 환경건강센터(Environmental Health Center-Dallas)에서 의학박사 윌리엄 리어에게 치료를 받고 있는 중이었다. 흉부외과 전문의인 리어는 화학물질에 오염된 사람을 치료하는 일을 전공한, 그 당시로는 전국에서 손꼽히는 의사였다. 랜디는 리어가 화학물질 과민증을 치료한다고 설명해주었다. 화학물질 과민증이란 가정, 일터, 기타 장소 ― 스미스가 언급한 것처럼 잡화점, 주유소, 도로 등 ― 에서 일상적으로 접할 수 있는 다양한 화학물질에 비정상적으로 민감한 반응을 일으키는 사람이 겪는 증세를 일컫는 말이다.

친구의 말에 솔깃해진 스미스는 전화로 리어와 상담했다. 리어는 그의 혈액을 아큐켐실험실(Accu-Chem Laboratories) ― 혈액과 지방 속의 독성 유기탄화수소를 측정하는 회사 ― 로 보내 분석해보자고 제안했다. 그리고 8월 시험 결과가 나왔을 때 리어는 스미스에게 "일부 위험한 화학물질의 농도가 매우 높다"(91)고 말했다. 리어는 스미스의 혈액에 트리메틸벤젠과 메틸펜탄 같은 석유 탄화수소의 농도가 높다는 점에 주목했다. 그는 최근에 유사한 증상을 원유 주변― 엑손 밸디즈 호의 기름 유출과 걸프전에서의 유전 ― 에서 일한 경험이 있는 사람들에게서 본 적이 있었다(Rea, 1998: 46). 리어는 스미스에게 자신의 병원으로 오도록 권했다.

스미스는 두려웠고 괴로웠다. 그는 자신이 통제할 수 없는 어떤 것 위에서 있다고 느꼈고 랜디처럼 아프지 않기를 바랐다. 리어에게 치료를 받으려면 엄청난 재정적 뒷받침이 필요했다. 보험회사는 화학물질 과민증의 치료를 인정하지 않을 것이기 때문이었다. 그는 랜디와 전화로 이야기를 나누었다. 랜디는 샌프란시스코에 있는 벨리법률회사가 병에 걸린 청소작업자들을 의뢰인으로 받아들이고 있는데, 그곳에 의뢰해서 리어 병원에서 나온 진단을 토대로 보상을 받자고 말했다. 1992년 9월 랜디와 여러 명의 알래스카인들은 엑손 사와 베코 사를 상대로 상해에 따른 민사소송을 제기했고 치료비용과 통증 및 고통에 따른 보상을 청구했다. 스미스는 셜리와 대화를 나눴는데, 그녀는 치료를 받아야 한다는 사실에 동의했다. 부부는 고통과 부상에 따른 보상은 물론 치료비용을 받을 수 있는 기회를 잡기로 결정했다. 스미스는 벨리법률회사의 의뢰인이 됐다.

화학적 독성 제거 치료

윌리엄 리어는 기름 유출 청소작업자를 화학물질에 대한 민감한 과민증으로 발전할 위험성이 큰 네 집단 중 하나인 산업노동자로 분류했다

(Ashford and Miller, 1998). 다른 세 집단은 오염된 공기나 물로 둘러싸인 공동체의 거주자, 화학물질에 개별적이고 독특한 노출을 경험한 개인, 환기시설이 열악한 사무실 노동자와 교실의 학생을 포함하는 '밀폐된 건물'의 거주자 등이다.

리어는 음식·물·공기·토양·가정·직장 등에서 화학물질의 수가 빠르게 증가함에 따라 날로 심각해지는 화학적 노출 문제를 다루는 댈러스 환경건강센터를 1975년에 설립했다. 1992년까지 리어는 예전에는 참을 만했던 극미량의 화학물질, 약물, 음식 등에 과민증 — 알레르기 반응과 유사 — 을 가진 2만여 명의 환자를 치료했다. 그는 화학물질 과민증 및 그와 관련된 다양한 증상, 몸에서 화학적 독성을 제거하는 법, 화학적 노출 및 그와 관련된 건강 문제의 위험을 제거하는 법 등에 대해 풍부한 경험과 지식을 갖고 있었다.

리어는 새로운 환경의학 — 화학적 노출과 민감도를 다루는 분야 — 의 선두주자로 인정받고 있다. 그는 환자를 치료하는 데 전력을 다하는 한편, 환경의학 분야의 다른 의사들에게 길잡이가 될 수 있도록 자신이 거둔 성과를 글로 옮기는 데 많은 시간을 할애했다. 1992년 그는 화학물질 과민증에 관한 4권 예정의 첫 번째 책을 출판했는데, 모두 완성하면 3천 쪽에 달할 것이라고 한다. 다른 환경 전문의들은 자신이 직접 치료할 수 없을 때 환자를 리어에게 보냈다. 그의 존재는 의학계에서 버림받은 사람들에게는 커다란 위안이었는데, 그들의 질병은 전통적인 진단으로는 치료가 불가능했기 때문이다. 그러나 그들의 질병은 사회적으로 함의를 갖고 있다.

스미스는 최소 두 달간 치료받아야 한다는 말에 출발을 망설였다. 1992년 11월 30일 스미스는 댈러스 환경건강센터의 문을 두드렸다. 진단에 앞서 리어는 화학물질 과민증의 기초 개념을 설명해주었다(Rea, 1992). 개인마다 오염을 견뎌낼 수 있는 능력이 다르다. 리어는 오염물질, 곰팡이, 먼지나 바이러스 등과 같은 환경적 스트레스와 화학물질에 견뎌낼 수 있는 사람의 능력을 빗물과 그것을 담는 낙수통의 용량에 비유했다. 화학물질 과 민증은 기폭과 격발이라는 두 단계를 거친다. 기폭 단계에서는 다양한 오염물질에 대한 급성적(순식간의, 대량의), 만성적(천천히, 지속적인) 노출에 따라 낙수통이 가득 차게 된다. 일단 낙수통이 가득 차면 사람은 환경 오염물질에 대한 저항력(적응력)을 상실한다. 이전에는 견딜 만했던 화학물질, 약물, 음식, 그리고 이 모든 것의 매우 낮은 농도의 조합에 연속적으로 노출되면 스미스가 경험한 것과 같은 증상이 격발된다.

리어의 설명에 따르면, 문제의 핵심은 의사들 대부분이 격발 작인(作因)—가장 최근에 병을 일으키는 성분—을 진단의 기초로 삼기 때문에 낙수통을 가득 채운 문제의 성분은 완전히 놓친다는 점이다. 리어는 스미스가 주로 "위징과 징의 문제, 등과 관절의 통증, 근육통과 피로"에 불평을 터트렸음을 상기시켰다(Rea, 1993). 환경전문의는 환자의 육체적 질병이나 화학물질에 대한 저항력 상실의 원인이 무엇인지를 찾으려 한다. 리어는 냄새에 민감해진 환자의 화학적 기폭 성분을 찾는 동시에 몸속의 화학적 부하를 줄일 수 있는 처방을 내려 환자의 건강을 어느 정도 회복시킬 수 있는 방법을 취한다.

기폭 성분의 실마리를 찾기 위해 리어는 스미스에게 시간 순서대로 그의 삶—건강, 직업, 가족사 등을 포함한 모든 것—을 회고하도록 요청했는데, 이를 위해 27개의 구체적 항목으로 이루어진 설문지가 사용됐다. 스미스는 진단받기 전에 그 설문지를 작성했다(Rea, 1997a: 2061-2088). 리어는 정말로 동정심이 많고 환자의 말을 잘 들어주는 의사였다. 스미스는 이런 태도가 부분적으로 그의 경험에 기초하고 있음을 미처 알지 못했다. 리어는 살충제 노출로 인한 화학물질 민감증으로 테론 랜돌프에게 치료받은 경험이 있었다. 랜돌프는 1951년 의학 잡지에 화학물질 과민증에 대한 최초의 논문을 기고한 의사였다(Rea, 2001). 스미스는 리어가 필요한 순간 말을 끊고서 화학물질 과민증의 측면에서 자신의 문제를 설명해주는 것을 좋아했다. 이것은 그의 질병에 대한 신비로움을 제거했으며, 그에게 병이 나을 수 있다는 희망을 주었다.

스미스가 어린 시절의 신장 질환(치료가 됐다)과 천식(치료가 되지 않았다)에 대해 말하자, 리어는 만성 천식은 일반적으로 먼지와 꽃가루 알레르기로 나타난다고 말하면서 먼지·꽃가루·곰팡이 등과 관련된 건강 문제는 인체가 생물학적 오염물질에 민감하다는 것을 나타내준다고 설명해주었다. 스미스가 용접과 이동용 주택에서의 생활을 말할 때, 그는 다시 이야기에 끼어들었다. 리어는 용접이 화학적 노출의 주범인 고위험 작업이며, 이동용 주택은 포름알데히드를 내뿜는 것으로 악명이 높다는 사실을 알려주었다. 스미스는 가정과 직장 모두에서 화학적 오염물질에 노출되어 있었음을 깨달았다.

기름 유출 청소작업에 대한 스미스의 이야기는 리어를 깜짝 놀라게 했다. 그는 프린스윌리엄사운드에서 일한 경험이 있었고, 치료를 위해 그의 병원을 찾아온 톰 픽워스, 랜디 로, 팀 버트 등에게 보호장비 없이 또는 최소한의 장비만 갖추고 다량의 원유 연무, 디젤 연무, 용제 등에 노출되었던 이야기를 들은 적이 있었다. 스미스가 청소작업이 끝난 후에 발생한 두통, 변덕, 의기소침 등을 말하자 리어는 그런 반응은 카페인, 담배, 마약 등의 금단증세와 비슷한 것이라고 설명해주었다. 스미스는 점차로 자신의 상황을 이해하기 시작했다.

그는 복통과 가슴통증도 청소작업이 끝난 후에 시작되어 점점 상태가 악화됐다고 말했다. 리어는 이 새로운 증상을 염려했는데, 스미스의 몸이 오염물질로 인해 과부하가 걸리면서 — 낙수통이 가득 차서 — 청소작업의 외상적인 화학적 노출에 대응하고자 다른 신체 시스템을 작동시킨 결과가 아닌가 하는 의심이 들었기 때문이다(Rea, 1992).

리어는 비행기 사고에 대한 스미스의 이야기도 신중하게 들었다. 심각한 육체적 외상은 스미스의 몸에 스트레스를 가중시켜 첫 번째 외상 — 기름 유출 청소작업 기간에 발생한 대량의 화학적 노출 — 을 치료할 수 있는 자생력이 약화되었음을 뜻할 수 있기 때문이었다. 리어는 그에게 "약의 힘을 빌린 건강은 건강이 아니다"라고 말했다. 비행기 사고 이후부터 먹은 여러 가지 약은 그의 증상 — 의기소침, 변덕, 고통, 복통, 두통 등 — 을 일시적으로 가린 채 청소작업에서 비롯된 저항력의 상실에 적응하고 익숙해지도록 했을 뿐이라고 설명해주었다(Rea, 1992). 또한 세 번 이상 약물을 투입한 사람은 대체로 화학적으로 민감하다고 알려주었다(Rea, 1997a: 2053).

스미스가 비행기 사고 후 본업에 복귀한 후 용접 연기에 최초로 부작용을 보였고, 현재는 향수, 가솔린, 디젤, 자동차 배기가스 등에도 부작용을 일으킨다고 말했을 때 리어의 의심은 확실해졌다. 냄새 민감도는 화학물질 과민증의 중추적 신호이다(Rea, 1997a: 2042-2043). 그것은 어떤 사람이 화학물질의 과부하 상태에 빠져 이전에는 내성을 보였던 성분을 더 이상 처리할 수 없게 되었음을 의미한다. 아주 소량이라도 스미스의 경우처럼 과도한 반응을 촉발할 수 있다. 스미스가 용접 연기에 처음 반응했을 때 그는 1년 반 동안 그런 물질을 접하지 않았기 때문에 '비적응' 상태에 놓여 있었다. 그 기간 동안 그는 그런 화학물질에 대처할 수 있는 내성을 잃어버렸던 것이다(Rea, 1992).

스미스가 가장 최근에 겪고 있는 관절과 근육의 통증, 피로감, 복통 등을 이야기할 때 리어는 놀라지 않았다. 스미스의 몸속에서 화학물질이 퍼져나가면서 다른 장기와 계통으로 전이되어 나타난 증상이었다(Rea, 1992). 이것은 2단계 화학물질 과민증의 전형으로, 몸이 지나치게 과민해져서 아주 미세한 노출에도 반응을 촉발할 수 있다. 신체 내부의 어디에서도 반응이 폭주할 수 있는 상태에 놓인 것이다.

스미스는 비행기 사고가 자신이 겪는 건강 문제의 원인이라고 생각했다. 리어는 이렇게 설명해주었다. 심각한 육체적 외상이 화학물질 과민증을 촉발할 수 있지만, 스미스의 경우 화학물질 과민증을 나타내는 이차적 증후— 변덕, 복통 등— 가 비행기 사고 이전에 나타날 수 있었다. 또한 스미스의 혈액 분석을 통해 원유와 관련된 화합물질의 농도가 높다는 것이 밝혀졌다.

스미스는 리어에게 치료받은 랜디와 다른 청소작업자의 건강 문제가 서로 다른지, 그리고 여러 해가 지나고 나서야 문제가 발생한 이유를 물었다. 리어는 그것은 화학물질 과민증의 다른 측면인 개인의 고유성으로, 동일한 독성에 노출됐다고 해도 개인마다 서로 다른 증상을 보인다고 설명했다(Rea, 1992). 반응의 편차는 영양상태, 유전적 민감성, 새로운 노출의 순간에 몸속에 이미 존재하는 오염물질의 양 등에 따른다. 이 고유성은 초기의 독성 사건과 증상의 발생 사이에 상당한 시간 간격이 존재하는 이유를 설명해준다.

예를 들어 비교적 튼튼하고 건강한 개인은 조직 손상을 복구하고 독성 화학물질을 몇 년 동안은 아무런 증상 없이 분해할 수 있을 것이다. 반면에 허약한 사람은 상대적으로 더 빨리 병에 걸릴 것이다. 리어는 여러 해 동안 치료해오면서 화학물질 과민증의 공통된 특징이라고 할 수 있는 증상에 익숙해졌다. 그는 스미스에게 그와 청소작업자의 증상이 해당 증상 목록에 들어맞는다고 말했다(<그림 4-1> 참조).

의사와 함께 자신의 삶을 돌아보고 설문 작업을 마친 후 스미스는 병원에 오기 잘했다고 느꼈다. 증상에 대한 리어의 설명을 수긍했기 때문에 그 다음에 해야 할 일을 충실히 하겠다고 마음먹었다. 그는 4일 동안 용천수만 마시면서 단식을 했는데, 이것은 최초 평가의 신뢰도를 확실히 하기 위한 조처였다. 이렇게 몸을 깨끗이 하면 검사가 보다 더 정확하고 신뢰할 수 있게 된다(Rea, 1997a). 검사에는 각종 조사가 동원되었는데, 스미스의 표현대로 팔에 놓은 '6천 대의 주사' 외에도 뇌 스캔, 눈 검사, 신경학적 조사 등을 포함하고 있었다. 그의 인내력을 측정하는 검사인 셈이었다(87).

검사 결과를 토대로 리어는 스미스가 디젤, 천연가스, 포름알데히드, 향

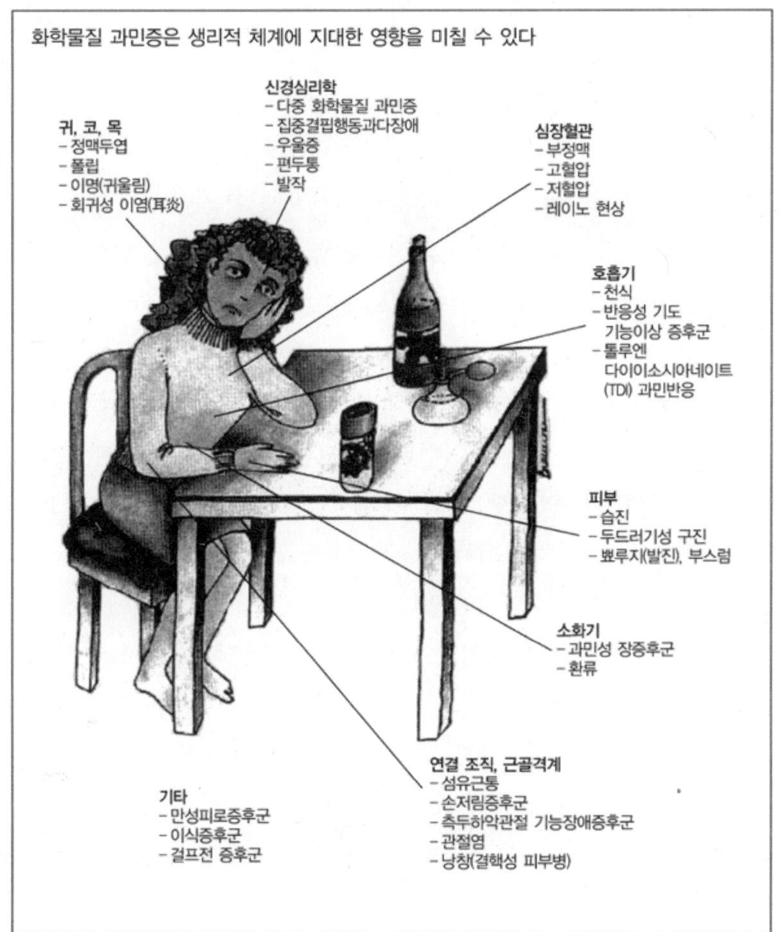

출처: 미국화학회, Chemical and Engineering News, 76(38): 57.

수 등 다양한 성분에 민감하다고 결론 내렸다. 리어는 스미스가 "화학적 노출, 화학물질 과민증, 부종, 근육통, 근육섬유염, 피로, 신경독성, 위장 장애 등에 걸렸다"(Rea, 1993)고 진단했다. 그리고 스미스가 "완전히 무기력" 하기 때문에 "6주에서 8주에 걸쳐……자극제의 회피 및 열실(熱室) 혈액 정화와 물리치료"를 받을 것을 권고했다.

8주 동안 스미스는 건열 사우나, 마사지, 영양제, 운동 등으로 이어지는 빡빡한 일정을 소화해냈다(Rea, 1997a). 그는 팔목, 손, 손가락 등의 따끔거림을 완화하기 위해 목과 등에 척추 지압을 받았다(Johnson, 1993). 그는 주기적으로 단식을 했고 식이요법에 따랐으며 깨끗한 물을 마셨다. 병원 직원들은 그의 몸에서 오염물질이 방출되는지 여부를 신중하게 조사했다. 그는 자신의 기분과 증상에 대한 자가 진단법을 배워서 몸의 요구를 더 잘 인식할 수 있게 됐다. 그는 자신의 집과 직장을 오염물질에서 보다 자유로운 곳으로 만들 수 있는 방법도 배웠다. 검사와 치료는 특수하게 마련된 댈러스 환경건강센터의 덜 오염된 방에서 이루어졌는데, 그동안 비슷한 환경을 갖춘 시고빌의 한 주택에서 지냈다. 시고빌은 댈러스에서 남동쪽으로 약 20마일 떨어진 마을로 댈러스의 공기오염을 피하기 위한 목적으로 마련된 곳이다.

만약 시고빌의 생태주택이 없었다면 스미스는 리어의 병원에서 8주 치료를 받는 동안 머물 곳이 없었을 것이다. 스미스는 당장 기분을 북돋아주는 약물 치료에 익숙해져 있었고, 병원에서 날마다 실시하는 검사는 따분하고 별 볼 일 없는 것처럼 보이기도 했다. 그러나 치료기간 동안 그는 친구 랜디와 팀 픽워스와 함께 생태주택에서 생활했다. 세 명은 저녁을 함께 보내면서 병원생활에 대한 경험을 나누고 기름 유출에 관련된 이야기를 교환했다.

그들은 자신들이 건강 약화가 망상에 불과한지 모른다는 두려움에 싸여 있는 다른 환자들과는 다르다는 것을 알고 있었다. 물론 그들은 자신을 병약하게 만든 유일한 결정적 노출을 콕 집어낼 수는 없었다(Ashford and Miller, 1998). 스미스와 친구들은 청소작업 때문에 자신들이 병들었다는 사실을 알고 있었기 때문에 화학물질 과민증의 불안정한 세계에서 정상적인 감정을 유지할 수 있었다. 반면에 다른 많은 환자들은 의학전문가, 친구,

가족, 건강한 동업자 등에게 버림받은 후 마지막 희망으로 리어를 찾아왔다. 시고빌에서 환자들은 시간을 함께하면서 서로의 이야기를 나누었고 그런 가운데 자신감을 회복하고 나아질 수 있다는 믿음을 갖게 됐다. 스미스는 이따금씩 굿윈 부부와도 함께했다. 그 부부는 생태주택을 운영하면서 알래스카인 친구들과 즐겁게 지냈다(Goodwin, 2001).

병원에서 치료가 끝나자 스미스는 두 번째로 혈액검사와 심리평가를 받았다. 그 결과 탄화수소의 농도는 크게 줄어들었지만 트리메틸벤젠과 메틸펜탄의 농도는 여전했다. 리어의 표현처럼 이 물질들은 스미스의 체내에 '자리 잡고' 있었다. 이런 잔존 화합물질의 존재는 충분히 예상된 것이었는데, 체외 배출이 가장 어려운 오염물질에 속했기 때문이다.

리어는 신체와 정신, 뇌의 상호작용으로 건강이 유지된다고 믿었기 때문에 '환자의 총체적 웰빙'을 파악할 수 있는 낸시 디드릭슨의 심리적 배출 평가를 사용했다(Didrikson, 1997). 평가 결과, 스미스는 양심적이며 의무감에 충실하지만 여전히 손상된 자신의 육체적 능력을 걱정하며 매일의 도전에 쉽게 흥분하며 좌절을 느끼고 있었다(Didrikson, 1993). 따라서 스미스에게는 스트레스 관리, 완화 훈련, 화학물질 과민증에 대처할 능력 증진 프로그램 등이 필요했다. 리어는 후속 치료가 도움을 줄 수 있다고 말했지만, 스미스는 1993년 1월 말 병원을 떠났고 그것으로 치료는 끝이었다.

그는 '엄청 기분 좋은' 상태로 알래스카로 향했지만 현실세계로 돌아오자 계속되는 화학물질 피폭 속에서 곧 병들고 말았다. 그는 댈러스 병원에서 배운 대로 자신의 집을 소독하고 직장에서 화학적 노출을 최소화했으며 식단을 바꾸었다. 그리고 그는 자신의 건강 문제에 대한 책임을 묻기 위해 엑손 사와 베코 사를 상대로 소송하기로 마음먹었다(제8장과 제9장 참조).

화학물질 과민증과 함께 살기

댈러스 환경건강센터에서의 경험은 스미스의 생활을 바꿔놓았다. 리어는 그의 궁금증을 해결해준 유일한 의사였다(Smith, 1996: 106). 그의 궁금증이란 '왜 사십대에 불과한 자신이 건강과 일할 능력을 잃고 말았느냐'는 것이었다. 스미스는 아무런 연관이 없는 사건으로 생각했던 화학물질 과민증과 비행기 사고에 맞게 자신의 몸이 반응하도록 틀을 짰다. 이 같은 새로운 이해는 건강 회복에 대한 희망을 품을 수 있도록 해주었다. 그러나 쉽게 부서질 것 같은 몸으로 산다는 것은 쉬운 일이 아니었다. 그의 아내 셜리는 무척 헌신적이었다. 그 부부는 함께 최선을 다해 그의 건강 문제에 신경을 썼고 그의 필요에 맞춰 생활을 조정했다.

솔도트나로 다시 돌아왔을 때만 해도 그는 병원으로 떠나기 이전보다 더 악화된 느낌을 받았다. 그는 시고빌의 생태주택에 비해 '더러운 환경'인 그곳에 아직 익숙지 않다는 것을 알았다. 그의 화학물질 과민증은 몸이 적응하기 전까지 — 또는 부부가 문제의 원인이 무엇인지 알아내고 그것을 해결하기 전까지 — 작렬했다. 짧은 시간 동안 피부가 꼭꼭 쑤시면서 따끔거렸다. 셜리가 댈러스에서 스미스가 사용했던 것과 같은 석유화학물질이 없는 세탁비누로 바꾸자 문제가 사라졌다. 그러자 이번에는 발에 가려운 발진이 발생했다. 그는 댈러스 병원에서 사용하던 면제품을 기억해내고 면 양말로 바꿨다. 그러자 발진이 멈췄다. 그는 점점 더 가스와 디젤 연무와 배기가스에 민감해졌다. 한참 후에야 그는 그것이 자신을 덜 기분 나쁘게 한다는 것을 느낄 수 있었다. 그는 차와 관련된 일에서 손을 뗐고 차에 기름을 넣을 때는 멀리 떨어져 있었다.

스미스가 가벼운 일을 다시 시작했을 때 등이 다시 문제를 일으켰다. 어느 날 그는 '세상을 정복할' 것 같은 기분으로 일어났지만(228), 2시간 동안 일하고 난 후 통증에 시달려야 했다. 의사가 약 — 근육이완제와 통증완화제

― 을 처방해줬지만, 스미스는 리어에게서 배운 것을 기억했다. "약의 힘을 빌린 건강은 건강이 아니다." 그는 약을 멀리하고 건강 회복에 적극 나섰다.

제5장

세탁대원 필리스
'돌리' 라 조이의 사례

(저자 노트 이 이야기는 '로버츠 대 엑손 사' 사건에서 연방정부의 기록을 통해 얻은 증언 조서에 기초하고 있다. 괄호 안의 숫자는 라 조이의 1996년 증언 조서의 쪽수를 뜻한다. 다른 자료에 대한 인용은 출처를 따로 밝혔다.)

1996년 돌리 라 조이는 엑손 사와 베코 사를 상대로 한 개인 상해에 따른 유해 불법행위 소송에서의 증언을 위해 커다란 스크랩북을 들고 법정에 도착했다. 그녀는 자식과 손녀에게 보여주려고 스크랩북을 정성스럽게 정리해두었다. 스크랩북에는 그녀가 바지선인 그린스크리크 호에서 세탁 대원이나 데콘 대원들과 함께 6주를 보내면서 찍은 컬러 사진들이 들어 있었다. 엑손 사와 베코 사는 해변에서의 사진 촬영을 금했지만, 사진기를 가지고 있던 바지선 목수인 원주민 덴티는 사진을 찍어도 좋다는 허락을 받았다. 그가 바지선의 항해일지에 사진들을 붙여 놓자 많은 사람들이 인화를 부탁했다.

라 조이는 모든 사진에 꼬리표를 달아 다른 기름 유출 사건 기록 — 신문 스크랩, 잡지 기사, 공식적인 엑손 사와 베코 사의 안전 및 오리엔테이션 팸플릿과 청소작업 손상 도표 등 — 과 함께 모아두었다. 그녀는 청소작업의 경험을 말하면서 보조수단으로 스크랩북을 사용했다. 법정에서 질문에 대답하는 동안에도 그녀는 스크랩북을 차례로 넘기며 자신의 숨결이 묻어나도록 극적 효과를 주었을 뿐만 아니라 이야기에 현실감을 불어넣었다.

급성 건강 문제(1989)

라 조이의 삶은 석유산업과 함께했다. 1970년대 초 그녀는 5년 동안 프루도 만 유전의 소하이오 건설회사에서 건축 설비 엔지니어링 보조로 일했다. 그녀는 자신의 직업을 "도서관 사서와 비슷하다"(51)고 묘사했다. 모든 건설 공정의 청사진·문서·서류 등을 보관하고 송유관·펌프장·집적센터 등의 건설 작업에 참여하는 엔지니어들에게 자료를 찾아주는 일을 했다. 가끔씩 그녀는 "엔지니어들이 명세서대로 건설 작업을 하고 있는지 살펴보기 위해"(55) 서류를 들고 엔지니어들과 동행하기도 했다. 그녀는 사진으로 자신이 일했던 장소를 보여주었다.

그녀는 "신세계의 도시인 그곳에서"(55) 했던 일을 자랑스러워했으며 석유산업에 대해서도 마찬가지였다. 58살 때 뉴스를 통해 프린스윌리엄사운드에서 기름 유출 사건이 일어났다는 사실을 접하고 하와이의 아파트에서 짐을 꾸려 알래스카로 귀향했던 것은 그런 이유 때문이었다. 그녀는 성년이 된 자식들과 알래스카에서 여름을 보내곤 했다. 그녀는 자신을 석유산업의 일부로 간주하고 있었기 때문에 특히 사운드 — 그녀가 오랫동안 누비고 다니던 땅 — 를 청소하는 데 도움을 줘야 한다고 생각했다.

라 조이는 이틀 동안 이리저리 헤매다가 1989년 5월 26일 앵커리지에서 베코 사에 채용됐다. 오리엔테이션을 받기 위해 밸디즈행 버스에 올랐고 그 후 다른 신입 사원들과 함께 배에 올라탔다. 그녀는 나이트 섬 근처에 정박하고 있던 바지선 그린스크리크 호로 출퇴근하는 데콘의 야간조로 작업에 투입됐다. 이틀 동안 한잠도 자지 못한 그녀는 "정말로 완전히 지쳤다"(74)고 그때를 회상했다.

라 조이는 소형 선박을 운전할 수 있게 해달라고 '청했다.' 1970년대 후반 그녀는 남편과 함께 사운드에서 여러 해를 보내면서 주정부의 장려 프로그램인 바다표범 사냥과 상업적 어업을 한 적이 있었다. 베코 사의 현장관리자는 몸집이 작고 나이 들었지만 강단 있는 그녀를 바지선에서의 세척작업에 배정했다. 그녀는 "여성은 대부분 세척작업에 투입됐다. [베코 사는] 그 작업이……더 안전하다고 느꼈나보다"(38)라고 회상했다. 기름을 뒤집어쓴 미끄러운 해변에서는 "세상에서 가장 위험하고 더러운 일"(41)을 수행해야만 했다.

라 조이는 상황을 낙관하는 편이다. 야간조에 속한 여성 데콘 대원은 함께 일을 했다. 매일 저녁 데콘 대원은 해변 대원이 샤워를 하면서 벗어놓은 기름 범벅의 우비, 고무장화, 장갑, 안전모, 구명재킷, 내의 등을 수거했다. 데콘 대원은 해변 대원이 기름 묻은 바위를 씻을 때 사용했던 것과 같은 증기총으로 세탁기에 넣을 수 없는 기름 묻은 장비를 씻어냈다. 밤공기가 차가워짐에 따라 뜨거운 기름 연무와 소금기 묻은 수증기 구름이 외부에서 일하는 데콘 대원을 집어삼켰다. 세척된 장비는 건조실에 널었다. 이 건조실은 산업적 용어로 '코넥스'라 부르는데, 화물을 운반하도록 설계된 박스차 형태의 세트이다. 데콘 대원은 장비가 잘 마르지 않자 베코 사에 대형 온풍기를 주문해달라고 요청했다. 온풍기는 건조실을 고온다습한 상태로 만들었지만 어쨌든 장비는 말랐다.

여성 데콘 대원들은 화학물질이 증기상태로 자신의 폐 속으로 들어간다는 사실을 곧바로 깨달았다. 엑손 사의 변호사가 라 조이에게 누가 그 사실을 말해주었느냐고 묻자 "아무도 우리에게 말해주지 않았다. 우리는 이미 원유에 포함되어 있는 모든 화학물질에 대해 [오리엔테이션 기간에] 들었

고, 그것이 증발되고 있었기 때문에 그것을 들이마시고 있음을 알고 있었
다. 우리는 미리 조심하는 게 낫겠다고 생각했다"(99)라고 대답했다. 안전
보안경은 '정말 빠르게' 습기 찼지만, 대원들은 기름과 뜨거운 물이 튀어
서 묻는 것을 방지하고자 보안경을 쓰려고 했다. "어쨌든 항상 튀었다"(98)
라고 라 조이는 회상했다. 그녀들은 방독면을 쓰려고도 했으나 "충분한 수
가 제공되지 않았고"(98) 베코 사의 공급 담당자는 "이주일 만에 완전히 포
기하고 말았다"(100). 그러자 그녀들은 약국에서 파는 하얀 마스크가 화학
물질을 막는 데 실제로 효과가 없음을 알면서도 그것을 사용했다. 라 조이
는 기름 유출 청소작업에 참여하기 전에 진주만의 해군조선소에서 핵잠수
함 대원이 사용했던 물품의 방사능 제독 및 탐지 작업을 한 적이 있었다.

엑손 시의 번호시기 눈을 포함한 얼굴 전체를 가리는 방독면을 쓴 적이
없느냐고 물었을 때 그녀는 이렇게 답했다. "그런 방독면을 보기는 했지만
써본 적은 없다. 그것은 해변에서 기름 제거 실험용도로 사용된 비료[이니
폴]를 살포하는 대원이 사용했다.……그것은 정말로 위험한 작업이었기
때문에 그들은 방독면을 사용했다"(102). 엑손 사의 변호사는 "이 내용을
삭제해줄 것을 요청한다"(102)라고 말했다.

데콘 대원은 교대로 세탁작업을 했다. 어느 누구도 그 일을 좋아하지 않
았다. 세탁실은 좁고 밀폐되어 있었으며, 건조기의 세탁물에서 빠져나오
는 강력한 기름 증기가 데콘 대원을 아프게 했다. 라 조이는 증기로 현기증
이 나고 기절할 것 같은 기분이 들 때마다 신선한 공기를 들이마시기 위해
밖으로 나오곤 했다.

여성들은 세척제인 타이드가 기름기 제거에, 특히 소금기 묻은 세탁물
에 효율적이지 않다는 것을 재빨리 간파했다. 라 조이는 엑손 사의 변호사
에게 타이드는 탈지제가 아니라고 설명했다. 베코 사의 공급 담당자는 더
강한 용매제를 보내왔는데 "전혀 다른 종류로 마치 휘발유처럼 보였다"
(94)라고 라 조이는 회상했다. 그러다가 베코 사의 공급 담당은 심플그린을

보냈는데, 타이드에 그것을 첨가하자 세탁이 훨씬 잘 됐다. 데콘 대원은 이니폴에 포함된 것과 같은 자극 성분인 2-부톡시에탄올을 함유하고 있는 심플그린의 사용에 따른 건강 위험을 알지 못했다.

장갑을 뒤집는 일은 라 조이를 빼고 모든 사람이 꺼려했다. 현장 대원의 장갑이 제때에 공급되지 못해 새것으로 지급할 수 없어 사용한 장갑을 세탁물로 보내오자 데콘 대원은 기계로 세척하기 시작했다. 두껍고 무거운 고무장갑을 건조기에 넣고 말리려면 안팎을 뒤집은 다음 마른 후에 다시 한 번 뒤집어야 했다.

라 조이의 설명에 따르면, "그들에게는 장갑이 꼭 필요했기 때문에 누군가는 해야만 하는 괴로운 일이었다.……그들에게는 장갑이 필요했다. 날씨가 너무 추웠다"(109-110). "젊은 여성은……용매제와 기름에 나처럼 손톱이 망가질지 모른다는 두려움에 더 이상 그 일을 하지 들지 않았다"(110). 그녀는 손톱에 가해지는 끔찍한 통증으로 여러 날 밤을 울었다. 그녀의 손톱은 썩어 문드러지기 시작했고 손목과 팔뚝은 부풀어 올랐다. 상태가 좋지 않은 날에는 문을 열 수 없었을 뿐만 아니라 옷도 제대로 입을 수 없을 지경이었다. 그러나 그녀는 몸이 허락하는 한 장갑 뒤집는 일을 계속했다. "아무도 그 일을 하려 들지 않았지만 꼭 해야만 할 일이었다"(112).

라 조이는 베코 사의 책임자 — 그녀는 엑손 사와 베코 사를 구분하지 못했다 — 에게 손이 너무 아파서 의사에게 가봐야겠다고 말했다. 의사는 부은 부위가 가라앉도록 그녀의 손을 붕대로 감싸주었다. 그녀는 붕대 감은 손을 찍은 사진을 보여주었다. 의사는 그녀에게 손과 어깨를 쓰지 말아야 한다고 말했지만, 베코 사는 이틀 이상의 무급 병가를 허용하지 않고 바로 해고시켰을 것이라고 라 조이는 밝혔다(118). 이 같은 사실은 다른 사람의 상해소송에서도 입증됐다(제2장 참조).

라 조이는 부러진 발가락, 피부발진, "독감의 모든 증상, 코감기, 두통……기침"을 동반한 계속되는 목의 통증으로 의사를 찾았다(121). 그녀는 소금물로 양치하고 타이레놀을 먹었지만 전혀 소용이 없었다. 엑손 사의 변호사가 물었다. "그것을 무엇이라 해야 할까요? 감기 때문에 의사를 방문한 것이죠?" 기름 증기와 분진, 에어로졸 등에 대한 과도한 노출 증상을 자각하지 못한 상태에서 그녀는 대답했다. "그것이 내가 생각할 수 있는 가장 근접한 답이다"(121-122).

6주 이상 일주일 내내 12시간 맞교대로 일하고 난 후 마침내 그녀는 일주일의 휴가를 얻어 앵커리지에서 장성한 자녀들과 함께 지냈다. 사운드로 돌아오는 도중에 그녀와 다른 작업자들은 밸디즈의 베코 사 사무실에 잠시 들러서 또 다른 오리엔테이션을 받았다. 그녀는 많은 '자료'가 주어졌다고 회상했다(261). 서류 중에는 각기 다른 형태의 청소작업 임무, 각 임무에 따른 노출 수위, 청소작업에서 발생한 손상의 형태와 숫자 등을 보여주는 보고서와 도표가 있었다. 그녀는 그 자료를 자신의 스크랩북에 붙여놓았다.

라 조이는 곧바로 데콘 대원인 자신의 임무에 건조기와 연기로 가득 찬 세탁실에서 일하는 것이 포함되어 있지 않았고, 따라서 노출 위험에 대한 정보가 없다는 사실을 알아차렸다. 그녀는 이 사실에 놀라지 않았다. 사실 그동안 그녀는 야간조 근무시간에 연방정부나 주정부의 OSHA 감독관, 해안경비대원, ADEC 담당자, 메드톡스 사 조사요원 등을 본 적이 전혀 없었다(124-125).

그린스크리크 호로 돌아온 라 조이는 해변 청소작업에 투입해달라고 요청했고 마침내 "신선한 공기가 변해가고 있다고 생각했던"(108) 곳에 투입될 수 있었다. 그녀는 해변에서 "구역질나고" "끔찍한"(140) 원유의 악취를 맡았다. 부패하는 동물의 사체(대부분이 바다표범, 바다표범 새끼, 새 등이었다)가 널브러져 있었는데, 해변 대원이 그것을 쓰레기봉지에 담아놓으면 소형 선박이 한곳으로 실어 날랐다.

그녀는 해변 대원의 신고식에서 살아남았다. 현장 책임자는 그녀에게 소방수가 사용하는 고압 호스를 넘겨주고는 찬물을 완전히 개방했다. 그 힘에 45킬로그램의 그녀는 공중으로 튕겨졌고 그것을 보고 모든 사람이 환호성을 질렀다. 그런 다음 그들은 그녀에게 증기 분무기를 건네주었는데, 그녀는 이번에도 한 방에 나가떨어졌다. 그러나 그녀는 곧 자신의 뜻대로 호스를 다룰 수 있게 됐다. 그녀는 고압 호스를 내리누르는 것이 매우 힘들기 때문에 사람들이 증기 분무기의 사용을 선호한다는 사실을 알았다. 해변 대원은 고압 호스를 사용하는 작업을 돌아가면서 하고 있었다. 증기 분무기로 작업하는 동안 그들은 기름 연무와 바닷물 증기 구름 속에 갇혀 있었다.

라 조이는 오리엔테이션에서 배운 대로 기름 연무로부터 자신을 보호하기 위해 작업시간 내내 방독면을 쓰려고 노력했지만 공급이 원활하게 이루어지지 않았다. 그녀는 "왜 방독면이 없느냐고 물었다.……[베코 사의 현장감독이] 말하길 '음, [방독면 없이] 일하기……싫으면 집에 가라'"(139)고 했다. 아침마다 "방독면을 찾느라 최소한 한 시간 이상을"(151) 보냈고, 찾아내면 해변 작업 동료들에게도 나눠주었다.

해변에서의 일은 베코 사 현장 책임자들이 경고했던 것처럼 위험하고 더러웠다. 대원들은 매일 100파운드의 물 펌프, 호스, 기타 장비를 해변으로 옮기고 조립해야 했다. 기름은 3피트 정도 깔려 있었고 바위는 미끄럽고 날카로웠다. 라 조이는 그것을 '계속적인 추락과 미끄러짐의 세계'라고 묘사했다. "이놈[기름]은 믿을 수 없는 것이었다. 계속 기다시피 했다"(148). 그녀의 설명에 따르면 "넘어질 때마다 그 속에서 기어 다녀야 했다. 말 그대로 푹 빠져버린다"(147).

라 조이는 자신의 우비 재킷 소매와 장갑, 바지와 장화의 이음매를 테이프로 감싸서 기름에 대한 노출을 최대한 줄이려고 했지만 "기름이 테이프를 먹어치워서 끝부분이 열리고 말았다"(146). 그녀는 비, 분무, 튕기는 물 등으로 계속 젖은 상태로 일했다. 해변 대원은 햇볕이 비추는 날이면 정오

 제1부 • 병든 작업자들

에 보호장비를 벗고 "그냥 세척했다"(146). 해변 대원은 그녀가 베코 사의 오리엔테이션에서 들었던 것처럼 기름에서 자신을 보호하기 위해 우비 밑에 받쳐 입는 타이벡 복장을 한 번도 지급받지 못했다(147).

해변 대원과 여러 주를 함께 지낸 후 라 조이는 새로운 작업을 위해 해변 대원이 접근할 수 없는 해안선 청소용으로 사용되는 바지선에 올라탔다. 해변 대원은 그 작업을 특권으로 여겼고, 그녀는 새 임무를 "약간 편한 것"(151)으로 묘사했다. 고압 호스와 분무기는 바지선 옴니 호와 맥시 호에 실려 있었기 때문에 날마다 기름 범벅인 바위 위로 무거운 장비를 운반해서 조립할 필요가 없었다. 바지선은 절벽에서 작업할 수 있도록 운영되었고 대원들은 높이를 조정할 수 있는 발판 위에서 직접 분사했다.

바지선에 타고 있는 동안 라 조이는 가정부, 간호사, 분무 요원 등 다양한 임무를 수행했다. 가정부로서 그녀는 화장실을 청소했는데, 기름에 찌든 대원들 때문에 "계속해야 하는 일이었다"(144). 그녀는 심플그린, 살균제, 기름 용매제 등과 같은 강력한 용매제를 사용했는데 "그 수가 너무 많아서 이름을 일일이 거론하기 힘들 정도였다"(145). 그녀는 실내 청소를 하는 동안 방독면을 사용하지 못했다. 그녀는 물에 빠진 사람을 돌보기도 했는데, 저체온증에 걸리기 전에 마른 옷으로 갈아입혔다.

그녀의 마지막 임무는 다시 데콘이었다. 이번에는 모든 장비와 미군 함정 더루스 호 — 오래된 해군 수송선으로 청소작업 기간에 숙박을 제공하는 선박으로 사용됐다 — 의 청소를 돕는 것이었다. 라 조이와 데콘 대원은 여름 내내 사용했던 일반적인 세정제, 탈지제, 용매제 — 타이드, 심플그린 등 — 를 사용했다. 그들은 바닥에 직접 제품을 붓고 뜨거운 물로 풀어서 청소한 다음 샤워기로 씻어냈는데, 그녀의 표현대로 해군을 위해 모든 것을 "정말로 깨끗하게"(155) 하고자 했기 때문이었다.

1989년 9월 15일 청소작업을 마치고 라 조이는 수주일 동안 앵커리지에서 쉬었다. 그녀의 표현대로 하면 "탈진해서 쓰려졌다"(157). 그녀는 그것을 '일종의 문화적 충격'이라고 표현했다. "시차증(時差症)보다 상태가 더 나빴다. 내가 일을 다시 찾아 나선 건 1월이 되어서였다. 그만큼 녹초가 되어 있었다"(158).

라 조이가 재충전을 위해 하와이의 집에서 휴식하는 동안 청소작업을 하면서 겪은 기억할 만한 사건들을 스크랩북에 정리했다. 그녀는 몸이 굳어지는 증상에서 비롯되는 급성 건염(腱炎, 통증을 수반하는 힘줄·인대 등의 염증)을 예방하고자 날마다 수중 에어로빅 교실에 다녔다. 손가락에서 시작된 통증이 어깨로 올라오면서 팔이 아프기 시작했다. 건염은 그녀의 건강 문제에서 단지 하나의 시작일 뿐이었다.

만성 증상(1990~2003)

1990년 다시 일을 시작하면서 그녀는 근무시간을 채우기에 힘이 부쳤기 때문에 파트타임으로 일했다. 처음에는 공항 면세점에서, 그다음에는 센서스 조사요원으로, 그리고 기간제 교사로, 그 후에는 로열하와이호텔에서 연회 봉사자로 일했다. 1990년 봄부터 그녀는 자주 감기에 걸리면서 코감기를 달고 살기 시작했다. 왜 감기에 걸렸는지 확실치 않았지만, 자신의 면역체계 전체가 붕괴됐다고 생각했다. 그녀는 아침에 집중력 상실 증세를 경험하기 시작했고, 그런 날에는 늦게까지 몸이 제대로 움직일 것 같지 않은 느낌에 빠졌다. 그녀의 건강은 갈수록 악화되는 것 같았다.

1991년 12월 그녀는 "코감기 감염 비슷한 것"으로 "매우 심각하게 아팠다"(172-173). 체온이 내려가지 않았고 끔찍한 목감기에 시달렸다. 그녀는 끔찍한 독감에 걸렸다고 생각했는데 증상이 여러 달 동안 지속됐다. 그녀가 힘을 내려고 할 때마다 점점 더 아플 뿐이었다. 아침마다 그녀는 심한 메스꺼움과 격심한 두통과 함께 깨어났다. 그녀는 머리가 터져버릴 것 같이 고통스러웠다. 심각한 증상이 반복된 까닭에 그녀는 침실을 기다시피 했다. 그녀는 메스꺼움과 함께 먹기만 하면 배가 더부룩해지는 기분 나쁜 경험을 겪어야만 했다. 그녀는 그것을 '임신한 것 같은' 느낌 또는 펌프로 위장에 바람을 불어넣은 것과 같은 상태라고 묘사했다(176, 194). 그녀는 곧 죽을 것이라고 생각했다.

그녀의 건강보험사인 카이저 사는 그녀의 사건을 의학박사 스티븐 홍에게 배정했다. 그는 비교적 젊은 신참 내과 전문의였다. 그는 그녀에게 항생제를 투여해도 증세가 호전되지 않자 그녀를 음식 알레르기 전문가에게 보냈지만 그것도 소용이 없었다.

1992년 5월 1일 우연히 라 조이는 그린스크리크 호의 현장 감독이었던 자크퀠린 페인에게서 전화를 받았다. 그녀기 거의 1년 반 동안 아파서 침대에 누워 있다고 말하자 페인은 그녀에게 다른 사람들도 아프다며 아큐켐실험실에서 혈액검사를 받아야 한다고 말했다.

라 조이는 "그것은 [스티븐 홍과 치르는] 큰 싸움이었다"(183)고 회상했다. 의사는 검사해야 할 화학물질이 무엇인지 알고 있다고 생각했고, 이미 일련의 혈액검사를 해봤지만 고지혈 외에는 아무것도 발견할 수 없었다고 말했다. 그러나 라 조이는 단호했다.

그녀의 아큐켐 혈액 분석은 스미스와 동일한 화학물질에 대해 높은 수치를 보였는데(제4장 참조), 라 조이의 혈액에서는 특히 메틸펜탄(용매제)의 수위가 매우 높은 것으로 나타났다. 스티븐 홍은 아큐켐 혈액검사 결과를 살펴보고 그녀에게 말했다. "화학물질의 독성에 대해서는 전혀 모른다. ……이것이 무엇을 의미하는지, 왜 이런 일이 벌어졌는지 전혀 모르겠다. 나는 이런 문제는 배우지 않았다"(186). 그는 라 조이에게 산업의학 의사에게 가보라고 권했다.

1992년 6월 아큐켐 혈액검사의 결과를 봤을 때 라 조이는 처음으로 자신의 건강 문제가 청소작업 때문일 수 있다고 생각했다. 그녀는 청소작업

오리엔테이션을 생각해냈는데, 장기적인 부작용은 있을 수 있지만 노출 수위가 병을 일으킬 정도로 높지 않을 것이라는 내용이었다. 어느 누구도 화학물질의 독성에 따른 증상이 어떤 것인지는 말해주지 않았다.

이상하기만 했던 건강 문제의 원인을 알았다고 느끼자 그녀는 삶에 대한 통제력을 어느 정도 회복하기 시작했다. 그녀는 부지런히 조사한 끝에 알레르기 전문가인 조지 유잉을 찾아냈다. 1992년 10월 그를 처음 방문했을 때 그녀는 주기적으로 반복되는 두통 및 호흡기 문제, 만성적 코감기, 집중력 저하, 조직 내 수분의 증가, 손·팔·어깨의 통증 등과 같은 문제를 안고 있었다.

유잉은 그녀가 알코올류, 지방, 설탕, 매운 것 등에 저항력이 없다는 것을 발견했다. 의사는 그녀의 증상과 화학물질에 대한 효과가 나열되어 있는 팸플릿을 보여주었다. 유잉은 라 조이가 대량의 원유 노출에 의한 화학물질 과민증에 걸렸다고 진단하고, 모든 화학적 노출을 피하라고 권고했다. 그녀는 카이저 사가 보험금을 더 이상 지급할 수 없게 된 1994년까지 스티븐 홍과 유잉에게 계속 치료를 받았다.

1993년 1월 홍은 라 조이가 당뇨병을 앓고 있다고 진단했다. 청소작업 직후와 1992년 대부분의 기간 동안 그녀의 몸무게는 100파운드에서 170파운드로 급속하게 늘었다. 원유 에어로졸과 일부 용매제가 갑상선 기능을 교란해 빠르게 살을 찌게 하는 내분비 교란물질이라는 사실을 미처 알지 못했다. 당뇨병에 대한 약 처방은 그녀에게 약간의 안도감을 주었다. 그녀는 20파운드를 뺐다. 이뇨제가 다리와 발목의 붓기를 가라앉혀주었다. 홍은 그녀의 위장 문제를 급성위장염으로 진단하고 위산 증가에 따른 고통을 줄여주고자 약을 처방했다. 그녀는 이상하게 부어오른 자신의 배 사진을 스크랩북에 모아놓았다. 홍은 그녀의 간이 지나치게 커진 것도 발견했다. 라 조이는 유해 화학물질의 분해가 이루어지는 간이 영향을 크게 받는다는 사실을 알게 됐다.

스티븐 홍은 카이저 사의 여러 전문가들에게 그녀를 보냈지만, 누구도 그녀의 증상을 설명해줄 수 없었다. 산업의학 과장은 아큐켐 혈액검사가 그녀의 병을 설명해준다고 믿지 않았다(Hong, 1997: 46). 방사성 핵종 연구와 CT 영상 결과는 정상으로 나타났다(Hong, 1997: 21, 48-49). 피부과 의사는 노화로 인해 피부발진이 일어난다고 진단했다(Hong, 1997: 52). 알레르기 전문의는 그녀의 병이 알레르기에 의한 것일 "가능성은 거의 없다"(Hong, 1997: 20)고 진단했다. 신경 전문의는 어떤 이상 증세를 발견할 수 없었고 그녀의 증상이 "심리적인 것일 가능성이 높다"(Hong, 1997: 36)고 결론 내렸다. 정신과 의사는 그녀가 심각한 우울증 환자이거나 '망상 장애'로 고통 받고 있다고 결론지었다(Hong, 1997: 73).

홍은 마침내 라 조이가 아프다는 말을 곧이곧대로 믿을 수 없다고 판단했다. 그는 그녀의 고지혈증과 '타입2 당뇨병'이 식습관이나 유전자 조직에 영향을 미쳤고(Hong, 1997: 30-31, 55), 그녀의 비정상적 간 기능은 당뇨병, 고지혈증, 비만 등에 기인했을 수 있다고 생각했다(Hong, 1997: 57). 그는 그녀에게 정상 근무를 못할 이유가 없다고 말하면서 사회장애보험 신청서에 사인해주는 것을 거부했다(Hong, 1997: 83-85; Tip 6). 라 조이는 스티븐 홍이 기분을 좋게 해주기 위해 많은 화학 약물을 처방해주면서 자신이 화학물질 때문에 아프다고 생각하지 않는 것은 아이러니라고 생각했다. 라 조이는 그가 "대단한……자존심" 때문에 자신을 치료할 수 없다는 사실을 받아들일 수 없다고 판단했다(La Joie, 1996: 240).

그동안 라 조이의 상태는 점점 더 악화됐다. 후각은 비정상적으로 예민해진 것 같았다. 그녀는 교통 배기가스와 담배연기에 두통을 호소했고 메스꺼움을 느꼈다. 에어컨이나 난방은 두통과 격렬한 목의 통증을 안겨주었고 누관(淚管)을 마르게 해서 피가 흐르게 만들었다. 강력한 세척 용매제는 재치기, 질식, 메스꺼움 등을 유발했으며 두통을 안겨주었다. 그녀는 고무 슬리퍼 가게에서 나는 냄새에도 구토를 했고, 항알레르기 화장품에도

화학적 손상의 오진(誤診)

관절 통증, 두통, 피곤, 현기증, 가쁜 호흡, 계속되는 기침, 이 모든 것은 감기, 독감, 스트레스, 기타 질병에 따른 증상이라고 할 수 있다. 그러나 이런 증상은 화학적 노출의 최초 신호가 될 수 있다. 의사들은 종종 독성 화학물질에 대한 노출로 발생하는 직업병을 제대로 진단하거나 처치할 수 있는 훈련을 받지 않는다. 미국 OSHA는 "화학적 노출에 관련된 건강효과에 대한 지식의 결여가 직업병에 대한 만성적 과소 보고의 원인으로 작용한다는 것을 알고 있다. 오진은 문제이고, 종종 증상은 그 원인이 직업상의 화학적 노출에 따른 것이라는 깨달음 없이 처리된다"(OSHA 1994).

일부 화학물질은 증상의 급격한 출현을 초래하는 급성 중독으로 나타나는 반면, 대부분의 화학적 노출은 증상이 나타나기까지 오랜 시간(몇 달, 심지어 몇 년)이 걸리는 만성 효과를 가져온다. 그 결과 암은 물론 아직 태어나지 않은 아이의 신경 발달에도 영향을 미칠 수 있는데, 증상이 미묘해서 진단이 쉽지 않다.

직업병에 대한 지식이 새로운 것은 아니지만, 기업체는 일정한 화학물질의 건강효과에 대한 정보를 교묘하게 감추거나 직업병으로 공식 승인을 받지 못하도록 로비를 펼치기도 한다(Geiser, 2001). "광산의 흑폐증(黑肺症), 석면 관련 질병, 고엽제 노출에 따른 질병 등에 대한 초기의 많은 연구가 산업체에 의해 이루어졌는데, 그 결과는 몇 년 동안 은폐됐다"(Clipp 1993: 73). 석면 회사들은 "자체 조사 결과를 감췄고 30년 동안 보상을 거부했다. 마찬가지로 페인트 회사들은 납 페인트의 위해를 감췄고, 염화폴리비닐 회사들은 염화비닐에 대한 노출로 간의 혈관육종이 발생했다고 추정하는 작업자들이 제기한 소송에 대응했다"(Geiser, 2001: 127-128).

발진을 일으켜 화장품을 신중하게 선택해야만 했다(221-223).

라 조이는 화학적 독성을 이해하고 그것의 치료법을 알아내고자 노력했다. 그녀는 강력한 하와이 무역풍을 그의 아파트에 전면적으로 받아들이는 방식으로 두통과 누관의 문제를 완화시켰다. 그녀는 화학물질로 고통당하는 사람들의 모임인 '인간생태학행동리그(Human Ecology Action League)'에 참여했다. 그녀는 중고판매행사에서 림프절 세척에 대해 배웠다. 그녀는 자크켈린 페인이 추천한 리어가 쓴 책을 포함해 가능한 모든 정보를 받아들였다.

라 조이는 리어의 병원에서 치료받을 수 없는 까닭에(제4장 참조) 2년 동안 스스로 해독 프로그램을 고안하고 적극적으로 실행할 수밖에 없었다. 날마다 2시간의 사우나, 천연 미네랄과 비타민 항산화제가 포함된 영양제 섭취, 수영장에서의 에어로빅, 많은 양의 해독 허브차 복용, 소화계통을 위한 림프절 세척 등을 실행했다. 리 조이는 회의적인 엑손 사의 변호사에게 이러한 자구책이 자신의 생명을 구했음을 믿는다고 말했다.

유잉은 라 조이를 매우 적극적으로 도와주었으며 장애인 신청서에 서명해주었다(Ewing, 1994). 그 서류의 승인에는 2년 반이 걸렸다. 그녀는 건강 악화, 치료비 부족, 고비용의 하와이 주거비라는 늪과 같은 세월을 간신히 버텨냈다. 1996년 65세를 맞은 그녀의 생활은 한결 나아졌다. 그녀는 정부가 운영하는 노인임대주택으로 이사했고 의료보장제도와 의료보조제도의 혜택을 받기 시작했다.* 그녀는 카이저 사를 다시 방문했고 새로운 의사를 배정받았다. 그녀는 매일 그곳에서 악화되는 질병과 싸우고 있다고 엑손 사의 변호사에게 말했다.

청소작업 기간의 노출로 말미암은 화학물질 유발 질병에 대한 상해소송을 추진하면서 라 조이가 마주쳤던 의학적·법적 어려움은 제8장과 제9장에서 다룰 것이다.

---

* 미국 의료보장제도(Medicare)와 의료보조제도(Medicaid)는 65세 이상의 노인에게 제공된다.

제6장

기름보다 강한 독성으로 기름을 제거하다

이니폴의 승인과 사용에 대한 지저분한 무용담은 기업의 탐욕과 일반 시민과 작업자의 건강 보호를 위한 연방정부의 규제와 감시 과정의 총체적 실패로 요약된다. 이러한 실패로 야기된 건강 문제는 희생자에게는 비극이었고, 프린스윌리엄사운드의 해변에서 일어난 일을 알고 있는 사람에게는 엄청난 혼란으로 다가왔다. 독자들도 마음의 준비를 해두길 바란다.

이니폴 이야기와 역사

기름으로 뒤범벅된 해변에 사용된 이니폴 EAP226은 미국 환경청(U.S. Environmental Protection Agency: EPA)에 등록된 여러 화학제품 중 하나로 액체 비료로 시장에 나왔다. 그것은 엑손 사의 제휴 업체인 프랑스의 엘프 아퀴 뉴 사의 제품이다.

1989년 5월 미국 환경청은 기름 분해에 박차를 가하려는 목적으로 박테리아의 생성 속도를 높이기 위해 해변에 대한 비료의 투입을 제안했다(CFS, 1989: 2[15]). '생물환경정화'는 독성폐기물로 뒤덮인 부지를 정화하기 위한 연방정부의 마지막 발악이었다. 시험 작업은 사방이 통제된 실험실 조건에서 실행됐다(Begley and Waldrop, 1989). 알래스카 환경보호부의 보고서에는 "알래스카 생물환경정화사업, 생명공학 응용연구의 최초 실행"(ADEC, 1993: 74)이라고 적혀 있다. 환경청은 약 500만 달러를 지원했고, 엑손 사는 특별기술개발협정하에 추가 자금지원을 수용했다. 엑손 사와 환경청 공동 지원사업은 여러 종류의 완효성(緩效性) 고체 펠릿과 액체 이니폴을 검사하는 사업으로 돌변했다.

엑손 사와 환경청은 시험을 서둘렀다. 실험실 검사로 이니폴이 작은 해양 무척추동물에게 유해히디는 사실이 드러났지만, 야생생물의 피해를 최소화하고 확산을 방지하기 위해 저농도로 사용한다면 적용이 가능하다는 쪽으로 결론이 났다. 90일간의 현장 검사는 6월 초순 나이트 섬의 스너그하버에서 시작됐다. 알래스카 환경보호부의 보고서에 따르면 "연방정부와 주정부가 비료의 사용을 잠정적으로 허용했을 때 몇 차례의 실험실 검사, 빈약한 현장 검사, 문헌조사 등이 시행됐다. 그것은 비료의 독성 효과에 대한 한정된 근거만 제공해줄 뿐이었다. 비료의 투입이 가져올 효과에 대한 광범위한 생태학적 분석은 사실상 없었다"(ADEC, 1993: 75). 더 많은 실험과 현장조사가 1989년 7월에 시작됐다.

알래스카 환경보호부의 보고서에는 검사의 진행속도가 너무 빠르고 비료의 효과에 대한 확실한 근거가 없다 ― 비료가 기름보다 독성이 더 강하다는 일부 증거도 있다 ― 는 과학자의 우려가 기록되어 있다.[1] 이런 우려는

---

1) EPA의 연구에 따르면 비료가 기름보다 훨씬 독성이 강하다(EVS Consultants, 1990: Table 1). 하지만 이 연구는 한두 번의 재현, 빈약한 대조군 생존자, 느슨한 화학 분석(실험이 있고 나서 기존 조건에 대한 별다른 언급 없이 수개월 후 수행됐다) 등의 문제점을 안고 있다.

무시됐다. 공청회나 독립적인 과학적 검토도 없었다. 엑손 사와 환경청의 공동사업은 수어드를 제외하고 빠르게 전개됐다. 수어드에서는 강력한 공공-민간 부문의 집단이 야생생물에 대한 이니폴의 효과를 보다 완벽하게 파악하기 전까지 시 관할 지역 안에서 이니폴의 사용을 금지했다(CFS, 1989: 2[24]a). 알래스카 환경보호부의 보고서에 따르면 "비료의 효과를 결정하기 위한 검사가 채 절반도 완수되지 않은 시점에서 비료의 광범위한 사용에 대한 승인이 이루어졌다"(ADEC, 1993: 75).

이니폴에 대한 엑손 사의 애착은 그것의 화학적 기반이 2-부톡시에탄올 — 그리스와 기름을 녹이는 공업용 용매 — 이라는 사실에서도 알 수 있다. 또한 이니폴에는 너무 많이 살포하면 분산제와 같은 효과를 낳는 세제인 계면활성제 라우릴 인산염이 포함되어 있다. 바위에서 기름을 씻어내기 위해 과도한 양을 사용한다면 사용이 금지된 코렉시트 9580M2와 동일한 문제를 낳는다. 이니폴의 초기 '성공'은 화학물질을 과도하게 사용한 결과일 가능성이 높다(ADEC, 1993: 76-77; CFS, 1989: 2[34]). 에드 머거트가 소속된 알래스카 환경보호부의 감시요원에 의해 드러난 또 다른 문제는 이니폴이 차가운 온도에서 용매의 작용을 촉진하는 화학적 상태로 분해된다는 점이다.

알래스카 환경보호부의 보고서에 실려 있듯 "얼마만큼의 위험을 허용할 것인가에 대한 판단을 뒷받침해주는 결론이 절실하게 필요했다"(ADEC, 1993: 76). 1989년 7월 28일로 거슬러 올라가서 엑손 사가 공급했던 이니폴에 대한 물질안전보건자료를 보면, 그 물질이 인간에게 다양한 건강 문제 — 현기증, 두통, 중추신경계 우울증, 간 및 신장 손상, 소변 적변(赤變) 등 — 를 불러일으킨다는 사실을 알 수 있다(Exxon, 1989a; Alaska Health Project, 1989. Tip 3 참조). 엑손 사는 사람과 야생생물에 미치는 건강 위험을 저평가했는데, 2-부톡시에탄올은 약 24시간 안에 빠르게 증발하지만 이니폴을 해변에 살포하는 청소대원은 보호장비를 착용하면 과다노출로부터 보호받을 것으로 가정되었기 때문이다.

이니폴로 정화된 해변에는 과다노출로부터 사람과 야생생물을 보호한다는 명목하에 무시무시한 모습의 풍선들이 설치되어 있었다. 하지만 보호가 제대로 이루어졌는지를 판단하기 위한 조사는 전혀 이루어지지 않았다. 엑손 사와 베코 사가 이니폴 살포 후 두 번의 조류 순환(24시간) 동안 대원을 해변에서 떨어져 있도록 조치했기 때문이다. 그러나 외떨어진 해변을 감시하던 사람들이 있었다. 체네가 만의 원주민은 이니폴 살포 후 죽은 새끼 연어가 첫 번째 썰물과 함께 떼 지어 쌓여 있는 것을 목격했다(Pete Kompkoff, 체네가 마을 원주민과의 사적 대화, 1989년 8월).

엑손 사의 생물환경정화 팀(Bioremediation Application Team: BAT)과 함께 이니폴을 해변에 살포했던 선발 대원들은 베코 사와 엑손 사가 적절한 보호장비와 화학물질 사용지침을 제공했다고 믿었지만, 어느 것도 사실이 아니었다. 작업자들은 이니폴이 피부를 통해 흡수되지 않으며 '제대로 된 장비'를 갖추기만 하면 위험하지 않다고 반복해서 들었다. 엑손 사와 베코 사는 BAT 대원에게 우비·장갑·장화는 물론 타이벡 복장, 방독면, 보안경 등을 지급했다. 작업자들은 이런 개인 보호장비가 '제대로 된 장비'라고 믿도록 유도됐다. 유해물질 취급과 훈련에 익숙하고 기름 유출에 대한 경험을 갖고 있는 해안경비대 안전요원은 나중에 언론에 이렇게 밝혔다. "우비는 단 하나의 화합물질 — 물 — 을 제외하고는 보호장비로서 전혀 쓸모가 없다"(Murphy, 2001).

BAT 대원은 2-부톡시에탄올이 수지와 플라스틱 생산용 용매라는 말을 듣지 못했다. 이니폴은 등에 지는 분무통의 고무 개스킷을 녹여서 새어나오기 때문에 '제대로 된 장비' 중 하나인 우비도 녹인다. 그래서 작업자의 피부에 직접 닿는다(Moeller, 1989). BAT 대원을 뒤따르며 작업하는 해변 대원이 이니폴로 정화된 해변에서의 노출로 병들게 되었을 때 엑손 사는 건강 위험을 과소평가했다. 8월 14일 언론에 가장 크게 다룬 사고가 일어났다. 셀도비아에서 작업하던 21명의 대원 중 4명이 이니폴로 정화된 해변에서 두통, 피부발진, 기포, 메스꺼움 등을 호소했다(Spence, 1989a). 지역 의사인 래리 레이놀즈가 전체 대원을 대상으로 혈액검사를 실시했는데, 한 대원에게서 2-부톡시에탄올이 검출됐다.

이에 격분한 지역 주민은 회의를 열었다(McDowell, 1989). 엑손 사의 의사는 2-부톡시에탄올이 '판매가 허용된 많은 화합물질에 포함되어 있으며' 청정제로 팔린다고 말했다. 하지만 레이놀즈는 "우리는 고엽제 세대이다. ……장기간에 걸쳐 주민에게 어떤 일이 벌어질 것인가를 살펴보는 것은 좋은 연구방식이 아니다"(Spence, 1989b)라고 경고했다. 지역 주민인 팀 로버슨에 따르면, 4월에 기름 유출 현장에서 일을 시작한 이래로 원유나 화학물질의 건강 위험을 알려주는 의학 관련 자료는 단 한 번도 본 적이 없었다. 그는 작업자의 투입 이전에 실시해야 하는 소변검사를 알지 못했고 방독면을 '옵션'으로 생각했다(Spence, 1989b). 노동부 소속의 주 감찰관은 셀도비아 사고가 위험 커뮤니케이션의 기준에서 볼 때 알권리 위반이라고 진술했다(Spence, 1989c).

셀도비아 사고는 특별한 사건이 아니었다. 연방 공무원에 따르면, 주정부는 인력의 부족으로 벌금과 과태료를 끝까지 추적해 받아내지 못하는 경우가 많았다(Spence, 1989c). 디스크 섬 코렉시트 사고(제1장 참조)처럼 언론에서 다루지 않거나 건강 감시요원에게 포착되지 않은 화학물질 중독이 얼마나 많이 발생했는지를 안다면 놀라움을 금치 못할 것이다. 셀도비아와 같이 잘 알려진 사건에서조차 후속조사는 실시되지 않았고, 피해를 입은 작업자와 공동체를 제외한 대부분의 구성원에게서 사고는 잊혀져버렸다(Ortega, 1989).

2년 후인 1991년에 열린 국제 기름 유출회의의 생물환경정화법 관련 분과에서 나는 엑손 사 패널에게 셀도비아 사고에 대해 물었다. 엑손 사의 과학자들은 "지금은 그 문제를 논의할 적절한 때가 아니다"라고 대답하곤 내 마이크를 꺼버렸다. 7년 후인 1998년에 해안경비대가 후원한 분산제에 대한 '정보 수집' 회의가 워싱턴 DC에서 열렸는데, 나는 코도바 출신의 동료 데이비드 그림스와 함께 셀도비아 사고를 다시 거론했다. 그것은 통제된 실험실 조건과는 다른 현장에서의 분산제 사용에 따른 인간의 건강 위험에 대한 사례였다. 우리는 그 모임에 참석한 엑손 사의 대표들과 해안경비대 책임자들이 그 사건을 거의 '잊어버렸음'을 알게 됐다.

사운드와 케나이 반도의 오염된 해변 지역에서 이니폴 정화작업과 함께 생물환경정화가 얼마나 효과적인지를 둘러싼 뜨거운 논쟁이 1991년까지 계속됐다. 엑손 사와 환경청은 화학 비료가 자연 풍화를 3~5배 가속시킬 것이라고 주장했지만, 많은 과학자들은 그보다 낮게 — 1~2배 정도 빠르게 — 보거나 별다른 효과가 없다고 판단했다. 가장 결정적인 논평은 생물환경정화법 조사사업(1990년 12월)에 참여한 세 명의 독립적 평가자들로부터 나왔다. 그들은 "오해하기 쉽고 자료와 실험 규정에 부적합한 결론을 내린 보고를 발견했다. 종합하면 정화 지역과 비정화 지역 사이에 유의미한 차이는 없었다"(Capuzzo, Farrington and Kellogg, 1990a: 1). 그들의 결론은 다음과 같았다. "정화 지역과 비정화 지역의 감소율이 거의 차이 없는 조건에서 추천할 수 있는 최고의 선택지는 화학 비료를 추가로 살포하지 **않는 것이다**"(Capuzzo, Farrington, and Kellogg, 1990a: 1. 강조는 원저자).

이 논쟁의 성격을 가장 선명하게 보여주는 사건은 환경청 소속의 이니폴 실험 책임자로서 화학물질 이용의 확고한 지지자인 짐 클라크가 1991년 환경청을 떠나 플로리다 주의 브리즈 만에 있는 엑손연구공학사로 자리를 옮긴 것이다. 이니폴을 사용했거나 이니폴에 노출되었던 청소작업자들의 경험은 다음 절과 제7장에서 확인할 수 있다.

돈 모엘러와 그의 대원들

급성 노출(1989): 제1프로젝트 팀

기름 유출에 대한 뉴스를 들었을 때 돈 모엘러는 곧장 주에서 운영하는 정신지체자를 위한 공동생활가정인 호리즌스의 사무실로 가서 대표에게 휴가를 신청했다(Moeller, 2001). 그는 밸디즈 교외의 땅을 막 구입했는데, 지불할 돈을 마련하고 싶었다. 대표는 그가 돌아올 때까지 자리를 비워놓겠다고 말했다. 대표는 타인에게 매우 헌신적이고 능력 있는 젊은이를 놓치고 싶지 않았던 것이다. 모엘러는 1980년 알래스카 주 밸디즈에 있는 고등학교를 졸업한 후 줄곧 장애인과 함께 일을 해왔다. 그에 따르면, 그 당시 그의 부모는 '상업적 어업이 아닌 괜찮은 직업'을 얻지 않을 거라면 함께 미네소타로 돌아가자고 재촉하고 있었는데, 그는 하버뷰 호텔에 취직한 후 부모의 요구에서 벗어나 밸디즈에 정착할 수 있었다.

모엘러는 제1프로젝트 팀에 소속됐다. 그의 새로운 집은 11개의 침대칸이 마련된 그레이셔베이익스플로러 호에 있는 캠핑시설이었다. 처음에 그는 여러 해안에서 작업했는데 "그 당시 청소에는 기저귀천, 오일패드 등 우리가 가진 모든 것이 동원됐다. 엄청 혼란스러웠고 모든 게 엉망이었다. 우리는 기름 청소법을 알지 못했다."

정화해야 할 해변은 많았지만 거대한 소방용 호스가 항상 잘 작동되지는 않았다. 그는 커다란 호스 중간에 여러 개의 구멍을 뚫고 그곳으로 물이 나오게 해 기름을 씻어낼 수 있는 분배주관 장치 개발 작업에 배정됐다. 분배주관 장치와 호스는 해변이 끝나는 지점에 설치됐다. 물을 해변으로 뿜으면 대원들은 자갈과 조약돌을 갈아엎고 휘저었다. 해변에서 바다로 흘러나가는 기름은 붐으로 가두고 스키머를 사용해 걷어 올렸다. 이 작업은 기름이 거의 눈에 띄지 정도로 옅어질 때까지 계속됐다.

이런 작업방식을 모든 해안에 적용할 수 없었기 때문에 모엘러는 엄청난 양의 바닷물을 가열하고 압력을 가하기 위해 공기부양 상륙정에 발전기를 설치하는 일을 도왔다. 그는 이렇게 회상했다. "열이 엄청났다. 우리는 에스차미 만에서 썰물일 때 시험 정화작업에 돌입했는데, 수만 마리의 성게를 '청소'해냈다. 해변의 모든 것이 요리되었고 모든 곳에서 거품이 일었다."

급하게 만들어진 해변 청소작업을 위한 운영지침 — 기름 유출 후 한 달이 채 안 된 기간 동안 적용됐다 — 에는 해조류로 뒤덮인 생산력이 풍부한 낮은 지형의 조간대인 '그린 존'에 살포하는 것을 피하라고 되어 있었다. 그러나 알래스카 환경보호부의 최종 보고서에 따르면, 많은 대원은 이런 제한 규정을 무시했다.

여러 주일이 지나자 혼란이 일상 속으로 녹아들었다. 모엘러는 상륙정에서 발전기의 연료를 채우고 관리하는 일로 바빴다. 동시에 분배주관 장비와 호스를 조류에 따라 해변의 아래위로 이동시켰고 증기 청소장비를 가동시켰다. 일주일 내내 작업에 매달렸던 장기 근무조는 지쳤다. 모엘러는 사람들이 "따분하게 지쳤다"고 묘사했다. 또한 그는 "우리는 그곳에서 6월까지 손수건조차 지급받지 못했다"고 말했다. 그렇다고 사람들이 항상 장갑을 꼈던 것도 아니었다. 그는 작업자들이 "더러워진 손으로 담배개비를 꺼내면 기름 자국이 남게 되는데, 그 기름 자국을 지나도록 연기를 빨아들이는" 것을 보았다. "완전히 어리석은 짓이었다."

제1프로젝트 팀에 속한 수백 명의 대원 중 또 다른 한 명인 에반 랭은 고등학교를 졸업한 매우 영민한 알래스카인으로(Lange, 2001), 일상적 관행에 대해 이렇게 말했다. "나는 보통 작업자들이 그곳의 상황을 정확하게 알고 있었다고 생각하지 않는다. 아침에 손이 기름에 젖으면 그날 저녁 오염 제거 바지선으로 돌아올 때까지 그런 상태로 지내야만 했다. 따라서 해변에서 하는 모든 일 — 화장실에 가고, 점심을 먹고, 휴식을 취하는 일 — 은 기름에 젖은 상태에서 이루어진다. 그런 환경 속에서 작업자가 오염을 예방 —

피부, 얼굴, 눈에 기름이 닿지 않게 하는 것 — 할 수 있다고 생각하는 것은 가능성이 거의 없는 일이다. 사람들은 최선을 다해 음식에 기름이 묻지 않도록 노력했지만 점심을 먹기 위해 기름이 묻은 바위에 걸터앉았다. 기름에 젖는 것을 예방하기 위한 여러 가지 조치를 취해도 기름을 피하는 것은 불가능했다.”

모엘러에 따르면, 방독면은 대략 ‘여름 중간쯤에’ 모습을 보였지만 기름이 섞인 바닷물 연무에서 나온 수증기 때문에 “두 시간이 지나면 더 이상 좋은 상태를 유지할 수 없었다.” 그는 베코 사가 “방독면용 필터 여분을 제공하지 않았다”고 말했다. 적절한 보호장비가 결여된 가운데 모엘러는 엑손 사가 후원했던 메드톡스 사의 공기 질 조사사업에 자원자로 서명했는데, 최소한 작업자들이 모든 위험 작업조건을 통고받았을 것으로 생각했기 때문이었다.

베코 사 관리자들에게 사람과 장비를 다루는 능력을 인정받아 모엘러는 약 6개월 후 새로운 자리 — 해변 대원의 현장 관리자 — 로 옮겼다. 그와 함께 자신만의 방을 갖게 됐다. 모엘러는 이렇게 말했다. “나는 무척 행복했다. 잠을 잘 수가 있었다. 아무도 들락거리지 않았다. 아무도 기침하지 않았고 기름이 묻은 더러운 장비를 방으로 질질 끌고 들어오지 않아도 됐다.” 물론 기름이 묻은 장비를 방으로 끌고 들어와서는 안 된다는 규칙이 있었지만 어느 누구도 그 규칙을 따르지 않았다.

7월이 끝나갈 무렵 베코 사는 모엘러에게 새로운 자리를 제안했다. 최초 BAT 1의 감독관 자리였다. BAT 1에서 일하게 되면 청소에 더 많은 시간을 ‘보장받게’ 되는데, 그가 대원을 선발할 수 있었다. 여성은 생리로 인해 BAT 대원의 이니폴 노출 수준을 조사하는 소변검사를 통과할 수 없었기 때문에 선발하지 않았다.

급성 노출(1989): BAT 1

모엘러의 BAT 1 대원 모두는 엑손 사의 대형 정박선 위에서 실시된 하즈워퍼 교실에 참석했다. 그에 따르면 "우리는 베코 사의 교관으로부터 많은 수업을 들었는데, 그들은 우리에게 모든 것을 설명해주었다. 우리는 물질안전보건자료도 받았다. 그들은 계속해서 그것을 '생물환경정화'라고 말했다. 하자가 있긴 했지만 물질안전보건자료에 따르면 그것은 용매제였다. 우리는 베코 사로부터 노출 여부를 확인하기 위해 날마다 소변검사를 받을 것이라고 다짐을 받았다. 그들은 걱정할 것은 전혀 없다는 투였다." 그는 "그들은 나에게 원부를 작성하도록 했다. 그해 여름 내내 그들이 현장 감독인 나에게 원부를 작성하도록 한 것은 우리가 '생물환경정화'를 했을 때가 유일하나"고 덧붙였다.

최초의 이니폴 살포는 1989년 7월 31일 그린 섬에서 실행됐다. 모엘러는 자신의 원장에 다음과 같이 적고 있다(Moeller, 1989).

> 1989년 8월 1일. [스프레이] 통들이 새면서 많이 손상됐다. 펌프와 펌프 개스킷이 손상된 것처럼 보인다. 조금 후 내 우비가 떨어져나가서 벗어버렸다. 나는 타이벡 복장만을 입고 화학약품 주변에서 두 시간 정도 일했는데 다리가 노출됐다.
>
> 1989년 8월 2일. 더 많은 통들에 문제가 생겼다.
>
> 1989년 8월 3일. 모터가 달린 스프레이의 성능이 아주 뛰어났다. 대원들은 일을 잘해내고 있지만 두 명이 목이 아프다고 말했다.
>
> 1989년 8월 4일. 소변검사를 또다시 통과하지 못했다. 의사가 나를 해변에서 끌어냈다. 그날 늦게 모임에서 엑손 사의 리처드 베커는 [엑손사의] 존 메싱거가 화학약품에 대해 말했던 것과 같은 내용을 다시 한 번 강조했다. "해롭지 않다. 적절한 장비만 갖출 것."

그는 의료 바지선인 '밀러' 호로 갔는데, 엑슨 사의 책임 의사인 밀러의 이름을 따서 그렇게 불렸다. 밀러는 피를 뽑아 검사해본 후 도시로 가서 엑슨 사 의사에게 정밀조사를 받아보는 게 좋겠다고 말했다. 그는 밸디즈에 있는 담당의사에게 보내졌다. 담당의사는 그에게 "고혈압이다. 검사를 해보도록 하자"고 한 후 현장으로 돌아가도 괜찮다고 말했다. 모엘러는 "엑슨 사로서는 좋은 일인 셈이다. 나는 현장으로 돌아왔다."

모엘러는 해변에 이니폴을 살포하는 방법을 알고 있는 대원은 아무도 없었다고 말했다. "우리 맘대로 해보는 실험이나 다름없었다." 먼저 뜨거운 화학물질을 펌프질로 스프레이 호스가 달려 있는 배낭식 분무기로 옮겼다. 그러나 "배낭식 분무기는 살충제용으로 만든 것이었다. 이니폴은 분무기 탱크와 호스 사이의 개스킷을 녹였다. 펌프질로는 호스를 통해 이니폴을 내뿜을 수 없었고, 그 결과 탱크 안의 압력이 높아졌다. 몇 시간 후 탱크의 압력으로 뚜껑이 열리면서 내용물이 새어나왔다. 나에게도 같은 일이 일어났다." 액체 이니폴이 등을 타고 흘러내렸다. 썰물 때였기 때문에 샤워를 하기 위해 해변을 빠져나갈 수 있는 길이 없었다. 그가 숙박 바지선에 돌아왔을 때 "등에는 화학약품이 흘러내린 붉은 자국이 남아 있었다."

모엘러는 해변이 화학물질에 반응하는 것처럼 보인다고 말했다. 분무기가 제대로 작동하지 않았기 때문에 "우리는 이니폴을 규정보다 더 두텁게 깔았다. 파도가 되돌아와서 이니폴을 씻어낼 때만 해변이 제 모습을 드러내곤 했다."

그는 베코 사에게 압력 문제를 해결하기 위한 목적으로 에어리스 페인트 분무기를 갖춰줄 것을 요청했다. 에어리스 페인트 분무기에는 무거운 발전기가 있기 때문에 소형 분무기에는 임시변통으로 바퀴를 달았지만 "그런 식으로 바위를 넘나드는 것은 우스운 광경을 연출했다. 그리고 이니폴은 바위를 훨씬 미끄럽게 만들었다." 그는 대형 에어리스 분무기를 준비했는데, 상륙정에 분무기를 장치하고 그로부터 뻗어 나온 긴 호스와 노즐

을 이용해 작업했다. 호스의 길이로 살포범위가 제한되었기 때문에 상륙
정을 조심스럽게 이동시켜가면서 작업해야 했고 그로 인해 많은 시간이
걸렸다.

방독면도 제대로 작동하지 않았다. 모엘러에 따르면, "들숨에 포함된
증기가 많이 축적되면 방독면이 제대로 작동하지 않아 일손을 놓아야 했
다. 방독면의 지속시간은 몇 시간이 채 안 됐다. 방독면이 작동하지 않을
땐 말을 할 수 있었는데, 숨을 들이쉬게 되면 이니폴의 냄새를 맡게 된다."
그는 "입 속에서 '세련된' 맛을 풍겼다"고 표현했다.

이니폴은 특별히 고안된 화학선에 설치된 5,000갤런의 가열된 대형 화
학탱크로 운반됐다. 탱크 둘레에는 유출액이 바다로 흘러들지 못하도록
홈통이 설치되어 있었다. 모엘러는 이 홈통을 이상하다고 생각했다. 왜냐
하면 자신들은 하루에 두 차례씩 해안에 이니폴을 뿌려 썰물에 바다로 씻
겨나가도록 하고 있었기 때문이다. 그러나 그는 그 일에 대해 묻지 않았으
며, 가열된 이니폴의 추가적인 건강 위험에 대해서도 마찬가지였다. 그는
차가운 액체를 "꿀과 같은 것"이라고 묘사했다. 이니폴과 동일한 유해 화
합물질인 2-부톡시에탄올을 포함하고 있는 코렉시트 9527의 물질안전보
건자료에 따르면 "온도 상승 시에 형성될 수 있는 증기 또는 에어로졸은
침투 살충제 효과를 초래할 수 있다." 엑손 사에서 제공한 물질안전보건자
료에는 이니폴과 관련된 건강에 대한 어떤 경고문도 없었다.

어느 날 밤 화학선에서 엄청난 유출이 있었다. 모엘러는 이렇게 회상했
다. "화학선을 쓰레기선으로 사용하는 것이 누구의 결정인지는 모른다. 그
러나 모든 사람이 쓰레기를 화학선에 버렸고 항상 쓰레기가 수북하게 쌓
이곤 했다. 쓰레기봉지 하나가 화학탱크에 있는 밸브에 걸리면서 이니폴
이 탱크 밖으로 흘러나오기 시작했다."

베코 사의 상관이 두 명과 함께 가서 유출된 화학물질을 청소하라고 말
하려고 불렀을 때 그는 숙박선에서 샤워 준비를 하고 있었다. 모엘러는 이

렇게 말했다. "그곳에 도착했을 때 어느 누구도 밸브를 잠그지 않았다. 그 배의 사람들은 이 화학물질에 대해 제대로 이해하고 있었기 때문에 아무도 근처에 가지 않았던 것이다. 화학탱크 주변의 홈통은 이미 가득 차서 이니폴이 배 위로 흘러내리고 있었다. 쓰레기봉지는 제거됐다. 그냥 집어 들었을 뿐이다. 우리는 삽으로 화학물질을 퍼 올려 루버메이드 55갤런의 대형 통에 집어넣었다. 그러나 그 화학물질은 통 옆면으로 새어나왔고, 다시 한 번 배 전체를 뒤덮었다. 또 다른 통에 달린 손잡이는 통을 옮기려고 잡자마자 부러졌다. 나는 상관에게 무전으로 어떡하면 좋을지 물었다. 그는 15분인가 20분쯤 후 이렇게 말했다. '모두 물속으로 처넣어라.' 우리는 시키는 대로 했다." 화학선은 실 섬의 작은 만에 정박했다. 모엘러는 "해변 전체가 그날 밤 우윳빛으로 변하는 것"을 바라봤다. 그들은 차가운 꿀 같은 이니폴로 뒤덮인 미끄러운 갑판을 증기로 청소하기로 결정했다. 뜨거운 증기의 화학 연무가 작업자들을 감쌌다.

모엘러와 그의 대원은 그날 밤 잔업수당을 받았다. 하지만 그의 몸은 더 비싼 대가를 치렀다. 그는 이렇게 말했다. "이니폴이 내 우비의 바늘땀을 녹여 실밥이 터졌다. 밑에 받쳐 입은 타이벡 복장에 화학물질이 새어들어가면서 피부에 달라붙었다. 내 다리가 밝은 핑크색으로 변했는데, 그것은 마치 누군가에게 몇 차례 얻어맞은 것 같았다. 그날 밤 내내 메스꺼움에 시달렸다." 그는 다시 밀러 선으로 갔는데, 이번에는 오줌에 피가 섞여 나왔다. 그는 BAT 1을 그만두었다.

모엘러에 따르면, "엑손 사와 베코 사는 '우리'는 당신을 조사 중이고 계속해서 당신을 주시하고 있다고 말했다. 그다음 몇 해 동안 일 년에 한 번 ― 베코 사가 그렇게 말했다 ― 검사가 예정되어 있었다. 그들은 그해 겨울에 두 차례 피검사를 실시했는데, 나는 그들에게서 결과에 대해 아무런 말도 듣지 못했다."

베코 사와 엑손 사는 모엘러가 현장감독으로 겨울 내내 일할 수 있도록 해주겠다는 약속을 매우 잘 지켰다. 그는 기름이 잔뜩 묻은 청소 잔해물 ― 스펀지, 붐, 기타 부유하는 쓰레기 등 ― 을 거둬들여 과학 조사요원이 새로운 연구와 '해저' 침전물 연구에 쓸 수 있도록 운반해주었다. 봄이 다가왔을 때 그는 여름 해변 청소가 무리라는 것을 깨달았다. 그는 청소 작업을 완전히 그만두었고, 호리즌스에 복직하기 전까지 일 년간 자신의 땅에 오두막을 지었다.

만성 증상(1990~2003)

모엘러는 하버뷰에서 수입을 얻기 위해 몇 가지 일을 더 했다. 그는 바텐더로 일했는데, 1991년 어느 가을 밤 동료와 함께 "무도장 바닥을 벗겨 내려고 했다. 나는 화학물질은 만지지 않았다. 그런데 내 발에 신가한 뾰루지가 생겼다. 뾰루지는 밝은 적색으로 변했다. 그리고 숨 쉬기가 곤란해지면서 숨이 가빠왔다."

그는 탈취제에도 문제를 일으키기 시작했다. 그가 철저하게 유기농 자연 식단으로 바꾸기 전까지 그것이 그를 '태웠다.' 그는 오드콜로뉴, 면도크림, 샴푸 등에도 비슷한 반응을 보였다. 샴푸는 그의 두피를 태웠다. 그는 자연산 브랜드로 바꾸고 머리를 짧게 잘랐다. 그는 오드콜로뉴를 포기해야만 했는데, 빗질을 하면서 숨을 들이쉬면 급작스럽게 그의 "폐가 자동으로 멈춰 섰다." 그는 유기농 크림치약을 사용했다. 옷에 남아 있는 세제를 제거하기 위해 두 번씩 더 세탁을 하기도 했다. 피부의 가려움증 외에도 사타구니와 팔 아래에 뾰루지가 계속 생겨났다. 그는 결국 유기농 세탁비누로 교체했다.

2년 후 모엘러는 다른 사실도 알게 됐다. 담배연기와 디젤 배기가스도 그의 폐를 멈춰 세웠다. 한 모금만 마셔도 그랬다. 또한 손가락이 마비되면서 따끔거렸다. 의사는 동상 때문이라고 진단했다. 그는 한밤중에 열 때문에 땀으로 흠뻑 젖은 상태에서 잠을 깨곤 했다. 그는 독감 예방주사 접종을 포기했는데, 주사를 맞으면 4~6주 동안 꼼짝할 수 없기 때문이었다. 마치 심장마비를 일으킬 것 같은 느낌, 가슴이 끔찍하게 수축되는 느낌이 들었다. 머릿속이 '저격당한 듯했다.' 활동력이 떨어지고 몸이 무거워졌다. 그는 자신이 단지 늙고 살이 쪘을 뿐이라고 생각했다.

1998년 모엘러는 청소 대원이었던 비어딘에게 전화 연락을 받았다. 비어딘은 건강 문제로 엑손 사와 베코 사를 상대로 소송 중이었다. 모엘러는 1989년과 1990년 겨울 청소에서 함께한 그를 기억했다. 비어딘과 다른 한 사람은 그해 겨울에 아프기 시작했는데, 몇 개월 전 이니폴이 새어나왔던 화학선이 정박해 있던 실록스에 있는 작은 만에서 작업한 후의 일이었다. 비어딘은 이니폴 유출에 대한 기록이 없으니 모엘러가 유출에 대해 증언해줄 것을 요청했다. 모엘러는 증언에 동의했는데, 그 소송은 루이지애나 주에서 진행됐다. 그들의 재판은 2001년 10월 8일 중재로 끝이 났다. 모엘러에 따르면, 비어딘은 이미 숨을 거두었고 가족들이 '자신의 몫을 챙기려 했기' 때문이었다. 모엘러는 화해에 따른 몫으로 1만 달러를 받았다.

모엘러는 자신의 청소 경험을 떠올리며 이렇게 말했다. "나는 그 짓을 결코 다시 하지 않을 것이다." 그는 자신의 라이프스타일을 화학물질 과민증 및 기타 만성적 건강 문제와 더불어 사는 것으로 바꿔나가고 있다.

에반 랭

(저자 노트 이 이야기의 주인공은 인터뷰하면서 자신의 신분 노출을 꺼렸다. 그래서 가명으로 처리했다. 하지만 이 이야기는 그의 허락과 검토를 받은 것이다.)

급성 노출(1989~1990)

1989년 8월 에반 랭은 자원해서 '생물환경정화' 팀에 합류했다(Lange, 2003). 그는 여름 내내 소형 모터 배로 붐을 관리했고 뭔가 새로운 일을 하려고 준비하고 있었다. 그는 자신의 업무 전환이 '황급하게 이루어졌다'고 기억했다. "우리는 제1프로젝트 팀에 있다가 전문화된 집단과 함께 지원선으로 갈아탔다. 그들은 우리에게 많은 교육 기회를 제공하지 않았다." 그는 여름 작업에 투입되기 전 4시간의 교육을 받는 것이 약간 이상하다고 생각했다. "최소한 그들은 규정을 지키려 하는 것처럼 보였다." 그러나 그때 이니폴이 함께 투입되었고, 그가 받은 모든 정보는 중요하지 않은 것이었다. 물질안전보건자료도 안전교육도 전혀 없었다.

랭은 자신이 "제대로 시도되는 프로그램에 발을 담그고 있다"는 느낌을 가져본 적이 없다고 말했다. "그것은 '일을 되게 만들자'는 것에 가까웠다." 그는 스무 명의 작업자들과 해변으로 갔지만 "그 화학물질을 살포하는 해변에 스무 명이 모두 나와 있는 경우를 본 적이 결코 없다." 그와 한두 명이 해변에 이니폴을 살포하는 동안 다른 작업자들은 거리를 두고 해변의 풀밭에서 또는 바다에 떠 있는 배 위에서 그냥 지켜보고 있었다. "작업과정은 대단한 흥밋거리였다. 그들은 작동 여부를 검사하면서 유용한 방법을 찾으려 노력했다."

첫 번째 '방법'은 제대로 작동하지 않았다. 랭의 설명에 따르면, "차가워진 이니폴은 문제를 일으켰는데, 차가워지면 점성이 꽤 높아져서 흐름을 방해했기 때문이다. 우리는 이니폴을 가정용 정원 살충제 살포기 같은 플라스틱 등짐에 집어넣었다. 등짐을 지고 있는 사람은 계속 펌프질을 해야만 했다. 등짐에는 금속 막대기가 포함된 고무관이 있었는데, 살포하려면 그것을 눌러야 했다. 이니폴 살포 작업자는 매우 소수였는데, 이니폴을 살포하면서 해변을 따라 내려갔다. 등짐이 비면 해변을 따라 되돌아와서는 이니폴을 채우고 같은 동작을 반복했다."

랭에 따르면, "그들이 바라는 최적의 살포"가 있었다. "등짐을 지고 펌프질을 하면 이니폴 같은 것이 뚝뚝 떨어졌다. 그것은 바람직한 살포의 형태가 아니었다. 뚝뚝 떨어진다는 것은 이니폴을 해변에 그냥 흩뿌리고 만다는 뜻이다. 이니폴은 바위에서 기름을 흘러내리도록 만드는데, 그것은 우리가 원하는 것이 아니었다. 미생물을 활성화해 개체수를 늘려주는 것이 주어진 임무였다. 이 일은 이니폴을 전 지역에 골고루 살포할 때 가장 효과가 컸다.” 랭은 균일하게 코팅된 경우에도 새롭게 살포된 이니폴이 곧바로 바위에서 기름을 녹인다는 사실을 눈치 챘다. 그는 ‘화장하는 것 같은 정화’가 이니폴의 사용으로 이루려는 언급되지 않은 효과인지 궁금했다.

랭과 다른 살포자들은 살포를 끝낸 후 정박선으로 돌아올 때마다 소변 샘플을 제출했다. 그는 베코 사가 소변에 피가 섞여 나오는지를 검사했다고 설명했고, 이니폴이 신장 손상을 가져올 수 있다는 사실을 알고 있었다. 그는 항상 보호장비 — 타이벡 슈트와 우비 — 와 분리교체형 방독면을 착용했다. 그는 신중을 기했다.

랭은 앵커리지에 있는 대학에 복학하기 위해 청소를 그만둘 때까지 약 6번 정도 이니폴 대원들과 함께 현장으로 나갔다. 다음해 여름에 그는 다시 청소작업을 신청했는데 “더 나은 일을 찾을 수 없었기” 때문이었다. 그가 이니폴에 대해 경험이 있다는 것을 알고 “베코 사는 큰 관심을 보였다.” 그때에는 앵커리지의 베코 사 본부에서 해즈워퍼 훈련과정을 거쳤다.

랭은 “베코 사는 확실히 첫해에 비해 좀 더 나은 행동을 보였다. 매우 조직적이고 철저해 보였다”라고 말했다. 그는 2주 동안 일하고 1주 동안 쉬는 방식으로 순환교대조에서 이니폴 대원으로 일했다. “노동강도가 엄청났고 통제가 철저했다. 그들과 우리 모두는 각자의 임무를 잘 알고 있었다. 실험상의 시행착오 같은 것은 없었다. 모든 것이 철저히 관리됐다. 우리는 주어진 일을 반복했다. 첫해와는 상황이 완전히 딴판이었다.”

랭은 이어서 “우리는 발 빠른 작전을 펼치고 있었다. 한 척의 본부선이 있었다. 우리는 거대한 절연 탱크에 가열된 이니폴을 실은 바닥이 평평한 배를 사용했다. 배를 해변에 댄 다음 에어리스 분무기에서 뿜어 나온 긴 고압 호스와 그 끝에 달린 노즐을 손에 들고 배에서 뛰어내렸다. 분무기는 3

천 프사이*의 압력으로 뿜어낼 수 있었다. 내가 매우 빠른 속도로 엄청 넓은 지역 — 미식축구장 크기만 한 지역 — 에 살포하기 위해 호스 끝에 있는 노즐을 사용하는 동안 다른 대원들은 바위 위에서 호스를 이리저리 옮기곤 했다”고 말했다.

“살포 작업을 하는 동안 미세한 연무가 있었던 것은 확실하다. 아주 미세한 상태로 공기 중에 떠다녔다. 우리는 밑으로 내려진 얼굴 가리개, 방독면, 헬멧, 타이벡 슈트, 소매 끝을 두른 절연 테이프와 함께 고무장갑, 고무부츠 등을 착용했다. 얼굴 가리개는 눈과 광대뼈 위쪽 주변, 그리고 코와 입 사이가 연무에 닿는 것을 완벽하게 막아줄 수는 없었다.”

교대할 때마다 랭은 피를 채취해 베코 사의 병원으로 보냈다. 그는 회상하길, “의사들은 혈액 세포가 손상되는 것을 원치 않았기 때문에 매우 근 주사바늘을 사용했다. 처음에는 작은 주사를 사용했지만 혈액 세포의 손상을 막을 수 없었다. 그 전에는 그렇게 큰 주사기를 본 적이 없었다.” 한 번 혈액을 채취할 때마다 그의 정맥은 크게 부풀어 올랐고 모든 곳에서 피가 솟구쳤다. 큰 주사기에 대한 기억은 그의 뇌리에서 떠나지 않았고, 혈액 샘플을 채취할 때마다 기절할 지경이었다.

랭은 1990년 8월 내내 일을 했다. 그리고 다시 대학으로 돌아갔다. 엑손 사의 청소작업은 그때가 마지막이었다.

만성 증상(1990~2003)

1989년 가을 랭은 사고능력에 문제가 있음을 느꼈다. 그는 “뭔가 구름이 낀 것 같았다”고 표현했다. 그는 힘이 빠지는 것도 느꼈다. 그러나 생각하고 분석하고 움직일 수 있었기 때문에 그는 새로운 대학 환경에 적응하느라 생긴 일이라고 생각했다. 그는 그것이 청소작업과 관련된 일이라고

---

* psi. 평방인치당 파운드로 표시되는 압력의 단위.

결코 생각할 수 없었다. 그는 자신을 '낙관주의자'로 묘사했고 "어떤 결점을 다른 영역에서 성공시킴으로써 그것을 보완하는 것을 좋아한다"고 설명했다. 그는 육체적 문제로 의기소침해지지 않기로 마음먹었다.

1991년 여름 앵커리지에 있는 식료품 체인점에서 식료품을 운반하는 일을 하기 위해 신체검사를 받았다. 그는 빈혈이라는 진단을 받았고, 빈혈이 그의 활동력에 어떤 영향을 미칠 수 있는지 살펴보는 후속검사를 받도록 권고 받았다. 그는 빈혈이 다이어트 때문이라고 생각해서 철 보조식품을 먹기 시작했다. 철의 수치가 약간 올라갔지만 빈혈 상태는 지속됐다. 적혈구와 헤모글로빈의 수치가 낮게 측정됐다.

그 후 그는 결혼을 하고 아이를 낳았다. 가족의 생계에 대한 책임의식과 대학 공부에 대한 압박으로 "기름 유출이 피곤함과 이상한 기분을 불러오는 이유라는 생각은 전혀 떠오르지 않았다." 그의 건강 문제는 지속됐다. 그는 "머리가 무감각해지는 것" 같은 느낌이었다고 묘사했다. "생각을 집중하기 어려웠는데, 마치 형광등 불빛 아래에 있는 것 같았다. 이상하게도 내가 어떤 일정한 구역 속에 있는 것 같았다."

1994년 그는 대학을 마치고 기계공학자로 취직했다. 그는 항상 피곤함을 느끼는 이유를 찾고 있었다. 그는 할머니가 당뇨병을 앓고 있는 것을 알고 난 후 1995년 혹시나 해서 신체검사를 받으러 갔다. 모든 것이 정상이었지만 헤모글로빈 수치는 '약간 낮았다.' 유전에 의한 빈혈인지를 판단하기 위해 특별 혈액검사를 받은 1998년에도 헤모글로빈 수치는 조금 낮게 나왔다. 그렇지만 그의 빈혈은 유전에 의한 것이 아니었다. 2001년에 더 여러 가지 혈액검사를 받았지만 그의 헤모글로빈과 헤마토크릿(적혈구 용적률) 수치는 여전히 낮았다. 추가 검사를 통해 내출혈은 없는 것으로 나타났다. 어느 누구도 그의 빈혈 상태를 설명해줄 수 없었다.

그러다가 청소작업이 건강 문제와 관련되었을지 모른다는 생각이 들기 시작했다. 그는 물질안전보건자료 — 그는 기름 유출 후 여러 해가 지난 다음에야 겨우 그것을 얻었다—에서 이니폴이 '혈액과 신장에 손상을 입힐 수 있다'는 사실을 알게 됐다. 그는 "교육받은 대로 완벽하게 사전예방에 힘쓴다 해도 그 화학물질에 노출될 수밖에 없다. 그런 환경에서 반나절—열두 시간에서 열네 시간 정도—만 있어도 보호장비는 무력화되기 시작한다"고 추론했다.

동시에 그는 '정신을 쏙 빼놓았던' 곳에서 경험한 자신의 이야기가 점점 더 사람들의 관심에서 벗어나고 있음을 깨달았다. 2001년까지 그는 두 명의 자녀를 더 낳았다. 가족의 생계를 책임져야 하는 상황과 매우 바쁜 업무로 그는 자신의 건강 문제를 묻어두고 살기로 마음먹었다. 그것이 자신의 상황에서 최선이라고 생각했다. 그는 건강 문제를 이유로 엑손 사와 베코 사에게 소송을 걸지 않았다.

제7장

진짜, 진짜 급성 노출: 사라 클락과 리처드 네이글의 사례

조사 기간 동안 밀러와 나는 비정상적으로 이니폴(그리고 다른 용매제와 기름)에 노출되어 만성적 전신 부작용을 보이는 작업자 두 명을 만났다. 한 사람은 론 스미스처럼 산업의학적 치료로 상태를 안정화시킬 수 있었다. 그러나 다른 한 사람은 산업의학적 치료로도 효과를 보지 못해 계속 상태가 악화되고 있었으며, 의사들은 그에게 더 이상 해줄 것이 없다고 말했다.

청소 후의 청소작업: 사라 클락

(저자 노트 인터뷰에 응한 사람은 신분을 밝히길 꺼려했다. 그래서 이름과 근무 회사를 가명으로 했다. 하지만 이 이야기는 그녀의 허락과 검토를 마쳤다.)

급성 노출(1989)

1989년 3월 24일 엑손 밸디즈 호의 기름 유출 장면이 처음 방송되었을 때 사라 클락은 앵커리지에 있는 집에서 요가를 하며 텔레비전을 보고 있었다. 충격을 받은 그녀는 텔레비전 앞에서 주저앉고 말았다. 그녀의 마음은 내달렸다. "안 돼. 프린스윌리엄사운드는 아니야!" 그녀는 알래스카에서 성장했고 사운드는 알래스카 주에서 그녀가 가장 좋아하는 휴식과 레크리에이션 장소였다. 그녀는 그곳을 '수박의 속'이라고 불렀다. 서른세 살의 그녀는 석유기업에서 이런저런 일을 했으며, 그 당시에는 유해폐기물을 청소하는 석유기업 지원업체인 웨스트어웨이 사에서 일하고 있었다.

웨스트어웨이 사는 1989년 여름 중반까지 청소작업에 관여하지 않았다. 그러다 청소작업이 1차로 완료된 9월, 엑손 사는 웨스트어웨이 사와 폐기물처분장을 감시하고 앵커리지의 합법적 공간에서 육상의 영향 평가를 실시하는 계약을 맺었다.

클락은 이렇게 말했다. "청소 후의 청소작업이 환경에 엄청난 영향을 미칠 수 있음을 깨달아야 한다. 엑손 사는 청소 중단 기간 중에 중기 청소를 위한 청소기지를 마련해 배, 붐, 기타 보호장비를 세척할 계획을 세웠다. 일단 청소가 끝나자 모든 것을 앵커리지로 운반해 겨울 동안 보관하기로 했다. 또한 저장소로 사용하기 이전에 오염을 점검할 필요가 있었고, 사용한 후 아무런 영향이 없음을 확실히 해둘 필요가 있었다."

클락은 8월, 9월, 10월을 각기 다른 청소기지에서 지내면서 청소작업에서의 유출을 검사했다. 여기에는 청소작업에서 비롯된 기름오염물의 농도를 조사하기 위해 정화 지역과 바다 사이에 위치한 모래층의 해변에 구멍을 파는 작업도 포함되어 있었다. 그녀의 설명에 따르면 "상당한 침출액이 있는 경우 경사면 바닥에 집수지를 마련해서 오염된 물이 바다로 들어갈 수 없도록 조치했다."

붐과 보호장비는 고압 온수와 증기로 세탁했다. 처음에는 속도를 내기 위해 탈지제인 시트라솔브가 사용됐다. 클락은 시트라솔브에 대한 정보를 얻기 위해 물질안전보건자료를 찾아봤지만 건강 관련 내용은 전혀 없었다 (Tip 7 참조). 그녀의 회사는 이 용매를 사용한다는 전제하에 작업을 위한 건강 및 안전 프로토콜을 설계했다.

물질안전보건자료(발췌문)

시트라솔브(Citra-Solv, LLC, 2001)

유해성분: 디리모넨(D-Limonene)

흡입: 고농도는 기도를 자극하고 두통, 현기증, 메스꺼움, 구토, 불쾌감을 유
발할 수 있다.

피부: 단기간의 접촉은 경미한 자극을 초래할 수 있다. 지속적 접촉은 자극
이나 피부염을 초래할 수 있다.

눈: 고농도 증기 또는 접촉은 자극이나 불편을 유발할 수 있다.

섭취: 구토를 초래할 수 있고, 구토물이 폐로 유입되는 것은 반드시 피해야
한다.

건강 위험(급성 및 만성): 급성 효과로는 자극이나 불쾌감이 있을 수 있고, 만
성 효과에 대해서는 아직 확립되어 있지 않다. 들이킬 경우 유해하거
나 치명적이다. 증기도 유해하다.

사고 유출 척도: …… 가둬놓고 승인받은 흡수제로 흡수시킬 것. 물질은 폐
기용으로 승인받은 적재함에 놓을 것. 하수구나 수로에서 씻지 말 것
(강조는 추가. 프린스윌리엄사운드는 수로이다).

저자 노트 밀러와 나는 이 물질이 인간에게 미치는 잠재적 악영향을 우려했지만 그것
이 왜 용매 에어로졸이 생성되는 상황(흡입 시 위험을 증가)이나 수로로 배출될 수 있는
상황에서 사용되었는지에 대해서는 이해할 수 없었다.

그러나 청소기지가 많은 양의 붐과 보호장비로 넘쳐나자 엑손 사와 베
코 사는 청소 과정에 이니폴을 함께 투입하기로 결정했다. 이유는 간단했
다. 이니폴은 기름을 제거할 뿐만 아니라 청소기지에서 유출되는 어떤 기
름도 '생물환경적으로 정화(자연적으로 분해)'할 수 있기 때문이었다. 청소

요원이 이니폴을 사용하기 시작할 즈음 청소기지는 완전 가동되었고 검사요원은 정해진 틀을 그대로 따랐다. 그러나 건강 및 안전 프로토콜은 이니폴에 대한 노출로 인해 증가된 위험을 반영할 수 있도록 변경되지 않았다.

클락은 "베코 사와 엑손 사는 이니폴에 대한 노출 문제는 전혀 없다고 말했다. 우리는 시트라솔브 ─ 유기세척제 ─ 도 마찬가지라고 들었다. 이니폴도 유기세척제라고 말했다"라고 기억했다. 그녀는 그들을 믿었다. 또한 "그것은 분무될 때 유기세척제와 같은 냄새를 풍겼다." 그녀는 이니폴이 사운드와 주변의 해변에 살포된 것을 알고 있었기 때문에 그 화학물질이 '안전하다'고 생각했다. 해야 할 일이 많았기에 그녀는 그 문제에 대해 더 이상 질문하지 않았고 자신이 맡은 일에 전념했다.

어느 날 그녀는 철야 붐 세척작업을 검사하기 위해 구멍을 파고 샘플을 채취했다. 저녁 9시부터 다음 날 새벽 5시까지 작업자들이 굴착기를 단 트랙터를 운전하고 투광(投光) 조명을 이동시키고 있는 동안 클락은 구멍에서 새어나오는 이니폴 ─ 용매 ─ 기름 침출액을 추출하면서 붐 증기 세척작업으로 비처럼 내리는 연무를 볼 수 있었다. 그녀는 방독면을 착용하지 않고 있었다. 처음에는 냄새가 '지독'했지만 점차 익숙해졌다. 그녀의 냉각기에는 샘플이 가득 찼다.

작업이 끝나자 그녀는 호텔 방으로 돌아가서 다음 날 아침 일찍 앵커리지로 가는 비행기에 올라타기 전까지 침대에 꼬꾸라졌다. 그녀는 앵커리지로 가는 짧은 비행시간 동안에 사람들이 자신을 이상하게 본다는 것을 알아차렸다. 공동 작업자 한 사람이 공항에서 그녀를 만났다. 그리고 눈물을 터뜨렸다. "무슨 일이에요?" 그녀가 소리쳤다. "당신에게서 가솔린에 절인 것 같은 냄새가 나요. 스스로 냄새를 맡지 못하나 봐요? 후각이 마비됐나 봐요. 손을 봐요." 클락의 손은 온통 수포로 뒤덮여 있었고 팔에도 수포가 생기기 시작했다. 그녀는 "어이쿠, 내가 어디에 들어갔다 온 거야" 하며 잠시 생각에 잠겼다. 공동 작업자는 그녀를 집으로 데리고 가서 샤워를

하게 한 후 새 옷을 내주었다.

나중에 "진짜, 진짜, 진짜, 급성 노출"이라고 묘사했던 사건이 있고 나서도 그녀는 계속 청소기지를 감시했다. 그녀는 "분무 방출이 몸에 좋지 않다는 것은 알고 있었지만" 다른 청소작업자들처럼 당장 주어진 작업에 모든 신경을 쏟고 있었다고 말했다. 또한 웨이스트어웨이 사는 '철저한 안전 및 건강 계획'을 세웠지만 그것은 '발주사에게 들은 사실'에 기초하고 있었다. "모두들 이런 종류의 맹목적 신뢰 — 고용주가 물질에 대해 진실을 말해 줄 것이라는 신뢰 — 에 빠진 적이 있을 것이다. 우리는 제공받은 정보를 정말로 그대로 믿었다." 그녀는 구멍 속에서 1989년 10월까지 일했다.

만성 증상(1990~2003)

클락은 작업을 그만둔 후 점점 화학물질에 대한 민감도가 높아지는 것을 느꼈다. 밤에 땀을 흘리고 호흡곤란에 빠지는 횟수가 점점 늘어났다. 성인발병 천식이라는 진단을 받았다. 그녀는 매년 봄과 가을에 팔꿈치에서 손목까지 피부가 벗겨지는 경험을 반복했다. 그러나 그녀는 '엑손 허물벗기'라고 농담하며 의사에게 진찰을 받으러 가지 않았다. 피부는 벗겨지기만 할 뿐 아프거나 가렵지 않았고 원상태로 회복되었기 때문이다.

2001년 장기간의 유럽 여행 동안 그녀는 몹시 아팠다. 3주 동안 침대에 누워 있었는데, 처음에는 유럽의 독감 때문이라고 생각했다. 그러던 어느 날 그녀는 갑자기 주저앉고 말았다. "버튼을 누르면 폭삭 주저앉는 작은 인형, 그게 바로 나였다." 겨우 일어섰을 때 그녀는 방향감각을 상실했고 더 이상 왼쪽 다리를 마음대로 움직일 수 없었다. 그녀의 왼쪽 얼굴 전체가 마비되었고 한동안 침을 질질 흘렸다. 그녀는 뇌졸중에 걸렸다고 생각했지만 MRI와 신경과 검사에서 아무것도 발견되지 않았다. 의사는 그녀에게 스트레스를 과도하게 받는 여행을 삼가라고 말했다.

그해 여름이 끝날 무렵 그녀는 여전히 의기소침, 즉 에너지 결핍 — 마치

'전지가 고갈된' 것 같고 사고능력을 완전히 앗아가는 뇌의 혼미 ― 으로 고통을 겪고 있었다. 그녀는 새로운 직업을 구하기 위해 집으로 돌아가는 도중 워싱턴에 들러 화학 독성을 위한 건강검진 원칙을 개발한 적이 있는 러스 제프를 만났다. 그는 그녀를 검사한 후 이렇게 말했다. "화학적 노출로 인한 병이다."

그녀는 머리를 쥐어짰다. 자신이 벤젠에 노출되었을 수도 있다고 생각했었지만, 만약 그랬다면 혈액 샘플에 나타났을 것이다. 러스 제프는 원유에서 기원한 PAHs를 그녀의 혈액에서 찾아내지 못했지만 그녀의 '배출 시스템'에 문제가 있다고 말했다. 그녀의 갑상선은 사라졌고 간과 신장은 제대로 작동되지 않고 있으며 교감계는 완전히 작동을 멈췄고 주요 무기물이 전혀 검출되지 않았다(검출 수준이 너무 낮아서 민감도가 높은 장비로도 포착할 수 없었다). 그녀는 '구루병 같은 것'이라고 묘사했다. 턱의 골밀도 ― 칼슘 ― 가 거의 60퍼센트 가깝게 떨어졌으며 이 세 개가 빠졌다.

집에 돌아왔을 때 그녀의 어머니가 기다리고 있었다. 어머니는 그녀를 보자마자 눈물을 터뜨렸다. "오, 신이여! 내 딸에게 대체 무슨 일이 일어난 겁니까?" 클락의 가까운 친구들 사이에 그녀가 죽어가고 있다는 말이 빠르게 돌았다. 그녀의 친구들이 힘을 보태기 시작했다.

너무 아파서 새로 직장을 얻을 수 없었던 그녀는 2002년 6월 진료 휴양소로 갔다. 그 후 "생명을 구하기 위한 경주가 시작됐다." 친구들은 그녀를 데리고 전인적 치료를 실시하는 의사인 브래드 위크스에게 갔다. 그의 병원은 워싱턴 주의 휘드비 섬에 있었다. 위크스는 그녀에게 말했다. "나는 당신이 어떤 일을 당했는지 모르지만 명백한 내분비계 장애이다. 당신의 내분비계가 붕괴되어 있다. 위급하다. 이 물질을 당장 몸에서 몰아내야 한다. 그리고 당신의 몸이 스스로 무기물을 생성할 수 있도록 무기물 시스템을 하루 빨리 재구축해야만 한다."

클락은 스스로 '동종요법의 화학치료'라고 묘사한 중금속 중독 해독치료법을 집중적으로 실행하면서 정맥주사로 비타민과 무기질을 공급받았다. 그녀는 2주 동안 침대에 누워 지내면서 네 번에 걸쳐 중금속 중독 해독 치료를 받았으며 그 후에 더 많은 치료를 받았다. 그녀는 여러 가지 약을 '엄청나게 많이' 먹었다. 대부분은 동종요법 약이었지만 일부는 서양의학 약도 있었다. 그녀의 몸은 서서히 반응을 보이기 시작했다.

일을 할 수 없었기에 그녀는 직장을 잃었다. 2003년 3월 베인브리지 섬에 사는 친구들을 방문해 느긋하게 ≪마더 존스≫*의 신간 호를 넘겨보다가 우연히 만성 질병으로 싸우고 있는 엑손 밸디즈 호 청소작업자들에 대한 기사를 보게 됐다. 그녀는 마치 자신의 진료기록표를 읽고 있는 것 같은 착각에 빠졌다. 그녀는 자신의 노출에 대해 "충분히 되돌아본 적이 없었다"는 사실을 깨달았다. 1989년 당시 그녀는 자신이 단지 '무해한' 세척제 ― 시트라솔브와 이니폴 ― 에 노출되었을 뿐이라고 생각하고 있었다. 그러나 ≪마더 존스≫를 읽으면서 진실이 '마치 번갯불이 번쩍하듯' 그녀를 내리쳤다. 그녀는 마침내 자신의 전신성 질병을 이니폴에 대한 노출과 연결시켰다.

자신의 경험을 반추하면서 클락은 이렇게 말했다. "기업이 공공의 신뢰를 잡아먹었다." 그녀는 이것을 자신이 경험한 것 중 최악에 해당하는 "인간집단의 정신과 정서에 대한 가장 탐욕스럽고 음험한 정서적 학대이자 강간"이라고 표현했다. 그리고 이렇게 덧붙였다. "정말로 음흉하다." 그녀는 청소기지에서 노출 문제는 전혀 없을 것이라는 말을 그대로 믿고 있었다. 그녀의 순진함이 그녀에게서 풍부하고 경이로운 삶을 훔쳐갔다.

현재 그녀의 상태는 호전되었지만 일시적 호전에 불과한 것으로 건강을 유지하려면 계속 노력해야만 한다. 그녀는 엑손 밸디즈 호 청소에서 발생한 화학적 질병에 따른 비정상적 건강 문제에 관한 건강회복원칙을 개

---

* 범죄, 정치, 비리 등과 관련한 문제를 조사·추적해 보도하기로 유명한 잡지.

발하려는 '알래스카 독성저항행동'과 함께하기를 희망하고 있다.

산산조각 난 삶: 리처드 네이글

급성 노출(1989~1991)

1989년 3월 기름이 유출됐을 때 리처드 네이글 선장은 쿡 내해에서 예인선과 바지선을 운영하던 쿡인렛마린에서 해고되어 제너럴마린서비스로 자리를 옮겼다. 사흘이 채 안 되어 그는 프린스윌리엄사운드에서 필요한 곳에 붐을 운반해주는 상륙정을 운항하게 됐다. 그는 3년 동안 청소작업에 참여했다. 그는 자신이 '사태를 변화시킬 수 있을 것'이리고 생각하지 않았다면 그 일을 하지 않았을 것이라고 말했다.

1989년 네이글은 조언자로, 붐 작업의 감독자로 엑손 사에서 일했다. 그는 유해물질 취급을 위한 감독자 훈련 경험이 있었다. 처음에 그는 사우밀 만에 있는 연어 부화장을 보호하려는 어부들을 돕고자 에반스 섬의 크랩 만으로 붐을 가져갔다. 그리고 붐을 다른 연어 부화장으로 옮겼다. 그는 노스슬로프 유전에서 끌고 온 진공 트럭인 '초대형 흡입기'가 배치된 지역의 안전을 담당하면서 스키머를 빠르게 하역하기 위해 바지선에 올라탔다. 그는 어선, 붐, 스키머 등을 끌고 항공기나 헬리콥터에서 보내는 VHF 라디오의 보고에 따라 오염이 심한 기름 유출 지역으로 이동했다. 계속 움직이면서 그는 붐, 스키머, 쓰레기, 사람 등 필요한 것이면 무엇이든 이리저리로 운반했다.

그해 첫 여름 동안 그는 여섯 명에서 열두 명으로 이루어진 대원과 함께 열두 척 이상의 배를 운영했다. 처음에 기름 증기의 상태는 좋지 않았다. 일부 지역에서는 기름이 수면에 6인치 두께로 쌓여 있었다. 그는 "숨을 제대로 쉴 수 없었고 눈에서는 눈물이 그치지 않았다"고 말했다. 그러나 여름이 지나자 상태가 호전됐다. 그는 9월에 사운드에 남아 있던 최후의 한 사람이었다. 그는 쓰레기와 오래된 우비와 장비를 날랐으며, 엑손 사의 간부들이 최후의 정찰 임무를 수행할 수 있도록 배의 갑판에 헬리콥터를 싣고 운반하기도 했다. 그는 자신의 배를 세척하고 겨울을 위해 모든 것을 다시 준비할 때까지 일했다. 그는 자신이 여행한 곳과 목적을 상세하게 기록해두었는데, 1989년 청소작업이 끝난 후 엑손 사는 그의 목록이 회사에 귀속된다고 주장하면서 압수해갔다.

1990년 3월 네이글은 엑손 사의 자문위원이자 프린스윌리엄사운드 자문위원회(유조선의 교통 및 터미널 운용을 감독하기 위한 시민과 기업 연합체)의 임시위원으로 사운드에 돌아왔다. 그는 겨울 폭풍 뒤 그리고 여름 청소작업 이전에 오염된 해변의 상태를 평가하는 여러 조사 팀에 참여했다. 그는 자연의 힘에 깊은 인상을 받았다. 그는 이렇게 결론짓고 있다. "겨울 폭풍은 1989년 온수 살포에 의한 것보다 해변에서 더 많은 기름을 제거했다."

봄 조사를 마치고 난 후 그는 컬럼비아 호에서 일했다. 사람들을 나이트 섬의 아일스 만 해변으로 정기적으로 실어 나르는 일이었다. 그곳에서 사람들은 이니폴의 현장 검사를 실시했다. 네이글은 컬럼비아 호의 식수는 만의 물을 탈염 처리해 얻는다는 것을 알고 있었다. 그는 엑손 사 직원에게 염분 필터가 화학물질도 걸러내느냐고 물어보았다. 그는 이니폴의 물질안전보건자료를 건네받았고 다음과 같은 대답을 들었다. "이 물질은 무해하다. 먹는다고 해도 문제없다. 게다가 어떤 화학물질도 바위에서 씻겨 나오지 않는다. 이니폴은 '꿀처럼' 달라붙어 있다." 그는 컬럼비아 호는 살포작업에서 "돌을 던져서 맞출 수 있는 거리"만큼 떨어져 있었고 자신은 "컬럼비아 호에 탄 많은 사람들처럼 쉽게 속지 않았다"고 반박했다. 그는 이니폴이 해변에 머물러 있거나 필터가 염분은 물론 화학물질도 제거한다는 사실을 믿지 않았다. 그는 그 일이 있고 난 직후 해변에서 넘어지면서 오른쪽 종지뼈가 부려졌고 그 바람에 여러 주 동안 청소작업에 참여하지 못했다.

6월에 돌아왔을 때 그는 페가수스 바지 사의 80피트 상륙선인 페가수스 호를 운행하면서 1990년의 나머지 청소작업에 참여했다. 그 배는 이니폴 탱크를 운반했는데, 탱크는 매우 크고 가열되어 있었으며 절연된 상태였다. 이 탱크의 용도는 너벅선과 살포 배낭을 진 대원들에게 이니폴을 공급하는 것이었다(제6장 참조). 네이글은 이렇게 말했다. "너벅선에 선적할 때 계속 이니폴이 흘러내렸다. 그러나 그것이 중대한 의미를 갖는 것처럼 보이지 않았다. 대원들은 해변과 바다에 이니폴을 계속 뿌리고 있었으니 말이다. 모든 사람은 나를 관리자로 생각했는데, 내가 선장 자격증과 유해물질 취급 훈련과정을 마쳤기 때문이었다. 어떤 엑손 사 관리자도 나에게 이니폴 유출과 관련해 무엇을 해야 할지 말해주지 않았으며, 엑손 사는 이니폴 운반작업지에 대한 안전훈련을 제공한 적이 단 한 번도 없었다."

또 다른 유형의 이니폴 유출이 있었다. 크로울리마린 사가 운영하는 거대한 연안 공급선이 여러 번에 걸쳐 페가수스 호 탱크에 이니폴을 채워 넣었는데, 딱딱한 이송관이 부러지면서 이니폴이 "사방으로 흩어졌다." 대원들은 그저 화학물질을 바닷물로 씻어낼 뿐이었다. 그와 대원들은 이니폴을 운반하거나 유출된 것을 청소할 때 방독면을 쓰지 않았다. "해변에 이니폴을 살포하는 작업자 중 일부가 소변 출혈검사를 받는다는 것을 알았지만, 우리는 그렇지 않았다. 우리는 소변검사를 받아본 적이 한 번도 없지만 모든 것이 괜찮을 것이라고 생각했다. 그때는 참 순진했다."

페가수스 호는 1990년 한 해 동안 사운드에서 케나이 반도, 그리고 바렌 섬 너머까지 광범위한 지역을 훑어가며 먼 곳까지 항해했다. 네이글이 알고 있는 한 페가수스 호는 너벅선에 기름을 공급해주는 유일한 배였다. 그는 다시 행선지와 이니폴을 제공해준 선박들을 세세하게 기록했다. 이번에는 두 편의 기록을 남겼는데, 자신을 위한 것과 엑손 사 제출용이었다.

9월 중순경 페가수스 호는 수어드에서 임무를 종료했다. 네이글은 절반쯤 차 있는 이니폴 탱크가 거대한 크레인을 실은 배로 견인되는 것을 지켜봤다. 누군가 파이프 잠그는 것을 잊은 모양이었다. 다시 한 번 이니폴이 사방으로, 항구에 정박한 소형 보트와 근처의 선박들 위로 쏟아져 내렸다. 네이글은 엑손 사의 감독자가 고개를 주억거리며 말하는 것을 지켜봤다. "괜찮아요. 무해합니다."

네이글은 1990~1991년 겨울 내내 독감을 달고 살았고 '상시적으로' 위의 통증을 느꼈다. 그런 어려움도 마지막 여름 청소작업을 위해 1991년 5월에 사운드로 돌아오는 그를 단념시킬 수 없었다. 그는 해변의 상태를 조사하는 대원들을 실어 나르는 대형 선박의 부선장으로 근무했다. 대원들은 이니폴을 '집중 살포'하는 방식을 취했지만, 대부분의 경우 '생물환경 정화'가 효과적일 수 있는 상태를 넘어설 정도로 기름은 풍화되어 있었다. 9월에 이르러 그는 청소작업을 할 만큼 했기 때문에 그만두었다. 그는 프린스윌리엄사운드 자문회의를 사임하고 알래스카를 떠났다.

만성 증상(1990~2003)

네이글은 그다음 3년 동안 중앙아메리카를 들락거렸는데, 건강이 악화되기 시작했다. "항상 독감을 달고 다녔고, 감기에 걸리면 다른 사람보다 증상이 오래갔다." 1994년 그는 코스타리카에서 크게 앓았다. 병원을 찾았는데, 위장과 창자에서 악성종양이 발견됐다. 긴급하게 외과수술로 위와 창자의 일부를 잘라냈다.

오리건 주의 포트랜드에서 초기 대응 및 유해폐기물 취급을 다루는 해즈워퍼 교실에서 학생을 가르치고 있을 때 한 친구가 어떤 이니폴을 좋아했었느냐고 짓궂게 물었다. 네이글은 이렇게 대답했다. "엑손 사일까, 프랑스 회사일까." 친구는 그에게 프랑스 회사인 엘프 아퀴뉴 사에서 발간된 원본 물질안전보건자료(MSDS)를 건넸다. 네이글은 깜짝 놀랐다. 프랑스 MSDS에는 이니폴이 실험실 쥐에게 암을 유발할 수 있다고 적혀 있었다. 1989년 엑손 사에 의해 제공된 MSDS는 그런 내용이 없었다. 엑손 사가 제품의 화학 조성을 변경했을 것으로 추정할 수 있지만, 제품 검사와 승인 사이의 시간 차이를 고려하면 개정된 제품이라고 보기에는 기간이 너무 촉박했다. 그 정도의 기간에 쥐에게 암을 유발할 수 있는지 여부를 확인할 수 없기 때문이었다.

알래스카로 돌아오는 대신 그는 악화되는 건강 문제에 좀 더 효과적으로 대처하기 위해 미국 남동부로 향했다. 1989년 청소가 시작될 당시 그는 '260파운드의 건장한' 체격이었지만, 2003년에 이르러서는 172파운드까지 살이 빠졌고 그 후로도 계속 야위어갔다. 그는 오른쪽 무릎을 8번이나 수술했지만 완치되지는 않았다. 또한 칼슘 감소에 따른 혈액 장애라는 진단을 받았는데, 과소 칼슘(혈액 속의 칼슘이 지나치게 적은 상태)과 다혈구증(높은 백혈구 수치와 낮은 적혈구 수치)을 보였다. 그는 또한 발작, 심각한 우울증, 급성 불안, 균형감각 상실, 흐려진 시야, 기억상실, 심한 편두통, 식은땀, 안면홍조 등과 같은 중추신경계 증상을 보인다는 진단도 받았다. 그의 운전면허와 선장면허는 발작으로 일시 중지됐다.

2002년 8월 이후 그는 치료비용의 일부를 부담할 수 있도록 의료보조제도로부터 100퍼센트 장애보상금을 받고 있다. 담당 의사들은 그의 상태가 악화되고 있다고 말한다. 그는 한 번도 산업의학 의사나 화학 중독을 전공한 의사에게 진찰받은 적이 없다.

제1부_3
은폐된 작업자들의 건강 청구

제8장

사라지는 건강 청구

이 장에서 밀러와 나는 수천 명의 청소작업자들로부터 보고된 건강 청구의 성격과 출처를 조사했다. 우리는 엑손 사의 기록을 검토했는데, 그것은 개별 상해소송(제3장 참조)을 통해 공개됐다. 또한 알래스카 노동자보상위원회에 등록된 파일을 조사했다. 더불어 정부의 보건공무원들이 이런 청구를 장기적으로 검사할 만한 가치를 지닌 주요 건강 쟁점의 지표로 다루기보다는 무시해버렸다는 증거를 찾아내기도 했다.

엑손 사의 기록

엄청난 논란을 일으킨 스터블필드 대 엑손 사 사건(제3장 참조) 재판에서 엑손 사가 제출한 임상자료는 6페이지에 불과하지만 중요한 정보를 담고 있다(Exxon, 1989b). 그 자료에서 엑손 사의 의료 팀은 1989년 5월 첫 주부터 9월 중순 청소작업이 종료되는 시점까지 전체 6,722건의 '상기도 감염

(URI)’을 보고했다. 의료계에서 상기도 감염은 일반 감기와 기타 상기도(코, 목, 인두를 포함)의 감염을 총칭한다. 자료를 얼핏 보기만 해도 1989년 청소 작업 기간에 뭔가 잘못되고 있음을 한눈에 알 수 있다. 대략 두 명 중 한 명의 작업자가 호흡기 이상을 보고할 정도였으니 말이다.

엑손 사는 자사의 임상자료를 검토는 물론 심지어 한 번 보는 것조차 허용하지 않았다. 작업자나 일반 시민은 말할 것도 없고 NIOSH 검사요원, 주정부 또는 연방정부의 OSHA 대표, 알래스카의 역학자, 알래스카 노동자보상위원회 등에 대해서도 마찬가지였다. 엑손 사와 베코 사를 제외한 어느 누구도 그런 자료가 존재하는지조차 몰랐으며, 그들은 자료의 존재를 철저히 비밀에 부쳤다. 6페이지짜리 자료는 1992년 말 법원의 공개명령에 따라 엑손 사의 손아귀에서 빠져나왔는데, 그때는 청소작업이 건강에 미친 효과에 대한 주정부와 연방정부의 보고서가 완성된 지 꽤 지난 뒤였다. 엑손 사와 베코 사가 그 문서에 대한 통제권을 재획득하고 비밀유지명령을 근거로 그것을 감추기 전에 몇몇 사람들이 임상과 노출 손상 자료를 확보했다.

엑손 사의 철저한 비밀유지와 청소작업의 광범한 건강 문제를 최초로 대중에게 알린 것은 《보스턴 글로브》였다. 1992년 4월 이 신문의 해양담당기자 윌리엄 포플린은 관련 기사를 내보냈다. 그 기사가 한 달 정도 대중매체의 이목을 끈 후 약 7년 동안 관련 뉴스는 자취를 감췄다. 1999년 3월 《앵커리지 데일리 뉴스》의 내털리 필립스 기자가 청소작업자의 만성적 건강 문제와 엑손 사의 직업안전관리 프로그램에 대한 정부 당국자와 직업전문가의 우려를 담은 장편의 탐사기사를 내보냈다. 2001년 11월 《로스앤젤레스 타임스》에는 킴 머피 기자의 또 다른 탐사기사가 실렸고, 2003년 3월 《마더 존스》에 수잔 스트나한 기자의 기사가 실렸다. 이 기사들은 건강 재앙이 인간에게 미친 효과에 대한 왜곡된 이야기를 밝히는 계기로 작용했지만, 어떤 기사도 어렵게 얻은 6페이지짜리 보고서에 나와 있는 자료를 분석하지 않았다.

나름대로 노력해봤지만 곧 말장난(전문용어)이라는 커다란 장벽에 부딪히고 말았다. 가장 큰 문제는 '육상(onshore)'과 '해상(offshore)'이라는 단어가 작업자가 일하는 곳이 아니라 거주하는 곳에 기초한 합법적 인공물이라는 사실이었다(부록의 <표 A-2> 참조). '육상'에 거주했던 작업자의 건강 청구는 연방의 「해안항만노동자보상법」으로 다뤘고, 엑손 사와 계약된 숙박 시설을 갖춘 배인 '해상'에 거주했던 작업자 건강 청구는 대부분 연방의 「직업안전보건법」으로 다뤘다.

이런 명명법은 관련된 노출 손상의 위험에 대한 매우 일반적인 범주화일 뿐이었다. 많은 해상 대원은 해변이나 그 근처에서 일했고 유해한 환경에 직접적으로 노출됐다. 하지만 잠수요원, 요리사, 연료선 수행요원, 의료진 등의 일부 해상 임무는 상대적으로 노출 정도가 덜했다. 또한 많은 육상 작업자는 행정적이거나 덜 위험한 작업에 종사했지만, 기름에 오염된 폐기물을 처리하거나 선박세척소에서 일하는 작업자는 해상 작업자와 비슷한 위험에 노출되는 경우도 있었다. 불행하게도 임상자료에서 광의의 '육상'과 '해상'이라는 구분은 어떤 작업자가 보다 더 위험한 환경에 노출되었는지를 밝혀내는 일을 불가능하게 만들기 위해 마련된 것처럼 보였다.

그렇지만 엑손 사도 이 쟁점에 관심을 보였던 듯싶다. 6페이지짜리 자료에는 육상과 해상(프린스윌리엄사운드) 작업자의 상대적 호흡기 질환에 대한 엑손 사의 분석이 포함되어 있다(부록 <표 A-2> 참조). 이런 비교는 주당 평균을 기준으로 육상 작업자(2.7퍼센트)에 비해 프린스윌리엄사운드 작업자가 네 배(10.5퍼센트)가량 더 많은 호흡기 문제를 일으켰다는 것을 보여주고 있다. 약 4분의 1의 해상 작업자가 사운드의 외부에 있었기 때문에 나는 이것을 보정해 주당 평균 기준으로 프린스윌리엄사운드 작업자의 URI 발생률을 7.8퍼센트로 낮춰 계산했다. 수정된 비율도 여전히 육상 작업자에 비해 세 배가량 높은 것이다. 이것은 매우 일반적 의미에서 해변 세척은 도시에서 '육상' 작업을 하는 것보다 건강상 더 많은 위험에 노출되어 있음을 의미한다.

자료의 의미를 꼼꼼히 따져보고 난 후 나는 1만 1,000명의 작업자보다 더 많은 수가 청소작업에 투입되었을 가능성이 매우 높다는 사실을 깨달았다. 나는 숀 부부(제1장 참조)와 같이 고기잡이가 시작되었을 때 청소작업을 그만둔 많은 어부를 알고 있다. 베코 사가 질병에 따른 배상을 피하려고 작업자를 해고했다는 사실로 명백히 드러나듯, 많은 작업자가 부상이나 질병으로 교체되었을 수 있다(제3장 참조). 나는 엑손 사가 자주 인용하는 1,100만 갤런의 유출량이 그렇듯이, 엑손 사가 자주 인용하는 1만 1,000명이라는 전체 작업자 수가 실제보다 낮게 추정된 것이라고 결론 내렸다. 청소직업자 ─ 그리고 청소작업 때의 노출로 만성 질병에 걸렸을 것으로 추측되는 전직 작업자 ─ 의 수에 대한 진실은 임금대장 기록에 담겨 있을 것이다.

알래스카 노동자보상위원회

나는 직업병으로 분류될 수 있는 6,722건의 건강 청구가 어떻게 연방정부와 주정부의 「노동자보호보상법」이라는 안전망을 빠져나갈 수 있었는지 살펴보기로 마음먹었다. 일을 처음 시작한 작업자들의 경우 25건의 호흡기 질환 건강 청구 중 1건만 알래스카 노동자보상위원회에 보고됐다. 3월을 기점으로 약 1,800명의 작업자가 기름 유출 관련 부상 및 질병에 대해 건강 청구를 제출했다(Wilson, 1991).[1] 전체의 3분의 2가량은 부상에 따른

---

1) 알래스카 노동자보상위원회는 1989년의 청소작업에서 1,797건의 건강 청구를 접수했다. 또한 NIOSH의 접수 건수는 1,814건이었지만 「건강 위해 평가 보고서」에는 1,811건으로 되어 있다(NIOSH, 1991: 30-31). 나는 이런 편차가 왜 발생하는지 이유를 설명할 수 없다.

청구였는데 대부분 삠, 접질림, 타박상, 눌림 등이었다. 나머지 3분의 1(또는 600건)의 건강 청구는 질병에 대한 것인데, 264건이 호흡기 문제로 분류되어 있다.

주정부 및 연방정부의 OSHA 보건당국자와 해안경비대 사이에서 건강 청구를 어떻게 배정할 것이냐를 두고 혼선이 일어났다. 배정의 기준은 그 사건이 어디 ― 땅, 바다, 수문으로 닫힌 내해, 만조 최고수위보다 높은 지역과 낮은 지역 등 ― 에서 일어났느냐에 달려 있었다. 청구의 분류 방식은 세 기관의 시스템이 약간씩 다른 관계로 어디에 배정되느냐에 따라 영향을 받았다.

노동자보상위원회는 신뢰를 높이고자 다른 '표준' 시스템보다 더 광범한 범위의 기름 유출 관련 건강 청구를 포함하는 특수한 자료은행을 개발했다(ADOL, 1990a). 알래스카 노동부(ADOL)는 업무 관련 질병 청구의 경향을 판단하기 위한 근거 자료로 이를 사용했다. 팜과 나는 ADOL 보고서와 자료를 꼼꼼하게 살펴보면서 이런 청구의 성격과 원천에 대해 더 많은 것을 알 수 있는지 그리고 ADOL의 결론에 동의할 수 있는지를 검토했다.

인지되지 않은 화학 중독

연방법(OSHA)에서 업무 관련 부상 및 질병 청구는 '성격'(형태. 예를 들어 삠, 화상, 골절 등), '원천'(원인. 예를 들어 동물, 사다리, 감기, 화학물질 등), '사고 유형'(추락, 과로 등), '손상된 신체 부위'(머리, 팔, 몸통 등), '특정 신체 부위의 발진' 등으로 코드화되어 있다. 나에게 업무 관련 자료는 완전히 새로운 것이었지만, 곧 그 코딩 시스템이 질병보다는 육체적 부상을 다루기 위한 목적을 띠고 있음을 알게 됐다. 예를 들어 '사고 유형' 목록에 기름, 화학물질, 솔벤트 등에 대한 노출 손상을 나타내는 코드가 없었다.

이것은 역사적 관점에서 충분히 이해할 수 있는 일이다. 1970년 직업안전보건청(OSHA) 설립법안이 통과될 때의 관심사는 노동자를 육체적 부상으로부터 보호하는 것이었다. 그때만 해도 화학물질 유발 질병과 관련된 증상은 거의 알려지지 않았다. 이런 유형의 질병은 20세기 중반에 들어와서 화학산업의 폭발적 성장이 있고 난 후에 관심사로 부상했다.

보고된 부상과 질병은 통상적으로 해당 연도에서의 시간 손실(tim loss) 청구와 비시간 손실(non-time loss) 청구로 범주화되는데, 어느 해든 후자가 전자보다 많았다. 예를 들어 청소작업에서 청구된 1,797건의 청구 중 518건이 시간 손실 청구였다. 요구의 대다수를 차지하는 비시간 손실 청구는 통상적으로 코드화되지 않고 더 이상 분석되지도 않는다. 하지만 ADOL은 기름 유출 청소를 '대규모의 비정상적 사건'으로 인식했기 때문에 기름 유출 사례에 대한 보다 나은 이해를 제공하기 위해 접수된 모든 건수를 코드화했다(ADOL, 1990a: 28).

ADOL은 부상 또는 질병의 비정상적 유형을 살펴보기 위해 1987년(기름 유출 이전에 자료가 완성된 마지막 연도)의 시간 손실 청구와 청소작업에 따른 청구를 비교했다.[2] '성격에 따라' 분류된 청구를 근거로 한 ADOL의 분석은 1987년과 비교했을 때 청소작업으로 인한 부상은 대략 같거나 낮은 비율을 유지했음을 보여준다. 하지만 ADOL이 언급하듯, "청소작업 관련 질병의 만연함은 주목할 만하다"(ADOL, 1990a: 29).

나는 손상된 신체 부위에서 그룹별로 묶여 있는 시간 손실 청구에 대한 ADOL의 분석을 주의 깊게 살펴봤다. 나는 청소작업자(21.8퍼센트)가 1987년(2.3퍼센트)보다 질병 청구에서 10배에 가깝게 증가했다는 것을 확인할 수 있었다(부록 <표 A-2> 참조). 호흡기계통 질병은 1987년에 비해 청소작업자에서 거의 21배에 달할 정도로 높았다. 소화기계통 질병은 14배 높았고, 신경계통 질병은 정상보다 2배 높았다.

나는 ADOL이 일부 질병을 어떻게 코드화할지 판단하는 데 어려움을 겪고 있음을 간파했다. 전신 시스템의 '불특정' 질병 비율이 청소작업자의

---

2) ADOL은 1,797건이 아니라 1,771건의 청구를 분석했다. 이 차이에 대한 설명은 없다.

경우 6배나 높았고, '분류 불가능'과 '비코드화' 질병 비율은 7배나 높았다 (부록 <표 A-3> 참조). 이는 청소작업이 건강 문제의 성격과 원천이라는 코드 분류의 관점에서 볼 때 비정상이었음을 말해준다.

모든 질병 청구에 대한 ADOL의 '성격'이나 형태에 따른 분류방식(비시간 손실까지 포함)을 이용해 내 나름의 방식으로 범주를 재분류했다. 나는 기름 흡입 노출 손상으로부터 예상될 수 있는 범주 — 호흡기 손상, 화학적 증상, 중추신경계 문제(부록 <표 A-4>) — 를 가정했다. 처음에는 새로운 범주가 대부분의 질병을 포괄할 것으로 예상했지만 그렇지 않았다. 호흡기 증상은 43퍼센트를 차지했고, 화학적 증상이 14퍼센트, 중추신경계(CNS) 문제는 3퍼센트였다. 이것은 이해하기 힘든 일인데, 중추신경계 증상은 원유 흡입 여부를 판단해주는 핵심 지표 중 하나이기 때문이다. 하지만 터무니없이 증상의 35퍼센트가 '미확정'으로 코드화되어 있었다.

나는 ADOL 보고서의 저자인 짐 윌슨에게 전화를 걸었다. 그는 업무 관련 청구가 의료진의 도움 없이 코드화됐다고 설명했다. '미확정' 질병에는 두통, 현기증, 충혈, 귀 및 코 출혈, 기타 원유와 솔벤트 흡입에 따른 고전적 중추신경계 노출 손상 증상 등이 포함되어 있었다.

나는 모든 질병 청구에 대한 ADOL의 '원천에 의한' 분석을 검토한 다음 질병에 초점을 맞추고 화학적 증상, 호흡기 증상, '기타'(중추신경계 증상의 대체물) 등 세 범주로 재분류했다. 이번에는 40퍼센트에 가까운 질병이 그 원천을 알 수 없다는 사실이 밝혀졌다(부록 <표 A-5> 참조). 이 원천 분석으로부터 ADOL은 다음과 같이 결론을 내렸다. "호흡기 관련 청구의 원인 대부분은 추운 날씨 때문이다"(ADOL, 1990: 29). 그러나 추운 환경에 일한다고 해서 모든 사람이 감기에 걸리지 않는다. ADOL은 원유가 부상 및 질병의 주요인이라는 결론은 배제했는데, 이 결론은 기름의 증기, 연무, 에어로졸 등의 흡입을 잠재적 요인으로 고려하지 않고 있다. 윌슨에 따르면, 호흡기 질환이 압도적으로 많다는 사실에 비춰서 '미분류' 질병이 감기나 독감이 아니라 사실은 화학 중독에 따른 것임을 의심한 사람은 아무도 없었다.

ADOL 보고서는 청소작업의 사고율이 1987년의 청구 건수와 비교했을 때 '비정상'이 아니라고 결론 내렸다. 밀러와 나는 동의하지 않는다. 우리는 ADOL이 호흡기 증상과 기타 질병의 원인이 화학 유발 질병일 수 있다는 사실을 간과했다고 생각한다. 그 근거는 다음과 같다.

무엇보다도 최소한 세 가지 커다란 오류 가능성이 존재한다. 첫째, OSHA 체계는 화학적 노출 손상으로부터 산업 질병을 인지하거나 해석하도록 고안된 것이 아니었기 때문에 질병을 분류할 수 있는 보다 세분화된 코드를 결여하고 있었다. 그것은 많은 수의 '미확정'이나 '미분류' 청구로 확인할 수 있다. 둘째, OSHA 체계는 질병의 성격을 이해하지 못한 나머지 청구의 내용을 부정확하게 보고한 작업자를 놓치고 있다. 셋째, OSHA 체계에서 질병 청구는 산업의학이나 산업위생학의 전문가가 없는 가운데 관리자에 의해 부정확하게 분류·처리될 수 있다.

만약 주정부가 약 6,722건의 호흡기 질환에 대해 알고 있었다면 ADOL이 어떤 결론을 내렸을지 놀라지 않을 수 없다. 만약 이런 호흡기 질환이 보고됐다면 ADOL은 청소작업 중 사고율이 매우 비정상이었음을 깨닫고 주정부는 병든 작업자의 청구를 다르게 처리했을 것이다.

기각된 잠재적 화학 중독 사건

밀러와 나는 청소작업의 청구가 어떻게 처리되었는지를 알아보기 위해 알래스카 부상노동자동맹과 함께 바버라 윌리엄스의 도움을 받았다. 우리는 OSHA 체계가 청소작업으로부터 화학 유인 질병의 발병을 제대로 파악하지 못하는 것에 비춰봤을 때 주정부 체계도 마찬가지일 것이라고 추론했다. 만약 '주정부 체계'를 통해 화학 유인 질병에 대한 적절한 보상이 이루어지지 않았다면 그런 질병을 예방하기 위해 작업자 보호법을 개선해야 하는 동기가 거의 없었을 것이라고 생각했다. 나는 청소작업에 따른 작업자의 청구를 조사하면서 우리가 매우 번거로운 일에 발을 들여놓았다는 사실을 전혀 알아차리지 못했다.

부상당한 작업자의 운명은 주정부의 손에 맡겨져 있다. 연방정부의 감시는 없다. 알래스카 노동자보상 프로그램은 작업자의 법적 권리를 무시하고 관리 무과실 보험체계를 적용하고 있다. 알래스카 공익연구그룹(Alaska Public Interest Research Group: ArPIRG)의 1995년 보고서 「망 없는 노동(Working without a Net)」에 따르면, 프로그램은 계획대로 작동하지 않았다. 이 프로그램은 장기간의 소송 대신 작업자에게 곧바로 보상해준다는 취지와는 달리 "프로그램의 적절성을 믿어 의심치 않는 노동자와 알래스카 시민에게 기괴한 사기"를 계속하고 있다(AkPIRG, 1995: 3).

알래스카 노동자보상 프로그램은 지난 사반세기 동안 조사·감사·기사의 표적이었음을 말하는 것으로 충분하다(AK State Legislature, 1999). 알래스카 「노동자보상법」은 기름 유출 1년 전인 1988년에 경제발전에 대한 보상으로 부상당한 노동자의 편익을 보상해준다는 사업적 마인드와 선을 긋는다는 취지에서 전면 개정되었다. 알래스카 주정부가 실시한 공적 감사와 공익감시조직이 제공한 보고서에 따르면, 현재 이 법은 노동자에게 크게 불리하다.

1989년 주정부를 상대로 배상을 청구한 기름 유출 청소작업자는 개정된 법률의 적용을 받았다. 알래스카 공익연구그룹의 눈을 통해서 노동자의 보상 처리과정을 일별하면 청소작업자의 청구가 어떻게 처리되었는지를 알 수 있다. 현행 체계에서 부상당한 노동자는 그 역할에서 사회복지사나 다름없는 '보험사정기관의 보호 아래 놓인다.' 보험사정기관은 건강보험제공자와의 모든 계약을 대리로 체결해준다(AkPIRG, 1995: 19). 명심해야할 것은 보험사정기관이 노동자가 아니라 보험회사의 재정적 이익에 책임을 지고 있다는 사실이다. 보험사정기관은 30일 내로 청구를 처리하도록 되어 있다.

알래스카 공익연구그룹은 '진행 중이다'는 말이 대부분 '논쟁 중이다'를 뜻하거나 노동자가 더 이상 보상 혜택을 필요로 하지 않은지를 판단 중에 있다는 것을 뜻한다는 것을 알아냈다. 대학생용 웹스터 사전 10판에 따르면 '논쟁하다'는 문자 그대로 '논쟁에 참여하다 또는 증거에 근거해 어떤 주장을 펼치다'라는 뜻인데, 이때 증거란 보험사정기관은 제공받지만 부상당한 노동자는 제공받지 못한 그 무엇이다. 평균 수임료가 보험회사 변호사의 3분의 1에 못 미치는 노동자측 변호사의 소규모 인력풀은 보험사정기관의 '일괄 타결' 전략에 꽤나 익숙해져 있음을 보여준다(AkPIRG, 1995). 웹스터 사전에는 '타결(controversion)'에 대한 정의가 실려 있지 않다. 하지만 이 경우에 이것은 부상당한 노동자가 업무에 복귀할 수 있을 것으로 예상되는 '의료적 안정성'에 도달하거나 영구 장애로 분류되있음을 뜻한다.

알래스카 법률(AK, 2000)에서 정의하고 있는 것처럼 '의료적 안정성'이란 "추가적인 의료적 보살핌이나 처치로 보상이 가능한 부상의 효과를 더 이상 객관적으로 측정할 수 없는 상태"이다. 해당 법률은 추가적인 의료적 보살핌이 필요할 수도 있음을 인식하고 있지만 법률의 조문에 따르면 "의료적 안정성은 45일 동안 객관적으로 측정이 가능한 개선의 부재", 즉 개선에 반하는 '명백하게 납득할 수 있는 증거'의 부재가 가정되고 있다[AS 23.30.295(21)].

알래스카 공익연구그룹에 따르면, 부상당한 노동자가 주법에 허용된 45일 이내에 의료적 안정성에 도달하지 않으면 보험사정기관은 모든 이익에 대해 '논쟁'(부정)할 수 있고 노동자의 작업 복귀나 영구적 불구를 주장할 수 있게 된다. 45일은 부러진 뼈의 치료에도 더욱이 화학 유발 질병의 회복에도 충분치 않은 시간이다.

화학 유발 질병은 라 조이와 이니폴 작업자의 사례에서 드러나듯 종종 일정 정도의 영구적 장애를, 간혹 극단적으로 심각한 장애를 낳는다(제5~7

장 참조). 알래스카 주법은 불구의 확인과 정도를 결정하기 위해 「영구적 장애 평가에 대한 미국의료협회(AMA)의 지침」을 사용한 노동자 보상체계를 마련했다[AS 23.30.190(b)].

알래스카 공익연구그룹은 이 지침에 대한 의존이 가져올 여러 가지 문제점을 지적하고 있지만(AkPIRG, 1995: 32-35), 청소작업자와 관련된 가장 큰 문제는 AMA가 화학물질 과민증을 장애로 인정하는 것을 극도로 꺼린다는 점이다(제9장 참조). 화학물질 과민증과 기타 화학 유발 질병의 많은 증상은 AMA의 지침에 등급화되어 있지 않다. 알래스카 노동자보상위원회는 AMA 지침에 언급되지 않은 부상을 '0등급'으로 결정하는데, 당연히 '0등급'은 장애로 처리되지 않는다(AkPIRG, 1995: 34).

화학 유발 질병에 대한 속임수를 더욱 교묘하게 하기 위해 1988년 알래스카 주의회는 의학적으로 증명될 수 있지만 등급체계에는 없는 장애를 다루는 조항을 삭제했다. 현재의 등급체계에 의해 다뤄지지 않는 부상은 다음과 같다. 화학물질 또는 환경적 과민증, 두뇌 손상(머리에 늘 안개가 낀 것 같은 증상, 인지력 감소, 집중력 감퇴, 우울증, 자극 과민반응 등), 근력 약화, 일정한 형태의 피부 질환, 두통, 만성적 고통 등이다(AkPIRG, 1995: 34). 이런 증상은 최소한 이런 질병을 인지하고 있는 의사에 의해 모두 화학물질 과민증과 연관 있는 것으로 알려져 있다. 알래스카 주에서는 청소작업자가 묘사한 것과 같은 또한 걸프전 참전용사에 대한 진단이 말해주는 것과 비슷한 화학물질 과민증을 노동자보상체계에서 다루지 않는다.

일단 청구가 논쟁거리로 떠오르면 많은 작업자는 청구를 포기하는데, 금융과 법률적 지원 없이 60일 동안 노동자보상위원회의 예비청문회를 기다릴 수 없기 때문이다. 주정부는 보상체계에 의한 청구 포기 자료를 보관하지 않는다.

알래스카 공익연구그룹은 "매년 알래스카 주에서 발생하는 3만 명의 작업장 부상 중에서 1만 건은 별도의 요양으로 회복시간을 가져야 할 정도로 심각하다"(AkPIRG, 1995: 31)고 보고한다. 이 그룹은 작업자 사이에 폭넓게 퍼져 있는 보상의 결여에 대한 불만 때문에 그들 중 다수가 청문회를 거치면서 구제되었을 것으로 생각했다. 하지만 1993년과 1995년 사이에 평균 1,804건의 예비청문회가 열렸지만 347건(전체 1만 건의 3.5퍼센트)만 어느 정도 해결되었을 뿐이다. 이 3.5퍼센트에는 노동자보상위원회에서 기각된 사례도 포함되어 있다.

이런 사정을 고려할 때 나는 적절하게 보상받은 청소작업자가 있을 것이라는 희망을 거의 가질 수 없었다. 화학 유발 환자는 더 말할 나위도 없을 것이다. 나는 노동자보상위원회 보상 절차를 거친 사례 중 일부—스콧 로버츠(로버츠 대 베코 사[1996]), 론 스미스(ADOL·AWCB, 1992b), 에드 머거트(ADOL·AWCB, 1992a) 등—의 흔적을 추적했다. 머거트는 부상당한 작업자를 위한 보상체계에서 발생할 수 있는 전형적인 사례라 할 수 있다.

1989년 7월 코렉시트 증기에 노출된 이후 건강 악화에 시달리던 머거트는 이듬해 봄 노동자보상위원회에 호흡기 손상을 이유로 보상을 청구했다. 머거트는 주정부의 고용자로 솔벤트 에어로졸에 노출되었을 때 주정부의 일을 수행하고 있었다. 그는 노동자 보상체계에 대해 어떤 환상도 품지 않았다.

그는 주정부로부터 청구 접수와 관련된 공식 문서(ADOL, 1990c)를 받기 3주 전에 주정부의 보험사정기관인 알래스카 보증보험에서 청구 포기 신청서를 받았다. 머거트가 항의했을 때 알래스카 보증보험의 청구 담당 관리자는 "우리의 업무 처리가 '완전히 공정하다'는 것을 알아주기 바란다. 당신의 호흡기 고통이 코렉시트에 노출되었기 때문이라는 주장이 옳다는 것을 보여주는 어떤 의학적 정보도 받은 바가 없다"라고 주장했다. "당신의 청구는 기름 유출 제거작업 기간에 사용된 이 제품과 관련해 우리가 파악하고 있는 유일한 사례이다"(Surety of Alaska, 1990).

머거트는 보험사정기관에 권리 포기 문서의 복사본을 보냈다. 이 문서는 엑손 사가 사람들에게 서명의 대가로 돈을 지불했다는 것을 보여준다 (제1장의 <그림 1-1> 참조). 그는 사정기관에 설명했다. "해당 기관에 청구가 전혀 없었던 데에는 그럴 만한 이유가 있었다"(Meggert, 1991). 그는 알래스카 보증보험이 '약간 이르지만' 자신의 예상대로 움직인다고 비난했다. 그의 질병에 대한 의료 검사가 아직 진행 중이었다. 그의 첫 담당의사는 그의 질병에서 박테리아나 바이러스와 관련된 어떤 요소도 발견할 수 없었기 때문에 그를 전문가에게 보냈다. 머거트에 따르면, 전문가는 "잠시 동안 내 몸을 이리저리 찔러보더니 모든 것이 내 머리에 있다는 취지의 말을 했다. 아무런 손상도 없다는 것이다"(Meggert, 2001). 머거트는 자신의 상태가 생명이 위협받을 정도로 악화되고 있다고 판단하고 일괄 타결 통지에 대한 더 이상의 도전을 포기했다. 그는 청구가 기각되도록 그대로 놔두었다.

몇 년 후 머거트는 닫힌 공간에서 담배연기에 노출된 다음 날 "지옥에 있는 듯한 느낌"(Meggert, 2001)을 받았다. 그는 부비강 감염에 취약했다. 기름 유출 제거작업 이전에는 그런 적이 없었지만, 그 후부터 겨울마다 부비강 감염을 달고 살았다. 그는 추운 날씨에 외출하면 아주 약한 천식 증상을 보였다. 처음에는 모든 문제가 나이 먹으면서 생기는 정상적인 부작용일 뿐이라고 생각했다. 그러나 그때 우연히 코렉시트 검사를 위해 해변에서 함께 작업한 사람들을 만났고 그들도 비슷한 — 또는 더욱 악화된 — 건강 문제를 안고 있음을 알게 됐다. 머거트의 건강 문제는 성가신 것이기는 했지만 운 좋게 장애로 이어지지는 않았다. 그러나 모든 사람이 그렇게 모두 '다행스러운' 것은 아니었다.

주정부에 신고된 엑손 밸디즈 호 기름 유출 작업자 부상 보상 청구 1,797건 중에서 440건은 연방정부의 「해안항만노동자보상법」에 적용을 받았다. 따라서 주정부가 처리한 1,397건 중 3.5퍼센트는 청문회에서 구제되었으므로 노동자보상위원회가 '해결한' 것은 50건이 채 안 된다는 것을 알 수 있다. 그리고 스콧 로버츠(제9장 참조)처럼 청구 결과가 노동자에게 긍정적인 것도 아니었다. 기름 제거작업에서 기원한 대부분의 부상과 질병 보상 청구는 머거트의 사례처럼 지속적인 건강 문제가 있을 수 있다는 아무런 단서도 남기지 않은 채 그냥 사라져갔다.

용두사미로 끝난 연방 조사

나는 연방 조사관이 기름 제거 작업자의 노출 손상과 건강 문제에 대해 무엇을 알아냈고 이 쟁점을 다루면서 어떤 권고를 했는지를 살펴보기 위해 NIOSH의 「건강 위해 평가 보고서」(1991)로 관심을 돌렸다.

1989년 4월 북미노동자국제연맹의 요청에 따라 알레스키 보건부와 미국 해안경비대, NIOSH는 엑손 밸디즈 호의 기름 유출 제거작업이 진행되는 동안 건강 위해 평가를 실시하기로 결정했다(Laborer's National Health and Safety Fund, 1989a; 1989b). NIOSH 조사관들은 1989년 4월, 6월, 7월 등 모두 세 차례에 걸쳐 알래스카를 방문했다(엑손 사의 작업자 안전 프로그램과 관련한 조사 팀의 결과는 제2장에서 이미 살펴보았다).

NIOSH 보고에 따르면 "1989년 7월과 8월 동안 NIOSH 안전연구분과에 배속된 의료 역학자가 체계적인 기록에 바탕을 둔 질병 및 부상 정보에 대한 재평가를 실시하려고 했다.……하지만 이런 식의 정보 수집 시도는 커다란 실패를 맛봤다"(NIOSH, 1991: 6). 이것은 조사관의 잘못이 결코 아니었다. 엑손 사는 외진 해변의 작업자에 대한 접근을 허용하지 않는 식으로 NIOSH 조사관의 조사 계획을 방해했다(Phillips, 1999).

NIOSH 조사관은 작업 관련 부상 및 질병 자료를 수집하기 위해 다른 접근법을 시도했다. "밸디즈의 병원[주요 지역의 건강관리 제공자]에 있는 진료기록 샘플은 기름 제거 작업자의 다양한 부상과 질병의 존재를 드러냈지만, 이런 작업자 중 베코 사[기름 유출 제거작업과 관련된 주요 계약자] 고용인의 비율이 비교적 낮은 것은 베코 사의 고용인이 전체 인력을 대표하고 있지 않음을 말해준다. 앵커리지 병원에 있는 기록 파일은 기름 유출과 관련되어 병원을 찾은 사람을 쉽게 추적할 수 있는 방식으로 정리되어 있지 않았다. 일정 비율의 기름 제거 작업자를 대상으로 한 설문 작업이 계획되었지만 운반과 보관의 어려움으로 수행되지 못했다”(NIOSH, 1991: 29-30).

NIOSH 조사관은 “작업자와 밸디즈 거주자에게서 상기도 질병이 급격히 증가하고 있음”을 자각하고 있었고, 1991년 보고서에 “작업자의 상기도 감염은 일상적으로 보고되고 있다”고 언급했다. 그들은 알래스카 보건부가 이 질병의 발병이 바이러스 때문이라고 생각하는 것처럼 보인다고 보고했다. 한편 알래스카 주의 역학자들은 나중에 보고자에게 주정부의 실험실에서는 밸디즈 지역에 특정 독감 바이러스가 존재한다는 사실을 확인하지 못했다고 말했다(Phillips, 1999). NIOSH 조사관들은 “원유에 노출됐을 수 있는 작업자에게서 급성·자기한정성·자극성·신경성 증상 중 최소한 한 가지는 나타난다는 사실”을 인식하고 있었다(NIOSH, 1991: 29). 다른 종류의 화학적 노출 손상을 아는 것도 어려운 일은 아니었을 테지만(제1장과 제6장 참조), NIOSH는 상기도 질병의 급속한 확산은 “주거용으로 사용된 선박의 과밀한 주거환경에 의해 촉진”됐다고 결론 내렸다(NIOSH, 1991: 29). 이용할 수 있는 자료에 기초해 NIOSH 조사관들은 “작업자를 대상으로 한 정기적 의료검사가 이루어지지 않았고 보장되어 있었던 것 같지도 않았다”(NIOSH, 1991: 30)라고 보고했다.

또한 NIOSH 조사관은 ‘생체지표(biomarkers)’를 이용해 풍화된 원유, 특히 유해한 PAHs에 대한 작업자의 노출 정도를 평가한다는 아이디어를 가지고 장난쳤다. 생체지표란 특정한 화학적 노출 손상과 관련되어 있거나 정교한 혈액 분석작업에서 탐지된 화학적 또는 생물학적 증거를 뜻한다. 그들은 생체지표 분석용으로 “그럴듯하지 않은 기술”을 확정했고 풍화된 원유에서 “미세한 농도(10~31ppm)”의 PAHs를 발견한 다음 작업을 접었다

(NIOSH, 1991: 30).

신체 기관에 남아 있는 미세한 양의 화학물질을 파악하기 위해 생체지표를 사용하는 작업과 혈액 분석으로 생물학적 효과를 추적하는 작업이 1989년에는 유아기에 불과했던 것은 사실이다. 하지만 1989년 원유와 인체의 혈액에 대해 화학물질의 노출 정도를 포착해낼 수 있는 기술은 확실히 존재하고 있었다. 텍사스 주 댈러스에 있는 아큐켐 실험실 같은 민간 실험실은 인체의 다양한 화학적 노출 정도를 알려주는 광범위한 생체지표 자료은행을 구축하고 있었다. 실제로 여러 명의 작업자가 기름 제거작업 3년 후에 개인 상해보상소송을 준비하는 과정에서 그들의 몸속에 원유와 솔벤트가 포함되어 있다는 증거를 제출하기 위해 이 실험실을 사용했다(제1장과 제9장 참조). 마찬가지로 야생에서 기름의 지속효과를 연구히는 과학자들도 생체지표를 폭넓게 사용하고 있었다(제18장 참조). 그들의 생체지표 작업은 소량―ppb*보다 적은 양―의 기름에서도 가능했다. 이 양은 NIOSH 조사관이 확인했던 '미량의' 농도보다 1만 배 더 적은 양이다.

1989년 기름 제거 작업자를 대상으로 생체지표를 이용한 노출 평가가 적절하게 이루어졌다면 PAHs 노출이 인체에 미치는 영향을 이해하는 데 크게 기여했을 것이며, 이는 생산적인 사례로 남았을 것이다. 그러나 그런 일은 일어나지 않았다.

NIOSH 조사관은 계획한 대로 작업자의 조건과 건강 기록에 기초한 체계적인 현장 평가를 수행할 수 없었기 때문에 노출 평가를 위해서는 엑손 사의 공기 질 조사 자료를, 건강에 미치는 영향의 평가를 위해서는 엑손 사의 임상자료에 의존할 수밖에 없었다. 여름이 끝날 무렵 엑손 사와 베코 사는 자사 기록을 연방정부에 자발적으로 제출하는 것을 거부했다. NIOSH

---

* parts per billion. ppm(parts per million)의 10억분의 1. 극히 미량의 성분 농도 등을 나타낼 때 쓰인다.

조사관은 기록을 넘겨받기 위해 엑손 사와 베코 사를 소환하지 않았는데, 사례를 검토할 수 있는 인력이 부족하다는 이유에서였다(Phillips, 1999). 2년 후 베코 사 직원은 "의료 기록에 대한 접근을 거부한 적"이 없다고 주장했다(Murphy, 2001).

NIOSH 조사관은 다음과 같이 결론을 내렸다. "**이용이 가능한 자료에 기초했을 때** 기름 유출 제거작업에 참여했던 작업자의 건강에 대한 장기간 의료 감시를 권고할 만한 근거는 없다"(NIOSH, 1991: 30. 강조는 추가). 이 진술은 기름 제거 작업자를 보호하는 것이 임무였던 조사관의 관심 부족, 추가적인 의료적 보호에 대한 뚜렷한 필요를 산출하지 못한 순환논리의 모순을 여실히 보여준다.

NIOSH 조사관은 '이용 가능한' 정보에 기초해서 결론을 내렸다지만 이용 가능한 모든 정보를 확보하기 위해 별다른 노력을 기울이지 않았다. 그들은 노출 손상 자료와 임상자료 ― 6,722건의 호흡기 보상 청구 ― 를 얻기 위해 엑손 사를 소환하지 않았다(제3장 참조). 그들은 알래스카 노동자보상위원회에 제출된 기름 제거 보상 청구를 대충 검토한 후 짧은 단문으로 알기 쉬운 결론만 언급했을 뿐이다. 그런 다음 앵무새처럼 호흡기 보상 청구는 "화학적 유인보다 주로 기관지염 유형의 질병을 따르고 있다"고 결론 내렸다(NIOSH, 1991: 31).

주정부 보고서나 NIOSH 보고서의 어디에도 이런 결론을 뒷받침할 만한 증거가 없다. 실제로 이 장에서 살펴본 '이용 가능한 증거'와 이 절 전체의 내용은 정확히 그 반대를 말해준다.

제9장

유해 불법행위와
부정된 정의

이 장에서 밀러와 나는 1989년 기름 제거작업의 영향에 따른 개별 상해 보상소송 가운데 불행한 사례의 경과를 살펴볼 것이다. 화학 유발 상해에 대한 판례는 '유해 불법행위(toxic torts)'로 알려져 있다. 로버츠 대 엑손 사(1999)의 판례에서 우리는 병든 작업자를 시련에 빠뜨렸던 의료적·법적 장애물을 살펴볼 것이다. 이를 통해 우리는 정의가 궁극적으로 부정됐다는 증거를 찾아냈고, 부상당한 작업자에게 미친 영향에 대해서도 알게 됐다.

(저자 노트 나는 이 이야기를 알래스카 주 앵커리지에 있는 연방법원 파일에 수록된 기록으로부터 재구성했다. 괄호 안의 No.는 로버츠 대 엑손 사 판례에 나온 재정신청, 명령, 기타 문건을 지칭한다.)

불평등에 대항하다

1994년 1월 론 스미스와 돌리 라 조이는 두 명의 다른 부상 작업자 — 스콧 로버츠와 리처드 메릴— 을 참여시킨 후 벨리법률사무소를 통해 캘리포니아 주에 소송을 청구했다. 그들은 엑손 사, 엑손 사의 선박회사인 시리버 마리타임 사, 베코 사 등을 기름 유출 제거작업에서 기인하는 "심각한 개인적 및 신체적 부상으로……영구장애를 초래한" 이유로 고소했다(No.1: 3). 그들은 엑손 사와 베코 사가 적절한 보호 및 감독 임무를 소홀히 했고, 더욱이 화학물질, 원유, 기타 물질이 위험하며 건강을 해칠 수 있다는 점을 경고하는 것을 게을리 했다는 점에서 책임을 묻고자 했다. 또한 엑손 사와 베코 사는 원고들을 위험한 환경에 처하게 방치함으로써 일반해상법을 소홀히 하고 있다고 주장했다. 원고는 각각 200만 달러를 청구했다.

그들은 유리한 보상을 받게 될 것이라고 낙관했다. 무엇보다도 벨리법률사무소는 전설적인 '불법행위소송의 왕'으로서 의사와 보험회사를 상대로 부상당한 희생자에게 수백만 달러를 안겨준 신화와 같은 경력을 갖고 있었다(California Bar Journal, 1996). 스미스와 라 조이는 화학물질 과민증이 실재한다는 것을 알고 있었고 기름 유출 제거작업이 그들을 아프게 만들었다는 것을 이해하고 있었다. 스미스는 전 세계는 아니라 해도 미국에서 최고의 직업병 의사를 확보하고 있었다. 그러나 그들은 소송에 직접 영향을 미칠 수 있는 요소를 미처 알지 못했다. 1994년 소송을 청구했을 때 그들은 사법체계가 대부분의 유해 불법행위 사건에서 희생자의 요구를 적극적으로 수용하지 않았음을 알지 못했다(King, 1999). 또한 화학물질 과민증에 대한 신뢰할 수 있는 독립적인 과학 연구가 드물고, 실험을 통해 특정 화학물질을 질병의 원인으로 확정한 연구도 드물다는 것에 대해서도 그랬다(Kanner, 1999). 암과 같은 질병의 존재를 밝히는 데는 종종 여러 해가 걸리고 흡연, 다이어트, 환경, 유전학 등과 같은 요소가 끼어들면 특정 물질과 발병의 인과관계에 혼선이 일어난다(Rea, 1995). 의료계의 지배적 견해는 그렇지 않음이 증명되지 않는 한 해당 화학물질이 무해하다는 입장을 고수한다. 더 나아가 화학 유발 질병의 인정에 대한 폭넓고 뿌리 깊은 사회적

편견이 존재하는데 주로 석유회사, 건강보험회사, 연방정부 등이 책임을
회피하는 데 몰두하기 때문이다.

제약산업과 보험제공자와 더불어 의료 전문직은 엄청난 규모로 성장했
지만, 질병이 규제 기준에 훨씬 못 미치는 극미량의 화학물질에 기인한다
고 주장하는 사람과 의사에 의해 많은 손해를 보아왔다. 제약산업은 합성
유기화합물의 생산혁명에 따른 결과물인데, 1945년에는 연간 1천만 톤에
못 미치던 생산량이 1980년에는 연간 1억 톤 이상으로 치솟았다(Ashford and
Miller, 1998). 그리고 1990년대에 이르러 연간 1천 종 이상의 새로운 화학물
질이 미국 시장으로 유입됐다. 생산과 이윤이 상식과 사회적 안전을 압도
하고 있다. 엄청난 양의 상업용 화학물질 ― 약품, 살충제, 화장품, 식품첨가
물 ― 의 건강 효과 및 독성은 알려져 있지 않으며, 알려진 것은 대부분 제
약산업이나 화학산업이 후원한 연구로부터 나왔다. 화학물질 과민증을 지
닌 사람은 화학에 기반을 둔 이러한 번영에서 침묵을 강요당하는 원치 않
는 부작용에 불과했다.

화학물질 과민증은 의료와 법률 분야 모두에서 새롭게 출현하는 영역
이었기 때문에 격렬한 논쟁에 휩싸여 있었다(Liberman, DiMuro and Boyd,
1999). 화학물질 과민증과 관련된 애매하고 다차원적 증상은 건강 보호 전
문가에게는 골칫거리였고 기업 변호사에게는 호재로 작용했다. 리어와 같
은 환경 의사는 관련 의료단체 ― 특히 화학물질 과민증이 심리적이라고 믿고
있는 알레르기 전문의와 정신병 전문의 ― 와 계속해서 맞대응하는 경험을 하
고 있었다. 그런데 화학물질 과민증이 심리적이라는 관점은 기업의 이익
에 부합하는 까닭에 환자를 분노케 한다. 전통적 관습에 기초한 전문가의
질시와 경쟁의식은 기업 변호사의 부추김에 의해 불붙었고, 그 결과 새로
운 질병의 진행과정에 대한 이해가 저해되었으며 환자와 공공정책은 볼모
로 잡혀 있었다(Hileman, 1991).

이런 엄청난 이해관계를 넘어서는 데 성공한 경우는 거의 없었다. 많은

시간과 노력을 투자하면서 원고와 긴밀한 협조 속에 작업하는 헌신적인
변호사를 찾는 것만이 소송을 승리를 이끄는 유일한 길이었다. 더욱이 성
공한 원고들은 변호사가 아니라 그들 자신이 최고의 변호사라는 것을 발
견하곤 한다. 계속적인 관심과 적극적인 참여는 승리의 필수요소이다. 화
학물질에 중독된 사람이 깨닫게 되듯 "얌전한 고객은 돈만 지불하고 끝나
고 만다"(King, 1999: 11).

스미스와 라 조이는 이런 사실을 값비싼 대가를 치르고 배웠다. 그들은
몇 가지 중요한 실수를 범했다. 변호사들이 소송을 잘 다뤄줄 것이라 믿었
지만 그들은 방관자나 다름없었다. 그들은 벨리법률사무소가 노년의 벨리
와 젊은 동업자 사이에서 회사 및 재정 관리의 방향을 둘러싸고 고소와 맞
고소가 오가는 내분 상태에 놓여 있음을 미처 몰랐다.

로버츠 대 엑손 사 소송이 제기되었던 캘리포니아 법원은 1994년 7월에
재판을 시작하면서 알래스카 주를 소송을 위한 유일한 재판 관할지역으로
판시했다. 변호사들은 그 후 18개월 동안 더 이상 아무런 조치도 취하지 않
았고, 엑손 사와 베코 사는 조치 부재를 이유로 소송을 기각시키려 했다.
결국 변호사들이 알래스카 연방법원으로 사건을 이송했던 1996년 2월까
지 소송은 기각 일보 직전에 놓여 있었다.

변호사들의 게으름은 스미스의 신뢰를 흔들었다. 그는 자신의 변호사
들이 친구인 랜디 로의 소송에서도 마찬가지로 소극적이었음을 알게 되었
다. 그 결과 끔찍한 판결이 내려졌다. 변호사들은 엑손 사의 증거 개시 요
청에 응하라는 법원의 명령을 이행하지 않았고, 1995년 12월 판사는 최종
적으로 랜디 로의 소송인 '페인 대 엑손 사'(1997) 사건을 기각했다. 제9순
회법원에 대한 항소심도 마찬가지로 기각됐다.

벨리법률사무소는 로의 소송이 패소한 같은 주(週)에 조직의 재정비를
위해 파산보호신청을 했다(Carlsen, 1995). '로버츠 대 엑손 사' 사건이 마침
내 앵커리지로 이송되었던 1996년 초 벨리 제국에 소속된 캘리포니아 변

호사들의 관심은 대부분 파산보호신청에 쏠려 있었다.

하지만 피해를 입은 작업자들은 재판 관할구역의 변화에 발맞춰 알래스카 공동변호인단을 선정했고, 그 후 7개월 동안 하우스톤앤드헨더슨 소속의 변호사들은 다양한 합법적 기술로 소송을 폐기하려는 엑손 사와 베코 사의 온갖 기도에 맞서 싸웠다. 엑손 사와 베코 사는 전력을 다했다. 그 사건을 배당받은 러셀 홀랜드 판사는 이렇게 썼다. "소송은 전문성보다는 공과에 의해 판결나는 것이 더 바람직할 것이다"(No.18: 4). 홀랜드 판사는 엑손 사의 법률적 기교에 익숙했는데 어부, 원주민, 지역 주민 등이 엑손 사를 상대로 제기한 기름 유출의 손상에 따른 대형 집단소송사건을 이미 다루고 있었기 때문이다.[1]

7월에 벨리는 췌장암으로 조용히 숨을 거두었다. 그의 죽음 직후 연방법원은 '로버츠 대 엑손 사' 사건을 포함해 벨리법률사무소의 민사소송 76건을 벨리의 이전 동업자인 존힐법률회사의 다니엘 스텐슨에게 이전했다. 스텐슨은 그 사건을 계속 맡아오고 있었다(Brazil, 1996).

---

1) 1994년 9월 알래스카 배심원은 원고들에게 손해배상액으로 2억 8,600만 달러, 징벌적 손상액으로 5억 달러를 지불하라고 판결했다(Mulligan and Parrish, 1994). 엑손 사는 여전히 징벌적 배상을 구실로 수많은 항소와 이의신청을 시도하고 있다(엑손 사는 징벌적 배상액으로 2,500만 달러를 주장한다). 2004년 1월에 있었던 항소심에서 홀랜드 판사에 의해 배심원 배상액은 4억 5천만 달러로 줄어들었고, 제9순회항소심법정으로 회부됐다(Reuters Network, 2004; D'Oro, 2004). 손해배상액은 2002년 원고의 법률대리인인 공인조정자금관리인협회(Qualified Settlement Fund Administrators)에 전액이 지불됐다. 원고들에 대한 배상액 분할은 2004년쯤에 끝마친 것으로 추정되고 있다.

불평등 게임: 기업의 방어전략

공소시효

엑손 사와 베코 사가 '로버츠 대 엑손 사' 사건을 완전히 기각시킬 수 없
게 되었을 때 회사측 변호사들은 전술을 바꿔서 한 번에 원고 한 명씩 차례
대로 기각시키는 데 주력했다. 그들의 첫 번째 대상은 스콧 로버츠였는데,
그는 기름 제거작업 기간에 귀에 커스텀블렌이 들어간 것을 이유로 건강
문제에 대해 소송을 걸었다. 커스텀블렌은 질소와 인 비료를 포함한 느리
게 배출되는 펠릿 형태의 생물환경정화 제품이다. 로버츠는 알래스카 노
동자보상위원회에 보상 청구를 했지만, 위원회는 청문회 후에 그의 청구
를 기각했다(ADOL·AWCB, 1995).

1996년 9월 엑손 사와 베코 사는 노동자보상위원회가 기각했던 것과 동
일한 이유로 로버츠의 청구를 기각하는 쪽으로 방향을 잡았다(No.26). 엑손
사와 베코 사는 로버츠의 주장이 시간을 경과했다고 주장했다. 즉, 그의 청
구는 직업 관련 부상 여부를 안 때부터 청구소송을 위한 공소시효 2년을
초과했다는 것이다. 또한 엑손 사와 베코 사는 이미 노동자보상위원회에
서 판결 난 로버츠 청구소송의 재심은 곤란하다고 주장했다.

1년이라는 시간이 걸렸지만 결국 엑손 사와 베코 사는 성공을 거두었다.
1997년 로버츠의 청구는 법률 전문성에 대한 편애 — 그리고 처음 소송을 촉
발했던 병든 사람들의 불분명한 진술 — 에 힘입어 기각됐다(No.37). 1년 후인
1998년 제9순회법정은 하급법원 판결을 유지했다(No.83). 그 사이에 또 다
른 원고인 리처드 메릴은 재앙의 전조를 알아차리고 조용히 1만 달러에 당
사자 화해를 받아들였다(No.57).

다른 데로 비난 돌리기

'로버츠 대 엑손 사' 사건에서 남아 있는 원고들인 라 조이와 스미스는

엑손 사와 베코 사 법률가에게는 더 큰 도전이었음이 곧 밝혀졌다. 핵심은 기름 유출 제거작업에서 솔벤트의 과도한 사용과 관련되어 있었다. 엑손 사와 베코 사는 세탁 솔벤트인 디솔브잇, 시트라솔브, 시트로클린, 심플그린 등에 대한 작업자 노출 정도를 조사한 어떤 기록도 작성하지 않았다. 이것은 피하기 힘든 책임성 문제를 제기했다.

산업의료 종사자들은 솔벤트로 인한 건강 문제를 폭넓게 인식하고 있다(Ashford and Miller, 1998; Wilkinsen, 1998). 솔벤트는 말 그대로 '친지질성' 화합물질로 미엘린이라는 지방화합물로 절연되어 있는 지방조직과 신경세포를 서서히 녹인다. 솔벤트는 자율신경계, 특히 호흡중추에 영향을 미쳐 호흡곤란을 불러일으키는 것으로 알려져 있다. 호흡곤란은 1989년의 청소작업자들이 제기히는 큰 불만이었다(제8장 참조). 또한 솔벤트는 뇌와 중추신경계에 직접 영향을 미칠 뿐만 아니라 사고과정 특히 기억과 집중력에 영향을 미치며 마음가짐과 인간성에도 변화를 가져올 수 있는 것으로 알려져 있다. 이것은 라 조이와 스미스가 청소작업 후에 경험했던 바로 그 증상이었다.

유해 불법행위 소송은 설득을 위해 의학적 원인을 증명할 필요는 없지만, 다만 피고의 어떤 행위가 장애의 원인인지를 증명할 필요가 있었다(Prosser and Keeton, 1984: sec 52, chap.8). 피고인 기업측 변호사들은 장애 문제 — 아픈 사람들은 종종 배심원을 설득한다 — 를 물고 늘어지기 위해 몇 가지 전략을 고안했다(Rachel's Envirement and Health Weekly, 1999). 그들은 자신의 논지를 보강하기 위해 탐문(증거를 수집하는 합법적이 과정) 기간 동안에 정보를 낚시질했다. '로버츠 대 엑손 사' 사건에서 피고측 변호사들은 원고의 건강 문제를 일으킬 만한 또 다른 이유를 찾고 있었는데, 원고의 장애 원인을 그것으로 몰아간다면 엑손 사와 베코 사는 책임을 면할 수 있었다. 탐문은 낚시 여행이나 다름없는 것으로, 자신이 찾는 것이 무엇인지 알지만 그것이 무엇인지는 잘 모르는 상태이다.

스미스에 대한 기업 변호사들의 전략은 청소작업과 관련된 그의 건강 문제를 그 이전에 있었던 다른 화학적 노출이나 청소작업 이후의 육체적 부상과 뒤섞는 것이었다. 기업 변호사들은 스미스가 경험한 여러 가지 직업상 노출 사례를 끌어 모았다(Smith, 1996). 그 목록에는 농장 작업에서의 농약과 살충제를 비롯해 용접 과정에서의 화학적·금속적 연기, 페인트, 기름 연기 및 먼지, 샌드 블라스팅*에서의 분진, 중장비 일을 할 때의 가스·디젤·기계유, 오염된 진흙을 팔 때 나오는 폴리염화바이페닐이 나열되어 있었다. 엑손 사의 변호사는 스미스가 집을 비롯한 여러 곳에서 화학물질 과민증을 지닌 사람들에게 반응을 불러일으키는 것으로 알려진 물질에 노출되었던 적이 있었음도 알아냈다. 그 목록에는 분말식 페인트, 그의 트레일러 집에서 뿜어져 나오는 포름알데히드, 미스터클린·포뮬라409·군크 같은 세정제, 납(그가 납으로 된 어구용 봉돌을 사용했다), 모든 종류의 페인트, 코담배, 집 주변에 뿌려놓은 살충제, 애완동물, 화초 등이 포함됐다. 그 목록은 계속 이어졌다(Tip 8 참조).

또한 스미스는 비행기 사고를 당한 적이 있었다. 스미스의 건강 문제에 대한 책임을 엑손 사와 베코 사에서 비행기 사고로 전가하기 위해 고안된 일련의 속 보이는 질문에 대응하면서 스미스는 마침내 격하게 화를 터뜨리고 말았다. "무슨 소리냐? 나는 청소 작업 직후에 몸 전체가 매우 빠르게 하강곡선을 그리기 시작해 지금도 멈추지 않고 있다고 주장하는 것이다"(Smith, 1996: 98). 변호사가 끈질기게 그리고 단도직입적으로 가끔 발생하는 그의 가슴통증이 기름 유출 제거작업과 어느 정도 관련되어 있느냐는 식으로 다그쳤을 때 스미스는 다시 폭발했다. "나는 그 모든 것이 한꺼번에 더해져서 다가온다고 느낀다. 나에게 압력이 가해지는 것이 느껴진다. 나

---

* 금속, 콘크리트, 나무, 타일 등의 표면 청소나 광택을 지우기 위해 압축 공기를 써서 모래를 뿜는 것.

화학물질의 범람

OSHA는 매년 추가되는 수백 가지의 신제품을 포함해 약 65만 개의 화학 제품이 있는 것으로 추산한다. 약 3,200만 명의 노동자는 자신이 다루고 있는 하나 이상의 화학 유해물질에 잠재적으로 노출되어 있다(OSHA, 1998: 1). 지금까지의 과학적 연구에 따르면, 극히 미량의 화학물질에 노출되어도 신경계 교란, 생식기능 교란, 내분비 교란, 면역체계 이상, 출산 결함 등을 포함하는 심각한 건강 문제를 초래할 수 있다. 그러나 실제로 화합물질로부터 발생할 수 있는 건강 위험에 대해 알려진 바는 거의 없다.

의회는 모든 미국 노동자에게 평생에 걸쳐 안전하고 건강한 삶의 조건을 보장해주기 위해 1970년 「산업안전보건법」을 제정했다. 법 조항에 따르면 고용주는 고용인이 노출될 수 있는 작업 현장에서의 화학물질이 무엇이며 어떤 위험이 있는지를 반드시 알려주어야만 한다. 그러나 OSHA는 600개의 산업 화학물질에 대해서만 허용노출한계(Permissible Exposure Limit: PELs)를 수립했다(Gordon, 1998: 65). OSHA는 1971년 이래로 30개에 못 미치는 건강 표준을 개발했을 뿐이다(Schettler et al., 1999: 252). 환경보호자금의 지원을 받은 1997년의 연구 보고에 따르면, 환경과 건강에 미치는 영향에 대해 기초자료로 이용되고 있는 것은 미국에서 가장 많이 생산되거나 수입되는 화학물질의 29퍼센트에도 미치지 못한다(Geiser, 2001: 179).

는 그것이 가슴통증을 불러일으킨다고 느낀다. 나는 그것을……느낀다. 왜냐하면 건강이 악화되고 있고 원하는 것을 할 수 없기 때문이다. 달리 말해, 마음은 굴뚝같지만 몸이 말을 듣지 않는다. 이따금씩 정말로 내 자신에게 실망한다. 다른 사람에게도 실망한다.……끔찍한 스트레스를 받는다.……나는 [기름 유출 제거작업이] 내 몸 전체를 산산조각 냈다고 생각한다. 나를 주저앉혔다. 화학물질은 내 몸 전체를 서서히 갈아먹고 있다"(Smith, 1996: 104-106).

엑손 사와 베코 사 변호사들은 자신의 목적을 정확히 알고 있었다. 스미스의 매우 확신에 찬 이야기에도 불구하고 법률적 틀 안에서 교묘하게 행동하고 있는 변호사들은 스미스의 장애와 관련해 자신의 고객이 책임에서 벗어날 수 있는 많은 허점을 찾아냈다. 그런 다음 그들은 스미스의 문제를 오로지 전문가의 증언으로 관심을 돌려놓았다.

화학물질 과민증에 대한 합법적인 난도질

1998년 1월 엑손 사와 베코 사의 변호사들은 댈러스에서 리어의 증언조서를 꾸몄다. 리어는 전문가 증언을 꺼렸다. 그는 재판과 증언을 반(反)생산적인 것으로 여겼다. 변호사들은 그의 소중한 시간을 빼앗았으며 법정의 절차는 부유한 기업에 유리하고 그가 헌신했던 사람들에 대한 공평성을 부정하도록 편향되어 있었다. 지난 십 수 년 동안 그 의사는 환자를 위해 200건 정도의 증언조서를 꾸며주었는데, 변호사의 말을 믿고 자신의 시간을 완전히 쓸모없는 것으로 만들 필요가 없다는 것 정도는 알고 있는 훌륭한 감각의 소유자였다. 리어는 스미스의 소송에 많은 기대를 걸지 않았는데, 그의 변호사가 증언조서를 꾸미는 데 정성을 다하지 않았기 때문이다(Rea, 1998: 4-5).

리어의 증언조서는 그에게 매우 익숙한 방식으로 진행됐다. 기업측 변호사들은 항상 매우 훌륭했고 준비를 철저히 하고 있었으며 화학물질 과민증에 정통해 있었다. 그들은 이기기 위해 싸움을 어떻게 걸어야 하는지 알고 있었다. 엑손 사와 베코 사의 변호사들은 두 가지 의료검사에 초점을 맞췄다. 그 검사는 스미스의 장애가 기름 유출 제거작업 동안의 화학 노출에 기인했음을 보여주고 있었다. 아큐켐 혈액검사(1992b)는 원유와 솔벤트(트리메틸벤젠, 1,1,1-트리클로로에탄, 2-메틸펜탄, 3-메틸펜탄, n-헥산)에 대한 노출과 관련된 화학물질의 수위가 높음을 보여주었다. 또한 단일광자방출 컴퓨터단층촬영(SPECT)의 뇌 영상은 이런 화학물질이 피의 흐름을 막아서 뇌 기능을 방해함으로써 단기기억상실 같은 스미스가 앓고 있는 증상을 초래했음을 보여주었다(Hickey, 1992). 리어와 그의 동료들은 화학물질 과민증 검사를 위해 SPECT 뇌 영상을 선도적으로 사용하고 있었기 때문에 법원의 소송에서 진 적이 없었다. 엑손 사와 베코 사는 이 점을 잘 알고 있었다. 그래서 뇌 영상의 결과와 증상이 오직 하나의 원인에만 기인하는 것은 아니며, 스미스의 검사 결과가 통제군과 비교했을 때 아주 비정상적인 것으로만 볼 수 없다는 점을 인정하도록 만드는 데 주력했다.

리어가 수행한 스미스의 혈액검사에서 높은 수준의 솔벤트와 트리메틸벤젠이 검출된 것을 두고 변호사들이 "유정 또는 정유시설에 근무하지 않은 사람에게 이런 수위의 축적은 가능하지 않다"고 주장하는 것은 힘든 일이었다(Rea, 1998: 56). 트리메틸벤젠과 n-헥신은 원유 노출과 연관되어 있다. 리어는 걸프전 참가자에게서 이런 화합물질을 본 적이 있었다. 다른 의사들도 마찬가지였다(제10장 참조).

엑손 사와 베코 사의 변호사들도 병든 걸프전 참전용사를 잘 알고 있었다. 그들은 전술을 바꿨다. 그들은 솔벤트와 트리메틸펜탄을 매우 다양한 일반적인 원천 — 아교, 가솔린, 군크 같은 탈지제 — 에서도 얻을 수 있으며, 리어가 이 모든 것을 입증해줄 수 있음을 알고 있었다. 변호사들은 가급적 기름 제거작업에 사용되었던 탈지제 — 디솔브잇, 시트로클린, 심플그린 등 — 에 대한 언급을 피했다. 트리메틸벤젠은 페인트 시너, 향수, 염료, 연료 첨가제, n-헥산 등에서 발견되는데, 그 성분은 아교, 공기청정기, 탈지제, 페인트, 농약침투제, 광택제, 솔벤트, 가솔린 등에 들어 있다. 엑손 사의 변호사는 이렇게 물었다. "1,1,1-트리클로로에탄은 어떻게 **유전 노동자가 아닌 사람**에게도 흡수되는 것입니까"(Rea, 1998: 48. 강조는 추가). 리어는 이렇게 대답했다. "탈지제, 드라이클리닝 용액, 페인트," 그리고 최소한 1993년까지 카페인을 제거한 커피를 통해서도 흡수된다(Rea, 1998: 48-49).

변호사들은 다양한 유형의 질문공세를 퍼부었다. 비행기 사고 후에 받앉던 치료 ― 스테로이드, 통증제거제, 항우울제 등 ― 가 스미스의 몸에 부하를 더할 수 있지 않았을까? 용접 연기가 신경 및 호흡 증상을 불러일으키고 이미 화학물질 과민증에 빠진 사람이라면 비정상 SPECT 영상은 당연하지 않은가? 담배나 코담배가 화학물질 과민증을 불러올 수 있지 않았을까? 통증제거제와 용접 증기의 결합으로 감수성이 예민한 개인이 화학물질 과민증에 빠졌던 것은 아닐까? 폴리염화바이페닐에 오염된 진흙을 파는 동안 어떤 종류의 보호장비도 갖춰 입지 않은 것이 화학물질 과민증을 불러왔던 것은 아닐까? 환경에서 가장 흔하게 접할 수 있었던 가장 오염된 장소를 평균적 의미의 집이라고 할 수 있을까? 리어는 이 모든 것이 화학물질 과민증에 기여할 수 있음을 확인해주었다(Rea, 1998: 23-25, 57).

리어는 통제군에 문제가 있다는 것을 알고 있었다. 노출되지 않은 사람을 찾기 힘들 정도로 사람이 일상생활에서 수많은 화학물질에 노출되어 있다. 리어는 SPECT 검사용 통제군 뇌 영상의 기준을 찾기 위해 '정상인'으로 생각할 수 있는 대상을 찾으려 노력해왔다. 그러나 현대 사회에서 정상인 ― 독감, 다른 질병, 약물치료, 흥분제, 화학물질 등이 없는 ― 을 찾는 일은 생각보다 훨씬 어렵다. 노스텍사스 대학교 학생 300명 중에서 25명만 '정상인'으로 판명됐다.

아큐켐 실험실의 통제군은 기업측 변호사들에게 '평균적인' 사람도 스미스와 비슷한 증상을 지닐 수 있는 것처럼 보이게 만드는 단서를 제공해주었다. 리어는 2만 6,000명 이상을 치료했고, 아큐켐 통제 수위를 포함해 매우 낮은 수위의 화학물질에 매우 다양한 증상을 보이는 환자를 많이 보았다. 아큐켐 통제군과 관련해 리어는 이렇게 주장했다. "그것은 무의미하다.……통계적으로 완전히 부적절하다"(Rea, 1998: 15, 44). 아큐켐 통제군은 '정상적' 개인이 아니라 환자군이다. 그들은 미국 전역에서 혈액검사를 받은 수천 명의 환자들 ― 산업시설 종사자, 가정주부, 학생, 입원 환자, 사무직노동자 등 ― 이었다.

스미스의 혈액에서 추출된 솔벤트(톨루엔, 2-메틸펜탄, 3-메틸펜탄 등)의 아큐켐 통제 수위에서 리어는 단기기억상실, 두통, 균형감각 상실, 심장 부정맥이나 불규칙성, 배탈, 위장 가스, 위장 팽창, 그리고 육체적 증상이 전혀 없는 신경증을 지닌 사람들을 관찰해왔다. 증상은 물론 개인의 영양상태, 전체적 화학물질의 부하량, 유전적 조건 등에 따라 달라진다. 이 점을 리어는 물론 엑손 사와 베코 사의 변호사들도 알고 있었다.

마지막으로, 기업측 변호사들은 만약 1989년에 가설적 '황'화합물질(기름과 솔벤트의 대체용어)을 취급했던 사람이 1993년에 두통을 앓기 시작했다면, 노출이 두통의 원인이라고 하기에는 기간이 너무도 긴 것이 아닌지를 리어에게 물었다. 노출, 활동, 일상사 등이 모두 두통을 일으킬 수 있는 것 아닌가?

리어는 이런 질문의 대부분에 수긍했지만(Rea, 1998: 46-50), 환자의 환경적 노출과 진단검사를 통해 무엇이 환자의 과민증을 유발하는지를 판단하는 것은 "거의 항상" 가능하다는 입장을 확고하게 견지했다(Rea, 1998: 54).

정신병적 진단과 다른 치료법

엑손 사와 베코 사의 변호사들은 라 조이에게는 또 다른 전략을 구사했다. 그녀의 건강 문제는 솔벤트에 대한 노출이 중심에 있는 것처럼 보였다(Tip 9와 <그림 4-1> 참조). 베코 사의 변호사들은 라 조이가 배상을 청구하려고 '다른 치료법'을 제공받았다고 주장함으로써 솔벤트 문제에서 완전히 빠져나올 수 있었다. 그녀는 1996년 1월 연방 노동부에 베코 사를 상대로 노동자 보상 청구를 신청했다. 베코 사의 변호사가 오래 지체한 이유를 물었을 때 그녀는 자신의 건강 문제가 기름 유출 제거작업과 연관되어 있다는 것을 처음 깨달은 것이 1992년이었는데, 그때 보상 청구가 너무 늦었다는 말을 들었기 때문이라고 대답했다(La Joie, 1996: 66). 그녀는 그 후에도 청구를 결심했지만 그때는 너무 아프거나 청구소송을 위한 비용을 마련할

솔벤트와 화학 손상

『위험에 처한 세대들(Generations at Risk)』의 저자들은 인체에 쉽게 흡수되는 솔벤트의 물리적 성질을 요약하고 있다. "그것은 상온에서 대기 중으로 증발하기 때문에 호흡을 통해 쉽게 흡입되고, 피부를 쉽게 관통할 뿐만 아니라 가끔 태반을 가로질러 태아에게 많은 양이 축적되기도 한다. 더욱이 많은 솔벤트는 유방 지방에 흡수되어 모유 속에 발견되는데, 이따금 어머니의 혈액보다 더 많은 양이 축척되기도 한다. 식수를 오염시키는 솔벤트는 식수는 물론 피부 흡수 및 샤워 시의 흡입을 통해 인체로 들어온다. 실제로 오염된 물 2리터를 마시는 것보다 오염된 물로 10분 동안 샤워할 때 전체 노출도가 더 높다. 솔벤트는 일반적으로 몸에 잠시 머물며 여러 날 이상 지속되지 않는다. 반면에 노출은 매일 일어날 수 있다"(Schettler et al., 1999: 74-75).

합성탄화수소 기반 (유기) 솔벤트는 지방에 녹을 수 있기 때문에 지방 조직에 축척된다. 그것은 탈지제로 사용되며, 드라이크리닝 화학물질, 페인트, 살충제, 의약품 등에서 발견된다. 유기 솔벤트에는 알코올, 아세톤, 벤젠 같은 방향성탄화수소, 트리클로로에탄 같은 염기성탄화수소, 2-부톡시에탄올 같은 글리콜에테르 등이 포함되어 있다.

솔벤트에 대한 노출은 피부, 간, 중추신경계, 폐, 신장 등의 손상을 포함하는 일련의 악영향을 불러올 수 있다(Harte et al., 1991: 110). 어떤 솔벤트는 혈액세포 생산을 방해할 수 있다. 많은 솔벤트는 발암성이다. 최근의 동물 연구는 글리콜에테르가 출산 결손, 고환 손상, 불임, 유산 등을 유발할 수 있음을 보여준다. 노출된 남성에게는 정자 수의 감소, 여성에게는 불임 및 유산의 위험 증가를 포함하는 재생산 문제로 다가온다(Schettler et al., 1999: 91). 특히 흡입된 솔벤트는 전신의 증상(몸 전체에서 경험하는)을 유발할 수 있다(Tip 3 참조). 화학물질 노출 손상에 대한 내성은 개인의 차이만큼 다양한 편차를 보인다(Rea, 1992: 35-40. <그림 4-1> 참조).

수 없었다.

그녀의 노동자 보상청구가 너무 늦어서 법적 정당성을 지닐 수 없었음에도 베코 사의 변호사는 청구 소송 자체를 독성 불법행위 소송을 기각하는 데 사용했다. 그는 사실이 아니었지만 라 조이가 '다른 치료법'을 제공받았음을 성공적으로 입증했다. 즉, 노동자보상위원회가 그녀의 진술 조서 제출 4개월 전에 공식적으로 그녀의 청구를 기각(La Joie, 1996: 64-65)했다는 사실을 거론했다.

한편 엑손 사의 변호사는 그녀의 인상적인 사연을 훼손하려는 목적으로 라 조이의 담당 의사를 이용하기로 마음먹었다. 엑손 사의 변호사는 특히 스티븐 홍에게 관심을 기울였는데, 거의 2년 동안 라 조이의 주치의로 있으면서도 그는 그녀의 건강 문제가 엑손 밸디즈 호 기름 유출 사건과 관련되어 있다고 믿지 않았기 때문이다. 또한 스티븐 홍은 자신의 환자가 기름 제거작업 때문에 건강이 나빠졌다고 맹신하고 있으며, 따라서 어떤 점에서 증상에 대한 자기최면에 빠져 있다고 믿었다(Hong, 1997: 71). 스티븐 홍은 라 조이의 건강 문제가 기만적인 것이라고 결론 내렸다(Hong, 1997: 73-75). 이 진단은 엑손 사에게 이익이 되는 것이었다.

스티븐 홍의 증언이 이루어지는 동안 엑손 사의 변호사는 그가 자신의 진단을 가볍게 여기지 않았음을 보이는 데 중점을 두었다. 홍은 라 조이를 치료하면서 의과대학에서 배웠고 카이저 보험사의 의사들이 실행하고 있는 표준적 일반 규약을 따랐다(Hong, 1997: 18). 즉, 건강 문제의 경과를 설명하는 환자의 말을 듣고 일련의 실험실 검사로 그녀의 증상을 객관적으로 진단하려고 했고, 주관적 정보와 실험실 결과를 토대로 문제의 성격을 평가했으며, 마지막으로 라 조이의 증상을 치료할 수 있도록 계획을 수립해 주었다.

스티븐 홍은 일련의 실험실 검사, 다른 전문가의 조언, 규정된 처방 등에도 불구하고 라 조이가 서술하는 증상을 의학적으로 설명할 수 있는 길을 찾을 수 없었다. 신경학자는 그녀에게 '과잉신체화 신드롬'이 있다고 주장했는데, 스티븐 홍에 따르면 애매한 증상은 "심리적 원천일 가능성이 크다"(Hong, 1997: 36)는 것이다. 즉, 육체적인 것보다는 정신적인 것에 기원할 가능성이 크다는 의미이다. 홍은 라 조이가 과체중과 유전적 기질의 결합에 기인한 것으로 보이는 성인병인 당뇨병에 걸렸다고 진단했다. 하지만 그는 그녀의 당뇨를 치료할 수 없었다(Hong, 1997: 36).

환자의 고집으로 스티븐 홍은 혈액 샘플을 텍사스 주에 있는 아큐켐 연구소로 보냈다. 혈액검사에서 탄화수소와 기타 화합물질의 수치가 비정상적으로 높은 것으로 나왔을 때 그는 카이저 보험사의 상임 산업의학 의사에게 라 조이에 대해 조언을 구했다. 그는 상승된 화합물질의 수치가 그녀의 증상을 설명해줄 수 있다고 생각하지 않았으며 더 많은 심리검사를 받도록 권고했다. 그리고 심리치료사는 "혈액검사의 결과에도 불구하고 나는 그녀가 심한 우울증이나 신체망상형 환각 장애에 빠졌다고 생각한다"(Hong, 1997: 73)고 결론 내렸다. 스티븐 홍은 전문의의 소견을 종합해 그녀의 병은 대부분 기본적으로 머릿속에 있다고 설명했다(Hong, 1997: 24, 73).

만약 라 조이의 변호사인 다니엘 스텐슨이 참석했다면 그녀를 변호하기 위해 여러 가지 관점을 강조할 수 있었을 것이다. 스티븐 홍은 자신에게 주어진 정보와 의학관 속에서 나름대로 최선을 다했다. 그는 독감 유사 증상, 열, 메스꺼움, 참기 힘든 두통 등이 한꺼번에 닥쳐서 정말로 아플 때의 라 조이를 한 번도 본 적이 없었다. 그녀는 너무 아파서 그 당시에는 움직일 수가 없었던 것이다. 그녀는 상태가 어느 정도 호전될 때를 기다렸다가 병원에 갔는데, 병원에서 그녀의 모습은 엄청난 고통을 전혀 경험하지 않은, 즉 '자각 증상이 없는' 모습으로 비춰졌다.

스티븐 홍은 화학 중독이나 산업의학 분야의 교육을 받지 않았기 때문에 화학 유발 질병을 인식할 수 없었고, 따라서 찾으려고 하지 않았다. 이것은 그가 받은 교육의 부적절성을 반영하고 있는 것이 아니라 의학 교육이 수천 가지의 화합물질에 노출된 국민의 필요성에 부합하도록 의사를 훈련시키는 일에서 한참 떨어져 있다는 사실을 잘 보여주고 있다. 화학물질 과민증 환자를 적절하게 진단하고 치료하는 데 필수적인 지식이 없는 상태로 그는 그녀의 증상과 서술을 자신이 선택할 수 있는 목록에 맞추려고 노력했는데, 그 최후의 도달점은 '망상'이었다. 역설적으로 그 의사는 그런 진단에 도달하기 위해 라 조이의 증상이 전적으로 육체적인 것이 아니라고 자기 최면을 걸어야만 했다.

엑손 사의 변호사는 그녀가 아프지 않았을 때 장애보상을 받으려고 노력했다는 점을 부각시키기 위해 스티븐 홍을 이용했다. 그는 그녀가 조지 유잉을 찾은 이유를 트집 잡았다. 즉, 유잉이 화학물질 과민증에 대한 전문가로서 그 병에 걸린 사람이 정상적 작업 환경에서 일할 수 없는 이유를 잘 이해하고 있기 때문이 아니라 그가 그녀의 장애 서류에 서명을 해주겠다고 했기 때문이라는 식으로 질문의 틀을 짰다.

일단 엑손 사의 변호사가 스티븐 홍에게 원하는 정보를 얻게 되자 그의 관심은 유잉에게 향했다. 경험이 풍부한 유잉은 환자를 신뢰했고 그가 느끼고 있는 것을 자신에게 말하도록 했다. 그는 라 조이의 스크랩북을 봤고 이야기를 들었으며, 그녀가 '원유에 과도하게 노출'됐다는 사실을 알아차렸다(Ewing, 1997a: 79-80). 그는 또한 카이저 보험사에서 작성한 그녀의 기록도 보았다. 유잉은 환경치료 병원에 접근할 수 없었기 때문에 리어가 환자에게 실시했던 철저한 진단검사와 화학물질 과민증을 위한 평가를 실시하지는 못했다. 그는 라 조이가 리어에게 치료받으면 좋을 것이라고 생각했지만 그녀가 치료될 수 없다는 것을 알고 있었다. 그래서 그는 최선을 다해 그녀를 돕고자 했다.

엑손 사의 변호사에게 유잉의 조건은 유리하게 여겨졌다. 그는 화학물질 과민증에 대한 접근방식, 진단, 치료 등에서 리어만큼 철저하게 훈련되어 있지 않았으며, 주로 신뢰·직관·경험 등에 기초했고 다른 전문가의 진단검사에 의존했다. 이런 그의 조건으로 인해 기름 제거작업 기간의 화학적 노출이 라 조이의 건강 문제를 불러 일으켰다는 그의 주장이 법정에서 받아들여지기 어려웠다.

엑손 사의 변호사는 '정신병적' 진단이 화학물질 과민증으로 고통 받는 환자를 경제적으로 유린했다는 것을 알고 있었다. 대부분의 의료계획에서 정신적 장애 보상에는 한계가 있어 환자가 건강장애보험이나 사회보장장애보험을 비롯한 여러 가지 혜택을 누리는 데 어려움을 주고 있다. 그것은 또한 개별 상해소송을 통한 보상의 기회를 빼앗고 많은 주에서 노동자 보상을 이용할 수 없도록 한다.

엑손 사의 변호사가 신경 써야 할 최후의 문제는 라 조이의 스크랩북이었다. 말이 없는 스크랩북의 페이지들은 기업의 태만과 부주의한 행동에 대한 강력한 증거였다. 엑손 사의 변호사는 스크랩북 전체가 증거물로 구분되어야 한다고 요구했다. 그리고 사진들을 총천연색으로 복사하고 싶다는 핑계로 계속 보유했다(La Joie, 1996: 262-263).
(저자 노트 그 스크랩북은 거의 5년이 지난 후에 저자의 도움으로 라 조이에게 회수됐다.)

원고가 패소한 이유

스미스와 라 조이는 존힐법률회사의 다니엘 스텐슨에게 감정이 좋지 않았다. 스미스처럼 라 조이는 멜빈 벨리와 계약을 맺었는데 갑자기 다른 법률회사로 배당된 것을 알고는 속이 상했다. 그녀는 나중에 "다니엘은 너무 실망스러웠다. 그는 우리가 옳다는 것을 믿지 않았다"고 회상했다. 변호사에게 승리에 대한 확신이 없다는 것은 곧 승소의 가능성이 줄어든다는 것을 의미했다. 법정 기록은 스미스와 라 조이가 원고측 변호사에게 불만을 가질 이유가 충분하다는 것을 보여준다.

근면의 결핍?

원고들의 의사로부터 증언을 받고 나서 약 한 달 후 엑손 사와 베코 사는 그 전문가의 증언이 무자격이라는 이유로 재판을 기각시키기 위해 스미스와 라 조이에 대한 약식 판결을 요청했다. 그와 동시에 엑손 사와 베코 사는 복잡한 변론 취지서에서 리어의 증언을 배제하기 위해 노력했고, 엑손 사는 유잉의 증언을 배제하고자 했다. 이 취지서에는 수많은 지지 증거물, 중요한 법률적 판례들, 화학물질 과민증을 달가워하지 않는 알레르기 전문가들의 의료 진술서 등이 들어 있었다(Nos.61-65).

유해 불법행위 청구에서 의료적 인과성은 반드시 전문가의 과학적 증언을 통해 확인되어야 한다. '로버츠 대 엑손 사' 사건에서 만약 법원이 원고측의 전문가 증언이 자격을 갖추지 못한 관계로 그것을 배척해야 한다는 피고측 변호사의 주장에 동의했다면, 스미스와 라 조이는 전문가 증언을 제시해 자신들의 주장을 뒷받침할 수 없었으며 소송은 기각되고 말았을 것이다.

그것은 이 사건의 핵심적 전환점이었다. 명령신청을 살리면서 원고의 보상 청구를 유지하기 위해서 스텐슨과 공동 변호사는 법률적 판례와 의료 진술서를 동원해 피고측의 핵심 주장 다섯 가지를 반박할 수 있었어야 했다. 그러나 스텐슨과 공동 변호사가 한 일은 엑손 사와 베코 사의 명령신청에 대응해 빈약한 6페이지짜리의 변론 취지서를 제출한 것이 고작이었다(No.74). 노력을 더 기울였다면 스텐슨과 공동 변호사는 엑손 사와 베코 사의 변호사들이 구축한 주장을 반박할 수 있었을 것이고 최소한 소송을 유리하게 이끌 수 있도록 활력을 불어넣을 수 있었을 것이다.

피고측의 핵심적 주장의 하나는 리어가 의학적 인과관계의 구축에 실패했다는 것이었다. 베코 사는 스미스의 '추정된' 건강 이상이 기름 유출 제거작업에서 화학물질에 대한 '추정된' 노출에 의한 것이라는 리어의 주장은 증명된 적이 결코 없다고 주장했다. 의미심장하게도 엑손 사의 변호사들은 그의 증언조서를 작성하면서 SPECT 뇌 영상 검사에 대해 결코 묻지 않았으며, 모든 명령신청과 변론 취지서에서 의도적으로 강력한 SPECT 조사에 대한 언급을 회피했다.

스텐슨과 공동 변호인은 스미스에 대한 리어의 초기 평가와 후속 선별 과정을 들어 기름 제거작업 직후 몇 해 동안 기름 유출 이외의 원인에 의해 스미스의 증상이 발생할 수 있는 가능성을 배제할 수 있다고 주장할 수 있었다. 또한 아큐켐의 혈액검사와 SPECT 뇌 영상을 결합하면 원유와 솔벤트 관련 화합물질이 스미스의 건강 악화 원인임을 증명할 수 있었다.

엑손 사와 베코 사의 두 번째 핵심 주장은 전문가인 리어의 과학적 증언이 신뢰성을 얻기 위해 필요한 최소한도의 연방 기준을 충족시키지 못했다는 것이었다. 1993년 '다우버트 대 메렐다우 제약회사' 사건에 대한 미국 대법원의 판결에 따르면, 판사들은 과학자사회에서 보편적으로 인정된 사실을 바탕으로 전문가의 과학적 증언을 선별하는 역할에 충실해야 한다(King, 1999; Tellus Report, 2003). '다우버트'는 단순히 화학물질 과민증이 전통적인 의학계에서 잘 받아들여지지 않는다는 이유로 많은 유해 불법행위 사건을 파멸시킨 원인으로 작용했다. '다우버트'는 화학물질 과민증의 연구, 평가 절차, 치료 등이 전통의학의 기준을 따르도록 하는 결과를 낳았다. 그것은 마치 원모양의 화학물질 과민증을 사각형 구멍의 전통의학에 집어넣으라는 식이었다. '다우버트'는 대단히 부적절할 뿐만 아니라 설상가상으로 혁신의지를 꺾어버렸다.

'다우버트'(제10장 참조)로 인한 어려움에도 불구하고 스텐슨과 공동 변호인은 이중맹검법이 실시되었음을 지적해야 했다. 이 방법은 전통의학에 의해 수용되고 있는 것으로, 환경 의사들은 신뢰할 수 있고 재현이 가능한 새로운 검사법을 개발했다. 또한 기존의 의학 저널에 실리지 않았을 뿐이지 동료심사 과정을 거친 논문들도 있었다. 기존의 의학 저널이 화학물질 과민증에 대한 논문을 배제하는 상태에서 어쩔 수 없는 선택이었다. 환경의학 의사들의 전문학회인 미국환경의학아카데미는 물론 다른 학회에서도 관련 논문이 출판되고 있었다. 그 대부분은 1992년 이후에 출판되었는데, 이것은 의료계에서 화학물질 과민증에 대한 관심과 과학적 수용의 폭이 점차로 빠르게 넓어지고 있음을 뜻한다. 전반적 흐름은 새로운 질병 패러다임을 따라 화학물질 과민증에 대해 점차 유리한 방향으로 흘러가고 있다. 원고측 변호사들은 화학물질 과민증에 대한 가장 소란한 비판가들(그리고 전통적 알레르기 전문가들) 중 일부가 화학 및 제약산업과 재정적 연결고리를 가지고 있음을 지적할 수 있었을 것이다.

엑손 사와 베코 사가 제시한 세 번째 핵심 주장은 리어가 실제로 환자를 보는 치료전문의가 아니라 '고용된 총잡이', 즉 변호사에 의해 고용된 의사라는 것이었다. 스텐슨과 공동 변호인은 이 주장을 쉽게 기각시킬 수 있었을 것이다. 리어는 2만 6천 명 이상의 환자를 치료해왔고 사반세기에 가까운 기간 동안 수백 건의 연구를 수행해왔다. 벨리법률사무소가 리어의 병원에서 행한 스미스의 초기 평가에 돈을 지불한 것은 사실이었지만, 스미스의 치료에 들어간 돈은 그가 스스로 지불했다.

피고측의 네 번째 핵심 주장은 원고측 변호사들이 태만(즉, 엑손 사와 베코 사의 행동이 스미스와 라 조이의 질병을 초래했다)을 증명하는데 실패했다는 것이었다. 태만은 산업보건 및 환경독성학의 복잡한 쟁점을 부각시키는데, 이것은 반드시 다뤄져야만 했던 것으로 엑손 밸디즈 호 기름 제거작업에서 기원한 또 다른 유해 불법행위 소송에서 성공적으로 다뤄진 바 있다(제2장 참조). '로버츠 대 엑손 사' 사건을 약식 판결로 이끌려는 엑손 사와 베코 사의 명령신청에 대한 비판적 대응에서 스텐슨과 동료 변호인은 엑손 사와 베코 사의 태만을 효과적으로 입증해내지 못했다.

다섯 번째이자 논박할 수 없는 주장은 소위 말하는 '전문가 증언' 보고서들을 스텐슨이 썼다는 것이었다.

경솔

엑손 사의 변호사는 스텐슨이 유잉의 전문가 증언 보고서의 초안을 쓰고(Ewing, 1997b) 그것을 가지고 유잉과 여러 번의 전화 통화를 했으며 유잉은 크게 내용을 고치지 않고 초안을 그대로 수용했다는 사실을 알아냈다(Ewing, 1997a: 61-71). 추궁이 이어지자 유잉은 재판에서 변호사가 전문가 증언 보고서를 쓴 것은 처음으로 경험한 일이라고 인정했다. 엑손 사의 변호사는 유잉에게 현명하지 않은 처사라는 식으로 말하지 않았다. 그는 법정에서 마지막 패로 쓰기 위해 이 정보를 아껴두었던 것 같다. 마치 소매에 에이스를 몰래 감춰둔 것처럼.

엑손 사의 변호사를 더욱 기쁘게 하는 일도 있었다. 스텐슨이 쓴 유잉의 전문가 증언 보고서가 리어의 전문가 증언 보고서(1997b)와 꽤나 비슷해 보였다는 것이다. 엑손 사의 변호사가 리어에게 '그의' 세 페이지짜리 전문가 증언 보고서 ─ 리어가 스미스의 손상이 화학물질 과민증과 관련된 것이라는 생각을 담아 작성한 것 ─ 를 보여주었을 때 그는 깜짝 놀랐다(Rea, 1998: 7-12). 보고서의 제출일이 1997년 10월 24일로 되어 있었기 때문이다. 리어는 1993년 초반 스미스가 병원을 떠난 후 그를 한 번도 본 적이 없었다. 그 보고서는 자신의 인쇄용지를 사용하고 있지 않았고, 자신의 사건 파일이나 비서의 컴퓨터에 들어 있지 않았다. 그런데 그의 이름이 마지막 쪽에 박혀 있었다. 리어는 그 보고서의 인증을 거부했다. 스텐슨은 리어에게 알리지도 허락받지도 않은 채 보고서를 썼음이 확실했다.

예의 바른 소송 의뢰인이 받은 대가

엑손 사와 베코 사의 변호사들은 명령신청에 대한 6페이지짜리 대응이 완전히 부적절하다고 공격했다. 베코 사의 변호사들은 원고측 변호사들이 화학물질 과민증 또는 리어의 인정 가능성을 '전혀 입증하지 못했다'는 것을 발견했다. "증인조서, 의학 저널의 참고문헌, 어떤 종류의 출판물 등 아무것도 없었다"(No.87: 4-5). 원고측 변호사들은 단순히 이렇게 진술하고 있다. "피고들은 리어와 유잉의 의견을 좋아하지 않는다"(No.74: 4). 원고측 변호사들은 심지어 인증되지 않은 전문가 증언을 해명하고자 "출원 오류(filing error)"(No.87: 8)라는 변명을 늘어놓기도 했다(Stenson, 1998). 그러면서 이런 "잠깐 동안의 혼동"은 "재판 절차를 훼손하기 위한 이도된 시도"는 아니라고 강조했다(No.74: 2). 기업의 의료 전문가와 변호사들이 제기한 논점을 전혀 반박하지 못함으로써 원고측 변호사들은 홀랜드 판사에게 선택의 여지를 별로 남겨주지 못했다.

재판이 절차상 이유로 또다시 1년 6개월을 질질 끌었지만, 1998년에 끝난 것이나 다름없었다. 1999년 2월 홀랜드 판사는 "의사인 리어와 유잉의 전문가 보고서로 추정된 것은 원고측 변호인에 의해 마련된 것"(No.90: 3)이어서 받아들여질 수 없다고 말했다. 판사는 이것은 "상당히 비정상적이고 경솔하며" 연방민사소송법, 명령 26(a)(2)(b)의 "정신을 위반했다"고 판단했다(No.90: 3, 4, 5).[2] 사건의 진행과정 속에서 판사는 원고측의 전문가

---

2) 홀랜드 판사는 계속해서 말했다. "보다 일반적으로 명령 26(a)(2)(b)는 '소송에서 전문가 증언을 제공하기 위해……고용되는' 증인들이 '증언에 의해 준비되고 서명된 문서 보고서'를 공개할 것을 요구한다. 의사 리어는 사실상 그가 서명했을 수 있는 보고서를 인정하지 않았고……의사 유잉은 변호인단에 의해 작성된 보고서를 서명하지 않은 채 받아들이는 것처럼 보인다. 어떤 의사도 자신의 의견을 담은 보고서를 '준비하지' 않았다"(No.90: 4).

증언이 치료 전문가가 아니라 고용된 전문가에 의한 것이라는 피고측의 주장에 동의하지 않을 수 없었다. 그 주장을 부정하는 어떤 증거도 없었기 때문에 홀랜드 판사는 전문가 증언 보고서가 부적합하며 '다우버트'에 의해 부과된 책임성 요구를 충족시키는 데 실패했다고 판결했다.

일단 전문가 증언을 받아들일 수 없다고 판결하고 나자 판사에게는 사건을 기각하는 것 외에는 다른 선택의 여지가 남아 있지 않았다. 그는 이렇게 썼다. "엑손 밸디즈 호 기름 유출 제거작업에 참여하는 동안 원유에 대한 노출이 원고들의 손상을 가져왔다는 사실을 확실하게 입증해주는 인증된 전문가 증언이 없는 한 피고들에게는 법률이 정해진 바에 따라 약식 판결을 요구할 수 있는 권리가 주어질 뿐이다"(No.91: 5). 원고측 변호사들은 구두 변론을 신청하는 데 실패했다.

라 조이의 경우는 '로버츠 대 엑손 사' 사건으로 완전히 종결되었지만, 스미스에게는 최악의 사태가 남아 있었다. 엑손 사와 그 선박회사 시리버 마리타임은 스미스에게 소송비용으로 총 1,585달러 15센트를 청구했다 (No.101). 스미스는 처음엔 지불을 거부했지만, 판결에 따라 연방법원의 집행관이 자산에 대해 차압명령을 내리자 자신의 실수를 깨닫고 청구금액을 지불했다.

1999년 3월 베코 사는 변호사의 수임료를 스미스에게 청구했다. 베코 사는 변호사의 수임료가 해상법에서 허용되지 않는 것을 인지하고 있었지만 "당사자가 잘못된 신념에서 소송을 남용하고 악의적으로 또는 공격적 이유로 행동한"(No.96: 9) 경우에는 예외로 허용될 수 있다고 주장했다. 베코 사는 스미스의 변호사가 리어의 보고서를 베낀 행동을 "자신의 주장이 타당하지 않음을 알면서도 베코 사와 엑손 사로부터 조정을 도출해내기 위해 의도된" 것이라고 주장했다(No.96: 9).

베코 사의 변호사들은 사건에 대한 전체 수임료 중에서 스미스가 지불해야 할 액수를 3만 258달러 25센트로 산출했다. 이 금액은 스미스가 베코 사에 대해 자신의 '경솔한' 주장을 시인한다는 차원에서 책정된 것이다. 베코 사의 변호사는 이렇게 썼다. "스미스에 대한 변호사 수임료의 배상은 다른 사람들이 비슷한 행동을 해서는 곤란하다는 본보기로 작용할 것이다"(No.96: 11-12).

베코 사의 요구는 스텐슨과 공동 변호인의 맞대응 없이 홀랜드 판사로부터 승인받았다. 그는 "이 문제투성이의 소송에 종지부를 찍기 위해" 베코 사의 전체 수임료 5만 7,418달러를 스미스에게 부과했다(No.105: 2). 스미스는 자신이 변호사들로 인해 곤경에 빠졌음을 알게 됐다. 그에게는 지불할 돈이 없었다. 리어에게 진 빚 4,176달러를 갚는 데 3년 이상이나 걸렸다. 어마어마한 청구액에 직면한 그는 베코 사의 제안을 받아들이지 않을 수 없었다. 베고 사는 만약 스미스가 소송에 대해 항구한다면 엄청난 청구액을 포기할 수 있다고 제안했다. 내키지 않았지만 스미스는 동의했다. 모든 것이 뒤죽박죽인 혼돈을 뒤로하고 삶을 다시 보듬기 위한 몸부림 속에서 그는 변호사의 배임행위에 대해 소송을 걸지 않았다. 라 조이도 마찬가지였다.

제1부_4

통제 못하는 기업의 위협

제10장

일상의 재난 탐사

밀러와 나는 화학물질에 위험 수위로 노출된 엑손 밸디즈 호 기름 유출 (Exxon Valdez Oil Spill: EVOS) 기름 제거 작업자의 다수가 병에 걸렸으며 적지 않은 작업자가 만성적 건강 문제를 안고 있음을 알게 됐다. 우리는 만성적 건강 문제의 성격을 파악하고자 의심 가는 화합물질을 언급한 문헌을 개괄하고, 잠재적 건강 문제가 현실화되고 있는지를 살펴보기 위해 예일 대학교 의과대학의 역학공중보건학과를 통해 독자적으로 작업자 건강조사를 실시했다. 또한 최근의 의학 성과와 화학 유발 손상 — 화학물질 과민증, 보다 정확하게 '독성으로 유발된 내성의 상실(toxicant-induced loss of tolerance: TILT)' — 에 대한 합법적 대응을 검토했다.

연구 문헌들

과다노출의 증상에 관한 문헌

밀러와 나는 기름, 기름 연무, PAHs, 디젤 연기, 바닷물 연무, 분산제 이니폴 EAP22, 코렉시트 9527, 코렉시트 9580M, 세척제 심플그린과 디솔브 잇 등에 관한 문헌을 살펴보았으며 기름 연무, 에어로졸로 변한 풍화된 석유, 바닷물 연무 등이 인간의 건강에 미치는 영향을 부지런히 찾아보았다. 고압온수 세척이 해변의 기름을 에어로졸 상태로 만들었다는 점에 관심이 갔기 때문이다. 우리는 모든 상업적 솔벤트에 소유권이 걸려 있으며 비밀에 싸인 '표면활성제'와 인간 건강에 미치는 영향을 평가해볼 수 없는 기타 화합물질로 이루어져 있음을 알게 됐다.

우리는 예상한 대로 다니엘 테이텔바움의 우려가 옳았음을 확인했다. 즉, 기름 제거작업 기간에 존재했던 화학물질은 인간의 건강을 크게 위협하는 것으로, 과다노출은 단기적(급성) 및 장기적(만성) 건강 문제를 불러올 수 있다는 사실을 문헌으로 확인했다.

우리는 다른 유조선 기름 유출에서 발생했던 기름 연무와 에어로졸이 인간의 건강에 미치는 영향에 대한 연구가 매우 드물다는 사실을 발견했다. 연구자들은 1993년 영국의 셰틀랜드에서 일어난 브래어 호 사건, 1999년 웨일즈의 밀퍼드헤이븐에서 발생한 시임프레스 호 기름 유출 사건, 같은 해 일본의 오키 섬에서 발생한 나크보드카 호 난파 사건 등에서 건강에 미치는 영향을 조사했다. 브래어 호와 시임프레스 호 기름 유출 현장 근처에 살고 있었던 사람들은 사나운 폭풍우와 파도에 의해 생성된 기름 증기, 연무, 에어로졸 등에 노출됐다.

노출된 셰틀랜드 주민의 상당수는 두통, 기관지 가려움증, 피부 가려움증, 가려운 눈, 감정 기복, 그리고 적은 수이지만 피곤함, 설사, 메스꺼움, 가쁜 숨, 기침, 가슴통증 등을 호소했다(Campbell, 1993; Campbell et al., 1993). 다섯 달 뒤의 후속 연구에서 노출된 주민의 상당수는 자신의 건강이 기름 유출 이후 변화를 겪었으며 악화됐다고 보고했다(Campbell et al., 1994).

노출된 웨일즈 주민도 마찬가지로 기름 유출 직후에 두통, 메스꺼움, 아픈 눈, 멈추지 않는 콧물, 따가운 목, 기침, 가려운 피부, 발진, 빨라진 호흡,

허약해짐 등을 호소했다. 연구자들은 이런 증상이 이미 알려진 기름의 독성 효과에 따른 기대치와 일치하며, 따라서 웨일즈 주민이 기름 유출에 따른 직접적 영향을 받고 있음을 암시한다고 결론 내렸다(Lyons et al., 1999).

나크보드카 호의 기름 유출 사건에서 기름 제거에 자발적으로 나섰던 주민들은 폭풍우가 발생시킨 기름 증기, 연무, 에어로졸 등에 노출됐다 (Morita et al., 1999). 기름 제거작업에 소요된 평균시간은 4~5일에 불과했지만 작업자들은 등과 다리의 통증, 두통, 눈과 목의 가려움 등을 호소했다. 소변 샘플은 기름 증기 또는 음식첨가물에 대한 노출 가능성을 보여주었는데, 다소 혼동되는 변수였다. 소변 샘플은 기름 제거작업 후에 빠르게 정상으로 돌아왔다.

세 차례에 걸쳐 기름 유출이 인간의 건강에 미치는 영향을 조사한 연구자들은 이런 노출의 장기적 영향을 평가하기 위해서는 추가 연구가 필요하다고 지적했지만 문헌상으로 더 이상의 후속 연구가 보이지 않았다.

최근에 나온 박과 홀리데이의 논문이 가장 큰 도움을 주었다. 그들은 기름의 노출에서 비롯되는 흡입효과를 단일 대상으로 살펴보는 연구가 거의 없음을 발견했다. 그러나 그들은 "원유를 구성하는 특정한 성분의 흡입 노출에 따른 만성적 효과를 다루고 있는 논문은 말 그대로 수천 개나 존재한다"(Park and Holliday, 1999: 120)고 지적했다. 그들은 피와 피의 생성기관에 대한 특정한 탄화수소의 독성(혈독성), 신장에 대한 독성(신독성), 신경계에 대한 독성(신경독성) 등을 비롯해 기관계에 미치는 영향을 개괄하면서 연무와 에어로졸이 "원유의 비휘발성 구성요소가 몸에 들어오거나 독성 반응을 일으킬 수 있는 통로로 작용한다"(Park and Holliday, 1999: 123)고 결론을 내렸다.

박과 홀리데이는 연무와 에어로졸이 민감한 폐 조직과 막에 PAHs의 침투를 가능케 해주는 침투 운반체로 기능한다고 판단했다. 기름 연무와 관련해서는 "폐의 내부와 접촉하는 미량의 지방족탄화수소도……심각한 화학적 폐렴(폐의 염증)을 일으킬 수 있다. 폐렴은 치명적일 수 있는 폐의 부종, 출혈, 조직 괴사 등을 특징으로 한다"(Park and Holliday, 1999: 122)고 적고 있다. PAHs 에어로졸과 관련해서는, 마우스와 쥐를 대상으로 한 전신 효과 연구로부터 "에어로졸의 형태로 흡입된 원유의 구성요소는 폐포 막을 통과할 수 있고, 따라서 다른 기관에서 독성 반응을 불러일으킬 가능성이 있다"(Park and Holliday, 1999: 122)고 결론 내렸다. 더욱이 이것은 **"원유 에어로졸에 노출되면 전신 부작용을 막을 수 없음을 암시한다"**(Park and Holliday, 1999: 123. 강조는 추가).

밀러와 나는 박과 홀리데이의 논문을 통해 원유가 엑손 밸디즈 호 기름 제거 작업자가 믿고 있었던 것보다 인체 건강에 훨씬 더 나쁜 영향을 미친다는 것을 알게 됐다. 기름 연무의 흡입은 지방족탄화수소가 폐 조직을 손상시킬 수 있는 강력한 화학물질인 관계로 건강 위험을 유발한다. 기름 에어로졸의 흡입은 치명적인 PAHs를 폐에, 그리고 폐를 통해 전신으로 운반하기 때문에 폐는 물론 다른 기관과 기관계에 손상을 가할 수 있다.

우리는 엑손 밸디즈 호 기름 제거작업 기간 동안에 사용된 '세제 용액' ― 솔벤트 ― 이 건강에 미치는 영향을 조사했는데, 물질안전보건자료에 적혀 있는 위험과 증상을 넘어서는 추가적 우려가 존재함을 밝혀냈다. 이런 제품이 기름 유출 제거 작업자의 건강에 미치는 영향을 직접 다루고 있는 연구는 찾을 수 없었지만, 제품 속에 포함된 특정 화학 성분을 대상으로 한 실험실 연구(주로 동물실험)는 많았고, 그로부터 우리의 관심을 검토해 볼 수 있는 풍부한 근거를 제공받을 수 있었다.

예를 들어 박과 홀리데이는 원유의 피부 노출에 대한 동물 연구로부터 건강에 미치는 영향이 기름 제거용 솔벤트와 관련되어 있다고 결론 내렸다. 또 다른 연구자들은 2-부톡시에탄올을 대상으로 한 연구에서 피부의 노출 면적이 큰 사람은 전신 부작용을 불러올 수 있는 독성을 흡수하는 위험에 처한다는 사실을 밝혀냈다(Johanson, Boman and Dynesius, 1988). 더군다나

기니피그의 피부를 이용한 실험에서 물이 그런 화학물질의 흡수를 촉진한다는 사실이 밝혀졌다(Johanson and Fernstrom, 1988). 해변 작업대원이 기름기 짙은 바닷물 연무에 둘러싸여 있었다는 점을 고려했을 때 이 실험 결과는 EVOS 제거작업과 관련이 크다. 더욱이 그들은 맑은 날에는 우비를 벗고 있었다. 또 다른 임상연구에 따르면, 포유류의 경우 기름과 분산제 코렉시트 9527 또는 이 둘의 조합에 대한 지속적 노출이 장(腸) 미생물의 독성성분 분해 능력에 악영향을 미칠 수 있다고 한다(George et al., 2001). 이 점은 기름 제거 작업자들이 알래스카 노동부에 위장 장애 보상 청구를 많이 한 이유를 설명해준다(ADOL, 1990).

밀러와 나는 조사를 통해 원유 노출에 따른 증상이 탈지제와 분산제 — 액체 '비료'인 이니폴을 포함(<표 10-1> 참조) — 의 노출에 따른 증상과 상당 정도 겹친다는 것을 발견했다. 놀라운 일은 아니다. 1989년의 기름 제거 과정에서 작업자들은 흡입을 통해 많은 화합물질에 노출될 수 있었는데, 그것은 급성과 만성의 호흡기계통 문제와 중추신경계 장애를 불러올 수 있다. 기름 연무, PAHs, 2-부톡시에탄올(이니폴, 코렉시트, 심플그린에 포함된 화학성분) 등에 대한 과다노출은 간, 혈액(빈혈), 신장 장애 및 내분비계 교란(생식에 대한 영향 동반) 같은 만성적 부작용을 일으킬 수 있다. 기름 연무와 PAHs에 대한 과다노출은 혈액 장애(백혈병)의 원인으로 작용할 수 있다.

피부 접촉을 통한 기름에 대한 과다노출은 암(상피암), 내분비계 교란(호르몬 불균형), 면역 억제 — 질병, 감염, 화학적 독성에 맞서 싸우는 능력 약화 — 를 유발할 수 있다. 피부 접촉을 통한 이니폴에 대한 과다노출은 피부염을 불러올 수 있다. 동물과 인간을 대상으로 한 PAHs의 피부 노출 연구는 햇빛(자외선)과 기름이 결합하면 기름일 때보다 더 큰 가려움증을 유발한다는 것을 보여준다(Gomer and Smith, 1980). 이것은 EVOS 청소대원들이 더운 날에는 보통 우비를 벗고 있었다는 점에서 관련성이 크다.

조사를 통해 밀러와 나는 일련의 만성 증상이 EVOS 기름 제거 과정에

<표 10-1> 1989년의 EVOS 기름제거 작업 과정에 존재했던 몇 가지 독성 화학물질에 대한 과다노출에 따른 건강상의 증상들

	피부에 묻은 기름	기름 연무	PAHs 에어로졸	바닷물 연무	디젤 매연	2-부톡시 에탄올	코렉시트 제품들	이니폴	심플 그린
호흡기 손상		*	*	*	*	급	†	†	
중추신경계 장애		*	*			급		†	
간 장애	만	만	만			만			
혈액 장애 (백혈병)		만	만						
혈액 장애 (현기증)	만	만	만			만	†	†	
신장 장애	만	만	만		만	만	†	†	
피부 장애	만			급		급	†	†	†
내분비계 교란	만	*	*		만	만			
면역 억제	*	*	*		*				
전신 독성						만	†		
치명적 효과						급			

주: 급: 급성, 만: 만성, *: 양쪽 모두, †: 효과는 보고되었지만 지속기간은 알려지지 않음.

출처: Boffetta, Jourenkova and Gustavsson, 1997; Burnham and Bey, 1991; Burnham and Rahman, 1992; Campbell, 1993; Campbell et al., 1993; 1994; Exxon Company, 1989a; 1992; Exxon Shipping, 1988; Falk-Filipsson et al., 1993; Feuston et al., 1994; George et al., 2001; Gerde and Scholander, 1987; 1989; Holland, Whitaker and Gipson, 1980; Gomer and Smith, 1980; Howe et al., 1983; Johanson, Boman and Dynesius, 1988; Johanson and Fernstrom, 1988; Kubaiewicz, Strazynski and Symczak, 1991; Larsen et al., 2000; Lyons et al., 1999; Morita et al., 1999; Orange-Sol, 1987; 1991; Park and Holliday, 1999; Rahimtula, O'Brien and Payne, 1984; Rahimtula, Lee and Silva, 1987; Rolseth, Djurhuus and Svardal, 2002; Springborn Institute for Bioresearch, 1985; Stubblefield et al., 1989; Sunshine Makers, Inc., 2002; Taneda et al., 2002; NIOSH, 1998; U.S. EPA, 2003.

* 이 제품들(코렉시트 9527, 이니폴 EAP22 , 심플그린)에는 인간 건강의 위험물질로 알려진 2-부톡시에탄올이 포함되어 있다. 하지만 건강 효과에 대한 대부분의 연구는 제품보다는 2-부톡시에탄올이라는 화학성분을 대상으로 삼고 있다. 미국 환경청은 위생제품 오염예방프로그램의 제품에 대한 설명에서 2-부톡시에탄올을 가급적 회피해야 할 구성성분으로 분류하고 있다(www.westp2net.org/janitorial/tools/haz2.htm). 환경청에 따르면, 이니폴은 더 이상 생산되지 않는다(1996년 1월 기준. www.epa.gov/ceppo/ncp/inipolea.htm). 하지만 엑손 사는 여전히 기름 유출 제거작업에 사용하기 위해 코렉시트 9527을 제조하고 있으며, 선샤인메어커스 사는 계속해서 심플그린을 제조하고 있다.

존재했던 기름과 화학물질에 대한 과다노출로 발생했을 가능성이 있다는 결론에 도달했다. 다음의 작업자 건강 조사에서는 EVOS 기름 제거작업자를 모집단으로 한 표본집단에서 특정 증상이 보고되었음을 보여주고 있다.

작업자 건강조사

2002년 여름 동안 예일 대학교 의과대학의 역학공중보건학과 대학원생 애니 오닐은 EVOS 기름 제거 작업자들의 건강 상태를 검사하는 비영리단체인 ACAT와 AFER 두 곳에서 인턴으로 근무했다. 그녀는 석사논문을 위해 엑손 사의 기름 제거작업에 대한 독자적 연구를 수행하면서 EVOS 기름 제거 작업자들이 보고한 만성적 건강 문제도 함께 조사했다. 그녀의 멘토이자 지도교수는 예일 대학교 직업환경의학 프로그램의 마크 쿨렌이었다. 1987년 쿨렌은 『다중 화학물질 과민증에 걸린 노동자들』과 새로운 질병에 대한 논의를 집대성한 최초의 논문 모음집 『산업의학 : 현황에 대한 개괄』을 편집하고 출판했다.

오닐은 2003년 5월 「엑손 밸디즈 호 기름 유출 제거작업에 참여한 작업자들의 자가진단 노출 손상 및 건강 상태」를 완성했다. 그녀의 논문은 기름 제거 작업자로 일한 지 14년이 지난 EVOS 작업자들로부터 보고된 만성적 건강 문제를 평가하기 위한 최초의 시도였다. 여기서는 그녀의 허락을 받아 방법론과 결론을 간략하게 정리했다. 그녀는 자신의 연구를 동료심사를 거쳐 과학 저널에 실을 계획을 갖고 있다.

오닐의 연구는 첫째, 전직 EVOS 기름 제거 작업자 사이에 만성적 증상이 만연한가를 평가하기 위한 것이고, 둘째, 기름 유출 제거작업의 특정 업무와 노출 손상에 대한 보고의 빈도수의 관련성을 살펴보는 것이다. 그녀는 기름 증기와 연무에 가장 많이 노출된 작업자들 — 해변과 연안 해역에 있었던 작업자들 — 이 만성 호흡기 문제와 신경계통 문제를 상대적으로 더 많이 제기하고 있는지를 검사할 수 있고 화학적 솔벤트(특히 분사제와 이니폴)를 사용한 작업자가 그렇지 않은 작업자보다 화학물질 과민증, 신경계 장애, 빈혈, 간 질환 등에서 더 많은 증상을 보고하고 있는지 살펴볼 수 있도록 조사방법을 설계했다.

그녀는 알래스카 노동부의 파일, 작업자 소속 명단, 기름 제거 작업자들의 개인 신상을 보관하고 있는 앵커리지·밸디즈·호머·코도바 등의 지역 연락책에게서 얻은 공공 기록에서 연구를 목적으로 작업자를 임의로 선별했다. 선별된 인원의 대부분(75퍼센트)은 백인이었고, 알래스카 원주민(14퍼센트)이 그 다음으로 많았다.

오닐은 인류학자 로레인 엑스타인과 공동으로 설문지를 개발했다. 그들은 EVOS 작업자 조사를 위한 모델로 걸프전 연구와 '암키트카 노동자 의료 감시 프로그램'*의 설문지를 이용했다. 그들은 걸프전 참전용사를 대상으로 한 연구가 호흡기 장애, 화학물질 과민증, 인지적 오작동(중추신경계 문제), 정신건강 등을 평가하는 데 좋은 지침을 제공한다는 사실을 알아냈다. 오닐은 전화를 이용한 설문조사에 착수하기 위해 앵커리지에 있는 전문 설문조사기업인 크래시언리서치서비스에 일을 맡겼다.

그녀는 수거된 총 169건의 자료를 작업자의 기름 노출 범주에 따라 네 단계(노출 없음, 낮은 수준, 중간 수준, 높은 수준)로 나누고, 기름 제거작업 과정에서 맡은 일에 따라 화학 노출 범주를 세 단계(노출 없음, 보통 수준, 높은 수준)로 나누었다. 기름에 대한 노출 위험의 높은 것으로 분류된 일에는 해변 살포를 위한 육지와 해상에서의 고압호스 또는 분무기 사용, 붐의 관리와 기름 제거를 위한 스키머와 소형 선박의 운용, 장비(선박)와 장구(의류)

---

*작업 환경으로 인해 건강에 위험이 있을 것으로 예상되는 전직(前職) 근로자를 대상으로 작업 중 베릴륨, 석면, 방사선, 카드뮴, 크롬, 실리카, 용접 매연, 납, 솔벤트, 수은, 소음 등에 어느 정도 노출되었는지를 측정한다. 알래스카 환경보호부와 알래스카 노동위원회가 관리·운영한다.

의 세척 등이었다. 고도의 화학적 노출의 위험에 노출될 가능성이 큰 것으
로 분류된 일에는 생물환경정화와 분산제 살포, 장비와 장구의 세척, 소형
선박과 스키머 운용, 잡동사니 청소(황화수소 노출), 야생생물 보호 작업 등
이었다.

그녀는 기름과 화학적 노출처럼 건강에 유사한 영향을 미칠 수 있거나
결과를 편향되게 할 수 있는 '혼란스런 변수'를 파악하고 통제했다. 이런
변수는 흡연, 음주, 나이, 성, 종족, 기름이나 기타 유해물질에 대한 노출과
연루된 이전 또는 현재의 고용 등이다. 작업자에게 기름 유출이 자신의 건
강에 영향을 미쳤다고 믿는지 여부를 물었는데, 이것은 조사 결과의 편향
을 줄이기 위해 계산된 것이었다. 그녀는 방독면의 사용을 혼란스런 변수
에 포함시켰는데, 그로 인해 흡입 노출이 감소될 수 있기 때문이었다. 조사
집단의 70퍼센트는 방독면을 지급받지 못했다고 답했다.

기름 증기, 연무, 에어로졸 등에 대한 노출 위험이 높은 EVOS 작업자는
그렇지 않은 작업자보다 호흡기 문제, 신경계 문제, 화학물질 과민증의 증
상 등을 훨씬 많이 경험했다고 자가진단했다. 기름 유출의 위험이 높은 작
업자 중에서 비흡연자는 흡연자보다 만성 기관지염 증상을 훨씬 더 많이
보고했다. 만성 기도 질병의 증상으로는 수면 시 호흡 일시정지, 폐렴, 기
타 폐의 건강 악화, 만성적인 부비강이나 귀의 건강 문제, 천식, 지속적 목
쉼 현상 등을 들 수 있다. 신경계 장애 증상은 건망증 또는 심각한 기억상
실, 명확한 사고나 집중력 유지의 어려움, 언어 구사의 어려움, 일상적 혼
돈이나 방향감각 상실 등이다.

기름 노출 결과와 비슷하게 보통 수준의 화학적 노출을 동반하는 작업
에 종사했던 노동자는 그렇지 않은 노동자보다 만성적 기도 질병의 증상
을 더 많이 앓고 있는 반면, 화학적 노출이 높은 작업자와 그렇지 않은 작
업자는 신경계 손상 증상에서 별다른 차이를 보이지 않은 것으로 보고됐
다(이것은 그녀의 업무 범주 분류가 애매하기 때문이다. 즉, 그녀의 화학적 분석에

서 '보통 수준의 노출' 업무에 해변 살포용 고압호스와 분무기를 사용했던 작업자가 포함되어 있다). 그녀의 작업자 샘플 수는 이니폴이나 커스텀블렌에서 비롯된 혈액 장애나 신경계 손상을 분석하기에 충분하지 않았다. 그녀는 노출과 만성적 증상 사이에 '주목할 만한 중요한 연관'이 존재한다고 보고했다. 그녀는 인지적 장애와 기름 또는 화학물질 노출에 대한 상관관계는 발견하지 못했다.

세척 솔벤트인 디솔브잇, 심플그린, 시트로클린 등에 대한 노출 손상이 신경계 장애의 보고된 증상과 관련되어 있음은 분명하지만, 통계적 유의미성은 크지 않았다. 하지만 디솔브잇을 사용했던 작업자는 비노출 작업자에 비해 만성적 기도 질병, 만성적 인지 오작동, 화학물질 과민증 등의 증상을 더 많이 보였다. 그녀는 후자의 발견을 뒷받침해주고 있는 문헌을 찾을 수 없었을 뿐만 아니라 이런 제품이 건강에 미치는 영향을 제대로 알려주는 정보도 거의 얻을 수 없었다고 말했다.

오닐은 자신의 연구 결과를 뒷받침해주는 여러 사례를 과학 문헌에서 찾아냈다. 예를 들어 기름 연무의 노출에 따라 기도성 질병이 증가한다는 결과는 이미 보고되어 있었다. 휘발성 유기탄소(VOCs)와 황화수소에 대한 직업적 노출에 따른 호흡기 손상 및 만성적 신경계 증상이 점차 만연하고 있다는 결론도 마찬가지였다.

오닐의 연구 결과는 스미스, 라 조이, 모엘러, 네이글 등의 경험을 뒷받침해준다. 그러나 호흡기 악화, 중추신경계 장애, 화학물질 과민증 등의 증상을 불러온 기름 유출 관련 유해 불법행위에 관한 대부분의 소송은 성공을 거둘 수 없었다(제9장 참조). 밀러와 나는 화학 유발 손상의 희생자를 위해 불평등을 개선할 수 있는 변화를 모색할 수 있도록 의료와 법률 영역에서 발생하는 새로운 발전을 개괄하기로 결심했다.

석유화학의 문제: 인정 획득

윌리엄 리어는 사반세기에 걸친 선도적 경력을 쌓으면서 화학물질 과민증이 새로운 질병 패러다임으로 서서히 출현하는 것을, 즉 과학계와 의료계에서 천천히 수용되는 것을 목격했다(Rea, 2001). 리어와 동료들은 이를 '석유화학의 문제'라 명명했는데, 화학물질 과민증의 사례가 증가하는 것은 석유화학산업의 증대, 그리고 살충제, 플라스틱, 식품첨가제, 합성섬유, 건축용 합판 등과 같은 합성제품의 사용 증가와 평행선을 보이고 있기 때문이다.

1970년대 에너지 보존에 보다 유리한 철저한 건축 기준이 마련되자 집과 사무실 실내에 신선한 공기의 유입이 크게 약화됐다. 가스를 배출하는 합성물질 — 가스난로, 담배연기, 기타 오염물질 — 로 실내 공기오염의 수위는 급격하게 높아졌다. 미국인이 더 많은 시간 — 1990년대에는 평균 90퍼센트의 시간 — 을 실내에서 지내게 되자 건강에 대한 불만이 늘어났다. 천식, 우울증, 그리고 흔한 오염물질의 낮은 수위에도 반응하는 사람이 급격하게 증가했다. 1987년에 이르면 국립과학학술원은 미국 인구의 약 15퍼센트가 화학물질에 대한 '증가된 알레르기 과민증'의 위험에 처해 있다고 추산하면서 전염병의 증후가 나타나기 시작했다고 경고했다(Ashford and Miller, 1998: 26, 233).

연방정부는 대중적으로 잘 알려진 두 건의 사고가 모두 석유화학물질인 솔벤트와 원유로 인한 건강 문제임을 확실하게 자각했다. 1988년 약 200명의 환경청 직원은 워싱턴 본부에 새로 깐 카펫에서 발생한 독성에 노출된 후 다양한 증상에 시달렸다(Ashford and Miller, 1998). 사건이 발생한 건물에 근무하는 인력의 약 10퍼센트가 건강 문제를 일으켰는데, 그중 일부는 급성 노출로 화학물질 과민증과 영구적 건강 문제를 겪었다. 같은 해에 발생한 별도의 사건에서 사회보장국은 장애 판결을 위한 소책자에서 화학물질 과민증을 인정했다.

1992년 이후 걸프전 참전용사 70만 명 중 약 10퍼센트가 무기력증, 우울증, 과민증, 기억 및 집중력 장애, 근육통증, 호흡곤란, 피부발진 등의 증세에 시달려 치료를 받았다(Ashford and Miller, 1998). 의사인 테론 랜돌프는 석유 중독의 쇄도 속에서 초기에 몇몇 환자를 진단했고(McGonigle and Timms, 1992; The Dellas Morning News, 1992), 연방정부는 참전용사가 화학무기에 노출되었는지 판단하기 위해 시범사업을 실시했다(Thompson, 1993). 정부의 의사들이 화학물질 과민반응을 의료 조건으로 인정하지 않자 실망한 참전용사와 기타 희생자들은 민간의 의사와 변호사 — 그리고 법정(점차 많은 사람이 소송을 제기했다) — 에게 눈길을 돌렸다.

의학박사인 클라우디아 밀러는 샌안토니오에 있는 테사스 대하교 건강과학센터의 교수로서 많은 참전용사를 연구했다(Ashford and Miller, 1998). 걸프전 참전용사는 전쟁 중 일련의 화학물질로 급성 증상을 경험했음을 보고했다. 이런 화학물질은 유정의 화재나 텐트 가열기의 연료에서 발생한 연기, 연료 증기, 디젤 배기가스, 항생제와 신경안정제로 사용되는 카르밤산염 약품 등이었다. 그녀는 걸프전 참전용사의 만성 증상이 신축·재건축 건물의 내부 오염이나 살충제에 노출된 일반시민의 증상과 놀랍도록 흡사하다는 사실을 알아차렸다. 현재 카펫 접착제, 유기용매, 페인트와 라커, (건축용 합판 등에 들어 있는) 포름알데히드, 살충제, 디젤과 가솔린 등이 화학물질 과민반응의 발병과 관련 있는 것으로 알려져 있다. 밀러는 걸프전부터 자신이 연구했던 참전용사의 78퍼센트가 음식물, 의약품, 카페인, 알코올, 담배 등에 새로운 화학적 과민증상을 보인다는 사실을 알게 됐다.

밀러는 MIT 공대의 기술정책학과 교수인 니콜라스 애슈퍼드와 협력했다. 애슈퍼드는 MIT 공대에서 환경직업보건법과 정책을 가르치고 있다. 밀러와 애슈퍼드는 『화학적 노출: 낮은 노출도와 높은 위험』(1991)에서 자신들의 관점을 설명하고 있다. 화학물질 과민증은 단일한 증상이 아니라 완전히 새로운 종류의 질병으로서 그들의 용어에 따르면 '독성으로 유발된 내성의 상실(TILT)'이다. 이 용어는 급성 화학 노출이나 어떤 계기를 통해 자연적 내성을 상실한 사람이 카페인, 주류, 약품, 음식물 등으로 '화학적' 과민반응에 따른 증상을 겪게 된다는 사실을 고려한 것이다.

1990년대 후반에는 화학물질 과민증(또는 폭넓게 TILT)이 살충제 살포와 같은 강력한 돌발사건이나 간헐적으로 반복되는 노출로 촉발될 수 있다는 사실이 알려졌다(Wilkinson, 1998). EVOS 청소작업자는 두 가지 경우를 모두 경험했다. 휴식을 취하거나 기름오염 지역을 들고나는 동안 작업자는 강력한 화학물질에 반복적이고 주기적으로 노출되었으며, 해변에서 여러 달 동안 작업하면서 그런 상태가 지속됐다. TILT의 연구자들은 면역계와는 무관하게 신경계가 "생명체를 위협한다고 지각되는 자극에 대해 반응을 증폭시킬 수 있는"(Wilkinson, 1998: 59) 능력을 갖추고 있음을 알게 됐다. 일단 자극이 멈추면 신경계는 증폭 과정을 시작한다. 그래서 다음에 동일한 자극(또는 유사하게 신경계를 흥분시킬 수 있는 어떤 것)을 받으면 훨씬 적은 노출량에도 증폭되거나 과장된 반응을 보이는 것이다.

이 과정은 '대뇌변연계 흥분'으로 알려져 있는데, 산업의학 전문의 사이에서 화학물질 과민증이나 TILT 증상의 원인을 설명해주는 주요 이론으로 자리 잡고 있다(Ashford and Miller, 1998; Kilburn, 1998; Rea, 1995; Wilkinsen, 1998). 대뇌변연계 흥분은 대뇌변연계 — 코와 곧바로 연결되어 있는 뇌의 일부 — 의 비정상적 자극과 관련된 발작이다. 후각계는 공기 중의 화학물질을 뇌와 상호작용하도록 해주는 정상적 통로인데, 대뇌변연계는 면역계·신경계·내분비계 등이 상호작용하는 곳이다. 화학 유발 발작은 대뇌변연계의 편도선이 시상하부에 잘못된 신호를 보내기 때문에 발생한다. 시상하부는 후각계와 대뇌변연계를 연결시켜주면서 몸 전체에 있는 화합물질을 규제하는 곳이다.

시상하부는 체온, 생식 욕구와 기능, 물질대사, 공격적 행동을 지배하며,

면역기능의 일부에 영향을 미친다. 시상하부가 혼란에 빠지면 — 일단 초기 내성을 상실한 후에 다양한 화학물질에 의해 — 몸의 여러 곳에 대참사가 일어나고 여러 형태의 전신 기능 장애가 발생한다. 라 조이처럼 심각한 화학물질 과민증에 걸린 환자들은 이러한 상태를 경험한다.

살충제와 솔벤트에 대한 노출은 대뇌변연계 흥분을 일으키거나 촉진하는 것으로 알려져 있다. 미국 환경청은 2-부톡시에탄올을 살충제 목록에 올려놓았고(CAS No.111-76-2), 청소제품 오염방지 프로그램에서 피해야 할 성분으로 분류하고 있다. 환경청 웹사이트에는 이 성분을 함유한 제품이 "제품을 사용하는 관리인, 건물 거주자, 또는 환경에 매우 큰 위험을 가한다"고 서술되어 있다. 2-부톡실에탄올에 대한 만성적 영향으로는 생식 및 태아 손상, 간과 신장 손상, 혈액 손상 등을 들고 있다. 관심의 대상인 2-부톡시에탄올이 이니폴, 코렉시트 9527, 심플그린에 포함되어 있음을 상기할 필요가 있다. 이것은 모두 엑손 밸디즈 호 청소작업에서 사용됐다.

과학자와 의사는 보다 정교해진 실험실 검사와 진단 절차를 통해 화학물질 과민증의 메커니즘을 빠른 속도로 밝혀냄으로써 화학물질이 다양한 증상의 원인으로 작동하는 방식을 파악해내고 있다. 한편 메커니즘을 완벽하게 이해하지 못했다고 해서 TILT 질병의 존재나 증상에 대한 치료가 무의미하다고 해서는 곤란하다. 애슈퍼드와 밀러가 강조하듯 "유용한 개입은 메커니즘의 완벽한 이해를 촉진한다. 즉, 행동하기 전에 모든 것을 알아야 하는 것은 아니다"(Ashford and Miller, 1998: 311). 이 점을 강조하기 위해 그들은 고전적 사례인 1854년의 콜레라를 예로 들었다(Ashford and Miller, 1998: 51). 런던의 한 의사는 콜레라에 걸린 사람들이 같은 마을 우물에서 물을 마셨다는 사실을 알아냈고, 우물을 폐쇄함으로써 전염병을 막을 수 있었다. 콜레라 박테리아를 발견하기까지는 30년이 더 걸렸다.

공공정책 영역에서 화학물질 과민증과 TILT 증상은 점차로 불치병으로 인식되고 있다(Ashford and Miller, 1998). 1991년 국립연구원은 화학물질 과민

증의 연구 필요성을 판단하고자 워크숍을 개최했으며, 독성물질질병등록
국(ATDSR)은 공공 연구를 선도했다. 1994년 직업환경보건과 관련된 연방
기구가 발족했고, 국방부와 보훈처는 '화학물질 과민증 부처 간 실무단'을
만들었다. 같은 해 미국 최초로 정부의 지원을 받아 화학물질 과민증 환자
의 거처가 캘리포니아에 마련됐다. 점점 많은 주에서 화학물질 과민증과
관련이 깊은 살충제, 합성 카펫, 카펫 접착제 등에 대한 규제를 실시하거나
요청하고 있다. 캐나다와 유럽의 국가들도 화학물질 과민증을 인식하고
이 질병으로 불구가 된 사람을 지원하는 정책을 펼치고 있다.

화학 손상과 법정: 기업의 영역

밀러와 나는 몸이 아픈 EVOS 청소대원의 건강 소송을 조사하는 동안 화
학물질 과민증의 이해를 향한 과학적 진전이 법률 영역에는 반영되고 있
지 않음을 발견했다. 사실은 정확히 그 반대였다. 우리는 미국의 법률체계
가 공중보건 및 희생자의 권리를 희생양으로 삼아 오염 배출자의 보호를
당연시하는 경향이 있다는 결론에 도달했다. 어떻게 이런 일이 가능할까?

건전한 공공정책은 건전한 과학에 기초한다. 과학이 법률이나 규제 영
역에 더 많이 수용될수록 더 나은 정책이 나온다. 우리는 엑손 사를 비롯한
여러 오염 유발 업체와 위험한 제품의 제조업체가 과학이 법정에 수용되
는 것을 통제하려고 노력해왔으며, 궁극적으로 공공정책을 형성하고 선도
하는 데 중요한 법정(배심원이나 판사)의 판결을 통제하거나 왜곡시킬 수 있
음을 알게 됐다. 엑손 사는 청소작업에 따른 악영향으로부터 작업자를 보
호하기 위한 자신의 안전 프로그램이 실패했다는 사실을 숨기려고 세 가
지 전략을 사용했다.

다우버트

2003년 6월, 매사추세츠 주 보스턴에 위치한 텔루스연구소는 『다우버트: 결코 들어본 적이 없는 가장 영향력이 큰 대법원 판결』(『텔루스 보고서』)을 발표했다. 『텔루스 보고서』는 과학지식과 공공정책에 대한 해당 연구소의 프로젝트에 기초한 것으로 기획위원회의 감수를 받았다. 이 위원회에는 1989년의 청소대원을 위한 보다 나은 건강 및 안전 보호를 옹호했던 에울라 빙험이 포함되어 있었다. 이 그룹은 정책적 의사결정에서 활용할 수 있는 최고의 과학지식에 대한 이해와 활용을 촉구했고 문제시되는 사안에 대해 비판적이고 통찰력 있는 논평을 발표했다.

『텔루스 보고서』에 따르면 "1993년 6월 28일 미 대법원은 연방 판사가 재판정에서 전문기 증언을 허용할지 여부를 판단하는 방법과 관련된 의견을 제시했다." 대법원은 '다우버트 대 메렐다우 제약회사' 판례(이하 '다우버트'로 약칭)에서 "판사에게 전문가 증언을 뒷받침하는 과학적 방법을 검토하고 '타당하고 신뢰할 만한' 증거만 받아들이라고 지시했다." 즉, '다우버트'는 판사에게 증거의 채택 여부를 결정할 수 있도록 허용함으로써 과학적 증거에 대한 '문지기'로 행동할 것을 요구했다(Tellus Report, 2003: 3).

이후 두 가지의 대법원 판결은 '다우버트'의 영향력을 상당히 확장했다 (Tellus Report, 2003: 3). 하나는 증거의 수용 가능성과 관련해 예심법정의 판결을 성공적으로 문제 삼거나 뒤집기 어렵게 만들었고(General Electric v. Joiner[1997]), 다른 하나는 '다우버트'를 과학적 증거에 국한하지 않고 모든 분야의 전문가 증언에 적용하게 만들었다(Kumho Tire Co. v. Carmichael[1999]).

『텔루스 보고서』는 지난 10년 동안 '다우버트'가 예상치 못했던 매우 심각한 결과를 초래했음을 발견했다. 즉, "오염 유발자와 위험물질 생산업체는 자신에게 불리한 과학적 또는 기타의 증거가 판사에게 전해지는 것을 막는 데 '다우버트'를 효과적으로 이용했다"(Tellus Report, 2003: 3). 『텔루스 보고서』에 따르면 "원고의 소송 근거를 이루는 많은 증거 ― 약품 및 소비 제품의 안전성에서부터 오염이 피해를 일으켰는지 여부에 이르기까지 — 는 과학에 기초하고 있다.” 대부분 공판 이전의 “‘다우버트’ 청문회는 원고에 유리한 많은 증거를 배제하기 때문에 소송을 진행시킬 수 없다”(Tellus Report, 2003: 3). 공판 이전의 청문회는 문 뒤에서 비공개로 진행된다.『텔루스 보고서』는 ‘다우버트’가 “불법행위의 피고인이 제품 의무와 개인적 손상 사건으로부터 자신을 보호하기 위해 사용되는 가장 효과적인 최신식 도구가 됐다”(Tellus Report, 2003: 3)고 결론지었다.

‘다우버트’는 스미스와 라 조이 같은 EVOS 청소대원이 제기한 대부분의 유해 불법행위 소송을 수포로 돌린 주요인이었다(제7장 참조). 구체적으로 유해 불법행위는 인과성을 드러내주는 과학적 증거에 근거한다. 즉, 독성물질(기름과 솔벤트 에어로졸 등)은 질병(불치의 화학물질 과민증, 호흡기 문제, 신경계의 손상 등)을 일으킬 것이다. 전통적인 서구의 과학 기반 의료계는 화학물질 과민증을 새로운 질병으로 받아들이려 하지 않으며(현재도 약간은 그렇다) 여러 해 동안 ‘인정받는’ 의학 저널에 화학물질 과민증을 과학적으로 분석한 논문의 거재를 거부해왔다. 이것은 ‘다우버트’의 환경 속에서 매우 새로운 과학, 화학물질 과민증을 진단하기 위한 혁신적 방법, 과학계의 수용성 부족 등을 이용하려는 기업측 변호사의 손에 불리한 증거를 기각해버릴 수 있는 권리를 쥐어주었다. 병든 EVOS 청소대원에게 이런 일은 결코 우연이 아니었다.

『텔루스 보고서』의 요약문은 화학물질과 결점이 있는 제품에 의해 손상을 입은 원고가 전쟁터에서처럼 만신창이가 된 모습을 보여준다. 텔루스 보고서는 ‘다우버트’를 추적한 결과를 보고한다. “법정에서 배제된 과학자의 전문가 증언 비율이 큰 폭으로 늘었다.……전문가 증언이 없다면 재판에서의 승리를 장담하는 것은 어렵기 때문에 약식재판의 유혹이 커진다. 약식재판의 비중은 ‘다우버트’ 이후 두 배 이상 증가했다. 약식재판의 90퍼센트 이상이 원고에게 불리하게 귀결됐다”(Tellus Report, 2003: 4).

『텔루스 보고서』는 경고한다. "법정에서의 성공에 고무된 강력한 이해 집단은 현재 '다우버트' 같은 증거 채택의 기준 범위를 규제 영역으로 확장하려 애쓰고 있다. 그들은 규제 영역에서 유해물질의 노출에 따른 위험을 이해하고 그 위험을 줄이려는 연방정부의 역량에 영향을 미칠 수 있을 것이다"(Tellus Report, 2003: 4). 예를 들어 대기업과 그 이권세력은 「자료 품질법(Data Quality Act)」에 따라 '광범위하게 사용되고 있는 제초제의 잠재적인 생태적 효과에 대한 결론을 도출하려는' 환경청의 권리에 도전하고 있다. 배후에 화학산업이 도사리고 있는 청원에서 "환경청은 [제초제] 위험평가에서 내분비 교란에 따른 효과를 밝히고 있는 동료평가를 거친 학술연구를 포함할 수 없었는데, 그것은 환경청 내부에서 내분비선의 효과를 특정할 수 있는 검사 원칙이 아직 확립되어 있지 않기 때문"(Tellus Report, 2003: 15)이라고 주장했다.

이렇게 화학산업의 이익집단은 환경청이 본말을 전도하고 있다고 주장하지만, 1854년의 콜레라 사례가 보여주듯이 알려진 원인에 대한 이해 부족을 이유로 문제의 인식과 처치를 막아서는 곤란하다. 과학적 증거에 대한 '다우버트' 같은 접근은 공중보건을 지키려는 연방 규제기관의 역량을 현저하게 떨어뜨린다. 왜냐하면 기관들은 위험평가를 위한 의사결정 과정에서 증거의 완전성을 고려해야 하기 때문이다. 이것은 곧 법정에서 '다우버트'에 의해 촉진되는 세분화·파편화된 접근과 맞서 싸워야 함을 뜻한다. 『텔루스 보고서』는 "'다우버트' 및 다우버트와 같은 도전은 공중보건과 환경을 보호하기 위해 우리가 사용하는 시스템을 마비시킬 위험이 있다"(Tellus Report, 2003: 17)고 경고했다.

화학물질 유발 손상으로 고통 받는 사람에게 지침과 격려를 줄 뿐만 아니라 엄청난 정보를 제공해주는 린다 킹의 소책자『화학적 손상과 법정: 고객과 변호인을 위한 소송지침서』는 '다우버트'하의 현실을 가장 집약적으로 보여준다. "많은 희생자는 자신이 세 번 — 오염 유발자에 의해, 정부에 의해, 미국의 법체계에 의해 — 이나 내팽겨지는 것을 느꼈다"(King, 1999: 10).

침묵의 서약

불행하게도 유해 화학물질 및 불법적 노출에 따른 건강 문제에 대한 대중의 알권리를 제약하는 것은 '다우버트'가 유일하지 않다. 1989년 ≪워싱턴포스트≫의 탐사기사 「독성폐기물, 법정의 비밀」은 '미국 법체계가 어떻게 환경 위해를 은폐하고 있는지'를 보도하고 있다. 벤저민 와이저 기자는 "전국의 민사법원에서 비밀보호 절차의 사용이 증가하고 있다는 사실과 더불어 그런 비밀보호가 과학자와 보건 공무원으로 하여금 유해 화학물질과 그 영향에 대해 더 많은 것을 배우고자 하는 노력을 방해하고 있다는 사실"을 다루고 있다. '침묵의 서약'은 재판 진행 과정에서 법정에서의 기밀유지를 통해 비밀성을 강제하거나 조정을 통해 비밀성을 사들인다. 일반적으로 손상을 입은 당사자는 의료비를 자신이 지불해야 한다는 사실에 좌절하고 만다.

그렇지 않으면 화학 제조업자와 오염 유발 기업은 아무도 손상의 원인에 대해 알지 못한다는 것을 확신시키고, 과학적 견해의 바탕이 되는 자료에 대한 접근을 통제하면서 대상 화학물질에 대한 현재의 지식 상태에 영향을 미치려고 한다. 기업의 이해관계자는 비밀 화해가 붐비는 법원의 재판 대기표를 줄여준다고 주장하지만 그 비밀보호는 공중보건을 대가로 한 것이다. 공개적인 화해도 법원의 재판 대기표를 줄여주겠지만 기업의 이해당사자는 화해의 조건으로 비밀을 고집한다.

밀러와 나는 병든 EVOS 청소대원을 조사하면서 반복적으로 침묵의 서약과 마주했다. 우리가 찾아낸 독성 유해물질 소송의 모든 민사 화해는 비밀 화해였고, 일부는 대원의 외부 공개를 막기 위해 보도금지령(함구령)을 부과하고 있었다(제9장 참조). 우리가 찾아낸 유일하게 성공을 거둔 독성 유해물질 소송인 '스터블필드 대 엑손 사'(1994) 사건의 증거 대부분도 비밀

유지에 의해 공개되지 않고 있다. 우리가 증거를 확보할 수 있었던 것은 관계없는 전혀 뜻밖의 사건을 통해서였다. '스터블필드 대 엑손 사' 판례로부터 병든 EVOS 청소대원은 물론 인류 전체가 정보를 얻음으로써 기름오염과 청소작업의 독성 효과를 이해하는 데 커다란 도움을 받을 수 있을 것이다. 공개적 검토를 위해 문서는 공개되어야 한다.

작업안전보건법

『화학적 노출』을 비롯한 화학물질 과민증에 대해 여러 권의 책을 쓴 니콜라스 애슈퍼드는 이렇게 말했다. "원론적으로 우리는 신경독성을 규제·선별 체계 속에 집어넣지 못했다"(Wilkinson, 1998: 58). 그는 공중보건의 영향을 고려하는 가운데 상업 생산의 허용 여부를 결정하기 위해 화학물실을 선별하는 연방정부의 절차라는 관점에서 이런 코멘트를 했다.

하지만 밀러와 나는 그의 코멘트가 작업장의 유해조건으로부터 작업자를 보호하려는 취지에서 만들어진「직업안전보건법」에도 적용할 수 있음을 알게 됐다. 엑손 사의 청소작업 기간에 발생했던 작업자의 손상에 대한 보상요구가 알래스카에 파일로 보관되어 있다. 그러나 알래스카의 작업자 보상체계는 화학물질 과민증에 따른 청구와 잠재적 화학물질 유발 건강 문제 ― 두통, 메스꺼움, 현기증 등과 같은 증상 ― 에 따른 비슷한 청구를 완전히 무시했다(제8장 참조)·

작업자와 공중보건을 보호해야 할 주정부와 연방정부가 화학물질 유발 손상을 제대로 인식하기 전까지는 손상이 계속 일어나고, 병든 작업자는 계속 체제의 보호를 받지 못하고, 숙련된 노동자를 계속 우리의 경제에서 배출해버릴 것이라는 점은 슬픈 아이러니가 아닐 수 없다.

결론: EVOS 작업대원에 대한 장기적 조사가 보장되어야 한다

밀러와 나는 EVOS 청소대원에 대한 3년간의 조사를 통해 엑손 사의 청소작업에 따른 질병은 직업병이었다는 결론에 도달했다. 또한 우리는 청소 기간 중의 잘못된 노출에 따른 만성적 건강 문제로 죽은 사람이 있고 고통 받는 사람이 많다는 사실을 의심의 여지없이 확신한다.[1] 만성 증상에 시달리는 전직 작업자의 수는 2천 명을 넘을 수 있다. 이 추정치는 청소 기간 동안 고용된 인원 전체가 아니라 엑손 사가 보고한 '최고치'의 참여자 수 1만 1,000명을 근거로 하기 때문에 보수적이라 평가할 수 있다. 그렇지만 과학자, 알래스카 환경보호부와 해안경비대의 고용인, 주정부와 연방정부의 감시요원, 자원봉사자 등도 청소작업에 따른 노출로 인한 만성적 건강 문제를 경험하고 있을 수 있다.

우리는 직업적 화학 노출 손상을 전공한 의사가 이 문제에 관심을 가진다면 증상은 완화될 수 있으며 건강도 일정 정도 회복될 수 있다고 믿는다. 걸프전과 베트남전 참전용사의 경험에 비춰볼 때 EVOS 청소대원의 일부가 독성 법정 소송에서 승리할 수 있으리라 믿는다. '스터블필드 대 엑손 사' 사건의 문서가 공개된다면 병든 작업자의 일은 한결 쉬워질 것이다.

우리는 일반 시민과 (아프거나 건강한) 모든 EVOS 작업자가 기름과 솔벤트의 노출 위해와 건강에 미치는 영향에 대해 알권리가 있다는 사실을 가장 중요하게 생각한다. 우리는 이러한 알권리를 충족시키려면 연방정부 (OSHA)가 1989년부터 진행해온 미완성의 임무를 끝마쳐야 한다고 믿는다.

---

1) 전직 EVOS 청소작업자의 추정치는 다음과 같다. 11,000명(전체 작업자)×73퍼센트(위험이 높은 임무를 수행한 작업자[Carpenter, Dragnich and Smith ,1991])×0.3(예일 작업자 건강조사[O'Neil, 2003])=2,409명. 이것은 청소작업자 총계가 아니라 최고치에 기초한 최소 추정치이다.

첫째, 연방정부는 청소와 관련된 모든 의료 기록에 대해 소환장을 발부해야 한다. 이 기록은 엑손 사와 베코 사가 13년 동안 보관해야만 하는 것이다. 이 기록과 함께 독립기관에게 EVOS 청소대원에 대한 철저한 역학조사를 의뢰해야 한다. 둘째, 연방정부는 EVOS 청소대원의 건강·요양 문제와 요구사항을 다루기 위한 독자적인 장기검사사업을 명령하고 자금을 지원해야 한다.

우리가 조사에서 얻은 추가적 교훈과 변화를 위한 권고는 이 책의 제3부에 서술되어 있다.

사운드의 진실

과학에는 뭔가 매력적인 구석이 있다.

사실이라는 작은 투자가 추론이라는 큰 이득을 가져다준다.

_마크 트웨인

유출 이전의 연구

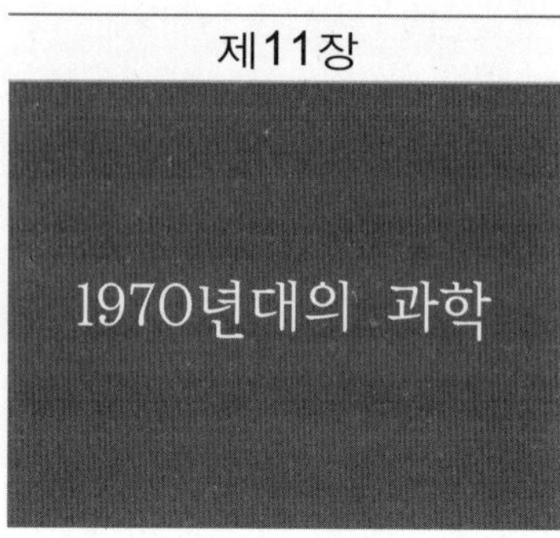

(저자 노트 제2부의 이야기는 특별한 직업을 가진 평범한 사람들(또는 영웅에 대한 대중적 정의)에 초점이 맞춰져 있다. 제2부를 자신의 이야기로 시작한다는 말을 전해들은 스탠리 '지프' 라이스는 불만을 표시했다. "나는 자격이 없다. 단지 지루한 과학자에 불과할 뿐이다." 일부 독자에게 화학과 독성학이 '지루한' 것처럼 라이스 팀이 연방정부[NOAA]의 오크베이 실험실에서 수행한 연구는 야생생물과 서식지 연구가 뒤섞인 회반죽 같은 것이었다. 그런 조합은 기름이 해양 생물에 미친 영향을 새롭고 종합적으로 이해할 수 있게 했다. 라이스의 이야기는 수중생물을 보호하기 위한 수질 기준의 발전 과정에 대한 내부자의 시선을 제공해준다.)

기름의 독성에 대한 이해

1971년 박사과정을 막 끝낸 젊은 과학자 스탠리 라이스는 알래스카 오크 만에 있는 NOAA(국립해양대기청) 국가수산국(National Marine Fisheries Service: NMFS)의 연구실험실에 들어갔다. 기름오염 프로그램을 시작하기 위해서였다(Rice, 2001). 알래스카가 주로 승격한 지는 12년에 불과했지만 석유가 미래에 가장 중요한 위치를 차지할 것이라는 점은 매우 분명했다. 1967년 어업을 대신해 석유가 젊은 주의 주요 수입원이 됐다(Coates, 1993). 1968년 노스슬로프의 프루도 만에서 대규모 유전이 발견됨에 따라 알래스카 산 석유를 국내 시장으로 운송하기 위한 파이프라인 설치 문제가 국가적 차원의 논쟁을 불러일으켰다. 문제는 노선이었는데, 주정부와 석유회사가 선호한 노선이 결국 의회의 승인을 받았다. 노스슬로프의 남단에서 밸디즈 항까지 직선으로 800마일의 파이프라인을 설치하는 노선이었다. 밸디즈 항에서 원유를 실은 유조선은 프린스윌리엄사운드를 통과해 힌친브룩 하구를 거쳐 미국 서해안에 위치한 여러 항구에 도착할 것이다. 유조선이 매일 운항하는 까닭에 기름오염과 재앙적 기름 유출의 가능성이 상존했는데, 대수롭지 않게 여긴 사람이 있는가 하면 가능성이 높은 것으로 받아들이는 사람도 있었다. 라이스를 알래스카로 오게 한 것은 바로 이런 위험이었다.

'지프' 라이스(그의 친구들은 그를 이렇게 부른다)는 독성학자로서 독성 자체와 독성이 수중생물에 미치는 영향을 전공한 과학자이다. 1972년 「청정수질법」이 통과된 이후, 그리고 1973년 「알래스카 횡단송유관망(TAPS) 수권법」이 통과된 이후 라이스에게는 수생생물에 해가 없는 '안전한' 기름의 농도를 확정할 책임이 부과됐다. 그는 특히 밸디즈 항 유조선 터미널의 정화시설에서 배출되는 물에 포함된 기름의 농도가 얼마일 때 주변의 해양생물이 안전을 보장받을 수 있는지를 결정해야만 했다. 「청정수질법」은 오염을 통제하기 위해 배출구 끝에서의 수질 기준을 요구했다(Elder, Killam and Koberstein, 1999). 수질 기준을 확정하는 책임은 각 주에게 맡겨져 있었는데, 라이스와 그의 연방과학자 팀은 알래스카에서 '안전한' 기름의 농도를 확정하기 위해 주 과학자들과 긴밀한 협력관계를 유지했다.

원유 노출의 안전 기준을 마련하는 일은 어려운데, 원유 자체가 수백 가지의 탄화수소와 원소로 이루어진 혼합물이기 때문이다. 혼합물은 지질학적 시간에 해당할 정도로 오랫동안 서로 다른 온도와 압력으로 형성된다. 이런 차이로 원유마다 고유한 특성을 띤다. 프루도 만의 원유도 알래스카 주의 외부는 물론 내부의 다른 지역의 원유와 화학적 성질에서 차이가 난다. 원유의 화학적 고유성은 원유마다 각기 다른 독성을 발생시킨다.

수생생물(그리고 인간)의 건강을 위협하는 원유의 화학 성분은 '방향족탄화수소'이다. 방향족탄화수소는 1~5개의 고리 형태 벤젠 분자로서 발암물질로 가장 오래전부터 알려진 것이다. 방향족탄화수소에는 두 가지 형태— 물이나 공기 중에 빨리 녹는 것과 그렇지 않은 것 — 가 있다. 과학자들은 수질 기준을 수립할 책임이 있기 때문에 물에 쉽게 녹는 방향족탄화수소에 초점을 맞춤으로써 문제의 성격을 단순화하고자 했다. 원유의 '수용성 획분(劃分)'은 대부분 1~2개의 고리를 지닌 방향족탄화수소이다. 과학자들은 물에 녹지 않는 방향족탄화수소인 '다환방향족탄화수소'(3~5개의 고리를 지니고 있다)는 우선순위에서 제쳐놓았다.

과학자들은 전국 차원의 모든 원유에 적용될 수 있는 표준화된 검사법을 개발해내고자 노력했다. 독성 검사용 원유를 준비하기 위해 바닷물이 든 유리병에 원유를 첨가하고 페인트 교반기로 섞은 다음 상온에서 일정 기간 그대로 두었다. 그 과정에서 PAHs와 다른 석유 화합물질이 포함된 검은색 기름이 표면 위로 떠오르는데 그 기름띠를 제거하면, 남은 바닷물에는 눈에는 띄지 않지만 수생생물에게는 치명적인 원유의 수용성 획분이 포함되어 있다. 그런 다음 (전체 기름이 아니라) 용해된 수용성 획분의 독성을 평가하기 위해 살아 있는 생물을 이용해 실험실 검사를 실시한다. 이 검사를 '생물정량법(bioassay)'이라 한다. 묽은 농도의 원유 수용성 획분이 든 유리 비커에 치어나 게 또는 새우 같은 다양한 작은 무척추동물을 집어넣는다. 생물정량법은 48시간 또는 96시간(편리성을 쫓아 주중 5일에 맞춰진다) 후에 종료되고 그때 죽은 생물의 수가 기록된다(U.S. EPA, 1991).

생물정량법에 따라 0에서 포화상태까지 각 단계의 수용성 획분 농도에서 죽은 생물의 수를 측정하고, 이것으로부터 시험 생물의 50퍼센트가 죽는 수용성 획분의 농도를 계산해낸다. 이때 수용성 획분의 농도는 '100만 분의 1(ppm)'의 단위로 측정된다. 「청정수질법」의 집행기관인 환경청은 '안전한' 노출 수준을 결정하기 위해 시험 생물의 50퍼센트가 죽은 농도를 단순히 100으로 나누는 방법을 사용했다(Rice et al., 2001). 라이스는 이것을 '어림짐작'이라 불렀지만, 당시만 해도 과학자들은 그 정도면 어류와 야생 생물의 안전을 충분히 보장할 수 있다고 생각했다. 독성학은 1970년대까지만 해도 아직 유년기였고 개선의 여지가 많았다(Peterson et al., 2003).

1974~1977년에 걸친 파이프라인 건설 기간 동안 라이스 팀(생물학자 존 카리넨, 화학자 제프 쇼트 등을 포함)은 곱사연어의 치어, 새우 등 알래스카 고 유종을 시험 생물로 산아 프루도 만 원유의 독성을 결정하기 위한 표준적 생물정량법을 실시했다(Rice, Short and Karinen, 1977). 라이스 팀은 30일간의 생물정량법을 실시했다. 그들은 생명체가 원유의 수용성 획분에 노출된 기간이 길면 길수록 더 적은 양의 기름에도 죽을 수 있다는 사실을 발견했다. 이 결과에 따라 그들은 1980년대 10년에 걸친 장기 연구를 실시했다. 그 연구는 곱사연어와 청어에 미치는 원유의 '치사량 근접치' 효과에 대한 것이었다(Karinen, 1988; Moles, Babcock and Rice, 1987; Moles and Rice, 1983; Rice et al., 1984; 1987a; 1987b).

라이스는 "장기간에 걸친 영향을 우려하고 있었지만, 좀 더 미세한 영향을 측정할 수 있는 방법은 전혀 없었다"(Rice et al., 2001)고 말했다. 라이스는 이런 미세한 '치사량 근접치' 효과(생식 장애 또는 성장 지체 등과 같은)가 종의 생존 능력에도 나쁜 영향을 미칠 수 있다고 생각했다. 라이스는 기름이 미치는 장기적 영향에 대해서는 시대에 앞서 우려를 표명했지만 그런 영향을 연구할 수 있도록 지원받을 수는 없었다. 이것이 20년 뒤에 모든 것을 바꿔놓았다(제20장 참조).

한편 과학자들은 각종 원유의 수용성 획분 농도가 1~30ppm일 때 수생생물에게 독성 피해가 나타난다는 사실을 밝혀냈다. 환경청은 수용성 획분의 농도를 '안전 승수' 100으로 나눈 값을 허용치로 설정하는 방식으로 일부 개별적인 PAHs에 대한 연방 수질 기준은 확립했지만 전체 PAHs에 대한 기준은 세우지 않았다. 환경청은 주정부에게 전체 PAHs의 값 300ppb를 허용치의 가이드라인으로 제시했다(U.S. CFR45 79339 1980). 이 가이드라인은 '최소영향농도(Lowest Observed Effect Level)'로 알려져 있다.

라이스 등은 원유 수용성 획분의 1ppm에 조금 못 미치는 농도에서도 예민한 알래스카의 고유종이 죽는다는 사실을 밝혀냈다(Rice, Moles and Karinen, 1979). 그 후 '안전 승수'를 적용해 알래스카 주는 전체 PAHs의 허용 농도를 10ppb로 정하고 방향족탄화수소의 전체의 허용 농도는 15ppb로 정했다. 이 기준은 연방정부가 제시한 가이드라인보다 더 엄격한 것이었다.

알래스카 주의 수질 기준은 1979년에 확립되었는데, 그때는 알래스카 횡단 파이프라인을 통해 운반된 원유를 유조선에 싣기 위해 밸디즈 항에 유조선 터미널을 개통한 지 채 1년이 안 된 시기였다. 알래스카의 수질 기준은 까다로웠다. 즉, 그 당시나 20년이 지난 지금이나 알래스카 주의 수질 기준은 전국에서 기름에 대해 가장 엄격한 잣대를 들이댄다. 방향족탄화수소의 농도 10ppb란 올림픽 규격 수영장에 원유 0.05밀리리터를 탄 것보다 적은 양에 불과하다.[1]

---

1) 올림픽 규격 수영장에는 80만 갤런(300만 리터)의 물이 들어간다. 이 양의 수십억 분의 10(10ppb)이란 0.00008갤런 또는 0.0017티스푼의 양이다. 프루도 만의 원유에는 수용성 획분에 18.9퍼센트의 방향족탄화수소가 포함되어 있고, 따라서 0.0017티스푼을 만들기 위해서는 0.0017티스푼/0.189(=0.009티스푼)의 원유가 필요하다. 1티스푼은 5밀리리터와 같기 때문에 0.034티스푼은 0.05밀리리터 정도이다. 따라서 10ppb 수용성 획분를 만들기 위해서는 올림픽 규격 수영장에 원유 0.0009티스푼이 필요하다(J. Short, NOAA/NMFS Auke Bay Lab, 개인적 의견교환, 2001년 12월 18일).

기반조사

라이스 팀은 기름에 대한 알래스카 주의 수질 기준을 발전시키는 동시에 기름이 파이프라인을 타고 운반되기 전에 밸디즈 항과 프린스윌리엄사운드의 해양 생물 표본과 기름오염의 배경 농도를 확립하기 위한 '기반'조사를 시작했다(Karinen, 1998). 그들은 밸디즈 항에 있는 유조선 터미널 구역에서 침전물 표본을 수집한 다음 해안선과 얕은 근해 지역에 살고 있는 동물의 종수와 개체수를 측정했다. 그리고 프린스윌리엄사운드에 있는 유조선 출입통로 예정지의 양편 해변을 따라 조간대의 퇴적물과 홍합을 채집했다.

1977년에서 1980년까지 수행된 기반조사는 유조선 터미널에서 기름 선적작업이 시작되기 이전에는 기름오염에서 비교적 자유로웠음을 확실히 보여준다(Rice et al., 1981; U.S. Dept. of Comerce, 1989). 또한 유조선 출입통로 근처의 프린스윌리엄사운드의 해변은 엑손 밸디즈 호 기름 유출 사건 이전에는 기름에 거의 오염되지 않았다. 힌친브룩 하구의 양편 두 지점에서 채취한 퇴적물에 포함된 PAHs의 양은 매우 적었다(Karinen and Babcock, 1991).

제프 쇼트는 힌친브룩에 있는 탄화수소의 화학 성분을 분석해 PAHs가 자연 상태에서 발생할 수 있는지 살펴봤다. 프린스윌리엄사운드에는 근원지가 없었지만, 쿠퍼 강 삼각주의 동쪽 경계와 야쿠탯 만 동쪽의 노스 만 연안은 사정이 달랐다. 자연 상태에서 소규모로 기름이 유출되었고 거대한 석탄 매장지에서 일정한 양이 생성되고 있었다. 강력한 알래스카 연안 해류는 연안을 타고 서쪽으로 흘러 힌친브룩 하구의 프린스윌리엄사운드로 곧장 흘러들어간다(Royer, 1982). 미국해양기상청 NMFS 팀은 이 해류가 탄화수소를 프린스윌리엄사운드로 실어 나를 수 있다고 제대로 추론했다(Short, 1998).

NMFS 팀은 알래스카 연안 해류의 수로를 거슬러 올라가면서 가능성 있는 기름의 출처를 추적해 들어갔다. 쇼트는 힌친브룩에 있는 탄화수소의 화학 성분이 쿠퍼 강 삼각주에서 동쪽으로 70여 마일 떨어진 곳에 있는 카탈라 근처의 기름 유출 현장의 것과 일치한다는 것을 알아냈다. 또한 힌친브룩에 있는 PAHs의 근원지가 그 지역과 동쪽에 위치한 석탄 매장지가 될 수도 있음을 깨달았다. 쇼트는 1970년대 분석화학의 수준에서 볼 때 탄화수소 성분 패턴에 기초해 석탄과 석유를 구분하는 것이 쉽지 않았다고 설명했다(Short, 1998).

그렇지만 야생생물은 석탄과 석유를 구분할 줄 알았다. 1970년대 후반까지 홍합은 전 세계적으로 기름오염의 감시에 이용됐다(National Research Council, 1980). 홍합은 기름에 포함된 PAHs를 쉽게 흡수해서 '생물 축적(독성 물질의 생물 세포 내 축적)'을 통해 조직 속에 품는다. 그렇지만 석탄은 생물학적으로 불활성이다. 즉, PAHs는 고체 상태의 모암 속에 단단히 갇혀 있기 때문에 홍합이나 다른 야생생물이 이를 흡수할 수 없다(Short, 1998). 쇼트는 힌친브룩 하구의 조사 대상 지역에서 채취한 홍합에는 탄화수소가 들어 있지 않음을 발견했는데(Short and Babcock, 1996), 이로부터 힌친브룩에 있는 탄화수소의 근원은 석탄이라 판단했다.

그 당시만 해도 힌친브룩에 있는 PAHs의 정확한 근원은 별로 중요해 보이지 않았다. PAHs의 양이 매우 적었고, 그것도 한 지역에서만 발견되었으며 그 지역의 야생생물은 오염되지 않았다. 그렇지만 이 사소한 사실이 20여 년 후에는 엑손 사의 전략적 포효에 의해 불을 내뿜는 무시무시한 용으로 되돌아왔다.

알예스카의 조사: 고의적 사기(?)

TAPS의 소유자들은 알래스카 주에 엄격한 수질 기준을 적용하는 것을 반대하지 않았다. 석유회사들은 밸디즈 항의 기름오염을 최소화할 것이라고 약속했다(Redburn, 1988; Townsend Environmental, 1994).[2] TAPS의 소유자들 — 3대 석유회사인 영국 석유(BP), 애틀랜틱 리치필드 사(ARC), 엑손 등이 포함되어 있다 — 은 파이프라인과 유조선 터미널의 운영·관리를 목적으로 컨소시엄 형태의 알예스카를 만들었다(Coates, 1993). 「청정수질법」에 따라 기업은 오염에 따른 책임을 면하기 위해 자율적인 감시 권리를 부여받았지만, TAPS 소유자들과 알예스카는 시민과 정부 규제기관이 모르는 사이에 속임수를 썼다.

1980년대까지 알예스카와 그의 계약자들은 과학 자료를 조작·날조했는데, 이런 사실은 기름 유출 사고 이후 ≪월스트리트 저널≫의 기자 찰스 맥코이의 탐사보고서에 잘 요약되어 있다(Charles McCoy, 1989). 유조선터미널의 하역장에 있는 기름의 양은 허용 기준치를 규칙적으로 (그리고 크게) 넘어섰다. 기업 내부자에 따르면, 밸디즈 항의 수질 표본을 분석했다면 기름의 양은 "기준치를 크게 상회했을 것이다." 알예스카 과학자들은 이 사실을 알고 있었기 때문에 시애틀로 표본을 보낼 때 냉장보관하지 않았다. 표본이 검사될 때쯤이면 독성을 띤 수용성 획분은 상온에서 박테리아에 의해 부분적으로 분해되거나 PAHs와 함께 시험관 고무마개에 흡수되어 버린다. 수송과 저장 과정에서 발생한 수용성 획분과 PAHs의 손실량은 대

---

2) TAPS 승인 과정에서 알예스카와 그 소유 기업의 대표들은 잠재적 기름오염에 대한 어부들의 우려를 잠재우기 위해 의회에 다양한 문서를 보내 수많은 약속을 했다(Townsend Environmental, 1994). 예를 들어 TAPS 사업 책임자인 조지 휴즈는 미국 상원 위원회에서 이렇게 말했다. "유조선에서 유입되는 더러운 모든 밸러스트 수(水)를 처리하기 위해 밸러스트 수 저장 및 처리 시설이 제공될 것이기 때문에 모든 유출수는 주정부와 연방정부가 요구하는 수질 관리 조건을 충족하게 될 것입니다"(U.S. Congress, Senate, 1969: 17). 이런 약속 중 일부는 공식 협정과 면제권 조성금에 의해 종결됐다. 즉, "폐수처리시설에서 방류된 물에는 주당(7일) 평균 10ppb 이상의 기름이 포함되어서는 안 된다"(U.S.A., 1974: 23. B).

체로 환경청이 요구하는 허용 기준치 내로 검사결과가 나올 정도로 컸다.

'과학'은 쉽게 팔렸다. TAPS 소유자들은 그 정도로 강력했다. 불행히도 이 같은 과학 남용에 대한 기록은 석유 유출 이후에도 계속됐다(Cohen, 1992; U.S. EPA, 1992).

사운드의 진실

밸디즈 항의 바닷물에 얼마나 많은 석유가 포함되어 있으며 농도가 허용 한도를 넘어서지 않았는지를 둘러싸고 과학적·정치적 논쟁이 치열한 가운데(Epler, 1985a; 1985b; 1988a; Pasztor and Taylor, 1986; U.S. GAO, 1987), 프린스윌리엄사운드는 자신만의 '진실'을 드러내 보였다. 유조선 터미널 근처에 있는 진흙 평지에 서식하는 마코마조개 군집은 TAPS가 운영되고 난 이후에 타격을 입었다. 1978년과 1984년 사이에 85퍼센트의 조개가 사라졌다(Myren and Pella, 1977; Myren, Perkins and Merrell, 1992).[3] 이런 작은 조개는 영양분을 섭취하기 위해 물을 걸러내는 관계로 소량의 PAHs에도 매우 민감하게 반응한다. PAHs가 그들의 조직에 축적되기 때문이다. 유조선 터미널에서 눈에 띄지 않게 독성 탄화수소가 유출되면서 느린 속도로 밸디즈 항의 침전물에 축적됐다(Epler, 1988b).

---

3) 리처드 미렌과 조지 퍼킨스는 마코마조개의 감소 원인을 어느 한 사건의 탓으로 돌릴 수 없다고 말했다(R. Myren, 개인적 의견교환, 2004년 3월 3일; G. Perkins, 개인적 의견교환, 2004년 3월 2일). 최소한 1989년 환경청에 의해 보다 엄격한 폐수 방류 기준이 적용될 때까지 종종 허용치를 초과하는(ADEC, 1988), 미립자가 결속된 형태의 고농도 PAHs가 10년 이상 밸디즈 항으로 흘러들어오는 물에 함께 유입됐다. 수년 동안 연구 대상지역에는 해안을 침식하는 조류로부터 침전물이 흘러들어오기도 했다.

제2부_2

기름 유출 초기의 연구
(1989~1992)

제12장

기름 추적

바닷물, 침전물, 홍합에서

1989년 3월 26일(일요일), NOAA 기름 유출 대응 팀이 밸디즈 웨스트마크 호텔에 설치된 통제센터에서 유출된 기름을 추적하기 위해서 컴퓨터를 설치하고 있는 동안 NMFS 소속 연구 과학자들인 존 카리넨과 말린 밥콕은 사운드의 외부에 머물면서 조간대 해변의 퇴적물과 기반조사 대상 지역 — 엑손 밸디즈 호에서 유출된 기름을 뒤집어쓰기 이전의 해변 일곱 군데와 기름띠에서 벗어나 있는 네 곳 — 에서 홍합 표본을 채집했다(Karinen, 1998; Karinen et al., 1993). 해변이 기름으로 오염되기 전에 표본을 채집하려면 서둘러야 했지만, 그 덕분에 대상 지역이 12년간의 유조선 통행에도 불구하고 큰 변화가 없었음을 확인할 수 있었다. 엑손 밸디즈 호의 기름 유출 사건 이전까지만 해도 사운드에는 별다른 기름 오염이 없었다.

3월 27일(월요일), 주노 근처에 있는 NMFS의 오크베이 실험실에서는 시민과 워싱턴에서 온 NOAA 관리를 대상으로 한 사흘간의 연례 프로그램이 개최됐다. 1970년대 중반 라이스와 함께 생물정량법을 이용한 기름 분석에 참여했던 화학자 제프 쇼트가 이 모임에 참석했는데, 그에게는 임무가 주어져 있었다. 그는 NMFS와 NOAA의 최고 관리자를 한자리에 모아놓고 수면에 뜬 기름 밑의 물기둥에 포함된 기름의 농도를 측정할 수 있게 해달라고 요청했다.

쇼트는 기름(특히 독성 방향족탄화수소)이 동물플랑크톤은 물론 유충과 치어, 심지어 다 자란 물고기에게도 해를 입히거나 죽게 할 수 있다고 주장했다. 동물플랑크톤은 작은 물고기에서 혹등고래에 이르기까지 모든 바다 생물의 먹잇감이다. 쇼트는 방울 상태로 물기둥에 용해되거나 갇혀 있는 기름은 빠르게 퍼지면서 희석될 것이라고 예측했다. 또한 PAHs가 해양 생물에 직접 흡수되거나 먹이사슬을 통해 간접적으로 전파되는 특징을 지니고 있기 때문에 최근 들어 유출된 기름의 잠재적 독성을 나타내는 지표로 사용되고 있음을 알고 있었다. 따라서 어류와 야생생물에 미치는 생물학적 효과를 종합적으로 설명해줄 수 있는 화학적 토대를 마련하기 위해서는 측정 범위에 포착되는 석유의 양(특히 영향이 지속적인 PAHs)이 얼마나 오랫동안 물기둥에 남아 있는지를 알아낼 필요가 있었다.

쇼트는 별도의 자금 지원 없이 기름 유출에 따른 효과를 기록하는 데 전력을 기울일 수 있도록 해달라고 요청했다. 예산 검토나 의회의 예산 승인을 기다릴 시간이 없었다. 그는 대답을 간절히 기다렸다. 두 시간이 지난 후 그 당시 실험실의 서식지 프로그램 책임자였던 라이스가 그에게 말했다. "48시간 내에 현장으로 출발하되, 떠나기 전에 기름 슬러지 밑에 있는 샘플 채취방법에 대한 의견을 말해 달라. 1만 5,000달러 이상의 조사비가 들지 않도록 노력해보라"(Short, 1998).

쇼트는 반색하면서 실험실 기계설비의 유지·보수를 책임지고 있는 베테랑 놈 존슨에게 그 문제를 상의했다. 그 문제란 거대한 기름 슬러지 한복판에서 슬러지로 인한 오염을 피하면서 그 밑에 있는 물기둥 표본을 확보하는 방법이었다.

존슨은 해결책을 찾아냈다. 먼저, 스테인리스 관의 한쪽 끝을 특수 플라스틱인 타이곤 재질로 된 튜빙 슬리브(tubing sleeve)로 열을 가해 완전히 밀봉하고 반대편 끝은 공기압축기에 연결한다. 그리고 튜빙 슬리브로 밀봉되어 있는 스테인리스 관의 한쪽 끝으로 슬러지를 통과해 원하는 깊이까지 내려가도록 한다. 그런 다음 공기압축기를 작동해 슬리브를 연다. 이 슬리브는 실로 연결되어 있기 때문에 떨어지지 않고 원상태로 돌아올 수 있다. 이렇게 채집된 물 샘플을 담고 있는 스테인리스 관은 공기압축기를 대체한 흡입 펌프에 의해 탐사선 선상으로 끌어올려진다. 바닷물에서 기름을 분리해내고 보존하기 위해 물 표본은 즉시 유기용매로 처리된다. 이 마지막 단계가 매우 중요하다. 보존 처리되지 않은 바닷물 표본에서는 자연적으로 발생하는 박테리아에 의해 실험실 분석 작업 이전에 표본에 포함된 기름의 일부가 분해되기 때문에 실험실에서 측정된 기름의 양이 실제 현장에 있는 것보다 적은 것으로 나타날 수 있다. 그 결과 부적절하고 잘못된 결론이 도출될 수 있다.

일주일 후 쇼트와 팻 해리스는 CDFU에서 빌려준 어선을 타고 사운드에 머물러 있었다. 그들은 다른 사람들이 거의 보지 못했던 것을 목격했다. 거대한 슬러지가 사운드를 관통해서 움직이고 있었다. 쇼트는 이렇게 회상했다. "노스웨스트 만(엘리너 섬)에서는 고약한 냄새가 하늘을 찔렀다. 시선이 닿는 곳마다 기름 천지였다.……우리는 한밤중에 사우밀 만에 있는 AFK 부화장에 도착했는데, 그곳에서 우리가 볼 수 있는 것은 배와 붐, 그리고 기름뿐이었다. 그곳은 전쟁터였다.……스미스 섬의 북쪽 끝이 막 폐허로 변했다. 모든 곳이 기름투성이였는데, 해안뿐만 아니라 나무들도 그랬다. 그러나 모두를 괴롭힌 것은 죽음의 침묵이었다. 치명적이었다. 보통 때 바다에 나가 있으면 갈매기, 오리, 해양 포유류 등의 소리를 들을 수 있다. 우리는 눈살을 찌푸리게 하는 수많은 현장을 목격했다. 기름으로 뒤덮인 채 물 위에 둥둥 떠다니는 꽤 많은 수의 죽은 바다수달, 바다사자, 그린 섬에서 갓 태어난 바다수달 새끼들이었다. 그러나 우리에게 심각하게 다가왔던 것은 북쪽 스미스 섬에서 겪은 죽음의 절대적 고요였다."

쇼트와 해리스는 나흘 동안 서른 군데에서 표본을 채취했다. 그 과정은 지역 간 오염 이동이 없다는 것을 증명하고자 청정지역과 오염지역을 번갈아 오가면서 표본을 채취한다는 운항 계획을 따라 사운드를 지그재그로 이동하면서 이루어졌다. 이것은 곧 잠잘 시간조차 없는 장시간의 강행군을 뜻했다. 그들은 코도바로 돌아와서 이틀을 쉬고 다시 서른 곳의 지점에서 표본을 채취하기 위해 바다로 돌아갔다(Short and Harris, 1996a).

첫 번째 바닷물 시료의 채취를 위한 항해에서 쇼트와 해리스는 관심을 서로 공유했다. 수면에 떠 있는 기름이 빠르게 줄어들고 있다는 사실은 엑손 밸디즈 호 기름 유출 사건 당시만 해도 꽤 잘 알려져 있었는데, 그것은 주로 휘발성이 강한 탄화수소가 유출 초기에 공기와 물기둥 속으로 빠르게 빠져나갔기 때문이다. 마찬가지로 물기둥에서의 기름 농도는 유출 사건 직후에 최고조에 달한 다음 기름이 확산됨에 따라 급격하게 낮아졌다. 그들은 일단 거대한 기름덩어리가 사운드를 빠져나가고 나면 바닷물 표본에서 기름을 탐지하기가 힘들 것이라는 사실을 알고 있었다. 하지만 기름으로 오염된 해변에서 나오는 기름으로 근해가 낮은 농도의 PAHs로 오염되어 해양 생물에게 잠재적인 위협이 될지 몰랐다. 그들은 어떤 기름을 발견할 수 있을지 알아보기로 했다.

두 번째 바닷물 시료채취 항해는 4월 하순에 이루어졌다. 쇼트와 해리스는 홍합을 그물에 가둬두고 탐사선으로 측정 지점을 이동하면서 홍합의 반응을 조사하는 연구를 설계했다. 홍합은 하루 약 8갤런의 바닷물을 걸러내는데, 그 과정에서 지방조직에 PAHs가 축적될 수 있다. 두 연구자는 청정지역에서 홍합을 채취한 다음 그물에 가두고 해변을 따라 다양한 해수면의 물기둥에 그물을 설치했다. 거기에는 홍합이 주변에 있는 기름을 빨아들이기 때문에 '맥동 시기'(폭풍이나 해변 청소작업 등으로 해변에서 기름의 충격파가 몰려올 때)를 포착할 수 있을 것이라는 계산이 깔려 있었다. 쇼트와 해리스는 우리에 갇힌 홍합이 지속적으로 저농도의 기름을 품고 있는 바닷물보다 더 믿을 만한 지표라고 생각했다. 바닷물 표본의 채취에는 막대한 비용이 들었기 때문에 중단하기로 결정했다.

팀장인 라이스는 이에 동의했고 NOAA로부터 홍합 연구를 허락받는 데 도움을 주었다. 쇼트와 해리스는 5월에 이루어진 마지막 바닷물 표본 항해에서 사운드 내부의 22곳과 사운드 외부의 16곳에 3~8피트의 깊이에 380개의 홍합이 든 우리를 설치했다. 그들은 5월에서 8월까지 한 달 간격으로 홍합을 채취한 다음 새로 신선한 홍합을 채웠고 수심을 재설정하는 방식으로 연구를 진행해나갔다. 연구는 1991년 내내 계속됐다(Short and Harris, 1996b).

오크베이 실험실의 과학자들을 연구 결과에 놀라움을 감출 수 없었다. 엑손 사가 바닷물 표본을 통해 기름이 거의 (또는 전혀) 없음을 입증해보인 바로 그 수심의 사운드에서 우리에 갇힌 홍합은 정반대의 사실을 보여주었기 때문이다. 엑손 밸디즈 호에서 흘러나온 기름은 1989년 8월 ― 기름 유출 사건이 발생한 5개월 후 ― 에도 물기둥 속에 남아 있었던 것이다. 밑으로 가라앉은 기름의 흐름은 1989년 사운드를 휩쓸고 알래스카 만으로 빠져나간 기름띠를 그대로 답습하고 있었다. 수면 밑으로 스며든 기름은 물기둥 전체를 표류하는 구름 같았다. 이 구름의 PAHs 농도는 심하게 기름에 오염된 해변에 가까운 얕은 바다에서 최고조에 달했다. PAHs 구름은 시간을 두고 수심 깊이 그리고 기름에 오염된 해안으로부터 멀리까지 퍼져나갔기 때문에 연구의 마지막 해인 1992년에는 심하게 오염된 해변 근처에만 남아 있었다. 사운드의 외부에 설치된 우리에 갇힌 홍합은 다른 이야기를 해주었다. PAHs 구름은 빠르게 퍼져나갔기 때문에 기름 유출에서 기원한 PAHs는 1989년에는 홍합에서 산발적으로 발견되었고, 1990년과

1991년에는 대체로 측정값 이하에 머물러 있었다.

우리를 이용한 홍합 연구는 오염된 해변이 마치 기름 저장소처럼 기능하면서 독성을 띤 PAHs — 해당 지역의 해양 생물에 의해 쉽게 흡수될 수 있다 — 를 배출함으로써 부근의 얕은 바다를 오염시키고 있음을 입증해주었다. 이 연구는 엑손 밸디즈 호 기름 유출 사건의 생물학적 효과에 대한 후속 연구를 위한 화학적 토대로 기능했다.

쇼트와 해리스가 바닷물 표본을 채집하고 우리를 이용한 홍합 연구를 수행하는 동안 오크베이 실험실의 연구자들은 해변에서 해저로의 기름 이동을 추적하기 위해 퇴적물 표본을 수집했다. 연구는 유출된 기름이 절반 가깝게 남아 있는 프린스윌리엄사운드 해변에 초점이 맞춰졌다. 그들은 기름을 찾기 위해 그리 멀거나 깊은 곳을 들여다볼 필요가 없었다. 1989년에 썰물이 최대로 빠져나간(간조) 바닷가의 가장자리에서 PAHs 농도가 최고조에 달한다는 사실을 알아냈는데, 그 지점은 유출된 기름이 처음에 머물렀던 수면에서 꽤나 내려간 곳이었다(O'Clair, Short and Rice, 1996; Spies et al., 1996). 엑손 밸디즈 호에서 유출된 기름은 얕은 조하대를 가로질러 오염시키면서 간조 시에 드러나는 최저점인 약 65피트까지 내려가서 그 깊이에서 최고조의 농도를 보였다. 연구자들은 기름의 출처가 해변의 청소작업이라는 사실을 알아냈다. 더 깊이 내려간 130피트 이하에서는 희석과 확산으로 기름의 화학적 흔적이 사라져버렸다.

퇴적물 속의 기름 농도는 1989년 이후에 급속히 감소해 연구가 진행된 마지막 해인 1991년에는 기름 유출로 오염이 가장 심했던 해변의 얕은 조하대에서만 기름을 탐지할 수 있었다. 지표생물을 통한 실험실 연구는 조간대 퇴적물의 독성이 1989년에서 1991년까지 감소했음을 보여준다(Wolfe et al., 1996). 오크베이 실험실의 과학자들은 해변에 있는 기름이 퇴화와 풍화 과정을 거쳐 사라졌을 것이라고 가정했다. 하지만 수년 후 석유의 풍화(퇴화) 과정에 대한 과학적 이해 수준이 높아지면서 이전까지는 아무런 의미가 없었던 해변에서 채취해서 보관해둔 시료를 이용해서 엑손 밸디즈 호의 석유인지를 판별할 수 있는 새로운 가능성이 열렸다(Short and Heintz 1997). 기름은 여전히 그곳에 남아 있었다. 문제는 탐지력을 높일 수 있는 측정도구의 정교화 여부였다. 저농도로 오래 남아 있는 기름을 탐지하기 위한 과학자들의 노력에도 불구하고 해양 생물이 기름으로 인해 피해를 당하는 것은 막을 수 없었다(제20장 참조).

다른 연방 과학자들은 기름에 오염된 해변의 퇴적물을 이용해 표준적 생물정량법을 실시했다. 조간대 퇴적물에 있는 잔류 기름은 2년 — 1989년과 1990년 — 동안 지표 동물을 죽일 정도로 강력했지만 그 후로는 많이 약해졌다. 치명적 효과는 엑손 밸디즈 호에서 유출된 기름이 거대한 생물학적 피해를 가져왔던 지역을 따라 발생했다. 과학자들은 기름의 농도가 조간대 해변에 서식하는 어류와 야생생물에게 즉각적인 죽음보다는 미세한 피해를 일으킬 정도의 수준이 아니었는지 의구심을 표했다.

엑손 사의 연구 : 기만적인 연구 설계

4월에 진행된 두 번째 바닷물 시료채취 항해에서 쇼트와 해리스는 같은 작업을 하고 있던 엑손 사의 과학자들과 마주쳤다. 쇼트는 짧은 대화를 나누는 동안 그들이 바닷물 시료를 곧바로 플라스틱 용기에 저장하는 것을 볼 수 있었다(Neff and Stubblefield, 1995: 147). 곧바로 쇼트는 그들의 실험 설계를 의심했다. 플라스틱 용기가 PAHs를 흡수하고 바닷물 시료 속에 포함된 박테리아가 여분의 PAHs를 분해한다는 사실을 알고 있었기 때문이다. 쇼트의 설명에 따르면, 바닷물 시료는 보통 4~7일 정도 플라스틱 용기에 보관될 텐데 그 후 실험실에서 분석하면 PAHs가 전혀 없는 것으로 나온다. 부적절한 방식으로 기름이 포함된 바닷물 시료를 저장하는 이런 속임수는 알예스카 과학자들이 기름 유출 이전에 했던 방식과 마찬가지로 탄화수소의 농도가 낮다는 잘못된 결과를 도출하게 된다(제11장 참조).

엑손 사의 과학자들은 바닷물 시료에 포함된 기름의 측정 농도를 감소시키는 방법을 사용하기도 했다. 예를 들어 그들은 첫 번째와 두 번째 바닷물 시료채취 항해에서 식수의 시료를 보존하고 분석하는 데 사용하는 환경청의 기준을 사용했다(Neff and Stubblefield, 1995: 147). 이 방법은 박테리아 수가 비교적 많은 바닷물에는 매우 부적절한 것이었다. 엑손 사는 박테리아가 있다는 사실을 잘 알고 있었다(Atlas, Boehm and Calder, 1981). 엑손 사가 수없이 우려먹은 해안 청소를 위한 생물정화 프로그램과 유조선 터미널을 대상으로 한 알예스카의 생물학적 정화작업은 박테리아에 기초하고 있었다. 박테리아가 계속해서 해변과 터미널 정화시설에서 기름을 먹어치우고 있다면 어떻게 바닷물 시료에 포함된 기름을 먹어치우지 않을 수 있단 말인가(Braddock et al., 1996; Leahy and Colwell, 1990). 엑손 사는 사기가 들통 나지 않기만을 바라는 것 같았다. 바닷물 시료가 제대로 보존·처리되지 않은 결과 시료에 포함된 기름의 양은 상당히 과소평가되었을 것이다.

4월 말에 있었던 세 번째 항해에서 엑손 사 과학자들은 수면에 떠 있는 기름덩어리에서 그다지 깊지 않은 수심의 바닷물 시료를 채취한 후 쇼트가 사용했던 환경청의 표준방법을 적용해 보존했다(Neff and Stublefield, 1994: 147). 놀랄 것도 없이 엑손 사의 바닷물 시료에서 PAHs를 포함한 석유의 농도가 증가했다. 엑손 사의 과학자들은 기름 유출 발생 한 달 후인 4월 말에 기름의 농도가 최고조에 달했다고 보고했다(Neff, 1991; Neff and Stublefield, 1995: 158).

이런 결과는 기름 유출과 관련된 기초 물리학과 초보적 수준의 풍화 패턴을 부정하는 꼴이었지만, 엑손 사의 과학자들은 비판을 무시한 채 자신들의 결과를 정당화하기에 급급했다. 그런데 그들은 자신들이 얻은 자료의 개요만을 제공했다. 그들의 보고서에는 수심은 물론 지역에 대한 평균

값으로 처리된 자료만 포함되어 있었다. 그런 자료로는 다른 연구자들이 그들의 실험 결과를 제대로 평가할 수 없다. 그들은 퇴적물 시료와 홍합 조직 시료에 대해서도 똑같은 수법을 사용했다. 즉, 원자료 없이 '평균값'만 보고했다(Boehm et al., 1995: 392-393, 396-397).

허프는 『통계학으로 사기 치기』에서 "특정되지 않은 '평균'은 실제로 무의미하다"(Huff, 1954: 29)고 지적한다. 그는 "중간값과 중앙값이 상당히 다를 것으로 예상되는 곳에서는 특정되지 않은 변수인 평균을 조심하라"(Huff, 1954: 127)고 경고했다. 이러한 숫자놀이는 한 기업에 고임금을 받는 소수의 간부와 저임금을 받는 다수의 노동자가 있는 상황과 유사하다. 그 기업의 평균임금은 꽤 괜찮은 편에 속하는 것처럼 보이겠지만 중앙값을 보면 노동자의 임금이 간부에 비해 턱없이 적다는 사실을 알 수 있다. 허프는 '잘 선택된 평균'이라는 주제에 한 장 전체를 할애하고 있다.

엑손 사의 과학자들은 수천 개의 바닷물 및 퇴적물 시료와 제한된 규모의 홍합(또는 대체생물) 조직 표본을 포함한 엄청난 자료를 축적했다(Boehm et al., 1995). 그렇지만 대부분의 시료에서 엑손 밸디즈 호에서 유출된 기름을 탐지할 수 없었는데, 그 이유는 시료가 그런 기름이 있을 것으로 예상되지 않는 지역(수심이 너무 깊거나, 기름띠의 경로 밖이거나, 유출된 후 오랜 시간이 흐른 뒤이거나 등등)에서 수집되었기 때문이다. 이런 식으로 수집한 시료를 조사한 결과 엑손 사의 평균값에는 기름이 거의 없었다. 이렇게 평균을 잘 선택함으로써 엑손 사는 기름 유출이 해양 생물에 단기적 영향만 미쳤다는 사실을 뒷받침해줄 수 있는 증거를 얻을 수 있었다.

엑손 사 과학자들은 자신들이 얻은 기름의 평균 농도가 1989년 주정부가 제시한 수질 기준보다 낮아 바다생물에 치명적 피해를 입힐 수 없다고 주장했다(Maki, 1991; Neff and Stubblefield, 1995: 170). 그들은 자신들의 주장을 입증하고자 생물정량법을 실시했다. 그 과정은 쇼트가 직접 목격했듯이 플라스틱 용기에 바닷물을 저장하고 지표생물로 다양한 비알래스카 종을 사용하는 것이었다. 당연한 일이지만 생물정량법을 실시할 때쯤 바닷물 시료에는 독성을 띤 기름이 남아 있지 않게 됐다.

엑손 사 과학자들은 유출된 기름의 대부분이 머물러 있던 해안에서 꽤 멀리 떨어진 프린스윌리엄사운드와 알래스카 만의 근해 깊은 지역에서 주로 시료를 채취했다(Page et al., 1995b). 엑손 사는 수심이 약 330피트 이하의 심해에서 '기름'을 발견했는데, 그것은 엑손 밸디즈 호의 것이 아니라 쿠퍼 강 삼각주의 동쪽에 위치한 베링 강의 탄전에서 흘러나온 원유 탄화수소였다. 오크베이 실험실의 과학자들도 심해에서 이런 원유 탄화수소의 존재를 보고했지만 그들은 엑손 밸디즈 호의 기름을 기록하고 추적하는 것이 목적이었기 때문에 그것을 무시하고 있었다. 그러나 엑손 사의 과학자들은 이런 오염원과 그것이 사운드의 생대학적 건강에 미치는 영향에 대해 야단법석을 떨었고, 그 결과 NMFS 과학자들은 자신들의 작업을 방어해야 하는 소동에 말려들었다. 이 논쟁은 별도로 다루겠다(제21장 참조).

장기적 헌신

엑손 사의 기름 유출은 해양 생태계의 영향에 대한 과학적 이해를 진전시키는 드문 기회를 제공했는데, 연구비의 장기 지원이 이루어졌기 때문이다. 1989년에서 1991년까지 기름 유출에 따른 어류, 야생생물, 서식지 등에 대한 피해를 평가하는 연구에 공적 자금이 투입됐다. 1991년 민사 합의(제1장의 Tip 2 참조)에 따라 10년 동안 기름 유출에 따라 피해를 입은 야생생물과 서식지를 조사하고 증진시키고 복원시키는 데 9억 달러가 제공됐다. 이 자금이 목적에 맞게 지출되는지를 감독하기 위해 '엑손 밸디즈 호 기름 유출 자금관리위원회(EVOS Trustee Council)'가 조직됐다.

'공익재단 과학자'는 공적 자금 ─ EVOS 자금관리위원회나 공공기관을 통해 또는 일부의 경우에는 사적(비기업) 자금을 통해 제공된 — 으로 생태계에 미치는 기름 유출의 영향을 연구한다. 일부 공익재단 과학자들 — NMFS 오크베이 실험실의 과학자들과 같은 — 은 기름 유출 이전의 손상되지 않은 사운드를 기준점으로 삼아 기름 유출에 따른 파멸적 결과와 영향을 분명하게 밝혀낼 수 있다고 생각했다. 그런 까닭에 오크베이 실험실 과학자 50여 명은 기름 유출의 순간부터 10여 년 동안 다양한 형태로 나타나는 기름 유출의 장기적 영향을 연구하는 데 온갖 노력을 기울였다. 그를 위해 원유 탄화수소의 농도를 매우 정밀하게 측정할 수 있는 분석 장비를 갖췄다. 오크베이 실험실은 알래스카 주에서 그런 장비를 갖춘 최초의 실험실이고 미국 전체에서도 관련 분야의 전문성으로 손꼽히는 실험실로 남아 있다.

엑손 사도 기름 유출의 파멸적 결과와 영향을 연구하는 데 막대한 자금을 쏟아 부었지만, 공익재단 연구자와는 다른 목적을 가지고 있었다. 엑손 사는 공공 자원과 개인 모두에게 끼친 손실을 보상해야 하는 책임이 있었다. 1991년 엑손 사는 공공 자원에 끼친 손실에 대해 배상했지만 개인에 대한 배상은 시도조차 하지 않았다. 1994년에 시작된 법정 다툼에서 수십억 달러의 배상책임 가능성이 제기됨에 따라 엑손 사의 과학자들은 기름 유출이 어류, 야생생물, 기타 해양 생물 등에 별다른 영향을 주지 않았음을 보여줄 수 있는 연구를 수행했다. '엑손 사 과학자'는 엑손 사가 자금을 지원한 학술기관에서 연구비를 직·간접적으로 지원받은 연구자를 말한다.

공익재단 과학자는 피해를 정량화하고 복원을 조사하고 그 과정을 이해하기 위한 연구를 수행했다. 반면에 엑손 사 과학자는 물기둥에 포함된 기름의 농도가 너무 낮기 때문에 생물학적 피해가 발생할 수 없다는 주장을 정당화할 목적으로 연구를 설계하고 실시했다. 두 집단의 과학자는 각각 찾고자 하는 것을 발견했다. 허프는 이렇게 경고했다. "무엇에 대해 찬성한다거나 반대한다는 것을 분명히 하지 않은 채 감정의 개입 여지가 큰 내용과 관련된 주제를 언급하는 것은 위험하다"(Huff, 1954: 46). 공익재단 과학자는 엑손 사가 과학적 신뢰성과 중립성이라는 후광을 이용해 연구의 약점을 감추고 있다고 비판했다. 엑손 사의 연구는 신뢰성과 중립성을 상실했는데, 자신의 기름이 알래스카 해양 생물에게 피해를 입혔다는 사실을 '다시' 발견했기 때문이다.

이처럼 서로 다른 입장에 서 있는 과학자들 사이에서 엑손 사의 기름 유출이 해양 생물에 피해를 입힌 범위와 복원에 대한 예측을 둘러싸고 격렬한 논쟁이 벌어졌다. 저명한 해안생태학자 피터슨에 따르면 "비교적 간단한 판단, 가정, 연구 설계 등의 조건이……연구 설계의 선택에 따라 결론이 어떻게 좌우될 수 있는지를 설명해준다"(Peterson et al., 2001: 256). 허프는 이것을 의식적 또는 무의식적 '편향'이라 부른다(Huff, 1954: 123). 앞에서 우리는 바닷물 시료의 채집과 신중함, 혼합의 이용 등을 포함한 연구 설계에서의 단순한 선택이 어떻게 다른 결론을 이끌어내고 한쪽으로 치우친 결과를 낳는지를 보았다.

이후의 장은 공익재단 과학자들의 발견의 여정을 보여준다. 그리고 허프의 책을 도움 삼아 엑손 사의 사기 중 일부를 폭로한다. 허프의 책은 시간의 검열을 견뎌냈다. 출판된 지 반세기가 지난 현재에도 여전히 인기가 있고 잘 팔리고 있다. 허프는 '속임수'를 탐지하기 위한 통계학의 이용을 언급하고 있다(Huff, 1954: 9). 나는 엑손 사의 다양한 통계적 왜곡 — 이것은 혼란 또는 속임수를 의도했다 — 을 밝힐 것이다.

사운드의 진실

사운드에 얼마나 많은 또는 얼마나 적은 기름이 있는지를 둘러싼, 그리고 그것이 해양 생물에 유해한지를 둘러싼 과학 논쟁이 치열하게 전개되는 동안 사운드는 다시 한 번 스스로 '진실'을 드러내 보였다. 몇몇 해양 포유류, 조류, 어류 등이 오염의 정도가 가장 심했던 사운드 지역에서 다시 모습을 드러내기 시작했다. 10여 년 후 이들 지역에서의 생태계 복원 속도는 오염이 덜했던 사운드의 다른 지역에 비해 상당히 뒤떨어져 있었다(EVOS Trustee Council, 2000; Peterson et al., 2003).

다음 장에서 나는 해변과 바닷가에 서식하는 해양 식물과 동물에게 발생했던 일을 살펴봄으로써 기름 유출이 사운드의 생태계에 미친 영향을 추적하고 있다.

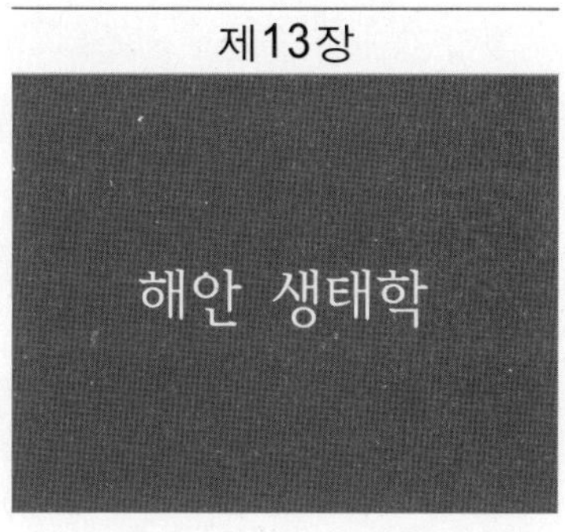

암질 해변과 뜻밖의 행운

엑손 밸디즈 호 기름 유출 사건이 일어나기 2주 전 시애틀의 해안 생태학자 존 호튼은 지역 환경 컨설팅회사에게 해고당했다(Houghton, 2000). 호튼은 곧바로 자신의 회사를 차렸고 뉴스를 통해 알래스카의 기름 유출 사건을 접했다. 그 사건에서 사업적 전망을 내다본 호튼은 엑손 사의 선임 과학자문위원 앨 마키에게 전화를 걸었다. 마키는 프루도 만에서 엑손 사 프로젝트를 수행한 적이 있었다. 호튼은 마키에게 엑손 사가 기름 유출이 해안 생태계에 미치는 영향을 연구하는 과학연구 팀을 고용하는 데 관심이 있는지 물었다. 해안 생태계는 해변에 서식하는 해양 식물과 동물로 이루어진 풍부한 공동체이다. 마키는 호튼을 도급계약자로 고용했다.

호튼은 데니스 리스와 빌 드리스켈이 공동으로 이끄는 팀에서 일했다. 리스와 드리스켈은 1970년대 후반 프린스윌리엄사운드에서 상당한 양의 작업을 수행했고, 호튼과 리스는 1980년대 환경청을 위해 푸젓 사운드의 해안에서 채집한 많은 양의 식물과 동물을 분석하는 일을 함께 했다(Zeh, Houghton and Lees, 1981). 호튼과 리스는 후속 연구로 기름 유출 사건에 따른 '군집 구조'(동물과 식물의 조합)의 변화를 연구할 필요가 있다고 권고했다. 호튼은 다음과 같이 말했다. "우리가 프린스윌리엄사운드에서 실제로 했던 일은 이런 권고의 실행이었다. 우리의 연구 설계는 바로 이런 권고에 기초하고 있었다."

그 팀은 정신없이 바쁘게 시료를 채취하면서 닷새 동안 사운드에 머물러 있었다. 그들의 연구는 '조간대' — 만조와 간조 사이에 노출되는 해변 — 와 사운드에 존재하는 주된 서식지 형태 — 암질(巖質) 해변, 둥근 자갈 해변, 모래와 진흙이 혼합된 해변 등 — 에 집중되어 있었다.

과학자들은 유출된 기름의 절반 정도가 사운드의 조간대 해변 거의 대부분을 휩쓸었다고 추정했다(Spies et al., 1996). 조간대 해변과 그에 인접한 얕은 조하대(潮下帶)의 환경은 사운드 전체 생태계의 건강을 유지하는 데 중요한 역할을 담당하고 있다. 조간대의 암반 해초와 조류(藻類), 조하대의 거머리말류 바닥과 켈프 수림(水林) 등이 동물 군집을 위한 매우 풍부한 먹이와 피난처를 제공한다. 바다 밑 바닥에 사는 작은 물고기, 홍합, 달팽이, 대합조개, 바다지렁이, 불가사리, 성게, 작은 게, 그리고 매우 작은 단각류(端脚類)와 요각류(橈脚類) 같은 갑각류 등은 무수히 많은 포식자의 먹잇감으로 제공된다. 이주하거나 상주하는 물새, 해변의 새, 바다수달, 강의 수달, 심지어 대머리독수리, 사슴, 곰 등이 바다와 해변 사이에 놓여 있는 중요한 중간지대 서식지에서 먹이를 찾아 헤맨다. 봄철에 이 지역은 태평양의 청어를 위한 부화장으로 그리고 철새 떼를 위한 식량 공급지로, 여름에는 새끼 연어, 청어, 던지니스 게, 바다수달, 기타 어린 생명의 보금자리로, 가을과 겨울에는 상주하는 야생생물의 생명 유지를 위한 영양 공급지로 기능한다.

호튼 팀은 처음부터 임무의 방대함에 압도당했다. 해변은 모두 멀리 떨어져 있었고 접근이 어려웠다. 해변이 기름에 오염되기 전에 시료를 채취하려고 서두르는 바람에 그들은 해안 생태계의 후속 연구를 주도했던 과학자들처럼 체계를 갖추기 힘들었다. 애초부터 그들에게는 불가능한 일이었다. 해변이 기름에 오염되거나 정화된다는 것이 무엇인지에 대해 그들은 전혀 알지 못했다.

해변이 기름으로 뒤덮인 후 호튼 팀은 다시 한 번 참혹함에 압도당했다. 그러나 조간대의 지배종인 다년생 암석해초인 푸쿠스의 대부분이 심한 기름오염에도 불구하고 살아남아 있음을 발견하고 고무됐다(Van Tamelen and Steoll, 1996a). 이런 식물에는 기름이 들러붙어 있을 수 없었다. 기름이 들러붙어 메마르게 된 식물은 오그라들면서 죽은 것처럼 보였지만, 6월 들어 그의 팀은 식물의 새로운 싱장을 목격했다. 암석해초는 포식자, 극단적 온도 변화, 밀물과 썰물 사이의 메마름으로부터 해변의 거주자를 지켜주는 중요한 보호막으로 작용한다.

기름이 해변을 덮쳤을 때 푸쿠스가 큰 피해를 입지 않았다는 사실이 밝혀짐에 따라 그의 팀은 대규모의 동물 피해가 발생했던 지역에서도 동물 모집단이 빠른 속도로 회복할 수 있으리라는 희망을 품었다. 그의 팀에게 기름으로 오염된 해변은 건물이 파괴되지 않은 채 남아 있는 전쟁터를 연상시켰다. 새로운 종의 이주 생물이나 생존한 생물이 빈 공간을 차지하려고 되돌아올 터였다. 하지만 그들의 희망은 오래가지 못했다.

4월 들어 엑손 사가 해안 청소작업을 시작했다. 호튼 팀은 고압온수 세척의 자국을 쫓아 시료를 채취하면서 조간대 군집이 세척에 의해 파괴된다는 사실을 알게 되자 몹시 속상했다. 90퍼센트에 가까운 암석해초가 화상으로 잘려나갔고 강한 압력으로 바위에서 떨어져 나가 파괴됐다. 섭씨 60도의 온수를 강력한 힘으로 계속해서 가했기 때문에 기름에 오염되었을 당시만 해도 살아 있었던 조간대 동물의 95퍼센트 이상이, 일부 종의 경우에는 100퍼센트가 죽임을 당하거나 대체됐다(Driskell et al., 1996; Houghton et al., 1996; Lees, Houghton and Driskell, 1996). 조간대 생물 대부분이 견딜 수 있는 온도는 섭씨 30도에 불과했다. 해변의 생물은 그야말로 삶아졌다. 호튼 팀은 '정화'가 기름 유출에 따른 직접 피해보다 더한 피해를 입혔다는 것을 알아냈다.

엑손 사는 호튼 팀의 발견을 달가워하지 않았다. 호튼과 연구자들은 엑손 사에게 청소작업의 생물학적 효과를 계속 보고할 수 있게 해줄 것을 '열과 성'을 다해 요청했다. 과학자들은 엑손 사의 방해에 크게 당황해서 청소작업에 대한 현장 관찰과 인상을 적은 짧은 논문을 준비했다. 호튼은 이렇게 말했다. "우리는 베트남의 마을을 소개했던 것을 비유로 들었는데, 그 마을에 베트콩이 있다는 의심이 들면 그곳에 네이팜탄을 쏟아 붓는 것과 같다. 해변이 조금이라도 오염이 됐다고 생각되면 그곳을 정화하기 위해 뜨거운 물을 쏟아 붓는다. 그것은 그곳에 있는 모든 것을 죽인다는 점에서 동일한 효과를 갖는다." 호튼은 2주간의 휴가를 떠나기 직전에 이 논문을 엑손 사의 밸디즈 지부에 보냈다.

호튼이 자리를 비운 사이 엑손 사의 책임과학자인 마키는 호튼의 동료인 드리스켈과 리스를 불러 논문에 대해 설명해줄 것을 요구했다. 드리스켈에 따르면, 그 모임에는 팽팽한 긴장감이 감돌았다. 엑손 사는 고압온수 세척이 조간대 지역에 남아 있는 생명체를 파괴한다는 증거가 전혀 달갑지 않았다. 질문 공세에 시달렸지만 연구자들은 자신들의 입장을 고수했다. 약간의 연극적 요소를 더해 드리스켈은 이렇게 말했다. "실무책임자 뒤쪽 구석에 엑손 사 관계자가 조용히 앉아 있었다. 증거는 없지만 고문, 전략가, 아니면 법률가라는 생각이 들었다. 그 사람은 모임 내내 협박을 당하고 있는 두 명의 생물학자(우리)를 냉정하게 노려보고 있었다." 드리스켈과 리스는 엑손 사가 청소작업을 중단하거나 그 피해에 대해 거론할 생각이 전혀 없다는 식의 말을 들었다. 그것은 '정치적 자살'과 같기 때문이라고 했다. 그들은 NOAA 또는 해안경비대가 중단 명령을 내릴 때만 중단하게 될 것이라고 말했다.

NOAA 과학자들이 제출한 생물학적 황폐화 효과에 대한 초기 증거에도
불구하고(Whitney, 1991), 해안경비대는 제1부의 '병든 작업자들'에서 이미
언급했던 이유를 들어 엑손 사의 고압온수 세척작업을 중단시키지 않았
다. 고압을 이용한 물 세척은 1989년에만 해도 기초적으로 사용되던 해안
정화법이었다.

호튼과 그의 동료들은 세 종류의 분산제(코렉시트 7664, 코렉시트 9580M2,
BP1100X)와 고압 물 세척법을 포함한 몇 가지 해안정화법의 생물학적 영향
을 평가할 수 있도록 허락받았다. 그들은 엑손 사의 제품(코렉시트 7664와
9580M2)이 조간대 동물을 대상으로 한 "LC50s(시험 생물의 절반이 죽는 치사
농도)를 상당히 초과"해서 투입되고 있는 것 같다고 보고했다(Lees, Houghton
and Driskell, 1996: 329). 이런 화학제품은 대중적 반대에 부딪혀서 결국 금지
됐다. 그 팀은 늦여름에 진행된 청소작업의 생물학적 영향을 간단하게 조
사할 수 있는 기회를 포착할 수 있었다.

그해 가을 엑손 사의 기름 유출 프로그램에 소속된 연구 팀 대표들은 휴
스턴에 있는 엑손 사 본부에서 경영진과 변호사를 상대로 연구 결과를 별
도로 발표했다. 호튼과 리스, 드리스켈은 다른 연구 프로그램의 연구 결과
를 언급해서는 안 되며, 다른 연구 팀 대표의 발표 자리에는 참석할 수 없
다는 말을 들었다. 별도로 진행된 그들의 발표에서 리스는 켈프(다시마과의
대형 갈조류)의 성장이 준거 지점에 비해 기름에 오염된 지역에서 크게 뒤
처진다고 말하는 순간 한 변호사가 다른 변호사에게 "지금 우리 발등을 우
리가 찍는 것 아냐"라고 속삭이는 소리를 들었다. 엑손 사의 법률적 전략
때문에 호튼과 리스, 드리스켈은 자신들의 연구 결과를 설명할 수 있는 기
회를 얻지 못했다. 생물학자들은 자신의 연구 결과 대부분이 세상에 나오
지 못할 것임을 직감했다. 결국 그들이 옳았다.

1990년 엑손 사는 대규모 해안 세척작업을 중단하기로 결정했다. 엑손

사는 1990년 일부 '중점 세척'을 실시했고, 1991년 규모를 축소한 세척작업도 거의 중단했다. 그 대신 수작업으로 오염물질을 제거하고 화학약품을 투입하는 것으로 정화방식을 크게 바꿨다. 1989~1991년 동안 프린스윌리엄사운드 해안은 두 가지 엑손 사 제품 — 10만 4,510갤런의 액체 이니폴과 65톤의 펠릿 커스텀블렌 —으로 흠뻑 젖었다. 이니폴의 사용에 따른 인체의 건강 피해는 모든 생태적 이득을 초과할 것으로 추정됐다(제1장, 제4장, 제5장 참조).

1990년 엑손 사는 또 다른 정치적 골칫거리 — 현장연구의 연장을 위한 호튼 팀의 하도급 계약 — 를 해결하기로 결정했다. 그 대신 엑손 사는 호튼의 전직 고용사와 직접 계약했다. 하지만 뜻밖의 행운이 호튼의 이익을 보장하는 쪽으로 작용했다. NOAA가 호튼과 계약을 원했다. 계약 체결에는 일주일이 채 안 걸렸고, 호튼 팀은 사운드로 되돌아와서 이전의 조사 대상지역에서 시료를 다시 채취했다. 그리고 연구 설계를 강화하는 차원에서 몇 군데 지역을 추가했다. 호튼 팀은 NOAA와의 계약을 통해 그 후 몇 년 동안 연구를 지속할 수 있었다.

1990년과 1991년 호튼 팀은 기름으로 오염된 해변을 개척지로 삼고자 이동해온 기회를 노리는 종들의 물결을 회복의 첫 번째 단계로 여겼다.[1] 그들은 해양 식물과 동물이 제쳐둔 해변 — 거친 청소작업에서 제외된 오염된 해변 — 보다 청소가 이루어진 해변에서 재정착에 더 큰 어려움을 겪고 있음을 알아냈다. 그들은 제쳐둔 해변에서 생존한 개체는 새로운 세대를 위한 종자로 작용하지만 청소된 해변에는 사실상 생존자라곤 없었기 때문에 이

---

1) 이런 패턴을 가장 잘 보여주는 종(種)으로, 중고지대 조간대에서는 암석해초 푸쿠스, 조개삿갓 바라누스 글란둘라, 꽃양산조개 텍트라 페르소나를, 저지대 조간대에서는 홍합 미틸루스 트로슐루스를 꼽을 수 있다(Highsmith et al., 1996; Houghton and Elbert, 1991; Houghton et al., 1996).

러한 현상이 발생했다고 추론했다. 황폐화된 해변에서는 해류와 조류를 타고 멀리 떨어진 곳에서 온 유생(幼生) 동물과 식물부터 터 잡기를 다시 시작해야만 한다.

1992년과 1993년에 이르면 호튼 팀은 고압온수로 세척된 해변에서도 겉으로 보기에 어느 정도 상태가 회복되고 있음을 발견할 수 있었다(Houghton et al., 1997). 그들은 청소된 일부 해변에서 대조군 지역(기름에 오염되지 않은 해변)보다 더 많은 암석해초의 존재를 확인했는데, 이것은 해초를 먹이로 삼는 성게와 같은 군집이 해초의 성장에 영향을 미칠 만큼 충분히 회복되지 않은 까닭이었다. 또한 청소된 해변에 있는 암석해초 군락은 벌초 후 새롭게 숲속에서 자라나는 풀처럼 나이가 모두 같았지만, 제쳐둔 해변에 있는 암석해초 군락은 다양한 연령대가 서로 뒤섞여 있었다. 그들은 연령이 같은 풀들이 동시에 죽을지 여부가 궁금해졌다. 호튼 팀은 4년을 더 연구했다(제21장 참조).

호튼 팀의 연구에 더해 공익재단 과학자의 소집단은 연방법에 규정되어 있는 자연자원손실평가(Natural Resource Damage Assessment: NRDA)의 일환으로 1989년에서 1991년까지 해안 생태계에 대한 대규모 평가를 실시했다(Tip 10 참조). 몇몇 과학자들은 이렇게 보고했다. "엑손 밸디즈 호 기름 유출 사고와 이어진 청소작업에 따른 조간대 식물과 무척추동물군에 대한 피해조사는 프린스윌리엄사운드에서 알래스카 반도에 이르는 (1,200마일의) 기름 유출 전 지역을 대상으로 이루어졌다"(Stekoll et al., 1996: 177). 그들은 기름 유출에 이은 일련의 사건들 — 초기 충격, 죽음, 회복 — 이 영국의 토리캐니언 호의 기름 유출 사고, 캐나다 노바스코샤에서 발생한 애로 호 난파 사고, 미국 매사추세츠 주의 버저즈 만에서 있었던 플로리다 호 좌초 사건 등과 같이 전 세계에서 발생한 기름 유출 사고에서 나타난 양상과 유사하다는 사실을 발견했다. 따라서 회복속도도 비슷할 것이기 때문에 수십 년은 족히 걸릴 것이라고 예측했다.

논쟁과 비밀 그리고 공익

엑손 밸디즈 호 기름 유출 사건의 여파로 효과적인 대응과 복원을 위한 노력이 1989년 손실평가를 좌우했던 두 개의 연방법률하에서 비밀성 제약, 대립하는 법규, 지원자금의 부족 등으로 방해를 받았다.

「청정수질법」은 천연자원에 영향을 미치는 기름의 유출 및 제거를 목적으로 하고 있으며, 실행주체는 환경청이다. 환경청의 법규는 즉각적인 대응 연구―효율적인 분산제 사용이나 해변 세척 기술과 청소작업―는 물론 장기적인 회복 연구 모두를 아우른다. 「종합환경대응보상책임법」(통상적으로 '슈퍼펀드'로 알려져 있다)은 유해물질의 방출 후 회복을 다루며, 미국 내무부가 주관한다. 내무부는 법규에 따라 국가자원손실평가(NRDA) 과정을 통제하는데, NRDA 조사도 포함되어 있다. NRDA 조사는 소송을 목적으로 설계된 까닭에 분쟁이 해결될 때까지 공개될 수 없다. 또한 내무부의 관련 법규는 공개적인 의견 수렴 과정을 포함하는 복원 계획의 수립 절차를 규정하고 있다.

NRDA 조사의 비밀 유지는 세 가지 이유에서 효과적인 청소와 복원을 방해했다(Cummings, 1992). 첫째, NRDA 조사는 기름으로 오염된 해변에서 더 큰 피해를 막는 쪽으로 청소작업을 유도하는 데 이용될 수 없었다. 예를 들어 NRDA 과학자들은 고압온수 세척이 빠른 속도로 해변에서의 피해를 키우고 있음을 알고 있었지만 이 정보는 해변 청소작업에 참여했던 연방정부의 과학자들과 공유될 수 없었다. 해변의 과학자들은 NRDA 조사와는 별도로 독자적인 연구를 수행할 수밖에 없었다(Wolforth, 1990a; 1990b).

둘째, NRDA 절차에 따라 NRDA 소속 과학자와 소속되지 않은 과학자 사이는 물론 NRDA 과학자 사이의 정보 교환이 금지되어 있다(Cummings, 1992). 서로의 연구 내용을 전혀 알 수 없었는데, 이는 장기 연구 계획의 수립을 어렵게 만들었다. 연구자들이 연구의 전체 상(像)을 포괄적으로 그릴 수 없었는데, 이로 말미암아 생태계에 미치는 피해 범위 전체를 파악하고 예측을 통해 적절한 복원 프로그램을 수립하는 일이 원천적으로 불가능했다. 또한 과학 연구에서 통상적인 재검토 과정이 빠짐으로써 자신의 연구를 다듬고 개선할 수 있는 길이 차단되어 있었다. 소송을 목적으로 한 근시안적인 과학은 공익에 부합하기 힘들다. 예를 들어 해변 생태학 연구를 위한 기획모임에서 한 변호사가 다음과 같이 논평했다. "조개삿갓과 홍합을 가지고선 재판에서 이길 수 없어요"(Highsmith, 1990). 하지만 역설적으로 공익재단 과학자가 기름 유출 후 10년에 걸친 장기 연구로 기름이 어류와 야생생물에 미치는 지속적 효과에 대해 새로운 이해에 도달할 수 있었던 것은 기름으로 오염된 '조개삿갓과 홍합' 그리고 기름을 빨아들인 해변 덕분이었다.

셋째, NRDA 절차에 따라 과학자와 일반 시민－기름 유출자도 포함－사이의 정보 교환도 금지되어 있다(Cummings, 1992). 이것은 일반 시민이 「종합환경대응보상책임법」에서 요구하는 복원 계획에 효과적으로 참여하는 것을 가로막는다.

갈등은 엑손 사의 기름 유출 규모의 추정치 산정에서 내무부 법규의 부적합성에 의해, 그리고 기름 유출 효과의 '조사'에 기름 유출자(기업)가 연방정부를 상회하는 연구비를 지출할 수 있는 현실에 의해 가중된다. NRDA 절차에는 법률에 의해 요구되는 손실평가 및 복원 연구를 위한 전용자금 지원장치가 포함되어 있지 않다. 엑손 사가 배상을 회피할 때 연방정부는 손실평가 및 복원 작업에 투입된 자금을 확보하기 위해 조기에 타협점을 찾으라는 압력에 취약할 수밖에 없다(Collinsworth, 1990; Harrison, 1990; Stewart, 1990; Suuberg, 1990).

1990년의 「해양기름오염방지법」은 충돌적인 NRDA 절차에 대안을 제공함으로써 「종합환경대응보상책임법」을 수정하기 위한 노력의 산물이었다. 연방정부와 기름 유출자 사이의 대안적이고 협력적인 계획 수립 절차는 그 자체로 문제점을 노출했는데, 그것은 기름 오염을 둘러싼 새로운 과학적 이해의 관점에서 보면 비교적 분명해진다.

　결론은 이렇다. 연방법 체계는 손실평가 및 복원 연구를 위해 두 배에 달하는 비용을 지불할 능력이 있는 부유한 기름 유출자를 다룰 수 있도록 구조화되어 있지도 않고, 현재에도 여전히 그렇다. 기름 유출자는 일단 연방정부가 연구에 지출한 비용을 배상하고 나서 자신의 이익에 보다 더 부합하는 분석에 자금을 더 지원한다.

　공익의 관점에서 「해양기름오염방지법」을 강화하기 위한 권고사항은 제24장에서 다루고 있다.

호튼 팀처럼 공익과학자들도 오염된 상태로 청소되지 않은 채 남겨진 해변이 청소된 해변보다 더 빨리 회복됐다고 결론 내렸다(Van Tamelen and Stekoll,1996a; Van Tamelen, Stekoll and Deysher, 1997). 다른 과학자들은 이렇게 보고했다. "오염된 지역과 대조군 지역 사이에 차이가 나타나는 주요한 원인은 기름 오염과 청소작업에 따른 텅 빈 기층(해변)의 생성이다. 회복 속도는 황폐화된 지역의 재이주 속도에 비례하는데, 여기에는 잔존하는 기름의 효과에 따른 복잡성이 작용한다"(Highsmith et al., 1996: 234).

앨 먼스는 NOAA의 유해물질반응평가부서의 생물학평가 팀과 함께 쓴 논문에서 엑손 사의 다양한 해변 정화작업을 분석했다. 그는 고압온수 세척에 많은 관심을 보이면서 "1989년 해안 작업의 절반이 정화 활동에 치중되면서 유출된 기름의 대부분을 방치되었고, 그 결과 전체적으로 볼 때 피해를 입은 생물자원의 절반 정도가 죽임을 당했다"(Mearns, 1996: 323)고 비판했다. 먼스에 따르면, 해안 생명의 손실은 어마어마했다. 청소작업으로 최초 기름 유출에 의한 것만큼이나 많은 동식물이 죽었다.

호튼과 리스, 드리스켈은 물론 다른 과학자의 연구로 기름 유출에 대한 기계적이고 화학적 방식의 해변 정화작업은 중단되었고 (최소한 단기적으로) 기름 유출 이후의 조사가 제도적으로 정착될 필요성이 부각됐다.

엑손 사의 연구 : 기만적인 연구 설계

호튼 팀을 대신했던 엑손 사 과학자들도 1990~1991년 공익재단 연구와 흡사한 성격의 대규모 해안 생태계 평가 프로그램을 진행했다. 기름 유출과 청소작업으로 알래스카 해변의 해양 생물이 오랫동안 지속되는 심각한 피해를 입게 됐다는 압도적 증거를 마주하게 된 엑손 사 과학자들은 진실을 은폐하기 위한 예외적 수단을 집어 들었다. 그들은 기름 유출과 청소작업으로 알래스카의 해변에 지속적인 피해가 발생하지 않았음을 보이기 위해 많은 시간과 노력을 들였다. 여기에 핵심이 존재하는데, 해변의 회복이야말로 피해를 당한 많은 생물종의 복원을 알려주는 기본적 바로미터이기 때문이다.

엑손 사 과학자들은 분명한 논점을 흩뜨리고자 했다. 그들의 연구는 기름에 오염된 해변과 그렇지 않은 해변의 차이를 없애려고 했다. 그들은 (실제로 생명이 싹쓸이된) 오염된 해변과 (생명이 고동치는) 그렇지 않은 해변 사이의 분명한 차이를 감추고자 몇 가지 속임수를 썼다.

기름 신호 탐지

군집구조를 연구하는 해안 생태학자가 마주하는 도전은 식물과 동물의 종과 관련해 완전히 똑같은 두 개의 해변이란 존재할 수 없다는 사실이다. 파도가 치는 암질 해안에는 조개삿갓, 홍합, 경단고둥, 딱지조개, 꽃양산조개, 불가사리 등과 같이 바위에 밀착할 수 있는 부착형 생물이 살고 있다. 자갈이나 모래 해변에는 대합조개, 갯지렁이, 작은쥐며느리 같은 갑각류와 같이 굴을 파고 사는 생물종이 산다.

심지어 같은 유형의 해변에서조차 식물과 동물의 종과 개체수가 서로 다른데, 파도 에너지, 경사면, 겨울철에 반짝이는 얼음의 정도, 담수에서의 거리 등에 따라 미묘한 차이가 있다. 예를 들어 노출된 드넓은 자갈 해변에는 온도와 염분의 극단적 환경에 내성을 지닌 종과 (좁은 자갈 해변에 사는 종에 비해) 간조와 만조 사이의 건조 기간에 저항력이 강한 종이 서식한다. 그리고 해변의 방문자라면 누구나 알 수 있듯, 해변을 따라 일정한 거리를 두고 식물과 동물이 무리를 지어 서식한다. 해변을 따라 열 걸음을 옮겨보면 완전히 다른 동식물을 볼 수 있다.

기름 유출과 같은 혼란이 발생한 후 통계적 기법으로 기름 오염에 따른 군집구조의 차이를 정확하게 포착하기란 어려운데, 많은 물리적 요소도 조간대에 서식하는 해양 생물에 영향을 미치고 있기 때문이다. 어떤 지역의 암질 해안에 있는 경단고동이 다른 해변에 비해 그 수가 적다면 원인은 무엇 때문인가? 그 해변이 파도에 더 많이 노출되었기 때문인가 아니면 더 심하게 오염되었기 때문인가?

기름에 따른 차이를 탐지할 수 있는 연구 역량 — '배경 소음'이나 자연적 변이에 기원하는 차이와는 다른 것으로 기름에서 기인하는 차이를 정확하게 탐지할 수 있는 능력 — 은 '통계적 힘'에 달려 있다. 이것은 소음 속에서 라디오 신호를 찾아내서 들으려 하는 것과 같다. 라디오의 채널을 조심스럽게 돌릴수록 원하는 소리를 더 잘 들을 수 있다. 과학자들은 연구 설계 과정에서 형성된 의식적 선택을 통해 연구의 통계적 힘을 키운다. 해안 생태학 연구에서 공익재단 과학자는 자신의 라디오 채널을 조심스럽게 돌리면서 기름에서 나온 신호를 선명하게 '들은' 반면, 엑손 사 과학자는 배경 소음을 줄이기 위한 노력을 통해 신중하게 연구를 조정하지 않음으로써 기름 신호를 잃어버렸다. 연구 설계를 '조정'하는 결코 사소하지 않은 선택의 차이가 커다란 결과의 차이를 낳았던 것이다.

엑손 사 과학자는 기름 유출에 따른 명백한 영향을 뒤죽박죽 통계학 속에 묻어버리려고 해안 생태학 연구를 설계한 것처럼 보인다. 이런 통계학의 미로로 들어갈 정도로 용감한 과학자는 거의 없었는데, 그 속에는 프린스윌리엄사운드 해변을 대상으로 한 엑손 사의 '생태학적 복구'라는 과장된 주장의 거품을 터뜨릴 수 있는 바늘이 숨겨져 있었다. 마침내 기름 유출이 있고 나서 10년이 지난 후 해안 생태학자 찰스 피터슨은 공익재단 과학자와 엑손 사 과학자가 전개했던 해안 생태학 연구의 실험 설계와 통계 기법을 비교하는 연구를 수행했다.[2] 피터슨 팀은 설계 선택에서 18가지의 차이점을 찾아냈는데, 그 차이에 의해 엑손 사의 연구 결과는 극단적인 편향을 띠게 됐다(Peterson et al., 2001). 어떻게 엑손 사 과학자들이 기름 유출의 영향을 탐지하는 데 실패했는지는 다음의 다섯 가지 사례를 정밀 조사해봄으로써 충분히 알 수 있을 것이다.

통계적 미로를 헤치고 나아가기

첫째, 엑손 사 과학자는 소규모 표본을 사용하는 방식으로 허프가 소량 샘플 편향이라 부른 것을 연구 설계에 끼워 넣었다. 엑손 사의 해변 표본은 규모가 너무 작았기 때문에 특정 해변에 서식하는 동물과 식물의 종을 제대로 대표하기에 충분치 않았다. 소수 표본 편향의 중요성을 설명하기 위해서 나는 허프가 든 비유를 소개하고자 한다.

콩 한 통이 있다고 상상해보자. 이 통에는 다수의 얼룩배기강낭콩과 매끄러운 강낭콩, 얼마간의 가반조콩과 검은콩, 약간의 리마콩이 들어 있다. 각각의 콩은 조간대 해변에 살고 있는 흔한 것에서 드문 것에 이르는 서로 다른 생물종 — 경단고둥, 홍합, 꽃양산조개, 딱지조개 등 — 을 나타낸다. 엑손 사 과학자는 표본 수집 과정에서 여러 번에 걸쳐 많은 양의 '콩'을 움켜

---

2) 피터슨과 에릭슨, 스트릭랜드에 의해 분석된 주요한 네 연구에는 두 개의 공익재단 연구 — 해안 생태계 피해 연구(McDonald, Erickson and Strickland ,1995; Highsmith et al., 1995; Stekoll et al., 1996; Sundberg et al., 1996)와 NOAA 유해물질 프로그램(Driskell et al., 1996; Houghton et al., 1996; Lees, Houghton and Driskell, 1996)—와 두 개의 엑손 사 연구—해안 생태학 프로그램(Page et al., 1995b; Gillfillan et al., 1995a)과 알래스카 만 연구(Gilfillan et al., 1995b)—가 포함되어 있다.

쥐었던 공익재단 과학자에 비해 적은 횟수에 적은 양의 '콩'만 움켜쥐었다. 공익재단 과학자의 접근방식은 통 속에 들어 있는 다양한 형태에 따른 상대적 개수를 대변할 수 있는 기회를 증가시킨다(Gilfilan et al., 1995a; Page et al., 1995b; Highsmith et al., 1996; Sundberg et al., 1996).[3]

피터슨 팀은 별도의 시험에서 엑손 사의 표본이 소규모로 재현 수준이 낮아서 해변에 있는 종 — 병에 들어 있는 '콩' — 의 개체수와 다양성을 제대로 반영하지 못했음을 밝혔다. 허프는 콩의 비유에서 이렇게 말한다. "표본이 충분히 크고 적절하게 선택됐다면, 그것은 대부분의 목적에 사용해도 될 정도로 전체를 충분히 대표할 것이다. 그렇지 않다면 영리한 추론에 비해 훨씬 정확성이 떨어질 것이고, 오직 거짓된 과학적 정교성이라는 분위기 속에서만 그것을 추천할 수 있을 것이다"(Huff, 1954: 13). 소수 표본 편향은 기름의 영향을 탐지하려는 엑손 사의 연구 역량을 약화시키고 언론과 일반 시민이 사실이 아닌 뭔가 — 즉, 해변에는 기름 유출에 따른 별다른 영향이 없었다라는 주장 — 를 믿도록 유도할 것이다.

엑손 사 과학자가 사용한 속임수의 두 번째 사례는 허프가 잘 선택된 평균이라고 부른 것의 창조적 사용이다. 엑손 사 과학자는 먼저 무척추동물 개별 종에 대한 자료를 끌어 모은(결합한) 다음 평균값을 구했다. 그 결과 기

---

3) 피터슨 팀은 해안 서식지 전체 지역을 대상으로 서식지 형태와 해안선 상승에 따라 주어진 층위에서 해마다 시료를 채취했는데, 엑손 사 과학자의 연구와 공익재단 과학자의 연구 사이에 커다란 차이를 보인다고 강조했다. 엑손 사 과학자는 해안 생태학 프로그램에서 총 약 1.36제곱미터(그랜드피아노 윗부분에 해당하는 면적)에서 시료를 채취했다. 이와는 대조적으로 공익재단 과학자는 해안 서식지 피해 평가에서 약 60제곱미터(축구장의 1/4에 가까운 면적)에서 시료를 채취했다. 공익재단 과학자는 모든 해안에서 엑손 사 과학자보다 6배나 많은 샘플을 채취했고, 그 크기에서 8배 더 컸다. 피터슨 등이 언급했듯, 이런 차이는 시료 채취 노력에서의 차이를 보여줄 뿐만 아니라 '생물군체의 특성을 파악하는 능력의 차이'를 보여준다(Peterson et al., 2002: 310).

름의 영향이 흐려졌다. 자료 수집은 과학적 방식을 취했기 때문에 타당하지만 차이를 흐리기 위한 용도로 사용될 때는 그렇지 않다. 예를 들어 공익재단 과학자는 두 종의 경단고둥이 기름에 다르게 반응한다는 사실을 목격했다. 즉, 두 종의 개체수는 처음에는 모두 감소했지만, 기회종일수록 기름 유출의 순간에 비해 시간이 흐를수록 더 빠르게 증가했다. 반면에 엑손 사 과학자는 두 종에 대한 자료를 수집하고 ─ 한 종의 개체수는 많고 다른 종은 적고 ─ 그 차이의 평균값을 구했다. 그리고 기름에 따른 어떤 피해도 없다고 말했다. 또는 최소한 통계적으로 그렇게 증명했다. 표본 수집의 오용을 분명히 하고자 공익재단 과학자는 자신이 모은 자료를 종합해서 엑손 사 과학자들이 기름이 경동고둥의 개별 종에 미친 영향이 드러난 곳에서 수집한 자료의 44퍼센트를 감췄다는 사실을 밝혀냈다(Highsmith et al., 1996: 234). 꽃양산조개와 조개삿갓에 대해서도 같은 일이 반복됐다. 엑손 사 과학자가 자료를 수집할 때 기름에서 기원한 반응 신호는 마술같이 사라져 버렸다(Gilfillan et al., 1995a: 415). 피터슨 팀은 '종(種)의 구성이 중요하다'는 결론에 도달했다.

종의 구성은 통계 게임을 넘어서서 해변에 사는 동물과 식물의 군집에서도 중요하다. 이웃이 공존을 잘 하느냐 그렇지 않으냐에 따라 차이가 발생한다. 공익재단 과학자는 조개삿갓의 기회종인 크사말루스가 발나누스보다 청소작업 후에 더 빨리 다시 자리 잡는 것을 발견했다(Highsmith et al., 1996). 이 두 조개삿갓은 바위에 부착할 수 있는 능력에서 차이를 보인다. 즉, 발나누스 종의 부착력이 더 뛰어나다. 크사말루스 조개삿갓에 붙어 있었던 암석해초인 푸쿠스는 겨울 폭풍의 파도가 바위에서 조개삿갓을 떼어 놓을 때 함께 쓸려가고 만다. 이것은 핵심 종인 푸쿠스의 복구를 지연시키고 그에 의존하는 조간대 군집의 회복을 더욱 더디게 만든다(Van Tamelen and Stekoll, 1996b).

엑손 사 과학자가 사용한 세 번째 속임수는 누락의 오류로 선택적으로 표본을 추출하고 자료를 보고함으로써 발생한다. 엑손 사 과학자는 개별 종에 대한 원자료를 보고하는 대신 기름 유출로부터 피해가 없다는 주장을 뒷받침하기 위해 끌어 모은 자료만 보고했다. 호튼 팀과 다른 공익재단 과학자는 조간대의 고지대에 서식하는 꽃양산조개의 한 종(텍투라 페르소나)이 기름에 매우 민감하다는 사실을 발견했다. 엑손 사 과학자는 꽃양산조개에 관한 1989년의 호튼 팀 자료를 선택적으로 빼버렸다. 그 자료는 이 종이 기름 유출 후에 해변에서 사려졌음을 분명하게 보여준다.

사실상 엑손 사 과학자들은 호튼이 연구대상으로 삼았던 현장에 대한 후속 연구를 위한 표본 채취 과정에서 수집한 자료를 선택적으로 빠뜨렸다. 그들은 호튼의 1989년 연구가 표서동물(表棲動物) ― 해저의 표면에서 사는 동물 ― 에 집중한 반면, 자신들의 1990년과 1991년 연구는 내서동물(內棲生物) ― 해저층에 구멍을 뚫어 그 속에서 서식하거나 해저면을 기어 다니며 서식하는 동물 ― 에 초점을 맞췄다고 주장했다(Gilfillan et al., 1995a: 423). 하지만 이것은 상식 밖의 주장이다. 왜냐하면 호튼과 그의 동료들은 1989년부터 1992년까지 해변과 수면 아래에 서식하는 모든 생명체에 대한 기름 오염과 해안선 청소작업의 영향을 철저하게 보고했고(Driskell, Houghton and Lees, 1996; Houghton et al., 1996), 그 결과 기름 오염보다는 청소작업이 해변의 동물에게 더 큰 재앙이었음을 밝혀냈기 때문이다. 한편 엑손 사 과학자는 1990년과 1991년에 얻은 자료를 1989년의 자료와 비교하는 작업을 회피한 것처럼 보인다. 엑손 사 과학자들은 이렇게 썼다. "1989년의 자료 분석에는 화학 시료만 포함되어 있다"(Gilfillan et al., 1995a: 423).

엑손 사 변호사들은 처음에 호튼에게 그의 팀이 수집한 1989년의 자료에 대한 접근을 금지했는데, 역설적이게도 그런 조치가 고압온수 세척이 기름 유출보다 대합조개를 비롯한 내서동물에게 더 치명적이라는 사실을 발견하는 계기로 작용했다. 결국 기름 유출로 피해를 입은 어부, 원주민, 공동체 등이 제기한 손해보상소송에서 호튼에게 자료 전체를 공개하라는 명령이 내려졌다.

엑손 사 과학자는 이용할 수 있는 자료를 무시하고 연구 범위를 내서동물로 국한함으로써 유해한 기름의 영향을 감추려는 모습을 보였다. 피터슨 등은 이러한 누락은 군집 지위와 회복 과정에 대한 '유의미한 추론'을 가로막는다고 논평했다(Peterson et al., 2002: 261). 허프는 누락의 오류를 편향이 내장된 표본이라고 언급하면서 이렇게 경고한다. "표본조사의 결과는 그것이 토대로 삼고 있는 표본보다 더 나을 수 없다"(Huffe, 1954: 18).

엑손 사 과학자가 사용한 네 번째 속임수는 대조군 해변의 부적절한 선택이었다. 과학 연구에는 연구 결과에 영향을 미칠 수 있는 자연환경의 변수를 '통제하기' 위해 대조군이 사용된다. 공익재단 과학자는 오염된 해변에 대한 대조군으로 그 해변과 환경 소선이 일치하는 근처의 오염되지 않은 해변을 선택했는데, 그렇게 해야만 기름의 존재 유무만 문제 삼을 수 있다. 그들은 배경 소음을 줄이는 데 특히 신경을 많이 썼다. 라디오로 예를 들면, 다른 신호에서 나오는 잡음을 조정함으로써 오직 기름이라는 변수의 차이에서 비롯되는 뚜렷한 신호를 수신할 수 있었다.

엑손 사 과학자는 오염된 지역의 대조군을 다른 방식으로 선택했다. 한 연구에서 엑손 사가 정한 네 곳의 대조군 지역 중 세 곳은 사운드의 남서쪽에 있는 빙하로 뒤덮인 만에 위치했다(Gilfillan et al., 1995a; Page et al., 1995b). 이 해변들은 기름오염에서 자유로웠지만 실제로 서식하는 동물이나 식물이 거의 없었으며, 피터슨 팀의 표현에 따르면 "생물의 총체적 볼모지"(Peterson et al., 2001: 268)였다. 차갑고 염분이 적고 혼탁한 빙하의 환경은 풍부한 조간대의 해양 생물을 뒷받침해줄 수 없다. 기름에 오염된 해변이 이런 황폐한 지역과 비교되었을 때 오염된 해변은 통계상으로 더 많은 식물과 동물이 번성하고 있는 곳처럼 비친다.[4] 피터슨 팀은 1989년 공익재단 과

---

4) 생태적 복구에 대한 엑손 사 과학자의 자료 수정은 Gilfillan et al., 1995a: 413-417 참조.

학자도 대조군으로 빙하 지역을 사용하는 동일한 오류를 범했지만, 이후 자연 조건을 일치시키는 접근을 통해 자신들의 연구를 계속 재설계해나갔다고 지적했다(Sundberg et al., 1996).

대조군의 부적절한 선택을 통해 엑손 사 과학자는 잘못된 진술에도 불구하고 연구의 신뢰성을 유지할 수 있었다. 엑손 사 과학자들은 이렇게 주장했다. "기름 유출 사고 발생 15~18개월 이후에 최초로 오염된 프린스윌리엄사운드 해안선의 약 73~91퍼센트가 통계적으로 볼 때 대조군 해변과 거의 차이가 없어졌다"(Gilfillan et al., 1995a). 신중한 독자는 엑손 사 과학자들이 연안 해양 생물에 대해 기름 유출 효과가 없었다는 말을 결코 하지 않았음을 알아챘을 것이다. 그들은 기름에 오염된 해변과 그렇지 않은 해변 사이에서 차이를 탐지해낼 수 없었다고 말했을 뿐이다. 어떤 것도 반증되지 않은 탓에 인상적으로 공익재단 연구들과 거리를 유지할 수 있었다.

엑손 사 과학자는 대조군의 부적절한 선택을 활용함으로써 기름 유출이 실제로는 해안에 서식하는 해양 생물에게 이롭게 작용했다고 암시하기까지 했다. "대조군 지역은 물론 다른 해안 지역과 비교했을 때 거의 예외 없이 현재의 군락은 **대조군 지역에 비해** 훨씬 다양하고 많은 종을 보유하고 있으며, 더 많은 개체수를 보유하고 있었다"(Gilfillan et al., 1995a: 437. 강조는 추가).

상식에 도전하는 진술에 직면했을 때 허프는 이렇게 물을 것을 권한다. "말이 됩니까?" 그는 이렇게 쓰고 있다. "많은 통계가 명시적으로 틀렸다. 숫자의 마술이 상식을 일시적으로 멈추게 함으로써 그것이 받아들여질 뿐이다"(Huffe, 1954: 137-138). 빙하 해변이나 기름에 오염된 해변의 성격에 대해 아무것도 모르는 사람조차 엑손 사의 진술은 상식적 차원의 시험을 통과하지 못할 뿐만 아니라 신뢰를 얻을 수 없다.

엑손 사 과학자가 사용한 다섯 번째 속임수는 **잘못된 추론**이다. 이 속임수의 핵심은 결론이 연구 설계에 의해 뒷받침되지 않는다는 것이다. 공익재단 과학자와 엑손 사 과학자는 해변에 대한 피해 범위를 예측하고 회복의 궤적을 추적할 수 있는 샘플링 설계를 사용하는 위험을 감수해야 했다. 피터슨 팀은 공익재단 과학자들은 어떤 연구에서는 6년 동안, 다른 연구에서는 11년 동안 같은 해변에서 표본을 채취했다고 적고 있다. 대조적으로 엑손 사 과학자는 최종 결론을 내리기 전에 어떤 연구에서는 1년 동안(Gilfillan et al., 1995a), 다른 연구에서는 2년 동안(Gilfillan et al., 1995b) 같은 해안에서 시료를 채취했을 뿐이다. 최종 결론은 1990년 초반에 사운드의 모든 해안이 회복된 것이나 마찬가지라는 것이었다. 이와 같은 단기간의 조사는 불완전한 이야기를 말해줄 뿐이며, 더 나아가서 엑손 사 과학자들은 2년간의 연구에서 잘못된 방법을 적용함으로써 "시간상의 유의미한 대조를 가로막았다"(Peterson et al., 2001: 264).

허프는 잘못된 추론과 관련해 '많은 표와 그림' 및 사실이 "완전히 보장될 수 없는 결론을 도출해낼 수 있음에 주의"를 당부한다(Huffe, 1954: 93). 회복의 종료에 대한 평가와 관련된 결론은 "단일한 표본 추출에 의해 평가될 수 없다"고 피터슨 등은 쓰고 있다. 그들은 엑손 사의 연구가 '회복의 시간적 과정을 추정할 수 있는 능력' ― 엑손 사의 연구 설계가 목적하고 있다고 여겨지는 바로 그것 ― 을 결여하고 있음을 발견했다(Peterson et al., 2001: 265).

피터슨과 그의 동료는 장편의 전문 평가서 끝에 이렇게 결론을 맺고 있다. "어떤 연구에서도 오차 분산을 줄이지 못하고 분석력 향상의 실패에 기여한 몇 가지 판단이 결합할 때 그 결과는 환경적 훼손이라는 두드러진 영향조차도 탐지할 수 없을 정도로 부정확한 결과로 이어질 가능성이 매우 크다"(Peterson et al., 2001: 280). 즉, 피터슨 등은 엑손 사의 연구가 설계에 따른 비결정성을 보여준다는 사실을 지적했다.

이런 종류의 편향은 통계학자들이 대조군이 없는 2종 오류 ― 이런 오류는 차이의 존재에도 불구하고 차이가 없다는 잘못된 결론을 유도한다 ― 라고 부르는 결과를 낳는다. 엑손 사의 과학자는 연구에서 이러한 통계적 오류를 범함으로써 오염된 해변과 그렇지 않은 해변 사이에 실제로는 커다란 차이가 존재하지만 차이가 없다고 결론 내릴 수 있는 여지를 확보할 수 있었다. 허프는 대조군이 없는 2종 오류를 "사실이 아닌 많은 것을 믿는 것"(Huffe, 1954: 89)이라고 지적했다. "그런 표본—편향되거나 너무 규모가 작은 또는 두 가지 모두— 에서 도출된 결론을 우리가 읽거나 알고 있다고 생각하는 것들로 검토해봐야 하는 것은 슬픈 진실이다"(Huffe, 1954: 13).

엑손 사 과학자는 신뢰할 수 있는 연구를 수행한 것처럼 보이지만 면밀하게 살펴보면 그들의 보고서는 통계적 속임수로 가득 차 있다. 따라서 엑손 사의 해안 생태학 연구로부터 도출된 결론— 기름과 청소작업이 해변에 거의 영향을 주지 않았으며 해변은 빠르게 회복됐다 — 은 믿기 어려운 진술이다.[5]

사운드의 진실

독성을 띤 엑손 사의 기름이 프린스윌리엄사운드에 있는 해변 밑에 남아 있다. 이렇게 남아 있는 기름이 해양 포유류, 조류, 어류 등에 단기적으로 미치는 영향에 대해서는 이어지는 제14~16장에서 살펴보고 있다. 이 기름이 미치는 장기적 영향에 대해서는 생태계 연구를 다루고 있는 제17~21장에서 다루고 있다.

---

5) 엑손 사 과학자들은 피터슨과 그의 동료에 의한 비판적 검토를 문제 삼고 있다(Gilfillan, Harner and Page, 2002). 피터슨과 그의 동료는 이에 대해 답하고 있다(Peterson et al., 2002). 그들의 논평과 결론은 본질적으로 변하지 않았다.

제14장

해양 포유류

(저자 노트 해달 연구자인 생물학자 리사 로터만은 인터뷰 요청을 정중히 거절했다. 이 책을 집필하면서 기름 유출과 관련해 자신이 겪은 일을 밝히지 않으려는 사람을 많이 만날 수 있었다. 그러나 해달은 공적 자원이고 기름 유출 사고에서 저지른 똑같은 실수를 반복하지 않으려면 해양 포유류에 무슨 일이 일어났는지 알 필요가 있다. 로터만과 그녀의 남편은 해달의 문제를 조명하려고 무척 애썼다. 이 부부의 과학 논문은 이후 다른 연구의 길잡이가 되어주었다. 이번 장의 이야기는 전적으로 이들 부부의 논문을 비롯해 다른 공적 기록과 공개적으로 이용 가능한 자료에 기대고 있다.)

해달

1984년 리사 로터만과 그녀의 남편 척 모넷이 해달 연구를 위해 코도바로 갔을 당시 두 사람은 미네소타 대학의 대학원생이었다. 광물관리국(Minerals Management Service: MMS)의 지원을 받은 그들은 전파 원격측정을 이용해 성체 암컷 해달—해달의 생식활동, 행동, 생존— 을 연구할 수 있는지에 초점이 맞춰져 있었다. MMS는 대규모 기름 유출 사고가 캘리포니아 바다에 사는 개체군이 작은 해달에 미칠 잠재적인 영향에 관심이 있었고, 캘리포니아를 대상으로 삼기 전에 알래스카에서 방법론에 관한 문제가 해결되길 원했다(Monnett and Rottermann, 2000). 프린스윌리엄사운드는 세계에서 해달 밀집도가 가장 높기— 5,000~1만 마리 정도 살고 있는 것으로 추정 — 때문에 이곳을 연구지역으로 선택하는 것은 당연했다(Burn, 1994; Gorrott, Eberhardt and Burn, 1993).

로터만과 모넷은 먼저 성체 암컷 해달을 장기간 연구하고, 그 이후에 어미 곁을 떠나지 않은 새끼와 젖을 막 뗀 어린 해달을 연구했다. 로터만의 관심사인 해달 유전학 연구도 함께 진행됐다(Rotterman, 2000). 캘리포니아에서처럼 사운드에 사는 해달도 사냥으로 거의 멸종 위기에 처해 있었다. 차츰 알래스카의 해달은 회복됐지만, 사운드 서쪽에서는 잔류 개체군이 좀 더 안정적으로 유지된 데에 반해 사운드 동쪽에서는 개체군이 완전히 새로 만들어졌다. 이런 과정을 초래한 유전적 결과에 대한 이해가 다른 지역의 해달 회복을 앞당기는 데 도움을 줄 것으로 예상됐다.

비와 추위, 폭우에 그대로 노출된 채 연구는 장시간 힘들게 진행됐다. 그들은 지붕 없는 소형 보트로 전자 태그의 신호를 추적하면서 해달의 출산 시기와 새끼의 생존 여부, 새끼가 젖을 떼서 다 자랄 때까지의 이동경로를 조사했다. 평생을 아프리카에서 침팬지 연구에 몰두해 이를 새롭게 이해하게 했던 제인 구달처럼 로터만과 모넷도 해달의 독특한 특징을 자세히 알게 됐다.

3월 24일 기름 유출 사고 소식을 처음 접했던 생물학자들은 여기에 큰 관심을 가졌다. 당시 알래스카 해달 보존을 책임진 기관은 미국 어류·야생생물보호국(U.S. Fish and Wildlife Service: USFWS)이었기 때문에 로터만은 서둘러 기름 유출이 해달과 그 먹이에 미칠 영향을 파악하기 위한 장기적인 종합 연구 제안서를 작성해 USFWS에 제출했다. 결국 이 제안서는 자연자원 손실평가(NRDA) 연구의 하나로 선정되어 지원받았다. 이후 3년간 로터만과 모넷, 기술진은 비행기와 소형 모터로 전자 태그가 부착된 사운드에 서식하는 160마리 암컷과 새끼 해달을 조사했다(Monnett and Rotterman, 1995a; 1995b; 1995c). 이 연구는 그 당시 전자 태그를 부착한 해달 연구로는 세계에서 가장 큰 규모였다.

그러나 로터만 팀은 연구 개시에 앞서 연방정부의 동물 사체 수거작업에 참여했다. 엑손 사에 벌금을 부과하려면 연방정부는 기름 유출로 죽은 해달 사체를 정량화할 필요가 있었기 때문이다(Ballachey, Bodkin and DeGange, 1994: 48). 폭풍에 기름이 사운드 해변을 비롯한 바다 전역으로 퍼진 후 로터만과 모넷은 포경선을 타고 사체의 잔해를 찾아 나섰다. 시체들은 길게 늘어선 바람받이 제방에 있던 다른 표류물과 폐기물에 뒤섞여서 사운드 안팎을 흘러 다녔다. 하루는 린 숀(제1장 참조)과 그의 선원들이 뉴어드벤처 호를 타고 나이트 섬 항로 인근에서 생물학자들의 소형 모터보트를 뒤따랐다. 숀은 사내끼*로 검은색의 두껍고 끈적거리는 것들 사이에서 죽은 새와 해달을 끌어올리는 생물학자 팀을 영상에 담았다(Weidman, 2001). 생물학자들은 이 섬뜩한 사체들을 큰 배로 옮긴 후 더 많은 사체를 수거하러 습지로 되돌아가는 일을 반복했다.

잔해 수거작업과 함께 기름 유출이 있은 지 하루 만에 USFWS는 야생생물 구조반을 대대적으로 조직 — 비용은 엑손 사에서 지불했다 — 해 작업을 시작했다(Batten, 1990; Bayha, 1990; Morris and Loughlin, 1994). 그런데 이렇게 조직된 자원봉사자와 참여자의 대부분은 제방에 있는 사체를 수거하기보다 육안으로 사체 잔해나 생존 동물을 볼 수 있는 해변 근처에서 작업을 했다. 기름이 전혀 묻지 않거나 조금 묻은 동물을 기름에 심각하게 오염된 동물

---

* 대나무나 쇠로 만든 틀에 삼각형 또는 원형의 그물을 주머니처럼 단 기구.

과 같이 센터로 보내고 있었는데, 그들은 해달과 조류를 사운드에 그냥 두는 것보다 야생생물치료센터로 이송하는 편이 낫다고 생각한 것 같다 (Ames, 1990; Benji, 1990; VanBlaricom, 1990). NRDA의 병리학 조사에 따르면, 기름에 노출된 많은 해달이 끔찍하게 죽었다.

선행 연구와 결부해서 임상혈액에 대한 화학 검토와 검시 결과를 토대로 다음과 같은 상황을 유추해볼 수 있다. 기름에 오염된 해달은 체온이 급격히 떨어진다. 해달은 털 고르기로 기름을 제거하면서 삶과 죽음의 사투를 벌인다. 먹이섭취량이 엄청나게 줄어들면서 체내에 저장된 에너지가 급속히 고갈된다. 아무리 해도 털 고르기의 효과가 적기 때문에 끝내 해달은 원유를 흡입하게 된다. 아직 규명되지 않은 메커니즘에 따르면 기름에 노출되면 폐간질성 기종으로 호흡곤란이 일어난다. 이런 절망적인 상황은 해달에게 엄청난 스트레스 반응을 유발시킨다. 위궤양은 스트레스가 한계치에 달했을 때 발생하는 생리적인 반응이다. 위출혈 증상도 나타나기 시작한다. 이런 요인의 영향이 복합적으로 엄습하면 해달은 쇼크로 사망하게 된다. 일부 해달은 외상 없이 급격한 저체온만으로 죽게 된다. 폐간질성 기종, 위궤양, 위출혈, 간과 신장의 지방화, 간소엽중심성 괴사 같은 징후를 띤 형태 중 일부 혹은 이 모든 게 발병할 만큼 충분히 오랫동안 생존하는 경우도 있다. 포획되어 재활센터에 들어온 해달은 또 다른 스트레스를 받기 쉽다(Lipscomb et al., 1994: 277).

기름 유출 사고 후 6개월 동안 총 994구의 해달 사체가 기름 유출 지역에서 수거됐는데, 그중 493구가 사운드에서 수거됐다(Ballachey, Bodkin and DeGange, 1994; Hofman, 1994). 조사 가능한 잔해와 영상 분석, 제한적 모델링을 토대로 연방정부 연구자들은 전체 기름 유출 지역의 추정 모집단 약 3

만 마리 중 약 3,500~5,500마리의 해달이 기름 유출로 죽었을 것으로 예측했다(Bodkin and Udevitz, 1994; Burn, 1994; DeGange et al., 1990; DeGange and Williams, 1990). 그런데 당시 근해 제방 사체에 대한 대대적인 수거 작업은 아직 진행되지 않은 상태였기 때문에, 이 수치는 실제 죽은 해달보다 적게 추정된 값이라 볼 수 있다.

1989년 여름 중반 엑손 사는 '구조된' 해달을 사운드에 다시 풀어주길 원했는데, 이 일을 지지하는 정치적 압력도 강했다(Rappoport, Hogan and Bayha, 1990). 엑손 사는 수백 마리의 해달을 구하는 모습을 대대적으로 알리는 데 수백만 달러를 쏟아 부었다. 포획된 343마리의 해달 중 123마리 ―3분의 1 이상― 가 치료센터에서 죽었다(Hofman, 1994). 아마도 엑손 사는 자사의 성과를 과시하며 공적 이미지를 부각시키려고 센터에서 생존해 있는 해달을 풀어주려 했을 것이다(Ames, 1990: 140; Batten, 1990).

로터만과 모넷은 포획된 해달에게 가축의 질병이 옮는지, 또 병에 걸린 해달을 풀어주었을 때 야생 군집이 감염되는지가 궁금했다(Monnett and Rotterman, 1993). 왜냐하면 이미 수어드 치료센터에서 포진 같은 바이러스를 해달에게서 발견했기 때문이다(Haebler, Wilson and McCormick, 1990; Harris et al., 1990).

7월부터 8월까지 196마리를 사운드 동쪽 ― 유출 사고가 있기 전에 로터만과 모넷이 연구했던 바로 그 해달 군집 ― 에 풀어주었다. 그러자 곧바로 악성 포진 바이러스가 해달 군집을 휩쓸면서 최상의 번식 연령대에 해당하는 많은 해달이 죽고 말았다(Monnett and Rotterman, 1995b). 해달 군집을 황폐화시켰던 그 바이러스는 점차 알류샨 열도에서 알래스카 남동쪽의 야생 해달 개체군으로 퍼져나갔는데(Monnee et al., 1990, 406), 아무래도 포획됐다가 야생 개체군에 다시 풀려난 해달들이 질병을 일으킨 것 같았다.

로터만과 모넷은 해달을 풀어주기 전에 포획된 해달 중 건강한 45마리에게 전자 태그를 부착했다. 겨울 내내 그들을 추적한 결과 그중 절반 가까이가 죽은 것을 확인했다. 전자 태그를 단 해달뿐만 아니라 생존해 있던 다른 암컷도 대부분 번식을 하지 못했다. 그런데 USFWS는 이와 관련된 연구를 지원하기는커녕 연구에 필요한 최종 자료의 분석 범위를 대폭 축소해 버렸다(Monnett and Rotterman, 1995c).[1] 기록에 따르면, 1992년 행정기관 내 정책결정자들은 부시 행정부의 친석유정책의 영향을 받았다고 하는데, 그래서 엑손 사의 기름 유출이 해달 등의 야생생물에 미친 영향과 관련된 진실을 알고 싶지 않았을지도 모르겠다.

아이러니하게도 치료 후 대형 수족관으로 보내졌던 부모 잃은 새끼 13마리를 포함한 해달 37마리의 사망률이 포획된 해달보다 높다는 사실이 뒤늦게 보고됐다(Gruber and Horgan, 1990; Lipscomb et al., 1994). 이 해달들에 대한 부검에서 기름에 노출된 성체 해달과 충격을 받거나 건강이 전반적으로 좋지 않은 새끼에게서 동일한 조직 손상이 발견됐다. 치료센터가 새끼의 어설픈 생모 역할을 대신했기 때문이다.[2]

그 후 1년이 지났다. 1990년 가을 현장 활동 과학자들이 연구 후원기관과 상임 변호사 앞에서 여름 동안의 연구 성과를 발표했다. 그중 젖 뗀 해달에 관한 로터만과 모넷의 연구 결과는 전혀 예상하지 못한 것이었다. 애초에 로터만과 모넷은 1989년에 이 연구를 시작하고 싶었지만 전자 태그 주문이 늦어졌다. 또한 전자 태그는 도착했지만 주문량보다 훨씬 적게 왔다.[3] 그런데 갓 젖을 뗀 새끼 대부분이 사운드의 서쪽에서 죽었기 때문에

---

1) 모넷과 로터만이 1990년에 작성한 기안 연구서의 작업 계획 초안과 1995년 그들의 최종 보고서 연구 및 자료 분석 범주를 비교해보면, 얼마나 축소되었는가를 확인할 수 있다.

2) 이와 관련된 해달 개체수의 계산은 다음과 같다. 포획되어 치료센터로 보낸 총 343마리＋새로 태어난 새끼 18마리＝센터에 있는 해달 361마리. 또한 센터에서 죽은 123마리＋야생으로 돌려보낸 196마리＋동물원이나 수족관으로 보낸 37마리＋센터에서 도망친 5마리 ＝361마리.

3) "애초에 설계했던 연구 계획과 실제 연구에 사용된 샘플 개수가 크게 다르다.…… 100마리

통계적으로 유의미할 정도로 기름의 피해가 매우 심각하다는 게 밝혀졌다 (Rotterman and Monnett, 1993; 1995).

이 결과는 엑손 사를 상대로 천연자원에 미친 피해에 대해 벌금을 부과할 방법을 찾던 정부 법률단에게도 중요했다(Ballachey, Bodkin and DeGange, 1994). 그런데 1992년 로터만과 모넷의 갓 젖을 뗀 새끼에 관한 중요한 연구는 다른 연구자에게 넘어갔다. 1990년보다 조사 범위가 더 줄어든 이 연구에서도 기름이 유출된 지역의 갓 젖을 뗀 새끼들이 그렇지 않은 곳보다 더 많이 죽었다는 것이 확인됐다.[4] 그러나 USFWS는 10년이 넘도록 그 결과를 공개하지 않았다(Ballachey et al., 2003).

로터만과 모넷은 어린 해달의 경우 조수 간만의 차가 적은 수심이 얕은 바다에서 먹이를 찾지만 폐활량이 큰 성체 해달은 수심이 깊은 바다에서 오랫동안 먹이를 찾는다는 것을 알고 있었다(Monnett and Rotterman, 1995a). 그런데 NOAA 오크베이 실험실의 연구 기록에 따르면(제12장 참조), 기름에 오염된 해변에서 멀리 떨어진 수심이 얕은 바다에 사는 홍합과 대합도 기름에 오염되어 있었다. 아마도 이 기름이 어린 해달의 건강에 악영향을 주었을 것이다(Doroff and Bodkin, 1994). 몇 년 후 다른 연구자들이 신체조건, 성장속도, 혈액에 대한 화학 검사, 조직 기능 등을 지표로 삼아 기름에 오염된 서식지와 먹이가 해달 건강에 미치는 영향을 조사했다(제18장 참조).

1991년 후반 USFWS는 로터만과 모넷의 연구비를 완전히 중단하겠다고 통보했다. 그동안 로터만과 모넷은 기름 유출이 해달과 바다사자에게 미

의 새끼에게 부착하기에 턱없이 부족한 양의 전자 태그가 도착했다"(Hoffmans and Monnett, 1995: 4).

4) "프린스윌리엄사운드 동쪽과 서쪽의 어린 해달의 1990~1991년 겨울 생존율이 1992~1993년과 다르게 관찰됐다. 이들 연구를 통해 프린스윌리엄사운드 동쪽 지역보다 서쪽에 서식하는 새끼의 생존율이 더 낮은 것을 알 수 있다. 그러나 1991~1992년 동쪽과 서쪽 지역의 생존율은 모두 1992~1993년 에 비해 낮았다"(Ballachey, Bodkin, and DeGange, 1994: 52).

친 손실평가에 관한 연구비 대부분을 USFWS에서 받아왔다. 1991년 10월 민사 합의 이후에 NRDA는 회복 연구에 대한 연구비 지원에는 무관심했다. 미 지질조사국의 직원에 따르면, 한 해 100만 달러였던 해달 연구비가 기름 유출이 있기 전과 비슷한 한 해 25만 달러로 삭감됐다. 무엇보다 로터만과 모넷의 손실평가는 샘플 크기가 크고 반복 횟수가 많아 — 이 모든 게 신뢰할 만한 자료를 얻고 유의미한 결론을 도출하는 데 필요했다 — 거액의 연구비가 들었다.

로터만과 모넷은 1991년 예산 삭감이 있기 훨씬 전부터 자금 마련과 연구 수행에 어려움을 겪고 있었다. 이것은 대체로 정치적인 문제 때문이었던 것 같다: 그들은 기름 유출이 해달에게 장기간의 피해를 준다는 사실을 밝혀냈지만 당시 연방정부는 관련 정보가 공개되길 원치 않았던 것 같다. 연구 자금이 없으면 그들은 기름 유출에 관한 연구 결과를 발표할 수도, 해달 연구에 관한 현장 작업을 지속할 수도 없었다. 그런데 갓 젖 뗀 새끼 해달에 관한 그들의 연구는 엑손 밸디즈 호의 기름 유출이 개체군 수준에서 해양 포유류에게 장기적인 영향을 미친다는 것을 확인시켜주는 가장 중요하고 강력한 확증 자료였다. 정부 법률단이 공적 자금의 지원을 받은 과학자에게 부과한 비밀유지에 관한 규정 때문에 기름 유출 후 몇 년 동안 기름 오염 지역에서 새끼 해달이 많이 죽었다는 사실을 아는 사람은 거의 없었다.

로터만과 모넷은 엑손 사가 대대적으로 선전했던 야생생물 구조 활동이 해달 — 치료 후 풀려난 해달과 야생 해달 모두 — 에게 별 도움이 되지 않았다는 사실을 발견했다. 포획 후 치료받은 해달에 관한 병리학 연구와 그들의 연구는 야생생물 구조센터가 이 동물에게 과연 도움이 되었는지에 대해 의문을 제기했다. 연구를 진행하면서 나는 공적 자금으로 해달을 연구하는 많은 생물학자들이 기름에 심하게 오염된 야생생물은 구제하기보다 안락사시키고 살아남은 동물의 삶도 자연에 맡기는 것이 더 자비롭다고 생각한다는 사실을 알게 됐다(Hofmans, 1994).

좌초된 엑손 밸디즈 호(11중 8개의 기름탱크가 찢어져 기름을 유출)가 프린스 윌리엄 사운드(PWS) 네이키드 섬의 아웃사이드 베이Outside Bay로 예인되고 있다. 유조선은 수리 후에 이름을 바꿔서 해외무역에 이용되었다. 한편, 엑손 사는 사운드로의 복귀를 추진했으나 금지법에 막혀서 성공하지 못했다(Associated Press 2002). 2002년 유조선은 16년에 걸친 운항 후에 알려지지 않은 외국의 항구에서 은퇴했다(Little 2002).

청소 노동자들이 고압의 온수를 살포하며 기름을 바다로 밀어내면, 해상 대원들은 붐을 이용하여 기름을 제거했다. 기름 연무와 분무(PAHs, 다환방향족탄화수소)의 노출은 청소 대원들의 건강에 심각한 위협을 가했다. 많은 대원들이 아직도 악화된 건강을 보고하고 있다 (스미스 섬, 1989년 5월).

기름 쓰레기(오렌지색 봉투)를 다뤘던 청소 노동자들은 황화수소에 노출될 위험에 빠져있었다(스미스 섬, 1989년 5월).

일부 청소 노동자들과 소형 보트 대원들은 알라스카 주 정기여객선을 숙소로 이용했다. 기름으로 번들거리는 수면에서 증발된 휘발성 기름화합물은 유급 직원들뿐만 아니라 노출된 모든 사람들의 건강을 위협했다. 또한, 기름 화합물은 수면 밑의 물기둥에 녹으면서 어린 연어, 청어 등 해양생물에게도 유사한 위협을 가했다(PWS, 1989년 5월).

바지선에 장착한 크레인을 통해 바위 절벽에 붙어 있는 기름과 해안에 딱딱하게 굳은 기름을 제거하기 위해 고압 온수를 분사하고 있다. 바지선 대원은 기름 연무와 PAHs 분무에 노출되었다(페리 섬, 1989년 6월 10일).

청소 노동자들은 수 마일에 달하는 기름에 찌든 붐을 청소하고자 솔벤트와 고압온수 세척을 이용했다. 이 노동자들은 기름 연무와 PAHs 분무, 기타 화학물질에 노출되었다(PWS, 나이트 섬 헤링 만, 1989년 9월 11일).

이곳을 방문한 부사장의 이름이 붙여진 퀘일 비치에서, 청소 노동자들은 방독면도 착용하지 않은 채 엑손 사 제품인 코렉시트 9580M2를 분사하고 있다. 디스크 섬에서 이 제품을 사용한 많은 작업자들은 호흡기 질환으로 병원에 입원했다. 이 사건 이후 엑손 사는 자신을 방어하기 위해 면책 서약서를 받는 조건으로 노동자들에게 돈을 지급했다. 아이러니하게도 코렉시트 9580M2는 결국 인체가 아닌 야생 동식물에 대한 피해로 사용이 금지되었다(PWS, 스미스 섬, 1989년 8월 8일).

청소 대원들이 해변을 가로질러 고온 호스를 옮기고 있다. 호스 끝에 있는 대원은 이니폴 EPA 22를 분사한다. 이 액체에는 인체에 유해한 산업용 솔벤트, 2-부톡시에탄올이 함유되어 있다. 1990년, 엑손 사는 청소작업자들에게 화학 노출에 대비할 수 있는 더 많은 보호 장비를 제공했다. 하지만 건강문제는 청소작업 후에 그런 장비의 표면을 씻어내는 화학약품의 사용과 연관될 가능성이 컸다. 이니폴 EPA 2는 더 이상 생산되지 않고 있다(PWS, 그린 섬의 북동쪽 끝, 1990년).

필리스 "돌리" 라 조이와 같은 세탁 대원들은 청소 노동자들의 작업복에 묻은 기름때를 제거하기 위해 타이드, 심플 그린(사진) 등의 솔벤트를 사용했다. 그들은 고압 온수로 우비와 외투를 세척했는데, 그 과정에서 PAHs 에어로졸에 노출되었다. 라 조이는 호흡기 질환, 기억상실과 내분비계 질환, 화학물질 민감증 등과 같은 복합적인 건강문제로 고통을 당하고 있다. 그녀는 자신의 건강문제가 세탁 작업 때문이라고 주장했다. 심플 그린은 인체 유해 물질인 2-부톡시에탄올을 함유하고 있다. 지금은 단종된 이니폴 EPA 22와 엑손 사의 코렉시트 일부 제품에도 2-부톡시에탄올이 함유되어 있다.

공익재단 과학자들에 따르면, 1989년에 청어가 알을 낳았던 해안 중 거의 절반에 달하는 지역이 기름으로 오염되어 있었다. 눈에 보이는 번들거리는 수면이나 수면 밑으로 용해된 경우 모두 마찬가지였다. 따라서 1989년에 기름에 노출된 청어 알의 99.9퍼센트가 부화하자마자 곧바로 죽었다.

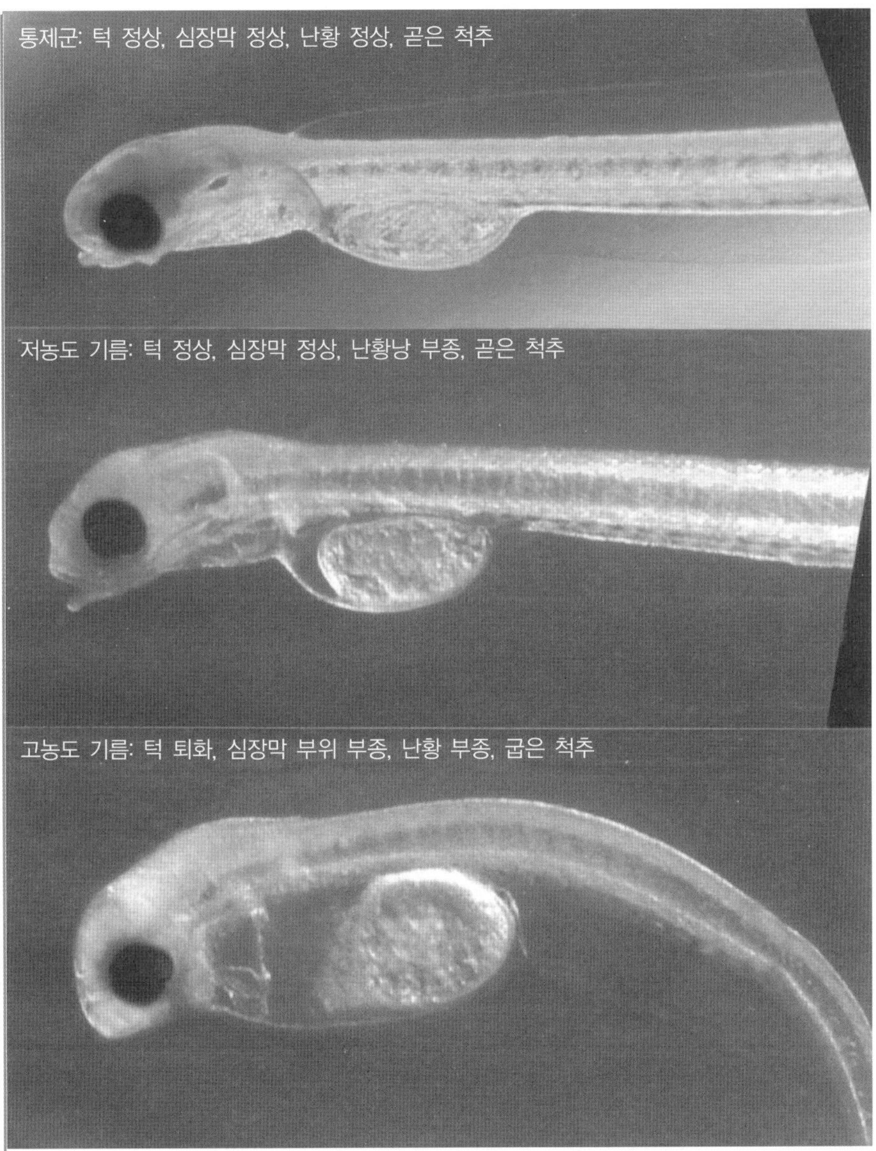

NOAA 오크베이 실험실의 연방과학자들은 매우 낮은 농도의 기름이 포함된 바닷물에서 청어와 연어 치어들이 기형이 되거나 죽는다는 사실을 발견했다. 청어 치어(사진)는 PAH 농도가 9ppb(1억 분의 9)인 극미량에서도 손상을 입는다. 더 높은 농도(1억 분의 86)에서는 손상 정도가 더 커진다. 풍화된 기름은 PWS의 해변 밑에 파묻혀 있는 기름과 비슷하게 PAH의 농도가 1조 분의 1에 달한다. 이들 농도는 모두 PAHs의 연방수질 가이드라인에 못 미치는 수준이지만, 가이드라인 자체가 해양생물을 보호하기에는 적절치 않은 것으로 시대에 뒤쳐져 있다. 연방정부의 가이드라인이 법적인 강제조항은 아니다.

2001~2003년, NOAA 오크베이 실험실의 연방과학자들은 PWS 해변의 간조대 근처 생물이 풍부한 '녹색구역'에 기름이 폭넓게 침전되어 있다고 기록했다. 해변의 표면은 깨끗해 보였지만, 구멍을 파두면(사진 오른쪽) 엑손의 기름 잔여물이 그 구멍을 채웠다. 과학자들은 무척추동물들이 이 기름을 빨아들인다는 것을 발견했다. 과학자들은 바다수달, 흰줄박이오리 등 무척추생물을 먹는 포식자들의 회복이 지체되는 이유를 저농도의 기름 침전물(PAHs)과 기름에 오염된 먹이에 대한 노출에서 찾았다. 지속적이고, 생체이용가능하고, 독성을 띤 기름에서 비롯되는 야생동물에 대한 지속적인 피해는 1989년 당시만 해도 예상할 수 없었다. 1999년에 이르러, 미국 환경청은 PAHs를 인체유해물질로 지정했다.

PWS의 어부들은 청어와 곱사연어의 어획량 감소로 재정 파탄에 직면하자 병든 사운드에 대한 관심을 촉구하고자 1993년 8월 20~23일까지 밸디즈 해협의 봉쇄에 나섰다. 이 봉쇄의 결과, 엑손 밸디즈 호 기름유출 신탁기금위원회에서 자금을 지원받은 과학자들은 3건의 중대한 생태계 연구를 수행하여, 매우 낮은 농도의 기름도 생각보다 훨씬 어류에게 유해하다는 사실을 밝혀냈다. 마찬가지로, 의사들도 기름(PAHs)이 인체 건강에 위협적이라는 사실을 밝혀냈다.

범고래

크레이그 맷킨은 범고래 — 매끄러운 흑백색의 '살인 고래' — 와 만나면서 인생이 바뀌었다. 1976년 여름 그는 프린스윌리엄사운드의 에스카미석호 어귀에서 혼자 카약을 타다가, 어느 순간 연어를 쫓는 범고래 떼 한가운데에 있는 자신을 발견했다. 다른 곳으로 움직이는 게 무섭기도 했지만 고래 떼의 모습이 황홀해서 한참을 바라보다가 어느덧 마법 같은 밤 속으로 빠져들었다. 당시만 해도 사운드에 사는 범고래의 개체수, 집단적 행태, 서식지 분포 등에 대해 알려진 게 거의 없었다. 그렇게 그날 밤 맷킨은 이 매력적인 생명체를 연구하기로 결심했다(Matkin, 1994).

알래스키 대학에서 해상 포유류 전공으로 석사학위를 받은 맷킨은, 1978년 몇몇 연구자와 그들의 멘토인 피트 아이슬레이브와 함께 비영리단체인 북부알래스카만해양협회(North Gulf Oceanic Society: NGOS)를 조직했다. 피트 아이슬레이브는 알래스카의 많은 젊은이가 사운드와 코퍼 강 삼각주의 여러 야생생물을 연구하고 싶게 만든 코도바의 어부이자 유명한 조류생물학자였다. 맷킨은 아이슬레이브를 따라 낚시를 하면서 연구도 하는 삶을 살았다. 그는 5년간 간헐적으로 고래 연구를 하면서 선원으로 일하며 돈을 모아서 1983년 배를 사고 연어 어업허가를 얻었을 뿐 아니라 알래스카 과학기술위원회와 최초의 사운드 범고래 사진 식별작업을 수행하는 연구 계약을 체결했다.

맷킨과 동료들은 범고래가 숨 쉬려고 수면으로 올라오면 그 왼쪽에서 계속 사진을 찍으며 고래를 구분하는 방법을 터득했다. 브리티시컬럼비아의 범고래 생물학자들은 고래마다 (인간의 지문처럼) 독특한 모양의 등지느러미와 등지느러미 바로 아래에 회색 말안장 모양의 반점 무늬가 있다는 것을 발견했다(Morton, 1990). 고래를 직접 눈으로 관찰하고 살아 있는 고래 320마리의 사진을 분석하면서 NGOS 팀은 여러 종류의 고래가 끊임없이 집단을 형성하는 모습을 보고 서로 다른 고래 집단의 계통과 사회구조, 행동을 비교했다(Bigg et al., 1990).

맷킨은 사회구조와 먹이습성이 완전히 다르고 상호간 접촉이 없는 두 유형의 범고래를 발견했다(Matkin, 1994). 그중 거주성 범고래는 대체로 긴밀한 관계를 유지하면서 집단을 형성하거나 모계 중심의 '무리'로 이동했는데, 특히 일곱 무리가 사운드에 자주 나타났다. 그들은 연어를 음파로 탐지하기 위해 떨림을 이용한 고음이나 높은 휘파람소리, 낮게 떠는 신음소리, 날카로운 꺽꺽대는 소리 등을 내거나 흐릿하게 빛이 들어오는 물속에서 직접 교신했다. 거주성 무리는 관계가 매우 긴밀하다는 사실을 알게 된 맷킨은 무리에서 사라진 후 2년간 보이지 않는 고래는 죽은 것으로 간주했다. NGOS 팀은 거주성 AB 무리에 관심을 가졌다: 이 무리는 사운드에서 가장 흔히 볼 수 있을 뿐 아니라 자주 연구자들의 배에 접근하거나 따라다니면서 특별히 친근감을 표시했다(Matkin and Saulitis, 1997).

또 다른 유형인 이주성 범고래는 적은 수가 집단을 이뤄 이동하면서 큰 바다사자, 점박이바다표범, 까치돌고래 같은 해양 포유류를 사냥했다. 이주성 범고래는 바위가 많은 해안 근처를 지나갈 때는 음파로 이를 탐지하려고, 소리가 나지 않은 기관총을 쏘는 것처럼 매우 빠르게 째깍거리는 소리를 냈다. 맷킨 등은 이주성 범고래는 사회구조가 매우 느슨하고 집단의 구성이 자주 바뀌어서 집단 내 고래가 죽었는지를 확신하기 어렵다는 것도 알게 됐다. NGOS 팀은 매년 이주성 범고래 AT1 집단을 관찰했는데, 이 집단은 특이하게도 유전적으로 다른 고래 21마리로 이루어져 있었다(Saulitis, 1993).

1985년 AB 무리는 주낙 어선이 잡은 은대구 습격 방법을 터득했다. 한번은 폭약과 포격으로 필사적으로 고래를 위협해 쫓아내려는 어부와 고래 간에 짧고도 격렬한 작은 전투가 벌어졌고(Matkin, Steiner and Ellis, 1986), 결국 고래 6마리가 죽었다. 1987년 「해양 포유류보호법」의 개정과 함께 주낙 어업이 축소되면서 이런 충돌도 다소 누그러졌다. 그 후 AB 무리는 빠르게 개체수를 회복했다. 1988년 새끼 5마리가 새로 태어나면서 전체 개체수는 36마리가 됐다.

1989년 3월 24일 맷킨은 수어드에서 자신의 예인망 어선인 럭키스타 호에서 청어잡이를 준비하던 중 엄청난 양의 기름이 유출됐다는 라디오 뉴스를 접했다. 그는 "도대체 어떤 나라가 그렇게 엉망이 됐지"라고 말하면서 상황 파악을 위해 디젤엔진 장치를 멈추고 30초 광고가 끝나길 기다렸다. 그는 이후 라디오에서 전하는 소식을 믿을 수 없었다. "프린스윌리엄사운드? 말도 안 돼!" 그는 모든 걸 내팽개치고 해안경비대로 달려가서 "분명 무슨 실수가 있는 거죠"라고 물었다. 여전히 믿을 수가 없어서 그는 알래스카 주립대의 프린스윌리엄사운드 해양보조금 프로그램을 운영하는 코도바 어부인 친구 릭 스타이너에게 전화했다. 맷킨은 비행기를 타고 기름 유출 지역을 보고 막 돌아 온 스타이너를 붙잡았다. 친구의 떨리면서도 얼어붙은 듯한 목소리를 듣고 맷킨은 '앞으로 청어 낚시를 못하게 된다는 것'을 알 수 있었다.

5일 후 그는 NGOS 팀원으로 배를 타고 사우밀 만으로 갔다. 그곳에서는 어부들이 부화장을 보호하기 위해 만 어귀로부터 멀리 떨어진 곳에서 기름과 필사적으로 싸우고 있었다. 하루 동안 어부들을 돕던 NGOS 팀원은 기름이 번진 나이트 섬 남쪽 끝에서 범고래를 목격했다는 이야기를 듣고 급히 그곳을 떠나 애플게이트 암초 남쪽 끝에서 거주성 AB 무리와 마주쳤다.

NGOS 팀원은 두근거리는 마음으로 빠르게 고래 수를 세나갔다. 이미 7마리 ─ 성체 암컷 3마리와 어린 고래 4마리 ─ 가 보이지 않았다. 특히 암컷 2마리의 곁에는 네 살도 안 된 새끼가 없었다. 새끼를 포기한다는 것은 거주성 고래에게는 전례가 없는 행동이었다. 맷킨과 그의 동료는 그 고래들이 죽었을 거라고 생각했다. 그들은 기름 유출 사고가 있고 6일 만에 고래가 죽었다는 충격 속에서도 고래 무리가 이상한 행동을 보인다는 사실을 서서히 알게 됐다. 맷킨은 "무리가 갑자기 이동경로를 우회했다. 확실히 그랬다. 기름 있는 곳을 지나지 않고 북쪽으로 가려고 했던 것이다. 고래들은 섬 동쪽을 따라 오른쪽으로 거슬러 올라갔다"고 말했다. 럭키스타 호는 그 고래 무리를 뒤쫓았다.

여름 동안 맷킨과 NGOS 팀은 사운드의 고래를 조사했다. 처음에는 다른 연구원들도 사운드의 고래를 조사하려고 했지만, NGOS 팀처럼 기름 유출 이전의 기본적인 자료를 가지고 있지 않아서 생각처럼 잘 되지 않았다. 결국 다른 연구자들은 연구 계약을 포기했다. 먼저 엑손 사에서 28만 달러의 수표를 제시했다. 맷킨은 자신에게 알리지 않고 엑손 사와 계약한 동료 토비 릴링에게 수표를 찢어버리라고 말했다. 릴링은 자신의 귀를 의심했다. 맷킨은 "그 수표를 받게 되면 지금껏 의지를 갖고 해오던 모든 일을 돈과 맞바꿔야 한다. 그러면 다시는 우리 일을 할 수 없게 된다"고 차분히 설명했다.

맷킨이 유혹에 넘어가지 않고 NGOS 팀원을 자기 회사로 끌어들이려던 노력이 허사로 돌아가자 엑손 사는 화가 났다. 다른 정부기관에서도 맷킨에게 계약을 제시하거나 찾아와서 그의 활동을 확인했다. 그러나 맷킨은 정부의 과학자들에게 깊은 인상을 받지 못했다. "현장 경험이 전무한 그들은 진행 중인 작업에 대해 전혀 감이 없었다"고 맷킨은 말했다.

그해 가을 현장조사 후 NOAA 국립해양 포유류실험실과 장기 계약을 체결하려던 맷킨은 일부 연방정부 과학자들이 그의 프로젝트를 인수하려고 애쓰고 있다는 사실을 알게 됐다. 이글거리는 푸른 눈으로 그는 "그들은 우리의 현장 자료를 넘겨받아 보고서를 쓰고는 그걸 자신의 공으로 돌려서 향후 프로젝트까지도 완전히 통제하려고 했다"고 말했다. 그는 이전 연구라도 제대로 평가 받으려고 '치열한 협상'을 벌였다. 1990년 가을 NGOS는 연방정부와 2년짜리 계약을 체결할 수 있었다.

연구 지원을 받기로 하고 현장으로 되돌아오면서 NGOS 팀은 달콤쌉쓸함을 느꼈다. 그들은 AB 무리 중 6마리 이상의 고래 — 태어난 지 얼마 안 된 새끼만 남겨둔 암컷 1마리, 새끼 4마리 이상, 수컷 고래 1마리 — 가 사라졌다는 것을 발견하고는 모두 죽었을 것으로 추정했다(Matkin et al., 1994). 그들은 그 정도의 사망률은 사운드의 다른 거주성 무리의 기름 유출 전 사망률의 약 10배 이상 — 1989년과 1990년에는 약 20퍼센트였다 — 이라고 기록했다. 1990년 봄까지 이주성 범고래 AT1 무리에서도 9마리가 없어졌고, 이후로도 2마리 이상이 사라졌다. AT1에서 사라진 고래 중 3마리는 기름 유출 후 엑손 밸디즈 호 부근에서 발견됐다.

1991년 NGOS 팀은 AB 무리에서 5마리 이상 — 부모 없는 어린 새끼 3마리와 수컷 2마리 — 의 고래가 없어졌다는 것을 확인했다(Dahlheim and Matkin, 1994). 그 수컷들은 등지느러미가 주저앉아 있었다. 고래의 등지느러미는 1989년 기름 유출 이후부터 주저앉기 시작했는데, NGOS 팀은 이것을 건강 악화의 징조로 해석했다. 고래들이 사라지기 전에는 범고래의 등뼈는 완전히 평평했다.

맷킨은 엑손 사의 석유 때문에 범고래가 죽었다고 확신했지만, 조류와 해달로 가득한 USFWS의 냉동 화물차에 고래 사체는 하나도 없었다. 그래서 그는 기름에 오염된 해달과 점박이바다표범에 관한 병리학 연구에서 자신의 이론을 뒷받침할 만한 증거를 모았다. 그 연구에는 얇은 점액의 막 손상과 폐출혈을 유발하는 기름 증기 흡입에 관한 내용이 기록되어 있었다(Frost, Manen and Wade, 1994). 휘발성 물질인 탄화수소가 폐에서 혈액으로 빠르게 흘러들어가 뇌와 간에 축적되어 병변과 신경 손상, 사망을 유발한다는 것이다.

바다표범 생물학자인 캐시 프로스트와 로이드 로리는 기름 유출 이후 AT1 무리의 1차 먹이인 점박이바다표범에서 극도의 방향감각 상실과 급격한 혼수상태가 나타나는 것을 관찰했다. 기름에 흠뻑 젖은 채 현기증을 보이는 바다표범 14마리를 수집·조사한 연구에서는 9마리의 바다표범에서 뇌시상이 기름에 손상되었을 때 발생하는 병변이 경증부터 중증까지 나타났다(Lowry, Frost and Pitcher, 1994). 시상은 감각 시스템에서 뇌의 다른 부분으로 전달되는 메시지를 지연시켜 행동을 조율하는 중앙 통제소 같은 역할을 한다. 바다표범 생물학자들은 중앙 스위치보드가 손상을 입어서 몸의 다른 부분으로 전달되는 메시지에 혼란이 생겼고 이에 따라 빠르고 우아하게 정상적으로 움직이던 바다표범이 비틀대거나 쓰러지고 휘청거리며 호흡과 수영, 먹이섭취, 다이빙 등에 어려움을 겪는다고 생각했다(Sparaker, Lowry and Frost, 1994).

맷킨은 기름 증기를 흡입한 범고래도 비슷한 기관 손상으로 고통 받다가 죽었으리라고 생각했지만, 연방정부 소속 '공동연구자'들은 석유가 범고래의 사망 원인일 수 있다는 데는 동의하면서도 법적 책임에 안절부절 못해서 정확하게 기름 유출이 범고래 죽음의 원인이라고 말하려 하지 않았다. 맷킨은 기름이 문제의 원인이라는 것을 뒷받침할 만한 증거를 모두 모았으나, 연방정부 소속 연구자와 기금 관리자는 기름이 문제의 원인이라고 결론짓지 않았다. NRDA 팀원인 데이비드 깁슨은 연방정부가 이를 받아들일 의지가 없다고 말했다. 사체와 살상무기, 범인, 범행 장소를 알고 있었지만 엑손 사의 기름이 사운드 범고래를 죽음으로 몰아간 원인이라는 발언은 허용되지 않았다.

1992년 EVOS 자금관리위원회는 맷킨의 두 가지 연구 프로젝트 — 사운드와 알래스카 남동쪽에 관한 것 — 에 5만 달러를 지원했다. 이후 맷킨은 연방정부가 자신의 두 가지 프로젝트를 '감시'하려고 별도로 10만 달러의 예산을 책정해놓은 사실을 알게 됐다. 맷킨은 친구이자 EVOS 자금관리위원회에 일반 시민이 참여하는 것을 적극적으로 지지하는 NGOS의 릭 스타이너에게 예산 항목을 보여주었다. "릭은 분노했다"고 맷킨은 말했다. 책임지고 공적 자금을 관리하기는커녕 기관의 이속을 챙기는 데 화가 난 스타이너는 정부 감사원에 해당 사안의 조사를 요청한 조지 밀러 하원의원에게 이 문제를 알렸다(U.S. GAO, 1993). 이듬해 이 뒷거래에 관련된 모든 내용이 들통 났다(제19장 참조).

점박이바다표범

1975년부터 1989년의 기름 유출 사고가 있기까지 알래스카 어류·야생동물부(Alaska Department of Fish And Game: ADFG)의 해양 포유류 생물학자인 캐시 프로스트와 남편 로이드 로리는 인근이나 먼 북쪽 빙하에 사는 바다표범 — 반달무늬물범, 턱수염물범, 점박이물범, 리본물범 — 을 연구했나. 그들은 먹이 생태학에 초점을 맞춰 북극해 먹이사슬 중 바다표범과 큰머리고래 같은 동물의 역할을 이해하고자 포식자와 먹이 간 관계를 조사했다. 그들은 여름 동안 외딴 지역에서 보트로 낚시하면서 프린스윌리엄사운드의 해양 포유류를 연구했다. ADFG의 관점에서 그들은 기름 유출 이후 사운드의 점박이바다표범 연구에 안성맞춤이었다.

수천 마리로 추정되는 사운드의 해양 포유류 중 점박이바다표범은 개체수가 많은 편에 속했다(Frost, 1997). 바다표범이 물 밖으로 올라오는 장소는 50군데가 넘는다. 조간대 암초, 암석 많은 해안, 모래와 자갈로 된 해변, 떠 있는 빙하 등에서 바다표범은 먹고, 쉬고, 출산하고, 새끼를 돌보고, 알래스카의 긴 여름에는 털갈이를 한다.

실제로 바다표범의 수를 세어보지는 않았지만 ADFG 생물학자들은 바다표범이 모이는 핵심 지역의 항공조사를 기준으로 1983년 사운드의 개체군 추이를 조사하기 시작했다. 이 조사로 프로스트와 로리는 1983년부터 1988년 사이에 사운드의 점박이바다표범이 거의 40퍼센트 가까이 감소했다는 사실을 알게 됐다. 그들은 점박이바다표범을 비롯한 해양 포유류에 관한 미발표 자료를 미리 수집해서 어류를 먹는 해양 포유류 개체군— 점박이바다표범, 큰바다사자, 까치돌고래, 밍크고래 — 이 1970년대부터 1980년대 사이에 70퍼센트 가까이 급감했다는 사실을 알아냈다(Hill et al., 1996). 사운드의 점박이바다표범은 그 기간 중 거의 2/3가 급감했다.

이런 사실로 인해 프로스트와 로리의 일은 복잡해졌다. 그들은 한편으로는 계속되는 개체군의 감소 원인을 밝혀내면서 동시에 기름 유출이 점박이바다표범과 회복률에 미치는 영향을 분석해야만 했다(또한 그들은 이 두 가지 일을 별도로 진행해야 했다). 프로스트는 "우리는 훌륭한 생물학자처럼 앉아서 점박이바다표범의 감소가 진행되는 데 영향을 줄 만한 요인에 관한 리스트 — 질병과 오염, 포식이나 사냥에 의한 사망률, 먹잇감 양과 분포의 변화 등— 를 작성했다"고 말했다. EVOS 자금관리위원회는 이후 10년간 그들의 여러 조사에 연구비를 지원했다.

개체군의 추이와 기름 유출 피해를 조사하기 위해 프로스트는 비행사인 스티브 래니와 함께 동물 개체수의 변화 추이에 관한 항공조사를 매년 실시했다. 기름 오염 지역 7군데와 오염되지 않은 지역 18군데가 조사 지역에 포함됐다. 프로스트와 ADFG의 '생물측정학자(수학과 통계를 전문으로 다루는 생물학자)'는 최대한 많은 동물의 개체수를 측정할 수 있는 가장 적합한 시간대 — 바닷물이 많이 빠지는 달과 시간 —를 파악하기 위해 몇 년간 연구 방법을 다듬었다. 그리고 그들은 과거의 개체수 추이를 교정해줄 정교한 통계 모델을 개발했다. 일부 개체수는 과소 계산되어서 기름 유출 이전의 감소 크기를 가려버렸기 때문이다.

이 조사로 프로스트와 로리는 기름 유출로 1989년에 약 300마리의 바다표범이 죽었고, 이전(또는 이후) 연도보다 약 20퍼센트 적게 새끼를 출산했다고 추정했다(Frost et al., 1994). 1989년 한 해에 유독 바다표범이 크게 감소했다. 과학자들은 바다표범이 기름 유출 동안 죽은 개체수를 다시 회복할 수 없기 때문에 현재 진행되고 있는 점박이바다표범의 회복이 쉽지 않고 지체될 것이라고 생각했다.

항공조사에 의하면 1990년대에도 매우 느린 속도지만 개체수는 계속 감소 — 1980년대에 40퍼센트였던 반면 1990년대에는 2~6퍼센트였다 — 했다 (Froest, Lowry and Ver Hoef, 1999). 그들은 범고래에게 잡아먹히거나 제한된 사냥으로 1990년대에도 바다표범이 매년 지속적으로 느리게 감소한다는 것을 알아냈다. 그러나 프로스트는 '어떻게 꿰어 맞춰도' 생계형 사냥이 중요한 감소의 원인이 될 수는 없었다고 지적하면서 "일단 하나의 개체군이 감소하기 시작하면 거기에 연관된 모든 동물의 개체군이 감소하는 쪽으로 기울어진다"고 주장했다. 바로 기름 유출이 하나의 개체군을 크게 감소시켰던 것이다.

머이가 생존 — 회복 — 을 제약하는지에 대해 조사하고 1989년 이후부터 바다표범이 사라진 게 단순히 이동 때문이 아니라는 것을 증명하려면 프로스트와 로리는 점박이바다표범의 습성을 좀 더 알아야 했다. 그래서 1991년부터 그들은 야생 점박이바다표범의 등에 인공위성과 연결된 기록 태그를 부착했다. 그런데 인공위성 태그는 매년 털갈이 시기가 되면 떨어져버리기 때문에 그들은 추적하는 바다표범에 작은 플리퍼 태그도 부착했다. 부착된 태그를 통해 바다표범의 대다수는 바다에서 나와 몸을 올려놓는 곳을 기준으로 15마일 내에서, 멀어야 31마일 내에서 먹이를 먹는다는 사실을 발견했다(Frost, Manen and Wade, 1994). 때로는 먹이 때문에 바다표범의 이동 반경이 넓어진다고 생각했는데, 오히려 새로운 장소를 물색하려다가 그랬을 가능성이 더 컸다. 프로스트는 이렇게 모험을 하는 바다표범을 '콜럼버스 바다표범'이라고 불렀다. 다른 연구자들은 점박이바다표범의 프린스윌리엄사운드 지역 내 그리고 사운드와 다른 지역 간의 유전적 차이를 밝히며 점박이바다표범이 원래 '잘 돌아다니지 않는 동물'이라는 것을 확인했다. 이런 발견은 1989년 이후 사라진 바다표범은 서식지를 이동한 게 아니라 죽었을 개연성이 훨씬 높다는 것을 의미했다.

프로스트와 로리는 먹이가 제약 요인으로 작용한다면 그것은 틀림없이 바다표범이 몸을 올려놓는 모든 지역에서 지속적으로 영향을 받는 전방위적 문제라고 생각했다. 프로스트와 로리는 먹이가 바다표범의 생존과 회복을 제약하는 요인인지에 관한 '활발한 지적 토론'을 벌였다. 프로스트는 로리를, 먹이 이용도의 제약이 기름 유출 이전 시기에 있었던 가파른 개체수의 감소 원인이었다는 것을 '충분히 의심하면서도 전혀 믿고 싶지는 않는' 사람이라고 묘사했다.

그들은 감소 유발의 원인일 가능성이 있는 요인을 범주화하기 위해 밥 스몰이라는 박사후과정생을 고용했다. 범고래의 포식, 생식률, 사냥에서의 어려움, 기름 유출 ─ 그리고 바다표범에게 발생했을 것이라고 상상해볼 수 있는 일들 ─ 을 고려해본 프로스트는 약 40퍼센트의 먹이 감소가 개체수의 40퍼센트 감소를 가져왔다고 주장했다. 먹이가 핵심이라는 로리의 말을 입증한 셈이다. 그렇다면 무엇이 바다표범의 먹이에 영향을 주었을까?

그들에게는 가설을 뒷받침해줄 과학적 자료가 필요했다. 조야한 방법으로 점박이바다표범을 분석해야 하는 현실에 직면해서 프로스트와 로리는 향상된 새로운 기법을 가진 과학자를 찾아 나섰다. 결국 1993년에 그들은 그것을 발견했다(제19장 참조).

엑손 사의 연구 : 기만적인 연구 설계

해달

엑손 사의 과학자들은 1990년과 1991년의 해달 조사를 통해 "기름 유출 이후 1~2년 동안 프린스윌리엄사운드의 기름 피해 지역에는 여전히 많은 해달이 서식했고 기름 유출이 해달의 분포 구역, 출산에 미친 어떤 명백한 피해도 발견되지 않았다"(Johnson and Garshelis, 1995: 925)고 보고했다. 그런데 그들은 갓 젖 뗀 새끼의 생존 여부는 조사하지 않았다(로터만과 모넷의 연구를 보면 기름에 심하게 오염된 지역에서는 갓 젖 뗀 새끼의 대부분이 생존하지 못한 것으로 나타났다). 엑손 사는 다루기 힘든 상세한 부분에는 신경도 쓰지 않은 채 1991년 광택지에 인쇄한 소책자에 "해달이 프린스윌리엄사운드에서 잘 번성한다"고 보고했다. 많은 반증에도 불구하고 엑손 사는 이런 이야기를 지어낸 후 이를 고수했다.

허프는『통계학으로 사기 치기』에서 "무엇을 빠뜨렸나"라는 물음으로 사람들을 자극했다. 그는 "때로는 빠뜨린 무언가가 변화를 일으키는 요인이다"(Huff, 1954: 127)라고 지적했다. 엑손 사는 갓 젖 뗀 새끼에 관한 연구를 빠뜨리면서 기름 유출 사고 후 수년간 심하게 오염된 지역의 새끼 해달을 계속 죽게 한 범인이 바로 기름 유출이라는 것을 확증해줄 증거도 함께 무시해버렸다.

범고래와 점박이바다표범

1989년부터 1992년 사이에 엑손 사의 과학자들이 범고래나 점박이바다표범에 관해 연구한 것은 전혀 없다.

사운드의 진실

적어도 1992년 한 해 동안 다른 곳보다 기름 오염 지역에서 갓 젖 뗀 해달과 1992년 이후에 한창 번식할 연령대 해달의 사망률이 모두 높았다(제18장 참조). 기름 유출이 있고 나서 처음 2년 동안 전체 36마리의 거주성 범고래 AB 무리 중에서 13마리가 사라졌고, 전체 21마리의 이주성 AT1 범고래 중에서 11마리가 사라졌다. 1989년부터 1992년까지 이 두 무리에서 새로 태어난 새끼는 없었다.

바다오리와 알래스카 만

바닷새 연구자 존 피아트는 3월 24일 기름 유출 사고 소식을 접하고 마음이 아팠다. 피아트는 앵커리지 USFWS의 생물학자였다. 그는 프린스윌리엄사운드와 쿡 내해를 비롯한 알래스카 북쪽 만에 북부 아메리카 최대 규모의 바닷새 서식지가 있다는 사실을 알고 있었다. 바다제비, 풀마갈매기, 가마우지, 세발가락갈매기를 비롯한 수백만 마리의 '대양성' 바닷새와 피아트가 개인적으로 좋아하는 '바다오릿과' ― 바다오리, 흰눈썹바다오리, 삼색부리바다쇠오리 ― 가 알래스카 만의 고립된 섬이나 바위에서 번식하고 있었다. 매년 여름 수백만 마리의 쇠부리슴새와 사대양슴새가 알래스카 만을 지나갔다. 아비, 논병아리, 쇠오리, 바닷물고기를 먹고 사는 오리 ― 검둥오리, 솜털오리, 바다꿩 ― 같은 수천 마리의 연안 바닷새 중 몇 백 마리는 알래스카 지역의 만과 사운드의 안전한 내해에서 겨울을 보냈다.

피아트는 깃털에 '10센트 은화 크기의 기름방울'만 묻어도 바다오리는 저체온으로 죽을 수 있다는 사실을 알고 있었다. 1980년대 초 알래스카로 가기 전 그는 7년을 캐나다 뉴펀들랜드에서 기름 오염이 바닷새에 미치는 영향을 연구했다. 그는 바다오리, 아비, 논병아리, 바닷물고기를 먹고 사는 오리 등은 해수면을 떠다니면서 대부분의 시간을 보내거나 종종 무리가 함께 떼 지어 있기 때문에 기름에 매우 치명적이라는 것을 잘 알고 있었다. 매년 3월이면 바다오리는 알래스카 만 인근 번식지로 모인다. 그는 다른 바다오릿과는 그때까지 알래스카 만으로 되돌아와 있지 않기를 바랐다.

밸디즈로 오면서 피아트는 『바다에 떠 있는 기름: 유입과 운명, 그리고 영향』이라는 책을 챙겼다. 그것은 국립연구위원회에서 제작한 기름 유출 전반을 다룬 방대한 학술서로, 1985년 초부터 4년간 출판되다가 절판됐다. 피아드는 그 책을 "금광이다. 기름 유출에 내응하길 바라는 사람들이 상상하는 모든 게 들어 있다. 석유화학과 독성, 샘플 수집, 분산제, 법적인 문제도 언급되어 있는데, 법적인 내용도 한 장을 할애해 다루고 있다"고 말했다. 당시 피아트는 "왜 유출 사고를 과학적으로 분석하는 책에서 법적인 문제까지 다루는 것일까" 하고 의아해했다. 손해산정에서 법적인 측면이 얼마만큼 중요한지 그때는 몰랐던 것이다. 그는 조류와 해양 포유류에 관한 장 전체를 확인했다. 그 내용은 30년간의 연구와 경험을 바탕으로 서술되어 있었다.

불행히도 피아트는 '금광'의 입구조차 파질 못했다. 기름 유출이 있고 난 후 그가 본 것이라곤 총체적인 대응은커녕 "혼란뿐이었다. 리더십은 전혀 없었다. 문제가 뒤죽박죽 뒤섞여 있어서 각자 자신의 일에만 최선을 다했던 사람들은 제대로 된 훌륭한 대응 프로그램을 만들 수 없었다."

좌절한 피아트는 기름 유출이 있은 지 사흘 후 일종의 게임 전략 초안을 만들어 USFWS에 보냈다. 이 기획서는 기름 오염이 뉴펀들랜드 바닷새에 미치는 영향을 측정한 그의 다년간 경험을 토대로 만들어졌다. 그는 기름이 사운드를 거쳐 곧 알래스카 만 바닷새를 위협할 것을 가정하고 즉각 취해야 할 3단계 전략을 제시했다. 첫째, 얼마나 많은 새가 죽었는가를 파악하려면 기름 유입 전후 해변조사를 수행해야 한다고 조언했다. 둘째, 밸디즈로 떠내려 온 사체 모두를 처리할 센터 — 야생생물 사체보관소 — 의 설치를 제안했다. 마지막으로, 죽은 새의 전체 숫자를 추정하려면 여러 해변을 떠다니는 죽은 새의 비율을 파악할 사체 표류 실험이 필요하다고 강조했다.

바다로 유입된 기름 때문에 죽은 바닷새 사체는 바다에 가라앉거나 해안에 표류하지만, 많은 수가 포식자에게 먹히거나 쓰레기에 묻혔다. 전 세계를 대상으로 진행된 연구에 따르면, 기름 유출로 죽은 새의 59퍼센트 정도가 조류나 바람, 조수를 따라 해안이나 해변 주변에 표류하고, 나머지는 바다 속으로 사라진다(Piatt and Ford, 1996). 피아트는 15편의 연구를 통해 바닷새 사체 회수율 중앙값을 약 10퍼센트로 잡을 수 있지만, 유출 사고로 얼마나 많은 바닷새가 죽었는지를 추정하려면 사운드와 알래스카 만의 회수율이 필요하다는 것을 알고 있었다.

처음에는 아무도 그에게 관심을 기울이지 않았다. 유출 사고가 있고 며칠간 밸디즈로 죽은 새가 떠내려 오지 않았기 때문이었다. 일주일이 지나고 열흘째가 되었지만 여전히 죽은 새는 보이지 않았다. 그러나 곧 죽은 새의 수가 엄청나게 불어났다. 피아트는 사운드를 뒤덮을 만큼 많은 새의 사체를 몇 차례 목격했을 뿐만 아니라 해변을 지나던 다른 행정기관 사람들로부터 그런 이야기를 전해 들었다.

사운드에는 정부기관 책임 하에 운영되는 야생동물보호소가 한 군데도 없었던 터라 USFWS의 대응은 굼떴다. 더 큰 문제는 유출 사고가 '연방화'되지 못해서 손해(법률적 의미, 여기서는 재정적 손실평가) 산정에 필요한 야생동물 사체 수거 책임을 맡고 있는 USFWS와 NMFS가 애초부터 실행에 필요한 자금을 전혀 확보하지 못했다는 점이다. 행정기관은 말 그대로 엑손사가 대응 자금을 책임지겠다고 약속할 때까지 기다려야만 했는데, 이를 위해서는 협력동의서와 변호사, 시간이 필요했다(Zimmerman, Gorbics and Lowry, 1994). 결국 엑손 사는 사고의 원인 규명에 필요한 증거 수집을 통제하고 수거 일정을 늦춰서 되도록 증거를 인멸할 수 있는 유리한 고지에 서게 됐다.

그런데 ADFG 해양 포유류 연구자인 캐시 프로스트 때문에 모든 게 바뀌었다. 밸디즈의 기자회견에 참석한 피아트는 연방정부 소속의 현장 방제책임자가 국영방송과 유출사고 대책반을 상대로 "아직까지 확인된 게 전혀 없다. 아직은 어떤 실질적인 문제가 있는지 모르겠다"고 말하는 것을 듣고 격분했다. 그런데 복도 쪽에서 "잠깐만요!"라는 외침이 들려왔고, 프로스트가 기름에 흠뻑 젖은 노란색 구조복을 입은 채 연단으로 당당하게 걸어왔다. 그녀는 "조금 전까지 해변에 있다가 왔는데, 내가 여기 온 이유는 그 지역 전체가 온통 죽은 동물뿐이라는 사실을 전하기 위해서다"라고 말했다. 전혀 예상하지 못했던 순간에 발휘된 프로스트의 용기가 사고 대응의 중요한 계기를 제공했다.

드디어 USFWS는 믿기 어려운 혼란 상황에서 빠져나왔다. 현장 방제책임자가 교체되고 현장에 보조 인력이 더 많이 투입됐다. USFWS를 퇴직한 생물학 연구자로 30년 이상의 경험과 위엄을 지닌 칼 렌신크는 폭스바겐 밴을 끌고 밸디즈로 자원봉사를 왔다. 렌신크와 피아트는 호텔 방을 함께 쓰면서 대책을 모색했다. 즉시 렌신크는 야생생물 사체 회수 및 처리 장소를 설치하기 위해 USFWS 직원을 조직했다. 죽거나 죽어가는 동물을 수거할 목적으로 엑손 사에서 고용한 전혀 훈련이 되어 있지 않은 선원들에게 수거도구와 기록장비 — 사체운반용 자루, 자료 기입 양식, 지시사항 — 를 설명하고 동물 사체를 수집·조사하면서 피아트는 사운드 해안을 누볐다.

밸디즈로 해달 사체가 처음 운반되었을 때 렌신크는 연령을 확인하려고 이빨을 검사하고 치수를 재고 암수도 확인했다(DeGange and Lensink, 1990). 조류 사체가 처음 들어왔을 때 렌신크는 매뉴얼에 따라서 조류를 제대로 확인해줄 사람들을 조직했다. 이후 '누가, 무엇을, 어디서, 언제' 수거했는지를 상세히 기록한 중요한 문서와 함께 동물 사체가 든 자루가 들어오기 시작했다. 그와 피아트는 다른 생물학 정보와 함께 관련 자료를 기록할 컴퓨터 자료 기입 프로그램을 짰다. 최종적으로 USFWS는 밸디즈와 비슷한 사체보관소를 수어드, 호머, 코디악에도 설치했다. 1989년 이들 사체보관소에서 약 3만 7,000마리의 죽은 조류를 처리했다.

기름 유출이 있고 2주가 지났을 때 피아트는 사운드에서 사체를 이용한 표류실험을 준비하는 USFWS 동료들을 도왔는데, 앵커리지의 행정 관료들은 그 실험이 '나쁜 영향을 주는 홍보'가 될지 모른다면서 프로젝트를 묵살해버렸다. 그들은 기름 유출의 피해 증거로 모았던 사체를 바다로 다시 돌려보내면 사람들이 화를 낼까 걱정했다.

몇 주 후 피아트는 연구 팀을 이끌고 USFWS의 탐사선 티글락스 호를 타고 기름이 지나간 경로를 따라서 알래스카 반도로 이어진 해변에서 조류를 조사하고 사체를 수거했다. 사운드 안쪽에서는 기름이 상대적으로 선명한 검은색 액체인 것을 확인할 수 있었는데, 가끔은 물과 구분하기 어려울 정도로 기름에서 번쩍거리는 광택이 나기도 했다. 미끈거리는 기름이 스며든 해변에서 부드러운 점액덩어리를 수거하던 피아트는 그 속에서 알락쇠오리, 아비, 대머리독수리, 검둥오리, 바다꿩, 쇠오리, 흰뺨오리 등의 사체를 많이 발견했다.

사운드 바깥쪽에서는 바람과 파도가 해안 전체를 완전히 덮을 정도로 바다와 공기를 검은 원유로 휘저으며 100~200야드 너비의 두껍고 끈적거리는 갈색 거품의 파도를 일으켰다. 피아트는 "엄청났다"고 말했다. "처음에는 조류의 종류를 파악할 수 없을 정도였다. 살펴보니, 새들이 두꺼운 거품에 휘감겨 있었다. 거품을 벗겨내지 않고선 어떤 종류의 새인지 식별할 수 없었다. 정말 너무 끔찍했다." 그들은 죽은 조류를 점점 더 많이 찾아냈는데, 대부분이 바다오리였다. 그들은 다른 종류의 바닷새의 사체도 찾아냈다. 그러나 다행히 가마우지, 섬새, 바다쇠오리 종들은 바다오리보다 늦게 기름 유출 지역으로 돌아와서 군집을 형성하기 때문에 사운드를 휩쓴 죽음의 검은 파도에 크게 피해를 입지 않았다.

알래스카 반도의 푸알 만(셸리코프 해협의 코디악 건너편)에서 피아트와 티글락스 호는 섬뜩한 걸 발견했다. 여러 겹의 쓰레기 밑에서 수천 마리의 바다오리 사체를 보았던 것이다. 바다오리는 힘차게 날 수 있다는 점을 제외하면 생김새와 행동 모두 펭귄과 비슷하다. 바다오리는 펭귄처럼 작은 물고기와 무척추동물을 먹는다. 거의 똑바로 서 있고 하얀 모자가 달린 맵시 있는 유니폼을 입은 것 같은 앞모습을 하고 있다. 피아트는 그런 모습에서 18인치의 작은 병정을 떠올렸다. 피아트는 과연 그것들이 어디서 왔는지 궁금했다. 왜냐하면 푸알 만의 바다오리 군집은 번식을 잘하고 기름에도 거의 오염되지 않았기 때문이다. 그는 시체들이 고디악 군도 북쪽에 위치한 바렌 군도에 있는 큰 규모의 바다오리 서식지에서 떠내려 오지 않았을까 추측했다. 바렌 군도에는 알래스카 만에서 가장 크고 다양한 종류의 바닷새 군집이 있었고, 그곳은 유출된 기름의 이동경로와도 연결되어 있었다.

피아트 팀은 죽은 지 얼마 안 된 인근의 수백 개 사체를 가지고 매우 작은 규모의 사체 표류 연구를 실시해서 그 새들의 기원을 파악해보기로 했다. 그들은 푸알 만에 떠 있는 100마리의 죽은 병정 — 모두 바다오리였다 — 에 태그를 부착한 후 바렌 군도로 가져가서 한밤중에 바다로 흘려보냈다. 그런데 정말로 바다오리 사체 3구가 약 200마일을 흘러서 푸알 만 해변까지 떠내려 왔다. 피아트는 이 방식으로 회수율을 알아냈고 죽은 전체 조류 수를 추정할 수 있었다.

그해 가을 피아트와 렌신크를 비롯해 몇몇 사람들이 함께 야생생물 사체보관소 자료를 정리했다. 그들은 총 3만 7,000구에 달하는 사체 가운데 7,000구는 기름이 아닌 다른 이유로 죽었을 것으로 추정했다. 그해 가을 철새 이동 중 셸리코프 해협의 바다쇠오리와 섬새가 대규모로 자연사멸, 즉

소멸했다. 피아트는 "바닷새의 대규모 사멸은 적지 않다. 일부 종은 순록처럼 많은 수가 한꺼번에 먹이를 먹기 때문에 고밀도의 먹이가 필요하다. 잠깐이라도 먹이가 주변에 없다면 무슨 일이 일어나겠는가? 엄청난 수의 동물이 한꺼번에 죽는다"고 설명했다.

기름으로 죽은 3만 마리 바닷새 중 약 90퍼센트가 사운드 이외의 지역에서 수거되었는데, 전체 사체 중 70퍼센트는 바다오리였다(Piatt and Ford, 1996). 피아트와 그의 동료들은 바렌 군도의 사체 표류 연구에서 3퍼센트의 회수율을 나타냈지만 섬이 많고 해변에 사람들이 많은 사운드의 회수율은 이보다 낮을 것이라고 추정했다. 세계 표류 연구와 기름 유출 지역을 고려한 회수율 중앙값을 토대로 그들은 약 10퍼센트의 회수율로 계산하면 기름 유출로 죽은 바다오리의 대략적인 숫자를 산출할 수 있다고 생각했다. 그들은 이 수치를 적용해 10만~30만 마리의 바다오리가 기름 유출로 죽었다고 추정했다.

그것은 기름 유출로 인한 이전의 최대 바닷새 사망 기록을 훨씬 뛰어넘은 수치였다. 피아트 등은 그 수치가 알래스카 만에 사는 바다오리 개체군의 약 10퍼센트, 그리고 바렌 군도 번식 군집의 절반을 넘는다고 생각했다. 그들은 기름 유출이 살아남은 바다오리에게도 장기간 영향을 줄 것이라고 예측했다. 바다오리는 일 년에 알을 한 개만 낳는 수명이 긴 조류이다. 산란이 줄고 새끼 새의 숫자가 줄면서 회복이 지체될 것이라는 점은 충분히 예측 가능했다. 이후 엑손에 고용된 연구자를 비롯한 여러 조류 생물학자가 연구한 바다오리 개체군의 모델(Ford, Page and Carter, 1987)을 토대로 피아트는 바다오리의 회복에 7~20년이 걸린다고 결론 내렸다.

피아트와 그의 동료들은 공적 자금의 지원을 받은 과학자라는 입장에서 일반 시민과 정보를 공유해야 한다고 생각했다. 연방정부 법률단이 반대했지만 그들은 1989년 ≪네이처≫에 최초의 연구 결과를 발표했고 이후 좀 더 완전한 형태의 조사 결과를 1990년 ≪오크≫에 발표했다(Piatt and

Lensink, 1989; Piatt et al.,1990). 3년 후 다른 공적 자금의 지원을 받은 과학자들도 연방 법무부가 부과한 비밀유지의 의무 규정을 정면으로 위반하기 시작했다.

엑손 사는 즉각 그들의 보고서가 터무니없다고 공격했다. 엑손 사 과학자는 "기름에 오염된 약 3만 구의 사체를 수거했는데, 단 하나 확실한 사실은 이 수치가 그 이유를 정확히 알 수 없는 기름 유출로 죽은 조류의 전체 숫자"(Wens, 1996: 596)라고 주장했다. 엑손 사의 과학자들은 수거한 3만 구의 조류 사체가 전체 사체의 극히 일부라는 부인할 수 없는 사실조차 끝까지 무시했다. 피아트의 보고서로 유출 사고에 대한 대중의 관심과 함께 거액의 보상 문제에 관한 압력이 증가했다(Medred, 1989).

1990년 피아트는 코디악 군도에서 남서쪽으로 약 300미일 떨어진 슈매긴 군도의 작은바다쇠오리를 연구하는 본연의 업무로 복귀했다. 그해 여름 그는 손실평가액을 완벽히 산출해낼 수 있음에도 불구하고 연방정부 법률단이 사체 표류 연구에 100만 달러를 지출했음을 알게 됐다.『바다에 떠 있는 기름』의 예측대로, 연방정부 법률단은 변론하기 위해 회수한 조류 사체를 수치화할 필요가 있었던 것이다. 정확한 피해를 입증—기름으로 죽은 새의 정확한 숫자— 하는 NRDA 과정은 쉽지 않았다. 죽은 새가 많을수록 배상비용이 증가하기 때문이다. 연방정부 법률단은 해변에서 발견된 것 가운데 죽은 새의 비율이 경제적으로 중요하다는 사실을 깨달았던 것이다.

연구를 위임받은 사람들은 기름에 오염된 300마리의 죽은 새가 필요했는데, 1990년 당시 그들이 할 수 있는 유일한 방법은 살아 있는 새를 총으로 쏘아 죽인 후 표류 연구를 위해 사체에 기름을 묻혀 풀어놓는 것이었다. 사운드에서는 연구자가 총으로 새를 잡을 수 없다는 정치적 이유 때문에, 아이러니하게도 피아트가 그들을 위해 슈매긴 군도에서 많은 새를 '수거' 해주었다. 후에 그러한 사실이 알려졌을 때 사람들은 분노했지만, 연방정부 법률단은 사운드 내에서 43퍼센트, 케나이 반도 주변에서 13퍼센트, 코디악 인근에서 6퍼센트, 알래스카 반도 주변에서 2퍼센트의 회수율을 구할 수 있었다(Ecologist Consulting, Inc., 1991).

연구자가 그 값을 이용해 계산해보니 죽은 새는 30만~64만 5,000마리에 이르며 최적 추정치는 37만 5,000마리였다(Ford et al., 1996). 사체가 1989년과는 다른 바람과 해류·날씨의 영향을 받았지만, 피아트는 이 연구에 대해 "더 이상 이런 대규모의 사체 표류 회수 조사는 없을 것이다"라고 말했다. 그는 새로운 연구의 평균 사망 추정치를 보고 이전에 계산한 추정치가 확증돼서가 아니라 그 값이 생각했던 것보다는 적었기 때문에 기뻤다.

한편 USFWS의 또 다른 과학자들은 1989년부터 1991년까지 대규모 조사를 수행한 후 기름 유출 이전과 대비했을 때 기름 이동경로 밖에 있는 2곳보다 기름 이동경로 안에 있는 5곳에서 바다오리 군집의 개체수가 40~60퍼센트 줄어든 사실을 알아냈다(Nysewanderet al., 1993). 그들은 피아트가 예측했던 후속적인 영향도 확인했다. 즉, 기름에 오염된 군집의 바다오리는 기름에 오염되지 않은 군집의 바다오리 정도로는 산란에 성공적이지 못했다. 과학자들은 기름 유출이 중요한 사회적 행동을 붕괴시킨다고 생각했다(Phillips, 1992). 바다오리는 포식자에게 덜 잡아먹히려고 — 가을 폭우가 오기 전에 어린 새끼를 기르려고 — 산란시기를 조절한다. 그런데 과학자들은 조사하는 기름 유출 경로 내 모든 군집 — 기름 유출로 거의 죽을 뻔했던 노련한 번식종 — 에서 전체 연구기간 동안 생식이 예전보다 저하되었음을 알아냈다. 1992년에야 생식을 회복했다는 연구도 있다.

피아트는 더 이상 기름 유출 연구를 위탁받지 않았지만, 그것과는 무관하게 연구를 계속했다. 그는 기름 유출로 바다오리 개체수가 감소하고, 산란이 중단되거나 지체되고 있음을 확인하고 몇 년이 지났는데도 기름에 오염된 바다오리 군집의 번식력이 계속 저조하자 고민에 빠졌다.

그는 과거에 출간된 논문을 면밀히 검토한 결과, 기름 유출 이전의 20년 동안 기름 이동경로 밖에 있던 지역의 바다오리류 군집 수가 크게 감소 —
30~50퍼센트, 심지어는 80퍼센트 감소 — 했다는 사실을 알게 됐다. 기름 유
출로 인한 죽음과 관련된 증거 이외에도 기름 유출이 있기 전 수십 년 동안
번식력이 계속 변화했다는 증거도 있었다. 이런 엄청난 변화를 어떻게 설
명할 수 있을까?

피아트는 열빙어 같은 고열량 먹잇감이 바다오리와 대서양 연안 섬새
에 미치는 영향을 분석해서 박사학위를 받았다. 처음 알래스카에 왔을 당
시 그는 알래스카 만의 바닷새가 대체로 열빙어보다 열량과 지방이 훨씬
적은 북대서양대구 새끼를 잡아먹는다는 사실을 알게 됐는데, 그때는 그
문제를 대서양 바닷새와 태평양 바닷새의 먹잇감 선호도 차이 정도로 간
단히 처리해버렸다. 그런데 그는 어떤 이유로 알래스카에서 열빙이가 사
멸하자 바다오리가 특정 먹잇감 — 북대서양대구 — 을 먹을 수밖에 없게
된 것은 아닌지 궁금해졌다.

운 좋게도 피아트는 코디악에 사는 NMFS 새우 생물학자 폴 앤더슨과
서신을 주고받게 됐는데, 그는 알래스카 만에서 25년 동안 매년 작은 그물
눈 트롤망 조사를 열심히 해온 인물이었다. NMFS는 수십 년간 알래스카
만 북부에서 작은 그물코 트롤망을 수백 번 조사해서 상업용 어류 종의 수
량을 조사했다. 그런데 사람들은 작은 그물코 전동장치로 열빙어 같은 비
상업용 작은 먹잇감 어류도 포획했다. 미발표 연구 조사에 따르면, 1960년
대와 1970년대 초에는 트롤망에 주로 새우와 열빙어가 잡히다가 1970년대
말에는 그 대신 북대서양대구, 대구, 가자미가 잡혔다.

이 점에 흥미를 느낀 피아트는 오래된 자료를 좀 더 조사했다(Sanger,
1986). 그는 1970년대 중반에는 알래스카 만 북서쪽에 많았던 5종 바닷새의
가장 중요한 먹이는 열빙어였는데 10년 후에는 까나리와 북대서양대구,
꼴뚜기로 바뀌었다는 사실을 알아냈다. 큰바다사자와 범고래, 북방물개에
서 유사한 증거를 발견할 수 있었다. 1970년대 초반에는 열빙어와 청어가

풍부했지만 ― 기름 유출이 있기 훨씬 전인 ― 10년 후 이들 고열량 물고기가 사라지면서 해양 포유류는 대신 북대서양대구를 주로 먹었다(Hansen, 1997). 바다오리, 세발가락갈매기, 바다사자, 점박이바다표범을 비롯해 물고기를 주식으로 하는 '최상위' 포식자의 개체수도 새우와 열빙어와 함께 줄어들었다(Merrick, Loughlin and Calkins, 1987).

피아트는 해양기후의 변화가 최상위 포식자의 개체군 수치에 절대적인 영향을 미치는 게 아닌가 추측했다. 그는 해양지리학자인 톰 로이어의 연구(Tom Royer, 1993)를 찾아보고, 1970년대 후반 급속히 상승한 알래스카 만의 해수 온도가 1980년대까지 지속되면서 대구, 북대서양대구, 넙치, 가자미 등이 많아졌다는 사실을 알게 됐다. 피아트는 해양기후가 요동치면서 점차 알래스카 만의 바다오리 개체수도 감소했다는 사실을 깨달았다. 기름 이동경로에 서식하는 바다오리를 비롯한 다른 바닷새에게 이미 좋지 않았던 상황, 즉 회복이 지체되었던 환경이 조성되어 있었고 기름 유출이 더욱 악화시킨 것이다.

그는 자신의 이론과 증거를 NOAA 손실평가 및 회복 프로그램 관리자인 과학자 브루스 라이트와 공유했다. 그는 피아트에게 1993년 1월에 개최되는 제1회 기름 유출 연구에 관한 공개 심포지엄에서 조사 결과를 발표하라고 권했다. 피아트는 제안을 흔쾌히 받아들였다. 피아트와 폴 앤더슨은 자신들의 보고서를 큰부리바다오리에 관한 NRDA 연구로 가다듬었는데, 이 보고서는 기름 유출 이후 처음 목격된 바닷새 개체수의 급격한 감소는 기름뿐만 아니라 여러 요인이 결합되어 발생했을 수 있음을 동료 연구자들에게 알려주는 '발원지'가 됐다(Piatt and Anderson, 1996).

마침내 그들의 노력으로 생물 생산성과 해양기후 사이의 연결고리를 깊이 있게 이해하기 위한 최상위 포식자 ― 특히 바다오리, 세발가락갈매기, 흰줄날개바다오리, 바다표범 ― 에 관한 연구가 진행됐다(제19장 참조).

흰줄박이오리와 사운드

1975년 5월 샘 패튼이 부인과 함께 코도바에 도착했을 때 전설의 들새 사육사 피트 아이슬레이브가 따뜻하게 맞아주었다. 패튼은 알래스카 만 남중부 해안의 갈매기 군집을 연구하기로 NOAA와 계약을 맺었다. 그는 아이슬레이브가 외진 지역의 갈매기에 대해 해박하다는 것을 알고 있었다. 아이슬레이브는 패튼에게 갈매기 군집을 조사하려면 에그 섬 동쪽뿐만 아니라 야쿠타트 인근의 앨섹 강 어귀를 조사해야 한다고 조언했다. 패튼은 그곳에서 잡종 갈매기 군집을 발견했고 이를 토대로 갈매기 진화 연구를 해 1980년 존스홉킨스 대학교에서 공중보건학 박사학위를 받았다. 그는 "아이슬레이브에게 다 갚을 수 없을 만큼 많은 도움을 받았다"고 말했다.

패튼은 알래스카 서쪽의 베델에 살면서 ADFG의 생물학자로서 유콘쿠스코큄 삼각주를 연구하는 중에 기름 유출에 대해 들었다. 그는 즉각 기름 유출이 야생생물에게 미치는 영향에 관한 주정부 연구를 돕겠다고 제안했다. 주정부는 그의 가족 모두를 페어뱅크스로 보내주었고, 그해 여름 패튼은 에그 섬에서 10살과 12살짜리 두 아들과 함께 생활하면서 기름 유출이 갈매기에게 미치는 피해를 반복적으로 조사했다. 하지만 패튼은 아무런 이상 징후도 발견하지 못했다. 1975년과 1976년 이래로 갈매기의 번식력은 변함이 없었다. NRDA 법률단은 "아주 명확한 결론이 나왔다. 기름의 영향이 확인되지 않는다고 하니 이제 이 연구를 접을까 한다. 계속하려면 조금의 피해라도 찾아야 한다"고 말했다.

1989년에 연구가 중단됐지만 패튼은 새로운 연구 제안서를 준비하기에는 시간이 부족했다. 그는 빠르게 판단했다. 대부분의 기름이 프린스윌리엄사운드 서쪽 해안선을 따라서 몰려 있다는 것을 알고 있었기 때문에 그는 그곳에서 먹이를 찾고 은신하며 새끼를 키우는 야생동물이 기름의 영향을 가장 잘 보여줄 것이라고 생각했다. 그는 아이슬레이브의 연구(Isleib and Kessler, 1973)로부터 수십만 마리에 달하는 바다오리가 사운드와 안전한 코디악과 셸리코프 해협의 근해에서 겨울을 나며 봄·가을에 바다오리가 이동하면서 잠깐 체류하는 중요 지역이 사운드라는 것을 알고 있었다. 오리는 그곳에서 푸른 홍합과 조개, 달팽이를 비롯해 다양한 종류의 무척추동물을 충분히 먹어서 지방을 비축한다.

패튼은 기름 유출이 6종의 바다오리 — 검둥오리 3종, 흰뺨오리 2종, 흰줄박이오리 — 에게 미치는 영향을 연구하는 제안서를 작성했다. 그는 6종의 바다오리로 기름이 유출된 전 연안을 파악할 수 있다고 생각했다. 흰줄박이오리는 조간대 수역 끝이나 그 인근에서 먹이를 구했다. 흰뺨오리와 검둥오리 2종은 좀 더 낮은 조간대와 얕은 조수지의 물속으로 들어가 먹이를 찾았고, 흰날개검둥오리는 좀 더 먼 근해 물속을 90피트 이상 들어가 가리비와 대합조개를 찾아 먹었다. 패튼은 '조금의 피해를 확인'할 준비를 마쳤다. 이후 그 제안서로 그는 연구비를 받았다.

1989년에서 1990년으로 이어지는 겨울 동안 연구를 끝내고 나서야 패튼과 그의 동료들은 일부 흰줄박이오리는 사운드의 텃새지만, 검둥오리와 흰뺨오리는 그렇지 않다는 걸 깨달았다. 패튼의 말에 따르면 "뒤통수를 맞은 기분이었다. 일부 흰줄박이오리는 평생 이곳에서 살며 조간대에서 먹이를 찾고 여기저기서 새끼를 키운다. 우리 연구는 검둥오리와 흰뺨오리 그리고 흰줄박이오리에 관한 연구에서 흰줄박이오리에 초점을 맞춘 연구로 빠르게 전환됐다."

패튼은 연구를 시작할 때 흰줄박이오리의 생태에 관해 기본적인 지식을 갖고 있었다. 흰줄박이오리는 바다오리 중 크기가 가장 작은데, 줄무늬 모양과 흰색 반점, 수컷의 옅은 푸른색 몸통에 있는 얼룩덜룩한 진한 황갈색 하이라이트까지 고려해서 이름을 붙였다. 5월 말 화려한 색깔의 수컷과 밋밋한 갈색의 암컷이 쌍을 이뤄 하천 어귀에 모여 있다가 둥지를 틀 만한 적당한 구멍 — 나무의 텅 빈 구멍이나 뿌리 다발, 그루터기 혹은 강둑 — 을 찾아 상류로 날아간다. 알려진 몇 가지 사실에 따르면, 흰줄박이오리는 거센 급류로 물거품이 이는 하천에 둥지 트는 것을 좋아한다. 암컷이 알을 품기 시작하면 수컷은 사운드로 되돌아가서 바다의 만과 근해 바위에 모인다. 새끼오리는 생후 약 2주가 되면 주저주저하다가 바다와 이어지는 하천 급류나 폭포로 거침없이 뛰어든다. 놀랍게도 상당히 많은 새끼가 이런 위험한 여정에서 살아남는다. 암컷은 자갈이 깔린 얕은 큰 강 어귀에서 새끼를 키운다. 10월이 되면 좀 더 내륙 깊숙한 곳에서 새끼를 키우던 철새 흰줄박이오리는 사운드에서 겨울을 나기 위해 텃새 흰줄박이오리와 합류하는데, 다시 새로운 주기가 시작되는 5월쯤이면 사운드에 있는 이들 오리의 개체 수는 약 1만 마리로 불어난다.

1990년 여름 사운드 동쪽과 서쪽에서 패튼과 그의 동료들은 흰줄박이오리 번식에 관한 사전조사를 실시했다. 그들은 하천을 따라 흰줄박이오리와 그 새끼를 관찰하고 기록하겠다고 자원한 수십 명의 ADFG 어류 조사자에게 도움을 받았다. 자원자들은 5월 중순부터 9월 사이에 3회에 걸쳐 하천을 주의 깊게 관찰했다.

패튼은 산란 중인 흰줄박이오리가 있을 만한 장소는 모두 관찰했다고 확신했다. 늘 도움과 지원을 아끼지 않았던 아이슬레이브는 패튼에게 기름 유출 전에는 사운드 전역에서 산란 중인 흰줄박이오리를 봤다고 말했다. 사운드에 있는 산란 중인 흰줄박이오리의 최적 추정치는 기름 유출이 있기 전인 1970년대 초에 조사한 최소치 2,600마리와 1984~1985년에 조사한 5,500마리 사이였다(Klosiewski and Laing, 1994). 패튼과 그의 동료들은 사운드 동쪽에서는 산란 중인 흰줄박이오리를 발견했지만, 사운드 서쪽에서는 산란 중인 흰줄박이오리를 거의 볼 수 없었다.

그는 피해는 확인했지만 어떻게 피해가 발생했는지는 정확히 밝혀내지 못했다. 또한 그와 그의 동료들은 사운드 서쪽에서 '기름에 흠뻑 젖어' 있는 홍합군을 발견했다. 그들은 할 말을 잃었다. 여전히 대부분의 과학자들은 기름 유출 이후 수년간 해변에 잔류하게 된 기름이 야생생물에 유해하지 않다는 1970년대의 오래된 가정을 따르고 있었다. 패튼은 "홍합군이 기름으로 완전히 채워져 있었다. 새의 식도에서 가장 많이 발견된 게 바로 작은 홍합이었다. 그래서 나는 거기서 문제가 시작됐다고 생각했다."

그는 흰줄박이오리가 기름에 오염된 홍합을 먹어서 생식에 문제가 생긴 것으로 의심했다. 생리학과 공중보건학을 배운 그에게 이런 인식적 도약은 자연스러운 것이었다. 1990년 가을 패튼은 연구를 수정해서 흰줄박이오리 연구 대조군에 기름에 오염되지 않은 사운드 동쪽의 오리 번식지 현장 연구 — 또한 흰줄박이오리 서식지의 기름 오염 과정 연구 — 를 포함시켰다. 자연자원 손실을 산정하는 연방 법률단은 그에게 "당신의 연구는 2,500만 달러의 가치가 있다"고 말했다. 그리고 연구에 필요한 모든 것을 지원해주었다.

패튼은 사운드 서쪽에서 3년짜리 연구를 총괄했다. 그는 "데이비드 크롤리가 연구를 수행했고, 그 연구로 석사학위를 받았다. 일을 참 잘 해주었다. 기본적으로 그는 흰줄박이오리가 특정한 서식지를 선호하고 정상으로 생식을 하고 있다는 것을 발견했다"라고 말했다.

1991년부터 1993년까지 크롤리는 산란 중인 흰줄박이오리가 있는 24곳의 하천과 유역의 지형을 그렇지 않은 24곳의 하천 및 유역과 비교했다(Crowley and Patten, 1996). 그 결과 그는 오리가 연어가 많은 하천을 선호하지만 작고 험한 하천도 선택한다는 사실을 알게 됐다. 그는 오리에게 바다와 만나는 하천의 암반 조간대에 대한 '생태학적 의존성' — 먹이 찾기, 휴식, 구애, 새끼 키우기 같은 활동을 대체로 하천 어귀에서 한다 — 이 있다고 설명했다. 또한 그는 사운드 동쪽의 흰줄박이오리는 매년 같은 둥지와 하천으로 회귀한다는 것도 확인했다. 이런 장소 충실도는 다른 지역의 흰줄박이오리에서도 보고된 적이 있다.

한편 1991년 봄 사운드의 서쪽에서 패튼과 그의 동료들은 오리 번식지로 추정되는 하천을 조사했는데, 하천 어귀에서 확인한 흰줄박이오리 수는 매우 적었다(Patten et al., 2000a). 그들은 기름 오염 지역에서 오리의 번식 활동을 조사하기 위해 12곳의 하천을 선택했는데, 오리가 번식한다고 알려진 기름에 오염되지 않은 사운드 동쪽의 하천과 유사한 곳이었다(Pattern, 1993). 해질 무렵 숨어 있던 암컷이 먹이를 찾아 둥지를 떠나기에 가장 적합한 시간에 패튼과 동료들은 하천 둑을 따라 새 그물을 풀었다.

그러나 132시간 동안 기다렸지만 그들은 흰줄박이오리를 한 마리도 잡을 수 없었다. 그들은 하천을 따라 나는 오리조차 보지 못했다. 1992년에는 사운드 서쪽에서 이전보다 두 배 이상의 노력을 기울였다. 39곳의 하천을 선택한 후 해지는 시간대에 총 384시간이 넘는 시간 동안 세 그물로 작업했다. 그 결과 암컷 2마리를 포획했는데, 그중 한 마리는 기름에 오염된 지역인데도 오염이 안 된 하천에서 산란 중이었다. 이에 비해 2년 넘게 진행된 사운드 동쪽 연구에서 패튼의 동료들은 522시간 동안 하천 16곳에서 산란 중인 65마리의 흰줄박이오리를 포획했다.

패튼과 동료들은 흰줄박이오리 개체군의 여름 털갈이 분포도를 작성했다. 7월 말부터 8월까지 성체 흰줄박이오리는 특정 장소에 모여 털갈이를 한다. 이 기간에 새들은 날지 못하기 때문에 어쩔 수 없이 비교적 좁은 지역에서 먹이를 찾을 수밖에 없다. 오리는 털갈이 장소로 근해의 안전한 작은 바위섬과 다량의 먹잇감을 쉽게 잡을 수 있는 곳을 선호한다. 흰줄박이오리는 털갈이 장소에 대한 친화력이 강해서 매년 똑같은 안전지대로 되돌아온다.

1991년과 1992년에 패튼은 사운드 서쪽에서 털갈이하는 오리 중 약 20퍼센트가 홍합군 부근에 모인다는 사실을 발견했다(Patten et al., 2000a). 1991년에는 오리가 털갈이하는 홍합군 지역이 기름에 완전히 오염됐고, 1992년에는 약 60퍼센트가 오염됐다. 그는 이상한 추이를 감지했다. 사운드 서쪽의 흰줄박이오리 개체수가 줄어들었던 것이다. 그의 2차년도 연구기간에는 털갈이를 위해 사운드 서쪽으로 날아든 오리 수가 크게 줄어들었는데, 그 감소율이 사운드 동쪽의 거의 3배였다.

1991년 가을 패튼과 동료들은 주정부의 기름 유출 파일(Tip1 참조)을 자신들이 만든 서식지 이용지도 및 기름 오염 지역의 분포도와 비교했다. 또한 그들은 사운드 서쪽의 기존 흰줄박이오리 서식지에 관한 광범위한 기름 오염 문건을 찾아냈으며, 1989년부터 1991년까지 그 지역 대부분이 이니폴(이니폴은 홍합과 굴을 죽이는 살충제로 알려져 있었다)을 비롯한 화학약품이 광범위하게 사용됐다는 사실도 알아냈다(Tip 3 참조). 그들은 이니폴을 어류와 야생생물에게 안전하다고 생각되는 수준을 넘어서 사용하던 시기에 ADEC가 이 문제를 이슈화했던 사실도 확인했다(CFS, 1989: 2[34]).[1]

1992년 여름 그와 동료들은 자신들이 만든 지도로 사운드 서쪽 가운데 흰줄박이오리가 털갈이에 이용한 기름 오염 지역 130곳을 가능한 상세하게 조사했다. 그들은 트롤과 홍합 채취용 삽으로 의심이 가는 해변을 파고 그곳에서 발견된 것들에 관해 지도를 작성한 후 세심하게 샘플을 채취해서 오크베이 실험실에 분석을 의뢰했다

그들의 노동집약적인 작업을 통해 엑손 밸디즈 호 기름 유출로 사운드 서쪽의 홍합 서식지 50곳은 여전히 심각하게 오염되어 있다는 사실이 밝혀졌다(Patten et al., 2000a). 원유에 가까운 기름이 '산소가 없는' 두꺼운 홍합층에서 추출됐다. 산소가 없으면 기름은 미풍화 상태로 높은 수준의 PAHs

---

1) 1989년 8월 31일 ADEC는 나이트 섬 헤링 만의 해변과 하천 어귀에 과다한 이니폴 사용에 관해 문제 삼았다(Patten et al., 2000b). 이니폴은 연어가 있는 하천에는 사용하지 못하게 되어 있는데, 패튼은 1991년과 1992년에 "해변 청소 활동은 크게 줄고 대신, 연어가 있는 하천 지역에서 보다 국지적으로 진행됐다. 이니폴은 여전히 흰줄박이오리 서식지에 살포됐다"(Pattern et al., 2000a: 36)고 말했다.

— 홍합 세포조직 내 PAHs는 4ppm 이상으로 퇴적지층에 서식하는 홍합보다 10배 높았다 — 를 유지한다. 패튼은 그 정도의 수치라면 흰줄박이오리에게 위협이 되기에 충분했을 것이라고 생각했다.

1992년 사운드에서 이와 관련된 다른 증거가 발견됐다. 다른 생물학자들이 가장 심하게 오염된 사운드 지역에서 검은머리물새떼가 생식에 실패했고 어린 해달과 수달의 사망률이 높다는 것을 확인했다(Anders, 1997; 1998; 1999; Bowyer et al., 1994; 1995; Rotterman and Monnett, 1993; Sharp and Cody, 1993). 그런데 이 포식자들은 모두 공통적으로 홍합을 먹었다.

이에 깜짝 놀란 알래스카 주와 연방기관은 홍합 서식지의 기름 오염 문제 확인을 위해 1991년에는 파일럿 연구를, 1992년과 1993년에는 훨씬 대규모의 과제를 수행했다(Badcock et al., 1996). 대규모 과제가 진행되는 동인 오크베이 실험실 화학자들은 기름에 오염된 홍합층 퇴적물의 PAHs 수치가 매우 높다는 것을 확인했다. 사운드 70곳 중 31곳의 PAHs 농도가 10,000ppm보다 더 높았다. 이것은 기름 1퍼센트에 맞먹는 양으로 그 지역이 '기름에 흠뻑 젖어' 있다는 것을 의미했다. 그곳에서 나온 홍합의 PAHs 농도는 8ppm에 달했는데, 이것으로 패튼의 연구가 확증됐다. 생물학적 증거가 늘어나면서 이 연구가 1993년 세간에 알려졌고, 사람들은 기름에 오염된 홍합층 복구에 심혈을 기울이라고 정부 기관을 압박했다(제21장 참조).

1992년 가을 패튼은 좀처럼 없어지지 않는 기름으로 흰줄박이오리가 계속 피해를 입는다는 자신의 이론을 뒷받침할 증거를 찾으면서, 다시 한 번 보고서들을 조사했다. 연구는 쉽지 않은 작업이었다. 그는 현장에서 활동하는 생물학자인데다가 학창 시절에 유기화학을 못해서 고생했기 때문이다. 그러나 그는 끈기 있게 한 무더기의 기술 보고서를 열심히 뒤졌다.

낮은 농도의 기름이 바닷새와 물새에 미치는 영향에 관한 문헌을 살펴보면서 패튼은 자신의 이론을 뒷받침할 수 있는 증거를 찾아냈다(Patten et al., 2000a; Varanasi, 1990; Varanasi et al., 1993). 그는 기름 섭취로 신진대사 변화와 건강 약화, '장기간 생식활동 완전 중단'과 무정란 같은 생식 문제가 생긴다는 사실을 알게 됐다. NOAA의 바닷새와 물새의 생존에 필요한 해산물— 조개, 어류— 연구에서 1989년 홍합층에서 낮은 농도의 기름이 발견됐다는 증거를 발견한 것이다. 이 연구는 조간대 조개류(홍합, 대합조개, 딱지조개, 달팽이)의 경우 기름 농도가 12~18ppm — 1992년 그가 홍합 샘플에서 얻은 결과와 거의 일치 — 으로 높게 나타난다고 보고했다(Pattern et al., 2000a).

아이러니하게도 기름이 흰줄박이오리 죽음의 원인이라는 것을 확인해 나갈수록 패튼의 연구는 어려워져만 갔다. 1991년 말 그는 정세 변화에 휘말렸다. 월터 힉켈 주행정부 하에서 새로 임명된 정치인들 때문에 그의 삶은 비참해졌다. 앵커리지 BP 익스플로레이션 사에서 ADFG 기름 유출사고관리부 연구감독관을 직접 파견해 기름 유출 사고 연구지원비를 통제했다. 이전의 주 행정부(스티브 쿠퍼)에서는 연구비를 확보하기 전에 그저 한 두 번 수정하면 됐던 현장연구 제안서를 1992년에는 스물여덟 번이나 수정했다. 그때 아이슬레이브는 패튼이 연구를 포기하지 않도록 용기를 북돋워주었다.

1993년까지 패튼은 어떻게 해서든 흰줄박이오리 연구를 계속하려고 노력했다. 그는 자신이 해오던 모든 것이 위기에 처해 있었던 이 시기를 '지옥 같은 시간'으로 회상했다. 패튼은 과학적 명예훼손뿐만 아니라 인신공격까지 당했다. 패튼은 자신이 만지는 대로 쇼크를 받는 '전기 격자에 갇힌 한 마리 쥐'처럼 느껴졌다.

그때 패튼에게 가장 큰 상처는 아내와 아이들과 떨어져 지내야 했던 일이다. 다른 연구자들에게는 가능한 페어뱅크스에서의 기름 유출 연구가 패튼에게는 허락되지 않아서 가족과 떨어져 지낼 수밖에 없었다. 그래서 그는 주말에는 자비를 들여 앵커리지에서 가족이 있는 페어뱅크스로 갔다. 그는 결혼생활을 지키고 자신의 문제로 가족이 영향을 받지 않도록 노력했다. 이런 이유로 그의 혈압은 매우 높아졌다.

1993년 초 패튼이 최종 보고서의 첫 번째 초안을 제출했을 때 연구감독 관들은 기획, 방법론, 결과 등에 대해 사사건건 문제를 제기했고 심지어 그가 엉성하게 연구를 했다고 비난했다. 패튼은 보고서를 고치고 또 고쳤다. 1993년 6월 정치적으로 말썽 많던 흰줄박이오리 프로젝트에 대한 연구 관할이 ADFG 물새 프로그램으로 이전됐다. 그런데 그곳 연구책임자인 톰 로테는 정치에 매우 민감한 인물이었다. 그는 보고서를 더 수정하길 원했다. 또한 7월에 아이슬레이브가 갑작스런 사고로 죽었다. 그 소식을 전해 들은 패튼은 슬픔에 빠졌다. 이제 더 이상 흰줄박이오리의 기름 유출이 있기 이전 습성과 관련되어 해박한 지식을 가진 아이슬레이브의 도움을 받을 수 없게 됐지만, 패튼은 끝까지 자신의 소견을 굽히지 않았다.

결국 새로운 연구감독관은 그러한 국면을 타개할 묘안을 생각해냈다. 1994년 5월 공석이 된 페어뱅크스의 물새 관리직을 패튼에게 제안했다. 패튼은 그 일을 수락했다. 그는 "아내에게 돌아가고 다시 아버지라는 존재를 되찾을 수 있다는 점에서 그건 올바른 결정이었다"라고 말했다.

흰줄박이오리 연구의 최종 보고서(ADFG에서 7년 후인 2000년에 간행됐다)에는 다음과 같은 후일담이 실려 있다.

> 1994년 6월 최종 보고서의 개정 초안을 제출한 후 중요한 연구자들을 비롯해 초기 구성원 모두 프로젝트를 떠났다. 그 이후에 ADFG 물새 코디네이터가 최종 보고서의 형식, 어조, 원자료 진술에 대한 검증 및 부연, 추가 통계 분석을 대폭 수정했다. 또한 조사 결과를 신중히 해석해야 한다는 이유로 중요 논점과 초기 결론을 혹평하고는 이를 편집했다(Patten et al., 2000a: ii).

패튼은 이야기를 마치면서 '파우스트의 비유'를 들었다. 그는 짧게 "그 사람들이 팔아버렸다"라고 표현했다. 그런데 최종보고서가 공개되기 이

전부터 이미 다른 사람들을 통해 패튼의 연구는 사실이라는 것이 확증됐다(제18장 참조).

엑손의 연구 : 기만적인 연구 설계

바다오리

바다오리에 관한 연방정부의 연구와 보도기사 및 대중의 관심 증가로 부담이 컸지만 엑손 사의 과학자들은 37만 5,000~64만 5,000마리의 바닷새가 죽었다는 분석에 강력히 항의하며 계속 공적 자금의 지원을 받은 연구를 공격했다. 해변에서 발견된 사체는 전체 죽은 생물의 극히 일부에 불과하다는 사실이 이미 알려져 있는데도 엑손 사의 과학자들은 사체 표류 회수율에 관한 연구를 전혀 언급하지 않은 채 "전체 기름 이동경로 지역의 홍합 최대 추정치의 두 배 이상이 죽었다"고 하기에 충분하다는 식으로 비웃었다(Parrish and Boersma, 1995a: 113). 엑손 사의 과학자들은 기름 오염 지역 내 번식기의 바닷새 숫자로 군집을 추정했기 때문에 이 수치는 총 개체수의 아주 적은 부분이었다. 엑손 사의 변호사는 그 연구와 문건으로 자신에게 유리한 쪽으로 논쟁을 유도하고 대중을 혼란에 빠뜨렸다(제23장 참조).

소문에 따르면 엑손 사의 과학자들은 기름 유출의 영향을 평가하기 위해 두 가지 홍합 연구를 진행했다(Boersma, Parrish and Kettle, 1995). 그중 한 연구에서 엑손 사의 과학자들은 바렌 군도에 있는 이스트 아마툴리 섬의 기름 이동경로지에 있는 최대 규모의 홍합 군집을 대상으로 번식 성공을 조사했다. 그런데 강풍과 조류로 영양분이 많은 바렌 군도의 바다는 번식기의 바닷새가 선호하는 먹잇감을 충분히 제공해주는 조건을 갖추고 있었다. 바렌 군도는 번식기의 홍합 손실을 재빨리 새로운 홍합으로 채울 거라고 예상되는 '활력 지대'였다. 그 때문에 기름 이동경로지에 있는 홍합 군집 중 바렌 군도는 기름의 영향을 보여주기에 전혀 적합하지 않았다.

예상대로 엑손 사의 과학자들은 새로 부화한 새끼 홍합 수를 1970년대의 홍합 번식력과 비교한 3년(1990~1992년)짜리 연구에서 어떤 급격한 변화도 찾아내지 못했다. 그들은 기름 유출 전후의 홍합 부족은 자연의 변이성이 높기 때문이라 단정했는데, 이후로 그들뿐만 아니라 그 누구도 아무런 추이를 탐지하지 못했다. 그들은 공적 자금의 지원을 받은 연구는 "과학적으로 타당하지 않다"(Boersma, Parrish and Kettle, 1995: 847)고 주장했다.

엑손 사의 또 다른 연구는 1991년 기름 이동경로지 내의 36개 군집 중 32곳의 개체수를 조사해서 이전 자료와 비교했다(Erickson, 1995). 엑손 사의 과학자는 대규모로 바다를 떠다니는 바닷새로 군집의 부족 부분이 채워졌을 섯이라고 인정하면서도 기름 유출이 군집 개체수에 "눈에 띄는 피해를 전혀 주지 않았다"고 결론 내렸다(Erickson, 1995: 809). 또한 1991년 조사에서는 "기록된 이전 수치에 비해 크게 감소하지" 않은 군집의 개체수를 확인했지만(Erickson, 1995: 811), 추이 평가에 사용한 그의 기록이 큰 영향을 미쳤다. 즉, 엑손 사의 과학자가 수행한 조사는 자연적 원인으로 줄어든 큰 규모의 개체군 감소를 전혀 파악하지도 감지하지도 못했다.

이것은 매우 중요한 사실이다. 야생생물 개체수는 몇 년(또는 몇 십 년)을 주기로 증가와 감소를 반복한다. 종이란 다양한 전략을 통해 번식 개체수를 확보해서 좋지 않은 해를 이겨낸다. 홍합의 생존전략은 바다를 떠다니는 수많은 잉여 성체가 완충제가 되어 주는 것이기 때문에 수천 개의 홍합 중 수백 개가 사라지면 그 손실을 완충제로 충분히 만회한다. 그러나 만약 기름 유출 전후에 자연적 원인으로 개체수가 크게 감소한 상황이라면, 홍합은 다른 스트레스 요인 — 기름 유출 같은 — 으로 개체 붕괴라는 극심한 위험에 처하게 된다. 알래스카 만 홍합은 두 가지 위험에서 살아남으려 노력했다. 그러나 당시 인간이 빚어낸 재앙과 자연적 재해가 결합된 극심한 위협은 너무도 심각했다.

엑손 사의 연구는 기름 유출과 자연적인 원인이 미친 영향을 분석하기
에는 심각한 한계가 있었다. 엑손 사의 과학자들은 허프가 말했던 통계적
수치 속임수라는 특성을 사용한 것 같다. 예를 들어 엑손 사의 과학자들은
한 연구에 한 개의 연구 플롯 또는 기름 유출 이후 2년을 모두 한 계절에만
초점을 맞추는 방식으로 소량 샘플 편향의 연구를 설계했다. 그들은 근거
군집별 자료를 발표했는데, 증가 중인 작은 군집과 감소 중인 매우 큰 군집
에서는 어떤 통계적 추이도 확인되지 않았지만, 이전 자료와 비교해보면
1991년의 군집에 포함된 전체 홍합의 개체수는 크게 줄어들었다. 엑손 사
는 줄어든 새의 수치는 언급하지 않았다. 누락의 오류이다. 통계적 편향·추
정·누락이 복잡하게 얽히면서 엑손 사의 과학자들은 기름 유출이 홍합에
미친 영향뿐만 아니라 자연적 요인에 관한 확실한 흔적은 거의 찾아내지
못했다.

흰줄박이오리

엑손 사 과학자는 흰줄박이오리가 입은 초기 피해를 확인했으면서도 2
년 내에 회복됐으며 장기적인 피해는 전혀 없을 것이라고 주장했다(Day et
al., 1995). 이 연구의 설계와 결론에 관한 문제는 다른 장에서 논의할 것이
다(제18장 참조).

사운드의 진실

1989~1992년 동안 알래스카 만 기름 오염 지역의 홍합 개체군은 회복
되지 못했고, 사운드 기름 오염 지역의 흰줄박이오리 개체군도 지속적으
로 감소했다. 이에 따라 공적 자금의 지원을 받은 과학자들은 회복되지 못
하는 이유를 심층적인 생태계 연구를 통해 조사했다(제17~21장 참조).

곱사연어와 비장의 술수

1989년 3월 24일에 샘 샤르는 5년간 하던 대로 동트기 전 조용한 시간에 코도바 주변을 조깅하면서 하루를 시작했다. 샤르는 프린스윌리엄사운드와 쿠퍼 강 어업권(주정부에서 정한 관리 'E구역')에서 ADFG의 연어와 청어 조사를 총괄하는 생물학자였다. 그는 특정 하천이나 지역에서의 과도한 어업을 관리하는 '어획량 확인' 프로그램을 위해 1981년 코도바로 왔다. 1970년대에 주정부가 예산 부족으로 연어와 청어의 포획 및 도피에 관한 샘플 추출 프로그램을 제대로 운영하지 못했는데, 그는 이 프로그램을 재정비하려고 코도바에 머물렀던 것이다. 그리고 전임자가 퇴직하자 그는 지금의 자리로 승진했다. 그는 자신의 일과 지역사회를 사랑했다. 허세를 부리지 않으며 항상 소탈한 미소를 띠고 있고 그는 ADFG 지역사무소의 친선대사 같았다.

마지막으로 그가 E구역 어업 관리자인 제임스 브래디 집 근처를 돌 때

마을 주변 코스를 뛰던 브래디의 아내 낸시가 함께 뛰었다. 그들이 조깅을 마치고 브래디의 집으로 들어가자 브래디는 나지막한 목소리로 사운드에 "많은 양의 기름이 계속 유출되고 있어"라고 말했다. 이 소식에 가슴 아파하며 샤르는 옷을 갈아입고 그의 상관과 함께 새벽녘 첫 비행기를 타려고 집으로 달려갔다.

생물학자들은 눈앞의 현실에 아찔했다. 부서진 유조선에서 기름이 솟아나와 바다로 흘러 들어갔다. 수면에 떠 있는 기름만 해도 이미 엄청났다. 마음을 가다듬고 두 사람은 기름 유출이 어류에게는 일 년 중 최악은 아닌 시기에 발생하지 않았을지도 모른다고 생각했다. 지금은 청어의 성어가 해초 위에 산란할 '단계'가 됐거나 그렇게 되기까지 2주 정도 남아서 이미 해변으로 되돌아갔을지도 모르기 때문이다(Tip 11 참조). 3주가 지나면 청어 알은 부화해 표영성(漂泳性) 유생이 되어 변덕스러운 조류와 바람 속에서 몇 개월 떠다닌다. 운이 좋으면 일 년은 충분히 먹고 살 수 있을 안전한 만까지 갈 수 있다. 곱사연어는 깨끗한 조간대 하천이나 안전한 해변에 의존해 살아간다. 수백만 마리의 곱사연어 중 몇 백 마리는 1988년이 부화기라서 사운드의 조간대나 하천의 자갈 산란층에서 겨울을 나고 있었다. 약 한 달 동안 불룩한 난황낭을 대부분 흡수했을 연어 프라이(치어)는 하천 자갈 사이를 헤치고 나와 연안 부화장이 있는 바다에서 여름을 보냈을 것이다.

머리가 멍해진 두 생물학자들은 궁금했다. 중요한 해변 부화장 중 몇 개나 오염됐을까? 기름은 사운드의 야생 청어와 곱사연어 개체군에 어떤 영향을 줄까? 통상적으로 샤르는 새끼 곱사연어가 자갈 산란층에서 나오는 봄 이전에 새끼 곱사연어 샘플을 수집하러 현장에 나가곤 했다. 그런데 그해에는 하천이 아직 녹지 않아서 봄의 치어 조사를 늦췄다. 샤르는 문득 기름이 해변으로 흘러들어가기 전에 자신이 먼저 해변에 도착해야 한다는 생각이 들었다.

사흘 후 샤르와 현장조사단은 ADFG의 연안경비선 몬타규 호를 타고 사

곱사연어와 북태평양청어의 성장과정 비교

야생 곱사연어

사운드 야생 곱사연어는 특이하게 하천과 바다가 만나는 곳에서 산란한다(Cooney et al., 2001a). 그러나 1964년의 지진으로 땅이 솟아올라 연어가 회귀하기에는 하천의 경사가 너무 가팔라졌다. 결국 곱사연어가 환경에 적응하면서 조간대에 산란하게 됐는데, 이곳은 기름 유출에는 치명적이었다. 야생 곱사연어는 7월부터 9월 중순까지 사운드에 있는 약 800곳의 길이가 짧은 하천 밑 자갈을 파서 산란층 또는 은신처를 만들어 산란하고 곧 죽는다.

가을철 수온에 따라서 야생 곱사연어의 밝은 오렌지색 알은 10월이나 11월에 부화한다. 그리고 '앨러빈' — 커다란 난황낭으로 배가 부풀어 올라 있는 새끼 연어 — 은 좀 더 강바닥 깊숙한 곳에 들어가 겨울을 난다. 그리고 약 6개월 동안 난황낭을 흡수하거나 깨끗하게 처리하고는 '프라이'가 되어 하천에 모습을 드러낸다. 바짝 여위고 굶주린 프라이는 3월 말부터 6월 초까지 (수온이 평균보다 낮으면 좀 더 늦게) 바다로 이주하거나 떠내려간다. 먹이를 먹고 급속히 성장한 새끼 연어는 연안 산란장에서 여름을 보낸다. 그러나 대부분은 다른 어류나 바닷새의 먹이가 되고 8월과 9월까지 살아남은 연어 성어는 사운드에서 지내다 회귀 1년 전에 남태평양으로 나아간다.

양식 곱사연어

프린스윌리엄사운드의 양식 곱사연어는 야생 곱사연어와 같은 단계를 거쳐 성어가 되지만, 양식 곱사연어는 초기 배아 단계까지는 사운드의 다섯 개 부화장 중 한 곳에서 보낸다(www.ctcak.net/~pwsac/). 양식 연어는 프라이일 때 방류됐던 그 부화장으로 회귀해 산란한다. 알과 성장기 앨러빈은 통제된 실험실에서 생활한다. 봄철 식물성 플랑크톤이 가장 많아질 때까지 프라이는 바다 양식장 그물에 매달려 먹이를 먹는다. 이후 프라이는 먹이자원이 풍부한 곳으로 방류된다. 일단 방류되고 나면 새끼 연어는 여름을 연안의 만에서 새끼 야생 연어와 함께 성장한다. 이 시기에 새끼 연어는 연안에 있던 기름에 오염될 수 있다. 새끼 연어는 다 자란 가을철에 사운드 밖으로 이동해서 가을철 산란을 위해 부화장으로 회귀하기까지 남은 1년을, 사운드가 아닌 남태평양의 넓은 바다에서 지낸다. 이런 양식 방법을 '연어 농장'이라고 부른다.

북태평양청어

프린스윌리엄사운드의 청어는 3월 말이 되면 자기가 태어난 해변에 다다른다(Cooney et al., 2001a). 수온이 섭씨 4~5도까지 상승하면 프린스윌리엄사운드의 청어는 인근 연안의 얕은 바다와 해변 조간대에 산란을 하게 되고, 해양 식물과 해저는 온통 끈적끈적한 우유 빛깔의 흰색 알로 뒤덮인다. 대부분의 알은 바닷새나 물고기, 무척추동물에 잡아먹히거나 파도에 휩쓸려 사라진다. 여기서 살아남은 알은 2~3주일 내로 부화되어 조그마한 난황낭 상태로 방류돼서 바다 속을 떠다닌다.

며칠 동안 자신의 난황을 흡수하고 나면 이 연약한 청어 유생은 움직임이 많지 않는 '극미플랑크톤'(현미경으로만 관찰할 수 있는 크기의 해양 식물)을 먹는 법을 터득해야만 한다. 바다를 떠다니는 기간이 길어지면서 '동물성 플랑크톤'에 먹히거나 해류에 휩쓸려버리게 된다.

여기서도 생존한 것은 7월 말이나 8월에 새끼 청어로의 안전한 변태가 가능한 연안의 만까지 헤엄쳐 온다. 이후 삶과 죽음의 가장 중요한 갈림길이라고 할 수 있는 겨울—4개월 중 절반은 굶어야 하는 시기—을 지내고 나면 생존할 가능성은 크게 높아진다.

새끼 청어는 안전한 만에서 2~3년을 성장하면서 보낸다. 4년생 청어 성어가 되고 남은 수명이 8년 정도 될 때에는 매년 봄 얕은 바다로 회귀해서 산란을 하고 좀 더 깊은 근해로 이동해서 겨울을 난다. 북태평양청어는 연어처럼 산란 후에도 죽지 않는다.

운드로 향했는데, 이 배는 알래스카가 주로 승격되기 전인 1958년 봄 의식 때 짐 반산트 선장의 지휘 하에 조간대 하천에서 프라이 샘플을 찾기도 했다. ADFG는 그 자료를 연어가 어느 정도의 힘으로 강을 거슬러 올라가는지 예측하는 것뿐만 아니라 어획과 탈출 정도를 평가하는 데 사용했다. 수년 동안 이러한 표준조사에서 일부 하천을 빼거나 추가하는 방식으로 사운드 전역의 야생 곱사연어 개체군을 비교할 수 있는 자료인 지표하천을 만들었다.

샤르는 주요 순환 해류가 몬타규 해협을 거쳐 사운드를 빠져나가기 때문에 남서 구역에 있는 지표하천 중 상당수가 기름에 오염될 것이라고 생각했다. 그는 상자에 보관해두었던 모든 기록 보고서를 검토한 후 기름에 오염되지 않았을 것으로 추성뇌는 곳에 대한 정보를 얻어냈다.

기름이 도달하기 전에 샤르와 동료들은 수위가 다른 여러 곳의 조간대 하천 바닥에 50개 가까운 얕은 구멍을 파고 그중 아직 기름에 오염되지 않은 곳을 골라 두 차례에 걸쳐 프라이를 수집했다. 그들은 꼼꼼히 닦은 대합조개 갈퀴로 프라이 샘플을 수거해 조직의 기름 함량을 분석했다. 그들은 코도바를 떠나기 전에 시애틀에 기지를 둔 NMFS의 화학자 밥 클락이 신속하게 세운 절차에 따라 기름 연구에 사용할 프라이 샘플 보호에 극도로 주의했다. 그러고 나서 예전처럼 곱사연어 성어의 회귀를 예측하기 위해 프라이 샘플을 수집하는 구멍에 가스 엔진 펌프를 설치했다(Pirtle and McCurdy, 1977). 그들은 몇 년간 하던 대로 세심하게 프라이 수와 상태 — 생사 여부 — 를 기록했다.

금세 낚시 뜰채를 딱딱하게 얼어붙게 하는 영하 50도 이하의 매서운 바람 때문에 샘플 수집이 어려웠다. 샤르는 "평소에 느낄 수 없는 고통이었다"라는 말로 1989년 봄의 프라이 조사를 회상했다. 그러나 그들은 귀중한 프라이 샘플을 확보했다.

한편 브래디는 매우 바빴다. 기름 유출 사고 첫 주에 그는 알래스카 주의 어업 전문가와 석유 전문가에게 자신의 생물학자 팀과 함께 코도바에서 만나자고 제안했다. 나흘간의 모임에 참석하기 위해 샤르는 프라이 발굴 현장에서 코도바까지 비행기로 왕복했고, 그 사이 반산트는 몬타규 호로 여러 하천을 돌아다녔다. 그런데 ADFG 보관창고에서의 모임은 이내 (그리고 이후 계속) 연구 모임으로 그 성격이 바뀌었고, 최고의 어업 과학자 존 클락도 여기에 동참했는데 그는 주정부의 훌륭한 어업 관리 프로그램의 예산 삭감을 저지하기 위해 1970년대 어류자원학모임을 조직했던 인물이었다. NMFS 석유 전문가 밥 클락과 라이스, 쇼트 등도 생물학자들과 함께했다. 클락은 모임에서 "나에게 기름 유출이 청어와 곱사연어에게 미치는 영향을 연구하는 포괄 프로그램과 운영 계획을 맡겨 달라"고 말했다.

이 팀의 노력으로 가장 포괄적인 최초의 NRDA 프로그램이 만들어졌는데, 이 프로그램은 기름 유출이 미치는 영향을 측정·비교하는 데 중요한 근거 자료로 기록 데이터베이스를 사용했다. 샤르는 "NRDA의 곱사연어 — 단계별 전체 생애 — 연구는 기름 유출이 있기 전부터 오랫동안 축적해 온 자료를 기초로 삼았다. 이런 소중한 유산과 관련해 사운드 거주민은 선구자적인 생물학자들(특히 랠프 피틀, 윌리 뇌렌버그, 마이크 매커디)에게 아주 큰 빚을 지고 있는 셈이다"라고 말했다.

NRDA의 곱사연어 프로그램은 총 6개 부문으로 되어 있고, 각각 다른 자원 관리자가 이를 맡았다. ADFG의 활동에는 봄철 프라이와 가을철 알조사, 연어 성어에 대한 여름철 항공조사 및 이것과 대조할 연어 성어에 대한 여름철 사전 기초조사, 새끼 연어의 성장과 연어 성어의 회귀를 조사하는 첨단 태그 장치 프로그램 등이 포함되어 있었다. 연방정부에서 진행하는 작업에는 새끼 연어의 성장과 먹이, 생존에 대한 조사, 조직 내 기름 함량 측정 등이 있었다.

기름 유출이 곱사연어와 청어에 미치는 영향을 기록하는 현장 연구는 처음 실시되는 작업이었다. 전문가조차도 어떻게 연구를 진행해야 하는지 몰랐다. 결국 연구 팀은 지난 20년간의 기름 연구에서는 한 번도 제기되지 않았던 질문에 대한 답을 찾기로 했다. 그들의 성공 여부는 자료 공유를 통한 긴밀한 협조와 효과적인 커뮤니케이션, 다년간 진행되는 프로그램에 대한 절대적인 헌신에 달려 있었다.

샤르가 현장으로 돌아가서 프라이 조사를 마무리하고 다음 연구를 기획하고 있을 때 마을에서 뉴스가 전해졌다. 실험실 기술자가 귀중한 프라이 샘플을 냉동장치에서 부주의하게 꺼내 해동하는 바람에 결국 기름 연구에서 쓸 수 없게 돼서, 프라이 조사를 다시 해야 한다는 것이었다. 샤르와 밥 클락은 이 손실을 메워줄 새로운 샘플을 수집하려고 이틀간 헬리콥터를 타고 사운드 부근을 날아다녔다.

한편 본타규 호 조사단은 고노바에서 샘플을 수집하다가 기름의 딘기적인 영향에 관한 연구에 필요한 2차 프라이 떼 샘플을 수집하러 사운드로 뱃머리를 돌렸다(Wiedmer et al., 1996). 당시 북서쪽의 만은 기름 불순물로 두텁게 덮여 있었다. 샤르는 "정적만이 감돌았다. 너무 적막해서 놀랐다. 사운드를 제외한 모든 게 죽어 있는 것 같았다"라고 회상했다.

샤르와 반산트 선장은 지리, 조수 노출, 민물 유출량 등의 물리적 차이가 기름에 따른 변수를 희석시켜버릴 수 있다는 점에서 통제변수로 기름에 오염되지 않은 사운드 동쪽 끝의 하천을 이용한 게 실수였다는 걸 깨달았다. 샤르는 있을 수 있는 모든 물리적 변수를 조합해가면서 가장 비슷한 ─ 하나는 기름오염 지역, 다른 하나는 오염되지 않은 곳 ─ 하천을 찾고 싶었다. 이전 기록을 검토하다가 그들은 나이트 섬, 체네가 섬, 에반스 섬, 베인브리지 섬, 라토츠 섬에서 심하게 오염된 하천과 프린스윌리엄사운드 남서쪽 일부 중심 유역에서 나온 자료는 한계가 있다는 사실을 알게 됐다.

보통 때는 중요한 결정 ─ 수산업 관리자의 어업 개방 여부, 수산물 가공업자가 고용한 어부의 포획에 대한 비용 결정, 어부의 배나 장비 수선 여부, 은행의 어부 대상 대출금액(혹은 다른 종류의 대출) 증대 여부 등 ─ 을 내릴 때 프라이에 대한 연간 조사와 이후의 예측이 크게 참고되었으며 생물학자들이 제시하는 예측도 큰 도움이 됐다. 그러나 예전과는 상황이 달라졌다. 예측은 법정에서 얼마나 많은 연어가 회귀할 것인가를 보여줄 때도 이용되는데, 유출사고 때문에 불가능해졌다. 이제 수백만 달러가 샤르의 예측에 따라 움직이게 됐다.

이런 위기 상황에서 최상의 자료 수집 방법을 결정해야 하는 샤르는 앵커리지에 있는 브라이언 부에에게 전화를 걸어 사운드에서 진행되고 있는 작업에 동참해달라고 부탁했다. 부에는 ADFG 본부의 생물측정학자였다. 그는 샤르가 하는 프라이 조사 같은 샘플 검출 결과에서 수치를 뽑아내고 다양한 통계 검증을 적용해 그 결과를 해석했다. 또한 부에는 생물학자들의 연구 기획을 도와서 정확한 결과와 통찰력 있는 결론을 얻을 수 있도록 해주었다. 부에의 도움을 받아 샤르는 기름에 오염된 하천 10곳과 기름에 오염되지 않은 하천 15곳 — 자료가 보고된 지표하천 중에서 — 을 추출했다. 또다시 조사단은 기름이 미친 영향을 연구하는 데 필요한 프라이 샘플을 수집했다.

샤르는 프라이 조사를 끝내고 코도바로 돌아와서 막중한 책임이 따르는 첨단 태그 장치 연구 준비를 관리·감독했다(Willett, 1996). 3년간 매해 봄이면 부화장 조사단은 첨단 태그 장치 — 은으로 만든 아주 미세한 전선으로 이진법 코드로 인식한다 — 를 백만 마리의 새끼 곱사연어의 작은 주둥이에 조심스럽게 집어넣었다. 애초에 이 프로그램은 양식 어류와 야생 어류를 구분해서 어업 관리자가 야생 어획 비율을 평가하고 야생 어류의 과도한 어획을 막을 목적으로 기획됐다. 실험실 기술자들은 매해 가을 그해에 설치한 첨단 태그 장치를 회수하고 어획량을 평가하기 위해 처리장과 부화장에서 연어 머리를 수거했다.

기름 유출 이후로 첨단 태그 장치 프로그램의 역할이 더욱 중요해졌다. 왜냐하면 야생 어류 — 기름에 오염된 하천에서 부화한 알 — 는 양식 어류보다 피해가 더 컸을 수 있고 가장 먼저 새끼 연어가 연안에서 기름을 만났을 것이기 때문이다. 기름 유출이 야생 어류 감소에 미친 영향을 분석하기 위해서는 어획물 중 야생 어류가 차지하는 비율을 알아내는 게 중요했다. 또한 첨단 태그 장치 프로그램을 통해 어업 과학자는 새끼 연어의 성장을 조사할 수 있었다. 다른 해양 어류처럼 새끼 연어의 성장은 연어 성어의 생존을 가늠해줄 지표로 기능한다. 즉, 성장이 빠를수록 잡아먹힐 가능성은 줄어들면서 생존확률이 더 높아진다. 기름 유출 이후 성장 지연 정도를 예측하기 위해 ADFG와 NMFS는 어류조사단을 파견해 몇 년 동안 여름이면 새끼 연어를 수집했다. 어류조사단은 첨단 태그 장치 프로그램으로 '이탈'의 규모, 즉 자기가 태어난 하천이나 부화장이 아닌 다른 곳으로 회귀하는 연어 성어를 파악했다. 생물학자들은 기름이 연어이 뛰어난 회귀 능력에 영향을 끼쳐서 이탈을 증가시켰다고 추측했다.[1]

7월에 샤르와 어류조사단은 하천 제방을 따라 걸으며 하천의 연어 숫자를 파악함으로써 야생 곱사연어의 회귀를 검사하는 '도보조사'를 실시했다. 도보조사는 항공조사기록 프로그램의 정확성을 높이기 위해 시작됐다. 기름 유출 이후 야생 연어의 감소율을 계산하는 데 보다 정확한 추정치가 중요했다. 샤르는 몬타규 호에 도보조사단을 배치하고, 열흘에 걸쳐 사운드의 하천 50곳을 조사하도록 했다. 샤르는 사운드 전역에 있는 지표하천의 어류 캠프에도 조사단을 배치했다. 그는 진행 상황을 눈으로 직접 확인하려고 여러 조사단을 방문했다.

---

[1] 부화장 연어는 특정 성장 시기에 칼슘 과다축적으로 이석(작은 귀 뼈)을 손상시키는 단순 온도 충격을 통해 첨단 태그 장치를 교체했다. ADFG 생물학자 마크 월레트는 기술 개발을 통해 노동집약적인 태그 부착 과정을 하지 않으면서도 자료 수집을 향상시켜 부화장 어류 전체를 기록할 수 있게 했다. 온도 충격은 현재 전 세계 수중배양 전문가들이 사용하는 표준 관리방식이다. 실험실 기술자는 여전히 과학적 분석을 위해 어류 머리를 수집한다.

"막노동이나 다름없었다." 샤르는 "어류 캠프의 도보조사와는 전적으로 달랐다"라고 말했다. 매일 새벽 4시에 샤르와 조사단은 작은 포경선을 타고 다른 두 조사단에 앞서 나아갔다. 그들은 완벽하게 방수되는 옷을 입고 하천으로 가서 조사장비로 감조구역 크기를 계산했고, 다른 두 조사단은 하천의 연어 수를 세면서 뒤따라왔다. 그런데 조사단은 먹이를 찾는 곰을 주의해야 했다. 1차 도보조사에서 샤르의 조사단 중 한 명이 20파운드 무게의 곰에게 습격을 당해 죽었다. 제방을 조사하고 매일 샛강 몇 곳을 조사하는 어느 어류 캠프에서 영양관리사가 조사단의 일일 필요 열량을 너무 낮게 책정하는 바람에 샤르는 비행기 두 대에 음식을 실어 '해골 같은' 모습의 굶주린 기술자들에게 보냈다.[2]

9월과 10월에 샤르와 조사단은 몬타규 호를 타고 되돌아오면서 예전에 프라이 조사 기간에 샘플을 수집했던 지표하천에서 가을 알 조사를 위해 곱사연어 알을 수집했다(Sharr, Bre and Moffitt, 1990a). 그 당시 하천에 많은 사람들이 모였다. 그들은 기름 오염 평가에 필요한 알과 퇴적물 샘플을 수집하는 ADFG 생물행동학자인 마이크 위드머와 그의 조사단, 그리고 엑손사의 어류조사단과 마주쳤다. 1990년에는 여러 어류조사단이 전체 샘플링 스케줄을 반복했다.

1991년 봄 공적 자금의 지원을 받은 어업 과학자들은 NRDA 연구를 수행하는 다른 공적 자금의 지원을 받은 과학자 그룹과 경쟁하며 많은 연구비가 걸린 모임에 참석했다. 아이러니하게도, 샤르와 주정부 어업 생물학

---

2) 도보조사는 고비용에 노동집약적이었다. 파일럿 프로젝트로 도보조사의 정확성을 확인하자, 1994년 샤르는 8개 조간대에 둑을 설계·설치했다. 둑 자료를 사용해서 샤르는 사운드 남서쪽의 야생 연어 어족이 과거에 전체적으로 과소 평가 — 거의 절반 가까이 — 됐다는 사실을 발견했고, 이 때문에 어업 시간이 늘고 관리도 향상됐다. 둑은 도보조사의 정확성을 증가하고 향상시키는 표준관리방식이 됐다(Bue et al., 1998).

자들은 NRDA 포괄 프로그램의 각 파트별 연구비 조달과 관련해 자신들이 라이스와 연방정부 과학자들과 경쟁관계에 있음을 알게 됐다. 프로젝트 연구비 책임을 맡고 있는 연방정부 법률단은 엑손 사의 거액 소송과 관련해 법적 논거와 맞지 않는 연구는 모조리 탈락시켰다. 그래서 어업 과학자들은 포괄 프로그램의 미래를 예측할 수 없었다. 프로그램 시작과 함께 비밀유지를 의무화하고 있는 법률단 규정에 따라 ADFG 생물학자들은 연방정부 과학자들과 접촉하지 못했고, 그 때문에 사실상 이들은 프로그램이 어떻게 진행되고 있는지조차 몰랐다. 심지어 어업 과학자들은 개별적으로 법률단에게 프로그램 전체에서 자신이 수행할 부분을 설명해야만 했다.

법률단은 ADFG 생물학자들을 통해 엑손 사가 주장하는 것처럼 풍화 원유가 환경 친화적이지 않다는 사실을 알게 됐다. 화학적으로 이 기름은 1970년대 이후로 거의 간과됐던 PAHs였다. 법률단은 PAHs의 독성으로 알이 죽는다는 사실을 전해 들었다(Wiedmer er al., 1996). 더욱이 자갈 하천에서 부화해서 살아남은 앨러빈도 알과 조직을 통해 잔여 기름(PAHs)을 스펀지처럼 빨아들였다. 앨러빈은 독성 PAHs를 물질대사시키거나 제거하기 위해 시토크롬 P450-1A이라는 특수 효소를 대량으로 만들어냈다.

ADFG와 오크베이 실험실의 과학자들은 간, 아가미, 복막(복부)결합조직, 척수연골, 인두상피(식도상피), 신장과 뇌, 심장, 장의 '혈관내피'(혈액이 많은 상피)를 포함해 9개의 기관 조직에서 시토크롬 P450-1A 수치가 높다고 보고했다(Carls et al., 1996a). 기름에 오염된 하천의 앨러빈에 PAHs가 흠뻑 스며들어 있었다. 기름에 오염된 하천의 앨러빈은 기름에 오염되지 않은 하천의 어류보다 장애나 비정상적인 특징을 더 많이 보여주었다. 과학자들은 기름 유출 후 2년간 PAHs는 여전히 야생 연어에게 무시할 수 없는 생물학적 피해를 입혔다고 지적했다. 이것은 새로운 발견이었다.

법률단은 주정부와 연방정부 과학자를 통해 1989년 기름 오염 지역에서 살아남은 새끼 연어의 성장이 대단히 더디다는 것을 알게 됐다. 수면 부근에 떼 지어 살면서 먹이를 먹는 새끼 곱사연어는 수면 위에 떠다니는 유적(油滴)과 유막(油膜)을 통째로 삼켰다(Carls et al., 1996b; Celewycz and Wertheimer, 1996; Sturdevant, Wertheimer and Lum, 1996; Wertheimer and Celewycz, 1996). 이 기름의 성분 대부분은 PAHs였다. 오크베이 실험실의 과학자들은 이것이 바로 기름 노출과 성장부진 간의 상관관계를 확증시켜주는 첫 번째 현장 증거라고 믿었다. 이 또한 새로운 발견이었다. 이들은 기름에 노출된 새끼 연어는 비축된 에너지 중 일부를 성장이 아닌 독을 분해·제거하는 데 사용한다고 예측했다.

결국 법률단은 기름 유출이 곱사연어 개체군에 영향을 미쳤다(Geiger et al., 1996)고 보고했다. 주정부와 연방정부 과학자들은 살아남은 연어 성어에서 이탈이 많았다고 보고했다(Sharp, Sharr and Peckham, 1994; Wertheimer et al., 2000). 즉, 일부 곱사연어 부화장에서는 50퍼센트 정도가 하천으로 산란하러 오지 못하고 태어난 부화장으로 회귀하지 못한 채 배회했다. 더욱이 기름은 하천과 부화장으로 회귀하는 연어 숫자를 크게 감소시켰다. 부에와 다른 ADFG 생물학자들은 거의 200만 마리의 야생 곱사연어 — 기름에 심각하게 오염된 사운드 남서쪽에서 어획할 수 있는 잠재적 야생 연어 어족 생산량의 1/4 이상 — 가 1990년에 회귀하지 못했다고 계산했다. 기름에 오염된 사운드 남서쪽 부화장의 곱사연어 생존율은 기름에 오염되지 않은 부화장 곱사연어의 약 절반으로, 1990년에 약 700만 마리가 잠정적으로 감소했다. 개체군 수준에서 곱사연어 생존이 감소한 첫 번째 이유는 기름 유출로 바다에서의 초기 성장이 더뎌졌기 때문이다. 이것도 또 하나의 새로운 발견이었다.

그런데 정부 법률단이 어업 과학자의 발표에 완전히 동의한 것은 아니었다. 결국 EVOS 자금관리위원회에서 고용한 과학자 밥 스파이스가 NRDA 연구의 책임을 맡게 됐다. 그런데 1990년 사운드의 곱사연어와 청어가 기록적으로 많이 잡히는 바람에 NRDA 연구비로 진행되던 연구가 지속되어야 한다던 과학자들의 주장은 설득력을 잃게 됐다. 해달과 흰머리독수리의 사체처럼 명백하고도 복잡하지 않는 근거를 선호하는 법률단에게 ADFG 창고에서 기획했던 포괄적 어업 프로그램은 너무 복잡하고 미묘했다. 오크베이 실험실의 과학자 라이스는 "당시에 곱사연어로는 거액의 연구비를 받기 어려워 보였다"고 설명했다.

그때 포괄적 어업 프로그램을 구해낸 사람이 바로 샤르였다. 그는 60시간 가까이 쉬지 않고 담화문을 준비했다. 그는 기름 유출 전체 피해 규모를 파악하기에는 너무 이르기 때문에 유망 연구를 중단하는 건 돈을 낭비하는 것이며, 유출 사고의 전체 피해 규모를 파악하는 데 지속적인 어업에 대한 기초연구가 필요하다고 주장했다. 그는 곱사연어가 사운드의 핵심 어종이지 생태계 긴장을 나타내는 중요 지표임을 설득력 있게 주장했다. 샤르는 "그 연설을 하면서 내가 하는 일이 자랑스럽게 여겨졌다"고 말했다.

다른 어업 과학자들은 멋진 동료의 연설에 귀 기울였다. 부에는 샤르의 담화를 '패트릭 헨리의 연설' ― "나에게 연어가 아니면 죽음을 다오" ― 이라고 불렀다. 연설을 마친 뒤 장관은 샤르에게 "여기에 온 사람 중에 이해가 안 된다고 말한 사람이 단 한 명도 없기는 이번이 처음"이라고 속삭이듯 말했다. 샤르의 연설과 함께 부에의 능숙한 기술적 분석, 오크베이 실험실의 라이스 등의 상당히 효과적인 로비가 결과에 결정적인 영향을 미쳤다. 결국 포괄적 어업 프로그램은 연구비를 지원받게 됐다. 샤르의 말에 따르면 "우리가 조만간 모든 걸 잃게 되리라고는 아무도 생각하지 못했다."

1991년 여름 비정상적인 행동과 운영시기의 혼란으로 어획량 확보에는 실패했지만, 엄청나게 많은 숫자의 양식 곱사연어가 회귀했다. 대부분의 곱사연어는 1989년에는 하천(야생 연어 어족)에서 그리고 1990년에는 연안지역(야생 연어와 양식 연어 어족)에서 기름에 노출됐을 가능성이 컸다. 연어 성어가 사운드로 돌아오기는 했지만, 두 달 이상을 자신이 태어난 하천이나 부화장으로 돌아가지 않은 채 어부의 어망이 닿지 않는 심해를 마구 떼

지어 돌아다녔다. 그 후 8월 2주간에 걸쳐 갑자기 곱사연어 수백만 마리가 하천과 부화장으로 들어왔다. 어류의 포획과 운송 및 가공처리와 관련된 사운드의 어업계는 연어의 전례 없는 행동에 당황했다. 그리고 끔찍했던 1991년 말 코도바의 연어 가공공장 5곳 중 3곳이 파산신고를 했다.

한편 엑손 사의 과학자들은 기름 유출이 곱사연어에 아무런 영향도 주지 않았다는 주장을 입증해주는 근거로 1990년부터 1991년 사이에 있었던 많은 양식 곱사연어의 회귀를 인용했다. 공적 자금의 지원을 받은 과학자들은 좋은 바다 조건 때문에 그런 기록적인 회귀가 가능했지만 유출된 기름에 노출된 수백만 마리의 연어는 회귀하지 않을 것이라는 사실을 알고 있었다. 그러나 공적 자금의 지원을 받은 과학자들은 비밀유지의 규정 때문에 이 사실을 미디어에 알릴 수 없었다(Cummings, 1992. Tip 2와 Tip 10 참조). 공영방송은 다른 정보의 부재라는 조건에서 어쩔 수 없이 엑손 사의 이야기를 발췌해 보도했다. 이 보도는 대중에게 곱사연어가 기름 유출로 영향을 받지 않았다는 인상을 심어주었다. 즉, 사운드는 회복되고 있고 어부들은 기록적인 연어 회귀로 부자가 될 것이라고 했다.

1991년 당시 샤르는 가을철 알 조사로 기름 유출 피해를 좀 더 정확히 파악할 수 있게 됐다. 아이러니하게도 가을철 알 조사는 1980년대 중반에 예산이 삭감되면서 중단됐지만, 부에의 주장으로 포괄적 어업 프로그램의 일환으로 다시 시작됐다. 지난 2년 동안 알 폐사율은 기름 이동과 동일한 유형을 보였는데, 1989년에는 저수위와 중수위 조간대에서, 1990년에는 고수위 조간대에서 높은 폐사율을 보였다(Bue et al., 1996; Sharr, Bue and Moffitt, 1990a; 1990b). 1991년이 되자 모든 게 변했다. 샤르는 기름에 오염된 하천의 알 폐사율이 기름에 오염되지 않은 하천의 알 폐사율의 약 2배, 그리고 평년 알 폐사율보다 훨씬 높은 40~50퍼센트에 이른다는 것을 확인했다(Sharr, Bue and Moffitt, 1991). 그는 높은 알 폐사율이 해변의 기름 때문이 아니라는 사실 ― 죽은 알은 조간대와 실제로 전혀 오염되지 않은 지역에서 모두 발견됐다

— 도 확인했다. 그는 자신이 발견한 사실 앞에서 내뱉은 첫 말이 "아, 이게 정말 모든 걸 망치네!"였다.

이 문제를 설명할 수 있는 방법은 오직 두 가지밖에 없다는 게 명확해졌다. 첫째, 알 폐사율은 '자연적'으로 발생한 게 아니라 기름에 오염된 하천과 오염되지 않은 하천 간의 물리적 환경 차이에서 발생한 인위적인 결과임을 가정하는 것이다. 샤르와 부에, 그리고 ADFG의 유전학자 짐 시브는 이후 2년 동안 정확히 동일한 실험실 조건에서 부화장 생물학자들과 공동 연구를 통해 여러 하천의 알을 부화시켰다. 그 결과 기름에 오염된 하천의 알은 그렇지 않은 지역의 알보다 지속적으로 폐사율이 높았다. 이로부터 기름에 오염된 하천의 알 폐사율이 입증됐다.

지속적인 알 폐사율을 설명할 수 있는 또 히나의 기설은 기름이 유전적으로 장기적인 영향을 일으켰는데, 과학자들이 수십 년간 그 사실을 모르고 있었다는 것이다. 샤르는 자신이 발견한 사실을 설명해줄 두 가지 메커니즘을 추론해냈다. 첫째, 1991년생 원종(原種) 전체가 1989년과 1990년에 오염 하천에서 알과 앨러빈으로 부화하면서 피해를 입었고, 그래서 생명력 있는 자식을 낳을 능력이 없다 — 1991년 샤르가 발견한 죽은 알 — 는 것이다. 높은 알 폐사율을 설명할 또 하나의 가정은 끊임없이 기름 자체가 직접적으로 알을 죽였다는 것이다.

샤르는 자신의 알 조사 자료가 갖는 함의가 크다 — 또한 이 설명이 ADFG의 생물학 연구자로서의 자기 업무 범위를 완전히 벗어난다 — 는 사실을 깨달았다. 그해 가을 그는 자신이 발견한 사실과 의견을 NMFS 연구원 라이스와 오크베이 실험실의 팀과 공유했다. 연방정부 과학자들은 샤르의 엄청난 발견을 자세히 조사하기로 결정했다. 그러나 공적 자금의 지원을 받은 과학자들이 기름이 새끼 연어의 생태환경과 성장에 미치는 영향을 좀 더 잘 이해하기까지는 거의 10년의 세월이 걸렸다(제17장과 제20장 참조).

북태평양청어와 정치적 자살

1989년 성 금요일 연휴, 청어 생물학자 에벌린 빅스는 이른 아침에 오전 7시까지 회사로 나오라는 브래디의 전화를 받고 깜짝 놀랐다. 그녀가 도착했을 때 ADFG 사무소는 기름 유출로 소란스러웠고 모든 사람은 충격에 빠져 있었다. 빅스는 ADFG에서 하천 조사와 청어의 산란 연구를 책임지고 있는 어업 연구원이었다. 그것은 그녀에게는 꿈의 작업으로, 1980년 오리건 주 코발리스에서 어업 생물학 전공으로 석사를 마친 후부터 계속 꿈꿔왔던 일이었다. 그녀는 어업 및 선박 면허증 발부, 태평양 북서부와 알래스카에서의 계절별 어업 연구 등의 업무를 거치고 결혼하면서도 근 10년 동안 자신의 꿈을 포기하지 않았다. 그런데 지금 꿈의 작업이 악몽으로 변해버렸다.

ADFG 사무소의 빅스와 다른 부서 생물학자들은 3월 24일부터 9월까지 하루 14시간씩 일주일 내내 쉬지 않고 일했다. 싱글맘인 그녀는 13살짜리 아들을 데이케어센터나 조부모 또는 친구들에게 맡겼다. 그녀는 "그게 정말 힘들었다"고 말했지만 자신의 일을 그만두겠다는 것은 상상할 수도 없었다. 그녀는 청어 연구에 열정을 쏟아 부었다. 그녀는 기름 유출 당시를 이렇게 회상했다. "대규모 청어 떼가 사운드 남서쪽에서 네이키드 섬으로 이동하고 있었다. 그런데 우리는 산란 전의 청어 떼를 조사하는 1차 항공 조사조차 하지 못했다. 그때 나는 기름 노출과 독성의 기운을 어느 정도 감지했고, 기름이 청어 —청어 성어, 알, 유생 — 를 휩쓸어버릴 것이라는 사실은 명확했다. 나는 패닉상태에 빠졌다."

기름 유출 후 일주일간 진행된 어류 생물학자와 원유 전문가의 ADFG 창고 모임에서 빅스는 기름 유출이 청어에 미치는 영향을 파악해줄 통합 프로그램으로부터 도움을 받을 수 있을 것이라고 생각했다. 프로그램은 초기 성장 단계— 배아와 유생의 성장 및 발달 —에 초점을 맞추고 있는데,

이 단계에서 기름에 대한 반응이 가장 민감해진다고 생각했기 때문이다. 청어 팀은 현장의 관찰 결과를 해석·확인하는 데 도움이 될 기름 노출에 관한 실험실 연구를 병행하기로 했다. 또한 그들은 쇼트의 가두리 홍합 연구를 바탕으로 표영성 유생 분포를 확인하고 기름 노출을 기록해줄 샘플링 프로그램을 포함시켰다.

극심한 봄철 폭풍우가 해수면을 휘저어 물기둥과 기름을 뒤섞은 지 사흘 후인 3월 31일 청어가 산란을 시작했다. 청어에 관해 몇 가지 알려진 사실에 따르면, 청어는 대부분 4곳 — 기름 유출 경로 안에 있는 네이키드 군도 북쪽 끝과 몬태규 섬의 북쪽 끝, 기름 유출 경로 바깥의 페어마운트 만과 타티트렉 수로 — 에서 산란했다. 3주 동안 무수히 많은 청어가 그 지역 해변의 해초림을 뒤덮고 그곳에 끈적거리는 알과 이리를 방출했다. 빅스는 정찰기를 타고 우유빛깔의 흰색 알덩어리를 기준으로 삼아 검은 어류 떼의 이동을 관찰하면서 조사했다. 4월 20일 청어가 산란을 끝내자 프린스윌리엄사운드의 청어만큼이나 많은 양의 알이 뿌려졌는데, 그 길이가 직선으로 106마일에 달했다.

빅스는 비행을 하면서 청어가 심각하게 오염된 해변에는 거의 산란을 하지 않고, 약하게 혹은 중간 정도로 오염된 해변에 상당히 많은 양의 알을 산란하는 것을 관찰했다. 그녀는 산란 지역에서 번쩍이는 기름 광택을 그저 몇 번 확인했을 뿐이다. 수면 위의 기름 광택은 좀 더 먼 바다로 소용돌이치며 이동했다. 그러나 해수면의 상황은 이와는 전혀 달랐다. 화학자 쇼트는 기름 유출 경로 안에 있는 자신의 가두리 홍합에서 엑손 밸디즈 호의 기름을 발견했다(Short and Harris, 1996b). 이런 일은 용해되지 않은 비가시적 기름과 유적, 미립자가 수면 아래로 가라앉아서 사운드를 지날 때야 가능했다. 쇼트의 연구를 토대로 빅스는 전체 산란 양 — 기본적으로 네이키드 군도와 몬태규 섬에 산란한 알 — 중 40~53퍼센트가 이렇게 수면 아래의 비가시적 기름 기둥에 노출됐다고 생각했다(Brown et al., 1996).

청어 알은 약 3주간 배양됐다. 그동안 빅스는 마이크 맥거크가 기획한 실험실 연구에 맞추어 알 배란을 조사하고 샘플을 수거하기 위해 청어가 산란한 해변에서 수영을 했다. 수영하면서 빅스는 바다 속의 아찔하게 아름다운 풍경에 넋을 잃고는 긴장을 풀고 기름 유출의 트라우마를 떨쳐냈다. 여과돼 들어오는 햇빛이 수십억 마리의 작은 알로 하얗게 물들어 너울대는 해초의 잎과 함께 흔들거렸다. 무지갯빛의 '나새류(껍질 없는 달팽이)'는 청어 알을 먹으러 해초 사이를 움직이면서 마치 느리게 펄럭이는 나비처럼 우아하게 다가왔다. 다른 어류와 조그마한 게는 해초 잎을 따라 천천히 나아가면서 청어 알을 조금씩 갉아 먹었다. 모든 장면이 생동하는 생명체로 고동치고 있었다. 혹은 그렇게 보였다.

일단 빅과 맥거크는 청어가 표영성 유생 상태로 방류되려면 언제 알이 부화되어야 하는지에 관심을 가졌다. 기름에 오염된 해변을 따라 수백만 마리의 유생은 부화하자마자 죽었다. 빅스는 이것을 '높은 순간치사율'이라고 불렀고, 기름에 오염된 해변의 청어 유생 99.9퍼센트가 손실됐다고 계산했다. 왜냐하면 약 절반 정도의 청어 알이 기름 이동경로에 있는 해변에서 산란됐기 때문이다. 쇼트의 화학 자료에 따르면, 이것은 일년생 새끼 청어의 절반이 죽었다는 것을 의미했다. 그녀의 현장관찰 결과는 맥거크의 실험실 연구로 입증됐다(McGurk and Brown, 1996). 그들은 기름에 오염된 곳에서 성공적으로 부화한 수백만 마리의 청어 유생을 기름에 오염되지 않은 해변의 수백만 마리의 유생과 비교 분석했다.

살아남은 청어 유생은 해류와 조수에 몸을 맡긴 채 기름과 함께 사운드 서쪽과 남서쪽으로 이동했다(Norcross and Frandsen, 1996). 봄부터 여름까지 이상한 날씨가 기승을 부려서 지하수가 여느 때보다 훨씬 더 오랫동안 사운드에서 머물렀다(제17장 참조). 사실상 맥거크와 조사단이 잡은 새끼 청어는 8피트짜리 물기둥 상단에 있었다(Brown et al., 1996). 쇼트의 가두리 홍합 자료에 따르면, 그곳에도 기름이 퍼져 있었다. 빅스 팀은 전체 새끼 청어 중 적어도 84퍼센트는 1989년 여름에 기름에 노출됐다고 추정했다. 대부분의 새끼 청어가 골격이 틀어져 있고 아래턱이 없고 조직 장애가 있었다(Marty et al., 1997a; Norcross et al., 1996). 심지어 정상으로 보이는 새끼 청어조차 성장 속도 — 정상적인 성장률의 약 절반 — 가 조금 더뎠다(Marty et al., 1997a; Norcross et al., 1996).

그러한 증거 혹은 빅스가 이름 붙인 '위협' 등 모든 정황으로 미루어 볼 때 기름이 1989년생 청어를 황폐화시켰다는 것은 거의 확실했다. 그러나 정부 법률단은 이것을 결정적인 증거가 아니라고 판단하고, 그녀의 연구비 지급을 중단하려고 했다(Brown, 1999). 특별 EVOS 자금관리사전위원회의 선도적인 과학자 밥 스파이스는 빅스에게 1978년 주디스 카푸조가 작성한 기름의 생물학적 영향에 관한 논문을 주었다. 빅스에게 카푸조의 논문은 유전적 손상과 생식능력 감소, 질병과 같은 장기적인 영향 예측과 관련해서 '성경 같은 존재'였다. 기름 영향에 관한 과학적 문헌을 읽고 다른 분야 동료들과 교류하면서 그녀는 중요한 통찰력을 얻었고, 연구 수요와 장기적인 기름 유출의 영향을 예측하는 데 도움을 받았다. 빅스는 자신의 연구 프로그램을 중단하기는커녕 어류 질병 프로그램과 유전학 연구 분야로 확장시킬 필요가 있다고 판단하고 연구비를 확보하기 위해 열심히 노력했다.

통제 변수가 너무 많은 까닭에 빅스가 기름의 직접적인 피해를 입증할 것이라고 생각한 사람은 아무도 없었다. 과연 빅스가 기름이나 온도차, 염도, 포식, 또는 음식 부스러기로 흘러 들어가 굶주림에서 벗어날 기회 등에 걸친 수많은 영향을 분석할 수 있을까? 그러나 빅스의 의지는 모든 사람을 놀라게 했다. 샤르는 "당시 아무도 그녀를 신뢰하지 않았지만, 그녀는 뛰어난 직감을 가지고 있을 뿐만 아니라 청어 프로그램을 잘 꾸려갈 정도로 강인한 인물이었다"고 말했다. 마침내 그녀는 연구비를 받게 됐다.

빅스는 조 엘렌 호세, 딕 코캔, 개리 마티를 팀에 합류시켰다. 호세는 어류 배아 및 유생에 대한 독극물의 영향과 생물학적 시스템에 영향을 주는 오염물질의 특성, 즉 일반 '생태독성학' 전문가였다. 코캔의 전문분야는 어류의 질병, 어류의 유전물질에 영향을 주는 오염물질과 바이러스의 특성, 즉 유전독성학이었다. 마티는 어류 발육병리학자로, 박사과정 때 질병과 오염물질이 골격 기형이나 턱 기형 같은 신체 기형을 유발시키는 과정과 기형이 전체 기관에 영향을 미치는 과정을 연구했다. 빅스는 카푸조의 논문을 참고해 확대된 자신의 청어 프로그램을 설계하고 조정했다.

확대된 빅스 팀이 1990년부터 1992년까지 연구를 수행한 결과, 기름 유출이 청어에 미치는 영향을 더욱 명확히 이해할 수 있게 됐다. 세포 수준에서는 기름 유출 경로 안에 있는 네이키드 군도 인근에서 1989년 3월 포획된 모든 청어가 세포 변형과 유전적 손상을 입은 반면 기름에 오염되지 않은 해변 인근에서 부화해서 포획된 유생에서는 그런 증상이 거의 발견되지 않았다(Hose et al., 1996). 또한 기름에 오염되지 않은 지역에 비해 기름오염 지역의 유생은 체내 조직과 기관의 손상률이 훨씬 컸다(Marty et al., 1997). 1989년 실험실 부화 검사를 위해 보관 중인 샘플을 통해 기름이 그런 피해의 원인이라는 사실이 입증됐다. 쇼트의 홍합 조직 자료를 통해 연구자들은 기름 오염 지역의 유생에서 나타나는 골격 기형과 세포 손상이 몇 년 뒤부터 기름과 함께 급격히 감소한다는 사실을 확인했다.

기름 유출 이후로 유생에 조직 병변과 기관 손상이 있었다는 기록은 전혀 없었다. 자신의 현장 연구를 입증할 목적으로 빅스는 코캔을 도와 기름에 오염되지 않은 지역에서 알덩어리를 수집 후 사운드의 조건을 시뮬레이션 해서 만든 실험실 조건에서 알과 유생을 저농도 기름에 노출시키는 실험을 실시했다. 그들은 기름에 노출된 실험실 청어에서 기름에 노출된 야생 청어와 비슷한 골격 기형, 세포와 유전적 손상, 조직 병변이 진행되는 것을 확인했다(Kocan et al., 1996a). 그들은 그러한 기형이 기름 농도, 특히 PAHs의 증가에 비례한다는 사실도 발견했다. 실제로 특수한 형태의 유전적 손상인 '후기 염색체 이상'은 연구자들이 향후 기름 유출의 피해 평가에 사용하라고 권고했던 PAHs와 관련이 매우 깊었다. 호세는 NMFS 연구원들과 함께 작업하면서 PAHs 농도가 1/3ppb에 불과한 저농도 실험에서도 기형이 발생한다는 사실을 알게 됐다(Hose et al., 1996). 그런데 청어 유생이 부화하던 1989년 4월과 5월 사운드의 기름 농도는 그 범위 내에 있었다.

빅스는 기름 유출이 다양한 연령대의 청어에게도 동일한 영향을 미칠 것이라고 예상했다. 그녀는 1989년에 일년생이던 청어가 기름 노출로 유전적 또는 생식적 손상을 입지 않았을까 의심했다. 새끼 청어는 안전한 만이나 연안 지역에서 생후 2년을 머물기 때문에 그녀는 그 연령대의 청어가 유생처럼 1989년에 해수면의 기름에 노출됐을 것이라고 생각했다. 청어 성어의 90퍼센트 이상이 자기가 태어났던 해변으로 회귀하기 때문에 빅스 팀은 새끼 청어가 1992년에 4년생 청어로 성장해서 회귀할 때 그것들의 생식 가능성을 평가해보기로 했다.

빅스가 의심했던 부분은 사실로 확인됐다. 실험실과 현장 연구를 종합한 결과, 그녀의 팀은 산란을 위해 기름 오염 지역으로 회귀한 4년생 청어가 그렇지 않은 지역으로 회귀한 청어보다 부화시킨 배아 수가 적고 유생의 기형이 더 많다는 사실을 발견했다(Kocan et al., 1996a). 체내 조직의 병변이 가장 심각한 4년생 청어가 가장 많이 ― 5마리에 4마리 비율 ― 비정상적인 유생을 산란했다.

빅스는 1989년에 산란을 위해 회귀했던 청어 성어의 건강도 궁금했다. 오크베이 실험실은 1989년에 네이키드 군도와 로키 만 기름 오염 지역의 청어 성어 조직에서 간 병변과 고농도의 PAHs를 확인했다(Moles, Rice and Okihiro, 1993). 반면 1990년이나 1991년에 기름에 오염되지 않은 지역에서는 청어를 비롯한 어떤 어류에서도 간 병변과 조직 내 PAHs은 발견되지 않았다(이런 발견은 이후 실험실 검사에서 확증됐다. Carls, Rice and Hose, 1999). 그 당시 그녀는 기름 노출이 어류의 면역체계에 스트레스를 줘서 건강을 손상시켜 질병을 유발할 수 있다는 사실을 알고 있었다. 그렇다면 몇몇 과학자가 예상한 것처럼 향후 어느 시점에 청어 개체군이 붕괴되지 않을까?

1992년 가을 빅스는 청어 프로그램의 연구비 확보에 어려움을 겪었다. 청어 개체군의 수가 사상 최대였고 청어도 건강해 보였기 때문이다. 그녀는 ADFG의 칼 로시어와 제롬 몬타규에게 지원을 호소했다. 그녀는 청어의 장기적인 피해가 이미 발생했다고 주장하면서 질병이 창궐할 거라고 경고했다. 그녀의 든든한 지원군인 샤르는 "에벌린만 비난 일색인 이 과정에 홀로 서 있었다"고 말했다. 아무도 그녀의 이야기에 귀 기울이지 않았다. 청어 프로그램과 관련된 모든 연구비가 중단됐다.

빅스는 청어 프로그램이 돌연 중단된 가장 큰 이유는 자기 팀이 처음으로 기름, 특히 PAHs가 이전에 생각했던 것보다 믿을 수 없을 만큼 유독하다고 주장했기 때문이라고 생각했다. 원유 옹호자인 힉켈과 부시 행정부에서 그런 연구를 공개적으로 지지하는 것은 정치적 자살행위 — 불명예스러운 이력 — 나 다름없었다. 기름이 새끼 해달, 흰줄박이오리에게 미치는 장기적인 피해에 관한 연구도 연구비 삭감으로 비슷한 어려움을 겪었다(제14장과 제15장 참조).

1993년 4월부터 반년이 지난 후 빅스의 프로그램 연구비를 중단시켰던 인물들은 성난 대중 — 또한 빅스가 예언한 가능성 — 과 마주했다. 빅스 팀이 연구 프로그램을 재개하고 투고 논문을 작성하던 겨울, 질병이 청어 떼를 휩쓸면서 개체군이 크게 줄었다. 4월에 살아남은 적은 수의 청어가 병약하고 병변을 가진 채 산란을 위해 인근 연안으로 뿔뿔이 흩어졌다는 사실이 처음 발견됐다(Brown et al., 1996). 겨울이 지나면서 청어 성어의 개체군에서 많은 부분을 차지했던 20년생이 급격히 감소했다. 빅스는 이렇게 말했다. "증거의 실마리를 찾아야 한다는 우리의 청원을 무시하던 ADFG가 어느 순간 우리에게 모든 것을 해결해줄 '마법'의 답을 원했다."

ADFG는 빅스에게 곧바로 사운드에서 청어를 수집하라고 했다. 그녀는 충격을 받았다. "끔찍했다. 청어는 해수면에 배를 내놓은 채 원이나 나선을 그리며 헤엄치고 있었다. 대부분 병변— 개방성 혈액염— 을 보였고, 암컷을 해부하니 흰색의 고체 알덩어리로 된 미성숙한 알이 발견됐다. 청어는 그것을 재흡수한 것이다." 빅스는 '바이러스성 출혈성 패혈증(VHS)' 바이러스를 확인해줄 알래스카의 어류 질병 전문가에게 전화했다. 초기의 식별 말고는 주정부의 어류 병리학자는 별다른 도움이 되지 못했다. "그 사람은 우리가 죽은 물고기를 찾아주길 바랐다. 그런데 청어 떼의 사분의 삼은 이미 사라지고 없을 뿐더러 사체도 없었다. 죽은 물고기를 찾는다는 건 시간낭비이다. 이미 잡아먹혀서 확인 불가능하다."

빅스는 EVOS 자금관리위원회의 짐 에어스에게 사운드로 돌아가서 청 이 질병 연구를 하면서 프로젝드의 리더가 되어달라고 부탁했는네, 실세 로 사운드에서 다시 청어를 수집하는 데는 1년이 걸렸다. 이렇게 시간이 지체되는 동안 기름 유출과 질병 발생의 관계를 입증해줄 빅스의 실마리 가 완전히 사라져버렸다. "사실 기름과 질병 발생 간의 구체적 연결고리를 만들지 못했다. 그러나 아직도 연결고리가 있다고 믿는다. 간단히 입증할 수는 없는 노릇이지만 말이다."

빅스는 EVOS 자금관리위원회와 ADFG에서 소외되는 좌절감을 경험했 지만 기름 유출이 장기적으로 생태계에 미치는 영향을 이해하는 데 청어 연구가 중요하다는 믿음을 굽히지 않았다. 그녀는 기름 유출로 피해를 입 은 어부와 알래스카 원주민 등이 함께 일으킨 계급적 행동을 굳건히 하는 일에도 동참했다. 그녀는 ADFG의 새로운 청어 과학자들과 작업하고 연구 하고 EVOS 자금관리위원회가 새로 지원하는 '사운드생태계평가(Sound Eco-system Assessment: SEA)' 프로그램의 초안을 작성하는 데 1993년 가을 대부분 을 보냈다.

1994년 빅스는 해양학연구소에서 청어 생태학 박사학위 논문을 완성하 기 위해 페어뱅크스로 옮기기로 했다. 그녀는 자신이 스트레스로 완전히 지쳐서 효율성이 떨어지고 있다고 느꼈기 때문이다. 빅스가 옮겨야 할 또 다른 이유가 있었다. 1991년 재혼으로 둘째아이가 생겼기 때문이다. 그녀가 가족을 필요로 하는 만큼 가족도 그녀를 필요로 했다. 기름 유출 연구와 어업 관리 모두에서 드러난 허점을 보완하기 위해 이후 10년 동안 빅스는 SEA 프로젝트는 새끼 청어 성장을 연구하고 '알래스카 포식자 생태계 실험(Alaska Predator Ecosystem Experiment: APEX)' 프로젝트를 통해 먹잇감 어류에 대해 연구했다. 이 작업은 그녀가 ADFG에서 시도했던 작업과 동일했다. 이후 그녀의 작업은 SEA와 APEX 프로젝트 모두에서 중요한 위치를 차지했다(제17장과 제19장 참조).

기름 유출 이후 샤르는 거친 여정을 되돌아보며 이렇게 말했다. "ADFG에서 젊고 에너지가 넘치고 양심적이면서도 윤리적인 생물학자들로 이뤄진 그룹과 함께했다는 점에서 운이 매우 좋았다. 그들은 엄청난 교육과 잘 정리된 개요 없이도 많은 문제를 잘 해결했다. 그들은 연구감독관이 통상적인 관리 임무에 반하는 기름 연구라고 분개했던 앵커리지나 주노에서 연구비도 거의 못 받고 지원도 전혀 받지 못했는데도 업무 외의 일까지 했다. 그들이 이뤄낸 일은 엄청났지만, 대중적으로 크게 인정받지 못했다. 그러나 그들의 헌신으로 프린스윌리엄사운드 연구 프로젝트를 지켜낼 수 있었다."

엑손 사의 연구 : 기만적인 연구 설계

곱사연어

엑손 사의 과학자들도 기름 유출이 곱사연어의 성장 단계에 미치는 영향을 연구했다. 그러나 연안 생태학 연구와 마찬가지로 엑손 사의 연구는 기름이 미치는 악영향의 발견 확률을 축소시키는 통계학적 속임수로 가득

했다. 예를 들어, 가을철 알 조사에서 샘플 크기가 피해를 탐지하기에 너무 적었다. 기름 신호 — 기름에 오염된 하천에서 알의 생존 어려움을 말해주는 신호 — 는 하천 간 물리적 환경차이에 묻혀버렸다. 더욱이 과학자들의 기름 신호 탐지에 필요한 표집하천과 하천당 샘플 수가 충분치 않았다. 즉, 배경 소음을 제거해서 기름에 오염된 하천과 그렇지 않은 하천 간 생존 차이를 통계적으로 밝히기 위한 노력이 거의 없었다.3)

또 다른 편향 사례는 허프가 말한 '엄선된 평균'의 사용이었다. 봄철 프라이 조사에서 공적 자금의 지원을 받은 과학자들과 엑손 사의 과학자들 모두 최저 조위대의 기름에 오염된 하천에서 정상적으로 성장한 어류의 생존 비율과 양은 1991년보다 1990년에 훨씬 적다는 것을 알게 됐다. 엑손 사의 과학자들은 진 조간대에서 자료를 모아 평균값을 구해서 — 그것은 엑손 사의 과학자 스스로도 '유효하지 않다'고 했던 것이다(Brannon et al., 1995: 567) — 기름의 영향은 제거해버렸다. 엑손 사의 과학자들은 통상적인 방식으로 자신들이 얻은 자료의 평균값을 구해서 기름 유출의 영향에 관한 최종 결과를 모호하게 만들어버렸다(제12장부터 제15장까지 참조).4)

---

3) 공적 자금의 지원을 받은 과학자들(Bue et al., 1996)과 엑손 사의 과학자들(Brannon et al., 1995)의 가을철 알 조사에서 표본 크기와 반복 횟수를 비교한 결과, 엑손 사의 연구 설계에서 '작은 표본 편향'이 드러났다.

	공적 자금을 지원 받은 과학자들의 연구	엑손사 과학자들의 연구
샘플 크기(하천 수)	31개	9개
하천당 반복 횟수	10~14회	3회
연구 기간	4년	1년

4) 엑손 사의 과학자들은 1991년 앨러빈의 생존율을 중위나 최고위가 아닌 최저위를 기준으로 해서 계산했기 때문에 기름에 오염된 하천에서 크게 낮았다. 그들은 "이렇게 뒤섞인 결과 때문에 세 조수대를 섞어 수행한 앨러빈 생존율 검사는 정당하지 않았다"고 정확히 말했다. 그러나 이후로도 그들은 계속해서 '단지 가시적인 비교를 위해' 아무렇게나 자료를 평균내서 발표하고 있다. 그러나 토의 부분에 그들은 "기름에 가장 심하게 오염된 것으로 확

결론 뒤섞기의 대표적인 사례 중 하나는 엑손 사의 과학자들이 사용한, 허프가 '억지로 갖다 붙인 수치'라고 표현한 것이었다. 허프는 "만약 입증하길 원하는데 입증이 어려운 경우 다른 것을 제시하고는 그것과 똑같은 척 하라"고 말한다(Huffe, 1954: 74). 엑손 사의 과학자들은 기름에 오염된 하천으로 회귀하는 어류 수가 실제로 어느 정도인가에 관한 연구는 하지 않고, 연어 성어가 기름에 오염된 하천과 오염되지 않은 하천 중 어느 곳으로 회귀하는지에 관한 연구만 기획했다(Maki et al., 1995). 그 후 엑손 사의 과학자들은 단순히 하천에 어류가 출현한 것을 보고 기름이 곱사연어 성어에 아무런 피해를 주지 않은 것처럼 말했다. 이 사례에서 엑손 사의 과학자들은 완전히 다른 문제 ― 연어는 산란을 위해 하천으로 회귀한다는 사실 ― 에 '기름 유출이 어떤 영향도 끼치지 않았다'는 자신의 결론을 갖다 붙였다.

엑손 사의 과학자들은 문제가 많은 편향된 연구 설계로는 기름에 오염된 하천과 그렇지 않은 하천 간 연어의 성장 단계별 차이를 결코 발견할 수 없다는 사실을 지속적으로 확인했다. 그러나 엑손 사의 과학자들은 이것을 기름 유출에서 측정 가능한 영향은 없다고 해석했다. 연어 연구는 엑손 사의 과학자들이 얼마나 사기에 정통한지를 가장 잘 보여주는 사례였다. 즉, "무언가를 계산하고 나서 그것을 다른 것이라고 보고했다"(Huffe, 1954: 80). '측정 불가능한 효과'와 '아무 효과도 없다' ― 이것은 단지 엑손 사의 과학자들이 어떤 효과도 측정하지 않았다는 것만을 의미한다 ― 는 크게 다르지만, 과학자 말고는 이렇게 꾸며진 의미를 정확히 이해하기 힘들었다.

엑손 사는 공영 언론을 통해 1990년과 1991년의 기록적인 다량의 양식 연어 회귀를 선전해서 기름 유출의 영향에 관한 진실을 감추었다. 사실 엑손 사에게 그런 일은 비교적 쉬운 작업이었는데, 공적 자금의 지원을 받은

인된 하천에서 통계적으로 유의미한 기름의 영향이 발견되지 않았다"고 보고했다(Brannon et al., 1995: 575).

과학자들에게는 그때까지도 보도금지령이 내려져 있었기 때문이다. 물론 공적 자금의 지원을 받은 과학자들은 연어의 기록적인 회귀는 적절한 환경조건, 기록적인 플랑크톤의 양과 상관관계가 있다 ― 또한 기름 유출이 없었을 때 훨씬 많이 회귀했다 ― 는 사실을 알고 있었다.

북태평양청어

계속해서 엑손 사의 과학자들은 기름 유출이 청어에게 전혀 유해하지 않다고 주장했다. 그러나 엑손 사의 청어 연구는 연어 연구와 마찬가지로 기름 유출의 영향을 모호하게 하고 축소하는 방식으로 기획된 것 같았다(Pearson, Moksness and Skalski, 1995). 예를 들어, 엑손 사의 과학자들은 청어가 사라하는 해변과 알, 유생 모두 해수면에 넓게 퍼져 있는 기름에 오염됐다는 사실을 무시했으며, 그 대신 1989년에 기름오염이 눈에 보이는 해안에서 발견된 약 4퍼센트의 청어 알만을 평가했다. 이런 전략에서는 해수면 기름에 노출된 알과 배아는 '기름에 오염되지 않은' 것으로 분류될 가능성이 높다. 기본적으로 엑손 사의 과학자들은 기름에 오염된 어류끼리 비교하고 거기서 기름이 미치는 영향의 차이를 조사했다. 따라서 그들이 차이를 거의 발견하지 못한 것은 당연했다. 빅스와 동료 연구자들이 관찰했던 기름 유출의 영향 ― 죽은 알과 전체적으로 기형인 청어 유생 등 ― 은 아예 포함될 수 없었다.

엑손 사의 과학자들이 청어 알을 수집하던 장소에서 하나의 바닷물 샘플과 보고되지 않은 퇴적물 샘플을 모았던 것이 기름의 영향을 더욱 모호하게 만들었던 것 같다(Pearson, Moksness and Skalski, 1995: 633, 637). 그들은 바닷물과 퇴적물 샘플을 통해 (가두리 홍합이 아닌) 자연에서의 기름 상태를 가정했다. 그런데 바닷물 샘플과 관련해서는 각 만의 평균 PAHs 농도 ― 신뢰구간도 전혀 없었고 퇴적물 샘플결과도 전혀 보고되지 않았다 ― 만 보고했다. 해수면 기름에 의한 해변이나 알과 유생의 오염에 관한 진실, 눈에 보이는 기름으로 기름 오염 지역과 그렇지 않은 지역의 청어를 분류하는 오류는 퇴적물 샘플을 통해서 드러날 수도 그렇지 않았을 수도 있다.

엑손 사의 과학자들은 자신들이 산출한 평균 PAHs 농도로 기름이 청어 유생에 미치는 영향을 조사했다. 따라서 1989년과 1990년에는 기름의 영향이라고 할 만한 것이 거의 발견되지 않은 것은 당연하다. 엑손 사의 과학자들은 말 그대로 10만 톤이 넘는 청어를 쓸어버린 1993년의 청어 개체군 붕괴가 기름 유출과 관련되어 있는지 여부를 밝혀줄 기름 독성 연구는 하지도 않았다. 10년 후 엑손 사의 주장을 반박할 실질적인 증거가 나왔음에도 불구하고, 엑손 사의 과학자들은 여전히 기름 유출이 청어에게 피해를 입히지 않았다고 주장했다(제20장 참조).

사운드의 진실

최소한 1993년까지 기름에 오염된 하천에서 곱사연어의 배아 폐사율은 높은 상태를 유지했다. 1992년과 1993년 사운드에서 곱사연어 떼가 붕괴될 정도로 큰 피해를 없었다. 또한 1993년 바이러스성 질병이 발생해 프린스윌리엄사운드 청어 떼가 크게 줄었다. 예측하지 못했던 붕괴로 어업, 어부와 그 가족, 코도바 공동체가 황폐해졌다. 어업 붕괴와 정치적인 영향으로 사회·경제적인 대란이 초래되었고, 그 결과 공적 자금의 지원을 받은 과학자들은 회복이 더딘 이유와 질병 문제를 세밀하게 조사하게 됐다(제17장과 제20~21장 참조).

제2부_3

생태계 연구
(*1993~2003*)

제17장

다시 바다를 배우다: 사운드생태계평가 프로그램

사운드생태계평가(SEA) 프로그램 소개

1993년 9월 테드 쿠니는 코도바의 알래스카 페어뱅크 대학교 해양연구소에서 연구교수로 단기 안식년을 보내고 있었다. 1989년 기름 유출이 엄습했을 당시 그는 진행 중인 연구를 매듭짓고 있었다. 그것은 프린스윌리엄양식회사(Prince William Sound Aquaculture Corporation: PWSAC)와 ADFG가 새끼 연어의 성장과 생존의 상관관계를 조사하는 소규모 공동연구였다.

당시 어업 생물학자들은 바다에서의 생존을 위한 투쟁이 연어의 생존과 회귀를 통제·예측하는 데 가장 중요하다는 것은 알고 있었지만, 이 과정이 해안선 가까이에서 일어나는지 아니면 먼 바다인지에서 일어나는지는 몰랐다. 성배를 찾아가는 원정처럼 쿠니를 비롯한 많은 어업 생물학자들은 상관관계 연구에 일생을 바쳤다.

이 원정에 대한 쿠니의 관점은 기본적으로 해양 먹이사슬 — 플랑크톤 — 을 추적하는 것이었는데, 그 먹이사슬은 해류나 조수를 따라 떠다니는 어류 유생을 비롯해 식물성 플랑크톤과 동물성 플랑크톤으로 이루어져 있다. 1970년대 중반 프린스윌리엄사운드에서 처음 시작된 그의 연구는 부화장에서 진행됐는데, 부화장에서 기른 수백만 마리의 굶주린 연어 프라이가 사운드에 한꺼번에 방출됐을 때 충분한 양의 플랑크톤이 제공될 수 있는지를 조사하는 것이었다. 그는 기후와 계절이 사운드와 알래스카 만의 동물성 플랑크톤 군락에 미치는 영향을 열정적으로 조사했다. 또한 연어 성어의 회귀를 보다 정확하게 예측하는 데 도움이 될 만한 상관관계들을 찾아내기 위해 동물성 플랑크톤과 부화장에서 기른 연어의 성장 및 먹이습성을 연구했다. 이를 바탕으로 쿠니는 공동연구를 발의했지만 연구는 기름 유출 이후로 연기됐고, 기름 유출 당시 그는 기름 유출이 플랑크톤에 미치는 영향을 고찰하는 주제로 NRDA의 연구에 동참했다.

1993년 가을 쿠니는 1989년의 절망 속에서 벗어났다. 그가 코도바에서 며칠 지내고 있을 때 "어업계가 터미널을 봉쇄하고 압력을 행사하자 EVOS 자금관리위원회가 사운드의 현 상황을 파악하고자 새로운 방법을 받아들일 것이라는 말이 흘러 나왔다"(Tip 12 참조). 쿠니는 EVOS 자금관리위원회의 짐 에어스, NOAA의 위원회 연락관 라이트, 프린스윌리엄사운드(PWS) 과학센터의 개리 토마스 등이 함께하는 비상전화모임에 참석해달라는 연락을 받았다. 회의는 하룻밤을 꼬박 넘기며 진행됐고 곱사연어와 청어에 관한 종합적인 연구를 계획할 수 있도록 PWS 과학센터에 자금을 지원하기로 결정했다. 그 당시 쿠니는 기름 유출 이후 어업 관리에 관한 결정을 주도하는 'PWS 어업생태계 연구 설계 그룹(PWS Fisheries Ecosystem Research Planning Group)'(이하 PWS 설계 그룹으로 약칭) ― 지역 어부와 과학자로 구성된 단체 ― 에 소속되어 있었다. 쿠니는 "계획을 추진할 목적으로 그해 가을 3개월에 가까운 아주 긴 시간을 모두 함께 일했다"고 말했다.

음산하게 추웠던 12월 어느 날 쿠니를 비롯한 여러 과학자들은 국제 과학자 패널에서 사운드생태계평가(SEA) 프로그램을 발표하는 기회를 얻었

역사의 변화과정: 어부의 봉쇄망과 생태계 연구

1993년 8월 20일 매우 이른 아침, 약 100척에 달하는 프린스윌리엄사운드 어부들의 예인망 어선이 사나운 가을 태풍을 헤치고 밸디즈 해협에 모였다. 어부들은 각자 자신의 배로 봉쇄망을 만들고, 사흘간 모든 유조선의 운행을 전면 금지시켰다(Bickert, 1993a). 코도바 주민은 작은 자망 어선으로 음식과 깃발뿐만 아니라 마을 사람을 실어 나르면서 이들을 지원했다.

주민은 필사적으로 시민불복종운동에 나섰다. 사운드의 곱사연어 어업은 1993년 이전(1992년)부터 무너지기 시작해 1993년 8월에 완전히 붕괴됐다. 사운드의 주요 산업이었던 청어 어업은 1993년 봄 약 12만 톤 정도의 어류가 회귀를 못해 산란에 실패했다. 재정적 피해를 입고 파산에 직면한 어부들은 계속되는 사운드의 기름 유출 관련 문제에 초점을 맞춰 저항하기로 결정했다(Wuerth, 1993a; 1993b).

브루스 배빗 내무부 장관이 앵커리지를 거쳐 밸디즈로 저항 지도부를 만나러 갔다. 이 소식을 들은 월터 힉켈 알래스카 주지사는 몹시 흥분해서 "만약 내가 어부였다면 장관을 만나러 가지 않았을 것이다"라고 말했다(Steiner and Grimes, 1999). 어부들은 요구사항으로 주정부의 어선 지원과 일 년치 융자, 시민불복종에 따른 벌금 부과 금지, 사운드가 불안정한 원인과 현실적인 복구시간을 파악해줄 '생태계 연구' 등을 내세웠다. 요구사항이 관철되자 어부들은 그 즉시 봉쇄선을 풀었다. 그리고 아무도 벌금을 물지 않았다(Bicker, 1993b).

이러한 시민불복종운동의 결과로 클린턴 행정부는 EVOS 자금관리위원회를 새로 구성했고, EVOS 위원회는 세 가지 생태계 연구 중 첫 번째 연구인 사운드생태계평가(SEA) 프로그램을 시작하는 데 500만 달러 이상을 지원하기로 약속했다(New York Times, 1993). 이렇게 대규모의 다차년 연구, 곱사연어와 청어에 대한 기름 피해에 관한 현장연구를 확증해주는 NOAA/NMFS

다. 그들은 SEA 프로그램이란 사운드 곱사연어 및 청어 유생의 성장 단계별 생존과 관련된 물리학과 생물학을 5년간 종합적으로 연구하는 것이라고 설명했다. 그 계획에는 어류 생존에 영향을 미치는 다양한 해양 조건과 플랑크톤이 영향을 조사하는 하향식 조사와 연어 및 청어 포식에 미치는 영향을 조사하는 상향식 분석이 포함됐다(Pearcy, 2001). 연구 목표는 성어의 회귀를 보다 정확하게 예측할 수 있는 정교한 수학적 모델을 개발해서 어린 어류의 감소에 영향을 미치는 여러 요인을 이해하는 것이다.

SEA 프로그램은 여러 분야의 기술을 끌어들여서 새끼 연어와 청어의 성장을 둘러싼 비밀을 파헤치는 엄청난 계획이었다. 그동안 자금이나 기회, 또는 이 모든 게 부족해 고군분투하던 때와는 상황이 완전히 달랐다. 쿠니는 "유명 해양학자, 어업 과학자와 테이블을 사이에 두고 SEA 프로젝트의 시작에 오백만 달러가 필요한 이유를 설명해야만 하는 것에 상당히 주눅이 들었고 조금은 무섭기까지 했다"고 말했다. 그러나 국제 패널은 프로젝트의 중요성을 간파하고 좀 더 치밀한 개념적 접근법으로 프로그램을 진행하는 데 동의했다.

1994년 1월 쿠니와 PWS 설계 그룹은 EVOS 자금관리위원회에서 SEA 프로젝트에 대해 발표했다. 그러나 규모와 위험부담이 크고 비용도 많이 드는 계획이라는 이유로 기각됐다. 그런데 마지막에 연방 산림청의 자금관리인 조지 프램프턴이 EVOS 자금관리위원회의 책임 과학자 스파이스에게 SEA 계획을 보내서 공식 논평을 받아보자고 제안했다. 프램프턴을 비롯한 여러 사람이 EVOS 자금관리위원회 평가위원들을 설득했다. 1994년 4월 중순 쿠니는 짐 에어스로부터 전화를 받았다. 위원회가 1차년도 SEA 프로젝트에 510만 달러를 지원하기로 했으며 연구책임자는 쿠니로 결정됐다는 내용이었다. 쿠니는 "제2의 인생이 시작됐다"고 말했다.

그 후 6년간 그는 총 2,200만 달러의 예산을 관리하고 SEA의 네 가지 핵심 프로젝트 — 해양학 프로젝트, 플랑크톤 프로젝트, 곱사연어 프로젝트, 청어 프로젝트 — 를 운영하는 한편 다른 연구에도 참여하는 등 전력을 다해 활동했다. 그는 SEA 프로그램의 중심축을 다른 데로 전환하려는 유혹에 넘어가지 않고 연구원들이 원래의 연구방향에 집중할 수 있도록 노력했다. 결국 쿠니의 헌신과 추진력으로 조사자들 — 개별 연구책임자들 — 은 SEA 프로그램의 조사 결과를 철저히 기록·작성하고 종합해서 엄청난 성과를 남겼다(Cooney et al., 2001a; Pearcy, 2001).

상향식 조사

해양물리학

해양학자 샤리 본과 셸턴 게이를 비롯한 PWS 과학센터 연구원은 대규모 물리적 과정이라는 관점에서 해양 환경을 조사했다. 그들은 해양의 수온 변화와 풍부한 영양분을 함유한 수괴의 이동을 추적했다. 그런 요소들은 작은 해양 동식물의 생산에 영향을 주는데, 다량의 플랑크톤 순환이 곱사연어와 태평양청어 같은 어류 새끼의 성장과 생존에 영향을 미치기 때문이다. 또한 먹잇감 어류의 양은 어류를 잡아먹는 바닷새나 해양 포유류뿐만 아니라 다른 어류의 성장과 생존에도 영향을 미치기 때문이다. 해양물리학은 말 그대로 먹이사슬의 최하위 단계부터 최상위 포식자까지 해양의 생물학적 부존량에 영향을 미치는 요인을 연구하는 분야이다.

본과 게이는 알래스카 만과 사운드 간의 해수 교환처럼 수온 변화와 영양 공급에 영향을 미치는 물리적 과정, 즉 계절별 온도와 염분 성분 변화에 따른 다량의 해수 혼합, 조수와 바람에 의한 해류, 해수면과 상부기단 간 에너지 교환에 의한 연간 '기후' 차이 등을 연구했다. 그들은 수로 지도를 만들었는데, 이 지도는 지형도와 비슷하지만 대륙의 융기 각도 대신 수심과 계절 변화에 따른 수온, 염분, 그리고 밀도 변화가 표시되어 있었다.

SEA 조사기간 동안 해양학 팀은 프린스윌리엄사운드의 계절별 물리적 상황을 지도에 표기하는 작업을 맡았다. 특히 본과 여러 연구자들은 기본적으로 초기 해양학자들이 했던 작업의 연장선상에서 사운드 중부 지도를 작성했고, 게이는 새끼 청어의 부화장으로 사용되는 심해 피오르드와 얕은 만을 중점적으로 조사했다. 그들은 공동 연구원인 천재 수학자 빈스 패트릭이 기후 조건별 순환 변화를 예측하는 컴퓨터 모델을 만드는 데 이 지도가 도움이 되기를 바랐다. 그들의 목표는 새로 만드는 수로 지도와 컴퓨터 모델이 SEA 프로그램을 수행하는 어업 생물학자들에게 도움을 주고, 성어의 회귀를 보다 정확하게 예측하기 위해 새끼 연어와 청어의 생존에 영향을 미치는 요인을 이해하는 것이었다.

본과 게이는 4년 넘게 20곳의 수로를 항해했다. 그들은 사운드 중앙부에서 고정시켜놓은 초음파 유속분포 측정계의 자료로 수로 순항을 보강했다. 초음파 유속분포 측정계는 레이더 속도 측정계가 자동차 속도를 측정하는 방법과 비슷하게 음파를 통해 수괴 흐름의 변화를 기록했다. 그들은 상층수의 속도와 해류 방향을 추적하기 위해 '수면하 저항체(holey sock drogue)'를 장착한 표류 부표를 풀어놓아 기상 자료 — 풍속, 풍향, 파고, 기압, 기온, 수온 — 를 전송받았다. 사운드 중앙부와 힌친브룩 어귀의 실 록스에 띄워둔 부표에서는 30분마다 자료를 사운드의 높은 산꼭대기에 설치되어 있는 통신중계소를 통해 코도바에 있는 그들의 컴퓨터로 전송했다. PWS 과학센터에 있는 그들의 컴퓨터는 그곳을 방문한 알래스카 석유업자들에게도 깊은 인상을 심어줄 정도로 첨단 기술이었는데, 그들은 알래스카 횡단송 유관망(TAPS)의 운영에 복잡한 컴퓨터 작동 프로그램을 사용하고 있었다.

1970년대와 1980년대에 해양학자들은 사운드와 인접 지역의 해류 순환을 도표로 만들었으며(Royer, 1998), 그 과정에서 알래스카 연안을 타고 사운드로 흘러가는 알래스카 만 해수의 순환이 연도와 계절에 따라 변화가 있다는 사실을 발견했다(Royer, 1981a). 또한 미시시피 강의 1/5 정도에 해당하는 엄청난 경계류가 북부 만 해류를 따라 서쪽으로 흘러가는데, 이런 흐름은 브리티시 콜롬비아에서 케나이 피오르드로 이어지는 연안호의 빙하와 설원에서 흘러나온 거대한 담수로 인한 것이었다(Royer, 1979; 1981b). 프린스윌리엄사운드 인근의 알래스카 연안류는 강우량이 많고 해빙이 진행되는 여름부터 가을 초까지 불어났다가 연안의 강물이 결빙되는 겨울에 줄어들었다. 그 당시 이 해류는 연안을 타고 가다 힌친브룩 어귀를 지나 사운드로 휘어들다가 몬태규 해협으로 빠져나가기 전에 사운드 중앙부 주변에서 반시계방향으로 용솟음쳐 사운드 해수와 뒤섞인다고 알려져 있었다(Royer and Emery, 1987; Royer, Hansen and Pashinski, 1979).

SEA 연구 기간 동안 해양학 팀은 해류의 패턴이 기존에 알려진 사실과 큰 차이가 있다는 것을 발견했다(Vaughan, Moores and Gay, 2001). 그들은 겨울에서 봄으로 넘어가는 시기에 예측대로 탁월풍(卓越風)이 거의 일정하고 질서정연하게 불면서 힌친브룩 어귀의 알래스카 만과 사운드 사이의 해수 교환에 큰 영향을 미친다는 사실을 관찰했다 그리고 여름에서 가을로 넘어가는 시기에는 해류가 여러 수평층으로 갈라지면서 순환할 뿐만 아니라 방향이 해마다 바뀌는 것을 보고 깜짝 놀랐다. 1995년에는 500피트 깊이의 표층류가 사운드에서 흘러나갔고 심층류는 사운드로 흘러들어왔다. 그러나 1996년과 1997년에는 그 패턴이 역전됐다. 강풍으로 엄청난 양의 해수가 상층부에서 한꺼번에 유입되는 것이 확인됐다.

본과 게이는 겨울철 해수는 잦은 강풍과 폭풍을 따라 이동하고, 마치 거센 강처럼 사운드 주변을 꿈틀대면서 흐른다는 사실을 확인했다. 반대로 여름철 해수에는 격동이나 뒤척임 없이 이따금씩 약하게 시계방향이나 반시계방향으로 회전하며 서서히 사운드를 '호수 같은' 상태로 만들었다. 또한 가을에는 알래스카 연안류가 빠르게 흐르고 빙하가 많이 녹아내리면서 해수의 중심이 빠른 속도로 반시계방향으로 회전했다. 겨울 순환 패턴은 초기 해양학자들이 관찰했던 것과 일치했다.

산을 타고 불어오는 강풍과 강이나 빙하수에서 흘러온 많은 양의 담수의 영향으로 사운드의 순환 패턴은 독특했다. 그러나 본과 게이는 해마다 변할 만큼 사운드의 순환 패턴이 변화무쌍하지만 풍력, 빙하나 강에서 유입된 담수량, 사운드의 대륙붕을 가로지르는 심해수의 용승 같은 요소를 토대로 대순환을 예측해볼 수 있다고 생각했다.

그들은 봄부터 가을까지 사운드가 시기마다 독특한 성분을 띤 수괴로 이루어진다는 것을 발견했다. 심층수는 차고 염도가 높은 반면, 알래스카 연안류는 따뜻하고 염도가 높지 않고, 피오르드의 해수는 담수의 유출과 빙하수로 염분이 낮았다. 모든 수괴에서 해수면층은 밀도와 염도가 낮고 따뜻한 반면 심해층은 밀도가 높고 차며 염분이 높다. 이런 수괴는 불안정한 상태에서 지속적으로 움직인다.

계절에 따라 태양열이 달라지면서 사운드의 수괴는 다양한 방식으로 혼합된다. 봄철의 사운드는 위에서부터 아래까지 가열시킬 정도로 태양열이 증가한다. 그 때문에 사운드의 작은 피오르드는 그 어느 때보다 빠르게 가열되고 담수화되지만 수심, 담수 유입률, 바람과 조류 등의 차이에 따라 담수의 혼합량이 다르다. 또한 수괴는 밀도에 따라 층이 뚜렷이 나뉜다. 이런 수괴 사이를 해류가 불안정한 소용돌이를 일으키며 흐르고, 그 결과 사운드로 휘어드는 소용돌이가 만들어진다. 가을 들어 해수면이 차가워지면 해수의 상층부터 바닥까지 뒤섞이면서 단일한 수괴가 만들어지는데, 이런 상태는 봄이 오기 전까지 지속된다.

게이는 작은 피오르드 내에서는 해류의 순환과 수로의 흐름이 매우 다양하게 나타나지만, 예측이 완전히 불가능한 것은 아니라는 사실을 발견했다(Gay and Vaughan, 2001). 즉, 피오르드가 저마다 독특하기는 하지만 피오르드 빙하의 존재 유무로 포괄적으로 묶을 수 있었다. 예를 들어, 피오르드 내 석호나 호수, 관입 암석, 피오르드 어귀를 가로지르는 수중 빙퇴석 등을 분류의 기준으로 삼을 수 있다. 빙하와 석호는 담수 유입, 염분 유출시기 지연, 수온 상승 등에 의해 표층류의 순환에 영향을 미쳤다. 관입 암석은 피오르드 어귀에 걸쳐 있는 과속방지턱처럼 심층수의 순환에 영향을 미쳤다. 그런데 게이의 시스템으로는 봄과 여름의 수로 패턴을 예측할 수 있지만, 강풍과 폭풍으로 순환 패턴이 격변하는 겨울에는 예측이 불가능했다.

만을 연구하는 해양학 연구 팀이 만든 수로 지도를 통해 동물성 플랑크톤의 변이성을 상당 부분 설명해낼 수 있었는데, 해양학 자료가 비교 자료로 사용됐다. 또한 이 지도를 패트릭의 삼차원 컴퓨터 모델에 적용하면 카오스처럼 보이는 것에서 일정한 규칙을 도출해낼 수 있었다(Wang et al., 2001). 이 지도는 사운드 피오르드에서 왜 플랑크톤 양의 차이가 큰지, 그리고 동일한 피오르드에서 매년 급변하는 플랑크톤 양을 명확히 예측·설명해주었다. 이런 물속 '길 지도'는 해양학자의 조사뿐만 아니라 생물학자의 연구에도 도움을 주었다.

사운드의 플랑크톤 군락

SEA 프로젝트가 있기 전 약 20년 동안 쿠니를 비롯한 많은 연구원들이 사운드의 플랑크톤 군락을 광범위하게 연구했다. 동물성 플랑크톤 군락은 연안 종(주로 작은 요각류)과 해양 종(주로 큰 요각류)이 뒤섞여 있는 것으로 알려져 있다. 해양 종은 알래스카 만에서 사운드로 떠내려 온 것이었다. 해양 요각류는 사운드 심해의 안전한 곳에 숨어 지냈고 그중 일부는 수심 약

800킬로미터에서 살았다. 해양 요각류는 매년 봄 생식과 죽음을 반복했으며, 그 자손은 4월이 되면 수면으로 올라왔다. 연구자들은 일반적으로 대번식 기간은 짧지만 항상 그렇지는 않기 때문에 작은 부유식물의 연간 번식량은 봄철 질소한계치로 알 수 있다고 설명했다.

플랑크톤 군락은 계절별·연도별로 편차가 크기 때문에 먹이 이용도를 토대로 곱사연어의 회귀 능력을 예측하려는 어업 관리자의 노력은 허사였다. 그 누구도 사운드의 플랑크톤 군락과 물리적 환경 사이의 관련성을 설명하지 못했다. 연구자들이 이루고 싶은 목표는 좀 더 정확하게 연어의 회귀를 예측하는 것이었다.

1993년 SEA 프로젝트가 진행되는 동안 쿠니는 놀라운 발견을 했다. 사운드 남서쪽에 있는 곱사연어 부화장 인근의 4월과 5월 해수면 동물성 플랑크톤의 양은 바쿤 용승지수(Bakun upwelling index)와 상관관계가 깊은데(Eslinger et al., 2001), 이 용승지수는 매년 봄 대륙붕에서 사운드로 해수면을 미는 육지의 힘을 반영하고 있다고 알려져 있다. 바로 SEA 프로그램이 진행된 10년간 용승지수로 연도별 동물성 플랑크톤의 변이성을 74퍼센트 가까이 설명할 수 있었던 것이다.

해양생물학자들에게 이것은 놀라운 상관관계였다. 쿠니는 알류샨 저기압이 강해지면 해수면 흐름이 강처럼 거세지고 화창한 봄날에 대청소하는 것처럼 사운드 표면층에 남아 있던 동물성 플랑크톤이 말끔히 없어질 것이라고 이론화했다. 역으로, 알류샨 저기압이 약해지면 사운드로 흐르는 알래스카 만 흐름도 약해진다. 이 시나리오에 따르면, 그때 사운드는 호수처럼 잔잔하고 동물성 플랑크톤 군락에도 변화는 없다.

쿠니는 전통적인 영양제한이론뿐만 아니라 수평혼합과 수직혼합의 영향을 받은 자신의 '강/호수' 이론 연구를 위해 SEA 프로그램의 플랑크톤 성분을 구조화했다. 쿠니는 자신의 팀이 곱사연어 회귀에 관한 예측력을 향상시키는 예측 모델을 만들 수 있도록 봄철 동물성 플랑크톤 대번식에서 계절별·연도별 변이성의 기원을 설명하는 것을 자신의 목표로 삼았다.

쿠니 팀에 PWS 과학센터, 페어뱅크스의 해양과학연구소, 국제북극연구센터 소속의 플랑크톤 전문가, 해양학자, 화학자, 모델 개발자 등이 합류했다. 팀은 1994~1997년간 매년 3월부터 7월에는 매달 10일간 표본수집 항해를 떠났으며, 여러 샘플링 장치가 장착되어 있는 정박 부표 및 사운드 남서쪽 아민에프코어닝의 연어 부화장의 측량대에서 플랑크톤 양과 날씨에 관한 자료를 얻었다.

쿠니 팀은 봄철에 모든 것이 임계영역대에 도달 — 2주 정도 짧은 시기 — 하면 찬 공기와 강풍이 결합하면서 최종적으로 수괴의 혼합도가 확정되고 봄철 플랑크톤 대번식기가 시작된다는 사실을 발견했다(Eslinger et al., 2001). 잔잔하고 따뜻한 봄철, 상층수는 빠른 속도로 따뜻해지면서 차가운 심층수와 분리된다. 작은 해초는 따뜻한 표층에서 엄청난 대번식을 이루면서 이 층의 영양분을 빠르게 고갈시키고는 해수면을 좋아하는 동물성 플랑크톤은 접근하기 어려운 깊이로 가라앉아 죽었다. 작은 동물성 플랑크톤은 먹잇감 양에 비례해 증가하는데, 죽은 채로 되돌아오는 식물성 해초 개체군으로는 동물성 플랑크톤을 크게 증가시키지 못한다. 쿠니 팀은 봄철이 따뜻하고 잔잔하면 식물성 플랑크톤이 대규모로 번식하지는 않아서 동물성 플랑크톤이 먹을 수 있는 먹잇감인 식물성 플랑크톤 양이 줄어들게 되고 결국 동물성 플랑크톤은 이 풍부한 먹잇감의 혜택을 충분히 받지 못한다는 사실을 깨달았다.

차가운 폭풍이 몰아치는 봄에는, 식물성 플랑크톤이 폭풍이 잦아드는 사이에 순식간에 대번식한다. 그런데 거센 폭풍과 노도가 차가운 심해수와 따뜻한 상층면을 섞으면, 한순간 식물성 플랑크톤의 증가가 저지되지만 다른 한편으로는 다음 번 식물성 플랑크톤 증가에 필요한 영양분이 상층에 공급된다. 즉, 때맞춰서 봄철 차가운 폭풍우가 식물성 플랑크톤의 대번식을 도와주면서도 역으로 동물성 플랑크톤도 증가시켜준다. 봄철 폭풍우가 차츰 잦아들고 상층면이 안정화되면서 영양분이 사라지기 전까지는 식물성 플랑크톤의 대번식이 지속된다. 기존의 유력한 의견과 반대로, 쿠니는 봄철 차가운 폭풍우가 식물성 플랑크톤 양을 적게 만들지만 동물성 플랑크톤의 양은 증가시킨다는 사실을 발견했다.

5년간 자료를 수집·분석한 결과, 쿠니는 SEA 연구가 진행되는 동안 동물성 플랑크톤 현존량의 변이성은 자신의 '강/호수' 이론이 아니라 전통적인 영양제한이론으로 거의 설명이 가능하다는 사실을 알게 됐다. 그는 낙담했지만, SEA 컴퓨터 모델을 그 프로그램이 시작되기 10년 전까지 소급 적용해봤다. 그는 1992년 이전은 컴퓨터 시뮬레이션과 현장조사 자료가 완벽하게 일치하지 않다는 사실을 발견했다. 컴퓨터 시뮬레이션 모델은 당시 플랑크톤 양이 풍부했다고 예측했지만, 현장조사에서는 예측과는 달리 그 양이 적었다. 쿠니는 SEA 컴퓨터 모델이 수평수괴에 대해서는 설녕하지 못하고 수직혼합만 시뮬레이션할 수 있다는 것을 알게 되었는데, 컴퓨터 모델이 실제로 보여주는 수직혼합은 1992년 이전의 영양분이나 플랑크톤의 양이 아니라 다른 것 — 아마도 강/호수 같은 개념 — 을 통제한 결과라는 것을 깨달았다.

쿠니는 알래스카 만 해수가 사운드로 수평 이동한다는 것을 알고 있었다. SEA 프로그램 일환으로 PWS 과학센터의 화학자 톰 클라인은 큰 해양성 요각류와 다른 동물성 플랑크톤의 탄소동위원소를 측정했다. 클라인은 알래스카 만에 있는 이런 것들로 구성된 사운드 개체군의 최소 절반(일부는 거의 대부분)에 대한 기원을 추적했다. 쿠니는 1980년대에 알래스카 만에 동물성 플랑크톤이 폭증했다는 사실도 알고 있었는데, 일부 연구자는 그 원인을 당시 따뜻했던 수온과 결부지어 생각했다(제19장 참조). 그는 그렇게 많은 동물성 플랑크톤 중 일부는 틀림없이 사운드로 흘러들어갔다고 생각했다. 이용 가능한 자료를 돌려본 결과, 그는 1980년대 사운드의 동물성 플랑크톤은 1990년대보다 두 배 이상 많았다는 결론에 도달했다.

쿠니에게 회귀분석 결과는 그저 좋지만은 않았다. 쿠니의 주장은 회귀분석에서는 최소 절반이 옳은 반면, 자신의 '강/호수' 이론으로는 100퍼센트 옳은 이야기가 되기 때문이다. SEA 연구 기간 동안 사운드에는 '강처럼 잔잔한' 봄이 여러 차례 있었고, 그때 동물성 플랑크톤은 수직혼합과 해수 상층면에 있는 영양분 보충을 통제하는 물리적 과정의 영향을 받았다. SEA 기간 이전의 증거 기록을 통해 '호수와 같은' 조건이 동물성 플랑크톤을 제한하고 통제했다는 것을 알 수 있었다.

그런데 호수와 같은 조건은 기름 유출의 피해를 심각하게 만들었다. 1989년에는 알래스카 연안류에서 흘러온 담수 수위가 지난 59년간 기록된 것 중 가장 낮았을 뿐만 아니라 1976년부터 불던 북서풍도 없었다. 결국 이런 호수와 같은 상태로 사운드에서는 해수의 혼합이나 이동이 거의 없어서 기름이 잔류했다. 특히 수괴에서 용해되거나 부유하는 기름은 어류의 알과 배아에 매우 치명적이라는 사실이 입증됐다.

문제는 타이밍이었다. 쿠니는 "플랑크톤 순환은 순간적으로 이뤄진다. 자연이라는 어머니는 언제나 자연이라는 실험실에 오는 것을 환영하기 때문에 우리는 그곳에서 자연의 강연을 들을 수 있다. 그렇지만 우리가 자연의 강연을 귀담아 들으면서 자연이라는 실험실에 충분히 머물러 있지 않으면 중요한 교훈을 얻지 못할 뿐더러 사운드의 작동 방식도 완전히 이해할 수가 없다"고 말했다. SEA 프로그램의 해양학자들은 알류샨 저기압의 강도와 위치에 따라서 수평혼합과 수직혼합 사이를 교차하는 순환 패턴에서 10년(10년간의 변화)을 주기로 한 진동을 관측했다. 그 결과, 쿠니는 자신의 '강/호수' 이론을 완벽하게 이해하려면 5년 이상 주의를 기울일 필요가 있다고 생각했다. 이 비밀을 밝히는 것은 미래 연구자들의 몫이 됐다.

연도별 (어쩌면 10년 단위의) 물리적 주기적 변동 이외에 쿠니와 그의 동료들은 플랑크톤 군락의 계절별 변동을 탐지했다(Cooney et al., 2001b). 3월에 거대한 심해에 사는 어린 해양 요각류는 곱사연어·청어·북대서양대구 새끼 등이 떠다니며 성장하는 해수면 근처까지 올라와서 그들의 중요한 고지방 먹잇감이 된다. 이런 해양 요각류는 다 자라서 심해로 다시 천천히 가라앉는 7월이 되기 전까지 상층의 거대한 동물성 플랑크톤군을 이룬다. 작은 연안 요각류가 일 년 내내 수면 부근에 많이 있긴 하지만, 5월부터 7월까지 중요 다른 집단들이 화단의 한해살이 화초처럼 짧은 생을 불사른다.

수십 종의 작은 동물은 자기 크기와는 맞지 않는 이름—익족류(翼足類, 수영하는 연체동물로 바다나비라고도 부른다), 유형류(幼形類, 투명한 젤리 모양의 피낭을 가졌다), 노플리우스(갓 태어났거나 유생), 난바다곤쟁이류—을 가지고 있다. 이를 종합해볼 때 이런 군집은 다양한 방식으로 적응해 떠다니며 살아가는 작은 우주 외계 생물체처럼 보인다.

쿠니와 SEA 동료들은 큰 요각류처럼 마치 수프가 끓어오르듯 이상한 방식으로 살아가는 생물은 새끼 곱사연어의 먹잇감이 되거나 좀 더 큰 포식자를 구제해주지만, 일정한 조건 하에서는 작은 어류보다는 오히려 동물성 플랑크톤의 지속적인 먹잇감이 된다는 사실을 발견했다.

하향식 조사: 어류 생태학

새끼 곱사연어의 생태학

새끼 곱사연어의 먹이그물 또는 영양학적 관계 ― 연어가 먹는 것과 연어를 먹잇감으로 하는 것 ― 를 연구하는 것은 판도라의 상자를 여는 것과 흡사하다. 새끼 연어는 먹이그물 내에서 다른 것들과 일정한 방식으로 연결되어 있다. 이런 상호작용과 물리적인 핵심 동력을 단순화해 예측 모델에 넣는 것은 거의 불가능한 할 것 같다. SEA 프로젝트의 책임자인 쿠니는 "많은 사람들이 내게 '연어 문제에 기울였던 것보다 훨씬 많은 관심을 갖는다고 하더라도 절대로 이걸 이해하지 못할 거야. 이건 너무 복잡해'라고 말했지만 수학자 빈스 패트릭은 부정적인 말에 크게 신경 쓰지 않았다. 결국 새로운 공동연구로 SEA 프로그램에서 가장 냉대를 받던 일 중 하나가 성공을 거뒀다"라고 말했다.

열정적인 수학자 패트릭과 SEA 곱사연어 팀을 이끄는 ADFG 어업 생물학자인 마크 윌레트는 새끼 어류의 죽음에 영향을 미친 요인을 이해하는 데 초점을 맞춘 공동연구를 진행했다. 만약 이 요인을 성공적으로 모델화할 수 있다면, 그들은 보다 정확히 연어를 예측할 수 있었다. 그들은 처음에는 하나의 아이디어를 테스트하는 것으로 시작했지만, SEA 프로그램이 진행되는 동안 또 다른 두 가지 아이디어를 창안해서 테스트했다.

쿠니와 윌레트를 비롯해 여러 사람들의 이전에 관찰한 결과에 착안한 첫 번째 아이디어는, 사운드의 야생 곱사연어는 중요 먹잇감 ― 거대 심해에 사는 어린 해양성 요각류 ― 이 상층면에 도달할 때 연어 프라이가 정확하게 바다에 도달하는 방향으로 진화했다는 것이었다. 기본적으로 뛰어난 공발생(co-occurrence)에 대한 원리 ― 새끼 연어 성장의 최적화는 포식자-먹이라는 단순한 관계 ― 는 간단해 보였다. 그러나 윌레트 등은 그 타이밍이 연어 프라이에게 또 다른 방식으로 이득이 된다는 것을 알아냈다. 엄청난 양의 어린 요각류와 같은 시기에 바다로 들어가게 되면 연어 프라이는 큰 어류나 어류를 잡아먹는 바닷새에서 먹힐 가능성이 요각류보다는 줄어든다는 것이다. 윌레트 등은 어린 요각류가 많을 경우 포식자가 먹이를 연어 프라이에서 요각류로 바꿀 수 있기 때문에 연어 프라이가 어린 요각류에 의해 포식자로부터 보호받을 수 있을 것이라고 생각했다. 이를 '먹이-전환 가설'이라고 불렀다.

두 번째 아이디어는 기존의 고정관념을 깨고 과학자가 아닌 2년생 연어의 입장에서 생각하다가 떠올랐다. 6월 중순쯤 요각류가 상당히 줄어들면 굶주린 새끼 연어는 먹이를 찾기 위해 은신처를 벗어나 쉽게 잡아먹힐지도 모르는 심해 쪽으로 가야 했다. 바로 그것이었다. 윌레트 등은 새끼 연어에게 이주 타이밍이 중요하다는 것을 알아냈다, 즉, 너무 일찍 이주하면 아직 굶주린 연어의 위를 채워줄 만한 동물성 플랑크톤이 없을 것이고 너무 늦게 이주하면 새끼 연어는 연근해 은신처에 침입한 청어와 북대서양대구의 먹잇감이 되는 것이다.

좀 더 고심한 끝에 또 다른 아이디어가 떠올랐다. 어류는 작을수록 먹히기 쉽기 때문에 연근해 은신처를 떠날 때의 연어 프라이 크기가 생존에 중요하다는 것이었다. 만약 곱사연어 프라이에게 자신의 활동 지역에 있을 때 좀 더 일찍 많은 먹이를 먹을 수 있는 은총이 내린다면, 연어는 심해로 이주할 때 이미 상당한 크기로 성장해 있을 것이다. 그렇게 좀 더 큰 연어 프라이는 잘 잡아먹히지 않는다. 새끼 청어와 북대서양대구가 먹기에는 빨리 수영을 할 뿐만 아니라 그 크기도 너무 크기 때문이다. 윌레트 팀은 연어가 은신처를 떠날 때 어떤 물리적 과정이 이주시기와 연어 프라이 크기에 영향을 미치는지를 관찰했다.

윌레트 팀은 그것을 조사하려면 기존의 작업을 미뤄야 했기 때문에 되도록 두 연구가 겹치는 부분에 좀 더 집중했다. 5년 이상의 노력 끝에 SEA 프로그램의 결과는 놀랄 만큼 명료해졌다. 그들은 이전에 한 번도 하지 않았던 작업을 기록하고 모델화했다(Willette et al., 2001). 쿠니는 "우리의 작업으로 사운드에 플랑크톤이 많으면 그것을 먹을 수 있는 대부분의 어류는 플랑크톤을 먹고 작은 어류는 거의 먹지 않는다는 사실을 확인됐다"라고 말했다. 물론 그 반대도 사실이다: 즉, 플랑크톤이 사라지면 큰 어류는 작은 어류를 먹어서 작은 어류는 생존하기 어렵다.

사운드 부화장에서 사용하는 독특한 첨단 태그 장치 시스템의 도움으로 새끼 연어의 생태학에 관한 이야기가 확실해졌다(제16장 참조). 각 부화장에서는 매년 연어 프라이를 12개 그룹으로 나눠 첨단 태그 장치를 장착한 후 동물성 플랑크톤이 대번식하는 시기에 그룹별로 각기 다른 날 다른 장소에 풀어주었다. 그리고 윌레트 팀은 첨단 태그 장치를 달고 있는 어류

그룹의 평균 성장률을 추적해서 먹잇감과 포식자가 연어 프라이 성장에 미치는 영향을 연구했다(Willete, 2001). 그 결과 연어의 크기, 성장, 이주시기뿐만 아니라 심해로 이주할 때의 연어 떼 밀집도와 포식자의 크기도 연어의 생존에 중요한 영향을 미친다는 사실을 알아냈다. 과학자들은 곱사연어 프라이 중 약 75퍼센트가 바다로 나간 지 45~60일 사이에 잡아먹힐 수 있다는 사실을 발견하고 깜짝 놀랐다. 새끼 연어를 잡아먹는 프린스윌리엄사운드 지역의 포식자 때문이었다.

이를 통해 연어 생태학 분야는 더욱 발전했다(Cooney et al., 2001a). 적어도 프린스윌리엄사운드의 곱사연어와 관련해서 쿠니 팀은 그렇게 찾아 헤매던 성배를 찾았다. 그들은 바다에서의 첫 두 달이 연어의 생존에 중요하다는 사실을 발견했던 것이다. 또한 그들은 포식자-먹이 상호작용과 동물성 플랑크톤의 양, 타이밍의 복잡한 관계를 토대로 살아남을 새끼 연어를 추정했는데, 모든 것은 해양학적 조건을 기반으로 예측됐다.

패트릭은 부화장 연어에 대한 예측을 성공적으로 모델화했다. 패트릭의 모델이 중요한 첫 번째 이유는 직접 관찰할 수 없는 것을 조사하는 생물학자에게 도움이 되기 때문이다. 예를 들어, 윌레트는 연어 프라이와 먹이, 포식자의 크기, 동물성 플랑크톤의 대번식기를 측정할 수 있지만 이것들이 어떻게 연결되어 있는지는 추측만 할 뿐이었다. 쿠니는 쓴웃음을 지으며 "패트릭이 시스템을 몇 가지 핵심 동역학으로 축소해서 상호작용을 이해할 수 있도록 해주었다. 그는 곱사연어, 청어, 북대서양대구에게 공통으로 중요한 먹이 열두 종 중 여섯 종을 모았다. 그 다음 첨단 태그 장치가 부착된 양식 곱사연어 열두 그룹 중 여섯 그룹을 2년간 연구했다. 이 방법으로 그는 해양학과 곱사연어의 생태학을 성공적으로 연결했다"고 말했다.

다중 첨단 태그 장치를 장착한 연어 그룹의 생존 패턴을 파악하는 능력을 가진 모델 덕택에 생물학자들은 생태계의 작동방식을 정확히 알 수 있게 됐다. 쿠니는 새로운 최첨단 모델을 앞세워 연구를 밀고 나가는 패트릭의 노력에 대해 "과감한 추진력, 정말 놀랍다"라고 말했다.

SEA 프로그램의 성과를 요약하면서 쿠니는 "실제로 이런 연구를 통해, 만약 패러다임을 깨고 시스템을 좀 더 배우고 싶다면 평소에 같이 작업하지 않았던 사람들 간의 새로운 공동 연구가 중요할 수 있다는 사실을 배웠다. 지인의 충고를 듣는 게 항상 가장 좋은 방법이 아닐 수도 있다"라고 말했다. 수학자와 생물학자 간의 있을 법하지 않은 공동연구가 사운드 생태계에서의 곱사연어 역할을 이해하는 데 혁명적인 진전을 가져왔다. 그러나 보다 정확히 곱사연어의 회귀를 예측하려면, 곱사연어 모델에 대한 좀 더 깊이 있는 검증과 활용이 필요했다. 그래서 EVOS 자금관리위원회는 알래스카 만 생태계 조사(Gulf Ecosystem Monitoring: GEM) 프로그램의 일환으로 이 연구를 계속했다.

새끼 청어의 생태학

에벌린 브라운(예전의 '빅스')은 페어뱅크스에서 학위논문을 쓰면서 거리상 멀리서 떨어진 안전지대에 있던 청어가 논쟁 한가운데에 서게 되는 과정을 지켜봤다(제16장 참조). 코도바의 압력이나 정치에서 비켜서 있던 그녀가 다시 한 번 자신의 에너지를 열정적으로 한 곳 — 새끼 청어 생태에 관한 이해 — 에 집중했다. 빙하에 둘러싸인 만과 피오르드, 그리고 계절별로 빛과 온도에 따라 극심한 편차가 나타나는 프린스윌리엄사운드 북쪽은 청어의 특별 부화장이었다(Norcross et al., 2001). 수천 년간 고립된 척박한 조건이 유전적으로 특이한 청어 종 — 프린스윌리엄사운드에서만 볼 수 있는 보물 같은 강인한 유전 물질 — 을 탄생시켰다. 그런데 신기하게도 기름 유출 당시까지 사운드 청어의 부화장 위치는 알려지지 않았다. 실제로 조류, 기온, 영양분, 플랑크톤, 청어 포식자가 어떻게 연결되어 그렇게 가느다란 은빛 청어가 탄생하는지 아무도 몰랐다. 대규모 SEA 프로그램에서 브라운은 청어의 성장과 생존 연구를 통해 이 미스터리를 푸는 데 도움을 주었다.

새끼 연어 연구의 보완 팀으로서 청어 연구 팀은 모든 가능성을 고려해 보았다. 그 결과 청어는 연어와는 성장 과정이 다르다는 것을 알게 됐다. 즉, 새끼 청어는 부화 후 두 해 겨울을 연근해 부화장에서 보내는 반면 새끼 곱사연어는 첫 해 여름을 사운드에서 보낸다. 청어 팀은 영양분과 플랑크톤이라는 질적 측면에서도 부화 지역 — 사운드 주변의 외진 곳과 갈라진 틈 — 이 다르다는 것을 알아냈다. 플랑크톤 양은 겨울철에 가장 적기 때문에 부화 지역의 질이 새끼 청어의 영양 상태와 생존에 영향을 미칠 가능성이 높았다. 쿠니는 "청어가 이 시기를 견디기 위해서 에너지를 비축할 것이라고는 짐작하고 있었지만, 무슨 연유로 겨울에 죽는지는 전혀 몰랐다. 낮은 기온? 배고픔? 모든 아이디어가 연구에 중요하다고 생각했다"라고 말했다.

SEA 팀은 그해 부화한 새끼 청어와 1년생 청어의 생존에 영향을 미치는 요인을 찾는 데 초점을 맞췄다. 청어 알과 유생에 관한 추가 연구 결과 청어는 매우 힘든 초기 성장기를 보낸다는 사실이 밝혀졌다(Bishop and Green, 2001). 산란기의 청어 주변으로 수리갈매기, 갈매기, 바다검둥오리, 바다거품도요, 검은머리물떼새 무리가 많이 모이는데, 그들이 산란한 청어 알의 1/3~3/4을 게걸스럽게 먹어치웠다. 순환 모델은 살아남은 유생은 사운드를 도는 조류를 따라 연근해의 만으로 떠내려가게 되는데 그중 일부 — 불운한 유생 — 는 사운드 밖으로 휩쓸려가 죽을 것이라고 예측했다(Wang et al., 2001). 비록 적기는 하지만 SEA 팀은 이 모델을 토대로 어느 안전한 연근해 만이 새끼 청어의 잠재적 부화장이 될지 파악했다. 그들은 해양학 팀이 선정한 깊이가 동일한 피오르드 2곳과 얕은 만 2곳을 연구했다.

브라운의 연구 — 그리고 다른 12개 중 6개 연구 — 는 청어 유생이 그곳 만으로 떠내려 와서 작은 크기의 은빛 치어가 되는 8월에 시작됐다. 새로운 새끼 청어가 1년생이 되면 2년생 청어는 만을 떠났다(Stokesbury et al., 2000). 새끼 청어는 그곳에서 여름철에는 어류 알, 따개비 유생, 크고 작은 요각류

같은 다양한 먹이를 섭취하며, 가을철에는 먹을 만한 먹이를 찾아 조금 이동한다(Foy and Norcross, 1999). 새끼 청어는 몇 달 동안 이런 먹잇감을 고에너지원— 지방 형태— 으로 비축하면서 빠르게 성장한다. 가을이 다가오면 2년생 청어는 늦게 대번식한 플랑크톤으로 포식하지만, 1년생 청어는 고에너지 먹잇감을 찾아다닌다(Sturdevant, Brase and Hullber, 2001).

먹이가 많지 않은 12월부터 3월 초까지 새끼 청어는 이전에 비축해둔 에너지원을 쓰면서 중간 정도의 속도로 성장하기 시작한다(Foy and Paul, 1999). 3인치도 안 되는 상태에서 중간 정도의 성장속도에 접어든 새끼 청어는 기근과 질병, 포식자로부터 자신을 보호해줄 충분한 에너지원을 비축하지 못해서 겨울을 보내는 동안 사라져버린다. 이것은 불변의 진리이다. 이렇게 해서 겨울을 견뎌낸 청어만이 다량의 해양성 어린 요각류가 심해에서 해수면으로 떠오르는 3월에 드넓은 바다를 유영할 수 있다.

새끼 청어의 번식에서 부화장 지역은 매우 중요하다(Stokesbury, Foy and Norcross, 1999). 일부 만에서는 담수, 사운드 해수, 알래스카 만에서 흘러온 물줄기 등으로 인해 식물성 플랑크톤과 동물성 플랑크톤으로 가득한 스프가 적절하게 유지될 수 있게 섞인다. 그런 만에서는 새끼 청어가 크고 통통하게 성장한다. 그러나 그렇지 않은 만, 즉 동물성 플랑크톤과 식물성 플랑크톤으로 이뤄진 좋은 양분이 유지되기 어려운 물리적 조건에서는 청어가 통통하지 않다. 그런데 어떤 만도 늘 최적의 조건을 유지할 수는 없다. 만의 조건은 해마다 바뀐다. 올해 좋은 조건의 만에서 청어가 많이 잡혔다고 해도 내년에는 상황이 역전돼서 청어가 잘 잡히지 않을 수도 있다. 좋은 조건의 만에서 한정된 먹이자원이 소진되면 그곳의 새끼 청어는 겨울을 견뎌내기도 힘들 만큼 더디게 성장한다.

SEA 청어 과학자들이 청어의 생존 예측에서 핵심이 되는 사실을 발견함으로써 어업 생태학이 진일보했다(Cooney et al., 2001a; Stokesbury et al., 2002). 브라운은 다음과 같이 정리했다. "청어의 생애에는 네 번의 중요한 시기

(또는 계기)가 있는데, 이것이 얼마나 많은 청어가 살아남을지를 결정한다. 첫째는 알의 사망률이다. 이때 손실이 클 수 있다. 산란한 것 중 80퍼센트 혹은 그 이상이 사라질 수 있다. 둘째는 유생의 시기이다. 유생 상태에서 10일 이내에 먹이를 잡아채서 그걸 지켜내야 하는데 그렇지 못할 경우 굶게 된다. 유생은 단지 조류에 따라 표류하는 것이기 때문에 이것은 순전히 운이다. 셋째는 치어로의 변태를 준비할 시기이다. 이때 유생은 적당한 연근해 만— 아니면 또 다른 곳— 에 도달하게 된다. 만약 알래스카 만까지 온다면 더 없이 좋은 일이다. 넷째는 첫해 겨울이다. 첫해 겨울을 견뎌낼 수 있을 만큼 가능한 빨리 임계질량까지 성장해야 한다. 첫해 겨울을 잘 보낸 새끼 청어는 어느 정도 장소에 구애받지 않고 자유롭게 이동할 수 있다. 이때쯤 되면 사망률은 확실히 줄어든다”(Brown, 1999). 물론 기름 유출과 같은 다른 스트레스 요인이 없다는 것을 전제로 한 말이다.

엑손 사의 대응

SEA 프로그램에 비해 엑손 사의 과학자들은 포괄적 연구를 전혀 수행하지 않았다. 그들은 기름 유출의 장기적인 영향은 전혀 없다고 주장하면서 관련 조사를 전혀 하지 않았다. 그들이 내세운 근거 중 하나는 기름 유출 이후 몇 년간 획기적으로 증가한 곱사연어의 어획량이었다. 그런데 그것은 어부를 비롯한 많은 사람들이 20년간 기획하고 열심히 작업한 결과로, PWSAC의 부화 시스템이 달성한 최고 생산량이었다(Tip 13 참조). 또한 1992년과 1993년의 어족 붕괴에서도 알 수 있듯이, 낮은 수준의 기름으로도 곱사연어와 청어의 알과 배아가 피해를 입을 수 있고 초기 성장 단계에서 받은 피해는 곱사연어와 청어 성어의 회귀에도 영향을 미칠 수 있는데, 엑손 사의 과학자들은 이 사실을 인정하지 않았다. 엑손 사의 과학자들은 스스

기름 유출이 야생 및 양식 곱사연어에 미친 영향

프린스윌리엄사운드 양식회사(PWSAC)가 곱사연어 양식을 시작했던 1977년부터 ADFG는 양식 및 야생 곱사연어의 어획량을 조사해왔다. 이에 따르면 양식 곱사연어의 번식량은 1977년 약 2만 8,000마리에서 1989년 1,700만 마리로 급상승했다(ADFG, 2002).[1] 계획대로 곱사연어의 최고 생산량은 1990년 3,100만 마리에 도달했고 그 후 1,500만~3,900만 마리의 생산량을 유지했다.[2] 엑손 사는 이렇게 기획하고 예측해서 성공한 양식 곱사연어 생산량을 근거로 곱사연어는 1990년에 기름 유출 피해로부터 회복됐다고 주장했다.

ADFG의 기록에 따르면 1992년과 1993년 양식 및 야생 곱사연어 모두 회귀량이 급감했을 뿐만 아니라 몇 년간의 자료로 가늠해볼 때 1990년 곱사연어의 회귀량은 비정상적이었다. 1977년부터 매년 해오던 야생 곱사연어 어획량 조사에 따르면, 이 두 해의 어획량이 가장 적었다. 양식 곱사연어의 생산량은 1990년 최고치를 기록한 후 1992년과 1993년에 최저치가 됐다. 엑손 사는 두 해의 번식량 감소는 엑손 밸디즈 호의 기름 유출과는 전혀 관계가 없다고 주장했다. 그런데 코도바 어부들은 공적 자금을 받은 과학자들의 자료를 바탕으로 이와 다른 결론을 내렸다. 어부들은 1989년 치어 상태에서 기름에 노출된 곱사연어는 1990년에 성어가 되는 데는 성공했지만, 1992년 곱사연어 개체군 붕괴에서도 확인했듯이 건강한 자손을 생산할 수 없다는 사실을 지적했다. 이와 유사하게 1989년에 (야생 곱사연어) 알 상태로, 1990년에 치어 상태로 기름에 노출된 곱사연어가 1991년에 다 자라서 회귀했지만, 1993년의 곱사연어 개체군의 붕괴에서 확인했듯이 건강한 자손을 생산하지 못했다. 1994년 이후 곱사연어의 생산량이 점차 증가하는 것으로 보아 곱사연어는 그 이후 기름 피해로부터 점차 회복됐다.

---

1) 이 수치는 첨단 태그 장치의 자료를 토대로 보정되지 않았기 때문에 정확한 값은 아니며, 1989년 이전 상황에는 적용 불가능하다.
2) 이 수치는 첨단 태그 장치의 자료를 토대로 보정되지 않았기 때문에 정확한 값은 아니며, 1999년 이후 상황에는 적용 불가능하다.

로 연구를 수행하는 게 아니라 오히려 낮은 수준의 기름이 어린 어류에게
피해를 일으킬 수 있다는 사실을 발견한 사람들의 연구 결과를 공격했다
(제20장 참조).

SEA 통합 프로그램

SEA 프로그램은 프린스윌리엄사운드 연어와 청어의 치어 개체군에 영
향을 주는 생태학적 과정을 좀 더 정교하게 표현한 총체적 그림을 작성했
다. 사실상 이 그림에는 해양학적 조건, 식물성 플랑크톤과 동물성 플랑크
톤의 양, 연어와 청어의 치어 떼, 중요 포식자 등이 복잡하게 얽혀 있다. 이
들은 긴밀하게 연결된 프로그램 속에서 함께 만들어진 것이기 때문에 상
향식 혹은 하향식 방식으로 확인이 가능했다.

곱사연어 치어와 관련해서 이러한 총체적 그림은 봄철 폭풍의 세기와
사운드로 흘러들어오는 알래스카 만 해수량(해양과 대기상태의 상호작용이
만들어 낸 산물)이 어떻게 매년 봄 중요한 시기에 곱사연어 치어의 포식 부
족분을 조절하는지 알려준다. 또한 이 그림은 부화 후 첫해 겨울의 동계치
사가 청어 성어의 생존 예측에 중요하며, 동계치사에 의한 개체 감소는 겨
울의 지속기간, 기온이 아닌 겨울이 오기 전 새끼 청어 상태를 보고 예측
가능하다는 것을 보여준다. 그리고 이 그림은 사운드가 자주 알래스카 만
에서 흘러들어온 영양분, 큰 요각류를 비롯한 여러 동물성 플랑크톤으로
가득 찬다는 사실을 보여준다.

이런 사실을 바탕으로 쿠니와 책임 과학자로 구성된 연구 팀은 보다 포
괄적인 관점에서 어류와 야생생물 개체군을 관리해야 한다고 주장했다.
즉, 총체적 접근으로 종의 생존에 영향을 미치는 생태적 과정을 파악해야
한다고 주장했다. 생태학자들은 수십 년간 생태계를 토대로 한 관리를 지

지해왔다. 쿠니 팀은 "지금은 전체 생태계를 관리하고 보호할 때이다. 일반적으로 현재 자원 관리자들이 계획하는 것처럼……단선론적으로 한 종에 대한 관점을 그대로 다른 종에게 적용해서는 안 될 것이다"라고 말한 초기 연구자들의 관점에 동의했다. EVOS 자금관리위원회는 SEA 프로그램을 기반으로 알래스카 만에 인접한 사운드 바깥 지역의 생태계 연구를 유지·확대해나가기로 결정했다.

쿠니는 SEA 프로그램이 완성되고 나서 은퇴했다. 그는 정년을 맞은 1999년 "이 일은 아직 완성되지 않았다. 왜냐하면 곱사연어와 청어는 아직도 사운드 주변 지역에 의지해 살아가기 때문이다. 이 지역에 기름 독성이 남아 있는 한 곱사연어와 청어는 위험에 계속 노출될 것이다"(Cooney, 1999)라고 경고했다. 다른 연구자들이 기름이 청어에게 미치는 장기적 피해에 관한 연구를 계속 이어가고 있다(제20장 참조). 이런 지속적인 피해가 가져온 정치적 파급 효과는 이 책의 제3부에서 논의할 것이다.

제18장

사운드의 카나리아: 연근해 무척추동물 포식자 프로젝트

연근해 무척추동물 포식자 프로젝트(NVP) 개요

1992년 레슬리 홀랜드-바텔스는 미국 어류·야생생물보호국(USFWS)의 알래스카 어류·야생생물 연구센터에 새롭게 조직된 해양 포유류 및 어업 프로그램에 대한 책임자로 부임했다(Holland-Bartels, 1999). 그녀의 업무 중에는 해달에 관한 엑손 밸디즈 호 기름 유출 연구도 있었다. 홀랜드-바텔스는 전체 그림을 그릴 줄 아는 전략기획가였으며, 복잡하게 얽힌 문제를 풀기 좋아했다. 그녀는 할아버지와 했던 약속을 지켰다고 생각하고 있었는데, 미시간 호수의 어부였던 그녀의 할아버지는 마을 상황은 고려하지 않고 호수에서의 송어잡이를 규제하는 주정부의 생물학자들에게 실망한 후 손녀에게 "생물학자가 되면 문제를 정확히 파악하고 그걸 제대로 해결하라"는 말을 남겼다.

그 약속에 따라 홀랜드-바텔스는 과학자와 공공기관, 어류 및 야생생물과 연관된 삶을 살아가는 이익집단 사이에서 문제를 풀어가는 독특한 방식을 개발했다. 알래스카에서 전화가 왔을 때 홀랜드-바텔스는 그 일이 그녀가 여태껏 해왔던 작업의 범위를 훨씬 뛰어넘는 '과학기획과 전략대응'에 관한 것임을 예감했다. 그녀는 남편, 아기와 함께 고양이, 개, 그리고 '자료'를 챙겨서 조지아 주 애틀랜타에서 알래스카 주 앵커리지로 갔다.

새 직장에서 EVOS 연구를 검토한 홀랜드-바텔스는 센터의 연구 프로그램의 범위를 벗어나지만 EVOS 자금관리위원회의 관점에서 새로운 접근 방법이 필요하다고 생각했다. 그녀는 "여태껏 손실평가라는 관점에서 기획되고 통제된 많은 연구를 해왔다. '얼마나 많은 동물이 죽었는지 또는 피해는 입었는지'가 아니라 '기름 유출이 장기적으로 생태계에 미칠 영향이 무엇인가를 고민해 볼 필요가 있었다. 장기적인 관점에서 볼 때 이전의 연구 방식은 도움이 되지 않았다." 홀랜드-바텔스는 연근해 지역의 핵심 종에 초점을 맞춘 학제 간 접근법 — 조류와 바닷새 및 포유류 연구자들로 구성된 팀 — 이 기름의 장기적 피해와 회복 평가에 통찰력을 제공할 것이라고 확신했다.

채 1년도 되지 않아 홀랜드-바텔스의 예측은 현실화됐다. 1993년 연방정부의 감사원은 EVOS 자금관리위원회가 1991년 민사 합의에 명시된 — 그리고 대중이 지속적으로 요구했던 — 의사결정 과정에 대중을 포함시켜야 한다는 조항을 지키지 않았다고 비판했다. 사람들은 1993년의 사운드 어업 붕괴에 분개했을 뿐만 아니라 EVOS 자금관리위원회에 절망감을 느꼈다. 사람들은 단 하나의 종만 연구하는 방식에 넌더리가 났다. 그들은 전체 생태계에 무슨 문제가 있는지 그리고 회복은 가능한지에 대해 궁금했다. 새로 부임한 클린턴 대통령과 행정부는 연방정부 차원에서 환경에 관심이 많았다. 홀랜드-바텔스는 정치에는 별 관심은 없었지만, EVOS 자금관리위원회의 경영철학이 바뀌었다는 말에는 고무됐다.

대중의 비판과 압력을 받은 EVOS 자금관리위원회는 1996년 4월 사업방식의 전환을 모색하는 워크숍을 지원했다. 이것은 획기적인 일이었다. 위원회의 실무책임자인 짐 에어스의 노력으로 새로운 원칙에 따라 「회복과 정에 관한 과학」이라는 결과보고서가 채택되었고, 위원회는 새로운 원칙을 행동으로 옮겼다. 위원회는 공적 관점에서 과학적 질문을 조사할 '공공 자문단'과 과학을 엄격하게 규제할 독립된 동료심사를 개설했으며, 생태주의 관점에서 학문 간 연계 연구가 진행되고 공·사 파트너십이 행정기관의 지배를 타파할 수 있도록 했다.

홀랜드-바텔스는 바로 이런 방식을 원하고 있었기 때문에 지체 없이 새로운 원칙에 따라 연구 제안서를 함께 작성할 워킹그룹 — 처음에는 25개 분야 — 을 소집했다. 워킹그룹은 의사결정 과정에 대중을 참여시킬 방법을 적극적으로 찾아보자는 데 모두 동의했다. 그들은 새로운 공공자문단과 함께 작업을 진행했고 '만인의 관점'에서 사운드에서 벌어진 사태를 파악하기 위해 알래스카 원주민 커뮤니티에 갔다. 홀랜드-바텔스는 "스텝들은 매번 돌아올 때마다 자신의 생각을 조금씩 다르게 변화시키는 무언가를 배워왔다"라고 말했다. 진정으로 그녀는 자신의 그룹이 오래전 할아버지와 했던 약속처럼 실천하려고 노력하고 있다고 느꼈다. 1년여의 시간이 지났을 때 그녀는 8개의 연구조직과 2개의 이익단체 출신의 15명의 책임 과학자들과 함께 일을 마무리 지었다. 1995년 3월 EVOS 자금관리위원회가 6년간 650만 달러를 지원하는 연구계획을 승인하면서 '연근해 무척추동물 포식자(Nearshore Vertebrate Predator: NVP)' 프로젝트가 탄생했다.

NVP 프로젝트는 프린스윌리엄사운드 해변에 오랫동안 잔존해 있는 기름이 확실히 지속적으로 영향을 미치고 있는 종에 초점을 맞췄다. 프로젝트 기획은 대단히 단순했다(Holland-Bartels, 1998). 프로젝트는 연근해 지역에서 먹이를 찾는 4종을 중점적으로 연구하기로 했는데, 두 종은 연근해 무척추동물을 먹잇감으로 하는 해달과 흰줄박이오리이었고, 나머지는 어류를 잡아먹는 해달과 흰줄날개바다오리였다. 과학자들은 이러한 두 가지의 먹이 경로에 관심을 가졌는데, 무척추동물은 기름오염물을 흡수해서 체내에 저장하고 어류는 물질대사로 오염원을 배설하기 때문이었다. NVP 그룹은 기름에 오염된 무척추동물을 다량으로 섭취한 포식자가 기름 노출로 장기적인 피해를 입을 수 있는 반면 어류를 먹는 포식자는 그렇지 않을 것이라고 생각했다. 홀랜드-바텔스는 "어떤 일이 벌어지고 있는지 정확히 파악하기 위해 서식지 간 균형을 맞추고 싶었다"라고 설명했다. 그들은 이 4종을 오염에 대단히 민감한 '감시종'으로서 사운드 생태계 건강의 포괄적 지표— 사운드의 카나리아 — 의 역할을 한다고 생각했다.

이후 NVP 그룹은 각 감시종을 대상으로 '회복에 문제가 있었지 없었는지'라는 공통 질문을 던지고 연구를 발전시켜나갔다. 이 질문은 종의 개체군 동태 통계 — 특히 개체군 크기, 밀도, 분포, 암컷 생존과 생식, 어린 개체의 생존— 를 측정해서 개체군의 확장 혹은 감소 가능성을 판단하는 '개체군 통계학적 연구'를 통해 밝혀질 수 있었다. 기름에 오염되지 않은 지역에 비해 기름에 오염된 지역의 개체수가 감소했다면, 과학자들은 세 가지 질문 — 서식지의 문제인가, 먹이의 문제인가, 아니면 기름 자체의 문제인가 — 을 검토해서 회복의 지체 원인을 규명하고자 했다. NVP 그룹은 통계적 기법을 활용해 문제를 풀기 위해 기름에 심각하게 오염됐던 2곳 — 네이키드 군도와 나이트 군도 — 과 기름에 오염되지 않았거나 약간 오염되었던 2곳— 몬태규 섬과 잭팟 만 — 에 초점을 맞추기로 했다. 과학자들은 사운드의 최악과 최상의 시나리오를 대표할 지역으로 이들 4곳을 선택했을 뿐만 아니라 이런 선택이 자신들이 찾는 인과 형태의 답을 구하는 데도 최상의 기회가 될 것이라고 생각했다.

서식지와 먹이에 관한 질문은 상대적으로 간단하게 진행할 수 있는 연구였지만 '기름이었나'라는 질문에는 몸 상태를 통한 건강 확인, 혈액에 대한 화학적 검사와 간 조직 테스트가 필요한 PAHs에 대한 노출을 보여주는 특정 생물지표 — 생물학적 위험신호 — 수준을 측정해야 했다.

척추동물(어류, 조류, 포유류, 혹은 인간)에는 PAHs를 분해시키는 효소 시스템이 있는데, 이 시스템은 두 가지 임무를 수행한다. 더 이상 필요치 않는 체내에 있는 복잡한 유기화합물을 대사처리해서 몸을 깨끗이 하는 임무와 생물학적으로 위험한 화학물질로 인식한 오염물을 분해해서 적극적인 방어하는 임무이다. 후자의 임무를 수행할 때 특정 효소가 만들어져서 특정 화합물질 그룹을 분해한다. 이 특정 효소는 PAHs뿐만 아니라 PCB도 분해시키는데 이를 시토크롬 P450-1A라고 한다. 그러나 PAHs가 분해 과정에서 산화되거나 매개 화합물질이 너무 민감하게 반응해 애초의 독보다 더한 독성을 지닐 때 방어기제는 완벽하게 작동하지 않는다. 이런 매개물은 완전히 분해되기 전에 암이나 DNA 변형을 촉발할 수 있다. 그러므로 높은 수준의 시토크롬 P450-1A와 관련 효소가 생물지표가 되는데, 이것은 PAHs나 PCB에 대한 노출뿐만 아니라 건강에 미치는 잠재적인 악영향도 보여준다.

그러나 피해를 입은 종에게 '더 이상의 피해가 없기'를 희망하는 NVP 그룹에게 시토크롬 P450-1A와 관련 효소의 활동을 측정하는 것은 신중을 기해야 하는 작업이었다. 그들은 과학의 이름으로 어떤 동물이 희생당하는 걸 원치 않았다. 홀랜드-바텔스는 "동물에게 위험하기 때문에 해달과 수달에게 외과적 시술은 하지 않았다"라고 말했다. 그들은 포유류에게 침습적이고 위험한 간 생검을 실행하는 대신, 퍼듀 대학교의 과학자들과 함께 간단한 혈액 테스트로 시트크롬 P450-1A 자료를 수집할 수 있는 혈액 분석 방법을 개발했다(Ballachey et al., 2000).

그러나 홀랜드-바텔스는 이 방법은 포유류 혈액과 다른 조류에게는 소용이 없었다고 말했다. 그래서 그들은 살아 있는 조류를 현장에서 빠르게 처치할 수 있는 안전한 외과적 기법을 완성했다. 그리고 마침내 연구 마지막 해에 태어난 지 얼마 안 된 살아 있는 흰줄날개바다오리의 간 생검에 성공했다. 이 기법을 이용해 시토크롬 P450-1A의 생성에 직접 관련된 간 효소인 EROD(ethoxyresorufin-O-deethylase)의 수치를 측정할 수 있었다(Seiser et al.,

2000). 홀랜드-바텔스는 "특히 흰줄날개바다오리 새끼의 안정한 샘플링 절차를 개발하는 데 엄청난 노력과 많은 실험 설계 작업이 필요했다"라고 말했다. 이러한 노력은 문제가 터지고 있는 현장조사에서 빛을 발했다. 과학자들은 기름이 유출되고 7년이나 8년 또는 9년이 지난 후까지 기름 노출을 추적했다. 게다가 NVP 그룹은 교란 효과의 원인, 즉 효소 활동이 기름으로 오염되지 않은 지역보다 오염 지역에서 여전히 높다는 것이 밝혀진 후에는 PCB 노출도 확인했다. 물론 홀랜드-바텔스는 그녀의 검출 생물학자 그룹이 수행했던 법의학적 혈액 화학과 조직 분석이 자랑스러웠다.

NVP 프로젝트는 홀랜드-바텔스의 노력으로 지속적으로 진행되었는데, 그녀의 능동적이고 개방적인 관리 스타일은 기름 유출이 네 가지 감시종에게 미친 피해를 둘러싼 많은 미스터리를 푸는 혁신적인 결과를 낳았다.

흰줄박이오리

미 지질조사국(USGS)의 조류 생물학자 댄 에슬러는 프린스윌리엄사운드의 겨울을 "커다란 오리 연못"(Esler, 1999)에 비유했다. 섬새, 세발가락갈매기, 바다오리 같은 바닷새는 대부분 근해에서 멀리 떨어진 곳에서 겨울을 보낸다. 그러나 사운드의 연안의 바닷물은 검둥오리, 흰뺨오리, 북아메리카오리, 비오리, 바다꿩, 몸집이 작은 흰줄박이오리 등의 바다오리류가 겨울을 보내기에 최적이다. 여느 때처럼 1989년 3월에도 겨울을 보내기 위해 수천 마리의 흰줄박이오리가 사운드 연안을 가득 메웠다. 알래스카 원주민이 '바위 오리'라고 부르는, 노출된 바위가 많은 해변에서 오리들의 사랑이 이뤄지고 있었다. 그래서 기름이 해변을 휩쓸고 지나간 1989년 운명의 날, 사운드에서 약 1,000마리의 흰줄박이오리가 목숨을 잃었다고 한다. 당시 그곳에 있었던 대략 1만 4,000마리 오리의 7퍼센트 정도가 죽었다는 것인데, 특히 사운드 서쪽에서 기름으로 죽은 오리가 많았다.

NVP 프로젝트를 진행하며 에슬러는 1996년과1997년 겨울 흰줄박이오리의 밀집도가 기름에 오염되지 않은 지역보다 기름 오염 지역에서 매우 낮았다는 사실을 확인했다(Esler et al., 2002). 이것으로 공적 자금을 받는 과학자들이 발견한 사실이 확증됐을 뿐만 아니라(Rosenberg and Petrula, 1998), 기름 오염 지역의 회복에 문제가 있다는 사실이 밝혀졌다. 그의 연구로 서식지, 먹이, 기름 혹은 다른 어떤 요인이 회복 지체의 원인인지가 설명됐다. 에슬러는 서식지의 차이 때문에 기름 오염 지역의 흰줄박이오리 밀집도가 낮을 수 있다는 사실을 밝혀내면서, 흰줄무늬오리는 확실히 특정 지역을 선호한다 — 연안 암초 인근 바위가 많은 해변과 강어귀, 부서지는 파도와 광풍에 많이 노출되어 있는 곳을 더 좋아한다 — 는 사실도 밝혀냈다. 그러나 서식지와의 상관관계, 지역 간 차이를 찾아낸 이후에도 에슬러는 기름 오염 지역의 오리 숫자가 더 적다는 사실을 알게 됐다(Esler et al., 2000a).

먹이가 밀집도에 영향을 미치는지를 확인하기 위해 에슬러는 우선 동일한 오리가 매년 같은 서식지로 먹이를 찾으러 오는지를 확인해야 했다. 1995~1997년 매년 늦은 여름 동안 흰줄무늬오리가 털갈이를 하러 모여들었을 때 에슬러와 그의 동료들은 오리를 그물 펜스로 몰아넣고는 표지밴드와 태그를 부착했다(Esler et al., 2000b). 표지밴드를 단 어미새 중 96퍼센트가 1년 전과 똑같은 연안에 정확히 둥지를 틀었고, 나머지 4퍼센트는 처음 잡혔던 지역의 1마일 이내 인근 해변에서 발견됐다. 어린 새끼와 수컷은 암컷보다 조금 더 벗어나긴 했지만, 처음 잡혔던 곳의 12마일 내에서 발견됐다. 무선 태그를 단 오리의 대부분이 털갈이를 했던 지역 인근에서 겨울을 지냈다.

일단 동일한 오리가 기름 오염 지역에서 먹이를 찾는다는 것이 확실해지자 에슬러는 기름 오염 지역의 먹이가 적은지, 만일 그렇다면 오리의 생존이 어려운지를 판단할 수 있었다. 흰줄박이오리는 육안 섭식자 — 먹이를 눈으로 확인할 수 있어야 한다─ 이기 때문에 프린스윌리엄사운드는 흰줄박이오리가 겨울을 보내는 곳 중 가장 북쪽 지역이다. 쌀쌀한 한겨울에 흰줄박이오리는 생존에 필요한 에너지를 보충하기 위해 끊임없이 먹이를 찾는다. 에슬러는 해변 바위 사이에서 눈에 보이는 어떤 것─ 달팽이, 단각류, 딱지조개, 꽃양산조개, 홍합, 그 외 한입거리의 맛있는 먹잇감─ 이든 달려들어 게걸스럽게 먹는 흰점박이오리를 가리켜 영양에 관한 만능선수라고 불렀다. 흰줄박이오리에게는 까다롭게 먹잇감을 찾아 먹을 여유가 없다. 몇 달 동안 지속되는 메마른 기간 동안 살아남으려면 열량이 될 만한 건 모두 먹었다. 에슬러의 동료들은 기름에 오염된 곳과 그렇지 않은 곳의 해안 몇 군데에서 무척추동물을 긁어모았다. 그 결과, 그들은 그 지역 모두에 오리가 먹고도 남을 만큼 먹잇감이 풍부하다는 사실을 확인했다. 그리고 무선 태그를 부착한 흰줄박이오리 중 겨울을 난 비율은 기름 오염 지역이 그렇지 않은 지역보다 더 낮다는 사실도 확인했다.

이 사실로부터 기름 오염 지역의 생존율을 낮춘 주범이 바로 기름이라는 게 확실해졌다. 에슬러는 기름 오염 지역의 오리가 그렇지 않은 지역의 오리보다 위험노출 지표인 시토크롬 P450-1A 효소 활동이 훨씬 많다는 것을 알아냈다(Trust et al., 2000). 그는 몸집이 큰 오리의 효소 활동이 상대적으로 적다는 사실도 확인했는데, 이것은 그 오리가 기름에 상대적으로 덜 노출됐다는 것을 의미했다. 그런데 에슬러는 몸집이 큰 오리는 더 많은 에너지를 저장하기 때문에 훨씬 잘 생존했다는 사실을 알고 있었다. 이런 정보를 종합하면 흰줄박이오리는 그들의 낮은 생존율과 관련됐을 수 있는 기름 노출로 신체적 피해─ 건강상 문제─ 를 받아 고생하고 있다고 볼 수 있었다.

에슬러는 새로 발견한 사실을 곰곰이 생각해보았다. 그리고 흰줄박이오리에게 사운드는 사실상 최고의 번식 환경이 아닐 뿐만 아니라 절대로 그럴 수 없다는 결론에 도달했다. 그는 그곳은 가장 번식에 좋지 않은 서식

지라고 생각했다. 그는 흰줄박이오리가 사운드의 동쪽과 북쪽 해안림에
부분적으로 번식하고 있지만 겨울을 난 대부분의 오리가 사운드를 떠나
알래스카의 다른 지역에서 번식한다는 사실을 알고 있었다. 알래스카 원
주민에게는 흰줄박이오리의 알을 모으거나 새끼오리를 본 기억이 없었다.
에슬러는 회복이 지체되는 이유가 사운드 서쪽에서 오리가 번식에 실패해
서가 아니라 겨울을 나지 못하고 죽은 오리가 너무 많기 때문이라고 생각
했다. ADFG에서 수행한 조사는 에슬러의 발견을 뒷받침해주었을 뿐만 아
니라 1995년부터 1997년까지 기름 오염 지역의 흰줄박이오리 개체군에서
겨울을 난 수가 감소했다는 사실도 알려주었다.

에슬러는 기름의 모든 악영향이 사라진다 해도 완전한 회복 — 기름 유
출로 사라진 오리 개체수의 완전한 회복 — 에 시간이 얼마나 걸릴지는 기본
적인 조류 생물학과 관련된 문제에 달려 있다는 사실을 깨달았다. 새끼 오
리는 어미를 따라 겨울을 날 지역으로 갔다가 대부분은 같은 지역이나 인
근 지역으로 되돌아와서 자신의 보금자리를 마련했다. 여기에는 다른 지
역에서 이주한 오리도 일부 있지만 잘 섞인 유전자 풀을 유지시켜줄 정도
이지 1989년 기름 유출의 엄청난 손실을 대체할 만큼은 아니었다(Lanctot et
al., 1999).

5년간 연구 자료를 모은 결과, 에슬러는 흰줄박이오리가 그렇게 오랫동
안 회복되지 못하는 가장 큰 이유는 기름 노출이 지속되고 있기 때문이라
고 결론 내렸다(Esler et al., 2002). 특히 흰줄박이오리는 에슬러가 말한 '불행
한 특징의 조합'으로 기름 유출과 만성적인 기름 오염에 치명적인 피해를
입고 있었다(Esler et al., 2002: 283). 즉, 연근해 해변 및 무척추동물 먹잇감에
대한 선호도와 특정 구역에 대한 충성도가 흰줄박이오리를 기름에 오염될
위험이 가장 큰 존재로 만들었다. 또한 흰줄박이오리의 생활사 — 긴 수명
과 낮은 생식률 — 가 기름 유출이나 만성적 기름 독성에서의 회복을 더디
게 한다. 마지막으로 프린스윌리엄사운드 흰줄박이오리의 에너지 수준으

로는 증가한 물질대사 비용을 감당할 수 없다. 정말 조그마한 위기라도 더해지면 에너지 균형은 깨질 수 있고 오리의 개체군은 급작스럽게 하락할 것이다. 더군다나 유독한 기름을 처리할 물질대사 비용은 전혀 줄어들 기미가 없다.

에슬러는 완전한 회복은 사운드에 잔류하고 있는 기름이 더 이상 생물학적 피해를 일으키지 않을 만큼 사라질 때까지 지체될 것이라고 결론 내렸다. 그는 어느 누구도 회복을 앞당길 수 없다고 생각한다. 예방하기에는 너무 늦었고 집중적으로 복원하기에는 너무 넓은 지역에 기름이 잔류하고 있었다. 잔류 기름의 제거는 비용이 많이 들 뿐만 아니라 강압적일 수 있다. 에슬러는 회복은 자연이라는 어머니에게 맡겨두는 것이 가장 좋다고 생각한다. 그는 흰줄박이오리 개체군이 완전히 회복되려면 수 십 년 — 과학자들이 생각한 것보다 훨씬 긴 시간 — 이 걸릴지도 모른다고 생각한다.

해달

1992년 USFWS에서 해양 포유류를 연구하는 생물학자 짐 보드킨은 사운드의 해달 개체수에 대한 항공조사에 이용할 기술을 개발하기 시작했다(Bodkin, 2000). 보드킨은 1984년과 1985년에 진행된 소형 보트를 이용한 조사뿐만 아니라 USFWS가 1976년부터 1985년까지 그리고 1989년 이후로 수행했던 봄철 정기 해변 투망(사체) 수집 조사를 도왔다. 보드킨은 봄철 조사로 죽은 해달의 나이 분포를 정확하게 파악할 수 있다고는 생각했지만, 살아 있는 해달의 개체수를 정확하게 파악하지 못한다는 점에서 불만족스러웠다. 그는 "소형 모터 조사에는 두 가지 문제가 있다. 근해나 수면 밑의 동물은 세지 않는다는 점이다"라고 말했다. 보드킨은 EVOS 자금관리위원회에서 항공조사 기법의 완성에 필요한 연구비를 지원받았다. 그와 동료들은 ADFG에서 수십 년간 사용하던 기초 설계를 이용해 대규모 조사를 시작한 다음 이를 세부적으로 수정해나갔다.

1993년 보드킨은 1차년도 항공조사를 수행했다(Bodkin et al., 2002). 그런데 자료에 문제가 있었다. 그는 "사망률이 높고 기름 오염이 광범위한 일부 지역에서는 1993년까지도 해달 개체수가 완전히 회복되지 않았다"라고 설명했다. 보드킨은 헤링 만과 아일스 만 사이에 있는 나이트 섬 북쪽에서 2년 동안 해달 75마리를 확인할 수 있었는데, 기름 유출 이전의 개체수 조사로 미뤄봤을 때 그 지역에서 최소 165마리의 해달이 발견될 것이라고 예측했었다. 보드킨은 기름에 오염된 사운드 서쪽의 경우 기름 유출에 살아남은 해달이 많았다 — 대략 2,000마리 혹은 66퍼센트 — 고 강조했지만, 심하게 오염된 헤링 만처럼 기름이 모여 있는 지역에서는 약 90퍼센트 정도의 해달이 죽었을 것이라고 추정했다. 항해조사를 통해 그는 헤링 만이 사운드 서쪽의 다른 지역에 비해 회복이 지체되고 있다고 느꼈다. 1994년 보드킨은 나이트 섬 북쪽에서 여전히 75마리의 해달만 확인할 수 있었다.

보드킨은 홀랜드-바텔스가 조직한 그룹 워크숍에서 그 사실들을 보고했다. 그는 2년 내에 해달이 회복될 것이라는 엑손 사의 주장이 왜 '개체군 통계학적으로 불가능한지' 자신이 입증했다고 말했다. 그는 연간 대체율 9퍼센트(이 지역의 평균 비율)와 생존 동물의 수를 이용해 기름 유출로 죽은 1,000마리를 다시 회복하는 데 적어도 4년이 걸릴 것이라고 주장했다. 특정 연령의 생식 요인과 생존율에 따르면 — 단 어떤 것도 회복을 방해하지 않는다는 전제에서 — 예상 회복기간은 10년에서 23년이라는 결론이 나왔다.

그러나 나이트 섬 북쪽에는 분명히 회복의 방해 요인이 있었다. 엑손 사를 비롯한 여러 연구에서 생식 진행을 확인했다고 했지만, 나이트 섬 북쪽의 해달은 여전히 개체 증가율 0이었다. 보드킨은 기름 유출 이전의 해변 투망 조사와 비교해볼 때 기름 오염 지역의 생식 적령기 해달의 사체 수가 불균형적으로 높았다는 점을 지적했는데, 이것은 매년 기름이 해달의 생존에 미치는 영향이 없어진 게 아니라 오히려 증가하고 있음을 의미했다 (Monson et al., 2000a).

해달에 관한 보드킨의 연구는 NVP 프로젝트의 네 가지 기초과제 중 하나로 확대됐다. 매년 진행된 여름 조사에 더해 보드킨은 1995~2000년까지 매년 여름 NVP 지역에 대한 집중 항공조사를 진행했다. 그는 자신이 하는 여러 일 중에 비행기를 타고 항공조사하는 것을 가장 좋아했다. 기름 오염 지역이든 그렇지 않은 지역이든 프린스윌리엄사운드는 여전히 누구나 꿈꾸는 가장 아름다운 직장이다. 비행사가 해수면으로부터 300피트 높이에서 위성 위치 확인 시스템에는 표시되지 않는 횡단면을 따라가면서 구불구불한 해안선에서부터 근해까지 운행하는 동안 보드킨은 해달 개체수를 조사했다. 첫 번째 상공 비행에서 조사하지 못한 동물을 측정하기 위해 각 횡단면에서 비행기는 작은 원을 그리며 다섯 번 경사 선회했다. 가끔 보드킨은 앞뒤로 두 번, 그리고 원을 그리며 두 번 비행하는 보라색과 녹색, 흰색을 칠한 벨란카 정찰기를 본 사람들은 무슨 생각을 할까 궁금했다. 연례 조사와 집중 조사 사이에 매년 여름마다 6차례 반복 진행되는 항공조사(매년 약 6,000마일을 비행했다)로 보드킨은 여름에 해달을 확인할 수 있는 지역을 정확하게 파악했다.

11년(1993~2003년) 동안 진행된 여름 조사에서 그는 사운드 서쪽 지역에서 해달이 회복되고 있다는 중요한 사실을 발견했다. 1996년부터 1998년 사이에 600마리 정도 급작스럽게 증가했다(Bodkin et al., 2003). 그러나 여전히 1989년에 사라진 동물을 채우기에는 한참 부족했다.

나이트 섬 북쪽 상황은 전혀 달랐다. 과거 엑손 사의 기름으로 넘쳐흘렀던 만에서는 해달 개체군이 매년 평균 79마리 수준에서 별다른 증가는 없었다. 이후 2002년과 2003년에 개체군은 각각 38마리와 26마리로 급감했다. 보드킨은 해달이 급속히 감소하는 원인을 찾지 못했지만, 아마도 오랫동안 기름 오염 지역에서 받은 영향에 이렇게 된 게 아닐까 의심했다.

보드킨은 해달 조사로는 전체 상황을 파악할 수 없다는 것을 알고 있었다. 무엇보다 처음으로 젊은 수컷 해달이 새로운 군집 ― 또는 기름 유출 때문에 새로 생긴 빈 공간 ― 을 형성했다. 먹이자원이 충분한 지역이라면 번식 중인 젊은 암컷은 수컷과 함께 어린 수컷을 밀어내고 그 지역으로 이동했다. 오랫동안 해달이 많았던 지역에서는 번식기 암컷이 수컷보다 많았다. 기름 유출이 있기 전까지 해달은 75년간 사운드의 서쪽을 차지했다. 1970년대와 1980년대의 조사는 개체군의 62~87퍼센트가 암컷이라고 보고했다. 기름 유출이 번식기 암컷이 많을 시기에 발생하면서 번식기 암컷 해달이 많이 사라져버렸다. 그런데 느린 군집화 과정을 끝까지 지켜봐주어야만 이렇게 사라진 동물이 새로운 동물로 대체될 수 있다.

보드킨은 이런 군집화 진행 과정을 목격했다. 그리고 기름에 오염되지 않은 지역의 번식기 암컷 보다는 기름 오염 지역 내에 많은 어린 수컷 성체와 번식기가 아닌 암컷을 잡아 태그를 부착했다. 그 결과 1996년과 1998년 사이에 사운드 서쪽에서 개체수가 급격히 증가한 것은 마지막으로 충분히 많은 번식기 암컷이 그 지역으로 이동한 후에 발생했다는 것을 알 수 있었다. 그런데 이런 군집화 과정이 나이트 섬 북쪽에서는 일어나지 않았다.

가장 확실하게 짚고 넘어가야 할 질문은 나이트 섬 북쪽에 서식하는 개체군의 회복 지체가 '먹이 때문인가'였다. 어린 수컷 해달은 먹이를 찾아 지역을 옮긴다. 해달에게 좋은 서식지란 먹잇감 ― 다양한 대합조개, 게, 홍합, 바다성게, 문어, 기타 맛있는 먹잇감 ― 이 풍부한 해저이다. 이 질문에 답하기 위해 생물학자들은 스쿠버 장치를 하고 물속에 들어가 해달이 먹이 먹는 모습을 관찰·수집하고, 먹잇감의 열량을 측정하고, 해달의 '건강상태'와 단위길이당 무게를 측정했다(Dean et al., 2002). 비록 연구 지역에서 이 지표에 대한 통계적 차이를 전혀 발견하지 못했지만, 그들은 특히 어린 암컷이 많은 기름 오염 지역에서 좀 더 열량이 높은 먹잇감, 큰 바다성게, 그리고 무게가 많이 나가는 해달을 관찰했다. 보드킨의 동료들이 기름 오염 지역에서는 해달의 수가 적어서 먹잇감 개체가 보다 많이 증가하고 있는 지를 테스트하는 동안 보드킨은 기름 오염 지역에서 해달은 풍부한 먹잇감을 제공받으면서 상대적으로 쉽게 먹이를 잡는 것을 관찰했다(Dean et al., 2000). 기름 오염 지역에서 수달은 그렇지 않은 곳보다 시간당 훨씬 더 많은 열량을 섭취했고 먹이를 잡는 데 훨씬 시간이 적게 들었다. 먹잇감 차이 때문에 나이트 섬 북쪽의 해달 회복이 어려웠던 것은 확실히 아니었다.

생식도 문제 요인이 아니었다. 나이트 섬 북쪽에 있는 적은 수의 번식 중인 암컷은 통제 지역의 암컷과 동일한 비율로 새끼를 낳았다. 그러나 기름 유출 전후 각각 10년간 자료를 비롯한 해변 그물투망 조사에 따르면, 확실히 기름 유출 이후에 태어난 해달의 생존율이 낮았다. 기름 유출 사고 이후 몇 년 동안 번식 적령기 해달과 좀 더 나이가 든 해달이 죽었다. 1989년 엑손 사의 처리센터에서 해달을 건네받은 수족관과 여러 전시장에서도 이와 유사한 사례들을 보고했다. 즉, 다른 곳에서 포획된 해달보다 사망률이 높았다(Robar et al., 1995). 사운드 서쪽에서는 기름 유출이 개체군에 피해를 입히는 시간이 기름 유출로 피해를 입은 해달을 새로운 것으로 대체하는 데 걸리는 시간에 비해 명확하지는 않지만 더 길었다. 나이트 섬 북쪽의 여러 개체군의 추이를 통해 기름이 생존에 미치는 영향이 기름 피해가 가장 심했던 지역에서 좀 더 길다는 사실이 드러났다.

보드킨 등은 잔류 기름에 대한 노출을 연구하기 위해 156마리의 해달을 테스트했다(Bodkin et al.,2002). 그들은 생물지표인 시토크롬 P450-1A의 수치가 기름으로 오염되지 않은 지역보다 기름 오염 지역의 해달에서 매우 높게 나타나는 것을 확인했으며, 나이트 섬에 서식하는 해달에서는 세럼 효소 GGT(감마-글루타밀 전이효소) 수치가 매우 높게 나타나는 것도 확인했다. 기름에 노출된 포획 밍크에서도 관찰됐던 것처럼 GGT의 수치 상승은 간 질환과 간 손상을 의미했다. 이 두 효소의 수치는 개체별로 상당히 달랐다. 보드킨은 해달을 '기본적으로 구멍 파는 동물'이라고 말했다. 해달은 주로 퇴적층에 굴을 팠다. 만약 해달이 부드러운 하층토에서 혼자 먹잇감을 먹는다고 했을 때 구멍의 크기는 하루에 5제곱미터에 달한다. 기름은 조하대 해저 전역에 균질적하지 않게 흩어져 있었는데 풀과 작은 구역에 모여 있었다. 보드킨은 몇몇 해달이 다른 곳보다 기름이 모여 있는 곳에서 더 자주 먹잇감을 잡았고 해달의 혈액이나 간의 화학적 성질을 통해 어떤 종류의 노출이었는지를 알 수 있다고 설명했다.

야생 해달이 잔류하는 기름에 노출되어 지속적으로 피해를 받는다는 것은 1989년까지 거슬러 올라가면 증거의 실마리를 찾을 수 있다(제14장 참조). 기름 유출 후 곧바로 해부했던 해달 사체에서 폐 손상(간질성폐기종), 간과 뇌 손상(장애), 신경학적 손상, 위궤양, 심각한 기름 노출에 의한 내부 기관의 손상이 발견됐다. 포획 후 치료를 받은 해달이 아팠다. 엑손 사의 처리 프로그램에서 생존했던 (그리고 수족관에서 죽은) 해달 사체 해부에서 심각한 기름 노출과 관련된 만성 간 질환과 폐 질환이 발견됐다.

보드킨과 그의 동료들은 해달이 기름 유출에서 완전히 회복되지 못했고, 기름이 지역적인 회복 지체의 주범일 가능성이 높다는 결론에 도달했다. 공동연구의 퍼즐을 서로 조합해보면서 그들은 초기 기름 유출에 노출되지 않은 동물에게서까지 발견되는 피해에 대해 설명해줄 수 있는 게 바로 여기에 있다고 생각했다. 해달은 땅을 파거나 먹이를 먹거나 혹은 둘 다를 하면서 기름에 지속적으로 노출되어서 건강이 나빠졌던 것이다. 해달은 흰줄박이오리와 비슷한 생존전략 — 수명이 길고 생식률이 낮다 — 을 갖고 있다. 그러나 해달의 생존전략에 특히 기름처럼 환경을 지속적으로 악화시키는 재앙적 피해에 대한 대비는 마련되어 있지 않았던 것이다.

흰줄날개바다오리

USFWS 조류 생물학자 그레그 골렛은 NVP 프로젝트에서 흰줄날개바다오리 연구의 책임을 맡았을 때 기름 유출이 있기 전의 작은 잠수성 바닷새에 관한 많은 자료 — 바닷새에 관한 NRDA 연구 중 일반적으로 흥미 있는 자료의 일부 — 를 전달받았다(Golet, 1999). 홀랜드-바텔스가 조직한 1994년의 워크숍에서 골렛은 프린스윌리엄사운드의 많은 '어식성'(즉, 어류를 먹는) 해양 조류 개체군이 1970년대 초부터 1990년대 사이에 크게 감소했다는 것을 들었다(Agler et al., 1999). 그 수치는 참혹했다. 아비, 가마우지, 비오리, 갈매기, 검은머리물새, 세발가락갈매기, 쇠오리, 제비갈매기, 섬새, 바다오리를 비롯한 17종 중 14종이 평균 65퍼센트 급감했고, 일부는 95퍼센트까지 감소했다. 반대로 무척추동물을 먹는 많은 해양 조류는 전혀 감소하지 않았거나 초기에만 감소했다. 흰줄박이오리는 예외에 속했다.

골렛은 USFWS 연구원인 카렌 오클리와 캐시 쿠레츠가 진행한 흰줄날개바다오리 연구가 특히 유용하다는 사실을 깨달았다. 그들은 1978년부터 1981년까지 네이키드 섬에서 연구했다. 그들은 석사학위 논문에 자신들의 연구를 이용했기 때문에 사운드를 통과하는 유조선 교역이 시작되면서 진행됐던 다른 기초 연구보다 좀 더 세밀하게 분석했다. 엑손 밸디즈 호는 네이키드 섬에서 약 20마일 떨어진 곳에서 좌초되면서 기름이 섬 일부를 뒤덮었고, 1989년부터 1992년까지 오클리와 쿠레츠는 자신들의 초기 연구를 반복해서 진행했다(Oakley and Kuletz, 1996).

이후 기름에 오염된 해안선을 따라 조사해보니 흰줄박이바다오리의 수가 좀 더 적고 개체군이 상대적인 큰 폭으로 감소 — 기름 유출 이후 개체군은 43퍼센트 감소 — 했다는 사실을 발견했다. 그들은 자신들의 예측과 달리 기름 유출로 번식 붕괴가 일어났다는 것을 보여줄 어떤 명확한 근거도 발견하지 못했다. 즉, 알 산란, 부화 성공, 새끼 성장이 기름 유출 이전과 크게 다르지 않았다. 그래서 그들은 먹잇감 변화에 주목했다. 기름 유출 이전에는 부모 새가 새끼 새에게 까나리를 많이 먹였지만 기름 유출 이후로는 대구를 더 많이 먹였다. 그리고 새끼 새의 성장률은 까나리를 가장 많이 먹던 — 먹이의 60퍼센트 — 1979년에 가장 높은 것으로 나타났다. 이러한 사실을 바탕으로 그들은 기름 유출이 흰줄박이바다오리 개체군의 감소에 영향을 미쳤으나 그것이 절대적인 원인은 아니라고 결론 내렸다.

골렛의 NVP 프로젝트는 NRDA 연구가 중단된 지점에서 재개됐다. 그는 1972년과 1973년에 1만 5,000마리였던 흰줄박이바다오리가 피트 아이슬레이브와 다른 연구자들의 보고대로 1993년 단지 3,000마리 조금 넘는 수로 감소하는 데 기름이 어떤 역할을 했는지를 분석하는 일을 맡았다(Hayes and Kuletz, 1997). 먹잇감 이용도 변화가 감소에 영향을 미쳤는지를 보여주는 증거를 찾아야 했기 때문에 해달과 흰줄날개바다오리 연구를 병행하는 것보다 좀 더 복잡한 작업이 될 소지가 컸다.

대부분의 어식성 조류가 새끼를 키우려면 열빙어, 까나리, 새끼 청어 같은 고열량의 지질이 풍부한 먹잇감 어류 떼가 엄청나게 필요했다(Springer and Speckman, 1997). 과학자들은 먹잇감 어류 개체군이 1970년대에는 주로 고열량의 청어와 열빙어였지만, 1980년대에는 주로 저열량의 대구로 바뀐 게 갑작스런 해수면의 온도 상승 때문이라고 추측했다. 기후 변화, 먹잇감 어류, 기름 유출이 바닷새 개체군에 미치는 영향을 조사하는 것이 골렛이 연구비를 받는 데 결정적인 역할을 한 APEX 프로젝트의 주제가 됐다.

흰줄날개바다오리의 생활사는 NVP와 APEX 프로젝트에서 중요한 연구주제 후보였다. 흰줄날개바다오리의 번식지 연구는 골렛과 그의 동료들이 기름과 먹잇감이 개체군의 동태에 미치는 영향을 파악하는 데 도움을 주었다(Golet et al., 2002). 흰줄날개바다오리는 바다오릿과 중에서 특이했는데, 같은 계통의 바다오리와 섬새는 어류 떼를 찾아 넓은 근해에서 번식하지만 흰줄날개바다오리는 좁은 서식지 인근에서 번식하기 때문이다. 기름 오염 지역과 그렇지 않은 지역 사이를 가로질러 멀리 또한 넓게 대양을 떼 지어 다니는 어류를 찾아 먹는 바닷새에게는 기름 효과가 명확하게 나타나지 않았다. 흰줄날개바다오리는 기름 오염 유무에 관계없이 집단 인근의 훨씬 좁은 지역에서 먹잇감을 찾았다. 골렛은 흰줄날개바다오리의 이런 좁은 지리학적 범위 때문에 먹잇감과 기름이 회복에 미치는 영향을 쉽게 구별할 수 있었다.

흰줄날개바다오리의 다양한 먹잇감도 골렛과 동료들이 기름과 기후 효과 간의 차이 구분에 도움을 주는 중요한 단서가 됐다(Golet et al., 2000). 흰줄날개바다오리는 얕은 물가에서 무척추동물을 찾아 먹거나 어류— 대체로 해저에 사는 둑중개, 베도라치, 쥐노래미, 넙치, 볼락, 그리고 가능하다면 청어, 열빙어, 까나리 같은 어류 떼 —를 찾아 165피트 깊이까지 잠수한다. 흰줄날개바다오리는 효율성보다는 먹잇감의 다양성을 선호해서 생존을 두고 양다리를 걸치는 특이한 바닷새이다. 떼 지어 다니는 어류는 열량은 높지만(Anthoy and Roby, 1997), 수명이 짧고 항상 돌아다니고 바위가 많은 암반 조하대 해안선을 따라 서식해서 예측 가능한 어류보다 정확한 위치를 찾기가 훨씬 어렵다. 그러나 흰줄날개바다오리는 다양하게 먹이를 먹기 때문에 먹잇감 어류의 이동에 어느 정도 대응할 수 있고, 그 결과 다른 바닷새보다 개체군 변동이 심하지 않다.

골렛과 동료들은 먹잇감의 차이가 기름 오염 지역과 그렇지 않은 지역에서의 생존에 어느 정도로 영향을 미치는지 알아내려고 했다. 그들은 성조가 먹잇감을 찾아 둥지를 떠나기 전 조수가 높은 이른 아침 흰줄날개바다오리 개체수 조사를 위해 소형보트를 타고 섬 전체를 돌았다. 그들은 스쿠버 장비를 달고 흰줄날개바다오리가 먹잇감을 찾는 지역에 잠수해서 해저 종의 유형과 양을 조사했으며, 쌍안경과 망원경으로 수십 시간 자세히 들여다보면서 새끼에게 먹이를 주려고 둥지로 돌아오는 수십억 마리의 성조들 사이에 있는 어류를 확인했다. 그들은 기름 유출 이전의 좋은 조건 속에서는 흰줄날개바다오리 성조가 좀 더 컸고 새끼를 더 많이 낳았으며 새끼는 좀 더 빠르게 성장했고 생존율이 높았다고 확신했다. 그러나 골렛이 확인한 바에 따르면, 기름 유출 이후에는 새끼와 성조 모두 기름 오염 지역에서는 생존하기 힘들었다.

증거를 통해 기름 유출이 간접적으로 영향을 미쳐서 새끼의 먹잇감에 차이가 있는 것으로 드러났다. 잭팟 만의 대조 개체군은 새끼 먹잇감의 45퍼센트를 차지하는 지질이 풍부한 청어 부화장 인근에 있었다(Golet et al., 2000). 기름 유출 이전 네이키드 섬의 흰줄날개바다오리의 새끼 먹잇감에서 가장 큰 비중(42퍼센트)을 차지한 것은 고지질 먹잇감 어류인 까나리였다. 그러나 기름 유출 이후에 까나리는 새끼의 먹잇감에서 단지 13퍼센트를 차지했다. 기름에 민감한 까나리는 기름 노출 피해가 심각했다(Pearson, Woodruff and Sugarman, 1984). 골렛은 APEX 프로젝트의 일부로 먹잇감과 생식 성공률을 면밀히 조사했다(제19장 참조).

성조에서 기름 유출로 인한 피해 가능성이 농후한 증거가 나타났다. 기름의 영향을 찾아내기 위해 골렛 팀은 조류의 혈액 샘플을 뽑고 생물학자들은 성조와 새끼를 죽이지 않고 간 생검을 했다(Seiser et al., 2000). 성조는 보금자리 바위에 앉아서 신중하게 먹잇감을 주시하다가 낚아채기 때문에 로켓 그물이나 올가미를 잘 피했다. 그래서 생물학자들은 로프나 흔들리는 사다리에 매달려 있다가 새들이 벼랑에 있는 둥지에서 푸드덕 날아오를 때 팔을 쭉 뻗어 망에 잡아넣었다. 이런 포획법을 사용한 이후 성조는 아예 둥지를 버리고 떠나버렸기 때문에 골렛과 그의 팀은 둥지 확보의 어려움을 해결하기 위해 처음부터 포획 지점을 정해 암수 모두에게서 샘플을 얻어냈다. 또한 그들은 조심스럽게 유기된 알을 수집해서 비행기로 알래스카해양생물센터로 보냈는데, 그곳은 알을 부화시켜 새끼를 현장조사에서 발견한 사실을 해석하기 위해 실험실 테스트에 이용했다(Prichard et al., 1997; Roby and Hovey, 2002).

자료를 얻기 위한 골렛의 힘든 과정은 결코 헛되지 않았다. 사운드의 흰줄날개바다오리 개체수가 기름 유출 이전보다 확실히 감소했고, 기름에 오염된 집단에서 그 감소폭이 크다 — 지금도 지속적으로 감소하고 있다 — 는 게 밝혀졌다. 기름에 오염되지 않은 지역의 개체군은 조사 기간인 1993년과 1998년 사이에 사실상 증가했다. 기름 유출 이후 10년간 기름 오염 지역 흰줄날개바다오리의 혈액 화학 검사와 간 조직 검사에서 지속적인 기름 노출과 간 손상이 확인됐다. 코르티코스테론과 글루코스의 수치 증가 같은 혈액의 지표 — 상당량의 P450-1A 효소 — 는 조류가 위협적인 독성에 대응해 비축된 에너지를 동원하는 과정에서 신체적인 스트레스를 받고 있다는 것을 보여주었다.

성조의 시토크롬 P450-1A 수준은 기름 오염 지역에서 높았고 여전히 낮으면서도 다양했는데, 이것은 해저를 따라 기름 패치 모자이크에서 먹이를 찾는 조류 개체에서 예측했던 것과 일치했다. 다른 NVP 과학자들은 시토크롬 P450-1A와 관련 효소의 수치 상승을 통해 기름 유출 이후 10년 가까이 줄노래미와 황줄베도라치에 저조대 기름이 남아 있다고 확신했다(Jewett et al., 2002). 이 어류들은 골렛과 다른 과학자들이 연구하는 흰줄날개바다오리 집단 인근의 최소한 한 곳 이상에서 수집됐다. 골렛은 새끼 새에게서는 기름 노출 증거를 전혀 발견하지 못했다. 그는 새끼는 오직 어류만 먹지만 성체는 무척추동물도 먹는 걸 알고 있기 때문에 성조는 오염된 무척추동물을 먹고 기름 퇴적층에서 먹이를 잡아먹으면서 기름을 흡수했다고 생각했다. 골렛은 진행 중인 기름 노출과 성어의 기관 손상이 오염 지역의 생존율 감소와 회복 지체에 영향을 미칠 수 있다고 설명했다.

골렛과 그의 팀은 사운드의 흰줄날개바다오리가 기름 유출에서 회복되지 못했고, 아직도 기름에 오염된 서식지에서 먹이를 찾고 기름에 오염된 먹이를 먹는 성체가 오랫동안 심각한 기름 피해를 입고 있기 때문에 회복이 지체되는 것은 것 같다고 결론 내렸다(Golet et al., 2002). 그들은 기후 변

화 같은 자연조건 때문에 이미 감소 추세에 있던 야생생물에게 기름 유출
과 오염으로 인한 추가적인 피해는 치명적일 수 있다고 생각했다.

수달

　홀랜드-바텔스가 조직한 초기 모임에 수달 연구에 관심 있는 과학자들
은 NVP 프로젝트의 핵심이 될 생물지표에 관한 많은 정보를 들고 왔다.
1995년만 하더라도 기름 유출에 노출된 야생생물 개체군의 만성적인 손상
을 도표화하고 회복을 조사하는 생물지표는 최첨단 연구였다. 1989년에
이 기법을 사용하는 것은 선구적인 작업이었는데, 대담한 비전을 가진 세
명의 강경한 생물학자들에게는 이것을 수행하는 것이 운명과도 같았다.
　1989년 기름 유출 이후 코퍼 주지사는 페어뱅크스 알래스카 대학(UAF)
북극생물학연구소의 소장을 불러 어떤 명확한 설명도 없이 그를 기름 유
출 연구에 참여시켰다. 계획서를 작성하라는 소장의 지시를 받고 포유류
생물학 교수 테리 보이어는 위험 평가의 책임을 맡고 수달에 관한 연구 계
획서를 연방정부 법률단에 제출했다(Bowyer, 2003). 이후 그는 ADFG 연구원
이 거의 동일한 계획서를 보냈다는 사실을 알게 됐다. 이 두 생물학자는 각
자가 처한 상황에 대해 논의하고 경쟁이 아닌 공동연구를 수행하기로 결
정했다. 그 결과 매우 생산적인 관계가 형성됐고 기름 유출이 수달 개체군
에 미치는 만성적인 영향을 조사하는 초기 연구가 시작됐다.
　사운드와 알래스카 만의 전 연안에서 수달은 새끼에게 먹이를 주고 바
다에서 수영을 하면서 많은 시간을 보낸다. 그러나 1989년에는 누구도 사
운드에 얼마나 많은 수달이 서식하는지 몰랐다. 이후 생물학자들은 60마
일에 달하는 좋은 서식지에 총 약 80마리가 있을 것이라고 추정했는데, 이
는 수달이 매우 흔한 동물이라는 것을 의미했다(Testa et al., 1994). 수달은 대

체로 바다 주변의 오래된 숲에서 산다. 해안선 길이만큼이 수달의 활동범위이며 서식지는 해안선을 따라 좁고 길게 늘어서 있다. 수달은 해안에서 멀리 떨어진 섬을 서식지로 거의 삼지 않는다. 수달은 대체로 해안 가까이에 사는 해양 조류를 먹지만, 조간대의 무척추동물도 섭취하기 때문에 기름 유출과 노출에 의한 장기적인 피해에 매우 치명적이다. 수달은 매우 은밀하게 활동하지만, 연구자들은 다행스럽게도 그 배설물에서 먹은 음식의 기록을 구할 수 있다. 대합조개의 부드러운 부분처럼 쉽게 소화되는 먹잇감은 흔적을 전혀 남기지 않아서 이 기록도 불완전하지만, 배설물에 들어 있는 뼈 조각, 어류 비늘, 조개 파편, 털과 깃털을 통해 수달 먹잇감의 상당 부분을 알 수 있다.

보이어와 ADFG 생물학자 짐 파로는 NRDA 법률단이 연구 계획을 지원하도록 납득시켜야 하는 어려운 싸움에 직면했다. 기름 유출 이후 단 12마리의 수달 사체가 확인됐기 때문에 피해자원에 수달을 등록시키려 하지 않는 연방정부 법률단을 설득하기가 쉽지 않았다(생물학자들은 빽빽한 관목이나 굴로 기어들어가 죽은 동물 사체가 해안구조단에게 발견되기는 거의 불가능하다고 추측했고 이후에는 이것이 확실한 사실이라고 생각했다). 그러나 생물학자들은 수달이 이상적인 감시종 — 다른 연구자들은 기름 유출이 있기 전 10년간 수달을 중금속, 살충제, PCBs의 생물학적 영향을 연구하는 데 이용했다 — 이라는 주장을 피력하는 데 성공했다. 생물학자들은 오염물의 영향에 관한 전통적인 지표 — 먹잇감과 먹이 이용도, 서식지 이용, 개체군 지리학 — 연구를 제안했다. 보이어의 동료 교수 래리 더피는 스트레스와 전체적인 건강을 측정하는 생물지표를 연구하기 위해 팀에 합류했다. 법률단은 혈액 화학 검사의 연구를 지원하는 데 주저했다. 법정에서 (야생동물의) 피해를 입증하기에는 그 기법은 너무 새로웠기 때문이다.

보이어의 팀은 여기에 굴하지 않았다. 그들은 기름이 수달에 미친 영향과 관련된 미스터리를 풀 중요한 단서가 동물의 혈액에 포함되어 있다고 확신했다. 또한 그들은 면역체계 활동을 효소와 플라스마 단백질을 비롯한 다양한 혈액 성분을 통해 조사할 수 있기 때문에 혈액 화학검사는 궁극적으로 인간의 면역체계, PAHs에 대한 노출, 즉각적인 대응 방어를 촉발하는 스트레스 등에 관해 밝혀줄 수 있다고 주장했다. 예를 들어, 인터루킨-6과 하프토글로빈이라는 두 가지 단백질의 수치가 상승하면 인간에게 독성 피해나 외상이 있음을 의미했다(Heinrich, Castell, and Anders 1990).

보이어 등은 기름에 노출된 수달도 이와 비슷한 반응으로 참담한 결과를 겪을 수 있다고 믿었는데, 하프토글로빈 결합이 산소 운반과 저장을 막으면서 플라스마의 헤모글로빈을 '유리(遊離)' 또는 과다분비시키기 때문이다. 생물학자들은 산소 공급 제한에 의한 세포의 외상으로 수달은 잠수 시간과 물고기를 잡는 능력이 감소되고 결국 배고픔으로 죽게 될 것이라고 생각했다.

법률단은 여전히 생물지표 연구가 시간을 들일만 한 가치가 있다는 확신을 갖지 못했다. 보이어와 래리는 자신들의 월급까지 연구를 위해 쓰겠다고 말했다(나중에 법률단은 그들의 월급을 돌려주었다). 이렇게 1989~1992년 동안 보이어는 생물지표 연구를 유지하고 프로젝트를 온전히 지켜내기 위해 치열한 싸움을 벌였다.

보이어 팀은 수달의 서식지, 배설물 개체수, 밀집도를 지표로 삼아 각각 50마일 반경에 이르는 2곳을 연구 지역으로 선택했다(Bowyer et al., 2003). 그들은 4월에 서둘러 그 지역을 확인했는데, 기름 유출이 개체군에 피해를 주기 전에 배설물 장소를 확인해야 수달의 밀집도를 파악할 수 있다고 생각했기 때문이다. 기름에 오염된 나이트 섬 북쪽과 기름에 오염되지 않은 이스터 수로 지역은, 최고의 기동성을 자랑하는 수컷 수달조차도 광활한 바다를 가로질러 이동할 수 없을 정도로 상당히 멀리 떨어져 있었다(25마일 정도 떨어져 있다).

연구자들은 나이트 섬에서 12마리, 이스터 수로에서 10마리의 수달을 산 채로 포획해서 무선 송신기를 부착하고 혈액 샘플을 채취하고 신체 치수를 측정한 후 풀어주었다. 또한 그들은 각 연구 지역의 숲을 걸어 다니면서 모든 배설물의 위치를 확인했다. 지역마다 110군데 이상의 배설물 장소가 있었는데, 그들은 먹잇감 자료를 수집하기 위해 정기적으로 그곳을 '깨끗이' 처리했다. 1989년 4월 처음 수거한 배설물에서 기름 유출 이전의 겨울에 수달이 먹은 먹잇감에 관한 귀중한 기록을 얻었다.

보이어 팀은 수달의 활동권이 기름 오염 지역에서 그렇지 않은 지역보다 약 두 배 정도 넓다는 사실에 주목했다(Bowyer, Testa and Faro, 1995). 나이트 섬의 수달은 가파른 조수면과 큰 바위로 이뤄진 해안에 자주 나타나는 반면, 기름에 오염되지 않은 곳에서는 완만하게 기울어진 해안으로 이뤄진 지역에 나타났다. 생물학자들은 나이트 섬의 수달은 파도가 잦은 해변을 선호하지만, 기름에 심각하게 오염되어 있고 기름이 계속 고여 있기 쉬운 곳 — 평평한 해변 — 은 적극적으로 피하려 한다고 생각했다.

1990년 여름 생물학자들은 기름 오염 지역에서는 수달의 먹잇감이 급작스럽게 변동한 반면, 기름에 오염되지 않은 지역의 먹잇감은 기본적으로 변하지 않았다는 점에 주목했다(Bowyer et al., 1994). 배설물 샘플을 통해 기름 오염 지역에 사는 수달의 먹잇감이 (날쌘 까나리, 베도라치, 표지베도라치 등에서) 게와 넙치처럼 좀 더 느리게 움직이는 것으로 바뀐 것을 알 수 있었다. 또한 기름 오염 지역의 수달은 그렇지 않은 지역의 수달보다 훨씬 적은 종류의 먹잇감을 먹었다. 생물학자들은 처음에는 지체 기간이 궁금했는데, 다른 과학자들과의 이야기를 나누면서 지체가 1989년 조간대에서 1990년 조하대 서식지로 이동한 기름과 관련되어 있을 거라고 생각하게 됐다.

어류가 건강한 수달의 먹잇감 중 큰 부분 — 생물학자들이 계산한 바로는 80퍼센트 — 을 차지하고 있기 때문에 생물학자들은 매우 적은 종류의 어류로 먹잇감이 급변한 것이 수달에게 엄청난 결과를 가져왔을 거라고 추측했다. 확실히 기름 오염 지역의 수컷 수달은 이스터 수로의 수달보다 무게가 훨씬 덜 나갔다. 기름에 오염되지 않은 지역이라도 더 넓은 지역을 돌며 먹이를 찾으러 다니는 수컷이 암컷보다 무게가 덜 나갈 경우 수컷이 배고픔에 시달렸다는 것을 의미했다. 넓은 활동반경을 통해 수달은 열심히 먹이를 찾으러 돌아다녔지만 먹잇감을 발견하지도 잡을 수도 없었다는 것이 입증됐다.

생물학자들은 이런 결과가 발생한 원인이 수달이 선호하는 먹잇감이 풍부하지 않았기 때문인지, 아니면 기름 오염 지역의 수달이 빠르게 움직이는 물고기를 잡지 못했기 때문인지 궁금했다. 그러나 먹잇감 이용도 연구에 필요한 지원금이 삭감되면서 그들은 의문을 완벽하게 해결할 수 없었다. 그런데 기름 오염 지역에 사는 수달의 혈액 단백질 수치가 상승했는데, 이것은 수달이 기름 노출로 독성 피해의 고통 받고 있다는 것을 의미했다(Duffy et al., 1993). 생물학자들은 배설물에서 포르피린 수치의 상승도 확인했다(Bowyer et al., 2003). 포르피린은 산소 운반과 관련된 헤모글로빈의 핵심 요소인 헴(heme)의 합성과 관련되어 있는데, 이러한 생합성 경로는 기름 노출로 쉽게 붕괴된다. 생물학자들은 포르피린 수치의 상승을, 수달이 기름 노출 때문에 산소 스트레스를 받으면서 헤모글로빈을 더 많이 생산해 이를 보충하려고 했던 것으로 해석했다. 이에 따라 기름 오염 지역에 사는 수달의 먹잇감이 느리게 움직이는 종으로 바뀐 이유를 '산소 결핍'으로 설명할 수 있게 됐다.

증거 — 혈액 단백질과 포르피린 수치의 상승, 적은 몸무게, 넓은 활동반경, 먹잇감 변화 — 는 더욱 축적되어갔다(Duffy et al., 1994). 여기에 보이어가 말한 기름 유출의 만성적인 피해와 관련된 '압도적인 지표'가 추가됐다. 그런데도 EVOS 자금관리에 관여하는 법률단과 정치적인 과학자들은 수달을 피해자원에 등록시키는 것을 거부했다. 아이러니하게도 1992년에 보이어 팀에서 수달이 회복되고 있다는 증거 — 기름 오염 지역과 그렇지 않은 지역에 사는 수달은 혈액의 하프토글로빈과 인터루킨-6의 수치에서 더 이상 차이를 보이지 않았고(생물학자들이 신뢰하기에는 샘플 크기가 너무 작다고 언급했다), 평균 몸무게도 거의 동일했다 — 를 확인했다(Duffy et al., 1994b).

마침내 1993년 EVOS 자금관리위원회는 수달을 피해종에 공식 등록시켰다(Bowyer et al., 1993). 그 후 파로는 현장조사 중이었고 보이어는 주정부의 일을 그만둔 상태에서 모든 연구비가 중단됐다. 힉켈이 주지사로 있을 때 마크 프래커가 기름 유출과 관련된 연구 지원비를 좌지우지했는데, 그는 석유회사의 충실한 옹호자이자 전직 BP 고용주로 석유회사에 잠재적 피해가 될 수 있는 연구에 전혀 무관심했다. 프래커는 주정부의 관리위원회 중 가장 영향력이 있는 곳에서 권력을 휘둘렀고, 모든 것을 이용해 연구 중단에 한 표를 던졌다. 보이어 그룹은 격노했지만, 연구비를 본래대로 되돌릴 수 있는 방법은 전혀 없었다. 연구비 중단은 보이어와 같은 생물학자를 매우 낙담시켰다. 결국 파로는 ADFG를 그만두고 시트카로 자리를 옮겼다. 이후 수달 연구는 시들해졌다.

1995년 UAF 교수인 댄 로비와 대학원생 게일 브룬델이 보이어 팀을 대신해 수달 연구를 시작했다. NVP 프로젝트 일환으로 그들은 먹잇감 이용도에 관한 연구를 첨부하고 혈액 화학검사를 세분화하면서, 먹잇감에 관한 기초 연구를 다시 시작했다. 그들의 열정과 EVOS 자금관리위원회의 지원으로 연구가 재개되자 보이어는 프로젝트 자문위원으로 활동했고 더피는 화학 분석을 수행했다. 잭팟 만을 대조군으로 이용하던 당시에 많은 문제들이 발견됐다. 일부 수컷 수달은 단거리 수영으로 섬을 횡단하면서 기름에 오염된 지역과 그렇지 않은 지역을 왕복 — 약 왕복 70마일 — 했다. 보이어는 "우리에게는 수달이 얼마나 먼 거리를 이동하는지 확인할 단서가 전혀 없었다"라고 말했다. 잭팟 만의 일부 해달은 바다가 아닌 강의 거대한 담수 시스템에서 먹이를 공급받으며 생활하는 '강'에 사는 수달이 됐다(강에 사는 수달과 섬을 왕복하는 수컷 수달은 NVP 연구 고려대상이 아니었다).

4년 이상 연구가 진행된 후 과학자들은 지속적인 기름 노출의 증거와 함께 확실한 회복의 증거를 발견했다(Bowyer et al., 2003). 솔벤트에 적신 거즈로 청소한 연안에서 수거한 수달의 털에 묻어 있는 기름과 높은 시트크롬 P450-1A의 수치는, 사운드의 동물이 여전히 기름에 노출되어 있다는 것을 의미했다(Duffy et al., 1999). 그러나 기름의 수치가 무시할 수 없는 건강 문제를 일으킬 만큼 충분히 높지 않았다. 기름 오염 지역에 사는 수컷 수달의 무게도 계속 증가해 마침내 기름 오염된 지역과 그렇지 않은 지역이 같아졌다. 하프토글로빈, 인터루킨-6, 그리고 혈액 생물지표와 이에 대응하는 배설물의 포르피린 수치가(비록 기름오역 지역에서 여전히 조금 높게 나타나기는 하지만) 초기 연구 때보다 훨씬 감소했다. 기름 오염 지역에 사는 수달의 활동반경이 점차 정상으로 돌아왔고, 수달은 완만히 기울어진 해변을 이용하기는 하지만 더 이상 기름에 오염된 해안 지역을 피하지 않았다. 최종적으로 먹잇감이 동일하다는 사실이 확인됐고, 두 지역의 인근 바다는 여러 종의 어류로 가득 찼다.

보이어와 다른 과학자들은 수달 개체군이 기름 유출 피해로 고통을 겪었지만 1998년에 거의 회복됐다고 결론 내렸다(Bowyer et al., 2003). 보이어는 1998년부터 1999년까지 알래스카 해양생물센터의 메라브 벤-다비드가 수행한 수달 실험 연구를 이용해 자신의 초기 이후 현장연구를 이어갔다(Ben-David, Williams and Ormseth, 2000). 벤-다비드는 기름 노출이 건강을 해치는데, 특히 헤모글로빈 수치의 감소는 잠수나 땅위를 움직일 때 쉽게 체력을 고갈시킨다는 사실을 발견했다. 더욱이 헤모글로빈 수치가 낮은 실험용 수달은 실험실에서 방출된 후 이내 죽었고, 특히 먹잇감이 부족한 시기에 실험용 수달이 야생 수달보다 기근으로 더 많이 죽었다(Ben-David, Blundell and Blake 2002). 그녀는 영양실조와 포르피린 간의 상관관계를 밝혔다. 즉, 기근에 시달리는 수달이 포르피린을 더 많은 생성했다(Ben-David, Bowyer and Duffy, 2001). 보이어는 먹잇감의 변화 ─ 어류에서 좀 더 느린 먹이로 ─ 가 몸무게 감소와 포르피린 수치의 증가를 가져오는 것을 관찰하면서, 기름 오염 지역의 수달은 잔류하는 기름에 영향을 받아 먹이잡기가 힘들어지면서 몸무게가 감소했다는 사실을 깨달았다.

1989년에 살아남았던 수달의 대부분이 1997년 어린 수달로 대체되면서 생존과 관련되어 기름 오염 지역과 그렇지 않은 지역 간의 차이는 사라졌다. 결국 보이어는 개체에 기반을 둔 생물지표 연구, 개체군 수준에서의 통계학, 먹잇감과 서식지 연구 등을 통합하는 것이 수달의 기름 피해를 이해하는 데 기본이라는 것을 확신하게 됐다. 보이어, 더피, 파로가 1989년에 처음 구상했던 것을 다시 확인하는 순간이었다.

엑손 사의 대응

엑손 사의 과학자들은 NVP 프로젝트에 비교될 만한 포괄 연구를 전혀 수행하지 않았다. 그들은 기름 유출 피해가 전혀 없을 것이라고 주장했기 때문에 기름 유출의 장기적인 피해를 조사하지 않았다. 그들은 "공인된 표준 테스트 절차에 준해……일련의 실험실 독성 테스트"를 일부 수행했고, '일련의 테스트'는 "미국 살충제 규제의 요구조건과 전체적으로 동일한 혹은 그 이상을 만족시킨 기초 테스트"(Stubblefield et al., 1995: 665, 688)라고 주장했다. 그들의 테스트는 단기간(2주 이내) 동안 진행됐고, 프린스윌리엄 사운드 야생생물의 대리종으로 사용된 유럽산 족제비와 청둥오리에게 상대적으로 많은 양의 기름을 투여했다. 엑손 사의 과학자들은 "풍화된 엑손 밸디즈 호 기름은 EPA 기준으로 볼 때 사실상 비독성이라 할 수 있으며" 사운드의 상황을 고려해볼 때 "테스트에서는 1989년 이후로 잠정적 기름 노출은 피해를 일으키지 않았다고 할 만큼 상당히 낮은 것으로 나타났다"(Stubblefield et al., 1995: 686, 689)고 결론 내렸다. 문제는 그들의 테스트가 조악한 대체물을 사운드에 적용시켜 며칠도 아닌 몇 년 이상을 위험에 처해 있는 실제 야생생물의 기름 피해를 조사했다는 점이다.

엑손 사의 과학자들이 1989년부터 1991년까지 수행한 바닷새의 서식지 이용에 관한 연구는 더 이상 장기적인 기름 노출 피해는 없을 거라는 기대를 바탕으로 했다. 엑손 사의 과학자들은 "프린스윌리엄사운드와 케나이[페닌슐라]의 해양을 중심으로 살아가는 대부분의 조류가 만에서 벌어진 초기 기름 유출에 개의치 않고 서식지를 사용했다"(Day et al., 1995: 755)는 사실을 발견했다. 이를 토대로 엑손 사의 과학자들은 "엑손 밸디즈 호 기름 유출이 조류 서식지에 미친 악영향은 기름 유출 당시에 대부분 사라졌다"고 결론 내렸다. 그런데 기름 오염 서식지를 이용하는 조류인지 아닌지를 판단하는 것은 기름 오염 서식지에서 살아남아서 성공적으로 새끼를 기른 조류인지 판단하는 것과는 다르다. 허프는 "무언가를 다양한 방식으로 총계한 후 그것을 다른 무언가라고 보고하는 경우"(Huff, 1954: 80)를 지적했다. 허프는 이런 방식의 사기를 절반만 관련된 도표라고 말했는데, 이것은 앞에서 논의했다(제16장 참조).

이 사례에 이런 방식이 효력을 발휘하려면 기름 오염 지역과 그렇지 않은 지역의 조류 개체수가 동일해야 하고 동시에 기름 유출 전후로도 그 수가 동일해야 한다. 엑손 사의 과학자들은 이런 방식이 대체적으로(일부 예외까지 포함해서) 들어맞는다는 사실을 발견했다: "만에 사는 대부분의 종의 전체 개체수가 1984~1985년 이래로 크게 변하지 않았다"(Day et al., 1995: 754). 사실은 전혀 그렇지 않는데도, 엑손 사의 연구는 자연적인 원인에 의한 급격한 감소도 탐지되지 않을 정도로 기름 피해가 탐지되지 못하도록 주의 깊게 설계됐다(제19장 참조). 예를 들어, 3년의 연구 기간 동안 단 한 건의 조사가 흰줄날개바다오리 생존의 중요한 시기인 한겨울에 수행됐고, 그 외 다른 10개의 조사는 3월 말부터 10월까지 진행됐다.

허프는 "샘플링 연구 결과가 연구 토대가 되는 샘플보다도 좋지 않다"

(Huff, 1954: 18)는 것을 지적했다. USFWS 생물학자 에슬러에 따르면, 여름철 조사에서 '겨울을 난 개체의 동역학을 이해하는 데 한계가 있는' 결론이 도출됐는데, 이 부분은 그가 흰줄날개바다오리 개체군 회복의 핵심이라고 생각했던 것이었다. 에슬러는 "서식지와의 관계를 판단하고 기름 유출 피해를 평가하는 데는 NVP 프로젝트가 더 훌륭한 해결책과 힘을 가지고 있었다"(Esler, 1999)라는 말로, 엑손 사의 서식지 이용에 관한 연구를 평가했다.

사운드의 진실: NVP 프로젝트의 통합

홀랜드-바텔스가 NVP 프로젝트의 방대한 정보를 통합하는 일을 맡았다. 그녀는 '중요한 증거를 종합하는 접근법'이라고 말한 방법을 이용해 네 종류의 척추동물 포식자에 관한 연구 정보를 능숙하게 엮어서, NVP 프로젝트가 시작될 당시에는 불명료했던 회복 상태를 기름 유출의 지속적인 피해로 지체되는 회복에 관한 이야기에 끌어들였다. 그녀는 능숙하고도 확실하게 기름 유출 이후 10년간 연안 환경에 관한 다음과 같은 전체 그림을 그렸다.

간헐적인 잔류 기름의 유출이 발생하고 있었으며, 특히 무척추동물처럼 바닥에 거주하는 종은 기름을 빨아들였고, 이것이 오염된 무척추동물을 먹는 야생생물에게 전달됐다. 심각하게 오염된 지역에서 잔류 기름에 대한 지속적인 노출은, 그것이 비록 패치이고 불규칙적이라고 하더라도 한 곳에 모여 사는 해달과 흰줄박이오리 같은 군집의 치사율을 높일 뿐만 아니라 그 회복을 지체시키는 충분한 원인이 됐다.

이와는 달리 일차 어류를 먹는 야생생물은 해당되지 않았다. 어식성 수달은 심각하게 오염된 지역에 사는 경우라도 초기 기름 유출 피해에서 회복 중이었다. 그런데 흰줄날개바다오리는 좀 더 복잡하다. 어린 흰줄날개바다오리는 오로지 어류만 먹기 때문에 기름과 관련된 영향을 전혀 받지 않은 것처럼 보였다. 그러나 성조의 경우 무척추동물로 부족한 먹잇감을 보충했다. 기름 유출과 함께 자연의 기후 변화 때문에 먹잇감 어류를 적게 먹었을 뿐만 아니라 무척추동물을 잡아먹고 기름에 오염된 먹이를 먹는 성조가 간헐적으로 기름에 노출됐기 때문에 흰줄날개바다오리 군집의 회복은 계속 어려운 것 같다(제19장 참조).

홀랜드-바텔스는 "NVP 프로젝트의 많은 증거를 통해 기름 유출 사고 이후 약 10년간 연근해 생태계는 완전히 회복되지 못하고 있음이 드러났다"(Holland-Bartels, 2002)고 결론 내렸다. 여기서 내린 단 하나의 결론은, (사운드의 재앙은) 전례가 없을 뿐만 아니라 전체적인 예측도 불가능하다는 것이다. NVP 프로젝트가 주는 다른 교훈은 제23장 등에서 다시 논의할 것이다(Peterson and Holland-Bartel, 2002).

제19장

생태계 최상위 포식자

알래스카 포식자 생태계 실험(APEX)

개요

1991년부터 브루스 라이트의 공식 직함은 NOAA의 '기름 유출 피해 평가와 회복국(Office of Oil Spill Damage Assessment and Restoration)' 국장이었다. 그는 자신을 EVOS 자금관리위원회에서 '잔심부름하는 생물학자'라고 말했지만, 실제로는 연구 지원비로 진행되는 프로젝트와 관련된 많은 부분을 관리해야 하고 신경 쓸 일도 많은 요직에 있었다(Wright, 1999; 2003). 그는 현장 생물학자로부터 정보를 입수해서 자원관리자와 관리위원회에 전달해주는 중요한 역할을 했다. 1994년에 SEA와 NVP 프로젝트가 시작된 이후 라이트는 EVOS 자금관리위원회에 바닷새와 점박이바다표범에 관한 생태계 연구가 필요하다고 제안했다. EVOS 자금관리위원회는 총 7종의 바닷새를 '회복 안 됨'(가마우지, 흰줄날개바다오리, 아비)이나 '회복 모름'(아비, 알락쇠오리) 피해자원에 등록시켰고, 점박이바다표범도 기름 유출로 '회복

안 됨' 피해자원으로 등록시켰다(쇠돌고래, 돌곱등어, 큰바다사자 같은 종의 기름 피해를 탐지하기는 어려웠다).

라이트를 비롯한 여러 과학자들은 기름 유출과는 별개로 먹이가 해양 포유류와 바닷새 회복에 일정 정도 영향을 준다고 믿었다(Alaska Sea Grants College Program, 1993; Hansen, 1997). 그래서 바닷새나 점박이바다표범처럼 먹잇감 어류와 최상위 포식자에 관한 여러 개의 독립 프로젝트가 진행됐다. USFWS의 바닷새 연구자 데이브 아이런스는 좀 더 통합적인 접근법을 적용한 연구를 촉발시켰다. 그는 사운드의 먹잇감 어류와 세발가락갈매기 간의 관계가 궁금해서 간단한 어군탐지기만 가지고 보트를 타고 몇 년간 먹잇감 어류를 찾아 돌아다녔다.

정교하지 못한 방법이 실패로 돌아가자 아이런스는 라이트에게 USFWS 의 바닷새 연구와 정교한 수중장비, 어류 샘플링 기법을 사용해서 NOAA 의 먹잇감 어류 연구를 하나로 묶는 통합 프로젝트를 진행해보자고 제안했다. 라이트는 EVOS 자금관리위원회가 최상위 포식자에 관한 여러 연구를 하나의 생태계 프로그램으로 통합시킬 목적으로 진행되는 워크숍을 지원하도록 만들었지만, 해양 포유류 과학자들의 참여는 불가능했다. 라이트는 워크숍 결과를 '바닷새-먹잇감 어류 프로젝트'라는 이름으로 EVOS 자금관리위원회에서 발표했다. 이 연구는 1994년 8월 프린스윌리엄사운드 시범 프로젝트의 일환으로 연구비를 지원받으면서 시작됐다.

프로젝트는 급속히 진전됐다. 존 피아트(제15장 참조)는 먹잇감에 관한 질문 해결을 위한 비교연구에서 사운드는 먹잇감 어류가 충분히 다양하지도 바닷새 군체의 번식력도 좋지 않다는 사실을 깨달았다. 피아트는 USGS 의 상급자와 라이트에게 바닷새-먹잇감 어류 프로젝트를 저지대 쿡 만까지 확장시켜야 한다고 주장했다. 그는 "우리는 쿡 만의 완벽한 시스템을 잘 안다. 기름 유출 이후 가장 많은 영향을 받은 바닷새 군체도 안다. 바다오리가 상당히 많은 바렌 군도 개체군은 최근에 비교적 안정됐다. 바다오리와 세발가락갈매기 개체가 사는 치식 섬 개체군은 지난 20년 동안 약 40~80퍼센트 정도 감소했다는 사실도 파악하고 있다. 바다오리와 세발가락갈매기가 서식하는 카체마크 만에 있는 걸 섬의 개체군은 같은 시기에 거의 동일하게 개체수가 증가했다는 사실도 안다"(Piaatt, 2002)고 말했다.

피아트는 어떤 요인이 생존 간 차이를 가져오는지를 이해하려면 극명하게 다른 생물들 — 안정적으로 번성하는 바닷새 군체와 지속적으로 감소하는 바닷새 군체 — 을 연구해야 한다고 주장했다. 그는 기름 유출로 죽은 바닷새의 90퍼센트가 저지대 쿡 만에서 죽었기 때문에 바닷새 회복에 전력을 다해야 할 곳은 사운드가 아니라 쿡 만이라고 지적했다. 피아트는 사운드가 바닷새 번식에 관한 알래스카 만 해안의 배수진이라고 생각했다. 라이트는 피아트의 말이 매우 설득력이 있다고 생각했다. 1995년 연구비 지원과 함께 쿡 만에 대한 연구가 시작됐다. 그리고 바닷새 연구와 관련된 전체 모임을 새롭게 '알래스카 포식자 생태계 실험(Alaska Predator Ecosystem Experiment: APEX)이라고 불렀다.

라이트를 비롯한 여러 과학자들은 쿡 만 연구만으로도 '먹이 때문이었나'라는 질문(Alaska Sea Grant College Program, 1993)을 해결할 수 있음을 알고 있었지만, 라이트의 주의 깊은 안목에 따라 기존 연구에 사운드의 SEA 프로그램, NVP 프로젝트 연구까지 포함되면서 연구 규모가 커졌다. 그러나 APEX 연구는 아직 그 목표가 명확치 않았다.

1995년 말 APEX의 주요 조직이 개편됐다. 라이트는 프로젝트 책임자로서의 일을 줄이기 위해 자연보존국의 데이브 더피를 끌어들였고 UAF의 댄 로비를 고용해 바닷새와 먹잇감 어류 간 에너지 흐름 모델을 개발하도록 했다. 몇몇 다른 기관의 과학자 등이 더 참여하면서 20개 부문으로 구성된 APEX 프로젝트가 만들어졌다.

라이트는 더피, 로비, 피아트 이 세 사람을 'APEX의 과학발전소'라고 표현했다. 그는 "세 사람은 다른 누구보다 이 프로젝트의 전체 그림을 잘 이해했다. 그들은 조류 동력학과 생태학을 잘 알고 있었기 때문에 프로젝트 작업 진행의 핵심이었다"라고 말했다. 라이트의 프로젝트에 대한 지칠 줄 모르는 지원은 EVOS 자금관리위원회의 연구비를 지원받는 데 많은 도움 이 됐다. APEX는 1996년부터 5년간 진행되는 생태계 프로젝트에 필요한 1,980만 달러의 연구비 전액을 지원받았다.

약 100명의 과학자들이 자료를 수집하고 현장을 조사하는 현장 연구 기간 동안 APEX은 자료 관리의 악몽을 경험했다. 다양한 연구 지역의 비교 분석에 필요한 광범위한 자료 일람을 만들기 위해서 더피와 아이런스는 장장 1년간 새로운 샘플링과 자료 공유 과정을 통합해서 프로젝트 프로토콜을 만들어야 했다. 자료 해석도 문제였다. APEX가 시작되자 자료 분석력이 자료 수집기술을 따라가지 못했다. 정교한 수중장비로 물고기 떼의 밀도를 탐지하고 측정할 수는 있지만 자료를 분석하는 수학적 과정은 애초에 그 일을 하기로 했던 계약직으로는 불가능했다. 과학자가 자신의 자료를 해석할 수 있게 되기도 전에 복잡한 수학적 알고리즘이 만들어졌다.

그리고 먹잇감 어류 생체량 및 이용도와 관련된 까다로운 수중 자료의 교차 점검도 문제였다. USFWS의 데이브 로즈노는 트롤링낚시꾼이 잡은 넙치와 범노래미 위장의 내용물을 조사하는 단순하고도 비용 면에서도 효과적인 방법을 개발했다(Roseneau and Byrd, 1997). 그는 이런 포식자 어류의 음식물로 저지대 쿡 만의 먹잇감 어류 이용도를 알 수 있다는 사실을 발견했다. 그의 프로그램은 대중적으로 엄청난 인기를 끌었다. 청어 생물학자 에벌린 브라운을 비롯한 여러 과학자들은 SEA 프로그램 항공조사 기간에 먹잇감 어류 떼의 사진을 찍는 데 사용할 수 있는 다양한 기술을 개발했다(제17장 참조). 기술적으로도 뛰어나고 훌륭했던 방법 중 하나가 진동 레이저 빛을 얕은 물속에 투과하는 라이다였는데, 이것은 깨끗하지 않는 물속도 투과했다. APEX가 진행되는 동안 브라운은 라이다를 먹잇감 어류 개체를 평가하는 실용적인 장거리 감지도구로 이용할 수 있도록 정교하게 만들었다(Brown et al., 2002).

쿡 만과 프린스윌리엄사운드에 관한 여러 프로젝트로 구성된 APEX는 해양기후와 바다의 조건이 먹잇감 어류와 바닷새 포식자에 미치는 영향을 종합하려고 노력한 최초의 시도 중 하나였다.

알래스카 만 연구: '큰 그림'

APEX 과학자들에게는 특히 고에너지 먹잇감 어류의 변화가 미치는 영향을 분석해야 하는 임무가 주어졌다. 라이트는 해양기후 변화에 관한 피아트의 이론과 폴 앤더슨의 작은 그물코 저인망을 이용한 장기 조사에 호기심을 느끼고 빠듯한 예산으로 연구를 진행했다(제15장 참조). 피아트와 앤더슨은 따뜻한 바다와 대기온도가 알래스카 만 해안에 폭풍을 일으키고 기압 차를 만들어냈다고 생각했다. 그들은 해양기후 체제의 변화를 추동하는 요인을 찾던 중 이것이 대기압의 변화와 관련되어 있지 않을까 생각하게 됐다. 라이트는 피아트와 앤더슨이 작은 그물코 저인망 조사를 이용한 자신들의 분석을 확장시키고, 알래스카 만 북쪽 해안의 해수온과 대기 상태에 관한 인공위성 자료 기록을 모을 수 있도록 연구비를 지원했다.

피아트는 워싱턴 대학에서 안식년을 보내는 동안 그즈음 알래스카 만을 비롯한 태평양 북동쪽 해수온의 급변에 대해 보고하기 시작한 워싱턴 대학 및 다른 지역 과학자들로 구성된 세미나에 참여했다. 과학자들은 이런 변화가 일반적으로 약 10년 동안 몇 년씩 주기적으로 발생한다는 사실을 발견했다(Francis and Hare, 1994). 그들은 이러한 기후체계의 변화를 태평양 10년 주기 진동이라고 명명했다.

그들은 생물학적 체계 변화와 그 영향, 온난기후와 한랭기후의 급격한 변화와 그 영향이 야생생물에게는 '갑작스런 치명타'가 된다고 설명했다(Francis and Hare, 1994: 281). 과학자들은 1920년대 초부터 1940년대 말과 1950년대 초까지, 그리고 1970년대 중반부터 자신들의 연구가 끝나는 1992년까지 온난기후 시기에 알래스카 만에 연어가 풍부한 것을 목격했다. 그러나 연어 어획은 온난기후 사이 25년간의 차가운 기후 때 급감했다. 이를 바탕으로 그들은 기후체계의 변화와 태평양 북동쪽 연어의 번식 사이에 '매우 중요하고 긴밀한 연결고리'가 있다는 결론에 도달했다(Francis and Hare, 1994: 287).

초기 연구자들의 단서를 따라가다가 피아트와 앤더슨은 알래스카 만 해안의 기초 해양물리학에 대한 엄청난 식견을 가지게 됐다(Wright et al., 2000). 사운드와 쿡 만, 알래스카 반도, 좁은 대륙붕 해안선을 둘러싸고 호 모양을 이룬 산들의 해안 쪽 수심은 550피트에서 갑자기 약 1만 3,720피트로 깊어진다. 이런 대륙붕단은 물속의 거대한 강둑과도 같이 빠르고 좁은 알래스카 조류의 방향을 북태평양 소용돌이로 이끈다. 이렇게 반시계방향으로 도는 수괴는 알래스카 만 대륙붕과 태평양 사이의 해양 연결로 역할을 한다. 반대로 소용돌이는 알류샨 저기압과 긴밀하게 짝을 이룬다.

알류샨 저기압 체계가 일으킨 매서운 겨울 폭풍은, 시베리아를 중심으로 한 고기압 마루의 느린 대기압 전선을 타고 태평양을 지나 남쪽이나 북쪽으로 밀려난다. 폭풍이 좀 더 태평양 남쪽으로 기울어져 지나가면 차가운 북서풍이 연안의 해수면을 잡아당기고 심해의 찬물을 끌어당기면서 대륙붕단을 따라 용승이 일어나고, 폭풍이 좀 더 북쪽으로 기울어져 지나가면 대륙붕을 지나가는 따뜻한 물이 대륙붕단으로 가라앉으면서 하강류가 만들어진다. 브리슬콘 소나무의 나이테에 담긴 지난 1,500년간의 기후 자료를 볼 때 두 기후체제 — 한랭과 온난 — 는 평균 15년을 주기로 앞뒤로 진동하거나 또는 한 체제가 이 둘 사이의 역전 현상 — 태평양 10년 주기 진동 — 이 있기 전 10~30년 동안 지속된다.

한편 앤더슨은 코디악에서 알래스카 만 서쪽에서 1953년부터 모은 약 9,000개의 저인망 조사 자료를 수집하고 정리하는 데 7년을 보냈고, 그동안 피아트는 워싱턴 대학 동료 연구자를 통해 동일 지역, 동일 시간에 대한

4개의 기후지표를 작성했다. 이후 두 사람은 물리학적 자료와 생물학적 자료를 결합시켜 알류샨 저기압이 약한 시기에 연안의 수온은 비정상적으로 낮았고 저인망 어획에서는 주로 새우와 열빙어가 잡혔다는 사실을 발견했다(Anderson and Piatt, 1999). 반면 알류샨 저기압이 강한 시기에는 연안 해수가 따뜻했고 저인망 어획에서는 대구, 북대서양대구, 넙치가 많이 잡혔다. 모든 기후지표에서 1977년을 전후로 찬 기후에서 따뜻한 기후로 급변한 것으로 나타났다. 앤더슨과 피아트는 36가지 어종의 저인망 어획 자료를 분석한 결과, 1972년부터 1981년 사이에 전체 평균 생체량이 절반 이상 떨어진 원인이 대체로 새우와 열빙어 같은 먹잇감 어종의 붕괴에 있다고 결론 내렸다.

앤더슨과 피아트는 기근과 포식이 생태계 변화를 추동하고 있다고 설명했다(그들이 분석한 열빙어를 비롯한 36가지 어종은 알래스카 만에서 상업적으로 잡을 수 없는 것이었다). 수온 상승으로 매우 작은 크기의 식물(식물성 플랑크톤)이 대번식하면 곧이어 작은 동물 초식자(동물성 플랑크톤)의 수도 함께 증가한다. 이렇게 영양분이 풍부한 먹이자원이 최고조에 이르는 순간에 변화가 생기면 어린 어류, 새우, 게 등은 사멸할 수 있다. 다른 연구자들이 먹잇감의 일종인 네오칼라누스의 개체수는 날씨가 추우면 한두 달 늦게 최고조에 이른다는 사실을 발견했다. 북대서양대구처럼 이른 봄철에 산란하는 종의 치어는 요각류의 양이 좀 더 일찍 증가하는 온난기후를 선호했다. 반면 온난기후에서는 열빙어처럼 늦은 봄에 산란하는 종의 치어는 중요한 먹잇감을 모두 잃어서 굶어야 할지도 모른다. 앤더슨과 피아트는 새우와 열빙어의 멸종이 먹잇감 어류의 게걸스러운 포식자인 대구와 북대서양대구, 첨치가자미, 넙치 등의 급증으로 앞당겨졌다고 생각했다.

피아트와 앤더슨은 바다 수온이 10년을 주기로 크게 변화하면 먹잇감 어종과 해저에 사는 어종의 치어가 간접적인 영향을 받는다는 결론을 내렸다. 1977년 이전 한랭기후에서는 바닷새와 해양 포유류가 열빙어 같은 지방이 많은 먹잇감 어류에 의존했다. 그런데 온난기후에서 열빙어가 급격히 줄어들자 바닷새와 해양 포유류의 먹잇감은 북대서양대구 치어로 대체됐다(Anderson, Blackbur and Johnson, 1997). 이후 일부 바닷새와 해양 포유류의 개체수가 급감했다. 그런데 북대서양대구 치어는 열빙어와 같이 지방이 풍부한 고열량의 먹잇감이 아니라 영양분이 부족한 어종이다. 한랭기후에서 온난기후로 변화하는 데는 15~20년 정도 걸렸는데 이 과정에서 생태계는 혼란을 겪고 최상위 포식자 — 바닷새와 포유류 — 개체군의 구조가 바뀌었다. 앤더슨과 피아트는 수명이 짧은 새우와 열빙어는 기온 변화에 빠르게 반응하기 때문에 기온 변화가 있고 2년 내의 변화와 북쪽 해양 생태계의 10년 주기 변화를 관찰하는 데 좋은 지표라고 생각했다.

라이트는 피아트와 앤더슨의 연구를 "지구 어디서나 일어나고 있는 생물학적 변화를 가장 잘 보여주는 그림"이라고 평가했다. 그들의 작업을 통해 기후와 먹잇감 어류가 바닷새 개체수에 미치는 영향을 이해할 수 있는 개념틀이 세워졌다.

저지대 쿡 만 연구

피아트는 쿡 만을 알래스카 만 북쪽 대륙붕이 내륙 쪽으로 크게 확장된 것으로 간주했는데(Drew and Piatt, 2002), 길이는 대략 체사피케 만 정도였다. 그는 알래스카 만에서 일어나고 있는 물리적 작용이 만에 서식하는 바닷새의 번식력에 반영되어 있다고 생각했다. 1995년부터 1999년까지 진행된 APEX 프로그램 연구에서 그는 동료 연구자들과 대학원 학생, 지원단으로 작은 조직을 만들어 프린스윌리엄사운드에서 다른 사람들이 수집한 자료와 물리적·생물학적으로 동일한 형태의 자료를 수집했다. 이것은 엄청난 규모의 작업이었다.

NOAA의 궤도 인공위성에서 보내온 해수온의 이미지와 보트를 타고 수집한 수온·염분·깊이에 관한 정보를 통해 만의 물리해양학상 특징을 파악할 수 있다. 바렌 군도 인근 대륙붕단의 수온이 낮고 영양분이 풍부한 물은 용승해서 알래스카 연안류와 북미에서 두 번째로 높은 조수간만의 차로 생긴 거센 조류를 따라 쿡 만으로 유입된다. 알래스카 만의 차가운 수괴는 만의 동쪽에서 솟아올라서 수심이 얕은 큰 강 어귀에서 따뜻한 담수와 섞인다. 그리고 따뜻한 강어귀의 물은 가는 모래와 빙하를 거쳐 만의 서쪽으로 흘러내려가 알래스카 만 해안까지 흘러간다. 서로 다른 두 수괴 사이에는 마치 켈프(대형 해조류)와 통나무, 암설을 모아놓은 것처럼 보이는 거센 파도가 수로 중앙에 생기면서 뚜렷한 경계가 형성된다.

대륙붕단 인근 바렌 군도의 안정적인 바닷새 군체는 용승으로 잘 혼합된 차가운 해수에 둘러싸여 있다. 만의 동쪽에 위치한 걸 섬의 바닷새 군체는 담수가 섞인 해수 기둥에 자리 잡고 번성하는 반면, 만을 가로질러 서쪽에 있는 치식 섬의 군체는 따뜻하고 혼탁한 강어귀의 물에 둘러싸여 힘들게 살고 있다.

피아트와 그의 팀은 해양지리학적 정보로 3곳의 바닷새 군체 간 번식력의 두드러진 차이를 잘 설명할 수 있다는 사실을 알게 됐다. 이를 검증하기 위해 그들은 먹이그물의 최하부에서 점차 상층부까지 올라가면서 분석했다. 그들은 바렌 군도 인근과 쿡 만의 동쪽에는 식물성 플랑크톤과 동물성 플랑크톤이 항상 많이 있다는 사실을 발견했다(Drew, 2002). 이 두 지역에서는 차갑고 영양분이 풍부한 물에서 작은 식물이 잘 자라고 있는 반면, 치식 섬 인근에서는 사막처럼 식물이 거의 자라지 않았다(부유식물 중 약 1/10은 카체마크 만 해수로에 있었다).

바렌 군도에서는 먹잇감 어류가 영양분이 풍부한 물속에서 다량의 플랑크톤을 먹으면서 떼 지어 산다(Robard et al., 199b). 호머에 있는 알래스카 해상국립야생보호구역에서 피아트 팀은 수백 개의 해변 예인망과 근해 중간 저인망에 잡힌 수천 마리 중 몇 백 마리를 분석한 결과 바렌 군도 연안 해에서는 바닷새가 지질이나 지방이 풍부한 어류를 특히 선호한다는 사실을 발견했다. 거기에는 고열량의 열빙어와 까나리가 전체 저인망 어획의 99퍼센트 이상을 차지할 정도로 많았다. 이에 반해 어류 수가 바렌 군도의 1/10인 카체마크에서는 까나리가 예인망 어획의 71퍼센트를 차지하고, 어류 수가 바렌 군도의 1/100인 치식 섬에서는 예인망 어획 중 까나리가 차지하는 비율은 24퍼센트에 지나지 않았다. 저인망 조사를 통해 북대서양대구와 열빙어는 주로 바렌 군도 인근 심해의 대륙붕에 많은 반면, 까나리는 카체마크 만 심해에 많다는 사실이 밝혀졌다(Abookire, Piatt and Robards, 2000; Speckman and Piatt, 2000).

피아트와 그의 팀은 바닷새의 번식 성공이 바닷새 군체 인근의 풍부한 고지질 먹잇감 어류와 상관관계가 깊다는 사실을 확인했다. 그의 팀은 바다오리와 세발가락갈매기는 새끼에게 고지질의 먹잇감 어류를 지속적으로 먹인다는 사실도 발견했다. 바다오리는 바렌 군도의 열빙어, 걸 섬의 까나리, 치식 섬의 바다빙어를 새끼에게 물어다주었고(van Pelt and Shultz, 2002), 세발가락갈매기는 우선적으로 세 섬의 까나리를 새끼에게 먹였다. 만 동쪽의 흰줄날개바다오리와 치식 섬의 뿔퍼핀도 플랑크톤이 폭발적으로 늘어날 수 있는 조건에서 잘 자라는 어류가 서식하는 카체마크 만 안에서 잡히는 까나리를 새끼에게 주로 먹였다(Litzow et al., 2000).

많은 바닷새의 영양분 공급에 일조하고 있는 까나리와 관련해 피아트와 그의 팀은 까나리의 서식지를 탐구하기 위해 개별적인 연구를 수행했다. 일차적으로 문헌 검토를 통해 그들은 까나리가 100여 종에 달하는 어류·조류·포유류의 먹이로서 생태학적으로 중요한 역할을 하는 '근원종'이라는 사실을 알게 됐다. 또한 현장조사를 통해 까나리는 거의 1년 정도를 해변 인근의 얕은 조하대에서 지내면서 먹잇감이 될 만큼 자란다는 사실을 알게 됐다. 청어나 다른 먹잇감 어류와 달리 까나리는 봄이 아닌 10월에 산란해서 다른 먹잇감 어류 성어가 지방을 많이 비축하지 못하는 여름에 오히려 고에너지를 비축한다(Robards et al., 1999a). 굶주린 새끼 바닷새에게

지질이 풍부한 먹잇감이 가장 필요한 시기에 까나리는 그 부족분을 채워 주었다.[1]

고에너지의 먹잇감 어류를 새끼에게 제공하는 다양한 바닷새 군체와 관련해 피아트는 '새끼의 생존을 무엇으로 설명할 수 있을까' 궁금했다. 그와 그의 팀은 성조가 새끼에게 먹이를 먹이는 횟수를 통해 그 답을 부분적으로 확인할 수 있었다. 먹이를 주는 횟수는 얼마나 어류를 쉽게 잡을 수 있는가에 달려 있다. 세발가락갈매기는 바다오리보다 새끼에게 먹이를 주는 게 훨씬 어려웠다(Zador and Piatt, 1999). 피아트와 그의 팀은, 부모 새 모두가 먹이를 찾으러 가지 않고 둥지에 있는 시간이라고 한 '빈둥거리는 시간'으로 그 사실을 밝혔다. 성조는 배고픈 새끼를 만족시킬 만큼 먹이가 충분할 때는 그런 호사스러운 여유를 부릴 수 있다. 만약 그렇지 않다면 부모 한쪽이 포식자로부터 새끼를 보호하는 동안 다른 한쪽이 물고기 사냥을 나선다. 피아트는 성조가 빈둥거리는 시간이나 시중을 드는 시간이 먹잇감 어류량의 매우 민감한 척도 — 또한 먹잇감 부족에 대한 매우 효과적인 반대 증거 — 라는 사실을 깨달았다.

피아트와 그의 팀은 세발가락갈매기에게는 빈둥거리는 시간이 없다는 사실 — 군체 인근에 먹잇감이 풍부한 걸 섬에서조차도 적어도 부모 한 쪽은 사냥하러 다녔다 — 을 발견했다(Shultz, 2002). 그는 "먹이를 제공해 번식에 성공해야 할 시기가 되면 세발가락갈매기의 속마음이 상당히 드러난다"고 말했다. 걸 섬처럼 인근에 먹이가 풍부하면 세발가락갈매기는 새끼를 잘 돌본다. 그러나 먹이가 부족하고 대체할 만한 먹이도 없으면 새끼의 생존율은 떨어진다. 세발가락갈매기가 해수면을 무리지어 몰려다니면서 좀 더

---

[1] 알래스카의 까나리에 대한 이런 정보 대부분이 기존에는 잘 몰랐던 새로운 사실들이어서, 생태계에 토대한 관리에도 크게 기여했다(Armstrong et al., 1999; Litzow et al., 2000; Robards, Rose and Piatt, 2002; Wilson et al., 1999).

열심히 먹잇감을 찾아다녀야만 하는 바렌 군도에서는 새끼의 생존율이 감소했다. 치식 섬에서는 성조가 충분한 먹잇감을 좀처럼 찾을 수가 없어서 새끼 새가 성조가 되는 경우가 드물었다. 피아트는 "그런 곳에 새가 사는 이유는 신만이 안다"라고 말했다.

바렌 군도와 걸 섬의 바다오리는 빈둥거리는 시간이 많지만, 치식 섬에서는 그렇지 않았다(Zador and Piatt, 1999). 먹이 공급이 어려워지면 바다오리는 하나뿐인 새끼를 성공적으로 키우기 위해 남는 시간까지도 먹이사냥에 할애해 엄청나게 넓은 지역을 돌아다닌다. 바다오리는 수심이 600피트가 넘는 곳까지 들어갈 수 있기 때문에 먹이를 찾는 곳이 세발가락갈매기처럼 해수면으로 제한되지 않는 게 도움이 된다. 먹이 공급에 큰 차이가 있음에도 불구하고 모든 군집의 부화한 지 얼마 안 된 새끼 바다오리의 무게와 신체조건이 매우 비슷하다는 점에서 이런 방식의 먹이 제공이 성공을 거두고 있다는 것을 알 수 있다. 그러나 여기에도 최소조건은 있다. 즉, 먹잇감이 최소한계치보다 적으면 아무리 바다오리가 끊임없이 돌아다녀도 어린 새끼에게 충분한 먹이를 제공해줄 수 없다.

그러나 1998년 피아트와 그의 팀은 치식 섬의 바다오리가 번식에 실패하는 경우를 목격했다(Piatt et al., 1999). 그 일이 있기 전 1997년 알래스카에 엘리뇨가 발생했기 때문이다. 적도에서 불어온 뜨거운 공기로 기온이 높이 올라가면서 1997년 6월부터 알래스카 만 해수면의 온도는 비정상적으로 상승했다. 1997년 여름 베링 해과 알류샨 남쪽에서는 섬새류와 일부 세발가락갈매기의 새끼가 배고픔으로 거대한 잔해가 되거나 자연 소멸했다. 1997년 10월 쿡 만의 수온 상승으로 1998년 5월까지도 수괴 전체가 비정상적으로 따뜻했다. 1998년 봄 동안에도 저지대 쿡 만에서 굶주림에 시달리던 새끼 바다오리의 잔해가 어느 정도 있었다. 거센 한파가 불어 닥친 이후 1998년 번식기는 바닷새에게 좋지 않은 조건이었다. 치식 섬의 바다오리는 1997년에 비해 교미가 불규칙하고(오랫동안 교미하지 않음) 부화가 늦어지고 스트레스 호르몬(코티코이드 스테로이드) 수치가 상승했으며, 대부분이 산란에 실패했다. 더욱더 부족한 먹잇감 문제에 시달리던 세발가락갈매기는 1998년 치식 섬과 바렌 군도 모두에서 번식에 실패했고(Shultz and Harding, 2002), APEX 연구가 진행되는 5년 동안 치식 군체의 뿔퍼핀 새끼의 성장은 더욱 더뎌졌다(Harding, 2002; Harding, Piatt and Hamer, 2003).

바다오리의 회복

여러 분야에 걸쳐 진행된 심도 깊은 연구와 통합된 기록 자료에 대한 광범위한 분석을 결합시킨 5년간의 연구 후 피아트는 마침내 중요한 질문, 즉 기름 유출 이후 언제쯤 바다오리가 회복될 것인가에 대답할 수 있을 만큼 충분한 정보가 모였다고 생각했다(Piatt, 2002). 그는 1970년대 말에 한랭 기후에서 온난기후로 이동하고 따뜻한 기후가 지속되면서 1980년대와 1990년대에 바닷새의 고지질 먹잇감 어류 이용도가 감소했다고 결론 내렸다(Piatt and Rosenau, 1999). 그 결과 기름 유출 사고를 기점으로 광범위한 개체군 감소, 번식성공률 감소, 대량 폐사 문제가 발생한 것이다. 피아트는 이런 기후 변동이 알래스카 만에 대규모로 서식하거나 저지대 쿡 만 지역에 서식하는 먹잇감 어류와 바닷새에 미치는 영향을 정리했다.

이러한 대서사와는 반대로, 피아트는 엘리뇨나 무작위적으로 발생하는 기름 유출과 같은 소규모 사건이 번식 성공과 개체군에 미치는 영향을 측정할 수는 있으나 쉽지 않다는 것을 증명해 보였다. 그는 보금자리가 새들이 번식하기에 적합하거나 또는 군체 내 번식이 적당한 곳에 모든 새들이 서식하고 있을 때는 엄밀한 개체수 자료도 틀린 결론을 내릴 수 있다는 사실을 알고 있었다. 이것은 여관에 방이 없거나 마을에 여관이 없는 경우로, 기름 유출이 있기 전 걸 섬의 세발가락갈매기와 바렌 군도의 바다오리가 바로 이 두 경우에 해당했다. 그러나 기름 유출 이후로 많은 바다오리가 기름에 죽어서 바렌 군도에 번식할 만한 서식지가 갑자기 엄청나게 생겼을 가능성도 있었다. 그러나 피아트는 1989년 수천 마리의 바다오리가 죽으면서 생긴 바렌 군도의 빈자리는 바다오리의 번식으로 채워지기보다 오히려 바다를 무리지어 떠다니는 물새 떼의 잉여 새들로 대부분 채워졌을 것이라고 생각했다. 당시 그는 바다오리의 생산성이 개체군의 번식 추이를 가늠하기에 좋은 지표는 아니라는 것도 알고 있었다. 바렌 군도와 걸 섬, 그리고 치식 섬의 번식 성공이 모두 비슷했다. 그러나 개체군의 다양한 번식 추이에서도 알 수 있듯이, 모든 새들이 산란한다고 하더라도 부화된 새끼가 모두 생존하는 것은 아니었다.

피아트는 바렌 군도의 바다오리에 대한 자료 기록과 생산성이 아닌 번식 성공에 관한 보다 실질적인 지표가 없다면 기름 유출이 바다오리 개체군에 미친 영향과 회복시간을 정확하게 판단할 수 없다는 사실을 알고 있었다. 그러나 기름 유출 이후 1989년부터 1999년까지의 연구 자료를 종합해본 결과, 바렌 군도에서는 매년 약 4퍼센트씩 바다오리가 증가하는 것으로 나타났다. 이를 통해 피아트는 당시 생태학적 상황이 바렌 군도의 안정된 개체군을 지속시키고 적절한 개체군 성장을 유지할 정도는 충분히 됐다고 판단했다. 이를 통해 기름 유출로 고통 받던 군집의 바다오리 개체가 안정적인 연령 분포를 회복되는 데 20~70년이 걸릴 것이라던 그의 초기 예측이 증명됐다(제15장 참조).

바다오리의 회복에는 적당한 환경 조건도 중요했다. 그러나 기록적으로 긴 온난기후로 바닷새는 살기 위해 고군분투하고 있었다. 그나마 희소식은 피아트를 비롯한 많은 사람들이 2000년대 초 한랭기후 ― 바다오리를 비롯한 다른 바닷새에게 알맞은 조건으로 ― 가 올 것이라고 예상했다는 점이다(이후 연구를 통해 이것은 사실로 입증됐다).

프린스윌리엄사운드 연구

바닷새 개체수의 변화 원인이라고 간주된 기름 이동경로와 먹잇감 변화에 관한 몇몇 단서들이 잘 들어맞지 않은 것처럼 보이면서 프린스윌리엄사운드의 APEX 연구는 점차 논쟁의 소용돌이에 휘말렸다. USFWS의 바닷새 연구자 데이브 아이런스를 비롯한 여러 연구자들은 1989년부터 1993년까지 진행된 사운드 일대 해양 조류 조사 결과를 1972년과 1973년에 실시된 피트 아이슬레이브의 기름 유출 이전 조사와 비교했다. 그 결과 그들은 많은 종들의 개체수가 감소했다는 사실 — 일부는 매우 급격히 감소했다 — 을 확인했다(Agler et al., 1999). 개체수가 감소한 종은 대부분 어식성 조류 — 아비, 가마우지, 비오리, 일부 세발가락갈매기 군체, 일부 갈매기, 북극제비갈매기, 바다오리, 에투피리카, 앵무바다오리 — 였다. 조개를 비롯한 무척추동물을 먹는 몇몇 종 — 흰뺨오리, 흰줄박이오리, 검은머리물떼새, 검둥오리 — 은 20년 동안 그 수가 크게 증가했으나 일부 종은 기름 유출이 있기 전까지는 매우 잘 살다가 기름 유줄 이후 감소했다. 어식성 바닷새가 감소한 원인을 그들의 조사로는 정확히 알 수 없으나, 먹잇감 어류가 그 대답을 찾는 시발점이라는 것은 확실했다.

사운드의 APEX 연구는 바닷새를 연구하는 생물학자, 먹잇감 어류 평가 팀, 생태학자, 모델 개발자 등의 작업으로 이뤄졌다. 과학자들은 사운드의 어식성 바닷새 개체수가 급감한 원인을 찾기 시작했다. 해양물리학에 초점을 맞춰 생태계 하위 단계에서부터 최상위 포식자로 올라가면서 연구하던 알래스카 만과 저지대 쿡 만에 관한 APEX 연구와 달리 프린스윌리엄사운드 연구는 먹잇감 어류(열빙어, 까나리, 청어, 북대서양대구의 치어)와 바닷새에 초점을 맞췄다.

프린스윌리엄사운드에는 빙하 — 이 지역에서는 여전히 빙하가 흘러내리고 있다 — 가 이동하면서 생긴 움푹 파인 피오르드로 복잡한 강 하구가 형성되어 있었다. SEA 조사에서 이 지역이 수괴에 따라 크게 세 지역으로 나뉜다는 사실이 밝혀졌다. 해수 활동이 활발한 중부부터 남서부 지역은 힌친브룩 하구로 휘몰아치는 알래스카 연안류에 실려 온 알래스카 만 해수의 영향을 받는다. 이 해류는 반시계방향으로 회전하면서 사운드 중심부를 휘돌아 몬태규 해협으로 빠져나간다. 북동부와 동부 지역은 대체로 온난하지만 중앙 환류의 영양분과 플랑크톤, 알래스카 만 유입의 영향을 지속적으로 받는다. 북부와 북서부 지역은 수괴가 매우 안정적이고 알래스카 만 해수보다는 유출되는 빙하와 강의 영향을 더 크게 받는다.

광범위한 대기 과정이 알래스카 만에 영향을 주기 때문에 사운드로 유입되는 알래스카 만 해수량과 수온, 사운드 해수의 혼합도는 매년 그리고 계절마다 달라지며, 그 영향으로 플랑크톤이 생성되고 확산된다(제17장 참조). 수온이 높은 만에서 집중적으로 플랑크톤이 대번식하게 되면 새끼 청어와 까나리가 해수면으로 모이게 되고, 그 어류들은 해수면에서 먹이를 잡아먹는 바닷새의 먹잇감이 된다.

사운드의 APEX 프로그램은 세발가락갈매기에 주목했다. 새까만 날개 끝과 다리, 그리고 노란 부리가 있는 이 작고 하얀 갈매기는 사운드에서 가장 많은 군집을 형성하고 있다(Irons, 1996). 사운드 전체 27개 군체에 약 2만 쌍이 둥지를 틀었다. 롭 수랸을 비롯한 연구자들은 기름 유출 이후 10년간의 연구를 통해 세발가락갈매기의 3/4는 사운드 북쪽에 있는 두 개의 큰 군집에 몰려 있고 나머지는 그 외 지역에 흩어져서 크고 작은 군체를 형성하고 있음을 확인했다. 1970년대 이후 사운드 전역의 세발가락갈매기 개체군은 안정적이었다. 그런데 시간이 갈수록 그 분포가 점차 남쪽에서 북쪽으로 이동했다(Suryan and Irons, 2001). 1972년 아이슬레이브는 대부분의 세발가락갈매기가 중부와 남동부 지역에 있다는 사실을 확인했다. 남부와 북부의 세발가락갈매기 개체군 분포가 1980년대 중반에는 동일했지만, 1990년대에는 70퍼센트가 사운드 북부에 그것도 북서쪽과 북동쪽 양 끝 으로 두 군집이 서로 멀리 떨어져 있었다.

세발가락갈매기는 시각으로 먹이를 찾는 동물로 대개 해안에 인접한 얕은 물에서 청어와 까나리 떼의 위치를 확인하고 먹잇감을 공격한다. 그러나 세발가락갈매기 군집의 사냥지역은 거의 겹치지 않았고 이 점이 개체군 분포 변화를 이해하는 데 중요했다. 사운드 북동부 쇼프 만에서 새끼 새는 청어 치어를 먹고 살았는데, 1980년대 청어가 급증했다. 결국 청어의 증가로 새의 개체수가 증가하면서 군집도 커졌다. 반면 서식지가 줄어든 사운드 중부와 남부에서 성조는 새끼 새에게 대체로 까나리와 열빙어를 먹였는데 1970년대 군집이 커지면서는 청어와 태평양빙어를 먹였다(Kuletz et al., 1997). 그러다가 1980년대에 거대한 알래스카 만 해수의 기후체제 변화와 함께 사운드 중부의 열빙어와 태평양빙어가 급격히 줄어들었고, 이 지역의 세발가락갈매기 수가 감소했다.

새끼 새의 생존은 고열량 먹잇감과 깊은 상관관계에 있다. 1년생 청어는 까나리나 열빙어, 그해 부화한 새끼 청어보다 열량이 풍부한 지질로 채워져 있다(Anthony and Roby, 1997). 그런데 1989년 기름 유출이 그해 부화한 새끼 청어를 대부분 휩쓸어버리면서 1990년까지 살아남은 1년생 청어가 희박해졌다(Suryan. Itons and Benson, 2000). 기름 유출 이후 청어 성어의 생식 성공률도 낮아져 이 기간에 1년생 청어의 양이 급격히 줄어들었다(제20장 참조).

아이런스와 롭 수량은 1996년부터 1999년까지 연구한 두 군체 —— 쇼프 만과 엘리너 섬의 군체 — 가 먹이 스트레스에 각각 다르게 반응했다는 사실을 발견했다(Ainley et al., 2003). 쇼프 만의 군집에서 세발가락갈매기의 성조는 기존에 먹던 1년생 청어를 대체할 다른 대안이 전혀 없자 어린 새끼에게 까나리와 1년생 미만 새끼 청어라도 충분히 먹여야 했기 때문에 엄청난 스트레스를 받았다. 연구자들은 무선 태그를 부착한 새를 추적해 청어가 극히 희박했던 해 성조가 어류를 잡는 시간과 먹잇감을 물어다주는 간격이 길어지면서 새끼 새의 사망률이 증가했다고 결론지었다(Suryan et al., 2002). 엘리너 섬의 군집은 주로 까나리를 잡아먹고 가끔씩 열빙어를 먹었다. 그런데 1년생 청어가 희박해지던 해 섬의 세발가락갈매기는 지방이 많은 다른 먹잇감 어류와 1년생 미만의 새끼 청어로 먹이를 바꿨다.

　세발가락갈매기는 바다오리와 달리 일정치 않은 먹잇감으로 새끼를 지켜낼 정도의 능력이 없었다(Kitaysky, Piatt and Wingfield, 1999; Kitaysky, Wingfield and Piatt, 1999). 쇼프 만의 서식지에서는 기름 유출 이후 10년 동안 최소 세 차례 — 1990년에는 기름 유출이 직접적으로 영향을 크게 미친 것 같았고, 1997년과 1998년에는 전반적으로 먹잇감 어류가 부족했으며, 1997년에는 엘리뇨 때문에 — 먹이 공급에 어려움이 있었다. 새끼 부양 스트레스로 성조의 남은 에너지가 고갈되면서 기대수명과 이듬해 번식력도 감소했다(Golet and Irons, 1999; Golet, Irons and Costa, 2000; Golet, Irons and Estes, 1998). 관련 연구들은 엑손 밸디즈 호 기름 유출에 의한 사운드 전역의 청어 감소가 이 지역 세발가락갈매기 서식지에 지속적으로 영향을 주었다고 결론 내렸다.

　흰줄날개바다오리에 관한 연구도 세발가락갈매기에 관한 조사 결과를 뒷받침했다. USFWS의 생물학자 쿠레츠과 골렛을 비롯한 연구자들은 팀을 이뤄 이전에 하던 사운드 중부 네이키드 섬 흰줄날개바다오리 군집에 관한 연구를 재개했다. 로비는 먹잇감 어류의 지방 성분 조사를 통해 에너지 밀도는 까나리·청어·열빙어가 높고 새끼 곱사연어와 북대서양대구가 낮다고 결론지었다(Anthony and Roby, 1997). 쿠레츠와 골렛은 바다오리 새끼의 먹이 영양분이 1970년대에서 1990년대로 가면서 점차 달라졌다는 사실을 발견했다(Hayes and Kuletz, 1997). 1970년대에는 바다오리가 새끼에게 지방이 많은 어류를 충분히 제공해주었는데, 1980년대부터 먹잇감 중 지방이 적은 어류의 비중이 증가했고 1990년대에는 대부분의 먹잇감이 지방이 적은 어류로 바뀌었다. 이 시기에도 바다오리는 새끼를 계속 낳았지만 개체수는 크게 감소했다. 쿠레츠와 골렛은 성조 몇 쌍을 추적해 지방이 많은 어류를 먹은 새끼는 성장이 빠르고 생존율도 영양분이 적은 어류나 다른 먹잇감을 먹은 새끼보다 높다는 사실을 확인했다(Golet et al., 2000). 이를 토대로 그들은 흰줄날개바다오리가 건강한 새끼를 낳으면서 군집을 지켜내려면 지방이 풍부한 먹잇감 어류가 필요하다고 결론 내렸다.

아이런스는 1996년, 1998년, 2000년에 사운드 전역의 해양 조류 자료를 업데이트했다(Irons et al., 2000). 그는 자신이 연구한 15종 가운데 9종의 개체 수가 기름 유출 피해에서 정도는 다르지만 여전히 회복되지 못하고 있음을 확인했다. 어류를 먹는 가마우지, 비오리, 바다오리, 흰줄날개바다오리가 기름 유출 이후 11년간 장기적인 피해에 대한 가장 확실한 증거였다. 흰줄박이오리, 흰뺨오리, 검은머리물떼새는 초기에 큰 피해를 입었지만, 적어도 검은머리물떼새만큼은 근래에 회복 기미를 보였다. 세발가락갈매기 개체군은 대체로 안정적으로 유지되었는데, 이것은 새들이 기름으로 오염된 남쪽에서 오염이 안 된 북쪽으로 서식지를 이동했기 때문에 가능했다. 아비가 기름 유출의 피해를 가장 적게 입었다.

아이런스는 이런 지속적인 피해를 예상하지 못했기 때문에 조사는 개체수의 감소 원인을 규명할 수 있도록 설계되지 않았다. 그러나 그는 1993년과 1998년의 해양 조류의 개체수 감소에 이 기간에 발생한 엘리뇨가 어느 정도 관련되어 있을 것이라고 생각했다. 개체수 감소의 또 다른 이유가 NVP 연구로 밝혀지면서 몇몇 해양 조류와 해달이 아이런스의 조사가 진행되는 동안에도 기름에 계속 노출되어 있었다는 게 명확히 밝혀졌다(제18장 참조). 이런 확실한 증거를 바탕으로 그는 환경에 지속적으로 노출되어 있는 기름과 먹이량 감소가 프린스윌리엄사운드 해양 조류의 회복에 영향을 주고 있다고 결론 내렸다.

프린스윌리엄사운드 해양 포유류 연구

점박이바다표범

ADFG 생물학자 캐시 프로스트와 로이드 로리는 점박이바다표범의 먹이를 분석할 대안을 열심히 찾았는데, 대변이나 위장의 내용을 분석하는 기존의 방법은 어느 정도 내재 편향을 가지고 있을 뿐 아니라 수집하기도 어려웠기 때문이다(Frost, 2003). 캐나다 출신 사라 아이버슨이 새롭게 지방산을 이용해 해양 먹이사슬과 기각류(물개, 해마, 강치)의 먹이를 연구한다는 사실을 알게 됐다.

아이버슨은 '먹은 음식으로 그 사람을 알 수 있다'라는 원칙에 따라 먹잇감의 지방산은 기각류의 지방층에 그대로 누적되기 때문에 그 지방층으로 최근에 먹은 먹잇감을 확인할 수 있는 방법을 발견했다. 기각류는 매년 주기적으로 풍요와 빈곤을 겪는데, 아이버슨은 '빈곤'기에 살아 있는 동물에서 약간의 지방층을 생검했고 여기에 지방산 발현형 코드로 전사된 최근 음식물 기록이 포함되어 있는 것을 확인했다. PAHs 발현형이 원유마다 다른 것처럼 먹이도 저마다 독특한 발현형, 즉 화학적 특성을 지니고 있다. 지방산은 지질의 가장 큰 구성성분이다. 당시 아이버슨은 특정 지질을 천연 생물지표로, 특정 지방산을 다양한 먹이지표로 사용한 지방산 코드 분석법을 개발 중에 있었다.

아이버슨과 프로스트가 EVOS 자금관리위원회에 지방산 발현형을 점박이바다표범의 음식물 연구에 사용하자고 제안한 1993년 당시, 그것은 가장 전도유망하고 가능성도 높은 방법이었다(Iverson et al., 2004). 1994년부터 아이버슨과 프로스트, 로리는 태그 부착을 위해 사운드 해변으로 붙잡혀 온 동물 중에서 점박이바다표범 생후 1년 미만의 새끼, 생후 1년 이상 된 새끼, 그리고 성체를 골라서 지방층을 생검해 수집했다(Frost et al., 1999). 1997년에는 작은 동물을 대상으로 한 인공위성과 결합된 태그 기술이 신뢰할 만큼 발전하자 그들은 갓 젖 뗀 점박이바다표범도 연구에 포함시켰다. 그들은 점박이바다표범이 해변으로 올라오는 인근 지역에서 먹잇감 종 ― 열빙어, 대구, 청어, 태평양빙어, 연어, 혀가자미, 바다빙어류, 까나리, 둑중개, 꼴뚜기, 새우, 오징어, 북대서양대구, 볼락 ― 을 수집하고 수천 종에 이르는 개체 샘플을 분석한 후 지방산 성분에 관한 '먹이 라이브러리'를 구축했다 (Iverson, Frost and Lowry, 1997). 그들은 자신들의 지방산 발현형으로 평균 95퍼센트 정도 정확하게 먹이를 구분할 수 있음을 알게 됐다. 그들은 동일한 정확성으로 점박이바다표범이 먹은 음식물도 구분할 수 있었다.

이 세 명의 과학자는 프린스윌리엄사운드, 알래스카 남동부, 코디악 — 서로 250~500마일 정도 떨어진 지역들 — 에 있는 점박이바다표범의 지방산 발현형을 토대로 지역에 따라 먹잇감에 큰 차이가 있음을 발견했다. 그들은 점박이바다표범이 있는 해변 인근의 먹잇감 양과 분포의 차이가 반영된 지방산 발현형으로 50마일이 넘는 사운드의 바다표범을 지역별로 구분할 수 있었다. 그들은 많은 바다표범이 올라가는 해변이나 수영하고 먹이를 잡는 곳 인근에 머물러 있음을 발견했다(Frost, Simpson and Lowry, 2001; Lowry et al., 2001). 그들은 올라가는 해변이 서로 6~10마일밖에 떨어져 있지 않은 특정 장소에서 바다표범을 확인하기도 했다. 정확하지는 않지만 모험심 강한 '콜럼버스 바다표범'일수록 좀 더 넓은 지역을 다니면서 다양한 먹잇감을 잡아먹는다는 것도 밝혀졌다.

아이버슨와 프로스트와 로리는 연령별, 연도별, 그리고 가장 중요하게 생각하는 10년 주기로 음식물의 차이를 기록했다(Frost et al., 1999; Iverson, Frost and Long, 1999). 그리고 채취한 점박이바다표범의 지방층 표본을 통해 사운드에서는 1970년대에 점차로 넙치가 감소하고 곱사연어가 증가했으며 코디악에서는 1990년대에 비해 까나리가 늘어나고 그 종류도 다양해졌다는 사실을 밝혀냈다.

또한 그들은 1997년부터 동위원소 희석법이라는 실험실 기법을 사용하면서 프린스윌리엄사운드에 있는 1년생 미만과 1년생 바다표범의 지방과 단백질, 수분의 체내 성분 측정에서 획기적인 성과를 거뒀다(Iverson et al., 1998). 그들은 어린 바다표범이 과거 누군가 측정한 다른 어린 점박이바다표범보다 체중이 더 나가고 지방층도 두껍다는 사실을 확인하고는 깜짝 놀랐다(Iverson, Frosr and Lang, 2003). 이와 관련해 프로스트는 "어떤 어린 점박이바다표범보다 두 배나 뚱뚱한 어린 점박이바다표범이 등장했다는 것은 먹잇감 문제가 최근에 발생한 게 아니라는 것을 의미한다"(Frost, 2003)고 말했다. 덧붙여 그녀는 "1970년대에 문제가 발생했을 가능성이 있다"고 했다. 그들은 체내 지방 성분은 먹잇감의 다양성과 관련이 깊다는 사실을 발견했다. 즉, 다양한 음식물을 섭취한 어린 바다표범의 건강상태가 더 좋았다. 또한 그들은 태평양빙어와 같이 일부 고지방 종은 전체 먹잇감의 평균 5퍼센트도 안 되지만 지방층 지방의 30퍼센트를 차지하기 때문에 지방을 비축하는 데 다른 먹이보다 더욱 중요하다는 사실을 알아냈다.

2000년 프로스트와 로리는 ADFG를 그만두었다. 그들의 연구가 먹잇감과 과거 사운드의 점박이바다표범 감소 사이의 관계를 이해하는 데 기여했지만 '그게 먹이 때문인가'라는 질문은 완전히 해소되지 않았다. 프로스트는 "내가 제시할 수 있는 최고의 시나리오는 1970년대 말과 1980년대 초에 무슨 일이 벌어졌다는 것이다. 그때 분명히 먹이 — 음식 — 의 기본 구성이 바뀌는 생태계의 변화가 있었지만, 기초 자료가 없기 때문에 문제 발생 지점을 정확히 집어내지 못했다"라고 말했다.

아이버슨은 현재까지도 지방산 발현형 연구를 광범위하게 활용하고 있다.[2] 프로스트는 아이버슨의 연구를 '회복 프로그램이 거둔 실질적인 성과 중 하나'라고 평가했다. 그녀는 "지금은 지방산 발현형이 연구에 일반적으로 사용되고 있다. 아무도 그걸 이상하게 생각하지 않는다"고 말했다.

최상위 포식자 연구는 바닷새와 해양 포유류의 건강상태, 새끼의 생존, 개체 성장과 크기에 대한 먹이의 다양성과 지질의 역할을 조사하면서 파란을 일으켰다. 이 연구는 개체군 감소라는 난제의 해결에 도움을 줄 뿐만

---

2) 지방산 발현형 연구는 여러 종의 먹이사슬 관계 이해에 이용된다. 예를 들어 NOAA 오크베이 실험실 과학자들은 이것을 수산업 연구에 적용했다(Heintz and Larsen, 2003).

아니라 종의 생존에서 먹이의 질이 양만큼이나 중요한 이유를 알려줄 것이다. 이 연구는 지금도 계속되고 있지만 이 책의 논의 수준을 벗어나기 때문에 여기서는 다루지 않았다.

범고래

1993년 크레이그 맷킨의 NGOS 팀은 범고래 연구비를 받지 못했다. EVOS 자금관리위원회는 과학자들에게 모든 자료를 '주 조사관'에게 넘겨야 한다는 계약 조건을 제시했다. 맷킨은 EVOS 자금관리위원회에서 지원하려는 연구 계획이 사실상 자신의 기존 연구와 동일하다는 점— 어떤 독립적 혹은 다른 연구는 전혀 없었다 — 에서 계약 자체가 자신의 연구를 가져가려는 노골적인 시도라고 생각했다. 확실히 그런 계약은 연방정부 과학자들이 수행한 1989년 이후의 연구 결과를 통제할 수 있는 조건을 포함하고 있었다. 맷킨은 1993년 민간 독립 재단으로부터 범고래 연구자금을 지원받았다.

그해 가을 맷킨은 EVOS 자금관리위원회 모임에서 목소리를 높여 위원회를 격렬히 비판했다. 그는 EVOS 자금관리위원회가 경쟁 입찰 부재, 이해관계 충돌, 과도한 행정비용 등으로 몸살을 앓고 있다는 내용이 담긴 미회계감사국의 보고서를 가지고 있었다. 그는 연방기관의 과학자들이 "거대 연구에 대한 꿈과 예산과 명예를 독점하며 자신들의 경력과 권력을 계속 지키려고" 막대한 복구비용을 사용한다고 비난했다. 맷킨은 "우리의 관찰과 조사도 중요하다"고 주장했다. 그는 연방정부와 주정부가 자신들의 연구에서 민간 연구원을 교체하지 않겠다던 발언을 확실히 제대로 지키라고 요구했다(EVOS Trustee Council, 1994). 그는 해달 생물학자 리사 로터만과 척 모넷이 겪은 일을 잘 알고 있었다. 그는 "지금 나는 내쫓긴 상태일 뿐더러 이 연구도 더 이상 진행되지 않을 것이다"라고 밝혔다.

맷킨은 억울함을 호소할 수 없는 해달 생물학자들의 처지에 괴로웠을 것이다. 호머의 어부 짐 디엘은 새로운 EVOS 자금관리위원회 공공자문단의 새 멤버였다. 공공자문단은 민사 합의 등에 필요한 역할을 해야 했지만 1992년까지는 관료주의적 성격이 강한 EVOS 자금관리위원회의 의사결정 과정에 통합되어 있지 않았다. 공공자문단은 대중의 강력한 항의 — 코도바 어부 릭 스테이너 등의 투쟁 — 로 만들어졌었다.

디엘은 EVOS 자금관리위원회가 특히 맷킨의 연구 같은 민간 연구를 독려해야 한다고 확신하고 있었다. 디엘은 맷킨을 사적으로는 몰랐지만, 기름 유출 이전부터 오랫동안 해왔던 맷킨의 일은 알고 있었다. 그는 EVOS 자금관리위원회 내에서 만족스러운 답을 얻지 못하자 워싱턴의 상무부에 시정을 요구했다. EVOS 긴급대책위원회 모임이 열린 1993년 가을까지 디엘은 NGOS 연구를 지지하는 65통의 편지를 받았다. 맷킨은 "그 이후로 EVOS 자금관리위원회는 내 말을 진지하게 받아들일 수밖에 없었다"라고 회상했다.

연방정부 과학자들은 절충안을 제시했다. EVOS 자금관리위원회가 NGOS 연구를 지원하는 대신, 고래 지방층의 오염원을 조사하는 6만 달러짜리 새 연구는 NGOS 팀이 샘플을 제공하면 이를 토대로 연방정부 과학자들이 이후 연구를 수행한다는 것이었다. 오염물 연구에서 연방정부 과학자들은 프로스트가 점박이바다표범을 대상으로 개발한 샘플링과 분석기법을 고래의 지방층 분석에 사용하면 효과적일 것이라고 가정했다. 그러나 실제로는 그렇지 않았다. 연방정부 과학자들은 범고래에게 그 방법이 효과적이지 않다는 것을 알게 되자, 6만 달러의 NOAA 지방산 연구는 실패로 끝나고 말았다. 이제 대중의 철저한 감시를 받게 된 EVOS 자금관리위원회는 결과가 불투명하고 성과가 없는 연구를 지원하지 않으려 했다. 결국 맷킨에게 까다롭게 굴었던 과학자들은 기름 유출과 사운드에 대한 연구를 서서히 중단시켰다. 1994년 이후로 맷킨과 NGOS 팀은 매년마다 오염물 연구가 포함된 계약을 체결해야만 했다.

1999년 맷킨은 1989년 기름 유출 이후 발견한 사실들을 정리했다(Matkin et al., 1999; Scheel, Matkin and Saulitis, 2000). 그는 거주성 AB 무리는 죽은 13마리 범고리 자리를 아직 채우지 못했다고 보고했다. 기름 유출 이후로 그 무리에서 7마리의 새끼가 태어났지만, 1993년 한 모계 그룹이 무리에서 갈라져 다른 거주성 무리와 함께 떠났기 때문이다. 이런 행동은 결속력이 강한 체류 범고래에게 드문 일이었다. 맷킨은 기름 유출과 연이은 암컷 고래들의 죽음 이후에 발생한 사회구조의 극적 변화가 AB 무리에서 사회적 분열과 지속적으로 높은 사망률을 촉발시켰다고 믿었다. 그러나 사운드에서 볼 수 있는 6개의 또 다른 거주성 무리의 개체수는 기름 유출 이후로 증가했다.

맷킨은 이주성 범고래 AT1 무리도 기름 유출 이후 감소된 개체수를 회복하지 못했으나, 이들의 경우는 기름 유출이 기존의 복잡한 상황을 더욱 악화시켰다고 분석했다. 맷킨과 NGOS 팀은 1984년 이후로 AT1 무리에서 새끼가 전혀 태어나지 않았다는 것을 알게 됐다. 맷킨은 그 원인 중 하나를 일차 먹잇감인 점박이바다표범의 부족에서 찾았다(Saulitis et al., 2000). 1970년대 중반부터 1990년 중반까지 사운드와 알래스카 만의 점박이바다표범 개체수가 60~90퍼센트 정도 급감했다. 그래서 맷킨은 생태계 오염이 새끼 감소에 영향을 미쳤을 것이라고 추측했다.

1994~1999년 맷킨은 EVOS 자금관리위원회의 지원으로 범고래에게 영향을 미치는 오염물을 연구했다. 그와 동료들은 북태평양 동쪽의 알래스카 이주성 킬러 고래가 — 오염이 더 심각한 바다에 서식하는 범고래에 비해 — 고수준 유기염소제(DDT, DDT 분해물, PCBs)에 오염되어 있는 것을 보고 충격을 받았다(Ylitalo et al., 2001). 오염물과 유전에 관한 연구에 지방층 생검이 이용됐는데, 그 결과로 놀라운 사실이 밝혀졌다: 어린 암컷 고래는 성적으로 성숙해질수록 유기염소제도 같이 증가하다가 첫째 새끼에게 대부분의 오염물을 전달하고 나면 그 양이 급감했던 것이다. 그 이후 태어난 새끼들

은 어미로부터 점점 오염물을 적게 물려받았다. 한편 성체 수컷에서는 평생 유기염소제가 지속적으로 누적됐다.

알래스카 이동성 범고래의 90퍼센트 이상에 들어 있는 유기염소제는 다른 해양 포유류 ― 고리무늬바다표범, 점박이바다표범, 해달 ― 에게 생식 장애와 면역체계 문제를 발생시키는 것이 밝혀졌다(Hellem, Olssen and Jensen, 1976). 거주성 범고래에서도 오염물 수준이 상승하고는 있지만, 생명을 위협받고 있는 이주성 범고래만큼은 높지 않았다. 물론 먹이 때문에 이런 차이가 발생한다. 이주성 고래는 중요 먹잇감인 점박이바다표범을 통해 유기염소제를 흡수하는 반면, 거주성 고래는 오염물 수준이 매우 낮은 어류를 잡아먹는다. 이런 오염물이 어떻게 알래스카 범고래의 생식에 영향을 미치는지를 분석하는 연구가 계속되고 있지만, 이 책의 논의 수준을 넘어서기 때문에 다루지 않는다.

엑손 사의 반응

엑손 사의 과학자들은 공적 자금으로 수행하는 포괄적 연구에 비견할 바닷새와 해양 포유류에 관한 연구를 전혀 수행하지 않았으면서도 공적 신뢰를 받는 연구 결과에 반박하고 나섰다.

조류 연구

2년간 엑손 사의 과학자들은 기름 유출이 바다오리를 비롯한 바닷새에게 미치는 영향을 연구했으나, 그 이후 10년 이상을 공적 자금으로 수행한 바닷새 연구를 깎아내리는 논문을 쓰는 데 보냈다.[3] 엑손 사의 과학자들

---

3) 이에 관한 신랄할 논쟁은 Boersma and Clark, 2001; Irons et al., 2001; Parrish and Boersma,

이 처음 한 바다오리에 관한 기름 유출 연구에서 회복 지표로 사용한 개체수와 생산성에 주목했다. 그러나 생산성과 회복에 관한 엑손 사의 연구(Boersma, Parrish and Kettle, 1995)는 바렌 군도에 적용하기에는 한계가 있었는데, 그 지역에 관한 기록 자료가 개략적인데다가 해석의 여지가 있기 때문이다. 다른 군집을 대상으로 엑손 사의 과학자들이 모은 개체수 자료는 공적 자금으로 연구하는 과학자들의 수치와 유사했지만, 엑손 사의 과학자들은 기름 유출로부터의 신속한 회복을 보여줄 목적으로 공적 자금으로 연구를 수행하는 과학자들의 기록 자료 사용을 제한한 사실이 밝혀졌다(Erikson, 1995). 공적 자금으로 연구를 수행하는 과학자들이 이런 측정방식으로는 개체군의 회복과 성장을 정확하게 예측할 수 없다고 했지만, 엑손 사의 과학자들은 그 일을 해낼 수 있는 것처럼 행동했다(제15장 참조).

엑손 사의 과학자들은 기름 유출 이후 바렌 군도 바다오리 군집의 매해 성장률이 25퍼센트라고 예측했다(Boersma, Parrish and Kettel, 1995). 그런데 피아트가 바렌 군도의 생태학적 조건으로는 그런 최적 성장률이 뒷받침될 수 없다는 것을 이미 밝혔다. 엑손 사의 과학자들이 제시한 수치는 피아트가 다양한 측정 배열법으로 관측한 수치보다 6배 높았다. 엑손 사의 과학자들 중 일부는 기름 유출이 있기 전 바다오리를 연구한 적이 있었는데, 그당시 제시한 바다오리 개체군 동역학에 관한 모델 — 엑손 사에 고용되기 전인 1982년에 만들었다 — 에 의하면 바다오리 군집에서 번식기에 있는 중요한 성조가 감소 상태에서 회복되는 데 수십 년이 걸릴 수 있다(Frod, Page and Cartel 1987). 그런데 피아트는 바로 이 연구를 토대로 1990년대에 자신의 예측결과를 내놓았었다.

엑손 사의 과학자들은 기름 유출 이후 1989년부터 1991년까지 사운드 일부 지역에서 해양 조류를 조사한 후 이를 USFWS에서 1984년부터 1985

1995a; 1995b; Piatt, 1995; 1997; Wiens et al., 1996; 2001; Wiens and Parker, 1995 참조.

년까지 수행한 조사 결과와 비교했다(Murphy et al., 1997). 그런데 엑손 사의 과학자들은 개체수의 일반적인 추이 조사 대신 서식지 이용에 기름이 미치는 영향을 조사했다(Day et al., 1997). 그들은 시간이 지남에 따라 증가했거나 변하지 않은 종(기본적인 서식지 이용에 변화가 없었다)을 보고하면서, 이를 기름의 영향이 전혀 없었다는 것으로 해석했다. 그런데 엑손 사의 과학자들은 자신들이 세운 연구 설계의 기본 가정을 위반했다. 그들은 새들이 기름에 심하게 오염된 서식지나 해변으로는 되돌아오지 않을 것이라고 가정했지만, 실제로 많은 새들이 되돌아왔다. 결국 엑손 사의 과학자들은 이런 기본 가정을 위반했기 때문에 그들의 결론 또한 정당하지 않다.[4]

엑손 사의 과학자들은 기름 유출로 바닷새 개체수가 감소했다는 결론을 반박하겠다는 강박관념에 사로잡혀서 난해한 통계기법으로 자료를 표준화했다(Wiens et al., 1996). 엑손 사의 통계 조작은 심지어 자연적 원인으로 대규모 개체군이 붕괴된 사실조차 뒤엎고 감출 만큼 효과적이었다. 인위적인 통계 조작은 편향을 만들어냈다. 허프는 "자료를 여러 단계의 통계 조작을 통해 걸러내면……결국 면밀하게 분석된 샘플링을 부정하려는 분위기에 설득된다"(Huff, 1954: 18)고 지적했다. 엑손 사 조사의 허점은 공적 자금으로 연구를 수행한 과학자들이 자연적 원인으로 조류 수가 크게 감소했다고 상세하게 정리할수록 더욱 명확해진다.

엑손 사의 과학자들은 기름 유출 이후의 조사 내용을 보강하지 않았음에도 아이런스의 최근 조사 결과에 대한 공격을 멈추지 않았다(Wiens et al., 2001). 이에 대응해서 아이런스와 그의 동료들은 엑손 사의 과학자들이 과거 이슈를 재조명하는 데 실패했고 "그들이 지속적으로 논쟁하려는 이슈

---

4) 엑손 사의 과학자들은 "높은 곳에 둥지 틀기는 새들을 지역의 조건에 무관하게 오염 지역으로 회귀하게 만들 것이다. 이런 환경 하에서 우리는 서식지 이용에 대한 부정적인 영향을 감지할 수 없게 했을 것이다"(Day et al., 1997: 609).

는 가용 자료로는 확실하게 해결될 수 없는 것"(Irons, 2001: 893)이라고 지적했다. 이것은 엑손 사의 과학자들이 과거의 증거를 가지고 낡은 논쟁을 반복적으로 계속한다는, 즉 같은 말만 반복하고 있다는 것을 간접적으로 표현한 말이다. 아이런스는 자신의 초기 결론을 고수했다.

점박이바다표범 연구

엑손 사는 애초에 점박이바다표범은 연구하지 않기로 했는데, 이를 두고 프로스트는 '특이한' 결정이라고 말했다. 엑손 사는 사운드의 개체군 수를 조사하기 위해 1988년 ADFG를 그만둔 프로스트와 로리의 전직 상관을 고용했다(Burns, 1993). 그들의 전직 상관과 엑손 사의 다른 연구자들은 여러 회의에 참석해서 기름 유출로 약 300마리의 점박이바다표범이 죽었다는 프로스트와 로리의 주장에 맞섰다. 2001년 출간된 보고서에서 엑손 사의 과학자들은 기름 유출이 점박이바다표범에 미친 영향을 다르게 해석했다. 그들은 "사고 후 바다표범이 기름 유출 지역에서 멀리 떨어진 곳으로 이동했다는 것이 사라진 바다표범에 대한 가장 수월한 설명방식이다"(Hoover-Miller et al., 2001: 131)라고 주장했다.[5]

연구를 그만둔 이후 발표된 이 주장에 대해 프로스트와 로리는 자신들이 1989년 바다표범 개체수를 확인하고 기름 오염의 정도 및 작용을 기록하면서 사운드에서 17피트의 보스턴바다표범과 함께 '수많은 시간'을 보냈다는 짧은 말로 대신했다. 프로스트와 로리는 기름에 오염되지 않은 지역에서 기름에 오염된 바다표범을 본 적이 없다. 프로스트는 "아무도 기름에 오염된 바다표범을 보지 못했다면, 과연 기름에 오염된 바다표범은 전

---

5) 엑손 사의 과학자들이 조작한 자료는 기름 유출의 피해를 모호하게 만들었다. "우리는 개체군 추이에 대한 설명에 과도하게 영향을 미치는 지역을 제외하고 가장 개체수가 많은 지역들을 가지고 1984년 개체수를 표준화했다"(Hoover-Miller et al., 2001: 115).

부 어디로 간 걸까요”라고 말했다.

엑손 사의 과학자들은 무선 태그 연구, 지방산 발현형 분석, 유전 연구에서 나온 기름 피해에 대한 종합적인 증거도 대부분 무시하고 잘못 해석했다. 불리한 자료를 감추면서 문제를 ‘증명’하는 데 고용된 사람들이 일반적으로 이와 비슷하게 자료를 선택적으로 해석하는 속임수를 사용한다(Huffe, 1954: 75, 123). 또한 엑손 사의 과학자들은 절대치를 무시한 채로 개체군의 변화를 관찰했다. 엑손 사의 바닷새 연구 과학자들은 해양 조류 조사에도 이와 비슷한 방식으로 접근했다. 앞에서 논의했듯이, 이런 접근방식으로는 자연적인 원인으로 바닷새와 점박이바다표범 개체수의 엄청난 감소를 탐지할 수 없기 때문에 기름 유출과 관련된 보다 실질적인 피해를 탐지하기는 어려웠을 것이다.

범고래

엑손 사의 과학자들은 프린스윌리엄사운드의 범고래에 관한 연구는 전혀 하지 않았다.

최상위 포식자에 관한 연구의 종합

나는 현재 캘리포니아 주 산타크루즈의 보전과학연구소에 근무하는 라이트에게 거대하고 복잡한 최상위 포식자에 관한 연구를 요약해달라고 청했다. 라이트는 동일 요인이 궁극적으로 최상위 포식자를 통제한다는 믿음으로 10년 가까이 바닷새 생물학자와 점박이바다표범 생물학자 사이에서 정보를 제공해주고 있었다. 그는 SEA와 NVP처럼 이런 중요한 연구들이 제대로 연구되길 간절히 바랐다. 그러나 최상위 포식자 연구는 다른 연구와 연결되지 못한 채 시작했던 그대로 ― 형식적으로 독립 분리된 연구 ―

끝까지 진행됐다. 따라서 오직 관련자들만 각 연구가 어떻게 연결되어 있는지 알고 있었다.

최상위 포식자 연구를 통해 북태평양 야생생물의 생존과 번식이 먹이의 질과 이용도, 포식, 서식지의 변화와 감소, 질병, 기름을 비롯한 오염원의 영향을 받는다는 사실이 밝혀졌다. 또한 이들 요인과 긴밀하게 연결되어 있는 인간이 이것을 복잡하게 얽히게 하면서 여러 단계에 엄청난 영향을 미친다는 사실도 밝혀졌다.

바닷새와 점박이바다표범 연구로 알래스카 북부 만 연안 생태계는 해수면의 작은 온도 변화에도 먹잇감 어류부터 최상위 포식자까지 영향을 받는다는 사실이 밝혀졌다. 다른 연구자들에 의해 기후체제 변화 — 따뜻한 해수와 차가운 해수의 전환과 역전 — 가 자연발생적인 태평양 10년 주기 진동의 일부라는 사실도 밝혀졌다.

라이트는 거대한 알래스카 북부 만 생태계의 온도 민감성은 인간이 해수온에 영향을 끼치면 해양 생태계에서 이와 유사한 반응이 일어날 수 있다는 것을 의미한다고 말했다. 그는 보통 인구가 많은 지역의 생물 서식지 감소가 좀 더 중요하다고 생각하지만, 생물 서식지는 인간에서 기인한 해수면 온도 상승으로도 감소할 수 있다는 사실을 관찰했다. 따라서 온실가스 배출로 지구온난화나 기후체제 변화 같은 현상이 발생하게 되면 북태평양 해양 생물은 황폐화될 것이다.

APEX와 해양 포유류 연구를 통해 기후체제 변화는 먹이의 양과 질 모두에 영향을 미칠 뿐만 아니라 최상위 포식자의 생존과 번식력에도 영향을 미친다는 사실이 밝혀졌다. 기록 자료 분석을 통해 1970년대 말 이전에는 알래스카 만과 사운드의 수온이 낮고 열빙어가 풍부했다는 사실이 밝혀졌다. 이 같은 조건에서는 최상위 포식자 — 범고래, 해양 조류, 강치, 바다표범, 그리고 육식어종 — 의 번식이 활발했다. 그런데 수온이 상승하고 먹잇감 어류가 사라지자 최상위 포식자는 다른 먹이를 먹거나 굶어야 됐다.

그동안 열빙어를 찾는 데 어려움이 없었던 포식자가 이제 다른 먹잇감을 찾아 나섰다. 그런데 북대서양대구 치어나 새끼 곱사연어 같은 먹잇감은 열빙어보다 열량이 낮다. 포식자가 자신에게 덜 적합한 먹잇감을 잡아먹어야 하고 그조차 힘들어지면 질이 좋지 않은 먹잇감이 바닷새의 건강과 생산성을 영향을 미치게 된다. 결국 먹잇감 어류의 감소와 저열량 먹이, 어려운 포식, 이 세 가지 불행의 압박으로 바닷새와 점박이바다표범을 비롯한 해양 포유류 개체군이 붕괴됐다.

최상위 포식자 연구는 자연 순환과 오염물의 상호작용이 야생생물에게 영향을 미칠 수 있다는 것을 보여준다. 바다오리 군집의 개체수는 기름 유출이 있은 지 10년 만에 거의 정상으로 돌아오고 있지만, 개체군이 안정을 되찾고 기름 유출에 의한 개체수 감소를 회복하는 데는 20~70년 정도 걸릴 것으로 예상했다. 이런 평가는 여전히 바다오리에 적합한 환경조건 — 좀 더 낮은 기후 시기로의 이동 — 에 의존한 것이었다. 또 다른 연구를 통해 프린스윌리엄사운드의 세발가락갈매기가 기름 유출 이후로 청어가 사라져서 스트레스를 받고 있다는 것이 확인됐다. 새끼에게 먹일 청어 치어 부족으로 1990년에 개체군이 줄었는데, 1997년과 1998년에 발생한 엘리뇨로 열악한 환경조건과 먹잇감 부족이 겹치면서 개체군이 더욱 줄어들었다.

범고래의 경우 DDT, PCBs 같은 잔류성 유기체 오염물의 증가가 기름 유출과 먹잇감 이용도의 변화로 인한 피해를 증가시켰다. 기름 유출 이후 대부분의 개체가 죽은 범고래 집단은 기름 유출의 피해에서 회복하지 못했다. 기름 유출 이후 전체 개체수가 증가한 알래스카 만 거주 범고래와 비교했을 때 어류를 잡아먹는 사운드의 잔류성 범고래 AB 무리의 사회적 행동 및 크기의 변화는 기름 유출과 직접적으로 관련되어 있을 것이다. 반면 포유류를 잡아먹는 이동성 범고래 AT1 무리는 지난 20년간 새끼를 낳지 못했다. 이것은 자연적 원인에 의한 먹이량 감소와 고래 지방층에서 유기 염소 오염물의 농도 상승이 결합되면서 발생했을 가능성이 높다. 이제 유전적으로 독특한 범고래 계통의 미래는 불확실하다. 기름 유출 이후 범고래의 생식이 힘들어지고 개체수도 감소하자 2003년 가을 알래스카 환경단체와 알래스카 원주민 그룹이 연합해서 범고래를 멸종위기에 처한 종으로 선언해달라고 청원했다(O'Harra, 2003).

마지막으로, 라이트는 SEA 프로그램과 같은 종합적인 연구를 통해 야생생물과 생태학적 과정을 조사할 지속적이고 포괄적이며 장기적인 접근법이 중요하다고 결론 내렸다. 이런 접근방식은 오염물과 기름 유출, 기후온난화 같은 인간의 방해요인이 야생생물 개체수의 자연적 성쇠에 미치는 영향을 측정할 수 있게 해주었다. 최상위 포식자와 먹이, 해양 기후에 관한 연구가 대규모 GEM 프로젝트의 하나로 계속 진행되고 있다(제22장 참조).

제20장

어류와 기름 독성

곱사연어와 잔류성 기름의 피해

주정부의 생물학자들은 1991년 가을에 ADFG 생물학자인 샘 샤르가 기름에 오염된 사운드의 강에서 발견한 수많은 곱사연어의 죽은 알 때문에 난처해졌다(제16장 참조). 1992년 1월 오크베이 실험실 기름오염부의 스탠리 '지프' 라이스 부장은 연방정부 과학자들과의 전략회의를 위해 샤르를 비롯한 주정부 과학자들을 오크베이 실험실로 초대했다. 1991년 어류와 야생생물 피해에 관한 민사 협의 이후로 마침내 주정부와 연방정부의 과학자들은 자료와 연구 결과를 자유롭게 공유할 수 있게 됐다. 회의에 참석한 과학자들은 샤르가 사운드에서 발견한 것 — 잔류성 기름의 피해 — 을 실험실에서도 재현할 수 있는지 실험하기로 했다. 과학자 브라이언 부에는 이후 '부에 효과(Bue Effect)'로 알려진 가을철 알 조사 재개를 주장했다. 과학자들은 기름에 노출된 알이 성어에게 미치는 영향을 실험하면서, 성장발육 장애와 성어의 생존율 감소 같은 기존에 발견된 일부 사실도 입증할 수 있는지 조사하기로 했다.

일부 연구는 시토크롬 P450-1A 효소의 PAHs 분해가 몇몇 종에게 유전적 손상과 암을 유발할 수 있는 합성 매개물을 만들어낸다고 보고했다. 그러나 이전 연구는 대체로 다량의 기름을 짧은 시간 노출시켜서 실험을 진행했다. 기름 유출 이후 연어 산란층에서 낮은 농도의 탄화수소만 발견되자 모임에 참석한 과학자들은 알의 높은 치사율을 일으킨 원인이 무엇이든지 간에 그것은 매우 낮은 수준의 탄화수소나 심지어 분석 장치의 감지 한계치 근처나 그 이하 정도에서 작용한다고 가정했다. 그들은 곱사연어 알을 두 가지 방법으로 분리배양하기로 했다. 즉, 하나는 8개월간의 배 발생 기간 동안 매우 낮은 수준의 기름에 노출시키면서 배양했고, 다른 하나는 기름에 전혀 노출시키지 않은 채 배양했다(Heintz, Short and Rice, 1999).

역사적인 실험은 1992년 가을 바라노프 섬 남동쪽 끝에 위치한 리틀포트월터 부화장에서 시작됐다. 이 거대 야생 지역은 기름 유출이 있기 전의 프린스윌리엄사운드처럼 배경 오염의 수준이 매우 낮았다. 실험에는 사운드의 곱사연어처럼 조간대에 산란하는 사신크리크 지역의 연어를 이용했다. 부화장은 1938년부터 연방정부의 조사기지로 사용되고 있는 곳으로 곱사연어 생식에 관한 생물학 연구가 수행되고 있었다. 연어를 배양해본 경험이 있는 연방정부 생물학자인 론 하인츠가 프로젝트의 책임을 맡았다. 조용하고 겸손한 성격의 하이츠는 이 일로 자신의 삶이 바뀔 것이라는 것도, 10년 이상을 계속 기름이 곱사연어에 미치는 만성적인 영향을 연구할 것이라고도 생각하지 못했다.

개념상으로 이 실험의 설계는 단순했다. 부화실을 프린스윌리엄사운드의 조건과 비슷하게 만드는 것이었다. 노스슬로프 풍화 원유의 양을 달리해서 자갈에 흩뿌린 후 연어 알을 넣기 전에 (48시간 동안) 흐르는 물에 자갈을 씻었다. 물의 초기 PAHs 농도는 2~5ppb이었다. 두 달이 지나기 전에 정교한 장비(가스 크로마토그래피 질량 분광측정기)로 측정해본 결과, PAHs의 농도는 100ppt 정도에 불과했다. 8개월 후 치어가 나타났을 당시 PAHs 농도는 정부가 소유한 기술 장비로도 측정 불가능할 정도로 낮았다. 이미 1970년대 연구에서 생물학적 피해가 발생하려면 1,000~100,000배 높은 수준이어야 한다고 했기 때문에, 낮은 PAHs의 농도에 화학자 쇼트는 실망했다. 쇼트와 그의 상사인 라이스 모두 전체 실험 기간이 너무 짧았던 게 아닌가 생각했다.

아이디어는 단순했지만 실험 구성이 복잡했기 때문에 잘못됐을 소지는 많았다. 1993년 3월에 진행된 첫 번째 조직 분석 결과 어류에서 비정상적인 특징이 많이 발견됐다. 이후 조사를 통해 알이 수정되고 나서 누군가 해수 펌프를 틀어놨던 걸로 밝혀졌다. 연어 알이 해수에 저항력이 생기기 전까지는 매우 민감하게 반응하기 때문에 부화기의 3/4 가까이를 버릴 수밖에 없었다. 특유의 절제된 표현으로 하인츠는 "무언가를 새롭게 성장시키고 키우는 것은 더딘 고통의 과정이다"라고 말했다. 팀은 자신들이 할 수 있는 일을 하기로 하고 실험은 이듬해 가을에 재개하기로 했다.

첫 번째 실험 결과는 놀라웠다. 우선, 실험 준비 과정에서 과학자들은 연어가 알에서 치어로 발달해 가는 놀라운 생물학적 변화를 자세히 조사할 수 있었다(Marty, Heintz and Hinton, 1997. Tip 11 참조). 실험 준비만큼이나 생물학적 변화도 복잡해서 그 과정에서도 잘못될 여지는 많았다. 오크베이 실험실 팀은 기름에 노출시킨 어류에서 발달지체 장애와 에너지 소모가 많은 시토크롬 P450-1A 효소 생성뿐만 아니라 사망 증가를 발견했다(Marty et al., 1997b). 과학자들은 일부 발달 과정 변화가 어류의 생존력에 영향을 준 게 아닌가 하고 의심했다. 예를 들어, 1993년 현장 연구의 기록처럼 생식선 세포의 비정상적인 팽창은 성어의 생식 손상으로 연결될 수 있다. 과학자들은 20년 전 결과대로 알 상태일 때가 기름 노출에 가장 민감하다는 사실을 깨달았다(Rice, Moles and Short, 1975).

다음으로, 화학 샘플을 통해 자갈에 묻어 있던 PAHs 중 일부만 물에 용해됐다는 사실을 확인했다. 어류 조직에서 자갈에 묻어 있던 탄화수소가 아니라 물에 용해됐던 PAHs만 발견됐기 때문이다(Marty et al., 1997b). 이것은 곱사연어의 유생은 이전에 생각했던 것처럼 기름에 오염된 퇴적물과 직접 접촉해서가 아니라 부화기와 자갈을 통해 들어온 물속 PAHs를 흡수했다는 것을 의미했다. 더욱 놀라운 것은 미미하기는 해도 5ppb의 낮은 기름 농도에도 새끼 연어는 큰 영향을 받는다는 사실이다. 이 수치는 주정부의 수질 기준치 10ppb PAHs보다 낮을 뿐만 아니라 연방정부의 가이드라인 300ppb PAHs보다 60배나 더 낮았다(State of Alaska Water Quality Standard Regulations 18 AAC 70; U.S. CRF 45 79339 1980).

오크베이 실험실 팀은 기름의 단기적인 영향에 기초한 낡은 사고로는 알 수 없는 멋진 신세계에 들어섰다는 것을 깨달았다. 라이스는 1970년대에 주정부의 PAHs 수질 기준 개발에서 했던 자신의 초기 연구를 "지난 15년간의 연구가 부질없었다. 얼마나 절망적이던지"라고 평가했다. 기름의 장기적인 영향이 어느 정도이고 기름이 어떻게 영향을 미치는지를 파악하고자 오크베이 실험실 팀은 초기 실험 설계에 두 가지 연구를 추가했다. 그들은 1993년 가을에 실험을 재개하면서 자갈 위에 알을 띄워 놓고, 이전에 제안했던 결론처럼 기름에 오염된 물과 닿기만 해도 생물학적 피해가 발생하는지 실험했다. 기름에 오염된 후 1년간 풍화작용을 받은 자갈—첫 번째 실험에서 사용했던 바위—에도 알을 띄워 놓았다. 이 실험은 '부에 효과'를 테스트하는 것으로, PAHs 분자가 작은 것에 비해 PAHs 분자가 크고 독성이 강할수록 자갈에 있는 잔류 기름의 증발속도가 늦는지, 만약 그렇다면 이것으로 샤르가 사운드에서 발견했던 것과 같은 독성의 장기적 영향을 설명할 수 있는지를 살펴봤다.

두 번째 실험이 진행되는 동안 쇼트과 하인츠는 어떻게 낮은 농도의 기름이 장기적인 생물학적 피해를 발생하는지 파악하고자 열심히 연구했다. 그들은 시간에 따른 탄화수소 감소를 측정한 프루도 만 풍화 원유에 관한 실험 자료를 연구하고, 이것을 기름 유출 이후 몇 년간 사운드에서 수집한 수천 개에 달하는 샘플과 비교했다. 그들은 여기서 나온 모든 정보를 가지고 새로운 기름 풍화 이론을 만들어내고 기름 유출 이후 시간 경과에 따라 PAHs에서 관찰되는 변화가 단순한 물리학적 결과라고 예측했다(Short and Heintz, 1997).

하인츠는 이렇게 설명했다. "1970년대에 사람들은 용해도로 기름의 독성을 생각했다. 그래서 기름은 물에 잘 녹지 않으니까 수생생물에게 그리 나쁘지 않을 것이라고 생각했다. 그런데 동역학이나 화학적 반응률 관점에서 용해도를 생각해보면 가벼운 진동을 계속하는 기름분자 중 표면 근처에 있던 분자는 진동하다가 가끔 기름 막을 뚫고 나가기도 한다. 그런데 기름 분자는 물을 좋아하지 않기 때문에 다른 기름이나 액체를 만나면 거기에 달라붙는다. 사운드 바위 위에 기름을 떨어뜨리면 PAHs가 계속 흘러나올 것이다. 이것이 바로 풍화 과정이다. 그래서 만약 그 아래에 연어 알처럼 작은 액체 주머니가 있으면, 그 주머니가 차츰 PAHs를 흡수할 것이다."

1970년대 기름 독성에 관한 중요 관점은 기름의 물속 용해 속도와 생물학적 피해 관계에 주목했다. 대체로 수용성 획분이 수질 기준의 근거가 됐다. 이후 기름의 생물학적 피해와의 관련성에 관한 새로운 관점은 시간 경과에 따른 PAHs용해도를 측정했다. 이 새로운 모델을 통해 어떻게 잔유 패치가 독성을 유지하고, 심지어 시간이 지나면서 독성이 더 강해지는지 — '부에 효과' — 를 설명할 수 있게 됐다. 분자가 큰 PAHs가 수용성 획분보다 더 느리게 방출된다. 왜냐하면 분자가 클수록 분자가 완전히 끊어질 만큼 진동하기가 쉽지 않기 때문이다. 따라서 수용성 획분이 기름에서 빠져나오면서 잔류 기름 속 분자가 큰 PAHs 농도는 증가하게 된다. 잔류 기름의 잔류성이 길어지고 PAHs가 쉽게 용해되지 않게 되면, 잔류 기름의 독성은 PAHs 대부분이 없어질 때까지 지속적으로 증가한다.

이런 새로운 견해를 바탕으로 1991년에 샤르가 기름에 오염된 사운드

강에서 관찰한 연어 알의 폐사와 배아의 기형 증가에 대한 이유가 설명됐다. 오크베이 실험실 팀은 결국 잔류 기름에서 PAHs가 충분히 빠져나간 곳에서는 생물학적 피해가 전혀 발생하지 않을 것이라는 사실을 깨달았지만, 사운드가 언제쯤 그렇게 될지는 알 수 없었다. 그들은 "수년간 지속될 수도 있다"(Heintz, Short and Rice, 1990: 501)고 생각했다.

수용성 획분에 따라 기름은 여러 가지 생물학적 영향을 미친다. 동물의 경우 수용성 획분은 대체로 세포막에 영향을 주고 중추신경계에 영향을 미쳐서 단시간 내 마취효과를 일으키기도 한다. 이것으로 기름 유출 직후 점박이바다표범의 정신없이 갈팡질팡하는 행동, 해달과 바다표범의 뇌 손상을 설명할 수 있다. 그러나 PAHs는 시간의 경과에 따라 점차 세포 내에 영향을 미쳐서 생명의 기본적인 기능을 방해한다. 기름 독성에 대한 새로운 관점은 1970년대에는 이해할 수 없었던 기름 유출 이후 수년간 사운드에서 발견된 만성적 질병을 설명해줄 수 있다. 예를 들어, 오랫동안 PAHs에 노출되면 배아가 변형되고 치어의 성장이 더뎌질 수 있다(Heintz et al., 2000; Heintz, Short and Rice, 1999; Marty et al., 1997b).

하인츠 팀은 이 새로운 기름 풍화 모델이 자신들의 테스트 결과와 일치하는지를 알고 싶었다. 1994년 봄 그들은 PAHs가 확인되는 물에 있는 기름 묻은 자갈에서 부화 중이거나 떠 있는 알 조직에서 PAHs를 발견했다(Heintz, Short and Rice, 1999). 그들은 PAHs의 초기 농도가 주정부 수질 기준의 10분의 1에 해당하는 1ppb의 낮은 농도의 기름에 노출된 배아는 상대적으로 치사율이 높고 물질대사 이상, 변형이 많은 것을 발견했다. 좀 더 풍화된 기름으로 실험 알의 치사율이 더 높다는 것도 확인했다. 이런 사실들을 통해 그들이 수행한 첫 번째 실험 결과가 정당하다는 사실뿐만 아니라 새로운 관점과도 일치한다는 것이 밝혀졌다.

오크베이 실험실 팀은 실험실에서 발견할 사실이 프린스윌리엄사운드에서 일어나고 있는 일과 어떻게 연결되는지 궁금했다. 처음 기름이 유출됐을 당시 많은 과학자들이 담수가 유출되면서 기름이 강어귀로 흘러들어오지 못하게 되고, 따라서 연어가 있는 강바닥이 기름에 직접 노출되지는 않을 것이라고 생각했다. 그러나 기름이 자갈 산란층에 직접적으로 영향을 줘서 발달 중인 배아에게 피해를 주는 것은 아니라는 사실이 새로 확인됐다. 강둑이나 심지어 상류 인근까지도 영향을 받을 수 있었다. 라이스는 몇 주 동안 이 문제를 깊이 고민했고 조류가 일어날 때 해수가 강둑을 따라 그동안 매몰되어 있었던 상류 기름 주머니를 덮쳤을 것이라고 생각했다. 반대로 조류가 잠잠해지면 강물 — 알이 묻혀 있던 수로 — 이 최저 수위로 빠지면서 기름에 오염된 물이 자갈을 지나쳐서 거꾸로 다시 흘러갔을 것이라고 생각했다(Heintz, Short and Rice, 1999).

이 이론을 입증하려면 라이스 팀에게는 기름 유출이 있던 초기 연도에 강바닥과 강둑에서 추출한 샘플이 많이 필요했다. 이것은 이루어질 수 없는 꿈이라고 생각했다. 그런데 뜻밖의 일이 벌어졌다. 1994년 11월 뒤늦게 쇼트는 ADFG 생물학자 마이크 위드머에게 1989년, 1990년, 1991년 삼각주에서 수집한 퇴적층 샘플 '한 무더기'에 관한 이야기를 전해 들었다. 내용인 즉, ADFG 직원들이 냉동기를 정리하면서 샘플을 몽땅 쓰레기장에 처박아버렸다는 것이다. 쇼트는 이 샘플들을 원했다. 이와 관련된 일은 정부 법률단에서 기밀사항으로 했기 때문에 그때까지 쇼트와 라이스는 이런 샘플이 수집됐다는 사실조차 모르고 있었던 것이다. 위드머가 도시 쓰레기장으로 달려가 보니 샘플은 여전히 보관 사슬* 상태로 냉동 봉인되어 있었다. 그는 그중 0.5톤의 퇴적물 샘플을 수거했다. 쇼트는 앵커리지로 가는 다음 번 비행기에 샘플 수화물을 실어 오크베이 실험실로 보냈다. 라이스는 "이 샘플이 바로 우리 이론을 뒷받침해줄 잃어버린 고리란 걸 알았다"라고 말했다.

---

* 증거를 최초 수집 시기부터 법정 제출 때까지 무결성 상태로 완벽하게 보관하는 것.

실제로 그 퇴적물 샘플은 정보의 보고였다. 1989년 ADFG는 기름 오염을 문서화하려고 수로 인근 조간대 지역에 있는 172곳의 강에서 한 차례 이상 샘플을 수거했다. 기름 분포 지도를 만들기 위해 일부 강에서는 1989년에 이어 1990년과 1991년 강바닥부터 강기슭까지 대대적으로 샘플을 수거하기도 했다. 그 결과 총 300개의 샘플이 만들어졌다. 그리고 지도, 현장 노트, 사진, 비디오테이프를 이용해 샘플 지역을 매우 세세하게 기록해두었다. 쇼트는 샘플을 분석했고 이후 새로운 풍화 모델에서 예측했던 것처럼 기름 오염의 화학적 지문과 엑손 밸디즈 호의 풍화유와 일치한다는 사실을 확인했다.

1995년 오크베이 실험실의 과학자 마이크 머피는 모든 자료를 활용해 12곳의 강에 대한 샘플 작업을 다시 진행했다. 쇼트는 새로운 모델의 예측대로 잔류 기름 대부분이 독성이 강한 PAHs이라는 것을 확인했다. 쇼트를 비롯한 과학자들은 기름 유출이 있은 후 5년간의 실험실 자료를 외삽해서 대부분의 강에서 PAHs가 최저치 이하로 떨어질 때까지 연어의 알이 죽었다는 결론을 내렸다. 이것은 샤르의 작업 — 기름에 오염된 강에서 곱사연어의 높은 사망률은 기름 유출 이후 4년 가까이 지속되다가 그 후에 낮아졌다는 사실을 밝혔다 — 과 일치하는 것이었다(Murphy et al., 1999).현장 관찰 결과는 새로운 이론으로 완벽하게 설명됐다.

그들의 자료와 모델로 1970년대 패러다임을 적용한 엑손 사의 과학자들에게 난제로 남아 있던 '기름이 해양 생물에게 어떤 영향을 얼마나 지속적으로 미치고 있는지'에 관한 수수께끼를 설명 가능했다. 핵심은 기름이 불균등하게 여기저기에 분포되어 있다는 점이다. 해수면 퇴적물 속에 뭉치거나 고여 있던 기름은 천천히 풍화되다가 폭풍이나 조류, 먹잇감을 찾는 야생생물 때문에 좀 더 얇게 층을 이루며 퍼져나간다. 이렇게 해서 잔류 기름이 재분포를 하면 PAHs가 방출되고 또다시 풍화와 죽음의 사이클이 시작됐는데, 그 사이클은 PAHs 농도가 생물학적 피해를 유발하지 않는 수준으로 떨어져서야 끝난다. 라이스는 그러한 잔류 기름이 유독한 지뢰밭을 만들어 연어, 흰줄박이오리, 해달을 해치거나 이와 비슷한 과정을 통해 다른 야생생물에게 피해를 입혔을 것이라고 말했다.

쇼트가 기름 풍화 모델을 정교화하는 동안 하인츠 팀은 생물 성장사 실험과 같은 부화 연구를 진행했는데 언제나 곱사연어의 수명과 세대주기가 짧았다. 1993년 실험에서 살아남은 프라이에게 첨단 표지를 붙인 후 방류해서 성장과 성어의 생존을 조사했다. 초기 발견을 입증하고 확인하기에는 살아남은 프라이가 적어서 1994년과 1995년 하인츠는 곱사연어로 실험을 반복했다. 매년 20만 마리 이상의 프라이에 첨단 표지장치를 부착해 방류한 후 1세대뿐만 아니라 2세대 새끼까지를 대상으로 기름 노출이 장기적으로 미치는 영향을 조사했다.

지속적인 부화 연구 과정에서 오크베이 실험실 팀은 중요한 발견을 했다. 그들은 배아 때 PAHs의 초기 농도가 18ppb인 물에 노출됐던 새끼 연어는 기름에 오염되지 않은 어종에 비해 성장 지체를 보인다는 사실을 알아냈다(Heintz et al., 2000). 그들은 치어의 성장이 느리면 해양 환경에서 잡아먹힐 가능성이 크다는 것을 알고 있었다(제17장 참조). 더욱이 PAHs의 초기 농도가 15~18ppb인 물에서 부화된 배아의 성어 회귀율이 40퍼센트 정도 감소 — 부화 시기가 다른 세 집단을 대상으로 반복적으로 실험을 했다 — 하는 것을 보고 깜짝 놀랐다. 그들은 배아 때 약 5ppb의 PAHs에 노출됐던 성어의 회귀율이 20퍼센트 감소한 것도 알아냈다. 게다가 원종(原種)이 부화 단계에서 기름에 노출되면서 입은 피해는 2세대, 즉 자식 성어의 회귀 감소를 가져왔다. 실험실에서 어류와 야생생물에게는 '안전'하다고 생각했던 것보다 더 낮은 PAHs 농도의 기름에 노출된 곱사연어의 알과 배아는 개체의 건강뿐만 아니라 개체군까지 생물학적 피해를 입었다.[1]

---

1) 배아가 낮은 수준의 기름에 노출되면 확실히 생식상의 피해가 발생하는데, 이것이 기름 노

무엇보다 이 발견(Bue, Sharr and Seeb, 1998)은 1992년과 1993년의 곱사연어 붕괴는 원종이 알과 배아, 치어일 때 기름에 노출됐던 것과 관계있을지도 모른다는 것을 의미했다. 예를 들어, 1988년에 부화된 원종은 1989년의 치어 단계에서 연안 양식장 지역에서 기름에 노출됐다. 1990년의 기록에 따르면 그 집단은 그해에 성어가 되어 회귀했지만, 1992년 곱사연어 붕괴에서 알 수 있듯이 생존력 있는 새끼를 못 낳았다. 1989년에 태어난 원종은 1989~1990년 겨울에 알 또는 프라이 단계일 때 조간대 강에서 기름에 노출됐고, 1990년 치어일 때 연안 양식장 지역에서 기름에 노출됐다. 1991년의 기록에 따르면, 이들 연어는 그해 성어가 되어 돌아왔지만, 1993년 곱사연어 붕괴에서 보듯이 역시 건강한 알을 낳지 못했다. 그런데 프린스윌리엄사운드 청어와 곱사연어 어종은 붕괴됐지만, 다른 어종은 기름에 오염되지도 피해를 입지도 않았다. 여기에는 복잡한 메커니즘이 작동하고 있지만, 이와 관련된 모든 원인과 연결고리를 알아내기는 불가능할 것이다.

샤르의 예언처럼 그의 알 조사 자료에 내포된 의미 — '부에 효과' — 는 실로 엄청났지만, 샤르는 자신이 발견한 문제들을 해결하는 연구까지는 진행하지 못했다. 샤르는 1995년 1월 알래스카를 떠났다. 이에 대해 샤르는 기름 유출을 연구하면서 우울했던 것 중 하나가 "일군의 과학 공동체 연구자들이 쉽게 돈에 매수당하는 것"이라고 말했다(Sharr, 2001). 바로 그 '일군'의 연구자들 — 엑손 사의 과학자들 — 이 잔류성 기름의 영향에 대한 새로운 관점에 매번 반대했던 것이다. 이것은 기름이 예전에 생각했던 것

출에 의한 유전적 손상 때문인지는 모호하다. 연방정부 연구와 별개로 진행된 한 연구는 배아 발달 단계에서 기름에 노출된 곱사연어의 2세대 새끼에서 유전적 손상의 증거를 발견했다. 이 연구는 1993년 리틀포트월터 실험의 어류 새끼를 이용했는데, 연방정부 연구자들은 아직 그 결과를 재현하지는 못했고 현재 재현 실험을 진행 중에 있다(Smoker, Crandell and Malecha, 2000).

보다 훨씬 유독하다는 것을 의미하므로 엑손 사로서는 결코 받아들일 수 없었다. 기름 독성에 관한 새로운 패러다임의 과학적·정치적 결과 — 엑손 밸디즈 기름 유출이 남긴 중요한 유산—에 대한 전반적인 이야기는 이 책의 마지막 장에서 논의할 것이다.

태평양청어: 저농도와 고위험

1993년 프린스윌리엄사운드 청어 어종의 급작스런 붕괴로 청어 연구에 좀 더 지원을 하라는 정치적 압력이 있었다(제16장 참조). 브라운이 떠나고 나서 그녀의 연구 팀은 서로 다른 시각에서 연구를 진행하면서 서로 갈라졌다. 그 후 몇 년 동안 딕 코캔과 게리 마티는 각자 청어 성어를 중심으로 질병 발생과 그것이 생식에 미치는 영향을 파악하고자 노력했다. 오크베이 실험실에서 라이스는 마크 칼스와 재계약하면서 연구대상을 곱사연어에서 청어로 바꿨다. 칼스는 10년 이상 어류 — 1970년대 초에는 대구·고등어를 대상으로, 오크베이 실험실에 참여한 이후 1980년대에는 북대서양대구·청어·연어를 대상으로 —의 성장 초기 단계를 포함하는 기름 독성에 관해 연구했다(Carls, 1987). 칼스는 1년 동안 청어 성어와 질병을 중점적으로 연구하다가 청어 배아의 기름 노출에 관한 생식 연구를 시작하면서 관심 초점을 바꿨다.

1994년 칼스와 동료 연구자들은 질병 발생을 설명할 만한 몇 가지 단서를 발견했다. 기름 유출 이후 알과 정소로 가득한 사운드의 청어 성어는 풍화 원유에 노출됐고 바이러스성 출혈성 패혈증에 감염됐다(제16장 참조). 이 관계는 명확했다. 물의 PAHs가 증가하면 어류의 피부 손상, 조직과 기관의 내상 가능성도 증가했다(Carls et al., 1998). 칼스와 동료 연구자들은 매우 낮은 수준의 PAHs에서 질병이 만연하기 전에 '무증상의 바이러스 감염'이나 조직 손상이 나타나는 것을 알아냈으며, 이것은 면역 체제가 약화됐다는 징후라는 사실을 밝혀냈다. 그들은 기름에 노출된 성숙기의 청어는 산란 후 기름에 노출된 청어만큼 효과적으로 해로운 PAHs를 제거하지 못한다는 것도 밝혀냈다. 칼스는 성숙기나 산란 전 청어가 기름 노출에 치명적인 것은, 기름이 청어의 면역체계를 약화시켜서 질병을 발생시키기 때문이라고 생각했다.

청어 연구에 좀 더 관여하게 되면서 칼스는 공적 자금을 받는 과학자와 엑손 사의 과학자가 기름 유출이 청어에게 피해를 주는지를 둘러싸고 뜨거운 논쟁을 벌이고 있다는 것을 의식하게 됐다. 이 논쟁은 칼스를 우울하게 만들었다. 칼스가 과학을 하면서 흥분했던 순간 중 하나는 자신의 연구가 청어를 보호할 수 있을 것이라는 생각으로 청어의 발달 과정을 관찰할 수 있는 기회가 주어졌을 때였다. 그는 "한 개의 알이 세포로 발달해서 배아가 되고 마지막으로 부화되는 과정을 지켜보는 것은 언제나 놀라운 일이다"라고 말했다. 그는 발달 중인 배아는 오염에 매우 민감하다는 사실을 알게 되면서 느꼈던 흥분을 기억하고 있었다. 그 순간 그는 평생 해야 할 일이 무엇인지 깨달았다. 그는 어느 수준의 기름이 새끼 청어에게 '안전'한지에 대한 답을 찾기 시작했다.

1995년 4월에 칼스 팀은 알래스카 남동쪽 청정 지역에서 산란 직전에 있는 청어 성어를 잡았다. 그들은 오크베이 실험실에서 성어들을 인공적으로 산란시킨 후 — 쇼트가 곱사연어 연구를 위해 개발한 것과 동일한 기법으로 그리고 수중생물에게 '안전'하다고 생각했던 것보다도 더 낮은 동일 수준의 PAHs에서 — 산란된 알을 풍화유로 코팅한 자갈을 깔아놓아 오염된 물에 노출시켰다. 그의 실험 설계에는 기름에 오염되지 않은 청어와 기름에 오염된 청어 사이의 미세한 차이 탐지를 위해서는 성어가 많이 필요했다. 그래서 그는 좀 더 많은 청어 성어를 잡아 만일의 경우를 위해 동일 실험을 두 번 시행했다. 그런데 칼스에게 '뜻하지 않은 행운'이 찾아왔다.

칼스가 실험에 대해 조언을 청했을 때 쇼트는 두 번째 청어 알 노출 실험에서는 자갈을 기름으로 코팅하지 말고 첫 번째 실험에서 사용한 자갈의 오래된 풍화유가 흘러나오는 물에 방류해보라고 제안했다. 쇼트는 칼스에게 곱사연어 연구자들이 약 1ppb의 PAHs가 배아에게 미치는 영향 — 또한 연어 배아에게는 오랫동안 물에서 풍화된 분자가 큰 PAHs가 수용성 획분 PAHs보다 더 해롭다는 것도 — 을 밝히는 중이라고 말했다. 칼스도 이 방법을 적용해보기로 했다. 그는 인공적으로 수정한 두 번째 청어 알을 PAHs의 초기 수준이 1ppb보다 낮은 물에 노출시켰는데, 이것은 해양 생물에게 '안전'하다고 추정되는 극히 낮은 수준이었다.

자료는 아주 명확했고 놀라웠다. 첫 번째 실험에서 나온 기름에 노출된 치어는 유전적 손상뿐만 아니라 등뼈의 뒤틀림, 아가리 기형, 다른 골격의 변형을 보였다(Carls, Rice and Hose, 1999). 이들 치어에서는 물질대사 문제와 조직 손상뿐만 아니라 체내에 남아 있는 오염된 물 때문에 배가 부풀어 오르는 심각한 '복수(腹水)' 증상이 많았다. 풍선처럼 부풀어 오른 배는 조직과 기관으로 흘러가는 혈류를 막아서 성장과 발달을 방해했다. 기름에 노출된 유생은 기름에 노출되지 않은 유생보다 헤엄을 치지 못했고, 너무 일찍 부화되어서 크기가 작았으며 또한 많이 죽었다. 칼스는 연방정부의 수질 기준보다 30배 낮은 PAHs 초기 수준에 치어를 노출시켜 피해를 조사했다. 이 실험에서 얻은 결과도 이전과 크게 다르지 않았는데, 좀 더 놀라운 사실을 알아냈다. 많이 풍화된 기름이 더 유독했던 것이다. PAHs 초기 농도가 연방정부의 기준치보다 750배 낮은 상태에서도 유생은 피해를 입었다. 바로 부에 효과였다!

칼스는 기름 분획에 대한 잘못된 지식을 토대로 제정된 주정부와 연방정부의 기름 오염 규제 법률로는 수중생물을 온전히 보호할 수 없다는 사실을 깨달았다. 오크베이 실험실에서는 분자가 큰 PAHs가 크기가 작은 수용성 획분 PAHs보다 소중한 어류 배아에는 훨씬 치명적이라는 사실을 입증했다. 그러나 1970년대 연구를 토대로 한 법률은 분자가 큰 PAHs가 마치 전혀 해롭지 않은 것처럼 전제하고 있었다. 칼스는 수중생물을 제대로 보호하려면 보다 강력한 수질 기준의 개정이 필요하다고 생각했다. 그러나 이렇게 간단한 해결책이 과학 논쟁에 휘말리면서 공공정책은 전혀 바뀌지 않았다. 칼스는 논쟁이 해결될 때까지는 수질 기준이 바뀌지 않을 것이라는 걸 너무 잘 알고 있었다.

기름 유출이 있고 10년 지나자, 칼스는 게리 마티, 조 엘렌 호세와 함께 피터슨이 연안 생태 연구에서 했던 것처럼 기름이 청어에 미치는 영향을 두고 서로 다른 결론을 내놓는 정부와 산업체를 조정하는 일을 시작했다(제13장 참조). 과학자들은 탐정처럼 엑손 사와 정부 연구자를 양극단으로 나누게 한 단서를 찾아 두 집단이 정리한 청어 기록 자료의 전체 과정을 다시 추적해갔다. 그 작업은 더디고 지루했지만 마침내 그들은 찾고자 했던 단서를 찾아냈다(Carls, Marty and Hose, 2002).

칼스와 동료 연구자들은 기름 유출 피해가 처음 시작됐을 때를 기점으로 엑손 사 과학자들과 연방정부 과학자들이 프루도 만 원유의 정확한 규명을 목적으로 각기 개발한 다른 분석 방법을 면밀히 조사했다. 그들은 풍화되기 전 기름, 풍화된 기름, 그리고 다양한 어류 조직을 이용해 다양한 상황에서 두 기법을 비교 실험했다. 엑손 사의 모델은 기름의 출처를 짐작할 수 있도록 구조화되어 있었지만, 그 결과가 애매해서 문제의 원인이 늘 프루도 만 원유가 아닌 다른 것으로 나왔다. 칼스 팀에서 엑손 사의 모델이 계속 프루도 만 원유가 아닌 다른 것을 피해 원인이라고 잘못 해석했다는 사실을 찾아낸 것이다. 그들은 엑손 사의 기법에 따라 실험하면 단 4퍼센트의 청어 알에서 발견된 기름만 정확히 프루도 만 원유와 일치하고 청어 조직에서 발견된 기름은 프루도 만 원유와 전혀 일치하지 않는다는 사실을 발견했다.

만약 어떤 학생이 시험 전체에서 96~100퍼센트를 틀렸다면 낙제할 것이다. 그러나 엑손 사는 그 사실을 '과학'이라는 이름으로 발표했는데, 그 누구도 이의를 제기하지 않았기 때문이다. 칼스 팀에 의해 그 사실을 밝히기 전까지 그 내용은 10년 동안 기술 보고서에서 사실로 게재됐다.

칼스와 동료들은 최고의 방법 — 정부의 방법 — 을 사용해 수백 개의 침전물, 해수, 홍합 조직, 청어 알 샘플을 재분석했다. 그런데 엑손 사가 연방 정부에 원자료의 제공을 거부하는 바람에 칼스 팀은 엑손 사의 발표 논문(Pearson, Moksness and Shalski, 1995; Pearson et al., 1995)으로 작업을 진행했다. 두 자료 모두에 산란된 청어 중 4~6퍼센트에서만 기름 오염이 가시적으로 확인됐다는 점에서는 일치했지만, 정부에서 별도로 보관하고 있는 홍합과 관련된 자료에서 물이 지표 아래 기름을 직접 흡수할 수 있다는 사실이 들어 있었다. 이것으로 적어도 홍합의 경우 PAHs를 흡수하더라도 항상 기름이 드러나는 것이 아니므로 가시적인 기름 광채가 홍합의 기름 노출에 대한 신뢰할 만한 지표는 아니라는 게 밝혀졌다. 칼스와 그의 팀은 여러 지역의 홍합을 대리지표로 사용해 청어 알의 기름 노출을 표시하는 것이 정당한지 실험한 결과, 홍합 조직의 기름 수준과 성분이 전체 조수 지역에 있는 청어 알과 거의 완벽하게 일치한다는 것을 알아냈다. 재분석 자료를 기초로 칼스와 동료들은 기름의 생물학적 이용 가능성은 없다던 엑손 사의 주장이 기본적으로 '잘못'되었음을 밝혀냈다.

다음으로 칼스 등은 청어 알이 노출된 PAH의 수준과 기름에 오염된 유생의 상태를 물속 PAHs 수준에 관한 증거와 비교하면서 두 자료를 결합시켰다. 그 결과 그들은 홍합 조직의 PAHs 수준이 기름 유출 이후 특히 4월 —이 시기에 청어가 산란하고 배아가 부화했다 — 에 증가했다는 사실을 알아냈다. 홍합 조직의 PAHs 수준이 최고조였을 때 물속 PAHs는 2~8ppb였다. 실험실과 현장 자료를 비교한 결과 실험실에서 가장 심하게 풍화된 기름으로 한 실험 자료의 청어 조직 PAHs가 사운드의 청어 조직에서 나타난 PAHs과 가장 흡사했다. 물속에서 분자가 큰 PAHs의 수준이 증가하면 알과 유생의 죽음, 유생의 변형, 그리고 여러 가지 건강상 문제가 함께 증가했다. 칼스 팀은 엑손 사의 과학자들이 샘플을 수집·조사한 결과 전혀 영향이 없다고 단정 지었던 곳 중 83퍼센트 지역의 PAHs 수준이 실제로는 청어 배아가 피해를 입을 만큼 충분히 매우 높다고 판단했다.

이에 따라 엑손 밸디즈 호 기름의 총 PAHs 수준이 수질 기준을 결코 초과하지 않았기 때문에 청어에 피해를 주지 않았다는 엑손 사의 주장이 거짓이라는 게 판명됐다. 사실은 완전히 정반대였다. 또한 수질 기준이 해양 생물체를 보호하지 못한다는 것도 입증했다. 칼스와 동료 연구원들은 엑손 사의 왜곡된 통계 방식을 밝히면서 중요한 철학적 차이가 극단적인 결론을 뒷받침했다고 지적했다. "과학에 대한 철학적 배경이 완전히 달랐다. 처음부터 기업은 부수적인 영향만 밝힌 후 실험을 마무리 짓고 기름 유출이 주는 피해는 거의 없다는 결론을 내렸고, 공적인 연구비를 받은 그룹은 해롭지 않다고 해석될 소지가 있는 초기 애매한 결과에 확신하지 않고 실험을 계속 진행한 결과 기름 유출로 인한 상당한 피해가 있다고 최종 결론을 내렸다"(Carls, Marty and Hose, 2000: 165).

이처럼 엑손 사의 과학자들은 처음부터 기준치를 주정부의 '피해가 전혀 없다'는 수질 기준에 맞춰놓고 물속 PAHs 수준이 그 기준치 미만이기 때문에 엑손 사의 기름에 의한 피해는 전혀 없다고 주장했다. 반면 공적 자금으로 연구를 하는 과학자들은 처음부터 어떤 가정을 설정하지 않고 연구를 수행해서 엑손 사의 기름이 해롭다는 결론을 내렸고, 주정부의 수질 기준치 ―PAHs 수질 기준― 자체가 청어를 보호하기에 충분하지 않다고 주장했다. 공적 자금으로 연구를 하는 과학자들은 기름과 다른 오염원으로부터 어류와 야생생물을 보호해줄 기준치를 설정할 책임이 있고, 만약 그 기준치로 보호되지 않을 때 그 문제를 알릴 책임이 있었고, 실제로 그들은 그렇게 했다(Carls et al., 2001b; Rice and Heintz, 2000; Rice, Short and Heintz, 2001; Rice et al., 2000). 이런 경종이 가져온 파급효과에 관해서는 이 책의 마지막

장에서 논의할 것이다.

엑손 사의 대응

엑손 사의 과학자들은 NOAA 오크베이 실험실을 매우 극단적으로 비난하는 논평을 썼다. 내가 아는 바로는, 엑손 사의 과학자은 결론 그 자체를 입증하거나 의혹 제기를 목적으로 오크베이 실험실의 곱사연어나 청어에 관한 연구를 반복한 기술적 논문은 단 한 편도 발표하지 않았다. 그것은 다른 과학자의 연구를 비판하기 위한 통상적인 과학적 경로이다. 엑손 사의 과학자들은 오로지 보고서 논쟁만 했다. 그들이 하는 가장 일반적인 사기는 조심스럽게 자료를 편향되게 선별하는 것이었다. 그러고는 전체 과정을 절대로 이야기하지 않았다. 대신 몇 가지 불일치한 부분만 언급하고는 엑손 사가 전하는 복음을 믿도록 했다.

곱사연어

몇몇 엑손 사의 과학자들은 오크베이 실험실의 연구로 밝혀진 사실에 대해 "증거도 없이 엑손 밸디즈 호 기름 유출로 프린스윌리엄사운드 곱사연어가 피해를 입었다고 단언했다"고 말했다(Brannon et al., 2001: 572). 이 논평에서 엑손 사의 과학자들은 새로운 기름 풍화 모델에서 발견한 중요한 세 가지 사실과 생물학적 피해에 관한 이론을 공격했다.

첫째, 그들은 1989년에 기름 오염 지역의 곱사연어 프라이에서 발견된 성장발육 부진과 관련해 기름 오염 지역과 그렇지 않은 지역의 프라이 체온과 연령을 비교하면 오크베이 실험실의 결과는 '형편없이 터무니없다'고 주장했다. 그러나 엑손 사의 과학자들은 공적 자금으로 수행하는 연구의 샘플 크기가 배경 소음에서도 기름 신호를 찾아낼 만큼 충분히 컸다 —

첨단 표지를 부착한 100만 마리의 어류를 이용 — 는 사실은 언급하지 않았다. 또한 "수괴의 탄화수소 농도가 성장에 영향을 줄 정도 충분히 높았을 가능성은 희박하다"고 주장했다. 그들은 급성 독성에 관한 주정부의 수질 기준을 토대로 이런 주장을 하면서 '안전' 추정치 이하에서도 PAHs의 피해가 있었다는 공적 자금으로 수행한 연구의 결과를 무시했다.

둘째, 엑손 사의 과학자들은 샤르의 가을철 알 조사로 드러난 기름의 지속적인 피해에 대한 증거를 비난하려고 몇 가지 다른 설명을 제시했다. 엑손 사의 과학자들은 샤르가 샘플링 과정에서 죽은 것은 고려하지 않았다면서, 샤르의 연구가 '전혀 터무니없다'고 주장했다. 이런 터무니없는 주장은 이후 오크베이 실험실 연구로 신뢰를 잃게 되면서 샤르의 현장조사는 정당하다는 것이 입증됐다. 엑손 사의 과학자들은 샤르의 초기 작업을 공격할 때 이런 후속 연구는 언급하지 않았다. 엑손 사의 과학자들은 단기간 노출에 관한 1970년대 논문을 언급하면서 앨러빈이 '독성에 가장 치명적이다'라고 했다. 그러나 그들은 논문의 저자들인 라이스와 오크베이 실험실 팀이 현재는 장기간 노출됐을 때 가장 치명적인 단계로 알을 염두에 두고 있다는 사실은 언급하지 않았다. 엑손 사의 과학자들은 또한 기름 유출 직후 '기름 농도가 가장 높았던' 1989년과 1990년 앨러빈의 높은 생존율이 기름이 알에 피해를 주지 않았다는 근거라고 주장했다. 여기서 그들은 오크베이 실험실 연구에서 발견한 두 가지 원칙을 무시했다. ①배아가 매우 낮은 수준의 기름에 노출됐다 하더라도 배아의 발달, 치어 성장, 성어 생존이 영향을 받았다는 점이다. ②잔여 기름이 모여 있는 오염된 산란 지역 강의 알이 부화하는 물속 PAHs 농도가 높아졌기 때문에 기름 피해는 기름 유출 이후 적어도 4년(두 세대)은 지속된다는 사실이다(부에 효과).

셋째, 엑손 사의 과학자들은 알의 부화 연구를 비난했다. 그들은 기름 유출 이후 알이 죽은 오염된 강의 PAHs 수준은 실험에 적용된 평균 PAHs 0.5~267ppb보다 몇 배 더 높다고 주장했다. 엑손 사의 과학자들은 부화 연구의 중요한 발견, 즉 자갈의 PAHs 농도와 무관하다는 사실을 언급하지 않았다. 물속 PAHs 농도가 중요했다. 그들은 부화 연구에 이용한 물속 PAHs 수준이 기름 유출 이후로 몇 년간 기름에 오염된 강의 물속 PAHs 수준과 매우 유사하다고 추정된다는 내용도 누락했다. 또한 엑손 사의 과학자들은 수질 기준을 토대로 PAHs 농도는 '유독한 수준에 훨씬 못 미친다'고 계속 지적했다. 그들은 이전에 안전하다고 생각했던 것보다도 낮은 PAHs 수준에서도 개체의 적합성 감소, 회복 지체, 개체군 피해가 발생한다는 오크베이 실험실 결과를 무시했다.

공적 자금으로 수행한 곱사연어 연구에 대한 엑손 사의 논평은 기름 유출이 곱사연어에 미친 영향을 최소화하는 쪽으로 자료를 선택적으로 조작한 것으로 보인다.

태평양청어

기름 유출의 장기적인 피해 가능성과 관련해 엑손 사의 과학자들은 가장 먼저 사운드에서 1993년과 1994년 청어 개체군 붕괴의 유력한 원인을 찾기 위해 여러 이론과 이용 가능한 자료를 검토했다(Pearson et al., 1999). 그들은 이 검토 작업을 오크베이 실험실 팀에서 청어 배아의 기름 노출에 관한 세미나를 시작하기도 전에 진행했다. 엑손 사의 과학자들은 1989년에는 기름이 전혀 영향을 주지 않았기 때문에 기름이 1993년 청어 붕괴의 원인이 아닐 수도 있는 있다고 주장했다. 엑손 사의 과학자들은 1970년대 과학과 수질 기준을 토대로 초기 피해가 없다고 주장했다. 그들은 낮은 수준의 PAHs가 청어 배아에 피해를 준다는 초기의 모든 증거를 끝까지 무시 — 혹은 신뢰를 깎기 위해 노력 — 했다. 짐작대로 엑손 사의 과학자들은 1989년의 기름 유출이 1993년의 감소에 영향을 주지 않았다고 결론 내렸다. 대신, 그들은 청어 붕괴의 원인은 오로지 위험 수위까지 올라간 개체군 밀도와 질병 발생 때문이라고 주장했다.

그러나 공적 자금으로 연구를 수행하는 과학자 칼스와 그의 동료들은 잔류성 기름의 영향을 보다 완벽하게 이해한 후 청어 붕괴에 관한 모든 증거를 검토했다. 먼저 그들은 기름 노출에 의해 살아남은 어류가 죽게 된다는 후속 연구를 토대로 1989년 기름 노출로 면역체계가 약화됐다는 관점은 배제시켰다. 그들은 1990년과 1991년까지도 기름 노출로 인한 청어의 생식적 피해가 발견되지 않았다는 기록을 근거로, 1988년과 1989년의 청어군이 기름 노출로 생식이 지체됐다는 관점도 배제시켰다. 또한 그들은 청어의 붕괴 원인에서 광범위한 환경 변화도 제외했는데, 사운드에서만 청어 어종의 엄청난 붕괴가 발생했고 알래스카 다른 지역의 청어 어종은 그렇지 않았기 때문이다.

그리고 칼스와 그의 동료 연구자들은 엑손 사의 과학자들이 했던 대로 밀도와 질병 간 상관관계를 조사했다. 그러나 다른 청어의 경우 개체군의 수용력, 즉 환경에 대한 개체군 지탱 능력이 한계 혹은 그 근처에 다다를 때 항상 질병이 발생하고 개체군이 붕괴됐다. 그들은 사운드의 청어 개체군 밀도가 기록적으로 높았을 때 그 개체수가 수용력에 다다를 만큼 엄청나게 많았을 것이라는 증거를 발견한 것이다. 2년간의 붕괴 과정에서 사운드의 연간 청어 성장률은 저조했고 연령 대비 크기도 작았다는 점에서, 당시 제한된 먹잇감을 두고 매우 많은 청어가 경쟁하다가 성장이 저조해졌음을 알아냈다. 다른 연구자들은 청어 어종에서 흔히 발생하는 VHS 바이러스가 개체군 붕괴와 관련되어 있는 경우는 오직 사운드뿐이라는 사실을 발견했다.

칼스와 그의 동료들은 너무 많은 청어 개체수와 질병이 1993년 청어 붕괴의 원인일 가능성은 크지만, 질병과 환경적 스트레스, 기름의 간접적인 영향의 결합이 원인일 가능성도 배제할 수 없다고 결론 내렸다. 적어도 1989년 사운드의 청어 어업의 휴업 — 기름 유출로 인한 — 도 이미 개체수가 많은 청어 개체군의 개체수를 증가시키는 데 한몫했다. 이것이 사운드의 수용력을 초과할 정도로 균형을 잃게 하고 질병을 촉발시켰을 수 있다.

공적 자금으로 수행하는 후속 연구를 진행하는 과학자 코캔은 산란 생체량 중 새끼 청어가 VHS 바이러스에 가장 걸리기 쉽고, 감염은 산란기에 있는 것들 중 연령이 높을수록 빠르게 확산될 수 있다는 사실을 발견했다(Kocna and Hershberger, 2001). 이 연구에서는 생존한 비운의 1989년군 청어가 1993년 성어 개체군에 처음 합류했을 때 바이러스에 좀 더 치명적이었을 좀 더 나이든 성어들을 감염시켰다고 주장했다. 그러나 이것 ─ 혹은 또 다른 뒤늦은 이론[2] 중 어떤 것 ─ 이 1993년 청어 붕괴의 원인이라고 확신하기는 어려웠다.

사운드의 진실

전체적으로 곱사연어는 기름 유출 이후 회복되고 있는 것으로 나타났다. 그러나 특히 1989년에 심각하게 오염된 지역 중 산란 연어가 이용했던 강 안쪽이나 인근은 잔류 기름으로 여전히 알 폐사가 우려된다. 겨울철 폭풍과 다른 방해 요인이 연어 알에 잠재적으로 해로운 피해를 주는 잔류 기름을 재확산시킬 수 있다. 그러나 이 기름의 유독한 영향은 시간이 흐르면서 감소될 것이다.

1993년 이후 프린스윌리엄사운드의 청어는 질병으로 어려움을 겪었다.

---

2) 프린스윌리엄사운드 청어 어종의 1993년 1차 붕괴와 연이은 2차 붕괴, 그리고 이후 10년간 대체적으로 불안정했던 개체군으로 인해 청어와 질병, 그리고 기름에 관해 많은 연구가 진행됐다. 그중 대부분의 연구는 EVOS 자금관리위원회의 지원을 받았다(Carls et al., 1998; 2000; Davis et al., 1999; Kocan et al., 1997; Kocan and Hershberger, 2001; Kocan, Herschbeerger and Elder, 2001; Marty et al., 1998; Thomas et al., 1997).

그런데 공적 자금으로 연구를 수행하는 연구자들도 질병 발생의 명확한
원인을 찾지 못하고 있다. 이 책이 출간되는 현재도 마찬가지이다. 기름 유
출이 있은 지 15년이 지났지만 프린스윌리엄사운드의 청어는 기름 유출에
서 회복되지 못했고 어느 해에도 많은 양의 새끼를 생산하지 못하고 있다.

제21장

서식지는 여기!

연안 생태학 : 이보 전진, 일보 후퇴

1994년과 1995년, 존 호튼과 그의 팀은 2년 전 가압온수로 처리한 해변에서 본 회복은 표면적 — 피상적 — 이라는 걸 확신했다(Driskell et al., 2001). 그들은 엑손 사의 무자비한 정화작업으로 벌거벗겨진 바위에 단년생 록위드(갈조류)가 착생했지만 동시에 넓은 지역에 서식하던 다년생 록위드는 사라진 것을 확인했다. 단기간에 이뤄진 다년생 록위드의 급격한 소멸로 록위드와 해변생물의 1차 착생과 천이가 촉발됐지만 해초가 없어서 죽고 말았다. 1996년에 진행된 2차 천이에서는 처음 착생했던 록위드가 단기간에 급격히 소멸되면서 3차 록위드의 천이를 촉발했다. 그 과정에서 단기간에 급속히 확산되는 단년생 록위드에서 다년생 록위드로 천천히 변화했다.

이보 전진, 일보 후퇴의 이런 회복 패턴은 가압온수로 처리한 해변의 회복을 느리게 만들었다. 붕괴와 재시작이라는 순환 과정이 발생한 것은 기름의 존재 유무가 아니라 가압온수 처리로 애초에 많은 해양 동식물이 전멸했기 때문이다. 그런데 이보 전진, 일보 후퇴의 순환 과정은 자연이라는 어머니가 스스로 기름에 오염된 해변을 치유할 수 있도록 남겨둔 '특별지정구역' 해변에서는 일어나지 않았다. 호튼 팀은 이런 해변에서는 기회종이 경쟁우위에 있는 기름 유출 이전 종에게 계속 밀린다는 사실을 발견했다(Houghton et al., 1997). 처리하지 않은 해변은 처리한 해변과 같은 순간적인 폭증 없이 회복이 상대적으로 빠르고 막힘이 없었다.

1996년 호튼 팀은 충분한 시간이 주어지면 기름에 오염된 모든 해변에서도 포식자와 먹이 간 자연적인 균형을 회복할 것이라고 결론 내렸다. 그들은 처리한 해변의 붕괴와 회복의 순환 과정은 그 과정이 사운드의 원래 주기적 순환과 조화를 이룰 때 비로소 잠잠해질 것이라고 생각했다. 호튼 팀은 특별지정구역 대부분이 완전히 회복되려면 13년 정도 걸릴 것이라고 예측했다. 이와 비슷한 위도의 조간대 군락이 기름 유출 이후 회복되는 데 10~15년이 걸렸기 때문이다.

반면 가압온수로 처리한 해변의 미래는 어두웠다. 팀의 일원인 데니스 리스는 대합조개를 비롯한 내생생물(해변의 지표 아래 서식하는 동물)이 회복되려면 수십 년 혹은 그 이상이 걸린다고 말했다(Lees, Driskell and Hougton, 1999). 리스와 동료들은 기름 세척 과정에서 굴 파는 생물의 성체가 없어지고 퇴적층 구조가 변화된 것이 원인이라고 말했다. 즉, 해변의 지표에 갇혀 있던 미세 퇴적층과 유기물질이 가압세척수로 씻겨나갔는데, 이 물질을 되돌리는 데 시간이 걸린다는 것이다. 굴 파는 어린 생물은 적당한 먹이와 안전이 보장되기 전까지는 그런 서식지에 정착할 수 없다.

호튼과 NOAA 동료 연구자의 사운드 해변에 관한 증언은 생태학자 사이에서 수렴이라는 용어로 유명해졌다. 사운드 지역의 연안 생태학자 중 한 사람인 피터슨은 "수렴이란 종이 많고 다양하며 군집구조 형태로 수렴하는지를 보고 회복을 판단하는 방법이다. 이런 조건일 때 비로소 교란 없는 종의 생존을 기대해볼 수 있다"라고 말했다(Peterson, 2000). 즉, 수렴은 모든 것이 교란 없는 상태로 되돌아간다는 개념으로, 기름 유출의 경우에도 수렴이 생태계 복원의 표준지표였다.

호튼 팀이 NOAA 연구를 시작한 지 7년째 되던 1977년, 「정보 자유법」을 적용해 컨설팅 회사가 호튼 팀이 NOAA에 제출한 연안 생태학에 관한 제안서 원본을 갖게 되면서 그들은 연구를 지속할 수 없게 됐다. 해양자원국은 호튼 팀이 제출한 제안서의 연구 목적이 컨설팅 회사와 동일하다는 이유로 지원비를 삭감했다. 그렇지만 호튼과 그의 동료들은 사운드에서 열심히 연구를 계속했다. 그러다가 1999년 방송사가 기름 유출 10주기 행사로 사운드 해변의 생태학적 회복에 관한 논쟁을 재기하면서 그들에게 기회가 찾아왔다. 당시 호튼은 엑손 사와 NOAA 간의 새로운 계약을 반대하면서 자신의 팀 연구를 변론했다.

잔류 기름과 지속적인 피해

엑손 사 과학자들과 공적 자금으로 연구를 수행하는 과학자들처럼 오크베이 실험실의 라이스와 연방정부 과학자로 구성된 연구 팀도 잔류 기름의 분포를 통해 처음에 기름이 몰려 있었을 만한 장소를 추정할 수 있을 것이라고 생각했다(Neff et al., 1995; Short et al,. 2002). 과학자들은 상류 조간대가 좀 더 건조해서 그 당시 그곳이 기름으로 좀 더 끈적끈적했을 것이고, 그 때문에 유출된 기름의 많은 부분이 상류 조간대에 몰려 있었을 것이라고 생각했다. 그들은 기름의 '욕조 띠'* 근거로 높은 조수에 밀려 기름이 떠내려가서 모여 있던 해변 지역을 찾았다. 즉, 그들은 눈에 보이는 기름에

---

* 욕조에 묵은 때가 둥근 테두리 모양으로 모여 있는 부분.

초점을 맞춰서 잔류 기름의 양과 상태를 추정했다. 해변에 두껍고 높게 쌓여 있는 잔류 기름은 조간대 중부와 하부에 서식하는 생식력이 뛰어나고 환경에 민감한 생물을 덮고 있었는데, 표면에 있는 기름은 상대적으로 빠르게 풍화해서 타르 성질의 아스팔트 덩어리로 변해 있었다. 1990년부터 1992년까지 기름 정화작업이 진행되는 동안 과학자들은 이렇게 가시적인 표면 기름이 야생생물을 전혀 위협하지 않을 것 — 또한 이런 표면 기름이 해변에 있는 잔류 기름의 전부 — 이라고 생각했다.

정화작업 이후 몇 년 동안 라이스 팀은 알래스카 원주민과 어부로부터 계속 매몰 기름에 관한 보고를 받았고, 1997년 슬리피 만의 라투체 섬 해변 정화작업 평가에 관한 프로젝트를 시작했다. 그곳에서 그들은 예상하지 못했던 지표 밑에 침전된 다량의 기름을 확인했다(Broderson et al., 1999; Carls et al., 2001a). 이를 계기로 라이스 팀은 다른 해변의 지표 밑에 침전되어 있는 기름에 주목하게 됐다. 그들의 우려는 NVP 프로젝트에 참여한 과학자들이 지속적인 기름 노출로 바다오리와 해달의 회복이 지연됐다고 결론내린 1999년에 최고조에 달했다.

2001년 라이스 팀은 사운드 해변에 얼마나 많은 기름이 남아 있고, 그 기름으로 얼마만큼 해양 생물이 위협받고 있는지를 확인하기 시작했다. 사운드의 체네가와 타티트렉 출신 원주민의 도움으로 라이스 팀은 사운드에서 심각하게 기름에 오염된 대표적인 해변 91곳을 무작위로 추출한 후 각 해변에서 약 9,000피트씩 파내려 갔다(Short et al., 2002). 특히 그들은 엑손 밸디즈 호의 기름이 처음 몰려 있었던 조간대에 주목했다.

그 결과 그들은 놀라운 사실을 발견했다. 연구 설계에 따라 조사한 91곳의 해변 중 53곳에서 액체 기름이 흘러 나왔던 것이다. 지표 바로 아래에 매몰되어 있었던 기름은 수면에서 무지개처럼 반짝거리면서 삽으로 흘러 들어왔다. 지표 아래에 있던 기름 대부분이 조간대 중부 — 이곳은 검은 얼룩이 있는 조간대 상부에 해당하는 욕조 띠의 바로 아래 지역으로 생물학적으로 해양자원이 매우 풍부하다 — 에서 발견됐다.

과학 수사에서 사용하는 화학분석기법으로 쇼트는 수십 개의 퇴적물 견본 샘플을 분석한 후 표면 기름의 90퍼센트, 그리고 지표 밑 기름 모두가 엑손 밸디즈 호의 기름이라고 결론 내렸다(Short et al., 2004). 나머지 10퍼센트의 표면 기름은 몬트레이 포메이션 사고 — 1964년 지진으로 밸디즈에 있던 저장탱크가 파열하면서 난방용 기름이 유출됐던 사건 — 때 나온 기름이었다. 라이스 팀은 지표와 지표 밑에 잔류하고 있던 엑손 밸디즈 호의 기름으로 총 28에이커의 해변이 오염됐을 거라고 추정했다. 그들은 조사 오염 지역에서 조간대 하부가 빠져 있기 때문에 이 값은 최소 추정치라고 생각했다. 그들은 조간대 하부에서는 기름이 발견되지 않을 것이라고 생각하고 그곳에서는 광범위한 샘플 추출 작업을 하지 않았다. 대신 그들은 좀 더 다량의 기름이 매몰되어 있는 다른 지역을 확인했다. 그들은 조간대의 잔류성 기름은 어림잡아도 최소한 56톤 이상이며, 실제로는 두 배가 될지도 모른다고 예상했다.

전체 그림에서 이 수치가 그리 많아 보이지는 않지만, 어느 누구도 그게 생명에게 얼마나 큰 위협이 될지 알 수 없었다. 게다가 지표 아래에 있는 기름은 사운드에서는 생물학적 결정 장기*에 해당하는 지역 — 소택지와 자갈해변 — 에 매몰되어 있다. EVOS의 자금관리위원회 과학 부문 책임자인 필 문디가 2004년 4월 KCHU 공영 라디오에서 멕 매키니와 했던 인터뷰 내용에 따르면, 그곳들은 상대적으로 상당히 가파른 암벽 피오르드 지역으로 야생생물에게는 매우 중요한 서식지에 해당된다.

자신들이 발견한 결과에 깜짝 놀란 라이스 팀은 곰곰이 생각해보았다. 어떻게 12년 동안이나 많은 과학자들이 기름의 근원지를 완전히 놓칠 수 있었는지 납득이 되지 않았다. 사실 이 기름은 조간대 상부에서 하부로 흘

---

* critical organ. 방사선 피폭 시에 가장 크게 영향을 받는 장기를 말한다.

러갔던 그 기름이 아니었다. 해변이 넓든 좁든 혹은 가파르든 가파르지 않든지 상관없이 조간대 중부에는 늘 상당량의 기름이 매몰되어 있었다. 그리고 그들은 문제가 되는 저지대 하변 밑은 위치상 그냥 지나쳐버린 채 최종 결론을 내렸던 것이다. 조간대 하부는 조간대 상부보다 더 자주 해수에 잠기기 때문에 그 높이의 샘플을 구할 수 있는 기회가 많지 않았다. 저지대 해변은 록위드와 켈프로 뒤덮여 있어서 걷기가 불편할 뿐 아니라 눈으로 표면 기름을 확인하기도 어려웠다. 라이스 팀은 과학자들이 접근이 용이한 지역에서 관찰할 수 있는 기름 연구로 자연스럽게 몰렸다는 사실을 깨달았다.

그들은 왜 모든 사람이 가정했던 것처럼 매몰된 기름이 조간대 상부 지표 아래에는 거의 없었는지도 궁금했다. 그들은 상당량의 기름이 유출된 뒤 1989년 3월에 사흘간 불어 닥친 사나운 폭풍으로 애초 다른 곳으로 흘러가지 못하고 한 곳에 몰려 있었다는 사실을 알고 있었다. 사운드에서 했던 작업을 통해 그들은 1989년 기름의 이런 고립 현상이 여러 차례 있기도 했지만, 특히 기름에 심하게 오염된 만의 경우 거의 두 달간의 잦은 조수 순환으로 기름막이 반복적으로 덧씌워졌다는 것도 알아냈다. 이를 통해 라이스 팀은 중력과 모세작용, 그리고 수개월 동안 매일 반복되는 조수 등이 조수가 낮을 동안에 기름을 해변 조직으로 끌어들이면서 여기에 액체인 기름과 고체인 조직 간 표면장력으로 발생한 모세혈관 작용이 더해진다는 사실을 깨달았다. 반면 조수가 높을 때에는 매몰된 기름 중 일부만 이동했다. 조간대 중부의 경우 다량의 기름이 대체로 눈에 보이지 않는 곳에 누적되는 것이다.

라이스 팀은 기름 유출 후 10년 이상 모든 사람이 잘못된 가정을 했다는 사실을 깨달았다. 오랫동안 존재해온 표면 기름은 매몰된 기름의 잘못된 지표였던 것이다. 그들은 사람들이 매몰된 기름이 액체라는 점 때문에 해변에 존재하는 기름이 생물학적 해를 끼치지 않을 것이라는 잘못된 가정을 했을지도 모른다고 추측했다.

2001년 연구의 일환으로 라이스 팀은 조간대의 다양한 해양 생물 샘플을 추출한 후 매몰된 기름의 생물학적 이용도 — 즉, 먹잇감 종이 잔류 기름을 빨아들이고 있는지 — 를 실험했다. 그들은 샘플로 추출한 모든 종 —대합조개, 홍합, 좁쌀무늬고둥과 물레고둥, 유형동물, 소라게, 심지어 흰줄날개바다오리가 즐겨 잡아먹는 베도라치 같은 작은 어류 — 에서 엑손 밸디즈 사의 기름을 확인했다.

라이스 팀은 조간대 하부에서 살며 산란하고 먹이를 찾는 야생생물에서 보이는 지속적인 피해를 설명할 단서를 발견했다는 사실에 놀랐다. 기름은 장기간 지속되면서 동시에 생물학적으로 이용될 수도 있다. 이런 통찰은 기름이 단기간 영향을 준다고 믿었던 기존의 과학적 패러다임을 산산이 무너뜨렸다.

2002년과 2003년 라이스 팀은 연구 범위를 확장해서 매몰된 기름의 생물학적 이용도를 평가했다. 라이스 팀이 발견해낸 사실을 통해 그들이 첫 번째 현장 연구 기간에 얻은 결론이 타당하다는 것이 밝혀졌다. 매몰된 잔류 기름덩어리는 여전히 프린스윌리엄사운드의 야생생물을 오염시키고 있었던 것이다. 이런 연구 결과는 흰줄날개바다오리와 해달 같은 야생생물의 몸에 새겨져 있는 지속적인 피해의 증거를 뒷받침해주었다. 이와 관련된 최신 과학 논문은 이 책이 출판되던 시기에 준비 중에 있었다.

배경 기름: 헛소동

라이스 팀이 프린스윌리엄사운드 해변의 엑손 밸디즈 사의 잔류 기름에 관한 부분을 정리하느라 분주한 동안 엑손 사의 과학자들은 엑손 사의 기름이 사운드 야생생물에게 미친 지속적인 피해를 뒷받침하는 많은 증거에 대해 설명하기보다 다른 무언가를 열심히 찾고 있었던 것 같다. 엑손 사의 과학자들은 기름이 처음 유출되던 당시에 자신들이 서 있던 위치에서 한 발자국도 앞으로 나아가지 않았다: 즉, 그들은 그 이전부터 사운드에는 다른 기름이, 그것도 많이 있었다고 주장하면서 이와 관련된 일련의 논문을 발표했다.

이런 논문에 대응하기 위해 오크베이 실험실의 쇼트는 캘리포니아 USGS의 과학자들과 팀을 이뤄 20년 전에 자신들이 했던 기초 조사에서 최초로 확인했던 힌친브룩 하구의 탄화수소의 기원을 규명하고자 했다(제11장 참조). 논쟁의 골자는 이러한 배경 탄화수소의 생물학적 이용도 여부에 관한 것이었다. 기름의 탄화수소 성분은 생물학적으로 이용 가능하면서도 동시에 해양 생물을 오염시키는 원인이다. 그러나 석탄의 탄화수소와 탄화수소가 풍부한 셰일이나 기름 매장물의 지질학적 원물질인 근원암인 경우에는 그렇지 않다.

5년간(1996~2000년) 쇼트와 동료들은 프린스윌리엄사운드에서부터 동쪽 야쿠타트 만까지 퇴적물 샘플을 수집했다. 샘플에는 알래스카 만과 사운드의 심해 해양 퇴적물(Short and Heintz, 2003), 알래스카 북부 만 연안의 기름 유출지로 알려진 강과 호수 바닥의 육성층, 근원암 노두, 석탄 매장지, 그리고 그 지역 내에 기름이 지나간 흔적이 남은 근원암과 석탄 매장지에서 수거한 것들이 포함되어 있었다(Van Kooten, Short and Kolak, 2002). 그들은 기름 유출지인 카탈라에서 은연어 치어와 홍합 샘플을 수거해서 그 지역을 휩쓴 기름의 생물학적 이용 가능성을 확인하려 했다(Short et al., 1999). 그런데 샘플 수거 과정에서 쇼트는 카탈라와 케이프야카타가에서는 사실 매우 소량의 기름만이 천천히 유출됐던 게 전부였다는 사실을 발견했다. 그런데도 엑손 사의 과학자들은 논문이나 공개연설에서 이렇게 흘러나간 기름이 알래스카 만 북부와 사운드 해저 전역의 생물학적으로 이용 가능한 탄화수소의 실질적인 원천이라고 주장했다.

처음부터 엑손 사의 과학자들은 해저 탄화수소의 일차 공급원이 카탈라의 기름 누출지라고 강력히 주장했다(Page et al., 1995a; 1996; 1997). 그러나 쇼트와 동료 연구원들이 카탈라 기름은 카탈리 강어귀에서 채 6마일로 떨어져 있지 않은 프린스윌리엄사운드 해저까지 도달하지 못한다는 사실을 입증하자 엑손 사의 과학자들은 자신의 주장을 철회했다(Short et al., 1999). 그 이후로 엑손 사의 과학자들은 케이프야카타가에서 좀 더 멀리 떨어져 있는 기름 유출지를 강조했다(Bohem et al., 2000; Page et al., 1998). 그러나 쇼트와 동료들은 그 지역에 하루 흘러나온 기름은 1배럴도 안 될 정도로 매우 적다고 보고했다(Becker and Manen, 1989). 사실 그 정도의 양은 알래스카 만 북부 전역에 있는 퇴적물에서 탄화수소를 탐지하기에 충분하지 않다(Short et al., 2000).

엑손 사의 과학자들이 계속 회피하려고 했고 쇼트와 동료들이 강조했던 중요한 문제는, 생물학적으로 이용 가능한 탄화수소를 만들어내는 어떤 기름도 화학적 변화 없이는 알래스카 만 북부의 해양 퇴적물까지 침투할 수 없다는 점이었다. 탄화수소는 외부에 노출되면 그 순간 그 자리에서 바로 생물학적 이용도 여부가 결정된다. 기름은 외부 환경에서 박테리아의 공격으로 독특한 화학적 특성을 만들어내며 분해되기 때문이다. 이런 개념은 제1장에서 논의됐던 알예스카 유조선 정박시설의 생물학적 처리 시스템뿐만 아니라 이 책의 다른 부분에서 논의했던 기름 유출 사고 정화 작업 기간에 엑손 사가 진행한 생물적 환경 정화 프로그램의 토대가 됐다.

쇼트와 동료들은 알래스카 만과 사운드 해저 퇴적물의 탄화수소는 암반 속에 갇혀서 외부로 유출되지 않았을 뿐만 아니라 매우 잘 용해되는 성질을 지니고 있다는 사실을 밝혀냈다(Short et al., 2004). 이를 통해 이런 탄화수소는 생물학적으로 이용 가능하지 않을 뿐 아니라 기름 누출로 만들어진 것도 아니라는 사실이 입증됐다. 이로부터 힌친브룩 어귀의 해변을 따라 진행된 기초 조사 과정에서 발견한 낮은 수준의 오염원은 기름이 아니라 석탄이라고 했던 20년 전의 쇼트의 이론도 확인됐다(제11장 참조). 또한 탄화수소가 사운드의 해저에 흩어져 있다는 사실도 밝혀졌다. 엑손 사의 선동에도 불구하고, 이것은 프린스윌리엄사운드에서 생물학적으로 이용 가능한 기름 자원은 대부분 해변 — 엑손 밸디즈사의 기름 — 에 있으며, 그 기름이 생태계 연구에서 관찰된 지속적인 생물학적 피해의 범인이라는 것이 밝혀졌다(이와 관련된 부분은 이 책에서 조사하고 언급한 모든 연구를 통해 명백히 밝혀졌다).

엑손 사의 대응

생태학석 회복과 무의미한 이야기

1998년 엑손 사의 과학자들은 초기 평가 프로그램에 포함됐던 일부 지역의 샘플을 다시 수집한 결과, 심각하게 오염된 지역은 동물과 종이 훨씬 적었다(Page et al., 1999b). 그래서 그들은 회복에 관한 새로운 정의 — '평행주의' — 를 발표했는데, 이에 따르면 어떤 지역의 군집구조, 종의 수와 다양성이 기준 지역과 비교했을 때 그 경향성이 유사하게 평행할 경우 그 지역은 절대적인 것은 아니지만 회복 추세에 있는 것이라고 주장했다. 엑손 사의 과학자들은 "(기름 오역 지역에서) 수렴이 안 되는 이유가 기름 유출 피해가 좀처럼 사라지지 않아서가 아니다"라고 주장했다(Page et al., 1999b: 124). 그들은 PAHs는 시간이 지나면 감소한다는 사실을 지적하면서 만약 기름 유출 피해가 있다면 기름으로 오염된 해변과 그렇지 않은 해변 간의 종의 수와 유형 차이는 'TPAHs(총 PAHs)가 사라지면 수렴할 것"이라고 설명했다. 이런 새로운 정의에 근거해서 엑손 사의 과학자들은 기름으로 오염된 해변은 실제로 회복됐다고 대담하게 주장했다.

코도바 어부들은 그것을 다르게 이해했다. 어부인 대니 카펜터는 "기름

1배럴 가격이 절반으로 하락해도 가격은 다시 하락 전의 가격과 같은 추세로 안정화되는 것처럼, 장담하는데 석유회사는 낮은 가격을 '회복'시키는 데는 관심도 없을 것이다"라며 비꼬아 말했다.

NOAA의 데이터베이스 ― 존 호튼과 동료 연구원들이 수행한 작업 ― 가 특히 엑손 사의 골칫거리였다. 엑손 사의 회복에 관한 새로운 정의에서는 엑손 사의 과학자들은 호톤 팀이 기록한 생태학적 전이 곡선을 무시했기 때문이다. 엑손 사 스스로 만들어낸 평행론에 따르면 적어도 논문상으로는 검은색도 흰색이 될 수 있다. NOAA와 새로 연구 계약을 체결한 그룹은 호튼 팀의 정의가 아닌 엑손 사의 새로운 회복에 정의를 적용했다(Hoff and Shigenka, 1999). 그들은 호튼이 정리한 8년간의 데이터베이스를 재분석하고 다시 2년 이상 샘플링을 진행하고 난 후 평행주의에 따라 해변이 기름 유출 후 1~2년 내에 실제로 '회복됐다'고 결론 내렸다.

'평행주의' 이론을 강력하게 비판하는 연안 생태학자의 한 명인 피터슨은 "기름 유출로 사라졌다고 생각하고 회복을 기대하는 해변 서식 동물과 식물 중에서 단 10퍼센트만 회복 가능하다"고 주장했다(Peterson, 2000). 과학 공동체는 결국 엑손 사의 과학자들이 제시한 평행주의 이론을 거부했지만, 그때는 이미 논쟁을 불러일으켜 사운드의 기름 유출의 지속적인 피해에 관한 분명한 이미지를 흐리게 하려던 엑손 사의 실질적인 목표가 달성된 후였다.

엉뚱한 곳에서의 기름 조사

엑손 사의 기름은 사운드 해변의 가장 큰 오염원이기 때문에 프린스윌리엄사운드는 전 세계가 엑손 기름 유출의 생태학적 영향을 지켜볼 수 있는 기회가 됐다. 사운드에는 기본적으로 다른 오염원이 없었기 때문인데, 사운드의 충격과 회복에 관한 포괄적인 조사를 방해하는 요인이나 특히 중요한 장기간의 연구지원이 늘 가까이에 있었다는 점에서 이것은 지구

역사상 유일무이한 기회였다.

엑손 사의 기름 유출 피해를 파악하는 데 핵심은 조간대에 엑손 사 이외의 다른 석유의 탄화수소, 특히 해양 생물이 빨아들였을 수도 있는 탄화수소가 없다는 점이었다. 기름 유출의 지속적인 피해에 대한 전체 사실을 헷갈리게 할 목적으로 엑손 사의 과학자들은 엑손 사의 기름이 사운드의 유일한 오염원이라는 생각에 지속적으로 이의를 제기했다(Bence and Burns, 1995; Page et al., 1995a; 1999a). 그들은 "1964년 지진 때 유출된 아스팔트의 찌꺼기(Kenvolden et al., 1993), 셰일의 유기질 입자, 누출 기름 잔여물, 석탄이나 연료의 불완전연소에 의한 생성물, 검댕, 산불 재, 대기 영향, 보트 연료나 기름의 잔여물 등이 사운드 PAHs 연구의 잠정적 오염원이다"(Boehm et al., 2001, 473)라고 주장했다.

엑손 사의 과학자들은 기름이 될 만한 다른 오염원을 모두 뒤졌다. 결국 그들은 사운드 해저의 해양 퇴적물에서 가능성은 '낮지만' 오염원이 될 만한 것 — 비활성석탄 —을 발견했다. 허프에 따르면, 그 후 그들이 벌인 상황은 '공연한 법석'이었다(Huff, 1954: 53). 매우 생산적인 생물학적 지대에 하룻밤 사이에 쏟아진 수백만 갤런의 새로운 독극물 원유가 빚어낸 사운드 비애의 근원을 수천 년간 심해 퇴적층에 축적되어 있던 아주 적은 양의 탄화수소의 탓으로 돌리려는 노력 자체가 바보 같은 짓이었다. 그러나 엑손 사는 그렇게 하려고 노력했다.

첫째, 엑손 사의 과학자들은 거의 누출이 안 된 알래스카 만의 탄화수소를 많이 있는 것처럼 말했다. 이런 일은 엉뚱한 곳에서 엑손 밸디즈 호의 기름을 찾기만 하면 되는 비교적 쉬운 일이었다. 엑손 사의 기름은 대개 조간대에 있지만, 알래스카 만 해안의 탄화수소는 대개 심해저 퇴적물에 쌓여 있었다. 엑손 사의 과학자들은 그 사실을 알고 있으면서 사운드 해저에서 엑손 밸디즈 사의 탄화수소를 찾으려 했기 때문에, 거기서 사고로 유출된 기름을 찾지 못한 건 당연했다(Page et al., 1995a). 그들이 사운드 해저에서 일부 알래스카 만의 탄화수소(석탄 먼지)를 발견했지만, 그것은 160년 넘게 여기저기서 흘러 들어와 쌓인 것을 모두 포함한 것이었다(Page et al., 1996). 이를 통해 "자신들이 탐지했던 지역에서는 일반적으로 유출 기름의 탄화수소 양이 천연 석유의 탄화수소에 비해 매우 적었다"는 결론을 이끌어냈다(Page et al., 1995a: 42; 1996: 1266, 1277).

다음으로, 엑손 사의 과학자들은 알래스카 만 해안의 PAHs 탄화수소가 생물학적으로 이용 가능하기 때문에 해양 생물에게 잠재적으로 위협이 된다는 것을 '입증하기' 시작했다. 그런데 석탄이나 근원암의 PAHs는 생물학적 이용이 불가능하기 때문 — 석탄이나 근원암의 PAHs는 기반암에서 갇혀 있기 때문 — 에 알래스카 만 해안의 탄화수소는 석탄이나 근원암이 아닌 기름에서 기원한 것이다. 처음부터 엑손 사의 과학자들은 자신들이 주장했던 카탈라에서 누출 기름이 있는 곳 외의 동쪽 지역은 쳐다보지도 않았다. 쇼트와 오크베이 실험실의 다른 과학자들이 카탈라 동쪽 지역이 '실질적인 석탄지대'라고 지적하자(Short and Heinz, 1998: 1651), 엑손 사의 과학자들은 그 알래스카 석탄 지도는 자신들이 '이미 이용할 수 없는' 것이었다고 주장했다(Page et al., 1998: 1651). 쇼트와 동료들은 엑손 사의 과학자들이 누출 기름 규명에 사용했던 성분 프로파일은 "석탄과 누출 기름을 제대로 구분할 수 없다"는 점을 지적했다(Short et al., 1999: 41). 엑손 사의 과학자들이 카탈라의 석탄지대가 너무 오랜 기간 풍화되어서 자신들의 알래스카 만 해안 퇴적물 속 PAHs의 화학적 표식과 들어맞는 화학적 징후를 찾아낼 수 없다고 주장했던 것이다(Boehm et al., 2000: 2064).

물론 엑손 사의 화학물질에 관한 포트폴리오 혹은 세부 자료 자체가 탄화수소의 표식을 규명하기에는 적절하지 않았다. 이들의 포트폴리오가 완벽하지 않기 때문이었다. 이 포트폴리오의 야쿠타트 만 인근 석탄지대나 맬러스피나 빙하 밑 근원암이나 다른 빙하에는 알래스카 만 해안 퇴적물에 많은 PAHs이 함유된 퇴적물 샘플은 없었다(Bohem et al., 2001). 또 엑손 사의 과학자들의 방향족탄화수소 포트폴리오에는 알래스카 만 해안의 주요 기름 누출지의 탄화수소로 밝혀질 만한 성분 프로파일은 없었다. 허프는 "부적절하게 걸러낸 편향된 샘플 증거를 조심하라"(Huffe. 1954: 126)고 경고했다. 쇼트와 동료들은 알래스카 만 해안에 PAHs를 제공하는 주요 원인과 이를 설명해줄 화학적 지표가 제거된 엑손의 포트폴리오로는 알래스카 만 해안 PAHs의 핵심 제공원을 정확히 규명할 수 없다고 지적했다(Short et al., 2004).

허프는 사람들에게 '무엇을 놓쳤는가'를 생각하라고 했다. 그는 중요한 정보의 부재로도 "모든 사실에 충분히 의혹을 제기해봄직하다"(Huffe, 1954: 127)고 말했다. 엑손 사의 기름 포트폴리오에는 케이프야카타가 인근에 비교적 생긴 지 얼마 안 된 넓은 석탄지대와 빙하 밑 근원암은 빠져 있다. 쇼트와 동료들은 이 삭제된 요소가 사운드 해저의 탄화수소와 매우 잘 들어맞는 탄화수소의 특성을 가지고 있다는 사실을 밝혀냈다.

이 글을 읽는 독자들은 중요해 보이지 않은 이슈를 왜 그처럼 엄청난 대서사시라고 하는지 궁금할 것이다. 기름 대 석유 논쟁에서 책임(그리고 신뢰)은 매우 중요하다. 엑손 사가 1991년 민사 합의 사안에서 통과된 조항에 따르면 야생생물과 서식지의 '예기치 못한 장기적인 피해'에 대한 책임이 무려 1억 달러에 달한다. 따라서 일부 기름 유출의 지속적 피해에 대한 비난을 다른 데로 돌리면 엑손 사의 책임이 줄어들기 때문에 그 과정은 엑손 사 입장에서는 상당히 의미 있는 일이었다. 결국 카탈라의 누출 기름이 그 가능성은 희박하지만 유력한 기름 유출 피해의 원인으로 지목됐던 것이다. 논쟁이 가열되면서 이 논쟁을 보도하는 미디어는 대중을 해변에 잔류하는 엑손 밸디즈 호의 기름에 관심을 갖지 않는 방향으로 몰고 갔다. 해변에 잔류하고 있는 석탄과 근원암, 기름을 둘러싼 논쟁에 관한 홍보 전쟁은 이 책이 인쇄되면서 큰 반향을 일으켰다. 정치적 파급에 대한 논의는 제24장에서 다룰 것이다.

사운드의 진실

　이 책에서 다루고 있는 마지막 연도인 2003년까지도 엑손 밸디즈 호의 기름은 프린스윌리엄사운드에 남은 채로 대체로 1989년 심각한 기름 오염 지역이었던 수십 개 만과 해변 지역의 낮은 조간대에 묻혀 있다. 이 잔류 기름은 아직도 오염된 해변이나 그 인근에서 산란하고 먹잇감을 찾고 살고 있는 야생생물의 잠재적인 위협이 되고 있다. 사운드는 그 진실을 전하고 있다. 세상은 대체 언제쯤 그 지혜와 용기에 귀 기울일까?

제2부_4

사운드는 현재진행형
(2004년)

제22장

회복 또는 현황

많은 사람들이 공감하는 이 책의 전체 이야기에서 이번 장의 결론은 회복, 또는 이 책의 주제인 피해 입은 종들의 현황이다. 그러나 상황을 14년간의 연구, 500편 이상의 과학 논문으로 깔끔하게 정리하기에 앞서 일관된 관점을 유지하기 위해서는 우선 회복을 정의해야 하고 다음으로 알래스카 원주민이 말한 '독수리의 시선'를 가져야 한다.

여기서 '회복'이란 기름 유출이 없어지고 동시에 기름 유출로 개체수가 감소했던 그 지역에 감소된 개체수가 제자리로 돌아오면서 생태계의 모든 부분이 제 기능을 하는 것을 의미한다. EVOS 자금관리위원회와 공적 자금으로 연구를 수행하는 과학자들은 "피해자원이 제공하는 편의가 기준선까지 되돌아오는 데 소요되는 시간"(U.S. Code for Federal Regulation, 1987: 11.60-11.73)을 '회복'이라고 정의했는데, 이것은 슈퍼펀드[*] 규정에 따라 연방 NRDA에서 제정한 정의를 따른 것이다. 반면 엑손 사의 과학자들은 필요

---

[*] 정부가 유해물질로 오염된 곳을 정화하는 데 필요한 자금을 충당하기 위해 마련한 기금.

에 따라 각기 다른 정의를 적용했다. 그런데 나는 새로운 정의가 기름의 장기적인 피해에 관한 새로운 사실을 규명해줄 것이라고 생각한다.

첫째, 새로운 정의에서는 다양한 방해와 그에 대한 생태계 반응의 분리 — 예를 들어, 기름 유출과 기후체제 변화의 분리 — 가 가능하다고 가정한다. 둘째, 이 정의에서는 가장 심하게 오염된 지역에서 지속적인 피해가 나타나고 있을 때는 해달이 '회복됐다'와 같은 선언을 할 수 없다. 아직 회복이 안 된 오염 지역이 있는데도 이 사실을 무시하는 것은 감염이 심한 지역을 무시한 채 전 세계 사람들은 AIDS에서 '회복됐다'고 공언하는 것과 같다. 어떤 경우든 감염이 심한 지역을 이례적인 것으로 취급해서는 안 된다. 오히려 그 지역이야말로 완전한 회복의 진정한 척도이다.

전체를 조망하는 관점을 일컫는 알래스카 원주민의 말처럼 '독수리의 시선'으로 사운드 해변이 모두 똑같이 오염된 게 아니라는 사실을 잊지 않는 것은 중요하다. 처음에 북서쪽에서 북동쪽으로 이어지는 해변, 만, 피오르드를 따라 흘러가던 기름이, 마치 타자가 친 공을 수비수가 붙잡는 것처럼 블라이 암초에 휩쓸려 붙들렸다. 그래서 남서쪽에서 남동쪽으로 이어지는 해변과 만은 기름에 약간 오염되었거나 전혀 오염되지 않았다. 그 결과 서식지와 야생생물의 회복도 똑같지 않았고, 이를 통해 기름 오염 정도를 파악할 수 있었다. 즉, 기름에 조금 오염된 지역의 서식지와 야생생물은 심하게 오염된 지역의 서식지와 야생생물보다는 좀 더 빠르게 회복됐고 심하게 오염된 지역의 야생생물은 15년이 지나서도 여전히 잔류성 기름의 영향을 받고 있다.

이 두 가지를 기억하면서 '쥐의 시선'으로 세밀히 들여다보자(<표.22-1> 참조). 그 부분은 2003년에 EVOS 자금관리위원회가 발표했던 상황 보고서에서 세세하게 언급된 사운드에 있는 서식지와 개별 야생생물 종의 회복 상황, 지속적 피해의 특성에 관한 내용이다.

<표 22-1> 2003년의 회복 상황[*]

시간	종	상황	회복 지체 이유
1~4년	없음		
5~9년	곱사연어	회복됨	기름에 오염된 서식지(기름 매몰)
	검은머리물떼새	회복됨	기름에 오염된 서식지, 기름에 오염된 먹이
	수달	회복됨	기름에 오염된 서식지, (일부) 기름에 오염된 먹이
14년 이상	홍합양식장	회복됨	기름에 오염된 서식지
	해변 군집	회복됨	기름에 오염된 서식지, 정화작업 영향
	태평양청어	전혀 회복 안 됨	기름에 오염된 서식지
	해달	회복 중	기름에 오염된 서식지, 기름에 오염된 먹이
	바다오리	회복됨	먹잇감 어류 감소
	흰줄박이오리	전혀 회복 안 됨	기름에 오염된 서식지, 기름에 오염된 먹이
	흰줄날개바다오리	전혀 회복 안 됨	기름에 오염된 서식지, 먹잇감 어류 감소
	점박이바다표범	전혀 회복 안 됨	먹잇감 어류 감소
	범고래(어류를 먹음)	회복 중	사회적 행동 붕괴, 번식률 저하
	범고래(포유류를 먹음)	전혀 회복 안 됨	오염물질(PCBs), 번식률 0, 범고래 감소

주: * 이 책에서 논의된 서식지와 야생생물에 관한 것이다.
출처: EVOS Trustee Council, *2003 Status Report*. 공적 자금으로 수행된 연구에서 조사한 전체 종 목록은 www.oilspill.state.ak.us 참조.

기름 유출 후 1~4년

엑손 밸디즈 호의 기름 유출 후 4년간 이 책에서 논의한 모든 종이 회복되지 못했다(EVOS 자금관리위원회에 따르면 대머리독수리만 이 시기에 회복했다).

기름 유출 후 5~9년

곱사연어, 수달, 검은머리물떼새를 포함해 일부 종은 기름 유출 후 5~9년 사이에 회복됐다. 이들 종의 회복이 지체된 것은 3종 모두의 서식지가 기름에 오염되면서 잔류성 기름의 영향을 받았을 뿐만 아니라 주로 무척추동물을 먹는 검은머리물새떼와 부족한 먹잇감 어류 일부를 무척추동물로 대신하는 해달에게 필요한 먹이가 오염됐기 때문이다.

곱사연어는 기름오염 서식지 한 곳에서만 회복이 지체됐다. 조류와 폭풍을 따라 매몰된 잔류성 기름이 연어 산란층을 거쳐 하류로 휩쓸려갔는데 그때 연어 산란층에 있던 알이나 발달 중인 배아가 잔류성 기름을 흡수하면서 그 지역의 알과 발달 중인 생물학적으로 농축된 배아의 PAHs는 부화 시기의 물보다 몇 배 더 증가했다. 중요한 생명 발달 단계에 극히 낮은 수준의 PAHs에 노출된 곱사연어는 알이 폐사하고 배아는 변형되고 생존한 치어조차 성장과 발달이 저해되면서 극히 적은 수의 성어만이 살아남았다. 기름 유출이 있은 지 5년째인 1994년이 되기 전까지는 잔류 기름과 결합되어 있는 PAHs가 연어 알에 지속적인 피해를 입힐 수 있을 수준으로 물속에 흩어졌다. 그런데 정말 놀라운 사실은 이 모든 게 최근까지 어류에게 '안전'하다고 생각했던 것보다 몇 배 낮은 수준의 PAHs에서 발생했다는 점이다(Tip 14 참조).

1992년과 1993년에 사운드의 곱사연어 개체군은 붕괴됐고, 이후 알래스카 어디서도 곱사연어를 찾아볼 수 없게 됐다. 오크베이 실험실에서는 사운드 곱사연어의 붕괴는 원종이 생명 초기 단계에 기름에 노출됐던 것과 관련이 깊을 거라고 추측했다.

검은머리물떼새는 기름 유출 후 약 8년간 기름에 오염된 서식지와 먹이 때문에 회복이 지체됐다. 조간대에서 살면서 번식하고 먹이를 찾아다니는 검은머리물떼새를 비롯해 비슷한 서식지의 야생생물은 계속되는 잔류성 기름에 치명적인 피해를 입었다. 검은머리물떼새는 조간대에서 땅을 파헤치고 찌르거나 그저 돌아다니는 와중에 잔류 기름 덩어리가 지표에 노출되면서 오염됐다. 또한 그것들은 기름에 심하게 오염된 먹이를 먹었는데, 심각하게 오염된 지역에 서식하는 무척추동물이 지표 아래 기름을 빨아들

붕괴된 연어 어업의 경제적 타격

프린스윌리엄사운드의 연어 어업은 코도바 경제의 근간이다. 코도바 주민(인구 2,500명) 중 절반가량이 어업에 종사하고 있으며 연어 어획으로 거둬들인 수익으로 지역 경제를 지탱한다(Grabaki, 1998). 프린스윌리엄사운드의 연어바다목장 프로그램이 최고의 성과를 거둘 때 엑손 밸디즈 호의 기름 유출사고가 발생했다(Tip 13 참조). 어부들이 꿈꾸던 안정적인 수입과 부의 분배라는 연어 프로그램은 결코 실현되지 못했다. 오히려 연어 어업은 5년간 완전히 붕괴됐다.

①1989년: 오염된 생선(전체 연어 종이 영향 받음)에 대한 기피로 기름 유출 관련 시장이 폐쇄되고 수입 감소(엑손 밸디즈 호 기름 유출 사례)

②1990년: 기름의 영향으로 곱사연어의 회귀량 25퍼센트 감소(Geiger et al, 1996: Willette, 1996)

③1991년: 곱사연어의 회귀시기 (전례 없이) 혼란(제6장 참조)

④1992년과 1993년: 곱사연어 양식장 붕괴(제16장과 제20장 참조)

일차적으로 곱사연어가 기름 유출 사고로 심각하게 붕괴되면서 프린스윌리엄사운드의 어부와 코도바 공동체는 수백만 달러의 손실을 봤다. 가장 먼저 곱사연어를 꼽는 이유는, 곱사연어는 사운드의 수산업에서 가장 큰 부분을 차지하고 있을 뿐만 아니라 코도바 생계를 책임지고 있었으며, 기름 유출 사고가 있기 전 10년간 매년 평균 2,100만 달러의 어획량을 올리다가 기름 유출 이후 5년간(1989~1993) 평균 900만 달러로 하락했기 때문이다(ADFG, 2002). 즉, 5년간 매해 손실액─곱사연어 예인망 어획량 감소만으로─이 1,200만 달러에 달했다. 한때 프린스윌리엄사운드는 연어 예인망 어업권 제한으로 최고의 어획량을 올리면서 1989년에 31만 달러에 달하던 높은 시장 가치가 2003년에는 2만 달러 이하로 떨어졌다(Alaska Commercial Fisheries Entry Commission, 2004). 기름 유출 전후로 허가권을 구입했던 어부 대부분은 어업이 어려워지면서 허가권 융자를 갚지 못하면서 엄청난 빚을 짊어지게 됐다.

코도바는 어업을 기반으로 창출된 '어업 수익'을 토대로, 특히 의식주, 서비스, 인력, 지방 및 주정부 조세 등을 해결하면서 지역 경제를 활성화해 왔다(Impact Assessment, Inc., 1994). '산출(판매)승수'를 통해 소규모 농촌공동체의 어업 수익(임업 수익, 관광 수익 등 제외)에서 발생한 경제활동을 평가한 태평양고등해양연구소 프로그램과 오르곤 주립대학의 연구 결과에 따르면(Radtke, Dewees and Smith, 1981), 어업의 산출승수 값은 1.5~2.5이다. 이 연구의 경제 모델에 평균(2.0)을 대입하고 여기에 중간 마진(1.5)까지 감안하면, 기름 유출 이후 5년간 곱사연어 어업의 수입 손실만으로 코도바 경제가 입은 손해는 매년 약3,600만 달러로 추정됐다.

1차 산업－어업－하나로 움직이는 작은 마을에서 이 정도의 손실은 전체 주민에게는 엄청난 것이다. 예를 들어, 도시와 주정부가 3퍼센트의 '어업자원세'를 공유하면 기름 유출 사고가 있기 전 동상 운영자금의 약 15퍼센트가 확보된다. 결국 어업(청어 포함) 붕괴(Tip 15 참조)로 도시 세입 감소와 서비스(쓰레기 수거, 부두세 등), 재산세, 영업세 등의 손실 증가로 적자가 발생했다. 또한 지불 능력이 없어진 어부들이 진 빚을 갚지 못하게 되면서 사실상 2차 기름 재앙이 몰려왔다. 결국 어업 붕괴는 지금도 완전히 회복하지 못한 마을에, 사회학자들이 말하는 '하향 경제악순환'을 가져왔다. 비록 1993년 이후로 곱사연어 어업은 크게 회복됐지만, 양식업 출현에 따른 세계시장의 변화로 어획 수익은 여전히 저조하다.

이면 기름이 체내에 농축되고 다시 그 동물을 잡아먹은 포식자에게 독이 전달됐다. 기름에 오염된 해변에 서식하는 오염된 홍합을 먹은 어린 새는 오염되지 않은 해변의 어린 새보다 성장이 훨씬 더디고 늦게 날았다(생존 기회 감소). 기름에 오염된 홍합, 대합조개, 달팽이, 게 같은 무척추동물을 먹는 야생생물은 어류를 잡아먹는 야생생물보다 훨씬 회복이 늦었다.

수달은 기름에 오염된 서식지와 소량의 기름에 오염된 먹이 때문에 기름 유출 후 약 8년간 회복이 지체됐다. 사운드의 많은 수달은 해변에 인접한 오래된 연안의 숲에서 살면서 번식한다. 그래서 이들은 조간대를 가로질러 바다를 오가거나 먹잇감 어류를 대신해 영양분을 보충해줄 무척추동물 먹이를 찾아 헤매다가 기름에 노출됐다. 무척추동물과 달리 어류는 체내에서 PAHs의 독성을 소화·분해시킨다. 그런데 수달은 주로 어류를 먹기 때문에 일반적으로 수달의 먹이는 동일한 기름 오염 지역에 서식하는 무척추동물과 비교했을 때 상대적으로 기름의 영향을 덜 받았다.

기름 유출 후 10~14년

2002년에 EVOS 자금관리위원회는 기름 유출 경로 지역의 바다오리 군체가 '회복됐다'고 등록했다. 존 피아트에 따르면, 바렌 군도와 세미디스 군도의 큰 규모의 군체는 개체수 조사 결과와 생식 성공(생산력)이 기름 유출 전과 거의 비슷하지만, 푸알 만 같은 지역의 일부 작은 집단은 그렇지 않았다(Dragoo, Byrd and Irons, 2003). 사실 피아트는 다른 방식의 회복 측정을 선호했다: 단순한 수치가 아닌 개체군 통계학적 방법이다. 그는 다양한 연령군이 골고루 퍼져서 안정적인 연령 분포를 형성하는 것이 번식 경험이 많은 개체에 의존해서 (단순한 번식이 아니라) 새끼를 성공적으로 생존시키는 바다오리 같은 종에게는 중요할 것이라고 했다. 그의 정의에 따르면 바다오리는 아직도 '회복 중'에 있으며, 정확히 그가 처음에 예측했던 것처럼 회복되려면 20~70년이 걸릴 수 있다. 그런데 현재 북태평양의 기후가 다시 한 번 새우, 열빙어, 그리고 바닷새에게 좋은 차가운 기후로 되돌아가고 있다. 피아트는 이런 기후 변화가 회복을 앞당겨주길 희망하고 있다.

15년 이후 회복 중

긍정적인 회복세를 보이고 있는 서식지와 야생생물에는 홍합층, 해변 동물, 해초, 해달, 홍합, 어식성 범고래가 있다. 반면 회복이 지체되는 것은 기름에 오염된 서식지와 먹이로 인한 잔류성 기름의 영향, 정화작업의 영향, 먹잇감 어류 감소 등 때문이다.

시간이 지나면서 홍합층과 조간대 해안 군집은 매몰된 기름이 서서히 재분배되고 감소하면서 회복하고 있다. 가압처리한 해안의 해양 동·식물도 이입과 천이 과정을 통해 서서히 회복하면서 기존의 군집을 재건했다.

해달은 기름에 서식지의 오염 정도와 회복으로 봤을 때 회복의 기미가 보이고 있다. 약간 오염된 지역에 서식하는 해달은 완전히 회복됐지만, 사운드에서 가장 심하게 오염된 지역은 아직도 완전히 회복되지는 못했다. 해달은 오염된 먹이를 찾아 먹는 동안에 매몰된 잔류 기름 덩어리에 노출되면서 잔류성 기름에 치명적인 피해를 입고 있다.

어류를 잡아먹는 거주성 범고래 AB 무리는 기름 유출 이후 2년 동안 범고래 36마리 중 13마리를 잃었고, 그로부터 몇 년 동안 극심한 사회적 행동 붕괴가 발생했다. 이 고래 무리는 두 그룹으로 쪼개졌는데, 그중 한 그룹은 자주 볼 수 없었다. 자연스럽게 생식률은 낮아졌는데 그 피해를 회복하는 데는 몇 년이 걸릴 것이다. 1989년 이후로 감소된 고래 수 중 절반 정도를 회복한 상태다. 그러나 알래스카 만의 거주성 고래 개체군은 기름 유출 이후로 증가했다.

(저자 노트 감소한 고래 개체 중 사실상 절반만 회복된 상태인데도, EVOS 자금관리위원회는 범고래 AB무리를 '회복 중' 목록에 올리기로 결정했고, 이에 대해 많은 사람들이 반대 논평을 쓰거나 증언을 했다. 최소한 이런 상황은 희망적이며, 정치가 아닌 시간만이 진정한 회복을 가져올 것이다.)

15년 이상 지나도 전혀 회복이 안 됨

기름 유출 피해에서 전혀 회복되지 않고 있는 야생생물은 흰줄박이오리, 흰줄날개바다오리, 점박이바다표범, 육식성 범고래 등이다. 회복 지체의 이유는 다양하지만, 모두 기름과 직·간접적으로 관련되어 있다. 즉, 기름에 오염된 서식지, 기름에 오염된 먹이, 먹잇감 종의 감소 등이다.

겨울을 난 흰줄박이오리 암컷은 기름에 오염되지 않은 해변에 비해 기름에 오염된 해변에서의 생존율이 지속적으로 저조하다. 흰줄박이오리는 조간대와 수심이 얕은 연안해에서 무척추동물 먹잇감을 찾아 헤맨다. 따라서 흰줄박이오리는 기름에 오염된 먹이를 찾아 먹는 동안 잔류 기름에 노출되면서 잔류성 기름으로부터 치명적인 영향을 받고 있다.

사운드의 청어 개체군은 기름 유출 이후로 계속 어려움을 겪고 있다. 1989년 당시 기름 노출로 오염된 해변을 따라 부화 중에 있던 지질이 풍부한 알이 죽었고 수면을 떠다니던 배아가 상하거나 죽었으며, 생존한 1989년생 청어의 수정률이 감소했다. 또한 PAHs 노출은 1989년에 성어였던 청어의 면역체계를 망가뜨리고 약화시켜 질병에 취약하게 만들었다(Marty et al., 1999). 1993년 프린스윌리엄사운드를 비롯한 알래스카 주 전체 청어 어종이 붕괴되면서 1989년생 중 생존한 것들은 성장해서 성어 어종을 이뤘다. 그러나 1998년과 2001년에 또다시 바이러스가 창궐하면서 사운드의 남아 있는 청어 어종마저 감소했다.

그러나 청어는 회복 가능성이 있다. 2003년 가을 어종의 80퍼센트가 3년생이었다. 만약 이들 치어가 다른 질병의 발병을 유발시키지 않고 2004년에 성공적으로 성어 어종이 된다면 지금의 3만 톤 — 기름 유출 전 개체군의 1/4분도 안 된다 — 으로 사운드의 청어 개체군 재건을 시작할 수 있다. 이것이 소원으로 끝날 것인지 아니면 사운드의 새로운 진실이 될 것인지는 오로지 시간만이 말해줄 것이다(Tip 15 참조).

청어 어업 손실의 경제적 타격

돈벌이가 잘되던 사운드의 청어 어업의 손실은 어부와 그의 가족, 그리고 코도바 공동체에 영향을 미쳤다. 청어 어업은 봄철의 어란과 켈프 위에 붙어 있는 알, 가을철의 먹잇감 관련 어업과 함께 어획·가공·수출에서 수백 개의 일자리를 제공했다. 예를 들어, 건착망 어란을 목적으로 하는 수산업자에게는 대략 100개의 한정어업권이 제공됐다(ADFG, 1998). 이런 종류의 어업권을 소지한 사람들은 일반적으로 보통 4명의 선원을 거느렸다. 어획물은 지역에서 통조림으로 가공처리 되거나 수출됐다. 이런 직업에는 시기도 중요했다. 봄철 어업은 긴 겨울이 지나고 가장 수익이 컸고, 가을철 어업은 지역 주민에게 가장 중요한 수입원이었다.

청어 어업은 기름 유출로 1989년 1차 폐쇄됐다. 바이러스 창궐루 많은 어족이 사라진 후 1993~1996년간 2차 폐쇄됐다(Marty et al., 1998; 2003). 1997년과 1998년의 어획량은 매우 적었다. 어업은 어족 회복을 위해 1999년 이후로 폐쇄됐다. 10년(1982~1992)간 전체 어업 손실은 매년 평균 1,630만 달러였으나(ADFG, 2002; Cohen, 1997), 지역사회의 손해는 훨씬 컸다. 경제학적 모델을 적용하면 청어 어업에서의 수입 감소로 코도바 경제활동은 매년 5,000만 달러의 손실이 있었다.

물론 어부와 그의 가족은 청어 어업 손실로 극심한 타격을 입었다. 재정적으로 청어 어부의 수입 감소와 한정어업권의 급격한 가치 하락으로 망연자실했다. 한정어업권은 주식과 같다(그 값어치가 어업의 강세를 의미했다). 알래스카어업허가위원회에 따르면, 프린스윌리엄사운드 어란 예인망 어업권 추정가는 1989년 2만 4,5000달러로 최고였다가 2003년 2만1,160달러로 곤두박질쳤고, 계속 하락 추세이다.

어업권이 최고가였을 때 이를 샀던 어부들은 청어 어업이 폐쇄되고 다른 어업 가격도 동반하락하면서 어업권 융자를 갚지 못해 쌓여가는 빚에서 헤어 나오지 못하고 있다. 이런 어부들의 수가 증가하면서, 이들은 빚을 탕감하고 삶을 재출발할 수 있는 기회를 얻으려고 알래스카 주정부에 엑손 사를 상대로 공동소송하면 받게 될 징벌적 손해보상금 중 각자의 예상 몫에 대한 예상 지분을 내다팔았다(Platt, 2002). 이런 재정적 파탄은 경제적 비용과는 별개로 감정적 희생자까지 낳았다(Picou and Gill, 1997; Rodin et al., 1997).

프린스윌리엄사운드의 청어잡이 어부들은 1991년 민사 합의에 참여하는 소송 당사자들에게 소송을 재개해서 예기치 못한 장기적 손해에 사용할 1억 달러 중 일부를 청어 어업권 환매로 사용해서 어부—그리고 어류—가 재기할 수 있는 기회를 달라고 요구하고 있다. 15년 전 엑손 사의 돈 코르넷 대변인은 코도바 공동체에 "여러분은 상당한 행운을 쥐고 있는데, 아직 실감을 못한다. 여러분이 엑손 사의 소유주이고, 우리는 솔직하게 사업을 하고 있다. 여러분에게 이 모든 걸 줄 것이다"라고 말했다(Mullins, 1994). 그러나 이 약속은 이미 오래전에 깨졌다.

흰줄날개바다오리는 기름 유출이 진행되는 동안 감소한 개체 수를 제자리로 돌려놓지 못하고 있다. 성조는 얕은 연안해에서 어류를 잡아먹으면서 무척추동물로 부족한 영양분을 공급받는다. 이것이 성조가 기름에 오염된 서식지와 먹이(무척추동물)를 통해 잔류성 기름의 영향에 노출됐다는 증거이다. 새끼는 어류만 먹고 자라서 기름 노출의 기미가 전혀 보이지 않지만, 사운드 전 지역에 걸쳐 부족해진 먹잇감으로 스트레스를 받고 있다는 기미가 보인다. 사실 흰줄날개바다오리 개체수는 기름 유출 전부터 감소 추세였는데, 아마도 기후체제 변화가 지질이 풍부한 먹잇감 어류를 감소시켰기 때문일 것이다. 여기에 기름 유출 이후 청어(어쩌면 까나리도)가 추가로 감소하면서 문제가 더욱 심각해졌다.

점박이바다표범은 전혀 회복되지 않은 것으로 등록되어 있는데, 무엇보다 개체군이 기름 유출이 진행되는 동안 발생한 손실을 만회하지 못하기 때문이다. 기후체제 변화로 열량이 높은 먹잇감 어류가 감소하면서 대부분의 어식 어류 종처럼 해양 조류와 바다표범의 개체수도 기름 유출 전부터 이미 감소 추세였다. 비록 사운드의 바다표범은 건강한 것처럼 보이지만 기름 유출 이후 감소한 고지방 먹잇감 어류(청어와 같은)는 다른 연령대 바다표범의 생존에 영향을 미치고 있을 것이다.

포유류를 먹는 이동성 범고래 AT1 무리는 회복이 쉽지는 않을 것이다. 무엇보다 무리가 기름 유출로 감소한 개체를 만회하지 못하고 있기 때문이다. 이 무리의 21마리 중 11마리가 기름 유출이 있고 2년 내에 사라졌다. 어류를 먹는 범고래와 달리 이동성 고래 무리는 1984년 이후로 새끼를 전혀 못 낳고 있다. 고래의 기름에 저장된 높은 수준의 PCB가 이 생식 실패의 원인이었을 가능성이 크다. 왜냐하면 PCBs는 포유류의 생식 호르몬을 망가뜨리는 것으로 알려져 있기 때문이다. 생식 실패는 포획 능력이 뛰어난 바다표범의 감소와도 연결되어 있을 것이다. 지난 20년간 알래스카 만의 바다표범 개체수는 90퍼센트 가까이 감소했다. 고래 연구자 크레이그 맷킨에 따르면, 기름 오염으로 범고래가 회복이 거의 안 되고 있다. NMFS에서는 「해양 포유류 보호법」의 예외 조항에 이 그룹을 등록시킬지 고민 중이다.

간접적인 영향

피해를 입은 종에게 기름으로 오염된 서식지와 먹이가 준 직접적인 영향에 더해 기름 유출은 피해와 회복 지체의 간접적인 영향을 끼쳤다. 다음의 두 가지 사례는 역동적인 프린스윌리엄사운드 생태계에서 가장 두드러지게 나타난 피해이다.

첫째, 기름 유출의 직접적인 영향으로, 엑손 사의 가압온수 처리로 해초와 바다동물을 깨끗하게 제거해버린 해변은 처리하지 않고 그대로 둔 해변보다 회복하는 데 훨씬 오래 걸렸다. 가압온수 처리한 해변은 새로 이입된 일년생 해초가 3~4년 동안 매년 한꺼번에 죽고, 그러면서 해변에 서식하는 동물을 위한 피난처와 먹이가 말 그대로 뒤엎어지는 천이 과정을 거쳤다. 이런 폭력적인 방식으로 이루어진 종의 급격한 자연소멸도 안전한 양어장으로 이 지역을 이용하는 새끼 연어 및 청어 같은 야생생물, 그리고 이 해변을 따라 먹이를 찾는 포식자에게 간적접인 영향을 미쳤다. 가압온수 처리한 해변이 서서히 해초와 바다 동물의 안정적이고 다양한 집합체를 되찾으면서 간접적인 영향은 감소했다.

둘째, 기름 유출과 관련된 청어의 감소는 사운드 생태계의 황폐화를 가져왔다. 사운드의 40종 이상의 어류와 조류, 그리고 포유류는 지질이 풍부하고 수면을 떼 지어 다니는 먹이사슬의 근원종인 청어에 의존해 새끼를 키우고 지방을 만들거나 저장하고 있었다. 1989년에 부화한 청어 절반이 감소하고 1990년에는 살아남은 1년생 청어가 적어지면서 기름 유출 이후 점차로 개체수가 줄어들었고, 그로 인해 종의 다양성이 위기에 처했다.

예를 들어, 사운드의 세발가락갈매기는 일반적인 다른 어식 조류와 달리 처음에는 기름 유출로 피해를 입지 않았고 개체군도 기름 유출 전에 감소하지 않았다. 기름 유출 전에 지질이 풍부한 다른 먹잇감 어류가 감소하자 세발가락갈매기 무리의 분포가 청어 양어장 가까이로 이동했다. 그런데 기름 유출로 풍부했던 청어가 감소하자 대체 먹이에 접근하지 못한 세발가락갈매기 무리는 감소하기 시작했다. 다른 군집은 새끼의 먹이를 곱사연어 프라이나 다른 조류가 잘 선호하지 않는 먹잇감 어류로 대체했다. 그러므로 청어 감소는 곱사연어에게 간접적인 영향을 주었다.

기름 유출 후 10년이 지나도록 청어는 생식에 실패하고 개체군은 파괴적인 질병 창궐에 끊임없이 시달렸다. 청어 개체군이 완전히 회복될 때까지 다른 많은 종들에 대한 간접적인 영향은 계속될 것이다.

파악할 수 없는 회복

　이렇게 회복 상태를 깔끔하게 정리·분류하면 사운드에 서식하는 많은 종들이 사실은 '회복 상태를 모르는' 부류에 속한다는 것을 인식하지 못하게 만든다. 사실 대부분 야생생물의 서식지, 개체군, 건강, 기름 유출로 인한 손상은 단순히 모른다는 것으로 그치지 않는다. 어느 때는 회복 상황을 지레짐작해서 이들을 위험에 처하게 한다. 이런 이유로 동식물로 이뤄진 조하대 해저 군집을 마지막으로 이 범주에 넣었다. 기름의 영향과 회복을 결정해줄 기준선이나 기름 유출 전의 정보가 없다. 기름 유출은 초기에 갑각류 — 새우, 크랩, 가리비, 그 외 갑각류 족 — 의 전체 유충뿐만 아니라 청어 유생과 함께 물기둥을 떠다니는 상업적 가치는 없지만 중요한 먹잇감 종을 휩쓸어버렸을 것이다. 기름 유출은 대체로 기름에 민감하다고 알려신 조간대 어류인 까나리를 황폐화시켰을 가능성이 크다. 잔류 기름은 기름에 심각하게 오염된 지역의 중요 먹잇감 어류의 회복을 지체시켰을 가능성이 있다. 기름 유출이 또 다른 중요한 먹잇감 어류인 열빙어에 미친 영향 또한 알려진 게 거의 없다.

　생태계를 이루는 종의 자연사와 종 간 복잡한 상호관계를 이해하는 것은 생태계 건강을 조사하고 기름 유출, 기후체제 변화, 오염, 기타 다른 위협으로부터의 영향을 탐지할 수 있게 한다는 점에서 무엇보다도 중요하다. 이와 관련된 우리의 지식 격차를 극복할 수 있는 유일한 방법은 조사하고 가능한 포괄적이고 총체적인 관점을 받아들이는 것이다. 단지 '생태계 연구'가 아니라 프린스윌리엄사운드의 어부들이 1993년에 요구했던 것처럼 '장기적인 생태계 조사'가 필요하다. 이런 접근방식과 기름이 생명체에 미치는 유해한 영향에 관한 새로운 이해가 엑손 밸디즈 호 기름 유출이 남긴 유산이다. 이에 대해서는 제23장에서 논의할 것이다.

제3부

유산과 미래

우리는 우리 모두가 위험한 길에 들어서 있다는 사실을 뒤늦게 깨닫는다.

_다니엘 예르긴, 『황금: 석유, 돈 그리고 권력을 향한 대서사』

제23장

유산: 새로운 과학과 정책의 출현

이 책의 집필을 위해 인터뷰했던 한 과학자는 "우리 일은 끝난 게 아니다"라는 말로 경각심을 일깨웠다. 개인적으로 이야기를 나눴던 많은 사람들이 미해결 과제에 대한 감정을 드러냈다. 그들은 15년 동안 기름 유출이 생태계와 인간에게 오랜 기간 피해를 주는 기제를 단순하게 이해하거나 경험한 것으로는 충분하지 않다고 생각한다. 그들은 역사에서 반복되지 않도록 근본적으로 고쳐야 할 잘못, 즉 지구에 사는 우리의 삶의 질을 향상시키기 위해 들려줘야 할 근본적인 진실이 있다고 믿는다.

이 책의 마지막 두 장은 대중에게 교훈과 권고 — 야생생물과 황무지에 관한 책임 — 가 담긴 미해결 과제에 대한 이야기다. 이것을 통해서 이 책이 끝나더라도 기름에 관한 이야기는 오랫동안 계속되도록, 메신저인 우리가 맡은 책임을 독자 여러분에게 넘긴다. 우리 모두 특히 선진국은 석유 역사에 관한 마지막 장을 정교하게 다듬을 임무가 있다.

패러다임 전환 : 기름은 지속적으로 해로운 영향을 끼친다

자연계에 관한 과학자의 관점이 자연계를 정확히 관찰하고 설명하는 패러다임 — 이론, 연구, 모델, 기타 일반화를 바탕으로 한 이해 — 으로 인정받고 있다. 패러다임은 동적이지 정적이지 않다. 즉, 패러다임은 새로운 관찰을 수용하는 방향으로 이동하고, 이렇게 패러다임이 전환할 때 과학은 진보한다. 한때 과학적 패러다임은 세계가 평평하다고 생각했지만, 지금은 더 이상 이를 믿지 않는 것처럼 말이다.

지금과 같은 급속한 기술 발전의 시대에 한 세대 혹은 30년이라는 짧은 기간 동안 대부분의 보호 규정이 만들어졌고 그 이후로 기름이 인간과 야생생물에 미치는 영향에 관한 이해가 급속히 발전했다는 점은 놀랄 일은 아니다.

1999년 미국 환경청(EPA)은 22개의 PAHs를 잔류성, 생물농축성, 독성(persistent, bioaccumulative and toxic: PBT) 오염물질로 규정했다. PBT 오염물은 '최악 중 최악'의 인체 유해물로 알려져 있다. 이 목록에는 수은, 다이옥신, PCBs, DDT, PAHs가 포함되어 있다. EPA(2000)는 PBT 오염물을 "인간과 생태계를 해로운 단계들로 연결된 먹이사슬로 만들 수 있는 매우 유독한 잔류물"이라고 규정했다. 즉, 이것은 잔류성과 함께 생물학적 이용 가능성이 있고, 생태계를 통해 확산될 수 있다는 뜻이다. "PBT는 신경계와 생식, 발달 문제, 암, 유전적 영향을 비롯해 인체에 악영향을 미치는 요인과 관련되어 있다. PBT의 위험을 감소하는 과정은 일종의 도전이다.……이 오염물은 멀리까지 이동하고, 공기에서 물로 또는 땅으로 쉽게 움직이고, 여러 세대를 걸쳐 사람과 환경에 지속적으로 영향을 주기 때문이다."

PAHs 독성의 특징에 관한 새로운 과학적 지식으로 '최악 중 최악'의 화학 발명품인 PAHs 목록이 작성됐다(ATSDR, 2002; Colborn, Dumanoski and Myers, 1996; Steingraber, 2001). 엑손 밸디즈 호의 기름 유출이 이 드라마의 주인공이

다. 엑손 밸디즈 호의 기름 유출이 있은 후 15년 동안 연구자들은 기름 독
성에 관한 두 가지 새로운 상호보완 패러다임 — 하나는 인간에 대해서, 그리
고 다른 하나는 야생생물에 대해서 — 을 발전시켜나갔다. 기름 독성에 관한
지식의 발전을 통해 기름 유출은 척추동물 — 인간, 어류, 조류, 포유류 — 에
게 매우 비슷한 급성과 만성 증상 장애를 발생시키고, 과거에 생각했던 것
보다 훨씬 낮은 수준의 기름이 생물에게 해로운 영향을 미친다는 사실을
새롭게 발견했다. 야생생물을 통해 과학자들은 개체에서 개체군 수준으로
이어지는 영향에 관한 지식의 고리를 완성했다. 인간까지 포함한 전체 고
리는 아직 완성되지 않았지만 그 의미는 분명하다. 그러므로 지속적이고 생
물학적 농축성을 지닌 독극물을 포함한 PAHs 목록을 새로 작성해야 한다.

인간의 피해

거의 1세기 전부터 기름이 인체 건강에 기름이 미치는 영향을 조사해왔
다. 예를 들어, 이미 1920년대에 솔벤트 일종인 방향족탄화수소벤젠의 위
험성에 주의를 기울였다. 이것은 강력한 발암물질이기 때문에 미국석유협
회를 겨냥해서 1948년 건강 관련 논문에서는 "벤젠의 가장 확실한 안전 수
준은 영(0)이다"라고 지적했다(Rampton and Stauber, 2001: 85). 50년이 지난 지
금도 위험은 감소하지 않았다(ATSDR, 1997). 그런데 OSHA의 산하기관인
NIOSH는 엑손 밸디즈 호 기름 유출에 관한 「건강 위해 평가 보고서」에서
벤젠 에 관한 '권장노출농도한계' 목록을 만들지 않았다. 대신 NIOSH의
연구자들은 "미 정부산업위생전문가협의회(ACGIH)에서 벤젠을 인간에게
발암성이 의심되는 물질로 간주하고 최소량의 노출을 지켜야 한다고 권고
한다"고만 언급했다(NIOSH, 1991: 41).

엑손 사의 자체 공기 질 조사 자료에 따르면 청소작업자들이 벤젠에 최
고 수준으로 노출된 곳은 가압온수 처리한 해변으로, 그곳의 벤젠 수준은
OSHA 허용노출한계(Permissible Exposure Limits: PELs)에 대한 법적 규제보다

약 8배 높았다(Med-Tox, 1989c. 부록 <표 A-1> 참조).

　의학적 진단 기법이 발전하고 인체의 미묘한 기능까지 점차 파악할 수 있게 되면서 기름은 과거에 생각했던 것보다 인간에게 훨씬 더 위험하다는 사실이 밝혀졌다. 기름 증기와 PAHs 에어로졸 흡입은 장·단기적으로 호흡기 손상과 중추신경계 장애뿐만 아니라 만성혈액질환(빈혈증, 백혈병), 간질환, 신장질환, 내분비 장애, 면역 억제를 유발한다는 사실이 밝혀졌다(제10장 참조). 이런 질병에 대한 관심은 1989년 3월에 기름 유출을 유해폐기물정화작업 대상으로 선언하는 데 영향을 주었다(OSHA, 1989).

　엑손 사의 공기 질 조사 자료에 따르면 작업자가 발암 벤젠과 기름 증기에 가장 많이 노출된 곳은 가압온수 처리한 해변으로, 그곳의 벤젠과 기름 증기의 수치는 법적으로 강제하는 OSHA의 PEL를 각각 8배와 4배 초과했다(Med-Tox, 1989a; 1989b; 1989c. 부록<표 A-1> 참조). PAHs 에어로졸에 대한 최대 노출은 법적으로 규제한 OSHA의 PEL를 2배 초과했다. 기름 유출이 있기 전 엑손 사의 과학자들은 작업시간 연장에 따라 작업자를 충분히 보호할 수 있을 정도로 PEL 기준을 낮출 필요가 있다는 연구를 발표했었다(Exxon, 1986). 엑손 사의 연구에 따르면 12~18시간 일하는 청소작업자의 일일 작업시간을 고려해서 OSHA의 PEL를 최소 2~3배 낮췄어야 했다. 그러나 그렇게 하지 않았다. 스터블필드 대 엑손 사 소송(1994)의 전문가 증인이었던 산업의학자 다니엘 테이텔바움은 OSHA의 PEL를 80퍼센트 낮추어야 한다고 말했다(Teitelbaum, 1994). 이것은 여전히 2~5배의 과다노출이 있다는 것을 의미한다.

　솔벤트는 기름 안개나 PAHs 에어로졸을 흡입했을 때와 비슷하게 건강을 크게 위협한다. 솔벤트는 기름 유출에 사용된 산업 분산제와 상업용 탈지제의 주요 성분이다. 예를 들어 솔벤트 2-부톡시에탄올은 이니폴, 코렉시트 9527, 심플그린 같은 엑손 밸디즈 호 청소작업에서 사용한 여러 제품에 들어 있는 성분이다(ATSDR, 1998). 청소작업 기간에 사용된 제품이 건강에 미치는 피해로 알려진 질병에는 급성 및 만성 호흡기 손상, 중추신경계 장애, 만성 간·신장·혈액(빈혈증) 질환, 면역 억제, 급성피부질환(피부염) 등이 있다(제10장 참조). 또한 미국 환경청 웹사이트에 올라온 피해야 할 청소 제품 중 하나인 심플그린은 태아 발달에 손상을 준다. 엑손 사의 공기 질 조사 자료에 따르면 청소작업자들이 최고로 노출된 2-부톡시에탄올의 수준은 법적으로 규제하는 OSHA의 PEL의 2배 이상이다(Med-Tox, 1989c. 부록 <표 A-1> 참조). 이런 과다노출은 아직도 지속되고 있지만, NIOSH는 작업 연장시간을 고려해서 권고를 그대로 유지할 것인지 아니면 수정할 것인지에 대해서는 생각조차 하지 않고 있다. 엑손 사가 노출을 조사하지 않았던 디솔브잇, 시트라솔브, 심플그린, 리모넨, 시트로클린 같은 상업용 탈지제는 작업자의 피부와 옷을 비롯해 소형 보트 청소, 방재, 대형 선박 청소에 특별한 규제를 받지 않고 자유롭게 사용됐다. 의사인 테이텔바움은 엑손 사의 작업자 안전 프로그램에서 솔벤트 노출을 조사하지 않은 것에 대해 크게 놀랐다.

석유회사는 유출 사고 전에 이미 원유의 다양한 정제유와 미세한 화학적 생성물 흡입이 건강에 유해하다는 사실을 잘 알고 있었다. 1978년 프랑스 북부 해안의 아모코 카디즈 호 기름 유출 사고[*]로 기름이 사람에 미치는 영향이 상세히 보도됐다. 석유화학 회사 중 한 곳은 OSHA의 PEL보다 25배 낮게 원유 PEL를 권고하기도 했다(Lyondell Petrochemical Co., 1990). 엑손 사는 기름 증기와 기름 안개, 에어로졸 흡입이 건강에 미치는 영향에 관한 방대한 자료 ── 또한 스터블필드 대 엑손 사의 독극물 불법행위 소송으로 입증된 것처럼 회사 직원을 위한 보호안(1994) ──를 수집했다.

---

[*] 미국의 아모코 석유회사 소속 아모코 카디즈 호가 1978년 3월 16일 프랑스 브리태니포트샬 연안에서 암초와 충돌해 좌초되면서 운송 중이던 22만 3,000톤의 원유와 4,000톤의 벙커유가 모두 유출된 사건.

엑손 사의 가압온수 처리는 기름 안개와 PAHs 에어로졸을 발생시켰다. 제2장에서도 논의했듯이, 엑손 사의 작업자 안전 프로그램으로는 청소작업자를 위험한 화학물질에 대한 과다노출에서 충분히 보호해줄 수 없었다. 엑손 사의 임상 자료에 따르면 6,722명의 청소작업자가 감기나 독감과 유사한 호흡기 증상 ─ 기름 안개나 에어로졸 흡입으로 인한 화학물질 중독 증상 ─ 을 보였다(Exxon, 1989b). 작업에 참여한 엑손 사와 베코 사 의료 팀 그리고 청소작업자가 스스로 화학물질 노출 관련 증상을 인식할 수 있는 ─ 그리고 의료 팀의 연구 사례로 다뤄질 수 있도록 ─ 훈련을 받지 못했다.

엑손 사에서는 6,722건의 호흡기 질환 모두를 작업자들이 '밸디즈 잡병'이라고 부르는 작업 관련 질환이 아니라 '상기도 감염(URIs)'이라고 보고했다(Stranahan, 2003). OSHA가 URIs, 특히 감기와 독감을 보고하라고 하지 않았기 때문에 엑손 사는 유해 폐기물 청소작업에 필요한 장기 건강 조사를 교묘히 피해갈 수 있었다. 그래서 작업자들은 (많은 사례가 그렇듯이) 초기에 화학물질 중독 치료를 받지 못했다. 많은 사람들이 기름과 해변에서 사용한 청소제품(솔벤트)에 대한 노출로 전형적인 만성 증상을 앓았다. 한 작업자는 "줄곧 궁금했던 게 '내가 어떻게 십 년이나 밸디즈 열병을 앓게 됐을까'이다"라고 말했다.

2003년 예일대 의대의 역학 및 공중보건학과 석사과정생인 애니 오닐은 EVOS 청소작업자의 건강을 조사했다(O'Neil, 2003). 그녀는 기름 안개와 PAHs 에어로졸에 많이 노출되는 일을 한 작업자가 그렇지 않은 작업자보다 호흡곤란(만성기도 질환)과 신경 손상, 화학물질 과민증 같은 만성 증상을 호소하는 경우가 훨씬 많다는 사실을 발견했다. 해변이나 보트, 기어에 분무(데콘 작업자)를 했거나 소형보트를 운전했거나, 방재 작업에 배치됐거나, 동물이나 사체 수거 등을 했던 사람들을 기름 안개와 PAHs 에어로졸에 노출될 위험이 많은 작업자로 분류했다. 그녀는 조사에 참여했던 169명 중 1/3에게서 나타난 증상은 청소작업에 사용한 기름 및 관련 화학물질에 대한 MSDS에 보고된 노출 증상과 유사했다고 보고했다. 그녀는 자신의 연구 결과를 검증된 학술 잡지에 투고했다.

오닐의 조사는 빙산의 일각에 불과할 것이다. 기름과 솔벤트의 에어로졸과 안개 흡입은 수천 명의 청소작업자의 건강을 훼손시켰을 것이다. 그리고 이런 일은 최상의 프로그램에 — 주정부 기술로 만든 (변변치는 못하지만) 청소장비, 사전 승인 및 공인 받은 화학물질, 주정부와 연방공무원이 승인한 작업자 안전교육 프로그램, 공기질 샘플링 프로그램, 그리고 세상에서 가장 노련한 석유회사 중 한 곳에서 관리하고 주정부와 연방공무원이 조사하는 주정부의 기술 관련 작업자안전프로그램 — 따라 진행된 청소작업 중에 벌어졌다.

청소작업자의 건강 문제는 다른 기름 유출 사고에서도 확실히 계속되고 있다. 1992년 세틀랜드의 브래어 호 기름 유출과 1999년 웨일즈의 시임프레스 호 기름 유출 후 청소작업자와 기름 바다가 뿜어낸 안개에 뒤덮인 마을에 거주하는 주민에게서 호흡 문제, 목의 욱신거림, 눈의 쑤시는 듯한 느낌, 메스꺼움과 두통이 나타났다(Campbell et al., 1993; 1994; Lynos et al., 1999). 이런 결과는 바람 부는 곳에서 분산제(솔벤트)를 사용했던 기름 유출 대책반의 건강 문제가 기름 에어로졸 때문이라고 보는 연구자들의 관심을 끌었다(Zhou and Liu, 2001).

정치와 기업의 홍보, 거대자본, 기름 유출은 상호 관련되어 있는데도 정부는 이를 외면했고 그러는 사이에 피해 책임은 대중, 작업자, 그리고 야생생물에게 떠넘겨졌다. 기름 유출 과정 중 나온 증거를 통해 기름 분무와 안개가 있는 쪽에 있던 기름 대책반 등에게서 급성·만성 건강 문제가 흔히 발생한다는 사실을 알 수 있다. 의료 서비스 제공자는 해변에서 작업하는 사람을 비롯한 모든 기름 유출 청소 작업자에게 발생할 수 있는 건강상의 문제를 예측해야 한다.

야생동물 피해

엑손 밸디즈 호의 기름 유출이 있기 약 15년 전인 1970년대부터 기름이 야생생물에 미치는 피해에 관한 연구가 진행됐다. 당시 과학자들은 기름 독성이 해양생물에게 미치는 영향은 대체로 단기적이라고 생각하는 패러 다임을 발전시켰다(Tip 16 참조).

과학자들은 야생생물과 관련해서 기름은 단기적인 영향을 미칠 뿐만 아니라 그 영향도 저체온이나 익사 혹은 날개나 털을 다듬는 중에 유독성 기름을 섭취했을 때에만 발생하고, 어류와 관련해서는 단기적으로는 ppm 정도의 수용성 획분에 어류의 중추신경이 마비돼서 어류가 죽을 수 있다 고 생각했다. 또한 서식지에서의 기름에 의한 식물과 무척동물의 집단 폐 사는 수용성 획분에 의한 질식사나 독성에 단기간 노출되었기 때문이라고 생각했다. 그리고 바위가 많은 조간대 해변에 고여 있는 기름은 미생물과 자외선에 의해 급속히 '휘발'되거나 줄어들어 흩어져 없어질 것이라고 믿 었다. 즉, 해변에 고여 있는 기름의 풍화 현상을 환경적으로 좋아지고 있는 것이라고 생각했다.

1989년 엑손 밸디즈 호의 기름 유출은 과학자들의 예측대로 진행되기 시작했다. 즉, 엄청난 수의 조류와 해양 포유류가 죽었다. 과학자들은 일부 바다표범과 해달 사체 부검에서 확인된 뇌 손상 증거와 내부기관 상태로 각각 증기 흡입과 기름 섭취가 죽음의 원인이었다고 확증했다. 그러나 청 소작업 시작 후 과학자들은 예상치 못한 사실을 관찰했다. 청소작업이 애 초 유출된 기름보다 해변에 서식하는 생물에 더 많은 피해를 주었던 것이 다. 몇 년 후 더욱 놀라운 사실이 발견됐다. 과학자들은 홍합층 아래에 오 랫동안 액체 기름이 고여 있을 것이라는 사실, 또한 이 기름 매몰층이 어류 와 바닷새, 포유류에게 지속인 피해를 줄 것이라는 사실을 예측하지 못했 다. 그리고 잔류성 기름 때문에 해달은 질병에서 완쾌되지 못하고 곱사연 어 개체군이 붕괴됐다.

해양 생태계에 기름이 미치는 영향에 관한 패러다임의 변화

자연 해변 서식지

기존 패러다임: 주로 미세 퇴적물로 이뤄진 습지가 아닌 해변에 있는 기름은 급속도로 퍼지다가 미생물과 광분해를 통해 줄어들 것이다.

새로운 평가: 수년간 기름은 오염물질을 내포한 채 부분적으로 풍화된다. 기름의 분해속도는 지표 밑 침전물이 외부 방해, 산화, 광분해로부터 얼마나 영향을 받지 않는 환경에 있느냐에 따라 달라진다.

기름 독성이 어류에 미치는 영향

기존 패러다임: 기름 농도가 ppm 정도인 수용성 획분(주로 1~2개 고리 방향족)에 단기간(4일 내) 노출되었을 때에만 급성중추신경장에로 죽게 된다.

새로운 평가: 기름 농도가 ppb 정도인 풍화유(고리가 3~5개인 방향족)에 장기간 노출된 어류 배아는 치사율과 생식에 장기적 영향과 함께 성장, 기형, 행동에 간접적인 영향을 받으며 개체군에 영향을 준다.

기름 독성이 조류와 해양 포유류에 미치는 영향

기존 패러다임: 날개나 털이 단기간 급성 노출되었을 때에만 기름 피해가 발생하고, 날개를 부리로 다듬는 동안에는 저체온증이나 익사, 독성 섭취로 죽을 수 있다.

새로운 평가: 오염된 먹이를 먹거나 잔류성 기름 침전층 주변에서 먹이를 찾는 동안 만성 독성 기름 노출, 또는 사회적인 조직을 이루는 종의 중요한 사회적 기능(새끼 돌보기 혹은 생식) 파괴처럼, 스트레스를 주는 자연환경과 장기간의 기름 노출로 건강에 문제가 있는 동물이 상호작용하면서, 기름은 (조류나 해양 포유류와는 분리·고립되어 있어도) 장기간 실질적인 피해를 준다.

기름 독성이 연안 군체에 미치는 영향

기존 패러다임: 연안이나 얕은 대륙붕에 침전된 기름 독성에 단기간 노출

이나 질식으로 급성 치사할 때 해안에서 서식하는 식물과 무척추동물의 개체수가 크게 감소한다.

새로운 평가: 반복적인 청소작업(화학물질과 물리적 방법 모두를 포함)을 시도하는 것이 기름 그 자체보다 더 많은 피해를 줄 수 있다. 바위가 많은 조간대와 켈프 군락에 강한 생물학적 상호작용과 지체의 간접효과가 연쇄반응(특히 영양 연쇄반응과 생물기원 서식지 손실)을 일으켜, 그 피해 범위는 애초의 직접적인 피해를 훨씬 뛰어넘어 회복을 지연시킨다.

과학자가 아닌 사람들을 위한 저자 노트 '광분해'와 '광분해적으로'는 자외선에 의한 기름의 붕괴(파괴)를 의미한다. ppm과 ppb는 각각 100만분의 1과 10억분의 1을 의미한다. '사회적인 조직을 이루는 종'에는 바다오리와 범고래 등이 있다. '영양 연쇄반응'은 먹이사슬의 상호작용을 의미한다. '생물기원의 서식지 손실'은 살아 있는 서식지(연안 해양식물과 무척추동물)의 손실을 의미한다.

엑손 밸디즈 호의 기름 유출이 있은 지 15년 후인 2004년 과학자들은 기존 패러다임으로 설명할 수 없는 해양생물에게 지속적이고도 해로운 피해를 입히는 기름 독성을 설명해 줄 새로운 패러다임을 세웠다(Peterson et al., 2003). 새로운 패러다임은 기존 패러다임처럼 기름이 해양생물에게 단기간 직접적인 영향을 줄 뿐 아니라 낮은 농도의 ppb에서도 장기간 직·간접적인 효과 및 지체 효과를 가져올 수 있다고 생각했다. 바위가 많은 해변(사운드 해협의 해변 대부분), 이탄습지와 홍합층, 지속적인 생체 이용 가능성, 잔류 독성 같은 다양한 형태의 잔류성 기름 때문에 문제가 발생했다. 새로운 패러다임은 기존의 대체로 한 종으로 단기간 독성 실험을 하고 이를 토대로 기름 피해를 단순하게 이해하던 방식에서, 시간에 따른 생태계 시너지 연구를 토대로 기름 피해를 좀 더 자세히 파악하는 방향으로 전환됐다.

과학자들은 기름이 외부 방해가 없고 미생물이 살아가는 데 필요한 산소가 없으며 광분해에 필요한 자외선이 존재하지 않는 지역에 매몰될 경우 그 독성이 수십 년 동안 유지된다는 사실을 발견했다(Tip 16 참조). 또한 PAHs때문에 독성이 지속되고, 고리가 3~5개인 방향족탄화수소는 물에 서서히 용해되면서 유기체의 건강을 해치는 독으로 작용한다는 사실을 발견했다. 기름 유출이 있은 지 14년이 지나고 이 책에 포함된 최신 연구가 한창 진행되던 2003년에도 여전히 사운드 일부 지역은 매몰된 기름 덩어리의 낮은 수준 PAHs로 흰줄박이오리과 흰줄날개바다오리, 해달의 회복이 특히 지체되고 있었다.

새로운 패러다임에서는 기름이 우리가 그저 '생태계'라고 부르는 복잡한 생명 그물의 일부를 끊어버리면서 간접적인 지체 효과를 발생시킨다고 생각한다. 기름은 청어, 곱사연어, 최상위 포식자 간 먹이 전환 현상, 고래와 바닷새 사이의 복잡한 사회적 행위, '생물기원' 서식지 — 바위 조간대 해변을 뒤덮고 다른 어류 종과 야생생물의 피난처와 먹이를 제공하는 해양식물과 무척추동물 — 에 대한 강한 의존성 같은 먹이사슬의 상호작용을 붕괴시킨다. 기름은 생태계의 다른 방해 요인 — 기후체제 급변, 지구 온난화, PBT 오염 —과 함께 시너지 효과를 일으켜 종 전체 개체군(이주성 범고래 같은)에 충격을 가하면서, 이후 찾아오는 위험에 전체 개체군을 구성하는 작은 집단은 한순간에 사라질 위기에 처하게 됐다. 기름 유출로 복잡한 생물의 톱니바퀴에 기름을 칠하는 것이 아니라 수십 년간 전체 해양 생태계는 제대로 작동하지 못하게 됐다.

새로운 패러다임은 기존 패러다임의 몇 가지 원칙을 산산이 무너뜨린다. 새로운 이해 방식의 주요 내용은 다음과 같다. 첫째, 기름은 어류와 야생생물에게 단기간 그리고 장기간 유독한 영향을 미친다. 둘째, 지표 밑에 매몰된 기름은 환경적으로 무해한 것이 아니다. 셋째, 기름은 지속적이고 생물학적으로 이용 가능하다. 넷째, 기름은 기존 패러다임에서 야생생물에 '안전'하다고 생각했던 것보다 1,000배 낮은 수준에서도 어류와 야생생물에게 피해를 준다. 더욱이 극히 낮은 수준의 기름― ppb 정도로 낮은 수준의 PAHs ―도 해양생물을 지속적으로 개체군 수준에 끔찍한 피해를 일으킨다.

최근 미국을 비롯한 여러 국가의 연구를 통해 공적 자금으로 연구를 수행한 과학자들이 발견한 사실이 정당하다는 것이 입증되고 새로운 기름 독성 패러다임의 출현이 확증됐다(Couillard, 2002). 미국 국가연구위원회(NRC)에서 2002년 발행한 『기름과 바다 3』에 이와 관련된 일부 내용이 요약되어 있다(NRC, 2002). 그리고 지금 일고 있는 이 책은 기름 독성에 관한 우리 관점에 과학적 혁명이 필요하다는 것을 대중에게 알리는 역할을 한다.

개별 건강 지표 재평가

기존의 기름 독성 패러다임에서는 과학자들이 '사망'과 '암' 같은 지표로 야생생물과 인간에게 안전하다고 추정할 수 있는 기름(그리고 분산제) 수준을 결정하는 실험과 위험평가를 수행했다. 예를 들어, 수중생물에 대한 수질 기준을 설정하기 위해 1970년대 과학자들은 유기체를 실험해서 죽음을 유발할 수 있는 가장 낮은 농도의 수용성 분획을 100 단위로 나눴다. 또한 이 기준에 생물이 충분히 견딜 거라고 보고 이 지표를 안전기준으로 사용했다. 그런데 약 30년이 지난 후에 과학자들은 이 지표가 틀렸다는 것을 알았다. 더욱이 인간에게 암이라는 종말점, 중추신경계기능부전, 내분비장애, 화학물질 과민증 같은 건강을 훼손시키고 장애와 죽음을 일으키는 실질적인 질병으로부터 생명을 보호할 도구로 삼기에는 너무 무디다는 것도 밝혀졌다.

의학과 과학의 진보로 인간과 가축, 그리고 야생생물 개체의 건강을 조사할 수 있는 세심한 진단기법이 만들어졌다. 그리고 이런 기법을 통해 과학자들은 세포보다 낮은 수준에서 오염원의 미세한 영향을 감지할 수 있게 됐다. 새로운 패러다임의 관점에서 볼 때 기존 패러다임은 기본요소에서부터 명백한 결함이 있었다.

생물지표와 인간의 건강

EVOS 청소작업자들이 기름과 솔벤트 에어로졸 흡입으로 병든 이유 중 하나는 보건관리자들이 화학물질의 '안전' 노출한계치에 의존한 채 안전성의 환상만 심어주는 위험 평가방식을 적용했기 때문이다. 위험 평가는 다양한 종류의 화학물질에 노출되어 있는 가정과 직장 그리고 이 세상에 대해 면밀히 분석하고 그 내용을 잘 반영해서 그 결과를 있는 그대로 알려주는 능력이 있어야 하는데, 지금의 위험 평가는 전혀 이런 연구가 되어 있지 않아서 현재로서는 보건관리가 약속한 대중 보호는 불가능하다.

『우리를 믿어라. 우리가 전문가다』에서 램프튼과 스타우버는 "이런 무례한 행동이 반복되는 이유는 결국 과학적으로 불가능한 근거에 기초해 진행한 사이비 위험평가 때문이다"(Rampton and Stauber, 2001: 109)고 비판했다. 따라서 잘못된 위험 평가에 근거해서 작업자에게 안전하다고 추정한 허용노출한계치는 '허위'이다.

기름을 통해 이 문제를 잘 볼 수 있다. 산업의학자인 테이텔바움이 법정 증언에서 밝혔듯이, OSHA의 PEL에는 벤젠과 일부 PAHs을 비롯한 기름에 함유된 탄화수소의 종류별 개별 정보가 들어 있다. 그러나 PEL에는 이 탄화수소류가 한꺼번에 들어 있는 화합물질 — 기름 안개와 에어로졸은 수백 개의 탄화수소로 이뤄진 복잡한 혼합물이다. 즉, 엑손 사의 청소작업자들은 한 가지 탄화수소에만 노출된 게 아니었다. — 에 대한 정보는 들어 있지 않아 이들에게는 수백 종의 탄화수소가 퍼부어졌다.

잘못된 결정으로 우리는 기름 같은 유해 화학물질의 '안전' 수준을 예측할 만한 능력이 훨씬 약해졌다. EVOS 청소작업이 대표적인 사례이다 (Teitelbaum, 1994). 청소작업장에 실제로 존재하는 탄화수소류가 아닌 대용물 — 상대적으로 약한 광물성 기름과 먼지 입자 — 을 사용해서 기름 안개와 PAHs 에어로졸에 대한 작업자의 안전 노출 수준을 정하기로 한 것은 매우 잘못된 결정이었다. 대용물로는 원래 화학물질의 건강 위해를 정확히 재현하기가 어려운데도 대용물을 사용해서 결국 잘못된 작업자의 안전 노출 수준이 세워졌다(예를 들어, 기름이 피부에 닿으면 '종양기원 유전자' — 발암성 종양 생성 — 가 되는데도 엄마가 아이 엉덩이에 광물성 기름을 발라주는 것과 같다). 엑손 사는 연장된 작업시간에 맞추어 PEL를 자발적으로 줄이지 않았다. 이런 대응책은 위기 상황에서 작업자의 위험을 증가시키는 또 하나의 잘못된 결정이었다.

엑손 사 의료진들이 작업과 관련된 노출 문제를 인식하지 못한 채 아픈 작업자를 지역 병원이나 작업이나 전통적인 방식으로 훈련을 받아 노출을 건강 문제와 연관 짓지 못하는 의사들에게 보내면서 문제를 더욱 악화시켰다(OSHA, 1994). 흔히 전통적인 방식으로 훈련받은 의사들은 화학물질에서 유발된 증상과 질병을 진단하고 치료하지 못한다. 벤젠과 2-부톡시에탄올 같은 PAHs 에어로졸과 솔벤트는 신경계에 영향을 줄 수 있는 신경독성과 내분비교란물질인데, 흔히 환자나 의사가 이 물질이 질병의 원인이라고 생각하지 못해서 화학물질 노출에 대한 치료를 받지 못하는 경우가 많다. 그래서 전통적인 방식으로 훈련받은 의사들은 작업자를 애초에 질병을 발생시킨 곳으로 돌려보내는 실수를 범했다.

화학물질 과민증과 이런 증상을 설명해주는 새로운 질병 패러다임은 전통적인 방식으로 훈련받은 의사, 알레르기 전문의, 석유화학회사가 형성한 인식 저항이라는 벽을 서서히 부수고 있다(Ashford and Miller, 1998). 화학물질로 유발된 증상도 OSHA 작업자 보상 프로그램에 질병으로 등록되면서 (적어도 알래스카에서는) 이런 문제들이 일정한 규칙에 따라 처리되고 있다.

일련의 과정을 보면, 마치 기름이 건강에 유해하다는 사실을 받아들이고 싶지 않아서 작업자의 노출기준을 느슨하게 정하고는 관련 건강 문제가 화학물질에 대한 과다노출 때문이라는 사실을 부정하려는 것처럼 보인다. 그러나 부인하려 해도 청소작업자의 신체와 그 신체 안의 세포 및 세포 이하 수준의 기저에는 이전에 사용했던 PAHs와 솔벤트 노출 증거, 정체불명의 화학물질에서 유도된 증상을 인과적으로 설명해줄 단서, 향후 암과 다른 건강 문제의 예측인자가 엄연히 존재하고 있다.

생물지표는 인체에 노출된 화학물질의 증거를 찾을 수 있는 최신 진단 기법이다. 혈액, 소변, 그리고 신체 조직이 PAHs, 기름 분무 및 안개, 그리고 2-부톡시에탄올에 대한 노출 증거가 된다(Accu-Chem Laboratories, 1992b; Spence, 1989a; 1989b). 이 기법을 통해 혈구 수, 호르몬 농도, DNA 부가물(PAHs 노출로 인한 유착), 그리고 태아 발달과 관련된 미묘한 단서를 추적할 수 있도록 정교하게 설계되어서 PAHs 노출이 유발시킨 건강 문제를 더욱 빠르게 입증할 수 있게 됐다(Eubanks, 1994; Perera, 1992; Perera et al., 1999; Steingraber, 1998; 2001).

『하류생활』의 저자인 샌드라 스타인그래버는 생물지표를 분자역학의 보석왕관이라고 했다(Steingraber, 1998: 245). 이 진단기법을 법정에 사용할 수 있는 방법을 찾는다면 기업 변호사들은 화학물질로 유발된 질병이라는 확증을 감추어야 한다는 압박에 크게 시달릴 것이고, 정책 방향도 점차 작업자와 대중의 건강을 보호하는 쪽을 선호하게 될 것이다.

EVOS의 성과는 호흡곤란, 신경장애, 화학물질 과민증 등의 장애가 심하지 않는 전직 청소작업자들을 통해 드러나기 시작할 것이다. 전직 청소작업자에 대한 장기간의 건강 조사와 역학 연구로 기름과 분산제(솔벤트) 같은 화학물질로 유발된 질병을 치료할 확실한 증거를 발굴할 가능성이 있기 때문이다. 정부 관리 혹은 학계 연구자, 엑손 사 또는 민간 변호인 중 누가 먼저 고통 받는 병든 작업자에게 도움의 손길을 줄지는 두고 볼 일이다.

생물지표와 야생생물의 건강

야생생물에 대한 새로운 기름 독성 패러다임의 발견 과정도 인간과 매우 비슷하다. 과학자들은 분자가 큰 방향족탄화수소인 PAHs가 수용성 획분만큼 빠르게 녹거나 감소하지는 않는다는 이유로 PAHs에 주목하지 않았다는 사실을 뒤늦게 깨달았다. 왜냐하면 PAHs의 잔류성이 독성의 원인이었기 때문이다.

좀 더 독성이 강한 PAHs를 주목하게 되면서 과학자들은 죽음을 종말점으로 해서 어류와 야생생물의 안전 범위를 측정할 수 없다는 사실도 깨달았다. 기름 유출 이후에 점박이바다표범의 지각 능력이 둔화된 것을 관찰하면서 수용성 획분이 세포벽에 영향을 미쳐 급작스런 혼수상태를 일으킨다는 사실을 발견했다. 많은 양의 수용성 획분에 노출됐을 때에는 혼수상태에서 그대로 죽을 수도 있다(Exxon, 1988). PAHs는 단백질 세포 내에 작용해서 효소·호르몬·면역글로빈의 기능을 방해하고, 심지어는 생명의 기본적인 유전분자인 DNA를 손상시킨다. PAHs는 개체 적합성뿐만 아니라 병든 동물이 포획 동물을 피해 먹이를 잡고 성공적으로 생식할 수 있는 능력까지 떨어뜨린다. PAHs는 직접적으로 혼수상태인 채로 개체를 죽게 하지는 않지만 간접적으로 잡아먹혀서 개체수가 줄어들게 하는 방식으로 영향을 미친다.

엑손 밸디즈 호의 기름 유출 이후 수행된 생태계에 관한 세미나를 통해 단기간의 생물 검정으로는 야생생물의 생태적 위해를 제대로 평가할 수 없다는 사실이 입증됐다. 화학물질에 대한 노출(기름 유출이나 만성적 오염)이 성장, 신체조건, 성숙, 질병, 생식, 포획, 기후 변화를 비롯한 서식지 조건 — 즉, 실제 생활 조건—간의 복잡한 장기적인 상호작용에 영향을 미칠 때에는 평가가 더욱 어려워진다. 따라서 생물지표에 관한 개혁적인 초기 연구를 통해 이 지표들이 세포와 세포 이하 수준에서 화학적 독성의 매우 미묘한 영향을 측정할 수 있도록 정교하게 개발됐다.

예를 들어, 혈액 화학 검사는 건강과 탄화수소 노출을 평가할 수 있도록 정교하게 다듬어졌다. 호흡 효소인 시토크롬 P450-1A 탐지 방식은 낮은 수준의 PAHs에 대한 노출을 조사할 수 있는 추적 기법으로 개발됐다. 또한 특정 배설물의 포르피린 농도를 측정하는 방식은 PAHs 노출에 의한 헤모글로빈 합성 붕괴를 탐지할 수 있는 기법으로 개발됐다. 그리고 먹이사슬에서의 지방 구성성분은 지역과 시간에 따른 야생생물의 음식과 영양섭취를 비교하는 데 중요하게 활용됐다.

엑손 사의 과학자들은 1970년대 방식으로 1990부터 1993년 사이에 수집된 기름 침전물의 독성 실험을 수행했는데(Page et al., 1999), 아이러니하게도 이 과정에서 자신들과 같은 낡은 방식의 실험으로는 더 이상 생태학적 위해를 예측할 수 없다는 사실이 드러났다. 엑손 사의 독성 실험에서 PAHs가 2,600ppb 이상인 침전물에 노출된 유기체(성체 단각류)의 치사율이 더 높은 것으로 나타난 것이다. 반면에, 생물지표와 배아 독성 실험에서 공적 자금으로 연구를 수행하는 과학자들은 어류와 야생생물을 대상으로 PAHs가 0.05ppb 이하인 물속에서 어느 발달 단계에서 PAH에 민감하고 치사율이 높은지 조사했다.

공적 자금으로 연구를 수행하는 과학자들은 생물지표로 야생생물이 얼마나 잘 살고 있는지 평가하는 것이 이전 방법보다 몇 가지 점에서 이롭다는 사실을 발견했다. 첫째, 새로운 생물지표 실험은 이전의 독성 실험 한계치보다 낮은 수준에서 생물학적 피해를 탐지할 수 있다. 둘째, 대부분의 측정방식이 비침습적이기 때문에 과학의 이름으로 더 이상 많은 동물이 희생될 필요가 없다. 셋째, 육안 해부로는 확인할 수 없는 개체의 건강 상태와 관련된 자세한 정보를 얻을 수 있다. 넷째, 생물지표는 개체의 건강 측정에 추측과 의견을 개입하지 않아도 될 만큼 정밀한 측정이 가능하다.

이처럼 민감도가 높고 강력한 조사 기법을 개발한 과학자들은 생물지표는 종, 성별, 연령대, 생식상태, 신체조건 등의 변수에 따라 다를 뿐 아니라 이런 민감도가 자료 해석을 더 복잡하게 만든다고 경고했다. 예를 들어, 미숙한 수달은 생식력이 있는 높은 연령의 수달과는 혈액 화학 검사 결과가 매우 다른데 독성 노출 과정으로 이 결과는 더욱 복잡해진다. 환경오염의 영향을 최대한 정확하게 평가하려는 과학자들은 개체군 수준의 연구에 개체의 건강에 관한 정보를 통합하는 개체군 생태학에는 생물지표가 가장 적합하다는 사실을 깨달았다. 그 결과 세포 생물학과 개체군 생태학을 긴밀하게 조합해서 생태계의 건강상태를 조사할 수 있는 새로운 지표를 만들었다.

개체군 건강 평가

엑손 밸디즈 호의 기름 유출이 있기 전에는 사실상 개체군이나 생태계에 대한 환경오염 영향을 분석할 수 있는 종합적인 학문 분야는 존재하지 않았다. 과학자들은 훨씬 덜 처리된 다량의 화학물질에 의한 중독성 유행병을 정확하게 규명할 수 있는 기법도 없이 복잡한 동역학을 이해하고자 고군분투했다. 그런데 엑손 밸디즈 호의 기름 유출 같은 산업재해로 과학자와 의사는 화학물질로 유발된 질병과 그 영향을 개체군 수준에서 이해할 수 있게 됐다. 이후 관련 지식은 도처에 있는 석유화학물질(제10장 참조)이나 PBT 오염원처럼 넓은 영역에 퍼져 있지만 파악하기 힘든 화학물질에 의한 유행성 질환의 해결책을 찾는 데 활용됐다.

야생생물 연구자들은 엑손 밸디즈 호의 기름 유출로 알게 된 지식을 최대한 활용해 개체의 건강에서 개체군 전체의 건강으로 연결되는 순환 고리를 완성했다(의학 전문가들은 아직 완성하지 못했다). 야생생물 연구자들은 기름 유출 대책반(청소작업자, 자원봉사자, 과학자, 연안경비대, 주정부와 연방 정부의 조사요원 등)의 기름과 관련된 건강상 피해 추적방법을 알려주었다.

해양 생태계와 환경오염

기름 유출이 있은 후 곧바로 개체군에 피해가 나타나는 경우는 매우 드물지만, 엑손 밸디즈의 경우는 기름 유출이 있고 한 달 사이에 일부 조류와 포유류의 사망률이 높아지면서 개체군이 피해를 입었다. 또한 놀랍게도 개체군에 미친 영향이 일부 종에게는 수년간 지속됐는가 하면 어떤 종에게는 십 년 이상 지속됐다(제22장 참조). 기름에 오염된 강에 서식하던 곱사연어 알의 높은 폐사율은 기름 유출이 있은 후 4년간 지속됐다. 수달과 흰줄날개바다오리는 기름 유출이 있은 후 약 8년간 적지 않은 피해를 입었다. 나이트 섬 북부에서는 아직도 해달이 회복되지 못했고, 15년 전에 단 한 차례 기름에 심각하게 오염됐던 지역에서도 여전히 흰줄박이오리의 사망률이 높다. 결국 프린스윌리엄사운드의 곱사연어와 청어 개체군이 연속적으로 붕괴되면서 낡은 방식의 연구로는 잔류성 기름의 피해와 회복 지체의 정확한 원인을 규명할 수 없다는 사실이 밝혀졌다.

생태계에 관한 세미나를 통해 환경과 기름 유출, 야생생물 개체군 사이의 복잡한 관계를 과학적으로 보다 확실히 이해하기 위해서는 총체적인 관점이 중요하다는 것이 명확해졌다. 만약 기름 유출과 인간 활동이 어류와 야생생물 개체군에 미치는 영향을 정확히 평가할 확실한 기초 자료를 얻으려면 반드시 총체적인 관점에서 파악하려는 노력이 필요하다. 실제로 이와 관련된 연구는 모두 광범위하고 종합적으로 계획해서 핵심 종을 선택하고 그것을 토대로 지리적 범위 및 시간에 따라 비교 분석하는 작업을 했다.

총체적 관점에서 과학과 시민이 모두 포함됐다. 과학자와 함께 시민이 참여하고 협동하는 방식은 생태계 연구를 강화시켰다. 커뮤니티 차원의 공공정책 수립 과정에서 지혜와 지식을 자유롭게 공유할 수 있도록 북돋아주고 어업을 좀 더 잘 관리할 수 있는 사운드생태계평가(SEA) 프로그램이 생겨났다. SEA 프로그램은 지역의 노련한 비행사를 청어의 서식 범위에 관한 정보를 수집·기록하고 청어 어족을 조사하는 데 활용했다(Brown et al., 2002). APEX 연구는 추가비용을 거의 들이지 않고 지역 어업협회를 통해 해저에 서식하는 먹잇감 어류의 습성에 관한 정보를 모았다(Roseneau and Byrd, 1997). 연안 척추동물 포식자 프로그램은 이를 기획하고 핵심 종을 선택하는 과정에서 사운드 해협 마을주민의 관찰과 지식을 적극 활용했다(Holland-Bartels, 1999). 시민이 참여해서 공동으로 노력하기까지 특히 태도를 변화시켜야 하는 점에서 어려움이 많았지만, 이런 과정을 거치면서 모두가 생태계의 역할과 기름 유출의 피해에 대해 이해하게 됐을 뿐 아니라 대중이 지지하는 보다 나은 관리 방식을 결정할 수 있게 됐다.

과학자들은 두 가지 종 — '감시종'과 '근원종' — 이 생태계에 널리 퍼져 있는 위해와 회복을 연구하는 데 반드시 필요하다는 사실을 알게 됐다. 감시종은 석탄광산의 카나리아처럼 생태계 변화에 민감한 조기 지표로, 프린스윌리엄사운드의 '카나리아'로는 홍합, 해달, 흰줄날개바다오리, 흰줄박이오리가 있다. 근원종은 일반적으로 다른 종의 먹이로서, 또한 모든 것을 제 위치에 있도록 해주는 종으로 생태계에서 중요한 역할을 한다. 따라서 만약 청어 같은 근원종이 감소하면 최상위 포식자에 관한 연구를 통해서도 확인된 알래스카 만의 어식성 포식자 개체군 붕괴 같은 잔물결 효과가 다른 종들에게 나타난다(제19장 참조). 홍합과 대합조개는 수면 밑바닥에서 먹이를 찾는 조류와 포유류, 그리고 조간대에서 먹이를 찾는 야생생물의 근원종이다. 결국 이런 근원종이 기름에 오염되면서 다른 포식자들이 장기간 피해를 입었다.

과학자들은 얼마나 적절하게 지리적 규모를 정했는지에 따라 기름 유출 피해에 관한 적절한 정보를 얻을 수도 또는 잃을 수도 있다는 것을 알게

됐다. 예를 들어, 기름 유출이 있은 지 10년이 지난 후 서부 프린스윌리엄
사운드 지역에서는 해달과 흰줄박이오리가 상당히 회복하는 모습을 보이
는 반면, 1989년에 심각하게 오염된 지역의 만에서는 회복의 기미가 전혀
보이지 않는 채로 피해가 계속됐다. 또한 홍합과 같은 일부 종의 경우 넓은
규모로 발생하는 기후체계 변화와 비교했을 때 기름 유출은 상대적으로
작은 규모에서 발생한 사건이었다. 즉, 적절한 지리적 규모를 선택하는 과
정은 어떤 렌즈를 사용해서 어떻게 기름 유출의 영향을 명확히 볼 것인가
를 결정하는 시력검사와 같다.

이와 유사하게, 과학자들은 시간 범위의 문제가 기름 유출에 대응하는
개체군의 동역학을 이해하는 데 중요하다는 사실도 알게 됐다. 종의 생존
은 특정 시간대 혹은 특정 계절의 오염원에 훨씬 치명적으로 영향을 받는
다. 예를 들어, 프린스윌리엄사운드의 암컷 흰줄박이오리의 경우 추위와
굶주림을 피하기에 충분한 에너지를 비축하기 어려운 겨울의 기름에 오염
된 먹이 섭취는 가장 치명적이다. 교란이 일어나는 시간 범주도 고려해야
한다. 예를 들어, 기후체계 변화로 발생하는 생태계 변화를 좀 더 잘 이해
하려면 연구가 10년 간격으로 설계되어야 한다. 그리고 기름 유출이 미친
영향은 야생생물이 이용할 수 있는 기름이 남아 있고 무시할 수 없을 정도
의 생물학적 피해가 존재하는 동안 지속적으로 조사해야 한다.

공적 자금으로 연구를 수행하는 과학자들은 개별 종과 기본적인 자연
변이에 관한 연구에서는 자료를 얻는 데 한계가 있지만, 생태계를 토대로
한 과학으로는 기존 연구의 한계를 극복할 만큼 충분한 증거를 제공받을
수 있다는 사실을 알게 됐다. 그리고 이를 통해 복잡한 환경 관련 이슈를
과학적으로 확실하게 이해할 수 있게 된다. 이런 측면에서 EVOS 생태계
연구는 기름 독성에 관한 새로운 패러다임이 형성되고 북태평양 10년 주
기 변동(기후체계 변화)의 생물학적 영향을 이해하는 데 기여했다.

최종적으로 EVOS 자금관리위원회는 알래스카 만 생태계 조사(GEM)라는

이름의, 기존의 공적 자금으로 수행하는 연구 대부분을 통합한 포괄적 조사 프로그램을 만들었다. GEM 프로그램은 2000년 시작됐고, EVOS 자금관리위원회에서 관리하는 장기 기부 프로그램의 지원을 받았다. GEM 프로그램의 목표는 '자연과 인간이 만들어낸 혼란이 지역의 고부가가치 스포츠 자원 생산과 상업적 사용자와 생계 목적의 사용자에게 미친 영향을 이해함으로써 생태계의 건강한 회복과 지속가능성을 촉진하는 것'이다. 관련 내용은 EVOS 자금관리위원회 웹사이트(www.oilspill.state.ac.us/gem/)에서 확인 가능하다.

GEM 프로그램은 북태평양 생태계에 향후 있을지 모를 혼란을 조사하고 그 내용을 이해할 수 있는 견고한 기초 자료를 제공할 것이다. 어류와 야생생물에 대한 개체군 수준에서의 피해를 좀 더 잘 파악하면 위험 평가를 보다 잘할 수 있을 뿐더러 피해를 좀 더 효과적으로 예방할 수 있는 수단 — 인간이 기름 유출과 기후체제 변화에 미칠 수 있는 활동을 최소화하는 것 — 도 찾아낼 수 있을 것이다.

알래스카의 어류와 야생생물 자원 전체를 관리하는 주정부와 연방정부에서 생태계에 기초한 관리방식을 도입하는 것이 가장 이상적이다. 알래스카 원주민은 미래 세대를 위해 어류와 야생생물을 안전하게 보호할 수 있는 방법은 오직 한 가지밖에 없다는 것을 알고 있다. 그들은 '가장 유용한 과학'에 알래스카 원주민의 앎과 지식이 포함되어 있지 않다는 점에 주목했다. 2001년에는 기후체제 변화와 야생생물 수 감소, 점차 병들어가는 어류와 조류 및 동물에 대한 관찰 결과를 공유하기 위해 알래스카 원주민이 운영하는 '알래스카 농촌 커뮤니티 실천 프로그램'에서 제1차 최고회의를 개최했는데, 여기에는 알래스카 원주민 지도자, 원로, 사냥꾼을 비롯해 수집가들이 모였다(RurAL CAP, 2002). 이 최고회의를 통해 특히 나이든 알래스카 원주민이 상호 연결이라는 관점에서 환경 속에 무엇이 존재하고 이것을 어떻게 이해할 것인가가 명확히 밝혀졌다. 전체가 부분의 합보다 더 큰 이유는 어느 한 부분의 움직임이 다른 부분에 영향을 주기 때문이다. 그리고 그들은 이런 변화를 처리할 수 있는 전략과 사람들의 대응방법에 대해 논의했다. 이런 노력은 알래스카 원주민 지도자인 일라리온 머컬리에프의 관점에 따른 것이고 바로 전형적인 알래스카 원주민 방식으로 살아가는 사람들을 위한 과학('전통적으로 내려오는 환경에 관한 지혜')이다.

인간 집단과 환경오염물질

오늘날 환경오염이 개체군 수준에서 미치는 영향을 이해하는 과정은 1854년의 콜레라 창궐 때와 비슷하다. 우리는 위험한 화학물질로 가득한 공포의 끈적끈적한 액체로 잠행성 질병이 증가하면서 환경이 근원에서부터 점차 오염되어가고 있다는 사실을 알고 있다. 그러나 불행하게도 이를 걷어낼 방도를 모르고 있다. 따라서 이런 화학물질로 유발된 질병을 모르는 체 하는 대신, 한 발 한 발 해결책을 찾아 나서야 한다.

엑손 밸디즈 호의 기름 유출로 기름 안개, 기름 에어로졸, 분산제 이니폴 흡입으로 발생하는 다양한 증상을 파악할 수 있는 매우 귀중한 기회를 얻었다(분산제인 이니폴과 관련된 개인의 화학약물 노출에 관한 의료기록은 따로 보관되어 있다). 유해 폐기물 청소작업 관련 조항에 따라 엑손 사는 30년간 모든 의료기록과 관련 자료를 보관해야 한다. 그리고 이 기록들은 연방정부 소환장으로 볼 수 있다(그런데 1989년에 이행됐어야 할 것 중 일부는 이행되지 않았다). 기름 노출과 관련된 많은 질병을 밝히는 데는 10년 이상 걸리기 때문에 지금이 바로 역학 연구를 독자적으로 시작할 때이다. 이 연구는 반드시 수행되어야만 한다. 이 연구는 청소작업자에게는 직접적인 도움을 주고 필요한 경우에는 미래에 있을지 모를 기름 유출에 대비한 노출 제한 모델이 될 것이다.

역학 연구를 설계할 때 연구자는 야생생물 연구의 가이드라인을 설정한다는 자세로 임해야 한다. 이상적인 방식은 모든 연구를 의학 연구자와 화학약품에 노출된 사람의 커뮤니티 구성원 간의 공동사업으로 진행 — 계획 수립 단계부터 사업이 완료될 때까지 전 과정 — 하는 것이다. 일명 '대중역학'이라고 하는 공동·협력 커뮤니티 체계는 연방정부를 비롯한 기득권이 오랫동안 부정 또는 무지로 가장해온 장벽을 넘어 점차 성공적으로 확산되고 있다(Brown and Mikkelsen, 1990). 대중역학의 개척자는 1970년대의 러브 운하 커뮤니티와 1980년대 매사추세츠 주 워번의 커뮤니티 등이다.

엑손 밸디즈 기름 유출과 청소작업으로 발생한 만성 증상에 대한 대중역학을 진행하는 팀은 공적 자금으로 연구를 수행하는 야생생물 수의학자들과도 협력한다. 기름 노출로 야생생물과 작업자에게서 나타나는 급성 또는 만성 증상은 대체로 유사하기 때문이다. 급성 노출에는 호흡 곤란, 중추신경계 손상, 내부기관 손상 등이 포함된다. 인간의 만성 증상의 경우 해달이나 흰줄박이오리 같은 야생생물에게서 나타나는 만성 노출과 예일대학의 조사에 참여했던 청소작업자들이 직접 기록한 보고서에서 관찰됐던 전신 독성 증상과 대체로 비슷할 것이다(O'Neil, 2003).

알래스카 원주민은 전통적인 생활 식료품에 있을지 모를 화학물질 오염원과 그것이 건강에 미치는 영향에 관심을 갖고, 두 가지 대중역학 연구를 시작했다. 그중 하나는 팜 밀러 그룹과 ACAT으로부터, 다른 하나는 알래스카 원주민 과학위원회로부터 지원을 받아 진행했다. 그리고 알래스카인 '감시' 그룹에 농촌 원주민이 포함됐는데, 그들은 대체로 야생음식물에 의존해서 살고 있기 때문에 이 연구결과를 야생생물 연구와 비교하기 위해서였다. ACAT의 연구에서는 세인트로렌스 섬 사람들의 몸에는 국민 평균보다 PCBs가 8배 이상 많다는 사실이 발견됐다(Zamzow, 2002).[1] 비슷하게

---

1) 또한 ACAT 연구에서 세인트로렌스 섬 동북 케이프의 군사 지역 인근에서 야생음식물을 채취해 먹는 사람들의 PCBs 수준이 다른 섬의 주민보다 높다는 결과가 나왔다. NIEHS의 지원으로 4년간 진행된 연구의 마지막 해인 2003년에 과학자들은 노출 경로를 밝히려고

기름 유출 지역의 사람들과 EVOS 청소작업자로 구성된 소그룹은 향후 진행할 기름과 청소작업이 인간 집단에 미치는 영향을 연구하는 데 '감시' 그룹으로 적합하다.

이런 연구 활동의 목적은 한편으로는 대중역학 연구를 수행하는 것이고, 다른 한편으로는 우리 사회가 그 결과를 인지하고 수용해서 실천하는 것과 관련된다. 우리 사회는 몇몇 불행 — 러브 운하, 워번, 프린스윌리엄사운드 — 을 예외적인 사건으로 취급한다. 그러나 현실은 그렇지 않다. 산업재해는 전 인류 사회의 '카나리아'에 해당된다. 『도둑맞은 미래』의 저자가 강력하게 지적했던 것처럼, 우리가 매우 낮은 수준으로 화학물질에 중독되어 암이나 화학물질로 유발된 질병 없는 우리 미래를 빼앗기고 있다는 사실을, 화학물질을 끼얹는 산업재해를 통해서 깨닫고 있다.

1998년 국립과학아카데미 의학연구소는 보건의료 예상 수요를 충족시키려면 잘 훈련된 환경의학 분야 의사들이 필요가 있다고 밝혔다(National Academy of Science, 1991). 2002년 8월에는 사우스웨스턴 대학의 자연치료의학부에서 환경의학우수센터를 세우고 일차적으로 지역 프로그램을 통합시켰다. 이 센터의 웹사이트(www.scnm.edu)에 따르면, 현재 환경의학은 '가정과 공동체, 직장에 존재하는 환경 독소에 만성적으로 노출되면서 유해물질이 체내 누적되어 아픈 사람을 진단하고 치유하는' 것으로 정의된다. 확실히 이 대학 프로그램을 포함한 다양한 프로그램을 통해 우리 주변에 만연된 화학물질 유행병에 대한 전 지구적 인식과 적극적인 문제 해결, 그리고 맑은 공기, 맑은 물, 독성 없는 음식으로 가득한 건강한 미래에 대한 희망을 꿈꾸게 될 것이다.

노력하고 있다(P.Miller, 2003).

과학, 정치, 그리고 공익

1962년 죽기 전까지 매사추세츠 기술연구소 교수였고 과학의 진보, 즉 과학혁명의 구조에 내재된 논쟁적 특성을 설명한 책(『과학혁명의 구조』)을 저술했던 토마스 쿤은 이론과 패러다임의 정상적인 전환이 과학 발전이라고 정의했다. 쿤에 따르면, 패러다임 전환 초기 단계에는 잘못된 과학을 부인하거나 비난하고 또는 새로운 패러다임 지지자를 조소하기도 한다. 그러나 최종적으로 과학 공동체가 기존 패러다임을 불신하고 거부하는 대신 새로운 패러다임을 진심으로 받아들이면 전체 패러다임 과정이 새롭게 시작된다.

야생생물에 대한 새로운 기름 독성 패러다임과 인간의 화학물질 과민성 질환에 관한 패러다임의 경우 초기 단계에 훨씬 많은 부정과 조소를 당하면서 과학혁명은 진행되지 않았다. 왜냐하면 "기득권의 경제적 이해관계와 짝을 이뤄 기존 패러다임에 눈먼 집착……변화에 대한 강한 저항"(Ashford and Miller, 1998: 287) 때문이다. 기득권이 자신의 논점을 증명할 목적으로 과학을 살 때 패러다임 전환에 의한 과학 발전은 더 논쟁적이고 신랄해지고 아래로 추락하게 된다. 이런 기득권에 대한 유일한 균형추는 교육받은 대중이다.

기득권의 과학적 과정에 대한 남용은 만연되어 있다. 나쁜 과학은 잘못된 통계학에 편하게 숨어서 존경할 만한 과학인 체 가장한다. 통계학은 오랫동안 많은 곳에 사용되고 있다. 반세기 전 다렐 허프는 정직한 사람들에게 자기방어에서 흔히 사용되는 속임수를 알려주는 짧은 책을 썼다. 허프는 "사실에 관심이 있는 문화에서는 매우 흥미로울 통계학의 비밀언어에는 선정적으로 표현하기, 과장하기, 혼란스럽게 하기, 지나치게 단순화하기의 방법이 사용된다"(Huffe, 1954: 8)는 사실을 알고 넌더리가 났다. 『통계학으로 사기 치기』에서 허프는 "잘 포장된 통계학이 히틀러의 허위 선전보다 낮다는 생각이 잘못된 방향으로 인도하기는 하지만, 이를 이겨낼 수도 있다"고 격정적으로 말했다. 내부고발자가 담배회사의 편향된 연구에 대한 진실을 폭로하면서 담배회사는 많은 사람들 앞에서 성스러운 그 직위를 박탈당했고 그 이후로. 나쁜 과학을 일컬어 '담배과학'이라고 부르게 됐다.

생명과학과 EVOS

야생생물에 관한 엑손 사의 기름 유출 연구는 대표적인 홍보과학이라고 할 수 있다. 엑손 사의 과학자들은 미약한 설계에 맞춰 자신들의 연구를 왜곡했기 때문에 기름 유출의 영향을 탐지할 수 없었을 것이다. 여기서 연구 설계는 이미 결정된 결론을 확증해주는 정도에 불과했다. 엑손 사의 과학자들은 허프가 말했던 속임수를 많이 사용했다. 예를 들어, 방향족탄화수소의 농도를 줄이려고 샘플을 부적절한 방식으로 보관하는 속임수를 사용했다(제12장 참조). 기름 오염 지역과 그렇지 않은 지역 간 차이점을 지우려고 자료를 평균 내는 속임수를 사용했다(제12장, 제13장 참조). 또한 기름 유출의 영향을 숨기려고 자료를 선택적으로 보고하거나 가장 피해가 심한 자료를 생략해버렸다. 기름 오염 지역과 그렇지 않은 지역 간 차이를 흐리게 하려고 샘플을 적게 수집하는 방식의 속임수도 사용했다(제13장 참조). 통제 지역과 오염지역을 잘못 짝지었다. 이 과정에서 다시 한 번 기름의 영향을 흐리게 했다. 그 외에도 많은 속임수를 사용했다.

엑손 사는 겉으로 잘 드러나지 않은 미묘한 속임수를 이용한 연구 설계를 통해 기름 유출 후 몇 년 내로 사운드를 완전히 회복시키는 마법 같은 일이 성공하길 기대했다. 아브라카다브라! 그러나 보다 큰 전체 —해변 생태환경, 바닷새 군체, 해달 개체군 혹은 그 무엇— 를 정확하게 대표해줄 샘플도 없기 때문에 엑손 사 연구는 사운드의 진실에 대해 밝힌 게 거의 없다.

만약 여러분만 프린스윌리엄사운드가 이미 1990년과 1991년에 회복됐다는 신문 기사에 속은 거라면 기분 나쁠 일은 아니다. 하지만 그렇게 속은 사람들이 미국인을 비롯해 지구상에 수백만 명이 있다. 대중은 기름 유출이 있은 후 몇 년간은 사운드의 회복 여부에 관심을 가졌다. 그러나 정부 변호인단은 공적 자금으로 연구를 수행하는 과학자들에게 2년간 연구 결과를 발표하지 못하게 했고, 그동안 언론사는 엑손 사의 이야기만을 받아서 보도했다. 허프는 "특히 요구사안이 엄청난데 통계학적 배경이 희미하면, 대중의 압력과 경솔한 저널리즘에 의해 입증 안 된 처리방법으로 서둘러 일이 시작되곤 한다"(Huffe, 1954: 41)고 말했다. 덧붙여 그는 "정직하게 이해할 수 있도록 글을 쓰는 필자와 그 의미를 파악하려는 독자가 없다면, 그것은 결국 의미 없는 단어의 나열일 뿐이다"(Huffe, 1954: 8)라고 설명했다.

불행히도 영리한 명문장가의 손을 거치면 '의미 없는 단어'라도 돈을 지불하는 사람이 원하는 방식으로 다듬어져 전달될 수 있다. 엑손 사는 참혹하게 더럽혀진 프린스윌리엄사운드와 자사의 이미지를 긍정적으로 해석해줄 거대 홍보회사를 고용했다. 현실에는 여전히 문제는 있지만 숙련된 장인의 손에서 사운드는 회복되고 있다는 환상을 심어줄 수 있게 외양만 개조됐다. 허프의 관찰에 따르면 "모든 실수가 돈을 지불하는 사람의 구미에 맞게 되어 있다면 그때는 의심해봐야 한다"(Huffe, 1954: 71). 그러나 대부분의 사람이 의심하지 않았다 — 사람들은 그 해석을 믿었다 — 는 것으로 그들이 장인이라는 것이 입증됐다. 실제로 대부분의 사람들이 여전히 그렇게 믿고 있다.

대중은 과학 논쟁 — 언론에서 적당히 기사화한 논쟁이 아니라 —이 공론장으로 넘어올 때 논쟁이 아니라 그것이 공익과 관련된 논쟁인지에 관심을 갖는다. 그런데 보통 이런 내용은 언론에서 다루지 않는다. 이번 경우와 관련해서 기름 유출 직후에 엑손 사는 공적 자원의 분명한 단기적 손실, 민간 부문의 단기적 손실, 공적 자원의 잠재적인 장기적 손실에 관한 세 가지 책임 문제를 쉽게 해치워버렸다. 엑손 사의 과학과 엑손 사의 이런 미해결된 책임의 관련성은 개략적인 정리를 통해 완전히 드러날 것이다.

엑손 사는 1991년 민사 합의로 야생생물과 공유지의 단기적 손실에 대해 주정부와 연방정부의 공적 자금관리위원회에 9억 달러를 배상하면서, 첫 번째 책임 문제를 해결했다. 엑손 사는 이 책임 문제가 종결되자 기름 유출에 관한 대부분의 연구를 숨겼다. 마침내 1993년 공적 자금으로 수행된 과학에 대한 발표 금지령이 풀리고 이 문제가 세상에 알려지자 엑손 사는 공적 자금으로 수행된 과학 연구와 관련된 자신들의 연구를 조장하면서 떠들썩한 과학적 논쟁을 만들어내는 것 같았다(Exxon, 1993b). 이 논쟁은 많은 미디어의 관심을 사로잡았다. 엑손 사는 두 번째 책임 문제를 최소화할 목적으로 미디어를 이용해 기름 유출로 발생한 피해 규모에 대한 의혹을 제기했다.

엑손 사는 1994년에 두 번째 책임 문제를 해결했다. 엑손 사는 수십억 달러에 달하는 기름 유출로 피해 입은 사람들에 대한 잠재적 배상 책임액과 관련해 법원에서 자신들의 '과학'을 기술적으로 활용했다(Barker, 1994). 이후 소송에 참여한 배심원들과의 인터뷰를 통해서 "배심원들이 과학적 전문가들의 상충되는 증언에 완전히 압도되면서 결국 최종 평결을 내리는 데 과학적 증거는 거의 무시했다"는 것이 밝혀졌다(Wien. 1996: 595). 배심원은 엑손 사에게 53억 달러 — 당시 일 년 순이익 — 라는 배상액을 평결했고, 다음 날 증시에서 엑손 사 주가는 상승했다(The Dallas Morning News, 1994). 엑손 사는 징벌의 손해 배상액 50억 달러에 대해서도 지속적으로 이의를 제기하며 아직까지도 전혀 배상하지 않고 있다. 엑손 사의 2003년 일 년 순이익이 200억 달러가 넘었다(Antosh, 2004).

세 번째 책임 문제는 아직 소송이 진행되고 있는데, 사실상 이 문제가 엑손 사라는 석유회사와 대중에게 최대 현안이 되고 있다. 1991년 민사 합의에는 '예측하기 어려운 장기적 피해'라는 것을 토대로 합의를 재개한다는 조항이 포함되어 있지만, 합의가 재개될지는 여전히 미지수이다. 아이러니하게도 소송 당시 기름 독성에 대한 이해를 토대로 피해를 예측한 게 전혀 아니었기 때문이다. 비록 '교섭 재개 조항'에서는 1억 달러가 최고 한도액이지만, 대중의 관점에서 보면 합의 교섭 재개는 매우 의미 있는 일이 될 것이다(Carleton, 2003). 이 조항을 통해 대중과 정책입안자는 새로운 기름 독성 패러다임의 관점에서 예전의 과학을 토대로 만들어진 시대에 뒤처진 연방(그리고 주) 기름오염법을 강화시킬 수 있기 때문이다. 그러나 교섭 재개 조항은 2006년 9월 1일에 효력이 상실된다.

세 번째 책임 문제에 대비해서 엑손 사의 과학자들은 10주년 언론 행사보다 조금 앞선 1998년에 프린스윌리엄사운드로 돌아왔고, NOAA 오크베이 실험실 과학자들이 광범위한 지표 밑 기름 독성에 관한 지역 보고서를 확정지은 이후로 2002년과 2003년에 또다시 사운드에 왔다. 엑손 사의 과학자들은 보고서 발행에 앞서 연방정부 과학자들의 연구에 대한 신뢰를 떨어뜨리기 위해 비판적인 언론의 집중 공격과 「정보자유법」 요구를 통해서 공적 자금으로 수행된 연구뿐만 아니라 연방정부 과학자들에 대한 인신공격을 재개했다.[2]

예측하기 어려운 장기적 피해라는 유령 때문에(Rosen, 2002), 엑손 사의 과학자들은 자신들의 목적에 적합하게 '회복'의 정의를 바꾸었다. 이에 과학 커뮤니티는 격분했다. 언론은 이 상황 — 바로 논쟁 — 을 좋아했고, 마치 자신들이 동일한 진실의 척도에 따르기라도 한 것처럼 또다시 대중 앞에 과학을 A등급 과학, D등급 과학, F등급 과학으로 평가해서 제시했다.

---

2) 2002년 1월에 열린 EVOS 자금관리위원회 연례 심포지엄에서 오크베이 실험실 팀은 해변에서 기름 독성이 지속되는 것과 관련된 사실들을 발표했다(Short et al., 2002). 그들의 연구 결과가 언론에 보도되자(O'Harra, 2002) 즉시 엑손 사 과학자들의 공격을 받았다. 관련 논쟁은 알래스카 신문에 보도됐다(ADN editorial, 200a; 2002b; Page, 2002; Short, 2002a; 2002b; Spies, McCammon and Balsinger, 2002). 기술 논문에 실린 엑손 사의 공격은 제22장에서 다루었다.

그리고 당연히 많은 사람들이 혼란스러워 했다. 비록 엑손 사는 잔류성 기름 피해에 관한 기술적 싸움에서는 패했지만, 협의 재개를 요구하는 알래스카 연방지방법원 홀랜드 판사의 요청이 주정부 및 연방정부의 현 행정부가 받아들이지 않으면서, 교섭 재개 조항을 둘러싼 책임 전쟁에서는 승리했다.

이 사안에 대한 처리와 관련해서 엑손 사는 담배산업 같은 미국회사 사장들이 잘 닦아놓은 그 전례를 따라가고 있다(Glantz et al., 1996). '담배과학'처럼 엑손 사의 기름 유출 과학도 의심스럽기만 하다. 기름 유출의 영향에 관한 진실을 추구하겠고 공언했던 목표가 사실은 항상 소송이나 중요한 연방정책 사안에 영합하는 것이었다. 담배산업처럼 엑손 사는 기름 유출 과학을 기름 유출의 막대한 손해를 입증할 분명한 증거를 흐리고 어지럽히는 데 이용했다. 담배산업처럼 엑손 사는 정책이 바뀌지 않도록 미디어와 대중을 조종할 거짓 논쟁을 만들었다. 엑손 사는 미디어를 도구로 해서 사기를 계속하고 있다. 기업의 관점에서 이보다 더 좋을 수 없을 만큼 엑손 사는 공적 자금은 자신들에게 필요한 일을 하는 데 사용하면서 현란한 법률과 달콤한 홍보로 포장된 천박한 과학을 써내려가고 있다.

과대광고를 동원한 담배과학을 '홍보과학'이라고도 부른다. 『우리를 믿어라. 우리가 전문가다』의 필자들은 홍보과학을 "돈으로 살 수 있는 최고의 과학"(Rampton and Stauber, 2001: 195)이라고 언급하면서, 이런 전문가는 사실상 살인청부업자로 고용된 것 — 그는 고객의 주장이 가능한 최고로 보이게 하려고 고용됐다 — 과 같다고 설명했다. 그들은 논쟁을 이길 필요는 없다. 단지 논의와 미디어, 그리고 대중을 혼란스럽게만 하면 된다. 혼란의 암흑이 문제를 흐리기 때문이다. 대중이 혼란에 정체되어 있고 정부의 정책이라는 배도 멎게 된 상황에서 기득권은 오염으로 이득을 취하면서 전속력으로 전진하고 있다. 혼란을 토대로 한 지금의 시스템이 지속되는 사이에 엑손 사 같은 기득권은 엄청난 이득을 얻는다.

이렇게 과학과 패러다임 전환이 충돌하는 전쟁터를 통해 공공 정책이 과학의 흐름에 맞춰 발전하지 않는다면 그리고 그게 이뤄지지 전까지는 사실상 패배자는 바로 인간 ― 그리고 지구상의 다른 생물 ― 이라는 교훈을 배운다. 낡은 법이 새로워지지 않는 한 새로운 과학은 그 누구도 보호해줄 수 없다. 그나마 대중이 지금의 상황을 바로잡을 무언가를 실제로 할 수 있다는 사실은 희망적이다(제24장 참조).

사회과학과 EVOS

엑손 사는 지금까지 병든 청소작업자에 관한 연구 ― '담배과학' 혹은 다른 어떤 것이라도 ― 를 전혀 안 하면서, 의료 기록에 대중이 접근하지 못하게 하고 청소작업이 작업자의 건강에 미치는 주장을 부정할 수 있도록 법을 수정하는 데 힘쓰고 있다(제8장, 제9장 참조). 불행하게도 미국 대법원의 1993년 다우버트 판결은 화학물질과 관련된 질병을 앓고 있는 작업자에게는 특히 불리하다(Tellus Report, 2003). 왜냐하면 다우버트 판결이 있기 전까지는 법정에서 기본적으로 판사가 아마추어 과학자이자 문지기가 되어 의학적 증거와 과학의 증거 능력을 조사하도록 되어 있었기 때문이다.

엑손 사 같은 기업은 다우버트라는 대형 쇠망치로 병든 작업자의 독극물 불법행위 소송이 재판까지 못 가도록 저지했다. 필리스 라 조이와 론 스미스 같은, 독극물 불법행위 소송을 제기한 엑손 밸디즈 호의 기름 유출로 병든 많은 작업자들이 법률에 관한 전문성이 부족해 패소하거나 합의를 강요받았다. 다우버트 판결 남용 사례에 관한 2003년의 『텔루스 보고서』에 따르면, 챔버스 대 엑손 사 소송에서 엑손 사가 벤젠에 노출되어 백혈병에 걸린 기름 청소작업자에게 항변하기 위해 다우버트 판결을 활용했다.

『텔루스 보고서』는 재판에서 화학물질에 의해 질병이 발생했다는 사실을 입증해가는 상황에 대해 "명쾌함을 제공하겠다는 목적을 가지고 있다고 하더라도 절차가 불명료하면 오히려 심각한 사회적 불균형을 야기한다는 사실을 과학 커뮤니티는 제대로 인식할 필요가 있다"(Tellus Report, 2003: 17)라고 요약했다. 또한 "다우버트나 다우버트와 유사한 도전 사례를 응용하는 것은 보건환경 수호에 이용되는 시스템을 마비시킬 우려가 있다"고 전망했다. 다시 한 번 새로운 과학을 수용하지 않는 뒤떨어진 판결 때문에 보건환경이 위험에 처하게 됐다.

기름 유출 방지법 제정의 필요성

'거짓말, 새빨간 거짓말, 그리고 홍보산업'이라는 부제를 단 스타우버와 램프튼의 『유독성 슬러지는 당신에게 좋다!』(1995)는 기름 유출자가 청소작업에 대한 책임을 지려 하지 않을 때 대중이 듣는 말이기도 하다.

서론에 정리된 것처럼(Tip 1과 <표> 참조), 엑손 사와 연구 계약자인 카렙브렛 사는 기름 유출량을 대체로 적게 추정한 것 같다. 산업 분석가에 따르면, 유출량을 줄여서 보고하는 경우는 흔하다(Schmidt Etkin, 2001). 미국에서는 공적 자원에 미친 손해에 대한 벌금 책정에 유출량이 사용되기 때문에 기름 유출량에 대한 자기보고에서 거짓말은 불법이자 공적 신뢰 위반이다. 석유회사에 서비스를 제공하는 케일럽브렛 사는 기름과 연관된 다른 문제에서 이득을 취할 목적으로 거짓말을 했고 문서를 위조했다는 혐의로 기소됐고 100만 달러(2001년)의 벌금을 받았다(Associated Press, 2001; Margasak, 2001). 유출량을 줄여서 보고하는 것은 유출자가 처벌받지 않는 데 도움이 된다.

기민한 호머 주민인 핀들레이 애벗은 「부정주장 법」에 따라서 엑손 사의 실제 기름 유출량이 보고된 것보다 3배 많았기 때문에 민사 제재금을 3배로 해야 한다며 공익을 대신해 청구소송을 제기를 했다(U.S.A., ex rel., W. Findlay Abbott v. Exxon[1996년 소송 제기]). 그는 이 소송에서 스스로를 변론했고, 2004년 5월 현재 제9연방항소순회법원에 계류 중이다. 지금 시점에서 엑손 사가 잠재적으로 2천만 갤런을 줄여서 거짓으로 보고한 것에 대해 20

억 달러에 달하는 추가 벌금을 성공적으로 피할 수 있을지는 의문이다.

엑손 사와 베코 사는 자신들의 안전 프로그램이 화학물질 노출로부터 작업자의 건강을 충분히 보호할 수 있다고 과대평가했지만(제2장 참조), 1989년의 청소작업 기간에 건강에 유해한 에어로졸 상태의 원유를 비롯해 많은 화학물질이 존재한다는 사실을 작업자에게 충분히 알리지 않았다(제3장 참조). 엑손 사는 연방정부 및 주정부 감시국(그리고 작업자)에게 피해를 준 공기 질과 임상 자료를 알려주지 않았고, 이 과정에서 유해 폐기물 청소 작업에 대해 장기적인 건강 조사를 해달라는 요구를 회피했다(제3장 참조). 이런 행동을 통해 엑손 사는 자신의 돈을 지켰을 뿐 아니라 그 이상으로 아픈 작업자에 대한 엑손 사의 잠재적 책임 문제를 은폐했다.

엑손 사는 작업자의 건강을 충분히 보호하지도 못했고 6,722건의 호흡기 질환(대체로 화학물질 노출로 걸렸을 가능성이 높다) 같은 작업과 관련된 질병에 대해서도 제대로 보고하지 않았으면서도 청소작업의 경비 손실액을 되찾으려고 적극적으로 노력했다. 한 탐사 기자에 따르면, 엑손 사는 최소한 청소작업 경비의 절반을 되찾았다(Curridan, 1999).

엑손 사와 과학자들은 허프가 말한 '잘 포장된 통계학'에 따라서 대중이 고의적으로 기름 유출과 청소작업이 환경에 미친 피해, 그리고 해양생물의 회복 정도와 범위를 오해하게 만들었다. 이런 전략으로 엑손 사는 자신의 돈—제3자 소송에서의 손해배상금—을 지켰고 1991년 민사 합의에서 해결되지 않은—그리고 여전히 인정받지 못한—벌금 1억 달러를 지불하지 않았다. 엑손 사는 자신의 기름 유출 연구를 이용해서 대중 논쟁을 움직이는가 하면 예기치 못한 장기적 피해에 관한 1991년의 민사 합의를 재개하는 방향으로 정책이 변하지 않도록 저지했다.

엑손 밸디즈 호의 기름 유출은, 연방 및 주정부의 법률이 기름 유출의 예방 및 대응과 청소작업 기간의 청소작업자 건강 보호를 목적으로 하지만, 거대 기업이 기름 유출을 할 때에는 공익 보호를 못한다는 것을 보여주었다. 법률은 효과적이지 못할 뿐 아니라 사실상 기름 유출자가 회계 및 세금 조작으로 막대한 손실액을 되찾을 수 있는 상황을 만들어주었다. 이것은 법률이 지향하는 제지 의지를 확실히 꺾어버린다. 분명한 사실은 오염을 일으킨 주체에게 불운한 환경에 대해 보상할 책임을 부과하지 않는다면 기름 유출은 계속 발생할 것이라는 점이다.

21세기로 바뀌는 시점에서 과학자들은 기름 독성에 관한 새로운 이해(Tip 17 참조)라는 단단한 육지에 발을 내딛었다. 이와 비슷한 탐험을 시작한 미국을 비롯한 여러 나라의 과학자들과 의사들은 이전에 생각했던 것보다 기름이 야생생물과 인간에게 엄청나게 치명적이라는 사실을 입증했다. 이 책의 마지막 장에서는 우리의 멋진 신세계를 생각해볼 수 있게 만드는 새로운 관점에서 엑손 밸디즈 호의 기름 유출과 야생생물과 인간에 관한 이야기, 기름 오염의 독극물 위협을 감소시키기 위해 무슨 일을 할 수 있을지를 살펴볼 것이다.

Tip 17

엑손 밸디즈 호의 기름 유출로 배운 중요한 교훈

패러다임 전환: 기름은 지속적으로 해로운 영향을 미치는 원인이다

1. 기름은 잔류성, 생체이용률, 독성(PBT) 오염원 같은 특성을 지녔기 때문에 연구자가 기름이 인간과 해양 생태계에게 미치는 영향을 새롭게 이해하려면 10년 넘게 걸렸다.

2. NIOSH에서 권고한 노출한계치와 OSHA의 노출허용한계치에 비해 청소 작업자는 기름 안개, PAHs 에어로졸, 기타 여러 화학약물에 과다노출된 것 같다.

3. 1987년 알래스카 노동 인력에 보고된 것과 비교했을 때 1989년의 청소작
   업자의 급성 호흡증, 위장관 경련(중독), 신경학적 증상 발생 빈도가 더 높
   았다. 1989년 청소작업자 중에서 기름 또는 화학물질에 노출될 위험이
   높았던 사람이 덜 노출된 작업자보다 만성 기도 경련, 신경학적 증상, 화
   학물질 과민증이 발생하는 경우가 많다.
4. 기름은 1970년대에 생각했던 독성 임계치보다 1,000배 낮은 수준에서 어
   류와 야생생물에게 피해를 준다. ppb 수치가 낮은 PAHs는 어류와 바닷
   새, 해양 포유류를 개체군 수준에서 지속적이고 적지 않은 피해를 준다.
5. 기름 오염에 관한 공공정책(법률)은 전체적으로 생물을 보호하기에는 불
   충분하다.

개인 건강에 대한 지표의 재평가

1. 위험 평가는 가짜다. 실제 변수에 토대하지 않았기 때문에 작업자 또는
   대중 보호에 대한 약속은 실현될 수 없다.
2. 기름 노출이 인체에 해롭다는 사실을 예전부터 알고 있었지만, 원유가 건
   강에 미치는 해로운 영향에 대해서는 지금까지도 정확히 모르고 있다.
   시판되는 대부분의 화학물질이 건강에 미치는 해로운 영향에 대해서도
   정확히 모른다.
3. 전통적인 방식의 의학 훈련에서는 화학물질로 유발된 질병과 질환을 인
   식·진단·치료할 수 있도록 의사를 교육시키지 않았다. 이 때문에 공중보
   건정책과 법률 체계는 화학물질 노출과 질병의 희생자를 지원해주지 않
   는다. 결과적으로 이 때문에 작업자 또는 대중의 건강과 환경을 희생시
   키면서까지 화학물질에서 유도된 질병을 모르는 척 한다.
4. 생물지표는 기름과 솔벤트를 비롯한 다양한 환경 오염원이 만성적이고
   전신에 미치는 파악하기 힘든 영향을 효과적이고 정밀하게 진단해준다.

인간 집단의 건강 평가하기

1. 비현실적인 위험평가와 단기간의 생물 검정은 원유와 솔벤트를 비롯한 환경 오염원이 인간과 야생생물을 생태학적으로 개체군 수준에 미치는 피해를 평가하는 데에 적절할 진단기법이 아니다.

2. 환경오염의 영향을 가장 정밀하게 평가하기 위해서는 생물지표와 역학이나 생태계에 토대한 (개체군)연구를 함께 이용해야 한다.

3. 효과적인 개체군 연구는 다음의 다섯 가지 요소로 갖춘 총체적 관점이 필요하다. ①다양한 과학분야 간, 과학자 간, 대중 간 협력, ②총괄적이고 광범위한 계획 수립, ③중요 (감시, 지표) 종(인간 개체군의 하부 그룹) 규명과 선택, ④시간적 그리고 ⑤ 지리학적 비교.

4. 야생생물 과학자는 엑손 밸디즈 호의 기름 유출이 준 '기회'를 충분히 활용해서 개체부터 개체군 수준의 건강에 이르는 영향을 하나로 연결하는 순환 고리를 완성했고 기름 유출을 새로운 관점에서 이해할 수 있게 됐지만, 의학 연구자는 아직 기름 유출이 인체에 미치는 영향에 관한 연구를 병행하지 못하고 있다. 그러나 아직 기회는 있다.

과학, 정치, 그리고 공익

1. 엑손 사의 과학자와 EVOS 연구에 근거한 공적 자금으로 연구하는 과학자들의 극단적인 해석과 결론에서도 적나라하게 드러났듯이, 패러다임 전환에 따른 과학 발전은 대중을 비롯해 모든 것을 포함시켜야 하는 혼란스럽게 번잡한 일이다.

2. 불행히도 변화에 저항하는 기존 패러다임의 기득권 세력이 나쁜 과학 혹은 '담배과학'을 수행해서 공적 과정(위험/이슈에 대한 대중의 이해에 의존)을 전복시키고 자신이 원치 않는 정책 변화를 지연시키는 행동이 상당히 허용되고 있다. EVOS 야생생물 과학에서 이런 드라마가 여전히 유효하다(엑손 사의 지난 행적으로 미루어 볼 때, 이와 유사한 드라마가 시작될 것이라고 예측되는 경우에는 EVOS 청소작업자에 대한 독자적인 역학 연구를 시작해야

한다).

3. 과학자 간 의견 불일치와 기술적 논쟁이 공적 영역으로까지 확산될 때,
미디어는 대체로 진실과 세부 관련 사항을 제대로 구별해내지 못하고 논
쟁 그 자체에 초점을 맞춘다. 과학자들이 공적 영역에서 논쟁을 벌일 때
에는 대중이 미디어의 보도와는 별도로 무엇이 공익과 관련된 것인지에
관심을 갖고 그 내용을 이해하려고 노력해야 한다.

기름 유출방지법 기획하기

1. 기름 유출자가 청소작업을 책임지도록 내버려두어서는 안 된다. 그들은
기본적으로 자신의 경제적 이기심과 환경보존 및 작업자 또는 대중 건강
보호와 관련된 공익을 사이에 두고 충돌을 벌인다.

2. 인간의 건강에 관한 문제에서 기름 유출 대책반의 건강도 예외일 수 없
고, 이 문제는 해변이나 분산제(예를 들어, 솔벤트로 만든 화학제품이나 유해
화학물질)를 사용해서 일했던 사람들을 비롯한 모든 기름 유출 청소작업
에서도 생각해야 할 점이다. 그런데 대책과 관련 노력이 대체로 환경에
초점이 맞춰져 있어서, 현재 이와 관련된 책임을 대체로 인식하지 못하
고 있다.

3. 거대 회사가 기름을 유출할 경우 기름 유출 예방 및 대응, 기름 유출 청소
작업 기간에 작업자 건강 보호를 목적으로 한 법들이 공익을 보호해주지
못한다. 더욱이 이런 법들이 기름 유출자가 회계와 세금 조작으로 막대
한 손실액을 만회할 수 있는 상황을 제공해주기까지 한다. 이것은 기름
유출자 제지라는 목적을 여지없이 꺾어버린다.

4. 기름 유출량에 대한 기업의 자기보고는 미국 해양수비대가 독립된 조사
기관을 통해 검증되어야 했다.

제24장

비극을 넘어: 기름 유출 예방을 위한 강력한 권고안

1989년 3월 24일 시작된 여정에서 기름은 생각했던 것보다 훨씬 생명에 유독한 영향을 준다는 사실을 확인했다. 이 장에서는 생명을 보호하기 위해 어떻게 우리 환경에서 기름을 줄일 수 있는지를 주로 다룰 것이다. 그리고 몇 가지 권고안을 예방책으로 제시했다. 물론 각 절차를 수행하기에 앞서 바다로 유입되는 기름의 진원지를 이해해야 한다.

유입과 영향

미국 국립연구위원회의 2002년 보고서 『바다 속 기름 3』에 따르면, 1990년부터 1999년 사이에 매년 약 10만 톤의 '인위적 기름'(인간 활동으로 유입된 기름)이 북아메리카 연안으로 유입된다. 이 수치는 2,940만 갤런(미국 국립연구위원회, 2004)에 맞먹는 양이며, 10년 동안 1년에 한 번씩 엑손 밸디즈 호의 기름 유출(정확히 3천만 갤런) 사고가 발생하는 것과 같다. 수치상으로 보면, 자연계에서도 10년 동안 1년에 평균 16만 톤(4,700만 갤런)의 기름이 발생했지만, 그중 90퍼센트 이상이 연안 해양생물이나 인체 건강에 해를 끼치지 않는 해저나 근해에서 온 것이었다. 이렇게 자연계에서 발생해 유입되는 양의 증가율은 대체로 매우 느리다.[1]

미국 국립연구위원회에 따르면 'PAHs를 약 92퍼센트 함유'한 2,900만 갤런, 즉 **"유입량 중 소비자가 발생시킨 약 90퍼센트"**(원문 강조)는 막을 수 있다고 한다. 이 위원회는 "도시에서 흘러간 PAHs는 자동차에서 방출된 것"이라고 말했다. 그중 육지를 흐르는 강과 도시에서의 유입 — 내연기관, 발전소, 기타 시설, 그리고 레저용 해양선박(2스트로크 엔진) — 이 가장 큰 부분을 차지하고 나머지는 유조선의 기름 유출을 비롯한 석유 채굴과 운송 과정에서 유입된 것이다. 그중 보트 엔진에서 유입된 양 — (제트 스키를 비롯해) 2스트로크 엔진을 장착한 레저용 선박에서 한 해 평균 유입된 양 — 이 약 150만 갤런이다.

2스트로크 엔진은 북미 전역에서 기름을 방출하지만 기름 유출 사고는 특정 지역에서 발생하기 때문에 환경에 즉각적으로 더 큰 위험을 준다는 점에서, 어떤 요인이 장기적으로 삶에 더 큰 위협을 주는 것이라고 단언하기는 어렵다. 미국 국립연구위원회는 북미에 위치한 주요 담수 강 10곳의 PAHs는 평균 820ppb이라고 예측하고 있다. 이 수치는 우리가 지금까지 수생생물을 죽일 수 있는 농도라고 생각했던 것보다 높다.[2]

---

1) 매년 유입되는 기름 추정량은 미국 국립연구위원회의 '최적 추정치'를 인용한 것이다. 이 위원회는 최소 추정량부터 최대 추정량을 모두 알려준다. 총 26만~230만 톤의 기름이 유출되는데, 자연 누출지에서의 유출 16만~24만 톤, 유조선 기름의 유출 5,300~6,400톤, 육지를 흐르는 강과 유거수에서의 유출 1,900~2,600톤, 레저용 해양선박에서의 유출 2,000~9,00톤 등이다(National Research Council, 2002: 28). "미국 해양수비대의 기초 자료는 보고된 모든 사고를 토대로 기름 추정량을 어림잡았는데, 이 수치는 최소 추정량이라고 볼 수 있다"(National Research Council, 2002: 213).

"우리가 마주하고 있는 적은 바로 우리 자신이다"라고 했던 만화 속 등장인물 포고*의 대사가 지금 상황에 잘 들어맞는다. 석유를 사용하고 남은 찌꺼기를 줄일 방법에는 크게 두 가지 — 소비자와 공급자를 통해서, 그리고 석유회사와 미국 정부를 통해서 — 가 있다.

미국 유조선 소유주들은 의회가 공권력을 발동하자 그때서야 기름 유출 감소 규제를 받아들였다. 미국 국가연구위원회는 "1991년 이후 기름 유출이 크게 감소했다. 이렇게 개선될 수 있었던 것은 1989년의 엑손 밸디즈 호 사고에서 배운 지식과 함께 연이어 1990년에 통과된 「기름 오염 방지법」(OPA 90)을 충실히 따랐기 때문이다"라고 지적했다(NRC, 2002). 석유산업계 전문가들 덕택에 예방책을 통해 유출량을 감소하고 특히 「OPA 90」에 따라서 잠재적인 천문학적 비용을 부담해야 하는 경제적 책임 증가에 대한 산업체의 관심이 고조됐다(de Bettencourt et al., 2001). 해안경비대 사무국의 한 선임 연구원은 "「OPA 90」에 따라서 강력한 '지휘 통제' 규정을 적용하기보다는 기름 유출에 대한 좀 더 높은 수위의 경제적 책임 부과 차원에서 몇 척의 배를 요구하는 게 기름 유출 감소에 훨씬 더 효과적이었다"(Elliott, 2001: 31)고 말했다. 「OPA 90」이 가장 효과적인 처방이었다. 그것은 명목상의 규정 추가가 아니라 경제적인 제재였다.

기름 유출과 기름 오염 감소에서는 오염자에게 그에 상응한 부담을 지우는 것이 중요하다. 「OPA 90」에서 유조선 소유주에게 기름 유출에 대한 상당한 비용 — 위험에 대한 책임 혹은 경제적 책임 — 을 부과하자 소유주들이 여기에 주목했다. 「OPA 90」에서는 사회적·환경적 비용을 규명하고 설

---

2) 미국 국립연구위원회 연구에서는 컬럼비아 강, 델라웨어 강, 허드슨 강, 제임스 강, 미시시피 강, 뉴스 강, 사빈 강, 새크라멘토 강, 서스쿼해나 강, 트리니티 강, 이렇게 총 10곳을 조사했다(National Research Council, 2002: 251).

* 월트 켈리의 만화 주인공.

명하려는 시도가 없었는데, 1990년 당시에는 그 부분을 완벽하게 인식하지 못했기 때문이다(Elliot, 2001). 그러나 이후로 많은 것을 알게 됐다(이 책에서는 단지 인체 건강, 연어, 청어, 해달, 기타 해양생물에게 미치는 피해 비용 중 일부만 논의됐다). 오염자 부담 원칙은 어떤 책임 — 경제적, 사회적, 환경적 책임 등 — 에 대해서도 적용 가능하다.

경제적 책임이라는 관점에서 보면, 우리의 석유 의존 '비용'은 네 수준의 행위자 — 정부, 산업체, 대중, 그리고 환경 — 사이에 내던져진 뜨거운 감자이다. 지금의 시스템에서는 석유 생산과 사용으로부터 상당한 이득을 취하고 있는 공급자들이 석유 의존에 따른 위험의 상당 부분을 알지 못하는 대중과 환경에 책임을 전가하고 있다. 사회적·환경적 책임의 일부를 산업체와 정부에 지우는 것은 두 행위자가 기름 오염의 위험을 감소시키도록 노력하는 데 — 화석 연료에 대한 현실적인 대안일 될 수 있는 것이 무엇인지를 고민하기 시작할 수 있게 한다는 점에서 더욱 중요하다 — 중요한 동력이 될 것이다. 특히 사람들에게 실천 가능한 선택지가 주어질 수 있다면, 뜨거운 감자인 책임의 일부를 대중에게 부가하는 것도 똑같은 효과를 발휘할 것이다. 따라서 기름오염 예방을 위한 강력한 권고안은 석유 의존이라는 동전의 양면 — 공급 측면에서의 경제와 수요(소비자)를 토대로 한 경제 — 으로 세워졌다.

공급 측면에서의 경제

권고안 1: 기름 유출자에게만 청소작업을 책임지게 해서는 안 된다. 모든 기름 유출 청소작업은 연합적으로 진행되어야 한다.

연방정부의 책임 하에 기름 유출 청소작업을 하는 것이 대중과 환경에 많은 이득을 준다. 첫째, 석유회사가 얻는 인센티브를 없애준다. 엑손 밸디즈 호의 경우처럼 기름 유출자와 석유회사를 지지하는 계약자에 의한 청소작업은 기름 유출자에게 상당한 이득을 준다. 실제로 관련 산업계 전문가들이 기름 유출 정화비용을 줄이기 위해 (기름 유출 청소작업 계약자의 세계에서는 '원가가산'이라고 하는) '이윤 발생 지점'을 이동시킨다는 사실이 밝혀졌다(de Bettencourt et al., 2001). 산업 컨설턴트와 해안경비대에 따르면, 이윤을 목적으로 한 1차 계약자의 10퍼센트 원가가산은 비일비재하다. 따라서 비영리적으로 진행될 수 있는 연방정부 주도 하의 기름 유출 청소작업이 필요하다.

기름 유출자는 청소작업 비용을 정부에게 변상해야 할 것이다. 그런데 직접적인 변상보다는 「OPA 90」에 의해 만들어진 기름오염책임기금을 통해 변상하도록 해야 한다. 이런 방식을 적용하면 기름 유출자가 청소작업의 경비를 직접적으로 통제할 수 없게 된다. 사실 정부도 지출 많기로 정평이 있는 계약자이기 때문에 경제적 책임을 재편성하는 것이 기름 유출 청소작업의 또 다른 방해요인이 될 수도 있다. 그러나 최소한 그 돈이 오염자를 더 부유하게 하는 데 사용되지 못하게는 할 수 있다. 만약 현행 제도 하에서 기름 청소작업 비용에 대해서는 세금감면을 받지 못하게 할 수만 있다면 이것이 가장 효과적인 인센티브가 될 것이다.

연방정부 주도로 기름 유출 청소작업을 한다는 것은 기름 유출자가 아닌 정부가 환경 피해를 최소화할 수 있는 방법과 물질을 결정한다는 뜻이다. 이와 같이 한다면 가압온수처리처럼 조간대 해양생물에게 피해가 되는 방법은 저지할 수 있고, 민감한 서식지에 위협이 될 만한 어떤 분산제도 사용하지 못하게 할 수 있다. 정부는 오염자들이 생산하는 물질(엑손 밸디즈 호의 기름 청소 과정에서 엑손 사는 일차적으로 자회사에서 생산한 분산제인 다양한 종류의 코렉시트와 이니폴을 사용했다)보다는 가장 효과적인 정화제를 자유롭게 선택할 수 있을 것이다.

연방정부 주도 하의 기름 유출 청소작업에서는 유출된 기름을 정화하기 위해 정부가 기름 유출자의 기업을 보호하는 어처구니없는 상황은 없어야 한다. 현재 정부는 대대적인 청소작업을 수행하는 데 필요한 물자나 자금을 확보하고 있지 않다. NRDA 절차와 「OPA 90」에는 기부금 제도가 없다. 그래서 정부의 손실평가는 기름 유출자가 한 변상 약속에 좌지우지되고 있다! 엑손 밸디즈 호의 기름 청소 기간에 엑손 사는 첫해에 정부에 주기로 한 2천만 달러의 과학기금을 주지 않았는데, 엑손 사 고위직 임원에 따르면 연구 개발과 연구 범위를 설계하는 과정에 참여시켜주지 않았을 뿐만 아니라 연구 결과가 자신에게 '도움'이 되지 않는다고 판단했기 때문이라고 한다(Harriosn, 1990). 자원 관리자는 필요한 자금을 어쩔 수 없이 의회에 요청할 수밖에 없었다(Collinsworth, 1990; Steawrt, 1990; Suuberg, 1990).

연방정부 주도로 기름 유출 청소작업을 수행하면 여러 가지 어려운 문제가 해결될 수 있다. 「OPA 90」은 정부도 기름오염책임기금이나 기름 유출자가 변상한 다른 기부금을 통해 NRDA 자금을 사용하는 방향으로 개정되어야 한다. 정부는 기름 유출자가 빠른 시일 내에 비용을 납부하고 소송을 하지 못하게 하기 위해 기름 유출 연구에 필요한 전체 비용 중 일부를 감면해줄 수도 있어야 한다.

또한 연방정부 주도로 기름 유출 청소작업을 한다는 것은 기름 유출자가 누군지 확인할 수 있건 없건 혹은 가난하건 부자이건 혹은 기름 유출 지역이 야생생물이 살지 않은 조금 알려진 지역이건 프린스윌리엄사운드처럼 사람들의 마음을 사로잡는 곳이건 상관하지 않고 동일한 청소작업 기준을 적용한다는 의미이다. 만약 석유회사에게 모든 기름 유출 지역을 동일한 기준에 따라서 기름 유출자나 산업체의 비용(기름 유출자를 모르는 경우에는 산업체의 비용으로)으로 청소작업을 해야 한다고 통지한다면 산업체 스스로 기름 유출의 위험을 줄이도록 동료 기업들에게 압력을 가할 가능성이 크다. 더욱이 연방정부 주도의 기름 유출 청소작업의 일환으로 정부는 '산업체와 긴밀한 관계'(엑손 밸디즈 호의 경우에서 케일럽브렛 사처럼)가 없는 독립된 계약자에게 기름 유출량을 계산하도록 할 수 있다(Hennelly, 1990).

　마지막으로, 연방정부 주도 하의 기름 유출 청소작업에서는 석유 의존으로 발생하는 극심한 불평등 문제를 해결할 수 있다. 이익은 석유 사용자 모두가 나눠 갖지만 사고와 관련된 직접적인 위험은 일부 공동체와 작업자, 무고한 존재(인간 혹은 비인간)가 받는다. 간단히 말해서, 석유 재앙은 희생자와 희생자의 공동체가 대가를 치르며, 그들은 납세자로서 기업의 청소작업 비용에 대한 세금감면(원가가산) 부분에 대해서도 대가를 치러야 한다. 만약 세금감면 혜택 없이 석유회사에게 청소작업과 기름 유출 연구에 필요한 비용을 정부에 납부하도록 했다면 회사는 기름 유출 위험을 줄이기 위해 좀 더 노력을 했을 것이다.

　정부 주도의 기름 유출 청소작업은 노르웨이처럼 연안과 항구 그리고 해상 기반 경제에 대해 가치를 부여하는 국가에서 성공적으로 진행되고 있다. 영국의 셰틀랜드 같은 지역은 정부, 산업체, 지역 시민이 석유회사를 공동 감시하는 좋은 본보기가 되고 있다. 일반적인 석유회사 감시 및 조사 프로그램, 기름 유출 청소작업을 비롯한 석유와 가스 개발의 매 단계에서 이뤄지는 기름 유출의 위험 감소 과정은 이렇게 참여 민주주의 형태로 진행되어야 한다. 엑손 밸디즈 호의 경험은 참여형 감시 ―「OPA 90」에 근거한 프린스윌리엄사운드와 쿡 만에 만들어진 지역시민자문위원회(www.pwsrcac.org) ― 의 좋은 모델이 됐다. 다른 공동체도 자기 지역 내의 석유가스 산업체에 대한 시민감시기구를 만든다면 도움을 될 것이다.

권고안 2: 분산제 사용, 장비 비축, 피해 야생생물 처리에 관한 개정 가이드라인을 사전 대응방책에 포함시켜야 한다.

분산제 사용 가이드라인

책임 부여 문제 ― 연방정부와 산업체 모두가 사람과 환경을 위험 속에 방치한 채 자신의 책임을 회피하려고 한다 ― 와 관련해서 분산제 사용은 매우 뜨거운 감자이다. 지난 10년 동안 석유회사는 고비용의 노동집약적인 기계적 청소 방식 대신 비용이 덜 드는 분산제를 사용할 수 있도록 노력을 기울여 정부의 사전승인을 얻었다(Aurand, Coelho and Steen, 2001). 기업은 지난 경험을 토대로 해수면에 기름이 적을수록 청소비용이 덜 들고 대외적 비난도 적을 거라고 생각했을 것이다.

현재 미 국립과학아카데미는 담수, 하구, 그리고 해양 환경에 분산제를 사용하는 것에 대해 좀 더 제대로 이해하고서 권고안을 수립하기 위해 정보를 수집하고 있다(del.nas.edu/dispersants/index.html). 이제 토론을 통해 엑손 밸디즈의 경험을 토대로 현실에 맞는 처방을 내릴 때이다(여기에서 '분산제'를 활성 솔벤트가 포함된 상품이라고 정의한다. 이니폴도 해당된다).

토론에는 약 30년 된 분산제 논쟁에서 고려하지 않았던 몇 가지 새로운 관점이 포함되어야 한다. 첫째, 지난 논쟁에서는 작업자 건강이 중요하게 다뤄지지 않았지만 이제는 제대로 논의해야 한다. 둘째, 새롭게 관심을 받고 있는 주제이기도 한 장기적인 조간대 서식지 보호는 분산제 사용으로 어류를 비롯한 야생생물의 단기적인 감소 문제와 함께 주목해야 할 부분이다.

어류를 비롯한 야생생물의 단기적인 감소와 관련된 문제는 바로 화학적으로 처리한 해변에 대해 조사한 적이 전혀 없었다는 점이다. 즉, 화학적으로 처리한 해변은 기름이 많이 남아 있지 않다는 점에서 화학적으로 처리하지 않은 해변보다 좀 더 빠르게 회복하고 그래서 시간이 지날수록 야생생물 피해가 더 적은지 알아보는 연구가 없었다. 현재 오크베이 실험실의 과학자를 포함한 NOAA 과학자들은 프린스윌리엄사운드에서 이와 비슷한 연구에 대해 논의하고 있다. 또한 어느 누구도 분산제 사용이 사운드보다 더 오염된 지역에서 살아남기 위해 오래전부터 분투하고 있는 야생동물 개체군에게 이익이 될지 아니면 손해가 될지를 검토해보지 않았다. 이런 관심은 감소하고 있는 개체군에서 각 개체 수를 모두 세는 제인 구달의 지혜를 떠오르게 한다. 산업체와 정부기관 소속 과학자들은 전체를 파악할 만한 충분한 정보도 없이 코끼리에 대해 이야기하는 눈먼 장님처럼 분산제의 환경 비용에 대해 논쟁하고 있다.

인간의 건강에 미칠 영향과 조간대 서식지 질에 관한 문제가 새롭게 제기되었을 때 분산제 논쟁은 근해 대 원해의 비용편익 관점으로 재조사했어야 했다. 지난 30년간 분산제 성분은 발전해왔지만 분산제 사용을 둘러싼 찬반 논쟁은 여전히 계속되고 있다. 그리고 거의 절대적으로 야생생물의 잠재적 피해에 초점이 맞춰져 있다. 1989년의 국립연구위원회 보고서에는 "순환 장애가 있는 얕은 물, 안전한 만과 어귀에서는 고농도의 분산된 기름이 분산처리 않은 기름보다 일부 유기체와 서식지에 미치는 생물학적인 급성 영향은 더 클 것이다"라고 기술되어 있다(National Research Council, 1989: 256). 반면 10년간 진행된 석유회사의 연구에서는 어떤 차이도 발견하지 못했다. "분산제 사용에는 교환 효과가 있어서 일부 서식지는 더 큰 위험에 처하겠지만 다른 지역은 보호받을 것이다"(Aurand, Coelho and Steen, 2001: 432). 2001년에 이르러서야 분산제가 수심이 얕은 연안과 조간대 서식지에 피해를 준다 — 즉, 이런 지역에서는 분산제가 주는 손실이 분산제를 사용했을 때 주는 이득보다 크다 — 는 사실이 널리 받아들여졌다(Boyd, Scholz and Walker, 2001).

분산제가 인체에 미치는 영향을 고려하기 전에 책임의 관점에서 어떻게 산업체와 정부가 분산제 사용을 다룰 것인가를 재고해보는 것은 유익하다. 미국 환경청(EPA)에는 '국가 석유 및 위해물질 오염 긴급정화계획'에 유용한 화학물질 일람표가 포함되어 있다. 목록에는 제조업자, 특수처리 사용법, 제품수명, 독성 실험(두 가지 표준동물 실험) 및 EPA의 독자적인 검증 없이도 일반적으로 받아들여지는 효능 실험 결과에 대한 정보가 포함되어 있다. 그러나 EPA는 "화학물질의 이름이 목록에 있다고 그것이 곧 물질의 승인을 의미하는 것은 아니다"고 언급했다(Nichols, 2001: 1483). 즉, 목록에 실린 화학물질은 'EPA가 기름 유출이 있을 때 (어떤 화학물질의) 사용을 승인, 추천, 인가, 증명, 허가했음을 **의미하지 않는다**'라는 면책 조항에 관한 내용을 반드시 알려야 한다(Nichols, 2001: 1483. 원저자 강조).[3]

EPA는 분산제가 목록에 실리려면 적어도 45퍼센트의 효과는 있어야 한다고 규정하고 있다(Nichols, 2001: 1483; 40 CFR 300.915[7]). 그러나 독성 실험의 임계치는 없다. 그리고 "EPA가 목록에 있는 어떤 화학물질이 그들이 추정하는 정도만큼 정확히 효과가 있다고 주장하지는 않다"(Nichols, 2001: 1483). 심지어 이런 '임계치'에 대한 예외조항도 있는 것으로 밝혀졌다. 찬물에 알래스카 푸르도 만 원유가 유출되면 분산제는 단지 10~15퍼센트 정도의 효과가 있다(Spicss, 2001). 그러나 대부분의 분산제는 사우스루지애나 원유에서 최소 임계치는 충족시킨다. 결국 EPA가 분산제 제조업자(대부분의 석유회사)에게 좋은 허점을 만들어준 것이다: 일부 분산제는 효능 실험을 통과하기 위해서 푸르도 만 원유와 사우스루이지애나 원유에 대한 효과 실험 결과를 혼합 평균 냈다(Nichols, 2001: 1480). 독자들은 기름 유출 대응에서 이것이 의미하는 바가 무엇인지 매우 궁금할 것이다. 이것은 분산제가 표시된 그대로 정확히 효과를 내려면 프루도 만 원유 유출 사고가 났을 때 여기에 섞을 사우스루이지애나 원유를 주문해야 한다는 뜻이다.

---

3) 이런 면책 조항은 '국가 석유 및 위해물질 오염 긴급 정화계획'의 J조항(분산제 및 화학물질 사용)의 화학물질 목록(40 CFR 300.900), 특히 §300.920(e)를 인용했다.

보다 근본적인 EPA 목록의 문제는 특수 용도로 만들어진 화학물질이다. 일부 화학물질은 다른 화학물질과는 그 작용과 목적이 반대이다. 예를 들어, 분산제는 수괴에 기름이 유출됐을 경우에 효과적이다. 표면세척제는 기름을 분해해 끌어올리는 효과가 있기 때문에 기름을 한꺼번에 모아서 제거할 수 있는 상태로 물 위로 떠오르게 한다. 생물학적 정화제로 목록에 올라 있는 일부 화학물질(이니폴)은 기름을 분산시킬 만큼의 충분한 솔벤트가 들어 있다. 따라서 화학물질의 품목 교체는 야생생물뿐만 아니라 작업자에게도 문제가 된다.

EPA는 이런 시스템이 남용될 소지가 많다는 것을 알고 있다. EPA의 석유프로그램센터의 목록 관리자인 윌리엄 니콜스에 따르면 "EPA는 이 카테고리를 자주 교체하는 것이 화학물질의 오용을 낳을 수 있다는 사실에 주목해야 한다. 표면세척제가 외해역(外海域)에 유출된 기름에 사용되고 있고, 분산제가 모래해변의 기름을 세척해서 기질 깊숙한 곳으로 이동시키는 데 사용되고 있다. **이 두 가지 오용 사례는 기름뿐만 아니라 환경에 더 큰 피해를 일으킬 수 있다**"(Nichols, 2001: 1481. 강조 추가). 게다가 EPA는 "**품목에 올라온 화학물질의 신중하고 효과적인 사용을 권장한다**"(Nichols, 2001: 1480.강조 추가)는 것 이외는 강제하는 부분은 없다. 그러나 이것만으로는 야생생물 — 또는 엑손 밸디즈 호의 기름 유출 청소작업에서 증명된 것처럼 작업자 — 을 보호하기에 충분치 않다.

모든 예외조항과 면책조항이 있지만 본질적으로 야생생물과 인간에게 해로운 공업 솔벤트와 솔벤트제가 여전히 분산제로 사용되고 있다. 엑손 밸디즈 호의 기름 유출 청소작업 기간에 사용된 일부 분산제는 수로가 아닌 곳에서의 사용에는 주의를 요한다는 물질안전보건자료의 경고에도 불구하고 사용됐다(프린스윌리엄사운드는 수로라는 이유로 이 경고가 철저히 무시됐다). 심지어 코렉시트 9580M2라는 분산제는 '어류에 유해'라는 경고 라벨이 붙은 통에 담겨 있었지만(Wells and McCoy, 1989) 해변에 사용됐다.

EPA의 권장 사용법에는 외해역에 유출된 기름에 분산제를 사용할 경우 야생생물이 보호될 수 있도록 최대한 혼합 희석해서 쓰되 청소작업자나 대책반 요원과의 접촉을 최소화하도록 되어 있다(비행기로 분산제를 분사하기 때문이다). 반면 해변에 분산제를 사용할 경우에는 최소로 혼합해 거의 희석하지 않게 하는데, 디스크 섬의 분사 실험(제1장 참조)과 이니폴 사용(제6장, 제7장 참조)이 건강에 미치는 영향에서도 밝혀졌듯이 이런 방식으로 사용해도 해양생물과 노동집약적인 과정에 참여한 작업자는 위험에 처하게 된다.

인간의 노출 위험과 관련해서 분산제 논쟁에 포함되었어야 할 교대근무 연장, 마스크와 보호안경의 부족, 개인에게 적절한 위생 기회 부족 등의 문제를 비롯해서 실제 청소작업 환경에서의 분산제 노출이 인체에 다양한 영향을 미친다는 사실을 엑손 밸디즈 호의 기름 유출 청소작업을 통해 잘 알 수 있다. 그런데 엑손 밸디즈 청소작업 이후에 입수한 자료로는 기름 노출과 분산제 노출을 구분하는 것이 불가능했다(이니폴에 관한 의학적 기록을 제외하고 당시에 입수된 자료는 없었다). 신체적 증상이 대체로 겹치기 때문에 이 부분이 단지 학문적 관심으로 비춰질 수도 있지만, 사실 그렇지 않다. 분산제는 조간대와 연안지역에는 사용해서는 안 되기 때문이다.

청소작업 작업자들은 해변에 사용한 솔벤트로만 위험에 처했던 게 아니다. 최근 EPA는 지하수와 식수 오염에 관심을 가지면서 담수에 분산제를 사용하지 말라고 했다. 엑손 밸디즈 청소작업 동안에 최소한 배 한 척은 이니폴로 처리한 해변에 인접해 있는 연안 해수에서 염분을 제거해서 식수를 만들었다! 그런데 염분 제거 과정에서 이 화학물질은 쉽게 제거되지 않는다.

게다가 알래스카 원주민과 지역 주민은 해변에서 모은 해산물로 살아간다. "썰물 때 식탁을 차려라." 알래스카 원주민의 속담이다. 마을 사람은 솔벤트가 야생생물이나 사람에게 좋지 않다는 사실을 알고 있었다. 체네가 마을의 부족장 게일 에바노프가 이니폴 분사로부터 작업자들을 보호했다는 이야기는 너무도 잘 알려져 있다(Hyce, 2003). 해변에서 이런 화학물질의 '잔류 기간'이 얼마나 되는지가 전혀 연구되지 않은 상태에서 과학자들은 대부분의 독성 효과는 첫 24~28시간 내에 급속히 감소할 것이라는 가정 하에 일을 추진했다. 그러나 잔류 효과는 훨씬 오랫동안 지속된다는 일화적 증거가 있다. 1990년에 ADFG의 두 연구자는 사운드의 한 해변에서 캠핑을 한 이후로 두통과 메스꺼움에 시달렸다. 그들은 해변에서 쭈그러진 기구(氣球)를 발견하고 자신들이 야영하기 2주 전에 그곳을 이니폴로 처리했다는 사실을 알았다(이 기구는 야생생물과 사람을 화학 처리된 해변에서 나가게 하는 데 이용됐다). 1990년에도 두 명의 USFWS 관리는 자신들이 연구를 수행하는 해변이 여전히 이니폴로 처리되고 있다는 사실을 통보받지 못했다(U.S. Coast Guard, 1993: 364).

사람들이 다용도 — 먹을 것을 구하거나, 소풍이나 캠핑을 오거나, 자전거를 타거나, 연구를 하거나 — 로 이용하는 지역은 방문객, 거주민, 연구자 등을 위협할 가능성이 높은데도, 잠재적으로 위협이 될 수 있는 화학물질에 대해 기준을 만들지 않은 EPA의 무책임함은 심각하다. 또한 인간과 환경에 충분히 위험이 될 만한 요인에 대해 폭넓게 주목하지도 않으면서 이런 문제로 줄곧 논쟁을 벌이는 기업과 공공기관 역시 무책임하다.

그리고 어떤 화학물질을 EPA 화학물질 목록에 넣기 전에 EPA는 크게 다른 두 가지 원유의 효과를 평균 내지 않고 독자적으로 검증 가능한 독성 및 효과 실험을 수행해야 한다. 독성 실험은 분산제를 사용할 지역에 서식하는 종들을 대상으로 진행되어야 한다.

목록에서 어떤 분산제를 삭제하고자 할 때 제조업자에게 삭제 이유에 관한 서면 사유서를 제출하도록 하는 형식적인 절차를 밟아야 한다. 제조업자는 (화학물질이 정식 회수되지 않은 한) EPA 목록에 화학물질이 포함되어 있는 동안 그리고 그 품목이 사용 가능한 기간 동안에는 화학물질의 사용

결과에 대해 책임을 져야 한다. 그런데 아직까지는 화학물질을 목록에서 제외시켜야 하는 이유에 대한 기업의 설명 없이 분산제를 목록에서 삭제할 수 있다. 예를 들어, 이니폴 EAP22는 1996년 1월 이후로 삭제됐다(U.S. EPA, 2004a). 엑손 밸디즈 호의 기름 유출 청소에 참여한 작업자들이 바라던 결과를 가져올 수 없는 실험에 이용된 의식 못하는 돼지였던 건 아니었는지 의문이 든다.

가장 중요한 사실은 최근 연방정부가 기업이 선호하는 대체 선택지 — 화학물질 — 를 사용할 수 있도록 실질적인 위험과 무관한 가벼운 승인 절차를 만들었다는 점이다. EPA의 면책조항과 엑손 사의 배상방식에서도 입증됐듯이, 정부와 기업 모두 이런 화학물질이 인간과 환경에 끼친 막대한 피해에 대해 책임지려 하지 않았고, 작업자들은 1989년 7월 말 진행된 끔찍한 디스크 섬 분산제 실험 이후 확인된 징후를 기준으로 보상을 받았다 (<그림 1-1> 참조). 이런 무책임한 무임승차 때문에 기업은 건강과 환경에 엄청난 피해를 주지 않는 제품을 개발하는 데 관심을 갖지 않는다. 그런데 만약 이런 일이 불가능하다면 첫 기름 유출 지역이 아닌 다른 곳이 좀 더 많은 책임을 져야 할 것이다.

기업과 정부는 환경적으로 민감한 서식지나 사람이 손으로 만지는 장소에 대해서 화학물질을 사용해서는 안 된다는 의무를 실행할 의지가 전혀 없다! 그러나 최소한 높은 등급의 공업 솔벤트로 만든 분산제와 화학물질은 연안 지역과 해변에서 영구 금지되어야 한다. 근해에서의 분산제 사용은 해변의 기름띠보다는 덜 위험하지만, 분산제의 사용은 독자적인 검증된 독성과 효능 실험뿐만 아니라 실제적으로 작업자를 보호할 수 있는지를 충분히 고려해서 결정해야 한다. 또한 분산제를 사용했을 때에는 정부 감시기구와 산업체가 아닌 곳에서 연구비를 받은 연구자들이 장기간에 걸쳐 인간 건강에 미치는 영향을 조사하고 의료 기록, 1차 자료, 결과 등을 정기적으로 공개해야 한다. 연구가 공익에 도움이 될 수 있도록 필요한 자금은 기름 유출책임신탁기금을 통해 충당해야 한다.

장비 비축 가이드라인

엑손 밸디즈 호의 기름 유출 이후 바뀐 알래스카 법에 따라 석유회사는 약 1,100만 갤런 — 대략 엑손 밸디즈 호의 부피 — 에 이르는 기름 유출에 보다 잘 대응할 수 있도록 중요한 여러 위치에 기름 유출 대응장비를 비치해두어야 한다. 현재 장비에는 방재용품과 스키머뿐만 아니라 분산제까지 포함되어 있다. 그러나 청소작업자를 위한 개인 보호장비는 포함되어 있지 않다. 엑손 밸디즈 호 기름 유출의 경험에 비추어 봤을 때 석유회사처럼 「유해폐기물정화법」의 관리를 받으면서 정기적으로 유해물질을 처리해야 하는 산업체는, 기름을 가득 실은 유조선의 기름 유출에 대비할 수 있도록 전략적으로 세운 창고에 호흡기, 호흡기 교체 필터 카트리지, 보호안경, 장갑, 기타 보호복 등을 마련해두어야 한다. 장비는 최신 기술로 제작되어야 하기 때문에 비치품은 3~5년에 한 번씩 점검받아야 하고, 필요하다면 교체해야 한다. 사고 청소작업에 수천 명의 작업자가 동원될 경우 제조업자는 청소작업자의 보호를 위해 중요한 보호장비를 생산할 시간이 없다는 것을 명심해야 한다(즉, 충분한 양의 재고가 필요하다).

현재 알래스카 주에 비축되어 있는 몇몇 분산제는 전국에서 가장 오래된 것이다. 따라서 기업은 3~5년마다 한 번씩 비품의 효과를 시험해보고, EPA 효과 테스트를 충족시키지 못하는 화학물질은 (유해폐기물처리장에) 버리고 교체해야 하거나 품목에서 빼야 한다.

야생생물 처리 가이드라인

해달에 관한 이야기를 나눈 공적 자금을 받는 과학자들은 하나같이 엑손의 야생생물 '재건' 센터를 날카롭게 비판했다(Bayha and Kormendy, 1990). 해달을 치료한 후 풀어준 것은 성난 대중을 진정시킬 목적으로 한 행동이었다. 이 또한 가압온수 세척처럼 엑손의 정치생명에 이용된 것이다. 기름을 심하게 뒤집어쓴 동물은 대부분 '치료'에도 불구하고 끔찍하게 고통 받다가 결국 죽었다는 게 그 증거이다. 기름을 뒤집어쓰지 않은 건강한 동물도 센터로 보내지면 포획 과정에서 받은 스트레스로 고생했다. 재앙에서 살아남은 동물은 '치료'로도 완전히 회복되지 못했기 때문에 야생으로 보내졌건 포획됐건 수명은 단축됐다. 게다가 야생에 풀어준 '치료받은' 동물은 건강한 동물의 목숨을 빼앗는 질병을 촉발시켰다. 해양포유류위원회는 기름 유출 3년 후에 출간된 책에서는 해달의 상황을 짧게 정리했다. "구조 및 재건 프로그램이 그다지 효과적이지 않았다"(Hofman, 1994: xiv).

엑손 밸디즈 호의 기름 유출과 다른 기름 유출 사고의 경험에 비추어 봤을 때 기업과 정부 그리고 대중은 기름 유출 이후의 야생생물 처리방식에 대해 재검토해야 한다. 적어도 살아 있는 동물의 수습은 전문가에게 맡겨야 한다. 기름범벅에 다친 야생생물에 대한 인간적인 공감이 향해야 할 방향은 애초에 기름 유출 사고를 막도록 조치를 취하는 쪽이지, 사고 이후 인간이 자행한 기름 유출의 무고한 피해자를 잘못된 방향으로 (의도는 좋았지만) '구조'하려 노력하는 쪽이 아니다.

권고안 3: 낡은 법은 새로운 과학을 토대로 개정되어야 한다.

22가지 잔류 PAHs, 생물농축성, 독성(PBT) 오염물질에 관한 EPA 목록(2001; 2004b)은 개발(임대 및 탐사시추)부터 (산업체와 개인 소비자에 의한) 폐기물 처리까지 전체 기름 사용에 중대한 영향력을 미친다. 유해물질에 적용되는 '요람에서 묘지까지'라고 부르는 이런 방식의 사용 조사에 기름도 포함되어야 한다고 생각하고 있지만 아직까지 관련 법률 명칭과 책임 소지조차 제대로 정리되어 있지 않다. PBT 오염물질은 여러 세대 동안 생명의 생물학적 그물망을 통해 영구적으로 재순환해서 '무덤'이 없기 때문에 최근 연구자들은 '요람에서 요람까지'라는 개념으로 바꿔 사용한다.

PBT 오염물질로 기름을 규제하려면 탐사, 시추, 생산, 운송(유조선, 파이프라인, 트럭), 분배, 소비, 폐기물 처리 등을 규제하는 법률의 대대적인 개정을 생각해보아야 한다(이에 관한 논의는 이 책의 범위 또한 저자의 능력을 넘어서기 때문에 다루지 않겠다). 여기서는 법률 개정이 이뤄져야 하고, 관련 정보 ― 에너지 논쟁, 자동차 연료 효율성 논쟁, 수질 기준에 관한 연 3회 검사 등 ― 는 석유 사용에 관한 모든 논의에 포함되어야 한다고 말하는 것으로 충분하다. 이런 논의는 대중과 정치 지도자들이 석유 의존의 실제 비용에 대해 좀 더 잘 인식하고 있는 지역에서 이미 진행 중이다. 예를 들어, 캘리포니아 주에서는 「캘리포니아 유해폐기물법」을 적용해 기름 안개와 액체 폐기물을 유해폐기물로 규제하고 있다. 적어도 연방의 모든 관련 법률과 규정 하에서 원유는 유해물질 및 유해재료로 재분류되어야 한다.

정책입안자는 인지된 혜택보다는 기름 노출로 인한 공중보건과 환경에 미치는 위험 증가에 무게중심을 두는 것을 논리적 출발점으로 해서 새로운 관점으로 법률과 규정을 개정해야 한다. 여기서는 세 가지 ― 슈퍼펀드, 「OPA 90」, 「청정수질법」의 수질기준 ― 를 개략적으로 논의한다.

슈퍼펀드와 「OPA 90」

슈퍼펀드와 「OPA 90」의 해결법은 같다. 즉, 기름(혹은 다른 유해폐기물) 노출 피해와 회복을 평가하려면 생태계에 토대한 장기적인 접근법을 수립할 필요성이 있다는 것이다. 오염자는 장·단기간의 손해를 포함해 공유지와 야생생물에 끼친 모든 피해를 보상해야 한다. 현재 이런 법률은 단지 단기간 피해를 평가할 뿐 장기간의 피해를 인지하지 못하고 있어 장기간의 피해 비용은 대중과 환경이 부담하고 있다. 모든 피해 비용을 오염자에게 지불하게 하자는 주장은 산업체의 기름 유출 위험을 줄일 수 있는 하나의 인센티브가 된다.

장기간의 피해 평가라는 측면에서 보면 「OPA 90」은 사실상 일보 후퇴한 법률이다. 우선, 자원 관리자는 절대로 피해를 '보지' 못할 게 확실하다! 정책입안자는 기름을 유출한 기업을 보호하고 슈퍼펀드로 인한 문제를 해소해주기 위해 대부분의 위험 소송 ― 기업의 장애물 ― 을 없앴다. 정책입안자는 기름 유출자에게 재정적으로 상당한 이득이 될 수 있도록 기름 유출자가 NRDA 자료를 설계·수집하는 데 참여하고 회복 계획을 검토·논평·승인할 수 있게 해주었다. NRDA 연구가 낮은 수준에서 마무리되고 장기간의 피해를 규명할 수 없게 되자 다시 한 번 기름 유출자에게 도움이 되도록 1970년대 방식의 독성 실험으로 논쟁을 '해결'했다. 「OPA 90」이 통과될 당시에는 과학적으로 기름 유출의 장기간 피해를 예상할 수 없었기 때문에 이런 방식으로 기름 유출 문제를 처리하는 것은 좋은 거래처럼 비춰졌을 것이다. 무언가를 교환하는 과정에서 기름 유출 회사는 마치 없는 존재로 여겼다. 그런데 이제 좀 더 많은 것을 알게 됐으니, 이런 정책은 새로운 지식을 반영해 개정되어야 한다.

오크베이 실험실의 핵심 연구에서 유래한 새로운 형태의 생물 검정을 토대로 장기적 피해에 대한 평가가 가능해질 것이다. 예를 들어, 캐나다 퀘벡의 한 그룹은 다양한 기름 형태를 이용해 어류 배아를 11일 동안 세밀히 조사하는 신뢰할 만한 실험을 개발했다(Couillard, 2002). 공유지와 야생생물 피해에 대한 조속한 해결이 공익과 관련되어 있다는 점에서 장기간의 피해에 알맞은 지표를 찾아야 한다. 당분간은 예상된 피해의 변화 수준, 기름의 PAHs 비율, 유출량, 민감한 서식지의 기름 잔류량, 유출 사고 이후의 시간과 같은 지표 등을 이용해 피해를 계산해야 한다.

슈퍼펀드와 「OPA 90」이 기름 유출 이후에 발생된 유해물질에 대해 다루고 있다는 점은 의미가 있다. 동일한 방식으로 생태계에 토대한 조사가 기름 유출 이전에 승인된 폐수 유출량을 비롯한 석유 개발·생산 등의 단계에 반영되어야 한다. 엑손 밸디즈 호의 기름 유출 이후에 공적 자금으로 연구를 수행하는 과학자들이 밝혀낸 것처럼, 기름 유출 이전에 비교해볼 만한 기초 연구가 진행됐다면 기름 유출 이후의 피해 및 회복 평가에 관한 연구 능력이 더욱 향상된다. 연방정부는 사업자의 승인을 받아 사업운영에서 발생하는 세금감면액을 상환 받아 기초 조사 연구를 수행하고 계약해야 한다. 이런 방식을 통한 기초 조사 연구비는 모든 기름 사용자가 분담하되 기름 유출 이후에 진행되는 모든 연구 비용은 기름 유출자가 전적으로 부담하도록 해야 한다.

「청정수질법」

「청정수질법」을 토대로 매일 사용하는 국가 수자원 보호를 위한 수질 기준이 수립됐다. 이때 수자원의 사용에는 식수와 휴양 같은 인간의 수요와 오염원로부터의 수중생명 보호 같은 비인간 수요가 포함되어 있다. 어류의 초기 발달 단계에 관한 연구와 생태계에 토대한 연구의 관점에서 보면 당연히 모든 물에 대한 PAHs 기준은 이미 마련되어 있어야 한다. PAHs 수준을 300ppb에 맞춘 현재의 수질 가이드라인은 그 기준치가 너무 높아서 해양생물과 담수 생명체를 보호하기 어렵다. 우리는 1~20ppb 정도의 낮은 PAHs 수준에서도 생물 개체가 병들고 어류와 조류를 비롯한 전체 동물 개체군이 감소한다는 사실을 알고 있다. 그런데 매일 도시 지역의 도로를 씻어내고 강과 연안해로 흘러들어가는 물의 PAHs 수준이 그 정도이다 (National Research Council, 2002).

1970년대 논리를 적용해서 효과를 관찰할 수 있는 최저 농도 — 1ppb 수준의 PAHs — 를 100으로 더 쪼개면 1 ppt라는 엄청나게 작은 기준치를 얻게 된다. 이 기준치는 가장 정확하게 탐지할 수 있는 분석 장치의 한계치 이하의 값일 뿐 아니라 기름이 흘러나오기 전에 고속도로의 유출수나 공장 폐수를 제거하는 미국 내 최고의 폐수 기술력으로도 측정하기 어려운 값이다. 이 기준치를 만족시키려면 기본적으로 PAHs가 0이어야 하다. 따라서 우리는 미국의 수자원 — 궁극적으로는 생명 — 을 충분히 보호해줄 장치가 부재한 상상할 수 없는 상황에서 살고 있다.

우리는 어디로 가야 할까? 물론 그 해답은 강과 호수로 PAHs를 똑똑 떨어뜨리는 모든 누수 꼭지를 조이는 것에서부터 시작해야 한다. 그런데 무수히 많은 수도꼭지가 있고 그 각각의 수도꼭지는 감질나게 떨어지는 물방울로 사는 법을 알고 있는 어떤 사람 혹은 어떤 기업체와 관련되어 있으므로, 이런 변화는 저항에 부딪히게 될 것이다. 이후 제시된 권고안에는 위기에 처한 국가의 배관수리 문제를 다룰 방법—즉, 근본적인 변화를 통해 만성적인 기름 오염을 줄이는 방법—을 제시하고 있다.

> 권고안 4: 엑손 밸디즈 호와 관련된 1991년의 민사 합의를 재개해서 교육적 차원에서 예기치 못한 장기간의 피해에 사용할 총 1억 달러를 배상하라고 주장해야 한다.

1991년의 민사 합의는 석유 사용을 규제하는 국가 법률에 대한 근본적인 점검 작업 — 엑손 밸디즈 호의 기름 유출로 발생한 야생생물의 예기치 못한 장기적인 피해에 관한 재검토 — 에 착수하는 중요한 도구를 제공한다. 합의 소송을 재개하려면 두 가지 단서조항에 해당되어야 한다. 첫째, 예기치 못한 장기적인 피해에 대한 증거가 있어야 하고, 둘째, 피해자원에 대한 현실적인 회복 방안이 있어야 한다. 후자를 위해서 1억 달러에 달하는 비용을 쓸 수 있다. 소송의 재개 시한은 2006년 9월 1일에 만료된다.

만약 그전에 합의 소송이 성공적으로 재개된다면 피해 규명에 필요한 자금을 확보할 수 있고 이후의 연계 활동을 통해 정책입안자들이 기름이 장기적 피해의 원인이라는 점을 인식하게 될 것이다. 석유 사용을 규제하는 미국의 모든 법률이 단기적인 피해 — 미국의 법률 체계가 수립될 당시 과학적 관점 — 에 기초하고 있기 때문에 이 조치만으로도 기존 법률을 완전히 뒤집을 수 있다.

공적 자금으로 연구를 수행하는 과학자들은 기름 유출이 조간대 서식지나 흰줄박이오리와 해달 같은 종에게 미친 14년의 영향을 증거로 장기적인 피해가 있다고 확신하고 있다. 그들은 합의 소송 당시 근거했던 과학으로는 이런 피해를 예측하지 못했을 것이라고 확신한다. 2003년 그들은 피해 입은 종들의 장기적인 피해를 완화시킬 회복 방안을 논의하기 시작했다.

그런데 보다 근본적인 문제 — 기름은 이전에 생각했던 것보다 생명에 매우 심각한 피해를 주기 때문에 기름 오염을 줄일 수 있는 즉각적인 조취가 필요하다는 문제의식 — 에 비하면 기름에 오염된 서식지와 장기적인 피해는 오히려 희미해진다. 행동은 교육을 필요로 한다. 즉, 무언가를 제대로 알아야 행동할 수 있다. 대중과 정책입안자들은 새로운 위험을 인식하기 전까지는 어떤 행동도 취할 수가 없기 때문이다.

담배 관련 소송으로 받은 돈을 흡연의 유해성에 관한 대중 교육에 사용했던 것처럼, 합의 소송으로 받은 돈은 가장 잘 사용하는 방법은 잔류성 기름의 해로운 영향에 관해 대중 교육을 실시하는 것이다. 주정부와 연방정부 — 또는 법원에서 지명한 비정부조직 — 는 그 돈을 미국 공립학교를 대상으로 한 '기름이 야생생물과 인간에게 미치는 영향에 관한 교육' 자료를 개발하는 이른바 'EVOS 교훈에 관한 교육 기금' 설립에 사용할 수 있을 것이다.

2001년 6월 코도바의 어부이자 교육자인 릭 스타이너가 이러한 아이디어를 처음 제안했다. 그러나 1991년 민사 합의의 당사자이자 소송 재개의 책임이 있는 당사자들 — 미 법무부, 알래스카 주, 엑손 사 — 중 그 누구도 이 제안을 지지하지 않았고 실제로 합의 소송 재개에도 열의를 보이지 않았다. 문제는 정치이다. 알래스카 주 총수입의 85퍼센트가 노스슬로프 석유 사업에서 들어온다. 이러한 정치적 역학관계라면 비정부조직에서 EVOS

교육기금을 만드는 것이 더 낫다.

그런데 정부가 합의 소송 재개에 늑장을 부리면 이런 작업을 진행하기가 어렵다. 정부가 특정 회사의 통제를 받는다면 대중이 변화를 일으켜야 한다. 정치인은 대중의 압력에 민감하기 때문에 대중이 특정 입장에 절대적 지지를 표명하면 정치로 둘러싸인 산도 움직일 수 있다. 기금의 운명은 러셀 홀랜드 판사가 관련 제안을 공정하게 평가해서 결정하겠지만, 무엇보다도 1991년 합의 소송의 당사자들 중 적어도 하나가 장기적인 피해와 기금 사용을 해결하기 위해서 화해 소송이 재개되어야 한다고 주장해야 한다.

보통 사람 — 바로 당신! — 이 1991년 민사 합의 소송은 재개되어야 하고 소송으로 받은 돈은 EVOS 교육기금을 설립할 비정부조직에 맡겨야 한다는 편지를 대통령, 지역구 의원, EVOS 자금관리위원회, 홀랜드 연방 판사에게 보낸다면 진행 과정에 영향을 줄 수 있다(연락처는 부록 B 참조).

권고안 5: 과학의 사회적 기여를 위해 과학과 정치(기업)를 분리시켜야 한다.

1997년 미국과학진흥협회 정기회의에서 의장인 제인 루브첸코는 과학이 급변하는 사회의 요구에 부응해야 한다고 역설했다. 그녀는 "현재의 환경 정책과 여기저기 떠도는 환경 지식이 1990년대의 과학이 아닌 1950년대·1960년대·1970년대의 과학에 기반을 두고 있다"(Lubchenco, 1998: 495)고 경고했다.

나는 환경학(사회과학도 마찬가지이다[Zarembo, 1998: 495])의 많은 연구가 석유산업, 석유화학산업, 자동차산업, 그리고 공공의 재산 — 누구나 자유롭게 공유하는 공기·물·흙 — 을 오염시켜 부자가 된 기업들이 갖고 있는 탐욕스러운 이해관계에 볼모로 잡혀 있다고 생각한다. 그들은 사업 부작용으로 발생한 실제 위험 — 지구상의 생명을 위협하는 것 — 을 과학적으로 사회에 설명해주는 것에는 전혀 관심이 없다. 그들은 과학자와 대학교수 등을 매수해서 이야기를 날조하고 대중을 혼란에 빠뜨리고 원치 않는 정책을 변화시킨다. 홍보 전문가인 존 스캔런은 그가 고객을 위해 일하는지 아니면 진리를 위해 일하는지를 묻는 한 리포터에게 "지금 누구의 진실을 이야기하는가? 당신의 진실 아니면 나의 진실"(Rampton and Stauber, 2001: 57)라는 말로 응수했다. 홍보과학이라는 아킬레스건을 처리하지 않으면 과학은 생명 보호라는 사회적 요구를 충족시킬 수 없고, 우리는 계속해서 흙, 공기, 물, 우리 자신, 그리고 지구상의 다른 생명을 오염시킬 것이다. 나그네 쥐처럼 우리는 벼랑을 향해 전력질주하고 있다.

엑손 밸디즈 호의 경험에 근거한 기업의 과학 남용을 막을 수 있는 네 가지 방법을 제시하겠다. 첫째, 제인 루브첸코가 지적한 대로 "이미 알고 있는 과학적 정보가 좀 더 잘 소통될 수 있도록 많은 노력을 기울여야 한다"(Lubchenco, 1998: 495). 이러한 노력은 소수의 정책입안자에게 국한되지 않고 각자의 행동이 모이면 수천만 배가 되어 세상을 바꿀 수 있는 보통 사람 ― 노동자, 소비자, 학생― 을 대상으로 해야 한다. 또한 기초적인 과학과 통계학적 지식도 없이 단순하게 모든 과학을 똑같은 것으로 취급하고 동기(이해충돌)는 거의 조사하지 않고 실제로 생명을 위협하는 당면 과제보다 피상적인 논쟁에 초점을 맞추는 미디어를 대상으로 전개해야 한다(Sauber and Rampton, 1995). 대중에게는 신뢰할 만한 과학자 집단이 직접 알려준 과학이 절실히 필요하다. 국립과학아카데미 같은 그룹이 공적 자금으로 수행되는 연구의 필수요소로서 대중 교육용 가이드라인 발행에 관심을 많이 기울이는 것처럼 이런 노력은 중요하다.

둘째, 과학적 논쟁이 미디어로 확산(기업과 홍보과학이 대중을 혼란에 빠뜨리기 위해 흔히 사용하는 방법)될 때마다 중립적인 단체는 과학적 내용을 심사하고 진실이 홍보의 대상이 되지 않도록 즉각적으로 조치를 취해야 한다. 만약 즉각적으로 대응하지 않으면 언론과 대중은 쉽게 이해되고 거의 변화하지 않은 정보에 근거해서 자기 식대로 이해 — 루브첸코가 언급한 '여기저기 떠도는 지식' — 할 것이다. 이때 엑손 밸디즈 호 논쟁에서 증명됐듯이, 기업은 자사의 홍보 전문가를 투입해 실제 사실이 아닌 일들을 믿어달라고 호소한다.

거짓 논쟁은 중요한 환경 정책의 변화를 교묘히 가로막고 근시안적인 경제적 이익을 지탱시켜주는 지속적인 환경 훼손을 유지시킨다. 나그네쥐가 벼랑 끝까지 내달리는 꼴이다. 다시 한 번 강조하지만, 과학적 판단은 매우 중요하므로 국립과학아카데미는 사회적 이익을 위해 지구온난화, 오존층 파괴, 엑손 밸디즈 호 기름 유출의 영향(잔류성 기름의 영향) 같은 전 지구적 환경 논쟁을 검증할 전문가 그룹을 기획해야 한다.

셋째, 과학자는 대중에게 책임을 져야만 한다. 과학적 실수와 편견으로부터 대중을 보호하는 데 기여할 수 없는 지금과 같은 '동료심사' 제도는 폐기되어야 한다. 1997년 한 연구자는 ≪영국 의학 잡지≫에 동료심사가 "고비용에, 느리고, 편견에 빠지기 쉽고, 남용 가능성이 있고, 반혁신적일 수 있으며, 엉터리를 찾아내지 못한다"(Smith, 1997: 759-760)고 한탄했다. 많은 과학 잡지에서 공개의 공식적인 요건이 지켜지지 않고 있다. 210개 저널에 게재된 6만 2,000개의 논문을 조사한 한 연구에 따르면, 단지 0.5퍼센트의 논문에만 재정 관련 정보가 들어 있었다(Krimsky, 1999). 저널은 자체적으로 기준을 강화해야 하고, 미디어는 '전문가'를 인용할 때 관련 정보를 대중에게 제시할 책임이 있다.

1999년 백악관의 과학과기술정책국에서 연방정부 연구자들에게 매우 엄격한 과학 부정행위에 관한 정의를 적용했다. 그러나 민간 연구에는 비슷한 기준이 적용되지 않는다(Hileman, 1999). 임의적인 동료심사 제도가 효과적이지 않기 때문에 이제는 국립과학재단이 민간 연구에도 비슷한 기준을 적용할 시기이다. 『통계학으로 사기 치기』에서 예시되었고 엑손 사의 기름 유출 연구에서 드러났던 '일반적인 속임수'로 고의적으로 대중을 기만하는 행위가 사라질 수 있도록 관련 기준을 연구 설계의 한 부분에 포함시켜야 한다. 동료심사가 이뤄지는 저널은 이 기준을 충족시킨 연구 저자의 논문만 받아야 한다.

민간 연구에 기준을 적용할 때에도 다우버트 사건과 같은 일이 벌어져서는 안 된다. 즉, 더 이상 판사가 과학적 타당성을 판단해서는 안 된다. 과학자들 스스로 주의해야 한다. 예를 들어, 엄격한 과학적 기준을 견지한 연구라면 해당 논문(전통 혹은 대체의학)을 학술 잡지에 게재해도 무방하다.

마지막으로 넷째, 「정보자유법」은 더 이상 공공의 이익을 보호하지 못한다. 이 법은 원래 대중이 공적 자금으로 진행된 연구에 접근할 수 있도록 기획됐지만, 기업이 자사의 홍보과학을 강화하기 위해 이 법을 이용해 정부로부터 정보를 얻어내는 일이 증가하고 있다. 개정된 법에 따르면 원 연구자가 연구를 완수하기 전이라도 '대중'은 정부의 정보를 얻을 수 있다. 이런 방법으로 원 저자가 연구의 질을 확신하고 자료를 해석할 시간도 갖기 전에 기업(대중)이 원 저작을 자의적으로 해석해서 신뢰를 떨어뜨릴 수 있는 홍보과학 논문을 출간할 수가 있다! 엑손 사는 특히 잔류성 기름의 피해에 관한 연구를 훼손시키기 위해서 NOAA의 오크베이 실험실에서 아직 진행 중인 연구의 자료를 계속해서 요구했다. 이런 방식으로 연방 법률을 남용하는 것은 공공의 이익에서 보면 비극이고 기업에게는 승리이다.

새로운 홍보과학 시대에 「정보자유법」은 쌍무적인 관계로 나아가야 한다. 만약 기업이 정부의 연구 자료를 요청할 경우 공공 부문(정부를 포함)도 이 법에 의해 자료를 요청한 기업의 연구 자료를 요구할 수 있어야 한다. 이렇게 되면 소송을 제기하지 않고도 기업의 과학적 연구를 공적으로 조사를 할 수 있는 기회를 얻게 되기 때문에 과학을 위한 공평한 경쟁의 장이 제공될 뿐만 아니라 공공의 이익도 보호될 수 있다.

권고안 6: 작업자와 공공의 건강을 지키기 위한 법적·의학적 제도는 위험
평가의 관점에서 방지 및 사전예방의 관점으로 바뀌어야 한다.

위험 평가

우리에게는 공공의 건강을 지켜줄 보다 나은 제도가 필요하다. 위험 평
가의 토대가 되는 기초조사, 모델, 방식 등은 오래됐을 뿐만 아니라 치명적
인 오류가 있어서 화학적 눈보라가 몰아치는 환경에서 어느 한 가지 화학
물질에 대해서도 노출 '안전' 수위를 예측할 수 없다. 위험 평가에 이용되
는 70킬로그램의 표준인간은 잊어야 한다. 우리에게는 가장 피해입기 쉬
운 사람을 보호하는 제도가 필요하다. 우리에게는 복잡한 면역체계 기능
이나 배아의 피해 등을 평가할 수 있는 보다 통합적인 실험이 필요하다. 특
정한 방해 화학물질이 있다면 바로 그 방해 경로에 맞는 실험이 필요하다.
예를 들어, PAHs 같은 내분비 방해요인에 적합한 기본적인 실험 프로토콜
이 없다면, 공중환경보건을 보호할 책임이 있는 기관에서 관련 실험을 설
계하고 수행해서 그 화학물질이 인간을 비롯한 목표 대상이 아닌 종들까
지 안전한 것인지 입증되기 전까지 시장 진출을 허용해서는 안 된다.

또한 현실적인 노출한계치가 정해져야 한다. '정규모집단(正規模集團)'과
환경에 가장 흔한 화학물질이 무엇인지를 확인하고, 새로운 화학물질은
진공상태가 아니라 인체와 환경 속에 있는 일반적인 화학물질과 혼합해서
노출 실험을 해야 한다. 이런 문제의식 속에서 미국 보건사회복지국 산하
국립질병통제예방센터(CDC)는 인체에 잔류하는 화학물질의 기저치를 정
했다(NIOSH, 2003). CDC는 2년마다 관련 정보를 업데이트할 계획이다. 급
성 노출뿐만 아니라 낮은 수위의 만성 노출로 입는 피해를 정확히 예측해
줄 실험도 필요하다.

앞에서도 설명했듯이, 모든 새로운 화학물질은 시판 전에 공중보건을
보호할 책임이 있는 기관의 철저한 실험을 거쳐야 한다. 공중보건기관이

이런 임무를 수행할 수 있을 만큼 충분하게 재원을 마련하기 전까지는 인체에 얼마나 위험한지 아직 알려지지 않은 새로운 화학물질의 시판을 금지하고 작업자를 이 화학물질로부터 안전하게 보호해야 한다. 위험 평가 과정에 불확실성이 존재한다면, OSHA는 우리의 환경으로 새로운 화학물질이 유입된다는 것을 전제로 사전예방(유비무환) 원칙을 적용해야 한다.

이것은 삶을 위협하는 엄청난 문제로 미국 국립과학아카데미가 석유회사와 관계가 없는 과학자와 시민대표로 구성된 학제 간 위원회를 소집해야 한다. 이 위원회는 PAHs를 비롯한 화학 독극물에 대한 만성 노출에서 공중보건을 지킬 방안을 담은 의회 권고안을 만들어야 한다.

이와 마찬가지로 작업자를 위해서 동시다발적으로 다양한 화학물질에 노출되는 상황과 내분비 방해 또는 면역기능 억제 같은 보다 실질적인 피해 상황을 측정해서 이를 토대로 OSHA에서 주요 화합물질 — 대용물이 아니라— 의 실질적인 개인 노출한계치(PELs)를 설정할 수 있도록 위험 평가가 개정되어야 한다. OSHA는 특히 재해 대응 기간에는 실제 노동시간에 맞춰서 PELs 수준의 조정을 요구해야 하고, 작업자들이 위해물질에 노출될 경우 장기간 작업에 대한 건강 조사를 요청해야 한다.

유해 폐기물의 청소

현재 우리는 유해 폐기물 청소작업이 진행되는 기간뿐만 아니라 그 전후로 작업자의 건강을 충분히 보호하지 못하고 있기 때문에 연방정부의 감시 명령이 있어야 한다. 기록 면제 질환인 감기와 인플루엔자도 유해 폐기물 청소 기간 동안에는 직업과 관련된 질병으로 의무적으로 병력을 기록해야 한다. 이런 기록 면제 질환이 엑손 밸디즈 호의 청소작업 기간에 흔히 발생했지만 인식도 보고도 안 되는 사이에 작업자들에게서 화학물질 노출 증상이 발생했기 때문이다. 유해 폐기물의 청소 기간에 감기와 인플루엔자를 포함한 어떤 질환이 발생하더라도 급성 노출의 만성적 영향을 좀 더 잘 이해할 수 있을 때까지 장기간 조사할 것을 요구해야 한다.

기름 유출이 작업자의 건강과 안정에 대한 일차적인 책임 요인이 되어서는 안 되며(Tip 18 참조), 유해 폐기물 청소 기간 동안에 연방정부는 작업자 안전 프로그램을 책임질 전문의를 외부에서 고용해야 한다. OSHA와 기름 유출자는 작업자 안전 프로그램을 책임지는 사람들에게 모든 노출 평가 자료와 의료 기록에 관한 복사본을 제공해야 한다.

OSHA는 유해 폐기물 청소작업에 관한 기록을 보관할 중앙보관소를 세워야 한다. 이와 관련해서 현재 요구되는 사안은, 기록은 30년간 보관되고 자료는 시간별로 노출과 질병 진행 과정을 추적하려는 연구자와 같은 대중이 이용할 수 있도록 해야 한다는 것이다. 이런 과정을 통해 우리는 잘못 방출된 독극물과 관련된 내용을 학습해야 한다.

작업자 보상법

현재 미국의 작업자 보상제도로는 화학적 질병을 인정·치료하거나 화학적 상해 노동자에게 충분한 보상을 해주기 어렵다. 일부 증상은 몇 년 혹은 몇 세대가 지나야 밝혀지기 때문이다. 화학적 질병을 보다 심층적으로 이해하려면 유해 폐기물 청소작업자에 대한 배상 청구 절차가 다른 일반 작업자와 달라야 한다. 즉, 유해 폐기물 청소작업에 관한 배상만 다루는 법률을 신설해야 한다.

이때 환경의학 전문가나 일반의사가 관련 배상 청구를 조사·분석해서 법률화할 수 있어야 하고, 적용 범위를 넓혀서 화학적 손상 증상까지 법률에 포함시켜야 한다. 예를 들어, 두통과 현기증은 단순히 '기타' 혹은 '불분명한' 증상이 아니라 중추신경계 증상으로 규정해야 한다(단, 작업자가 이런 피해를 유발시키는 화학물질에 노출된 경우). 작업자배상위원회에서 법적으로 화학적 질병을 인정하도록 만든다면 더 이상 법적 제도가 기업 오염자의 피난처가 될 수 없을 것이다.

실패한 작업자 안전 프로그램의 수습

국가비상계획(National Contingency Plan)에 작업자 복지 규정이 포함되어 있다(연방정부와 주정부의 직업 안전 및 건강에 관한 법률 포함). 국가비상계획에 따르면 유출자가 작업자의 안전을 책임지고, 연방정부의 현장조정자가 문제에 대한 '경계경보' 발령을 요청해야 한다(U.S Coast Guard, 1993: 397).

엑손 밸디즈 호 청소작업 기간 동안 미국 해양수비대가 질병보다는 신체적 상해에 초점을 맞췄던 것으로 밝혀졌는데 "기름 유출 이후 독극물 수준이⋯⋯눈에 띄게 감소했다. 따라서 잔류 기름과 접촉했을 때 발생할 수 있는 가장 큰 위험이 피부 자극"(U.S Coast Guard, 1993: 400)이라고 믿었기 때문이다. 해양수비대는 "대책 기간 동안 노출 실험(납, 유해 화합물질 등)과 선별 실험(조직 손상과 관련된 생화학적 변화 검사를 위해)뿐만 아니라 여러 분석방법을 사용한 조사 프로그램을 계속 진행"(U.S Coast Guard, 1993: 402)했지만, NIOSH 연구자들의 원래 계획대로 공중보건 담당자들이 의료 기록을 결코 보거나 손에 넣지 않았다고는 말하지 않았다(NIOSH, 1991).

해양수비대는 OSHA 당국이 1990년까지 이니폴 EAP22와 코렉시트 9580을 '적절히 조사하고 측정하지 않으면 사망이나 심각한 피해를 일으키기 쉬운' 물질로 인식하지 못했다고 기록했다(U.S Coast Guard, 1993: 403). 1992년 해양수비대는 '과거 청소작업에 참여했던 작업자 중 다수가 (법적)중증 질환'을 보였다고 보고했다. 또한 수비대는 작업자의 건강과 관련해서 작업자에게서 청소작업으로 장기성 혹은 지연성 질환이 발생했는지는 "한동안 알 수 없을 가능성이 크며, 건강에 문제 있는 작업자 수가 많을 경우 이 문제가 소송으로 이어질 수 있다"고 결론 내렸다(U.S Coast Guard, 1993: 404).

이처럼 사후의 사실 보고에서 작업자의 안녕이 최대 관심사는 아닌 것 같다. 작업자가 개별적으로 소송을 제기할 때까지 문제를 방치하지 않고, 1989년의 청소작업 기간에 공중보건 담당자(OSHA)가 작업자의 건강 보호라는 공을 수로에 빠뜨리도록 두지 않고, 의회가 엑손 사에게 청소작업과 관련된 모든 의료기록을 제출하도록 명령하고, 장기적인 건강 프로그램을 수행할 수 있는 권한도 부여해야 한다(권고안 6 참조).

엑손 밸디즈 호의 청소작업자들이 다른 주정부와 연방기관을 통해서 손상과 질병에 관해 배상 청구를 제기했다. 그런데 공중보건기관과 연구자가 유해 폐기물 청소작업이 장기적으로 어떤 영향을 주는지 판단하는 데 중요한 자료를 모은다는 게 사실상 어렵다. 그러므로 공중보건기관과 연구자에게 유용한 유해 폐기물 청소작업자의 배상 청구와 관련된 기록 모두를 앞에서 권고했던 OSHA의 중앙보관소로 보내야 한다.

특히 알래스카 공익연구그룹(AkPIRG)과 알래스카 상해노동자동맹(AIWA)은 알래스카 노동자배상 프로그램이 작업자들에게 불리하다 ─ 이 프로그램이 보험 회사와 기업 편에 서서 고액의 배상 청구는 기각한다 ─ 고 강하게 반발한다. 프로그램 개정에 관한 세부 권고안과 관련된 부분은 이 책의 범위를 벗어난다. 그러나 적어도 알래스카 노동자배상위원회는 위원회 구성원 중 절반 이상을 전문의나 산업 위생학자로 교체해야 하며, 상해 노동자가 위원회의 대표가 되어야 한다. 지금과 같은 보험회사와 산업체 대표들로만 구성된 위원회는 상해 노동자에게는 전적으로 불리하다. 새로 위원이 교체된 위원회를 통해 배상을 평가할 때 비로소 얼마나 수많은 질병들이 배상받아야 할 정도로 작업자의 생명을 망가뜨리고 건강한 작업장 환경을 빼앗는지 이야기할 수 있다(부록 C 참조).

엑손 밸디즈 호 기름 유출 청소작업자 구제 방안

9·11 청소작업 때처럼 의회는 OSHA가 EVOS 청소작업을 비롯한 큰 재앙에 어떻게 대응했는지를 평가하는 감시청문회를 개최해서 기관 감시와 작업자 보호를 증진할 수 있는 방안을 모색해야 한다. 여러분은 노동 및 공중보건을 감독하는 위원회의 핵심 구성원을 비롯한 지역구 의원에게 연락해서 이런 청문회를 개최할 수 있다(부록 B 참조).

그리고 관련 조사의 일환으로 의회는 엑손 사와 주계약자의 급료 지불 명부, 모든 임상·의료 기록, 엑손의 공기 질 조사 자료 등에 대해 제출을 명령해야 한다. 긴급하게 다루어야 할 공익 관련 문제로서 의회는 3심 판결 지역으로 알래스카 주 대법원에 상소된 스터블필드 대 엑손 사 간 개인 상해소송 분쟁에 대한 기밀유지 명령을 해제해야 한다.

만약 조사에서 EVOS 청소작업자의 건강을 장기간 조사하는 프로그램이 정당하다는 사실이 밝혀진다면, 의회는 엑손 사에게 이 같은 연구에 기금을 내도록 요구해야 한다(1989년에도 회사는 같은 요구를 받았을 것이다). 그러나 의회는 OSHA에게 장기적인 조사 프로그램을 수행할 독립된 외부 역학자 팀과 계약하고 엑손 사가 특히 연구 범위와 기획을 비롯한 전체 연구에 참여하지 못하게 해야 한다.

공급(소비자) 중심 경제학

이 책이 모든 사람에게 공급 중심의 경제학에 문제가 있다는 사실을 납득시킬 수 있으리라고 생각하지 않는다. 그러나 모든 생물에게 지속적으로 해로운 영향을 미치는 기름의 놀라운 진실에 주목하게 되는 현 시점에서 한 사람의 개인으로서 할 수 있는 일로도 변화를 불러올 수 있다는 사실에 놀라게 된다. 이 책에서 밝힌 진실은 우리 사회가 근본적으로 대대적인 변화를 꾀해야 한다는 사실이다. 엄청난 아이러니는 한 사람 한 사람의 개인이 변화하려 노력할 때 사회적 수준의 변화도 시작된다는 점이다. 일단 개인적으로 맡은 역할을 다하는 수백 수천 수백만의 사람을 통해 변화의 모멘텀을 획득해서, 최종적으로 많은 사람들이 기존의 낡은 삶의 방식을 버리고 새롭게 변화된 삶을 살아가는 순간에 변화가 발생한다.

과학자들의 동의를 기다려서는 안 된다. 의회가 중요 법률을 통과시키길 기다려서는 안 된다. 국가가 위험한 화학물질을 감축하고 금지하는 전 지구적 조약에 서명해주길 기다려서는 안 된다. 비정부조직이 힘든 사회

변화의 작업을 수행해주길 기다려서는 안 된다. 이런 생각을 가슴속 깊이 새긴다면 변화는 오늘 시작된다!

권고안 7: 사회적 책임 지기 ― 견문 넓히고 참여하기

헬렌 켈러는 "지금은 큰 목소리, 솔직한 이야기, 과감한 사고를 지향하는 시대이다. 나는 이렇게 엄청나게 변화무쌍한 시대에 산다는 게 기쁘다"고 말했다. 우리도 민주주의 권리를 행사할 수 있고 변화를 만들 수 있는 그런 시대에 살고 있다는 사실에 헬렌 켈러와 함께 기뻐하자.

투표하기.

알아보기. 자기가 사는 지역에 어떤 공익집단이 있는지를 찾아서 그 단체가 자신의 선호나 능력과 맞는지 확인하자.

지원하기. 학생들의 멘토가 되든 공익집단과 함께 일하든 자신의 시간과 능력을 다른 사람과 공유하자. 그게 바로 내가 처음 시작했던 방법이다!

읽기. 시간을 내서 지역 도서관이나 인터넷에서 자신과 관련된 주제를 찾아라. 그리고 그 일을 하는 사람을 찾아라. 해당 주제에 관련된 뉴스를 부지런히 찾아 읽고, 자신의 지역 주 지도자나 하원 의원들에게 전화나 편지를 보내서 앞서 논의했던 일부 법률 개정을 요청할 수 있는지를 확인하라(부록 C). 편지를 보낸 인물이 법률을 개정할 수 있게 만들어라. 편지의는 특히 개별적으로 보낼 때 영향력이 크다.

권위에 문제제기하기. 『우리를 믿어라, 우리가 전문가다』의 저자인 램프튼과 스타우버는 "설명하기 매우 복잡한 문제라면 안전해지는 과정도 매우 복잡할 것이다"(Rampton and Stauber, 2001: 300)라고 경고했다. 신문이나 텔레비전의 뉴스에 의존하지 마라! "뉴스라는 게 사실은 홍보회사에서 미리 짜놓은 이야기"(Rampton and Stauber, 2001: 308)인 경우가 많다. 더욱이 미디어 합병으로 경쟁에서 탈락하게 되면 중요한 많은 정보가 '뉴스'로 보도되지

않는다.

자신의 선택권 활용하기. 중요한 일에 관심을 집중하는 데에는 특정 주제에 초점을 맞춘 잡지나 공익집단의 커뮤니케이션을 이용하는 것이 좋다. 예를 들어, 걱정하는 과학자연합(www.ucs.org)에서는 대체 에너지를 이용한 자동차 개발에 관한 최신 이야기를 들을 수 있다. 램프튼과 스타우버는 "해당 주제에 대해 많이 공부하지 않아서 그럴 듯한 주장을 의심 없이 쉽게 받아들이는 사람이 가장 속이기 쉽다"(Rampton and Stauber, 2001: 311)고 지적했다.

또한 램프튼과 스타우버는 "스스로 행동하라"라고 외친다. "행동주의는 단순한 시민의 의무가 아니다. 그것은 계몽으로 가는 길이다"(Rampton and Stauber, 2001: 311). 이와 비슷한 사례도 있다. 나는 17년 전 코도바지역어부연합 위원회에서 자원봉사를 하면서 프린스윌리엄사운드의 어부들과 관련된 기름 문제에 대해서 알게 됐다.

권고안 8: 맡은 바 책임을 다하기 — 기름 오염을 줄일 수 있는 실천

걷기. 자전거 타기. 대중교통 이용하기. 카풀 또는 카셰어. 처음에는 불편하게 느껴질 수 있지만 일단 새로운 방법에 익숙해지면 막상 그렇게 못하게 되는 날에는 직장까지 간절히 걸어가고 싶어 하는 자신을 발견하게 될 것이다.

각자 낭비한 기름으로 무엇을 할 수 있는가에 관심을 가져라. 자기 차의 기름이 새거나 기름이 탄다면, 차를 고쳐라. 폐유는 하수구가 아닌 폐유 통에 버려라. 이런 방법이 변화를 가져올 수 있을까? 틀림없다. 올림픽 경기 규격의 수영장만 한 연못에 1/100 티스푼보다 적은 양의 기름만 넣어도 PAHs 수준은 수중생물을 죽일 정도로 높아진다는 사실을 명심해라.

다른 걸 할 여유가 있다면, 또 다른 방법도 있다. 예전에 이 책을 위해 진행했던 사전연구의 결과를 이야기하자 개인 자격으로 도울 방법이 있는지 묻는 질문이 들어왔다. 그래서 "대체 에너지 자동차를 구입하세요"라고 답하자 청중은 놀라서 할 말을 잃은 채 앉아 있었다. 마침내 어떤 한 사람이 "이행 책임을 저희에게 전가하는 건가요! 이런 진부한 교훈은 다시 듣고 싶지 않네요!" 슬픈 진실은 만약 우리가 10년 전에 이런 일들을 했었더라면 석유화학 문제가 지금과는 전혀 달랐을 것이라는 점이다. 나는 2005년 말까지 대체 에너지나 하이브리드 SUV를 사겠다고 결심했다.

공익집단이 즐겨하는 말처럼 기름 오염 줄이기 위해서 '자신의 능력에 맞춰서' 실천방안을 제안 할 수 있다. 자동차 이외에도 재래식 2스트로크 엔진(1998년 이전까지 이용하던 방식)으로 작동하는 (제트스키, 인공 강설기, 선외기와 같은) 구식 장비를 직접 분사 방식의 새로운 2스트로크 엔진으로 교체할 수 있다. 이 엔진은 이전 방식보다 그리고 심지어는 보다 효율적이라고 하는 4스트로크 엔진보다 탄화수소 가스를 80퍼센트 적게 배출한다. 현재 가스를 구매하는 이유가 자동차 때문인지 아니면 회사 주식 때문인지에 따라서 적합한 회사에 자기 능력껏 후원할 수도 있다.

연방정부는 오염 방출이 적은 제품에는 보조금을 제공하고 오염 방출이 많은 제품에는 세금을 더 부과해서 이런 실천 활동에 도움을 줄 수 있다. 예를 들어, 화석연료를 사용하는 자동차는 기대수명, 차종, 연료 효율성에 따라서 탄소세를 부가할 수 있다. 그런데 현재 미국 정부는 특정 이해관계, 고율과세정책, 선거 캠페인 등이 긴밀하게 얽혀 있는 내기에서 잘못된 말 ─ 화석연료를 태우는 자동차에 많은 보조금 제공 ─ 에 판돈을 걸고 있다. 우리는 우리의 판돈을 마음대로 걸 자유가 있다.

권고안 9: 능력을 키워라 ─ 긍정적으로 생각하라.

현재 직면하고 있는 가장 큰 문제는 무의미함이라는 감정을 극복하지 못한다는 점인 것 같다. 많은 사람이 압도적으로 많은 수의 생명을 위협하는 이슈에 실망하고 앞으로도 달라질 게 없다고 생각하는 것 같다. 우리는 두려움과 고통의 감정을 마비시키는 뉴스를 제공받고 있다. 벌써 50년 전에 이미 외할머니께서는 뉴스를 '매일 슬프게 하는 것'이라고 불렀다.

결정하기에 따라서 긍정적으로 생각할 수 있다. 나는 텔레비전뿐만 아니라 신문 보는 것도 거의 포기했다. 대신, 개인적으로 그리고 집단으로 주변의 문제를 풀어가고 있는 세상 사람들이 하는 일을 살펴본다. 때론 자기 주변 문제에 대한 감정이 이웃을 넘어 지역과 국경 넘어서까지 확산된다. 그럴수록 더욱 좋다. 이 방법으로 나는 무엇이 문제이고 또 사람들이 문제에 어떻게 맞서는지를 배운다. 매일 그리고 어디에 있든지 사람들이 변할 수 있고 변화를 만들어가고 있다는 강한 확신을 가져야 한다. 이런 점에서 내가 좋아하는 긍정적인 마음을 심어주는 잡지 중 하나인 긍정적인 미래 네트워크(www.yesmagazine.org)에서 후원하는 『예스!』를 소개한다.

마지막으로, 이 책을 구입했다면, 이미 긍정적인 일을 하고 있는 것이다. 수익 중 일부가 알래스카 기름 오염 지역 재단을 통해 EVOS 교육기금 설립에 사용되기 때문이다. 기금은 공립학교 학생들에게 기름 독성이 인간과 야생생물에 미치는 영향에 관해 교육할 자료 개발에 이용될 것이다. 기부에 고마움을 전한다. 이런 작은 참여가 모여 다른 세상이 펼쳐지길 우리 모두 바라자.

사운드 해협에 대한 성찰

나는 석유회사의 규모나 부에 적의를 가져본 적도, 그들 기업의 체제에도 반대해본 적이 없다. 다만 정당한 방식을 통해 합병하고 성장해서 거대해질 수 있을 만큼 거대해지고 돈도 많이 벌었으면 했다. 그런데 이들 거대 기업이 공명정대하지 않다 보니 결국 무너지고 말았다._아이다 타벨,『아주 일상적인 일』중에서

거대 석유업체의 정치에 관심을 갖자 아버지가 아이다 미네르바 타벨의 글을 권해주셨다. 국가와 대통령의 마음을 움직여서 1909년 스탠더드 오일까지 분리시킨 이 여성의 업적은 매력적이었다. 석유 역사가 다니엘 예르긴은 타벨이 1904년에 출간한『스탠더드 사의 역사』를 "아마도……미국에서 출간된 비즈니스 서적 중 가장 영향력이 큰 책"(Yergin, 1991: 105)일 것이라고 논평했다.

이제 반트러스트에 관한 그녀의 책이 출간된 지도 100년이 지났다. 그런데 이상하게도 지금 이 대서사 속 인물들이 다시금 재결합한 느낌이다. 1999년에 합병한 엑손-모빌 사는 여러 개로 분리됐던 스탠더드 오일 중 가장 규모가 큰 두 회사 ― 스탠더드 오일 뉴저지(엑손 사)와 스탠더드 오일 뉴욕(모빌 사) ― 이 재결합해서 설립됐기 때문이다. 이에 반해 스탠더드 오일 트러스트를 만든 존 록펠러의 증손자 데이비드 록펠러 2세는 미래 세대에게 넘겨줄 바다를 안전하게 보호하기 위해 자신의 유산을 위기에 처한 바다에 대한 대중의 관심을 불러일으키는 데 사용하고 있다.

그리고 엑손 밸디즈 호의 기름 유출 이후 엑손 사의 경솔한 행동이 빚어
낸 문제를 샅샅이 파헤치는 이 책에서 나는 아이다 타벨이 말한 도덕관념
이 없고 오만한 엑손 사의 행동이 지금도 여전히 계속되고 있다는 사실을
확인했다. 그런데 여기서 내가 할 수 있는 일은 100년 전과 마찬가지로 지
금도 이런 행동은 인정할 수 없다는 대중과 정치인의 판단이 국가 전체의
생각이 될지에 대해서 글을 쓰는 것뿐이다. 이런 행동과 관련해서 우리 시
대의 도덕성을 반성해야 한다. 만약 우리가 아무런 행동도 하지 않는다면,
스탠더드 오일에 대한 아이다 타벨의 예견처럼 될 것이다: "과거 이들이
벌인 엄청난 일은 국가의 도덕적 기준을 약화시켰을 뿐만 아니라 경제를
불건전하게 만드는 데 일조했다고 확신한다"(Tarbell, 1939: 230).

빌 와터슨의 『캘빈과 홉스』라는 만화 속에서 우리가 직면할 문제가 짧
게 정리되어 있다(Bill Watterson, 1922). 빨간색 차를 타고 가는 캘빈과 홉스는
차를 한쪽으로 기울이면서 숲을 헤쳐 나오고 있다. 이때 캘빈은 이렇게 말
했다. "홉스, 모르는 게 약이라는 말이 맞는 것 같아! 일단 뭘 알게 되면 도
처에 깔린 문제가 눈에 보일 거 아니야. 그리고 일단 문제를 알게 되면, 왠
지 그걸 바로잡으려 노력해야만 할 것 느낌이 들겠지. 그런데 문제를 바로
잡으려면 사람이 바뀌어야만 하겠지. 그런데 변화는 재미없는 일을 해야
하는 거잖아! 난 그런 데에는 흥미 없어!"라고 말한다.

그리고 이 둘은 빠른 속도로 내리막길을 달렸다. 홉스를 돌아보며 캘빈
은 "그런데 네가 고집불통 바보면 어떤 게 더 나은지를 몰라서, 넌 네가 좋
아하는 걸 계속 할 수 있을 거야! 이기적으로 잠깐 멍청해지는 게 행복의
비결 아니겠어!"라고 말한다.

이때 유심히 지켜보던 홉스가 손가락을 치켜 올리며 "우리 지금 벼랑으
로 가고 있어"라고 말한다. 이때 캘빈은 손으로 눈을 가리면서 "알고 싶지
않아"라고 말한다. 그리고 결국 이 둘은 와우우우! 하는 소리와 함께 벼랑
으로 떨어지고 만다. 자동차가 추락하고 홉스는 "내가 억세게 운이 좋아서

죽지 않을 수도 있지 않을까”라고 말한다. 이때 캘빈은 “정신 차려! 우린 이 상황을 알고 싶지 않은 거잖아”라고 말한다.

이 만화가 석유 시대의 추락을 말해주는 듯하다. 우리가 비록 학습 지진 아라 할지라도, 다니엘 예르긴이 지적했듯이 점점 더 많은 사람들이 우리가 위험에 처해 있다는 사실을 깨닫고 있다. 우리의 ‘탄화수소 사회’(예르긴의 말)는 석유화학 문제(일상생활에서 발생하는 낮은 수준의 방향족탄화수소)로 화학물질에서 유발된 질병으로 고통 받고 있다. 기업이 추하게 이득을 취하는 동안 예르긴의 ‘탄화수소 남성’과 여성, 아이는 수입 감소, 삶의 질 하락, 수명 단축으로 기름 유출과 파이프라인 폭발에 대한 대가를 치루고 있다. 그런데 우리 체제는 기업 오염자를 정당하게 처벌하지 못하고 있다. 낮은 수준의 오염물질, 특히 해양으로 조금씩 흘러들어오는 기름 때문에 연안 해양생물이 서서히 병들어 죽어가고 있다. 화석연료 사용으로 지구 온난화와 전혀 엉뚱한 곳으로 불어 닥친 강풍, 극지방 만년설 해빙에 의한 바닷물의 담수 증가로 우리 지구는 몸살을 앓고 있다.

억세게 ‘운’이 좋다고 해도 석유 의존과 데이비드 코튼이 말한 ‘자살 경제’를 언제까지 지속할 수 있을까(Korten, 2002).

화력발전이라는 산 밑에서 서서 대체 에너지의 정상을 바라보는 것처럼 에너지 자원의 전환이 그리 어려운 일은 아니다. 어쨌든 우리는 지난 1920년에 에너지 자원을 전환했고, 당시 석유는 석탄 화력으로 막힌 폐와 말똥으로 더럽혀진 거리를 변화시켜줄 ‘청정’ 대체 에너지로 소개됐다. 사람들은 정부와 기업 덕택으로 화석에서 석유로 에너지 자원을 전환했다. 현재 우리는 석유를 대체할 청정에너지가 있다는 사실을 알고 있다. 그런데 과거와 달리 정부와 거대 에너지 사업의 도움 없이 전환을 시작해야 하기 때문에, 지금은 그 산이 약간 다르게 보인다. 그러나 일단 우리가 이런 에너지 전환을 시작하게 되면, 정부와 사업은 여기에 동참하는 것 외에는 다른 도리가 없을 것이다.

산을 오르는 일은 첫 걸음을 내딛는 것에서 시작된다. 나는 여러분이 이미 기업의 탐욕과 두려움이라는 산을 오르고 있는 순례자의 길에 동참했길 바란다. 1단계는 주식뿐만 아니라 엑손모빌 사의 가스를 비롯한 어떤 제품도 사지 않기이다. 그러나 자신의 가치에 걸맞은 선택을 하길 바라는 마음에서 분노와 보복의 앙갚음으로 이런 행동을 하지 않기 바란다. 2단계는 기름의 장기적 영향에 관한 교육 기금 1억 달러 유치를 위해 대통령과 자신이 거주하는 지역구 의원에게 1991년 민사 합의 소송 개시를 지지하는 서한을 보내기이다. 엑손 사의 기름 청소작업에 참여한 작업자들과 관련해서 기름이 인간 건강에 미치는 영향에 대한 의회 조사를 지지하는 서한도 작성하기(부록 B에 있는 연락처 참조). 당신의 편지 한 장이 변화를 불러올 것이다. 3단계는 도보, 자전거 타기, 카풀 또는 다음 번 자동차는 하이브리드나 화석 연료를 전혀 사용하지 않는 걸로 구매하기로 맹세하고 기꺼이 그런 자동차 사기!

만약 공공의 집단의지로 이런 의식적인 행동을 한 것이라면 모두 — 대중, 국가, 기업의 사업—가 우리 눈앞에 있는 산을 오를 수 있으리라 확신한다. 지금이 바로 엑손 밸디즈 호의 기름 유출이 빚은 비극을 역랑 갖춘 민주주의의 새로운 출발점으로 삼을 때이다.

청소작업자의 노출과 질병 자료

<표 A-1> 1989년의 EVOS 청소작업 기간에 나타난 일부 위해 물질의 노출 수준

대기 중 화학물질	원유			그 외 물질		
	벤젠	기름 안개[d]	PAHs 에어로졸[e,f]	2-부톡시 에탄올	일산화탄소	황화수소
기하평균 $(x)\pm95\%$ CI	0.069± 0.596ppm	0.615± 4.0mg/m^3	2.297± 1.15mg/m^3	1.66± 19.2ppm	1.19± 16.6ppm	2.11± 30.6 ppm
범위 (최대 노출)	0~__7.8__ppm	0~__20__mg/m^3	0~__8.6__mg/m^3	0~__99__ppm	0~__100__ppm	0~__199__ppm
표본크기	1.611	114	29	112	711	471
OSHA PEL[a]	1ppm	5mg/m^3	5mg/m^3	50ppm	50ppm	20ppm
NIOSH REL[b]	0.1ppm	5mg/m^3	-	5ppm	35ppm	10ppm
과다노출[c] 최대/OSHA 최대/NIOSH	8 78	4 4	2 -	2 20	2 3	10 20

* OSHA PEL(Permissible Exposure Limits, 허용노출한계치), NIOSH REL(Recommended Exposure Limit, 권장노출한계치).

** 밑줄 친 수치는 OSHA PEL의 위반을 의미.

a _2-부톡시에탄올, 일산화탄소, 기름 안개(광물), PAHs 에어로졸(불쾌감을 일으키는 미세입자)에 관한 내용은 OSHA, 2004b에서 발췌(www.osha.gov/pls/oshaweb/owadisp.show_documnet?p_table= STANDARDS&p_id=9992).
_벤젠과 황화수소에 관한 내용은 OSHA, 2004c에서 발췌(www.osha.gov/pls/oshaweb/owadisp.show_dociment?p_table=STANDARDS&p_id=9993).
_황화수소를 제외하고 평균 8시간 작업 TWA(time-weighted average, 시간가중평균노출시간) 기준. 집중노동 시간은 주 40시간 중 8시간을 초과할 수 없음. TWA에 토대한 황화수소에 관한 PEL 기준치는 없음. 대신, PEL은 10분 노출이 최고허용농도 한계치임.
b NIOSH, 2004에서 발췌(www.cdc.gov/niosh/npg/nengapdx.html#d).
c 과다노출률은 OSHA PEL이나 NIOSH PEL의 지시대로, 최대노출범주를 나누어 계산.
d 엑손 사는 원유의 대체물로 광유를 사용(OSHA는 원유에 대한 PELs가 수립하지 않음)
e 엑손 사는 PAHs 에어로졸 대신 불쾌감을 일으키는 미세입자를 사용함(OSHA는 PAHs 에어로졸에 관한 PELs를 수립하지 않음).
f 다방향족탄화수소(PAHs)에 대한 Med-Tox 공기 샘플은 17가지 특별 관리 오염물을 측정하는 EPA 방법 5515로 분석. 이 방법으로는 알킬레이트 PAHs는 측정하지 않음. 즉, 이 방법에는 작업자들의 실제 PAHs 노출을 크게 과소대표하는 치명적인 문제점이 내재.
출처: Med-Tox 1989b, 1989c; NIOSH 1991, table 3.

<표 A-2> 엑손 사의 임상 자료: 작업자 유형별[a] 상기도 감염(URIs)

주	URIs 발생			작업자 수			
	연해	근해	계	프린스윌리 엄사운드	근해	기타[b]	계
5/7	5	8	13	430	5,306	180	5,916
5/14	39	16	55	590	5,994	200	6,784
5/21	95	6	101	848	7,162	224	8,234
5/28	54	219	273	939	7,442	280	8,661
6/4	46	205	251	1,064	7,786	371	9,221
6/11	132	279	411	1,144	7,700	467	9,311
6/18	182	315	497	1,467	7,978	541	9,986
6/25	265	283	548	1,636	7,661	661	9,958
7/2	217	231	448	1,724	7,623	765	10,112
7/9	233	206	439	1,923	7,541	809	10,273
7/16	243	181	424	2,112	7,743	727	10,582
7/23	219	193	412	2,205	7,792	855	10,852
7/30	198	165	363	2,441	7,599	886	10,926
8/6	205	173	378	2,177	7,568	884	10,629
8/13	214	167	381	2,213	7,476	863	10,552
8/20	256	111	367	2,152	7,037	749	9,938
8/27	209	139	348	1,868	7,417	609	9,894
9/3	175	187	362	1,556	7,223	491	9,270
9/10	178	197	375	765	8,090	140	8,995
합계	3,237	3,485	6,722				
평균[c]	182	203	385				

a 작업자 유형은 이용 가능한 엑손 사 기록으로는 정의가 불가능함.
b 기타는 공개된 엑손 사 자료에서 고려하지 않은 작업자들.
c 주별 보고된 평균 URIs은 중요 해변처리 방식으로 가압 세척이 사용된 전체 기간(자료에 따르면, 첫 3주는 예외)의 신뢰구간 385±39, 신뢰도 95%.

출처: Exxon Company USA, 1989b.(1994년 스터블필드 대 엑손 소송의 자료)

<표 A-3> 신체 부위별 상해와 질병 보고
(1989년의 EVOS 청소작업과 1987년의 손실시간 배상청구 사례 비교)

피해 입은 신체 부위	1989년 청소작업 손실시간 청구 사례		1987년 손실시간 청구 사례		비율[a] 1989:1987
	사례 건수	비율	사례 건수	비율	
총합	518	100.0	9,661	100.0	
머리	36	6.9	757	7.8	0.9
목	5	1.0	288	3.0	0.3
상지	62	12.0	2,141	22.2	0.5
몸통	124	23.9	3,637	37.6	0.6
하지	130	25.1	2,041	21.1	1.2
여러 부위	31	6.0	547	5.7	1.1
신체 체계	113	21.8	225	2.3	9.5
신체 체계 이상					
불특정	27	5.2	89	0.9	5.8
소화계	7	1.4	14	0.1	14.0
배설계	7	1.4	0	0	-
근골격계	0	0	1	0.0	-
신경계	4	0.8	35	0.4	2.0
호흡계	65	12.5	55	0.6	20.8
순환계	1	0.2	28	0.3	0.7
그 외 신체 체계	2	0.4	3	0.0	-
비분류	6	1.2	25	0.3	11.0[b]
미표기	11	2.1	0	0	-

a 피해 입은 신체 부위별 사례 비율을 비교. 예를 들어, 1989년의 머리손상 6.9퍼센트를 1987년의 7.8퍼센트로 나누면 거의 1에 가까운 0.9의 비율이 나오는데, 이것은 기록상으로 2년 동안 이 신체에 대한 손실시간 배상청구 사례에는 별다른 차이가 없다는 것을 의미.
b '비분류'와 '미표기'를 합한 것임.

출처: ADOL, 1990a.

<표 A-4> 1989년 EVOS 청소작업 기간에 보고된 상해와 질병의 특징
(손실시간 배상청구, 비시간 손실 배상 청구 포함)

질병과 상해의 특징	ADOL 배상청구		
	소계	합계	비율
합계		1,771	
상해[a]		1,024	n/a
질병[a]		747	100%
호흡계 관련 증상		317	42%
호흡기	264		
저온 노출	6		
기생충 감염	46		
진폐증	1		
화학계 관련증상		106	14%
전신 독성	34		
그 외 눈 질병	15		
화학적 화상	13		
피부염	44		
중추신경계 관련 증상		24	3%
신경계	19		
뇌혈관계	5		
명확한 다른 질병		37	5%
관절염	35		
정신장애	2		
불명확한 다른 질병		260	35%
불분명한 증상	129		
NECb 다른 질병	108		
질병 없음	20		
NEC[b] 다른 직업병	3		

a 주관적 증상이 강한 배상청구인 상해(골절, 염좌 등)와 질병(호흡기 증상 등) 자료는 가능한 배제.
b NEC는 '분류가 되지 않는(not elsewhere classified)'의 약자.

출처: ADOL, 1990a.

<표 A-5> 1989년의 EVOS 청소작업 동안 보고된 상해와 질병 원인

질병 및 상해 원인[a]	소계	합계	비율
총합		1,771	
상해		1,147	n/a
질병		624	100%
화학적 증상		127	20%
화학물질	55		
석유	52		
유동체	8		
옷	6		
방사능	6		
호흡기 증상		255	41%
추운 환경	206		
감염	49		
기타		242	39%
비분류	234		
다른 자료	8		

a 배상청구의 근거가 주관적 증상이 강한 상해와 질병 자료는 가급적 배제. 상해는 절단, 열상(화상), 타박상, 베임, 골절, 찰과상, 피로로 분류된 질병에서 추출. 질병은 화학적 질병, 직업병, 호흡기 질환, 그 외 분류되거나 분류되지 않은 질병에서 추출.

출처: ADOL, 1990a.

연락처

1억 달러 합의 재개 청구 요청하기

미국 대통령

주소　The White House 1600 Pennsylvania Avwnue NW

전화　202-456-1111; TTY/TDD:202-456-6213

팩스　202-456-2461

이메일　president@whitehouse.gov

지역 대표

수소	상원 의원(이름)	하원 의원(이름)
	US Senate	US House of Representatives
	Washington, D.C. 20515	Washington, D.C. 20515
대표전화	202-224-3121	TTY/TDD: 202-225-1904

알래스카 주 상원

http://www.senate.gov/contacting/index_by_state.cfm

알래스카 주 하원

http://www.house.gov/writerep/

엑손 밸디즈 호 기름 유출자금관리위원회

주소　　EVOSTC

　　　　441 West Fifth Avenue, Suite 500

　　　　Anchorage, AK 99501

전화　　800-283-7745(알래스카 외 지역), 800-478-7745(알래스카 내)

러셀 홀랜드(연방 지역법원 판사)

주소　　Honorable Judge Russel H. Holland

U.S. District Court, Federal Building

U.S. Courthouse

222 W. 7th Ave.

Anchorage, AK 99513

전화   866-243-3814 (무료전화), 907-677-6144(지역전화)

EVOS 청소작업이 건강에 미치는 영향에 관한 의회 청문회 요청하기

존 딩겔(John Dingell, 에너지통상위원회의 민주당 최고위급 위원)

주소   2328 Rayburn House OFFICE building

            Washington, DC 20515

전화   202-225-4071

이메일   www.house.gov/dingell

지역 하원의원

(위에 제공된 정보로 연락)

아래 사람들에게도 편지 복사본을 보내자.

독성에 대한 알래스카행동커뮤니티(Alaska Community Action on Toxics)

주소   505 W.Northern Lights Blvd., Suite 205

            Anchorage, AK 99503

전화   907-222-7714

팩스   907-222-7715

이메일   info@akaction.org

브라이언 오닐(Brian O'Neill, 변호사)

주소   Faegre & Benson, LLP

            2200 Norwest Cneter, 90 South Seventh St.

            Minneapolis, MN 55402-3901

전화   1-800-328-4393(무료전화)

알래스카 작업자 배상 프로그램에 대한 권고안
Alaska Workers' Compensation Program

알래스카 상해작업자연합 국장인 바버라 윌리엄스(Barbara Williams)의 견해

(전화 : 907-278-3661; 주소 : POB 101093. Anchorage, AK 99510)

1. 고용인이 고용 전후, 그리고 상해 이후로 안전과 작업관련 상해에 관한 법률과 규제에 관한 정보 제공

2. 안전교육의 일환으로 고용인에게 안전과 작업 관련 상해에 관한 법률과 규제 그리고 배상 프로그램 교육

3. 상해나 OSHA 정보를 보고하지 않은 고용주에게 상당한 벌금과 형벌 집행(확실한 보고를 위한 교차 참조 시스템 구축)

4. 안전과 상해 내용을 보고하지 않거나 거짓으로 보고한 데에 대한 형벌을 요구하는 작업자의 배상청구와 관련된 법적 그리고 의료비용을 보고하도록 보험회사에 요구

5. 배상청구를 비롯한 건강과 안전 문제 보고에 대한 정부 감시(확실한 보고를 위한 교차 참조 시스템 구축)

6. 사적 혹은 자가 보험으로 보상한 기업과 보험회사와 고용주에 대한 정부 감시

7. 상해 작업자를 좀 더 배려한 배상 절차 수립

8. 배상위원회를 운용과 관리에 상해 작업자 지원 단체를 포함시켜서, 의미 있는 대중 참여 확립(이 시스템은 상해 작업자를 지원하고 보상하기 위해 수립됐겠지만, 아직 작업자에게는 시스템이 작동하는 방식에 의견을 제안할 수 없다. 노조와 비노조 작업자 모두 작업자의 권리와 이익에 영향을 미치는 법적 패널과 의사 결정과정에 포함되어야 한다.)

9. 옴부즈맨 사무국이 작업자를 구제하고 연례평가를 명령한다는 의미에서 작업자 배상프로그램 평가 시스템 구축. 여기서 옴부즈맨 사무국은 작업자의 배상 관련 법률, 규제, 이슈만 처리

10. 작업자의 요구를 일반대중에게 알 수 있도록 배상청구와 배상 과정에 관한 정보를 제공

11. 알래스카 공정무역 활동에 따라서 배상청구의 공정한 해결을 위한 주법무부 의미 있는 참여

12. 진단 치료를 좀 더 용이하게 하고 장기적 증상을 보다 잘 추적할 수 있도록 의료 진단 분류 추가

그들은 지금 어디에 있을까

폴 앤더슨(Paul Anderson) 지금도 알래스카 코디악의 국립해양어업국(National Marine Fisheries Service)에서 연구하고 있다. 그의 작은 그물눈 트롤망 조사는 GEM 프로젝트의 일환으로 엑손 밸디즈 호 기름 유출 자금관리위원회에서 장기 지원하고 있다.

짐 보드킨(Jim Bodkin) 부인과 앵커리지에서 살면서, 여전히 그곳 앵커리지 USGS의 알래스카생물과학센터의 해달 항공조사에 참여하고 있다. 그가 비록 캘리포니아에서 러시아에 이르는 USGS 연안 생태계 연구를 책임지고 있기는 하지만, 프린스윌리엄사운드의 몬트레이 만, 캘리포니아 만, 글레이셔 만 연구에 좀 더 많은 시간을 보낸다. 그는 목구, 아이스하키, 서핑을 좋아한다.

테리 보이어(Terry Bowyer) 알래스카 페어뱅크스 대학교 야생생물 생태학 교수로, 북극생물학연구소의 부원장이자 생물학 및 야생생물부 학과장을 겸임하고 있다. 이 대학에서 그는 지난 17년간 생태학과 거대 포유류 행동을 연구해오고 있으며, 연구 성과를 인정받아 많은 상을 수상했다. 현재 그와 부인 캐롤린(Karolyn)은 페어뱅크스에서 살고 있다. 그는 낚시와 물새, 그리고 자신의 검은색 래브라도 리트리버 종인 페퍼를 데리고 고원에서 새 사냥하는 것을 좋아한다.

에벌린 브라운(Evelyn Brown, 이전 이름 Biggs) 페어뱅크스에서 가족과 함께 살고 있다. 파트타임 학생과 전업 주부로 10년을 보낸 후, 브라운은 프린스윌리엄사운드 청어 생태계 연구로 박사학위를 받았다. 그녀는 현재 알래스카 페어뱅크스 대학교에서 전임연구원으로 있으면서, 항공 측정과 인공위성 측정을 결합한 원격 감시를 이용한 해양 생태계 연구를 통한 먹잇감 어류와 좀 더 넓은 범위의 포식자 간의 먹이그물망 관계를 분석하고 있다. 그리고 여가시간에는 스페셜 올림픽(첫째아들이 자폐증을 앓고 있다)의 노르딕 스키를 지도하고 알래스카 내륙의 뜨거운 여름에는 정원을 열심히 가꾼다.

마크 칼스(Mark Carls) 주노 인근의 NOAA 오크베이 실험실에서 근무하고 있는데, 그 곳에서 수중환경에서의 비용효과적인 탄화수소 조사를 위한 새로운 패시브 샘플러 (passive sampler) 기법을 개발 중에 있다. 그는 카약을 타고 출퇴근을 하면서, 등산과 크로스컨트리 스키, 배낭영행을 즐기는 열정적인 야외스포츠 애호가이자 사진작가이다. 날씨 때문에 바깥출입이 어려울 때는 가구를 제작한다. 긴 겨울 동안에는 지역 심포니에 참여해서 합창을 하거나 바이올린을 연주한다.

사라 클락(Sara Clark, 가명) 캐나다에 거주한다. 그녀는 소아마비로 전신을 모두·사용하지 못하는 신체적 한계를 딛고 삶을 재조직하고 있다. 또 그녀는 치유를 위한 또 다른 영적인 길을 찾고 있다.

테드 쿠니(Ted Cooney) 1999년에 알래스카 페어뱅크스 대학교를 은퇴하고, 지금은 몬타나 주 샤토에서 살고 있다. 그는 SEA 프로그램 결과를 기후변화와 인간의 영향에 어려움을 겪고 있는 프린스윌리엄사운드의 곱사연어 어족을 유지하는 활동에 적용하는 관리자 등을 돕고 있다. 여가시간에는 그는 숲 속 조그마한 빈터를 개간해 꽃을 심는다거나 도시 풍경을 카메라에 담기도 하고, 합창단에 가입해서 은퇴 후 살고 있는 지역의 주민들을 위해 노래를 부른다.

빌 드리스켈(Bill Driskell) 반나절은 시애틀에 있는 아들의 초등학교에서 컴퓨터와 네트워크를 관리하는 자원봉사를 한다. 그리고 그는 알래스카의 프린스윌리엄사운드와 쿡 만의 지역시민자문위원회(Regional Citizens' Advisory Council)의 기름오염 조사 프로그램의 '윤리의식을 가진 최고의 전문가(white-hat)' 컨설턴트로 활동하고 있다.

데이비드 더피(David Duffy) 현재 하와이 호놀룰루에 있는 하와이 대학교의 태평양 공동연구연합(Pacific Cooperative Studies Unit)의 책임자로서, 하와이의 생태계를 위협하는 침입종을 통제하는 힘든 작업을 진행하고 있다. 또한 프린스윌리엄사운드에서 종종 해양 조류를 연구한다.

단 에슬러(Dan Esler) 브리티시컬럼비아의 사이먼프레이저 대학교의 야생생물생태학센터에서 대학 전임연구원으로 재직 중이다. 그와 그의 대학원 친구들은 태평양 연안을 따라 물새 보존에 관한 문제를 정리하는 연구를 진행하고 있다. 시간이 허락되면, 가족과 함께 조지아 해협의 후미와 섬들 사이에서 보트 타는 것을 즐긴다.

캐시 프로스트(Kathy Frost) 남편인 로이드 로리(Lloyd Lowry)는 2000년 개썰매 직후에 ADFG를 은퇴했다. 그들은 자신들이 가장 열망했던 북극해 해양 포유류에 관한 연구를 간헐적으로 계약해 진행하면서 여가시간은 하와이에 새로 마련한 집에서 보내고 있는데, 이곳에서도 그들은 자신들이 함께 연구해야 할 토종 목초와 조류, 해양 포유류에 관한 '무궁무진한 이슈'들을 발견했다.

셸튼 게이 주니어 3세(Shelton Gay Jr. III) 프린스윌리엄사운드에 머물면서 사운드의 해양물리학을 연구하고 있다. 그는 2004년 가을에 페어뱅크스의 알래스카 대학교 해양학연구소에서 해양물리학 박사 과정에 입학하길 희망한다. 그는 여행하는 곳에서 야외 스포츠 활동을 하고 민속 음악이나 아일랜드 음악 듣는 걸 좋아한다.

그레그 골렛(Greg Golet) 현재 새크라멘토 강 프로젝트에서 캘리포니아 북부의 자연보존에 관한 선임 생태학자로 활동 중이다. 알래스카를 떠난 후로 그의 관심은 캘리포니아에서 가장 크고 중요한 강의 '손실 평가'에서 '회복 증진'으로 바뀌었다. 골렛의 최대 연구 관심사는 (어느 정도는 어쩔 수 없이) 바닷새에서 신열대구(neotropical)의 철새로 바뀌었다. 그는 알래스카 사고에 내재된 '엄청난 의미'를 깨닫고, 새로운 연구에서는 다양한 종을 연구하는 방법을 적용하기 시작했다.

론 하인츠(Ron Heintz) 오크베이 실험실에서 있으면서, 알래스카 연안에서 수거한 어류의 잔류성 유기화합물의 발생빈도를 목록화하는 작업부터 먹잇감 어류 치어의 '생물 에너지학(에너지 비축)' 조사하는 하는 것까지 여러 프로젝트를 총괄하고 있다. 여가시간에는 알래스카 동남부지역 과학박람회에서 자원봉사를 하거나 축구 감독을 한다. 그는 집을 개조하거나 유지하는 일을 즐기는데, 이 일을 하지 않을 때에는 하이킹, 사냥, 달리기, 모든 종류의 스키를 즐기면서 보낸다.

레슬리 홀랜드-바텔스(Leslie Holland-Bartels) 1989년에 USGS 산하 18개의 국립생물학연구센터 중 한 곳이자 알래스카생물학센터와 결연을 맺고 있는 USGS의 중서부 환경학 센터의 책임자로 승진하면서 가족과 함께 알래스카를 떠났다. 그녀는 미시시피 강과 오대호 침입종에 관한 간학문 연구의 책임을 맡고 있다. 그녀는 가족과 함께 25년 전 자신이 과학자로 첫 발을 내딛었던 위스콘신 주 라크로스에 살고 있다. 그녀는 기회가 주어진다면 알래스카로 돌아가길 바라고 있다.

존 호튼(Jon Houghton) 1997년 이후로 프린스윌리엄사운드에 돌아가지 않았다. 무엇보다 그는 수십 년간 배출된 산업 폐기물과 농업 하수로 파괴된 서식지를 회복시키기 위해 해양 연안을 조사하고 연어 서식지 회복을 기획 및 설계하고 프로젝트를 수행하면서 사운드의 푸젯 만에서 바쁘게 보냈다. 그러면서도 그는 건강을 유지하기 위해 하이킹과 스키, 낚시, 탐조를 했다.

데이브 아이런스(Dave Irons) 계속해서 알래스카 앵커리지의 USFWS에서 생물학자로 활동하고 있다. 그는 최근에 기후변화가 극지방 인근의 바다오리에게 미치는 영향을 조사하는 프로젝트를 맡게 되면서, 북극 8개 지역을 돌면서 자료를 수집하고 있다. 이 외에도 베링 해 세인트로렌스 섬의 작은바다쇠오리와 프린스윌리엄사운드의 세가락갈매기를 비롯한 바닷새도 여전히 연구 중이다.

사라 아이버슨(Sara Iverson) 현재 캐나다 노바스코티아 주 할리팩스의 댈하우지 대학교 생물학과 교수로 재직 중이다. 그녀는 그곳에서 시간 경과에 따른 기각류 먹잇감, 먹이 습관 및 지역 먹잇감 이용가능성 변화, 또 다양한 종류의 건강한 기각류 섭취에 미치는 영향을 분석하기 위한 잠재적 지방산 발현형(signature)을 지속적으로 개발하고 있다.

필리스 '돌리' 라 조이에(Phyllis 'Dolly' La Joie) 하와이 주 호놀룰루에 살고 있다. 그녀는 매일 세탁과 요리, 허드렛일을 하는 것만으로도 충분한 에너지를 얻는다. 그녀는 일 년에 한 번 95세 노모와 4명의 아이, 4명의 손자, 5명의 외손자를 방문하는 '긴 여행'의 자금 마련을 위해 매우 절약한다. 여행이 힘들기는 하지만, 어차피 어디에 있든지 아프긴 마찬가지라서 오히려 가족과 함께 있는 게 더 낫다고 말한다.

에반 랑에(Evan Lange, 가명) 알래스카 페어뱅크스에서 가족과 함께 살고 있다. 그는 집짓기, 비행, 사냥을 즐기는 기계 엔지니어이다. 건강은 괜찮지만, 여전히 헤모글로빈, 적혈구, 백혈구 수치가 낮아서 약간의 빈혈증이 있다. 그는 머지않아 가족과 함께 프린스윌리엄사운드의 여러 청소작업 장소를 재방문할 계획을 가지고 있다. 왜냐하면 가족에게 보여줄 기름 유출 증거를 발견할 수 있을 거라고 믿기 때문이다.

데니스 리스(Dennis Lees) 고향인 캘리포니아 주 산디에고의 개인 컨설턴트로 활동하고 있다. 그는 지속적으로 알래스카 중남부 전역의 기선과 지표검증 조사를 조사하는 데 참여하면서, EVOS 해안 청소작업 프로그램이 프린스윌리엄사운드 서쪽 조간대 쌍각류에 미치는 영향을 조사 중에 있다. 캘리포니아 남부의 파도가 좋을 때면 자신의 믿음직한 '파이포' 벨리보드를 타고 연속적인 밀려오는 파도를 견제하면서 똑바로 일어서려는 그의 모습을 발견할 수 있다.

개리 마티(Gary Marty) 1993년에 수의병리학자가 된 후 1996년에는 캘리포니아 대학교에서 비교병리학으로 박사학위를 받았다. 그는 UC 데이비스에서 연구교원으로 있으면서, 1994년 시작된 질병이 프린스윌리엄사운드의 태평양청어 개체군에 미치는 영향에 관한 연구를 마무리 중에 있다. 그 외에도 그는 수의학과 1학년 학생들에게 위장해부학을 가르치고 있다.

크레이그 맷킨(Craig Matkin) 알래스카 호머에 살면서 알류샨 열도를 지나는 프린스윌리엄사운드 범고래(살인 고래)와 혹등고래를 연구 중이다. 그는 비영리자선단체인 북부알래스카만해양협회(North Gulf Oceanic Society, www.whalesalaska.org)의 협회장을 맡고 있다.

에드 머거트(Ed Meggert) 최근 ADEC 알래스카주 현장파견감독관으로 기름과 위해 물질이 프루도 만을 비롯한 알래스카주 북쪽 3분의 2에 미친 피해에 긴급히 대응하는 책임을 맡고 있다. 페어뱅크스에서 그는 아들과 함께 마을에서 약 10마일 정도 떨어진 곳에 위치한 농장에 살면서, 나무를 베고 청소를 하면서 지낸다. 그들은 함께 사냥을 하거나 낚시 또는 음악을 감상하는 것을 좋아한다.

데니스 메스타스(Dennis Mestas) 앵커리지에서 변호사로 활동하고 있다. 그는 개인의 심각한 상해, 잘못된 죽음, 보험 문제 등을 다루고 있다. 여기에는 피해자에게 피해보험금 전액 지급을 거부하는 거대 석유회사와 보험 회사를 상대로 한 소송에서 알래스카 주 배로에서 내린 250만 달러의 배심원 평결 비롯해, 비행충돌, 제품결함 사건, 해상사고, 유전지역 사고 등이 포함되어 있다. 그는 비행기 조종사이자 낚시광이다. 또한 그는 공공정의(Public Justice)의 법정변호사로 활동하고 있다.

파멜라 밀러(Pamela K. Miller) 알래스카 주 밸디즈에 살면서, 자매 결연을 맺은 사회 복지시설을 통해 장애인을 진료해 주고 있다. 때로는 그는 여름을 외딴 산장에서 이런저런 일을 하면서 보내기도 한다. 그는 애완견과 함께 하이킹을 하거나 카약을 하면서 '가능한 많은 시간을' 보낸다. 그는 조만간 쿠퍼 강 절벽에 오두막 짓는 일이 끝나길 바란다. 또한 그는 기름 유출 청소작업으로 장기간 지속되는 건강상의 문제와 관련된 활동을 하면서 보내고 있다.

리처드 나젤(Richard Nagel) 플로리다 주에 살고 있는데, 최근 전신마비를 딛고 일어
서고 있다. 작업자 배상제도에 따라서 엑손 밸디즈 호의 기름 유출 청소작업으로 아
픈 작업자의 치료에 대해 사려 깊고 진심어린 편지를 작성해 지속적으로 보냈고, 현
재 이 편지가 일부 의회 위원회에 받아들여진 상태이기 때문에 곧 관련 문제에 대한
조사가 촉발될 것이다. 그의 건강은 지속적으로 악화되고 있고, 그의 전통적으로 의
학교육을 받은 의사는 그는 진료나 치료가 불가능한 상태라고 진단했다.

리키 오트(Riki Ott) 알래스카 코도바에서 고양이와 함께 살고 있다. 그녀(그리고 그녀
의 고양이)는 지역사회 접근방식을 수립해 엑손 밸디즈 호 기름 유출로 인한 지속적
인 사회적·경제적·환경적 문제를 다루기 위해 1994년에 어업을 그만뒀다. 그녀는
세 개의 비영리단체를 공동으로 설립했다: 알래스카환경책임포럼(Alaska Forum for
Environmental Responsibility, TAPS 감시), 쿠퍼강유역프로젝트(Copper River Watershed Project,
지속가능한 개발), 알래스카기름오염지역재단(Oiled Regions of Alaska Foundation, 사회경제
적 문제)이다. 그녀는 친구(개와 사람)와 함께 캠핑, 레프팅, 오후의 도보 트래킹, 스케
이트, 설피도보 하는 것을 즐긴다. 이번에 두 번째 책을 출간했다.

빈스 패트릭(Vince Patrick) 프린스윌리엄사운드를 절대 떠나고 싶지는 않지만, 현재
그는 메릴랜드 대학교 제도연구연구소(Institute for Systems Research)에 있다. 그는 코도
바 어부를 비롯한 여러 사람들과 공동으로 자신의 모델을 다듬어 보다 정확한 연어
와 청어 예측에 적용할 수 있도록 'SEA 프로그램 이후' 연구를 지속하고 있다. 그는
많은 시간을 저가주택, 유도적 조닝(inclusive zoning), 최저생활임금, 공동주거, 특히 집
합주택과 관련된 문제를 풀뿌리방식으로 조직하는 데 참여하고 있다. CFIMS 언론
이라는 작은 언론사를 세워서 SEA 프로그램의 이론적 결과물을 발표한다(www.cfims.org:
8080/nfrhforum/).

샘 패튼(Sam Patten) 55세가 되던 2001년에 ADFG를 은퇴하고, 보람된 삶을 보내고
있다. 그는 현재 카뉴티 유콘 평원과 북극국립야생생물보호구역에 USFWS의 정규
직 방재관리 사무관으로 재직 중이다. 그의 두 아들은 모두 대학원생이다. 그는 30
년 이상 행복한 결혼생활을 하고 있다.

찰스 '페테' 피터슨(Charles 'Pete' Peterson) 아내와 십대의 두 아들, 래브라도 리트리
버 두 마리와 함께 노스캐롤라이나 주 서던아우터뱅크스에서 살고 있다. 따뜻한 달

에는 개들을 이끌고 사운드나 바다를 3킬로미터 수영한다. 그는 노스캐롤라이나환
경관리위원회(North Carolina Environmental Management Commission)의 수질부 의장으로 활
동할 뿐만 아니라 해양의 회복 및 보존 생태학 연구에도 참여하고 있다.

존 피아트(John Piatt) 입양한 아이들과 애완동물들로 대가족을 이루면서 알래스카
주 앵커리지에서 살고 있다. 그는 아직까지 바닷새를 연구하는 생물학자로 USGS에
서 일하고 있는데, 이곳에서 쿡 만, 글레시어 만, 베링 해의 기후와 먹잇감 어류, 바
닷새, 해양 포유류 사이의 복잡한 동력학과 관계를 연구하고 있다.

윌리엄 레아(William Rea) 의사로 지금도 달라스의 환경보건센터(www.ehcd.com)의 대
표로 일하면서 화학물질 과민증을 앓고 있는 환자들을 적극적으로 돌보고 있다. 그
는 여가시간에는 의사가 환자를 보다 잘 돌보고 치료하는 데 도움이 되는 의료기술
에 관한 책을 저술한다. 그의 최근 책으로는『최상의 건강과 창의성을 위한 최적의
환경』(Optimum environments for Optimum Health and Creativity, Crown Press: Dallas, Texas, 2002)
이 있다.

스탠리 '지프' 라이스(Stanley 'Jeep' Rice) 현재 알래스카 주 주노 인근의 오크베이 실
험실의 서식지 프로그램 책임자로 있다. 지프와 그의 팀은 엑손 밸디즈 호의 기름
유출과 장기간 지속되는 기름을 비롯해서, 알래스카의 오염물질과 관련된 다양한
문제에 관해 연구한다. 그는 고등학교 축구감독(그의 아들이 20년도 훨씬 이전에 해달
라고 졸랐던 일)을 하면서 휴식을 취한다.

다니엘 로비(Daniel Roby) 오리건 주 코발리스의 오리건 주립대학교의 어업 및 야생
생물학과 교수로 재직 중이다. 그는 바닷새 군집의 번식생물학과 둥지생태학에 관
한 연구를 하는데, 특히 먹잇감 구성, 생식력에 초점을 맞춰서 이런 요소들이 성공
적으로 둥지를 트는 데 어떻게 영향을 미치는지 조사한다.

샘 샤르(Sam Sharr) 현재 '감자의 땅'(아이다호 주 남포)에 살면서, 아이다호 주 어류·
야생동물부와 함께 연어 및 무지개송어에 관한 수석 생물학자로서 어류 연구를 진
행하고 있다. 그가 한 차례 도피조사를 진행하면서 쉽 만(Sheep Bay)에서 봤던 것보다
아이다호 주 전체 지역에서 확인한 연어 수가 훨씬 적었다. 그는 "사실 모든 어류를
잘 안다"고 주장한다.

제프 쇼트(Jeff Short) 엑손 밸디즈 호 기름 유출 이후로 프린스윌리엄사운드에서 하던 생태계 연구를 토대로 알래스카 대학교에서 박사 논문을 완성했다. 그는 지금 기름을 비롯한 유기오염물질의 장기적인 영향에 관한 오크베이 실험실 연구를 이끌고 있다. 그는 매년 엑손 사의 과학자들이 자신의 기름 유출 연구를 두고 하는 비판에 논박하고 있다. 휴식 차원에서 그는 아내와 아들과 함께 알래스카 야외 스포츠를 즐긴다.

론 스미스(Ron Smith) 알래스카 주 솔도트나에 거주하면서, 아내인 셜리와 함께 고철재활용사업과 정화사업을 하고 있다. 그는 자신의 일을 "아무도 하고 싶어 하지 않는 일을 전부 하는 것"이라고 설명했다. 전반적으로, 그는 건강이 회복되면서 "십 년 전만큼은 아프지 않다." 이런 경험은 의사인 레아가 있는 달라스의 환경보건센터에 도움이 됐다. 그러나 특히 디젤 배기가스와 석유 연기에 대한 그의 화학물질 과민성은 더욱 악화됐다(한 모금의 가스만 들이마셔도 고통스러운 구토가 촉발될 수 있다). 그에게는 인근에 사는 아이들과 손자들이 삶의 전부이다. 그는 은퇴를 앞두고 '화학물질로부터 자유로워질 수 있기'를 바라고 있다.

릭 스테이너(Rick Steiner) 알래스카 앵커리지에 있으면서, 알래스카 대학교의 해양자문프로그램(Marine Advisory Program) 교수이자 보존 전문가로 활동하고 있다. 그는 러시아부터 남아메리카, 아시아까지 전 세계에 걸쳐 있는 국제 보존 문제에 대해서 연구한다. 그는 공공 텔레비전 방송에서 진행하는 논쟁 프로그램인 알래스카자원문제포럼(Alasks Resource Issues Forum)을 조직하고 주관한다. 지속적으로 그는 주정부와 연방정부에 1991년의 민사합의소송을 재기하고 무엇보다 교육보험에 1억 달러를 지불하라고 압력을 가하고 있다.

다니엘 테이텔바움(Daniel Teitelbaum) 의사이자 콜로라도 주 덴버에서 의료독성학자로서 진료하고 있다. 그는 직업적으로 그리고 환경적으로 독성에 노출되어 상해를 입은 사람들 돕는 많은 의학적·법적 활동에 참여하고 있다. 무엇보다 그는 <에린 브로코비치>라는 제목으로 영화화된 중크롬에 대한 집단노출과 캘리포니아 주 레드랜즈의 지하수 오염 문제와 관련해서 활동하고 있다. 그는 또한 일리노이 주를 비롯한 일부 집단의 TCE 오염과 관련해서도 활동하고 있다. 그는 캘리포니아 주에서 마셔오던 지하수에 오랜 기간 침전된 오염에 관한 소송에서 원고 입장으로 증인을 섰는데 56일이 지난 최근에 판결이 내려졌다. 그는 여전히 힘든 일을 견디며 일을 하고 있다. 가공의 적과 싸우면서, 그는 정의가 승리하면 여기에 자신이 동참했다는 점에 기쁠 것이라고 생각하고 있다.

린 (손) 아이드만(Lynn (Thorne) Weidman) 건강을 위해 좀 더 따뜻한 위도로 이사하기 전 36년 동안 코도바와 윌리엄사운드에서 살면서 일했다. 그녀는 오랜 기간 우울증과 싸우고 있는데, 그녀는 자신의 우울증이 기름 유출과 함께 시작됐다고 주장한다. 청소작업 때문에 그녀는 기름 유출로 3일간 심장마비로 고생한 아버지를 돌볼 수가 없었다(그녀의 아버지는 50년간 어업에 종사했는데, 이 중 20년을 코도바 밖에서 작업했다). 그는 약 1년 후 돌아가셨다. 그녀는 기름 유출이 그 어느 것보다 정신적인 상처가 됐고, 기름 유출과 함께 모든 것이 사라졌다고 느꼈다. 그녀에게 (그리고 많은 사람들에게) 기름 유출은 '아직도 진행되고 있는 일'이다. 그녀는 캘리포니아 주 산타클래리타에서 다시 한 번 새로운 삶을 꾸리고 있다.

마크 윌레트(Ma가 Willette) 쿡 만 상류의 ADFG 연구 프로젝트 책임자로 솔도트나에 살고 있다. 그는 SEA 프로그램 기간 동안에 배운 교훈으로 중요 강 수역으로 회귀하는 성어 홍연어를 보다 정확히 예측할 수 방법에 초점을 맞추고 있다. 그는 가능한 많은 시간을 야외 스포츠 활동, 스키, 낚시, 캠핑을 하면서 보내려고 노력한다.

브루스 라이트(Bruce Wight) 캘리포니아 주 산타크루즈에서 살면서 비영리단체인 보존과학연구소(Conservation Science Institute)를 책임지고 있다. 그는 세 권의 책을 썼는데, 그중 하나는 기름 유출에 관한 것이다. 그의 최근 책에서는 알래스카 포식자를 주로 다루면서 프린스윌리엄사운드와 북극해의 포식자인 상어의 역할을 강조했다.

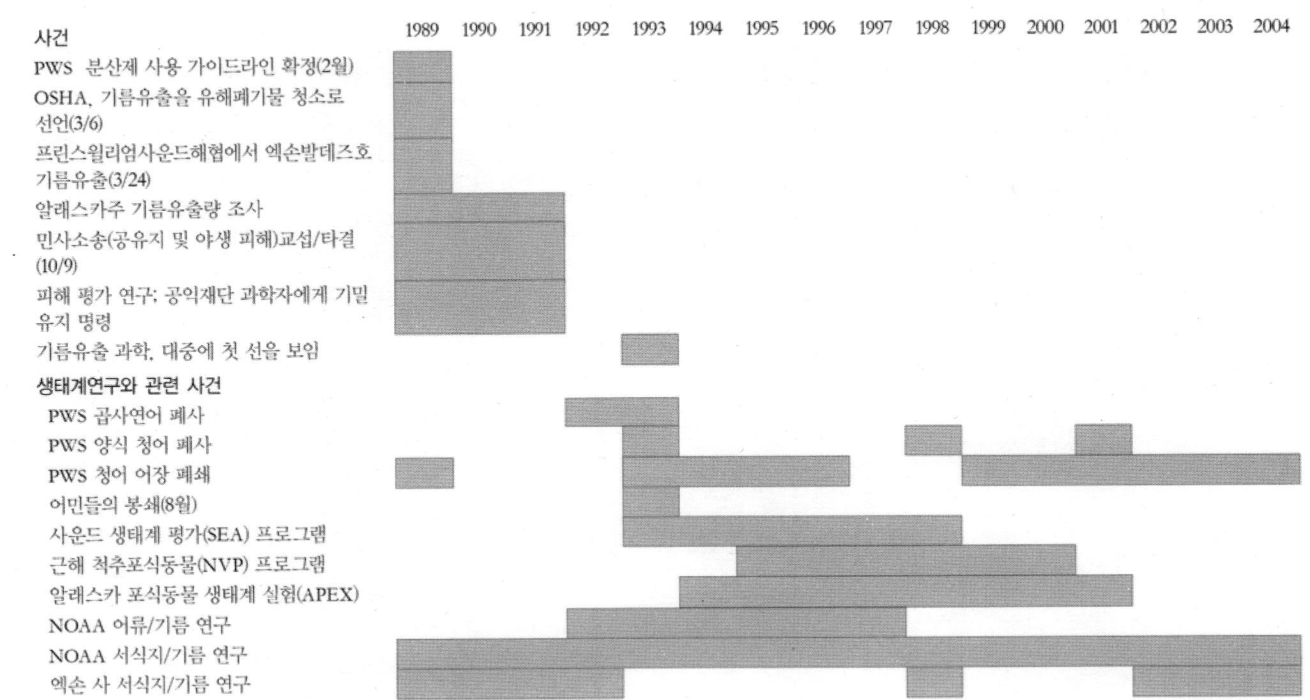
사건
1989 1990 1991 1992 1993 1994 1995 1996 1997 1998 1999 2000 2001 2002 2003 2004
PWS 분산제 사용 가이드라인 확정(2월)
OSHA, 기름유출을 유해폐기물 청소로 선언(3/6)
프린스윌리엄사운드해협에서 엑손발데즈호 기름유출(3/24)
알래스카주 기름유출량 조사
민사소송(공유지 및 야생 피해)교섭/타결(10/9)
피해 평가 연구; 공익재단 과학자에게 기밀 유지 명령
기름유출 과학, 대중에 첫 선을 보임
생태계연구와 관련 사건
PWS 곱사연어 폐사
PWS 양식 청어 폐사
PWS 청어 어장 폐쇄
어민들의 봉쇄(8월)
사운드 생태계 평가(SEA) 프로그램
근해 척추포식동물(NVP) 프로그램
알래스카 포식동물 생태계 실험(APEX)
NOAA 어류/기름 연구
NOAA 서식지/기름 연구
엑손 사 서식지/기름 연구

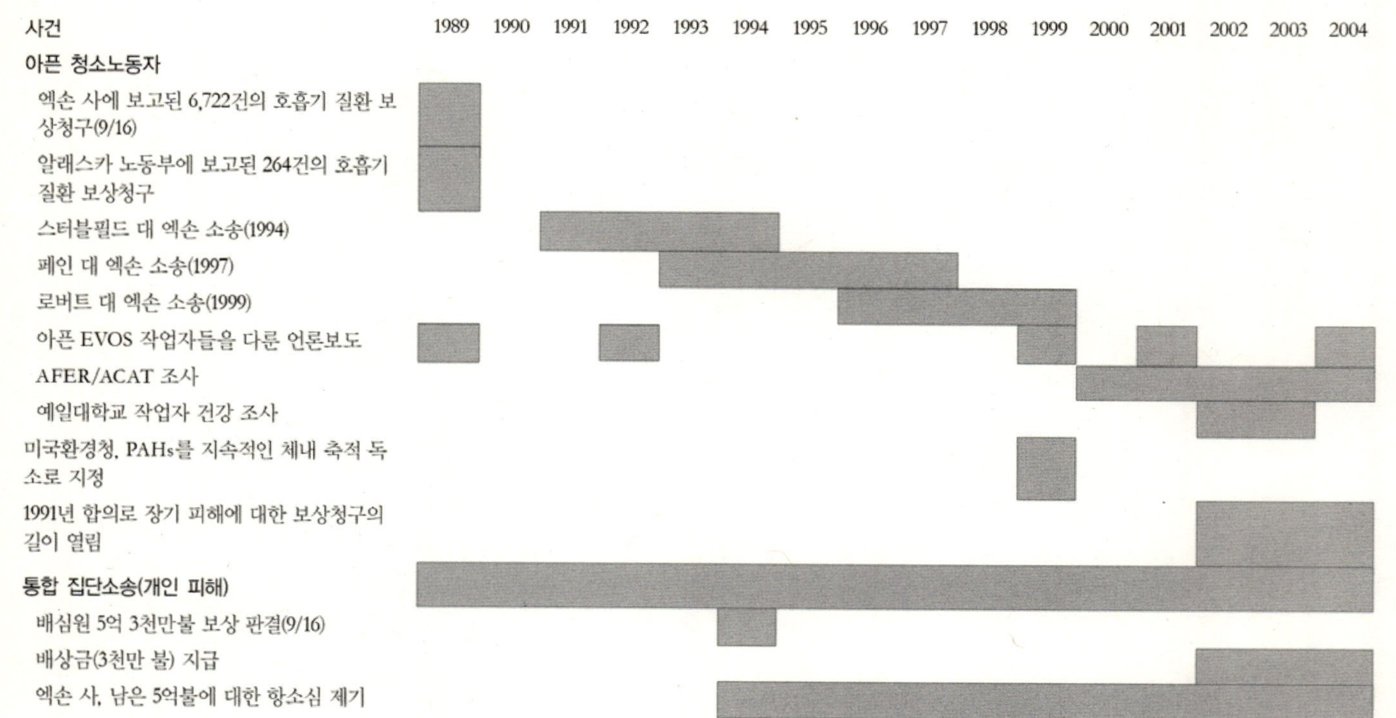

사건
1989 1990 1991 1992 1993 1994 1995 1996 1997 1998 1999 2000 2001 2002 2003 2004
아픈 청소노동자
엑손 사에 보고된 6,722건의 호흡기 질환 보상청구(9/16)
알래스카 노동부에 보고된 264건의 호흡기 질환 보상청구
스터블필드 대 엑손 소송(1994)
페인 대 엑손 소송(1997)
로버트 대 엑손 소송(1999)
아픈 EVOS 작업자들을 다룬 언론보도
AFER/ACAT 조사
예일대학교 작업자 건강 조사
미국환경청, PAHs를 지속적인 체내 축적 독소로 지정
1991년 합의로 장기 피해에 대한 보상청구의 길이 열림
통합 집단소송(개인 피해)
배심원 5억 3천만불 보상 판결(9/16)
배상금(3천만 불) 지급
엑손 사, 남은 5억불에 대한 항소심 제기

Abookire, A. A., J. F. Piatt and M. D. Robards. 2000. "Nearshore fish distribution in an Alaskan estuary in relation to stratification, temperature and salinity." *Estuarine, Coastal and Shelf Science*, 51: 45–59.

Accu-Chem Laboratories. 1992a. "Blood evaluation for La Joie, 12 June." In Roberts v. Exxon(1999), No.26, Exhibit E.

Accu-Chem Laboratories. 1992b. "Laboratory report for Smith, 23–24 July." In Roberts v. Exxon(1999), No.101, attachment.

Adams, D. 1991a. "Co-op bankrupt." *Cordova Times*, 7 March.

Adams, D. 1991b. "Chugach bankruptcy shocks Cordovans." *Cordova Times*, 14 March.

Adams, D. 1991c. "Pinks may jeopardize hatcheries, canneries." *Cordova Times*, 15 August.

Adams, D. 1991d. "Governor offers surplus pinks to Soviets." *Cordova Times*, 22 August.

Adams, D. 1991e. "No buyers for 3M [million] pink salmon, corporation says." *Cordova Times*, 22 August.

Adams, D. 1991f. "Fishermen lament 1991 season, year of the fish spill." *Cordova Times*, 29 August.

Adams, D. 1991g. "Coop shuts down: Hard times hit another cannery." *Cordova Times*, 10 October.

ADEC. 1992. "Shoreline treatment/cleanup monitoring: Review of field activities during the EVOS treatment operations." Unpublished ADEC review, spring 1992. In ADEC 1993, 151–153, footnotes 61, 64, 66 and 87.

ADEC. 1993. *The EVOS: Final Report, State of Alaska Response*. Prepared by E. Piper. Anchorage, AK. June.

ADFG. 1993. "The EVOS: What have we learned?" *Alaska's Wildlife*, Special Issue 25(1): January–February.

ADFG. 1998. *PWS Management Area: 1997 Annual Finfish Management Report*. Commercial Fisheries Management and Development Division, Central Region, Anchorage, AK. Regional Information Report No.2A98-05.

ADFG. 2002. *PWS Management Area: 2001 Annual Finfish Management Report*. Commercial Fisheries Management and Development Division, Central Region, Anchorage, AK. Regional Information Report No.2A02-20.

ADN editorial. 2002a. "Exxon's science attack on government research was unfounded." *ADN(Anchorage Daily News)*, 8 October.

ADN editorial. 2002b. "Sound warning." *ADN*, 24 January.

ADN staff. 1996. "Exxon recoups $300 million. Insurers ordered to pay in partial settlement of oil-spill suit." *ADN*, 18 January.

ADN. 1990. "Cleanup makes VECO biggest Alaska firm." *ADN*, 27 September.

ADOL. 1990a. "PWS oil spill." In *Occupational Injury and Illness Information–AK, 1989, 25– 34*. Juneau, AK: ADOL.

ADOL. 1990b. "Controversion [denial] notice from Surety of Alaska, April 24." In ADOL·AWCB. 1992a.

ADOL. 1990c. Letter to E. Meggert. 11 May. In ADOL·AWCB. 1992a.

ADOL·AWCB. 1992a. Case No.9009878[Ed Meggert].

ADOL·AWCB. 1992b. Case No.9104004[Ron S. Smith].

ADOL·AWCB. 1992c. "Partial compromise and release regarding recovery of overpayment of benefits." Filed 2 October. In ADOL·AWCB. 1992b.

ADOL·AWCB. 1995. Case No.9034054[Scott R. Roberts].

Agler, B. A., S. J. Kendall, D. B. Irons and S. P. Klosiewski. 1999. "Declines in marine bird populations in PWS, AK, coincident with a climatic regime shift." *Waterbirds*, 22(1): 98–103.

Ainley, D. G., R. G. Ford, E. D. Brown, R. M. Suryan and D. B. Irons. 2003. "Prey resources, competition, and geographic structure of kittiwake colonies in PWS." *Ecology*, 84(3): 709–723.

Alaska. 2000. *Workers' Compensation Laws and Regulations, Annotated. 2000–2001*. ed. Charlottesville, VA: Lexis Publishing.

Alaska Commercial Fisheries Limited Entry Commission. 2004. "Estimated permit value report for G01E, herring roe, purse seine, PWS, AK"(www.cfec.state.ak.us/ pmtvalue/X_G01E.htm) and "S01E, salmon, purse seine, PWS, AK"(www.cfec. state.ak.us/prtvalue/X_S01E.htm)(accessed 1 March).

Alaska Department of Health and Social Services. 1989a. "Public health advisory on crude oil. 28 April." In U.S. Congress House. 1989a, 1063–1065.

Alaska Department of Health and Social Services. 1989b. *Public health advisory on crude oil*.

Juneau, AK. 5 May.

Alaska Department of Law. 1991. *Files on 'ACE' investigation 1989–1991*. ARLIS, Anchorage, AK.

Alaska Health Project. 1989. *Glycol ethers (Cellosolves)*. Anchorage, AK. 2 June.

Alaska Oil Spill Commission. 1990. *Spill: The wreck of the Exxon Valdez, Appendix N. State of Alaska. February*. ARLIS, Anchorage, AK.

Alaska Public Interest Research Group. 1995. *Working without a net: The failure of workers' compensation in Alaska*. Anchorage, Alaska.

Alaska Sea Grant College Program. 1993. "Is it food? Addressing marine mammal and seabird declines." Workshop Summary. University of Alaska Fairbanks, Fairbanks, AK. AK-SG-93-01.

Alaska State Legislature, Legislative Budget and Audit Committee. 1999. ADOL and Workforce Development, Division of Workers' Compensation. Division of Legislative Audit, Audit Control Number 07-4601-00.

Alyeska Pipeline Service Company. 1989. *Alyeska Emergency Center telephone transcripts, 24–27 March*. ARLIS, Anchorage, AK.

Ames, J. 1990. "Impetus for capturing, cleaning, and rehabilitating oiled or potentially oiled sea otters after the T/V EVOS." *Sea Otter Symposium*, 90(12): 137–140.

Anderson, P. J., J. E. Blackburn and B. A. Johnson. 1997. "Declines of forage species in the Gulf of Alaska, 1972–1995, as an indicator of regime shift. Abstract." *Forage Fish Proceedings*, 531–543.

Anderson, P. J. and J. F. Piatt. 1999. "Community reorganization in the Gulf of Alaska following ocean climate regime shift." *Marine Ecology Progressive Series*, 189: 117–123.

Andres, B. 1997. "The EVOS disrupted the breeding of black oystercatchers." *Journal of Wildlife Management*, 61(4): 1322–1328.

Andres, B. 1998. "Shoreline habitat use of black oystercatchers breeding in PWS, AK." *Journal of Field Ornithology*, 69(4): 626–634.

Andres, B. 1999. "Effects of persistent shoreline oil on breeding success and chick growth in black oystercatchers." *The Auk*, 116(3): 640–650.

Anthony, J. A. and D. D. Roby. 1997. "Variation in lipid content of forage fishes and its effect on energy provisioning rates to seabird nestlings. Extended abstract." *Forage Fish Proceedings*, 725–729.

Anthony, J. A., D. D. Roby and K. R. Turco. 2000. "Lipid content and energy density of forage fishes from the northern Gulf of Alaska." *Journal of Experimental Marine Biology and Ecology*, 248: 53–78.

Antosh, N. 2004. "Exploration and production. In times of plenty, they don't flash cash." *Houston Chronicle*, 5 February.

Armstrong, R. H., M. F. Willson, M. D. Robards and J. F. Piatt.1999. "Sand lance: Annotated Bibliography." In Robards et al. 1999.

Ashford, N. and C. Miller. 1998. *Chemical Exposures: Low Levels and High Stakes*. 2d. ed. New York: John Wiley & Sons.

Associated Press. 1991. "Report: Spill cleanup method was harmful." *Anchorage Times*, 10 April.

Associated Press. 2001. "Houston firm fined $1 million in cover-up attempt." *Houston Chronicle*, 13 April.

Associated Press. 2002. "Appeals court upholds ban on Exxon Valdez. Panel keeps ship out of PWS." *ADN*, 31 October.

ATSDR. 1997. *Toxicological profile for benzene*. Atlanta, GA: U.S. DHHS, Public Health Services.

ATSDR. 1998. *Toxicological profile for 2-buthoyethanol and 2-buthoyethanol acetate*. Atlanta, GA: U.S. DHHS, Public Health Services.

ATSDR. 2002. *Toxicological profile for polycyclic aromatic hydrocarbons*. Atlanta, GA: U.S. DHHS, Public Health Services.

Atlas, R. M., P. D. Boehm and J. A. Calder. 1981. "Chemical and biological weathering of oil from the Amoco Cadiz spillage within the littoral zone." *Estuarine Coastal and Shelf Science*, 12: 589–608. In Braddock et al. 1996.

Aurand, D. V., G. M. Coelho and A. Steen. 2001. "Ten years of research by the U.S. oil industry to evaluate the ecological issues of dispersant use: An overview of the past decade." IOSC. 2001, 429–434.

Babcock, M. M., G. V. Irvine, P. M. Harris, J. A. Cusick and S. D. Rice. 1996. "Persistence of oiling in mussel beds three and four years after the EVOS." *AFSS*, 18: 286–297.

Babcock, M. M., G. V. Irvine, S. D. Rice, P. Rounds, J. A. Cusick and C. Brodersen. 1993. "Oiled mussel beds two and three years after the EVOS. Abstract." *EVOS Symposium Abstracts*, 184–185.

Baker, J. M., R. B. Clark and R. F. Kingston. 1990. *Environmental recovery in PWS and the Gulf of Alaska*. Institute of Offshore Engineering, Heriot-Watt University, Edinburgh EH14 4AS Scotland. June.

Baker, J. M., R. B. Clark and R. F. Kingston. 1991. *Two years after the spill: Environmental recovery in PWS and the Gulf of Alaska.* Institute of Offshore Engineering, Heriot-Watt University, Edinburgh EH14 4AS Scotland. November suppl.

Ballachey, B. E., J. L. Bodkin and A. R. DeGange. 1994. "An Overview of sea otter studies." In Loughlin. 1994, 47–59.

Ballachey, B. E., J. L. Bodkin, S. Howlin, A. M. Doroff and A. H. Rebar. 2003. "Correlates to survival of juvenile sea otters in Prince William Sound, AK, 1992–1993." *Canadian Journal of Zoology*, 81: 1494–1510.

Ballachey, B. E., J. J. Stegeman, P. W. Snyder, G. M. Blundell and 10 others. 2000. "Oil exposure and health of nearshore vertebrate predators in Prince William Sound following the 1989 Exxon Valdez oil spill." In Holland-Bartels. 2000.

Barker, E. 1994. "The Exxon Trial: A Do-It-Yourself Jury." *The American Lawyer*, November: 68–77.

Barron, M. G. and L. Ka'aihue. 2001. "Potential for photoenhanced toxicity of spilled oil in PWS and Gulf of Alaska waters." *Marine Pollution Bulletin*, 43: 86–92.

Batten, B. T. 1990. "Press interest in sea otters affected by the T/V EVOS: A star is born." *Sea Otter Symposium*, 90(12): 32–40.

Bayha, K. 1990. "Role of the USFWS in the sea otter rescue." *Sea Otter Symposium*, 90(12): 26–28.

Bayha, K. and J. Kormendy. eds. 1990. *Proceedings of a symposium to evaluate the response effort on behalf of sea otters after the T/V EVOS in PWS, Anchorage, AK. U.S. DOI, USFWS and National Fish and Wildlife Foundation.* Springfield, VA:National Technical Information Service(distributor).

Becker, P. R. and C. A. Manen. 1989. "Natural oil seeps in the Alaskan marine environment." *U.S. Department of Commerce, NOAA Outer Continental Shelf Environmental Assesment Program Final Report*, 62: 1–126.

Beder, S. 1998. *Global Spin: The Corporate Assault on Environmentalism.* White River Junction, VT: Chelsea Green Publishing Company.

Begley, S. and T. Waldrop. 1989. "Microbes to the rescue! Bioremediation, bacteria and fungi are used to clean up aquifers, toxic dumps and oil spills." *Newsweek*, 19 June.

Bence, A. E. and W. A. Burns. 1995. "Fingerprinting hydrocarbons in the biological resources of the EVOS area." *ASTM STP*, 1219: 84–140.

Ben-David, M., G. M. Blundell and J. E. Blake. 2002. "Post-release survival of river otters: Effects of exposure to crude oil and captivity." *Journal of Wildlife Management*, 66: 1208–1223.

Ben-David, M., R. T. Bowyer and L. K. Duffy. 2001. "Biomarker responses in river otters experimentally exposed to oil contaminants." *Journal of Wildlife Diseases*, 37: 489–508.

Ben-David, M., T. M. Williams and O. A. Ormseth. 2000. "Effects of oiling on exercise physiology and diving and behavior of river otters: A captive study." *Canadian Journal of Zoology*, 78: 1380–1390.

Benji, C. 1990. "Workshop V. Release. [Transcription of panel discussion.]" *Sea Otter Symposium*, 90(12): 457–465.

Bickert, T. 1993a. "Protest shuts port." *Cordova Times*, 26 August.

Bickert, T. 1993b. "Coast Guard: No fines for fishermen protesters." *Cordova Times*, 14 October.

Bigg, M. A., P. F. Olesiuk, G. M. Ellis, J. K. B. Ford and K. C. Balcomb III. 1990. "Social organization and genealogy of resident orcas (Orcinus orca) in the coastal waters of British Columbia and Washington State." *Report of the International Whaling Commission*, special issue, 12: 386–406.

Biggs, E., T. Baker, L. Brannian and S. Fried. 1993. "PWS herring: what does their future hold?" *Alaska's Wildlife*, 25(1): 37–39.

Biggs, E. ☞ Brown, E.

Bishop, M. A. and S. P. Green. 2001. "Predation on Pacific herring (Clupea pallasi) spawn by birds in PWS, AK." *Fisheries Oceanography*, 10(Suppl.1): 149–158.

Bodkin, J. 2000. Research Wildlife Biologist, Alaska Biological Science Center, USGS, Anchorage, AK. Interview by Riki Ott, 12 July.

Bodkin, J., B. E. Ballachey, T. A. Dean, A. K. Fukuyama, S. C. Jewett, L. McDonald, D. H. Monson, C. E. O'Clair and G. R. VanBlaricom. 2002. "Sea otter population status and the process of recovery from the 1989 EVOS." *Marine Ecology Progress Series*, 241: 237–253.

Bodkin, J. L. and M. S. Udevitz. 1994. "An intersection model for estimating sea otter mortality along the Kenai Peninsula." In Loughlin. 1994, 81–95.

Boehm, P. D., W. A. Burns, D. S. Page, A. E. Bence, P. J. Mankiewicz, J. S. Brown and G. S. Douglas. 2002. "Total organic carbon, an important tool in an holistic approach to hydrocarbon source fingerprinting." *Environmental Forensics*, 3: 243–250.

Boehm, P. D., G. S. Douglas, J. S. Brown, D. S. Page, A. E. Bence, W. A. Burns and P. J. Mankiewicz. 2000. "Comment on natural hydrocarbon background in benthic sediments of PWS, AK: Oil vs. coal." *Environmental Science and Technology*, 34: 2064–

2065.

Boehm, P. D., D. S. Page, W. A. Burns, A. E. Bence, P. J. Mankiewicz and J. S. Brown. 2001. "Resolving the origin of the petrogenic hydrocarbon background in PWS, AK." *Environmental Science and Technology*, 35: 471–479.

Boehm, P. D., D. S. Page, E. S. Gilfillan, W. A. Stubblefield and E. J. Harner. 1995. "Shoreline ecology program for PWS, AK, following the EVOS: Part 2—Chemistry and toxicology." *ASTM STP*, 1219: 347–397.

Boehm, P. D., P. J. Mankiewicz, R. Hartung, J. M. Neff, D. S. Page, E. S. Gilfillan, J. E. O'Reilly and K. R. Parker. 1996. "Characterization of mussel beds with residual oil and the risk to foraging wildlife four years after the EVOS." *Environmental Toxicology and Chemistry*, 15(8): 1289–1303.

Boersma, P. D. and J. A. Clark. 2001. "Seabird recovery following the EVOS: Why was murre recovery controversial?" IOSC. 2001, 1521–1526.

Boersma, P. D., J. K. Parrish and A. B. Kettle. 1995. "Common murre abundance, phenology, and productivity of the Barren Islands, AK. The EVOS and long-term environmental change." *ASTM STP*, 1219: 820–853.

Boesch, D. F. and N. N. Rabalais. eds. 1987. *Long-term Environmental Effects of Offshore Oil and Gas Development*. New York: Elsevier Science Publishing Company.

Boffetta, P., N. Jourenkova, P. Gustavsson. 1997. "Cancer risk from occupational and environmental exposure to PAHs." *Cancer Causes and Control*, 8: 444–472.

Bowyer, T., 2003. Professor of Wildlife Ecology and Associate Director, University of Alaska, Institute of Arctic Biology, Fairbanks, AK. Interview by Riki Ott, 12 May.

Bowyer, R. T., G. M. Blundell, M. Ben-David, S. C. Jewett, T. A. Dean and L. K. Duffy. 2003. "Effects of the EVOS on river otters: Injury and recovery of a sentinel species." *Wildlife Monographs*, 153: 1–53.

Bowyer, R. T., J. W. Testa and J. B. Faro. 1995. "Habitat selection and home ranges of river otters in a marine environment: Effects of the EVOS." *Journal of Mammalogy*, 76(1): 1–11.

Bowyer, R. T., J. W. Testa, J. B. Faro, C. C. Schwartz and J. B. Browning. 1994. "Changes in diets of river otters in PWS, AK: Effects of the EVOS." *Canadian Journal of Zoology*, 72: 970–975.

Bowyer, R. T., J. Ward, J. B. Faro and L. K. Duffy. 1993. "Effects of the EVOS on river otters in PWS. Abstract." *EVOS Symposium Abstracts*, 297–299.

Boyd, C. J. ed. 1999. *American Society for the Advancement of Science (AAAS) Annual Meeting and Science Innovation Exposition: Challenges for a New Century*. NY: AAAS.

Boyd, J. N., D. Scholz and A. H. Walker. 2001. "Effects of oil and chemically dispersed oil in the environment." IOSC. 2001, 1213–1216.

Braddock, J. F., J. E. Lindstrom, T. R. Yeager, B. T. Rasley and E. J. Brown. 1996. "Patterns of microbial activity in oiled and unoiled sediments in PWS." *AFSS*, 18: 94–108.

Bragg, J. R., R. C. Prince, J. B. Wilkinson and R. M. Atlas. 1992. *Bioremediation for shoreline cleanup following the 1989 Alaska oil spill*. Exxon Research and Engineering Company, Florham Park, NJ.

Bragg, J. R. and S. H. Yang. 1995. "Clay-oil flocculation and its role in natural cleansing in PWS following the EVOS." *ASTM*, 1219: 178–214.

Brannon, E., K. Collins, L. Moulton and K. R. Parker. 2001. "Review of studies on oil damage to PWS pink salmon." IOSC. 2001, 569–575.

Brannon, E. J., L. L. Moulton, L. G. Gilbertson, A. W. Maki and J. R. Skalski. 1995. "An assessment of oil spill effects on pink salmon populations following the EVOS: Part 1—Early life history." *ASTM STP*, 1219: 548–584.

Brazil, E. 1996. "Belli's law practice sold to a S. F. firm." *San Francisco Gate News*, 16 August.

Broderson, C., J. Short, L. Holland, M. Carls, J. Pella, M. Larsen and S. Rice. 1999. "Evaluation of oil removal from beaches eight years after the EVOS." *Proceedings of the 25th AMOP*, 325–336.

Brown, E. 1999. Doctoral graduate student, University of Alaska, Institute of Marine Sciences, Fairbanks, AK. Interview by Riki Ott, 22 April.

Brown, E. 2001. Research associate, University of Alaska, Institute of Marine Sciences, Fairbanks, AK. Interview by Riki Ott, 27 March.

Brown, E., D. T. Baker, J. E. Hose, R. M. Kocan, G. D. Marty, M. D. McGurk, B. L. Norcross and J. Short. 1996. "Injury to the early life history stages of Pacific herring in PWS after the EVOS." *AFSS*, 18: 448–462.

Brown, E. D., J. H. Churnside, R. L. Collins, T. Veenstra, J. J. Wilson and K. Abnett. 2002. "Remote sensing of capelin and other biological features in the North Pacific using lidar and video technology." *ICES Journal of Marine Science*, 59: 1120–1130.

Brown, P. and E. J. Mikkelsen. 1990. *No Safe Place. Toxic Waste, Leukemia, and Community Action*. Berkley: University of California Press.

Brown, E. D., S. M. Moreland, G. A. Borstad and B. L. Norcross. 1999. "Estimating forage fish and seabird abundance using aerial surveys: Survey design and uncertainty." Appendix VI in Cooney, 1999.

Brown, E., D. Norcross and J. Short. 1996. "An introduction to studies on the effects of the EVOS on early life history stages of Pacific herring, Clupea pallasi, in PWS, AK." *Canadian Journal of Fisheries and Aquatic Sciences*, 53: 2337-2342.

Brown, E. D., J. Seitz, B. L. Norcross and H. P. Huntington. 2002. "Ecology of herring and other forage fish as recorded by resource users of PWS and the outer Kenai Peninsula, AK." *Alaska Fishery Research Bulletin*, 9(2): 75-101.

Bue, B. G., S. M. Fried, S. Sharr, D. G. Sharp, J. A. Wilcock and H. J. Geiger. 1998. "Estimating salmon escapement using area-underthe- curve,aerial observer efficiency, and stream-life estimates: The PWS pink salmon example." *North Pacific Anadromous Fish Commission Bulletin*, 1: 240-250.

Bue, B., S. Fried, S. Sharr and M. Willette. 1993a. "Pinks in peril: Declining wild stocks in PWS." *Alaska's Wildlife*, 25(1): 34-36.

Bue, B. G., S. Sharr, S. D. Moffitt and A. Craig. 1993b. "Assessment of injury to pink salmon eggs and fry. Abstract." *EVOS Symposium Abstracts*, 101-103.

Bue, B. G.,S. Sharr, S. D. Moffitt and A. K. Craig. 1996. "Effects of the EVOS on pink salmon embryos and pre-emergent fry." *AFSS*, 18: 619-627.

Bue, B. G., S. Sharr and J. E. Seeb. 1998. "Evidence of damage to pink salmon populations inhabiting PWS, AK, two generations after the EVOS." *Transactions of the American Fisheries Society*, 127: 35-43.

Burn, D. M. 1994. "Boat-based population surveys of sea otters in PWS." In Loughlin. 1994, 61-80.

Burnham, K. and M. Bey. 1991. "Effects of crude oil and ultraviolet radiation on immunity within mouse skin." *Journal of Toxicolology and Environmental Health*, 34: 83-93.

Burnham, K. and M. Rahman. 1992. "Effects of petrochemicals and ultraviolet radiation on epidermal 1A expression in vitro." *Journal of Toxicolology and Environmental Health*, 35: 175-185.

Burns, J. J. 1993. "Data report: Harbor seal surveys in northern and western PWS, August 26 to September 2, 1992. Report to Exxon Company, Houston, TX, May 1993." Living Resources, Inc., POB 83570, Fairbanks, AK 99708.

Caleb Brett U.S.A., Inc. 1989. Letter from Paul Kellett, Caleb Brett, to John Tompkins, Exxon Shipping Company; re: breakdown of cargo lightered and spill volume. 18 May. In Alaska Dept. of Law 1991, ACE 577444. ARLIS, Anchorage, AK.

California Bar Journal. 1996."'King of Torts' Melvin Belli leaves controversial legacy." August.

Campbell, D. M. 1993. "Shetland oil spill — letter." *BMJ*, 306: 519.

Campbell, D. M., D. Cox, J. Crum, K. Foster, P. Christie, D. Brewster. 1993. "Initial effects of the grounding of the tanker Braer on health in Shetland." *BMJ*, 307: 1251–1255.

Campbell, D. M., D. Cox, J. Crum, K. Foster, A. Riley. 1994. "Later effects of the grounding of tanker Braer on health in Shetland." *BMJ*, 309: 773–774.

Capuzzo, J. 1987. "Biological effects of petroleum hydrocarbons: Assessments from experimental results." In Boesch and Rabalais. 1987, 343–410.

Capuzzo, J., J. Farrington and S. Kellogg. 1990a. "Summary of reviewers' comments." In Prince, Clark and Lindstrom. 1990.

Capuzzo, J., J. Farrington and S. Kellogg. 1990b. "Reviewers' executive summary." In Prince, Clark and Lindstrom. 1990.

Carleton, J. 2003. "Exxon may face more payments from Alaska spill." *WSJ*, 3 October.

Carls, M. G. 1987. "Effects of dietary and water-borne oil exposure on larval Pacific herring (Clupea harengus pallasi)." *Marine Environmental Research*, 22: 253–270.

Carls, M. G. 2001. Fisheries Biologist, NOAA/NMFS ABL, Juneau, AK. Interview by Riki Ott, 5 April.

Carls, M. G., Babcock, M. M. P. M. Harris, G. V. Irvine, J. A. Cusick and S. D. Rice. 2001a. "Persistence of oiling in mussel beds after the EVOS." *Marine Environmental Research*, 51: 167–190.

Carls, M. G., R. A. Heintz, A. Moles, S. D. Rice and J. W. Short. 2001b. "Long-term biological damage: What is known, and how should that influence decisions on response, assessment, and restoration?" IOSC. 2001, 399–403.

Carls, M. G., L. Holland, M. Larsen, J. L. Lum, D. G. Mortensen, S. Y. Wang and A. C. Wertheimer. 1996b. Growth, feeding, and survival of pink salmon fry exposed to food contaminated with crude oil. AFSS 18: 608–618.

Carls, M. G., G. D. Marty and J. E. Hose. 2002. "Synthesis of the toxicological and epidemiological impacts of the EVOS on Pacific herring in PWS, AK." *Canadian Journal of Fisheries and Aquatic Sciences*, 59: 153–172.

Carls, M. G., G. D. Marty, T. R. Meyers, R. E. Thomas and S. D. Rice. 1998. "Expression of viral hemorrhagic septicemia virus in prespawning Pacific herring (Clupea pallasi) exposed to weathered crude oil." *Canadian Journal of Fisheries and Aquatic Sciences*, 55: 2300–2309.

Carls, M., S. D. Rice and J. E. Hose. 1999. "Sensitivity of fish embryos to weathered crude oil: Part I. Low-level exposure during incubation causes malformations, genetic damage, and mortality in larval Pacific herring (Clupea Pallasi)." *Environmental Toxicology and Chemistry*, 18(3): 481–493, 1999.

Carls, M. G., A. C. Wertheimer, J. W. Short, R. M. Smolowitz and J. J. Stegeman. 1996a. "Contamination of juvenile pink and chum salmon by hydrocarbons in PWS after the EVOS." *AFSS*, 18: 593–607.

Carlsen, W. 1995. "Belli, 88, files for bankruptcy. Fabled career nearing end, some fear." *San Francisco Chronicle*, 9 December.

Carpenter, A. D., R. G. Dragnich and M. T. Smith. 1991. "Marine operations and logistics during the EVOS cleanup." IOSC. 1991, 205–211.

Carson, R. 1962. *Silent Spring*. Boston: Houghton Mifflin Company.

Castellini, M. A., J. M. Castellini and S. J. Trumble. 2000. *Recovery of harbor seals. Phase II: Controlled studies of health and diet*. EVOS Trustee Council Restoration Project Annual Report (Restoration Project 99341). ADFG, Habitat and Restoration Division, Anchorage, AK.

Castellini, J. M., H. J. Meiselman and M. A. Castellini. 1996. "Understanding and interpreting hematocrit measurements in pinnipeds." *Marine Mammal Science*, 12(2): 251–264.

Catania, P. ed. 2000. *Energy 2000: The Beginning of a New Millennium*. Lancaster, England: Technomic Publishing Co.

Celewycz, A. G. and A. C. Wertheimer. 1996. "Prey availability to juvenile salmon after the EVOS." *AFSS*, 18: 564–577.

CFS. 1989 1(26)a. "Health investigation, workers' compensation and taxes." 12 May.

CFS. 1989 1(26)b. "Time to organize." 12 May.

CFS. 1989 1(29). "Health concerns." 16 May.

CFS. 1989 1(35). "PWS shoreline survey." 24 May.

CFS. 1989 1(58). "[A]DEC report." 23 June.

CFS. 1989 2(14). "ADEC report, field test of Corexit 9580M2." 29 July.

CFS. 1989 2(15). "Exxon promotes bioremediation." 1 August.

CFS. 1989 2(20). "ADEC report, Corexit 9580M2 test resumes." 10 August.

CFS. 1989 2(21). "House subcommittee holds hearing in Cordova." 12 August.

CFS. 1989 2(24)a. "ADEC report, bioremediation will not be used on Seward shorelines." 17 August.

CFS. 1989 2(24)b. "Corexit 9580 [M2] use denied." 17 August.

CFS. 1989 2(34). "ADEC report: Notice of violation issued to Exxon for improper application of Inipol." 6 September.

CFS. 1989 2(39). "Exxon chairman visits shorelines." 15 September.

Citra-Solv, LLC. 2001. MSDS: Citra-Solv. Citra-Solv, LLC., P. O. Box 2597, Danbury, CT.

Clarke, S.(alias). 2003. Former cleanup worker. Vancouver, Canada. Interview by Riki Ott, 19 July.

Clipp, A. 1993. *Job-damaged people: How to survive and change the workers compensation system.* Environmental Health Network and Louisiana Injured Workers' Union.

Coates, P. A. 1993. *The Trans-Alaska Pipeline Controversy. Technology, Conservation, and the Frontier*. First paperback ed. Anchorage: University of Alaska Press. First ed. London: Associated University Presses, Inc., 1991.

Cohen, M. J. 1997. "Economic impacts of the EVOS." In Picou, Gill and Cohen, 1997, 133–160.

Cohen, Y. 1992. "Multimedia fate and effects of airborne petroleum hydrocarbons in the Port Valdez region." Report by Multimedia Envirosoft Corp. for PWS Regional Citizens' Advisory Committee, Anchorage, AK. 14 March.

Colborn, T., D. Dumanoski and J. P. Myers. 1996. *Our Stolen Future*. New York: Dutton.

Collinsworth, D. W. 1990. "Testimony of ADFG Commissioner." In U.S. Congress House. 1990, 180–184.

Cooney, T. 1999. Professor of Marine Science, Emeritus, University of Alaska, Institute of Marine Sciences, Fairbanks, AK. Interview by Riki Ott, 22 April.

Cooney, R. T.(compiler). 1999. *Sound Ecosystem Assessment (SEA) –An integrated science plan for the restoration of injured species in PWS*. EVOS Trustee Council Final Report (Restoration Project 00320). Anchorage, AK.

Cooney, R. T., J. R. Allen, M. A. Bishop, D. L. Eslinger, T. Kline, Jr., B. L. Norcross, C. P. McRoy, J. Milton, J. Olsen, E. V. Patrick, A. J. Paul, D. Salmon, D. Scheel, G. L. Thomas, S. L. Vaughan and T. M. Willette. 2001a. "Ecosystem control of pink salmon (Onchorhynchus gorbuscha) and Pacific herring (Culpea pallasi) populations in PWS, AK." *Fisheries Oceanography*, 10(Suppl. 1): 1–13.

Cooney, R. T., K. O. Coyle, E. Stockmar and C. Stark. 2001b. "Seasonality in surface-layer net zooplankton communities in PWS, AK." *Fisheries Oceanography*, 10(Suppl. 1): 97–109.

Coughlin, W. P. 1992a. "Illness tied to Exxon cleanup is cited in spate of lawsuits." *Boston Sunday Globe*, 12 April.

Coughlin, W. P. 1992b. "Doctor says oil, cleanup toxins fatal. Mixture of chemicals responsible for illness and death from Alaska spill, suits claim." *Boston Globe*, 10 May.

Couillard, C. M. 2002. "A micro-scale test to measure petroleum oil toxicity to mummichog embryos." *Environmental Toxicology*, 17: 195–202.

Cowan, R. M. 1993. Letter to Edward Stewart, U.S. Aviation Underwriters; re: settlement proposal. File No.GL-1512, Law Offices of Cowan & Gerry, Kenai, AK. 30 June. In ADOL·AWCB. 1992b.

Crowley, D. W. and S. M. Patten, Jr. 1996. *Breeding ecology of harlequin ducks in PWS, AK*. EVOS State/Federal NRDA Final Report, Bird Study No.71. ADFG, Anchorage, AK.

Crum, J. E. 1993. "Peak respiratory flow rate in schoolchildren living close to Braer oil spill." *BMJ*, 307: 23–24.

Cullen, M. R. 1987. *Workers with Multiple Chemical Sensitivities, Occupational Medicine: State of the Art Reviews*. Philadelphia, PA: Hanley & Belfus.

Cummings, A. D. 1992. "The EVOS and the confidentiality of NRDA data." *Ecology Law Quarterly*, 19(2): 363–412.

Curriden, M. 1999. "Exxon finds slow pace of Valdez (sic) case profitable. Company says fairness, not money, is the issue." *Dallas (TX) Morning News*, 14 March.

Dahlheim, M. and C. Matkin. 1994. "Assessment of injuries to PWS orcas." In Loughlin. 1994, 163–171.

Daubert v. Merrell Dow Pharmaceuticals, Inc., 509 U.S. 579 L. Ed. 2d 469, 113 S. Ct. 2786(1993).

Davidson, A. 1990. *In the Wake of the Exxon Valdez: The Devastating Impact of the Alaska Oil Spill*. San Francisco: Sierra Club Books.

Davis, C. R., G. D. Marty, M. A. Adkinson, E. F. Freiberg and R. P. Hedrick. 1999. "Association of plasma IgM with body size, histopathologic changes, and plasma chemistries in adult Pacific herring Clupea pallasi." *Diseases of Aquatic Organisms*, 38: 125–133.

Davis, R. W. 2000. "Harbor seal recovery. Phase III: Effects of diet on lipid metabolism and health." *EVOS Trustee Council Restoration Project Annual Report* (Restoration Project 99441). ADFG, Habitat and Restoration Division, Anchorage, AK.

Day, R. H., S. M. Murphy, J. A. Wiens, G. D. Hayward, E. J. Harner and L. N. Smith. 1995. "Use of oil-affected habitats by birds after the EVOS." *ASTM STP*, 1219: 726–759.

Day, R. H., S. M. Murphy, J. A. Wiens, G. D. Hayward, E. J. Harner and L. N. Smith. 1997. "Effects of the EVOS on habitat use by birds in PWS, AK." *Ecology Applied*, 7: 593–

613.

de Bettencourt, M., G. Merrick, T. Deal and B. Travis. 2001. "Safeguarding the public interest: A look at government policies that affect the OPA 90 oil spill liability trust fund and oil spill costs." IOSC. 2001, 725–729.

Dean, T. A., J. L. Bodkin, A. K. Fukuyama, S. C. Jewett, D. H. Monson, C. E. O'Clair, G. R. VanBlaricom. 2002. "Food limitation and the recovery of sea otters following the EVOS." *Marine Ecology Progress Series*, 241: 255–270.

Dean, T. A., J. L. Bodkin, S. C. Jewett, D. H. Monson and D. Jung. 2000. "Changes in sea urchins and kelp following a reduction in sea otter density as a result of the EVOS." *Marine Ecology Progress Series*, 241: 281–291.

Dees, C. W. 1991. "Deposition." In The Exxon Valdez Case (filed in 1989).

DeGange, A. R. and C. J. Lensink. 1990. "Distribution, age, and sex composition of sea otter carcasses recovered during the response to the T/V EVOS." *Sea Otter Symposium*, 90(12): 124–129.

DeGange, A. R. and T. D. Williams. 1990. "Procedures and rationale for marking sea otters captured and treated during the T/V EVOS." *Sea Otter Symposium*, 90(12): 394–399.

DeGange, A. R., D. H. Monson, D. B. Irons, C. M. Robbins and D. C. Douglas. 1990. "Distribution and relative abundance of sea otters in Southcentral and Southwestern Alaska before or at the time of the T/V EVOS." *Sea Otter Symposium*, 90(12): 18–25.

Didriksen, N. A., M. D. 1993. "Psychological consultation report. 30 January." In Roberts v. Exxon(1999), No.101, attachment.

Didriksen, N. A. and J. R. Butler. 1997. "Psychological concomitants of chemical sensitivity: Evaluation and treatment." In Rea. 1997a, 2771–2901.

D'Oro, R. 2004. "Judge orders Exxon Mobil to pay nearly $7 billion in spill damages. JUDGMENT: Money to go to people, cities affected by 1989 disaster." *The Associated Press*, 28 January.

Doroff, A. M. and J. L Bodkin. 1994. "Sea otter foraging behavior and hydrocarbon levels in prey." In Loughlin, 1994, 193–208.

Dowler, L. 1992. " Work Therapy Enterprises, PPI rating measurement on Smith for Dr. Davidhizar, 17 April." In Roberts v. Exxon(1999), No.62, Exhibit C.

Drago, M. 1996. "Exxon wins insurance case. Company due $250 million for spill cleanup expenses." *ADN*, 11 June.

Dragoo, D. E., G. V. Byrd and D. B. Irons. 2003. *Breeding status, population trends, and diets of seabirds in alaska, 2001*. USFWS, Alaska Maritime National Wildlife Refuge, Homer, AK. Report AMNWR 03/05.

Drew, G. 2002. "Primary and secondary production in lower Cook Inlet." In Piatt. 2002, 26–31.

Drew, G. and J. Piatt. 2002. "Oceanography of lower Cook Inlet." In Piatt. 2002, 17–25.

Driskell, B. 2000. Marine Biology Consultant, Seattle, WA. Interview by Riki Ott, 15 January.

Driskell, W. B., A. K. Fukuyama, J. P. Houghton, D. C. Lees, A. J. Mearns and G. Shigenaka. 1996. "Recovery of PWS intertidal infauna from Exxon Valdez oiling and shoreline treatments, 1989–1992." *AFSS*, 18: 362–378.

Driskell, W. B., J. L. Ruesink, D. C. Lees, J. P. Houghton and S. C. Lindstrom. 2001. "Long-term signal of disturbance: Fucus gardneri after the EVOS." *Ecological Applications*, 11(3): 815–827.

Duffy, L. K., R. T. Bowyer, J. W. Testa and J. B. Faro. 1993. "Differences in blood haptoglobin and length-mass relationships in river otters (Lutra canadensis) from oiled and nonoiled areas of PWS, AK." *Journal of Wildlife Diseases*, 29(2): 353–359.

Duffy, L. K., R. T. Bowyer, J. W. Testa and J. B. Faro. 1994a. "Chronic effects of the EVOS on blood and enzyme chemistry of river otters." *Environmental Toxicology and Chemistry*, 4: 643–647.

Duffy, L. K., R. T. Bowyer, J. W. Testa and J. B. Faro. 1994b. "Evidence for recovery of body mass and haptoglobin values of river otters following the EVOS." *Journal of Wildlife Diseases*, 30(3): 421–425.

Duffy, L. K., R. T. Bowyer, J. W. Testa and J. B. Faro. 1996. "Acute phase proteins and cytokines in Alaskan mammals as markers of chronic exposure to environmental pollutants." *AFFS*, 18: 806–813.

Duffy, L. K., M. K. Hecker, G. M. Blundell and R. T. Bowyer. 1999. "An analysis of the fur of river otters in PWS, AK: Oil related hydrocarbons 8 years after the EVOS." *Polar Biology*, 21: 56–58.

Ecological Consulting, Inc. 1991. *Assessment of direct seabird mortality in PWS and the western Gulf of Alaska resulting from the EVOS*. Final report to the U.S. Department of Justice, Ecological Consulting Inc., Portland, OR.

Elder, D., G. Killam and P. Koberstein. 1999. "The Clean Water Act. An owner's manual." River Network, POB 8787, Portland, OR.(www.rivernetwork.org)

Elliott, J. E. 2001. "Preventing oil spills in the twenty-first century: An ecological economics perspective." IOSC. 2001, 27–33.

Environmental Health Center–Dallas. 2004. "Services and treatment."(www.ehcd.com/services/treatments.htm)

Epler, P. 1985a. "Report: Not all pollutants limited in Alyeska permit. Discharge flows into Por t Valdez, but effect on environment unknown." *ADN*, 3 October.

Epler, P. 1985b. "Slipping through the cracks. Wastewater from Alaska oil terminal eludes agency control." *ADN*, 27 October.

Epler, P. 1988a. "Port Valdez study stirs controversy. Report finds no pollution;one scientist doesn't buy it." *ADN*, 29 July.

Epler, P. 1988b. "Scientists say Port Valdez fish contaminated. Federal researchers find bottom-dwelling fish tainted with hydrocarbons from oil pollution." *ADN*, 2 October.

Erikson, D. E. 1995. "Surveys of murre colony attendance in the northern Gulf of Alaska following the EVOS." *ASTM STP*, 1219: 780–819.

Esler, D. 1999. Research Wildlife Biologist, USGS, Alaska Biological Science Center, Anchorage, AK. Interview by Riki Ott, 3 December.

Esler, D., T. D. Bowman, T. A. Dean, C. E. O'Clair, S. C. Jewett and L. L. McDonald. 2000a. "Correlates of harlequin duck densities during winter in PWS, AK." *Condor*, 102: 920–926.

Esler, D., T. D. Bowman, K. A. Trust, B. E. Ballachey, T. A. Dean, S. C. Jewett and C. E. O'Clair. 2002. "Harlequin duck population recovery following the EVOS: Progress, process and constraints." *Marine Ecology Progressive Series*, 241: 271–286.

Esler, D., J. A. Schmutz, R. L. Jarvis and D. M. Mulcahy. 2000b. "Winter survival of adult female harlequin ducks in relation to history of contamination by the EVOS." *Journal of Wildlife Management*, 64(3): 839–847.

Eslinger, D. L., R. T. Cooney, C. P. McRoy, A. Ward, T. C. Kline, Jr., E. P. Simpson, J. Wang and J. R. Allen. 2001. "Plankton dynamics: Observed and modelled responses to physical conditions in PWS, AK." *Fisheries Oceanography*, 10(Suppl. 1): 81–96.

Eubanks, M. 1994. "Biological markers: The clues to genetic susceptibility." *Environmental Health Perspectives*, 102: 50–56.

EVOS Trustee Council. 1994. *EVOS restoration plan, update on injured resources and services*. Anchorage, AK. November.

EVOS Trustee Council. 1999. *1999 Status report: Legacy of an oil spill 10 years after Exxon Valdez*. Anchorage, AK.

EVOS Trustee Council. 2000. *2000 Status report: Ecosystem research*. Anchorage, AK.

EVOS Trustee Council. 2002. *2002 Status report*. Anchorage, AK.

EVOS Trustee Council. 2003. *2003 Status report*. Anchorage, AK.

EVOS Trustee Council, University of Alaska Sea Grant College Program and American Fisheries Society, AK Chapter. 1993. *EVOS symposium program and abstracts*. Anchorage, AK, 2–5 February.

EVS Consultants. 1990. *Measurement of acute toxicity of the oleophilic fertilizer Inipol EAP22*. Prepared for EPA, Environmental Research Laboratory, Gulf Breeze, FL. Project No.2/294-05.

Ewing, G. 1992. "Allergy evaluation for La Joie. 20 October." In Roberts v. Exxon(1999), No.26, Exhibit E.

Ewing, G. 1994. Letter to Stenson; re: La Joie. 18 April. In Roberts v. Exxon(1999), No.101, attachment.

Ewing, G. 1997a. "Deposition. 9 December." In Roberts v. Exxon(1999).

Ewing, G. 1997b. "Expert witness report. 24 October. In Roberts v. Exxon(1999), No.63, Exhibit L.(This report was not written by Ewing: see Roberts vs. Exxon, No.90.)

Exxon Company, USA. 1986. "Occupational health aspects of unusual work schedules: A review of Exxon's experiences." *American Industrial Hygiene Assoc. Journal*, 47(4): 199–202.

Exxon Company 1988. *MSDS for crude oil. 15 May*. Houston, TX, T1252-2180.

Exxon Company, USA. 1989a. *MSDS for Inipol EAP22. 28 July*. Houston, TX.

Exxon Company, USA. 1989b. "Clinical data on upper respiratory infections: URIs–Breakdowns." In Stubblefield v. Exxon(1994).

Exxon Company, USA. 1989c. "Partial release." In ADOL·AWCB 1992a.

Exxon Company, USA. 1991a. *Sea otters thrive in PWS, AK*. Brochure. Houston, TX, 77252-2180. February.

Exxon Company, USA. 1991b. *Two years after: Conditions in PWS and the Gulf of Alaska*. Houston, TX. October.

Exxon Company, USA. 1992. *MSDS for Corexit 9527*. Houston, TX, 14 June.

Exxon Company, USA. 1993a. "Long awaited science studies on Valdez (sic) oil spill effects to be presented at Atlanta symposium." Media advisory. Anchorage, AK, 7 April.

Exxon Company, USA. 1993b. *Ten posters depicting the results of scientific studies of PWS and the Gulf of Alaska following the EVOS*. Anchorage, AK.

Fadely, B. S., J. M. Castellini and M. A. Castellini. 1998. *Recovery of harbor seals from EVOS: Condition and health status*. EVOS Restoration Project Final Report (Restoration

Project 97001). ADFG, Habitat and Restoration Division, Anchorage, AK.

Falk-Filipsson, A., A. Lof, M. Hagberg, E. W. Hjelm and Z. Wang. 1993. "d-limonene exposure to humans by inhalation: Uptake, distribution, elimination, and effects on pulmonary function." *Journal of Toxicology and Environmental Health*, 38(1): 77–88.

Feuston, M. H., L. K. Low, C. E. Hamilton and C. R. Mackerer. 1994. "Correlation of systemic and developmental toxicities with chemical component classes of refinery streams." *Fundamentals of Applied Toxicology*, 22: 622–630.

Fingas, M. F., M. A. Bobra and R. K. Velicogna. 1987. "Laboratory studies on the chemical and natural dispersibility of oil." IOSC. 1987, 241–246.

Ford, R. G., M. L. Bonnell, D. H. Varoujean, G. W. Page, H. R. Carter, B. E. Sharp, D. Heinemann and J. L. Casey. 1996. "Total direct mortality of seabirds from the EVOS." *AFSS*, 18: 684–711.

Ford, R. G., G. W. Page and H. R. Carter. 1987. "Estimating mortality of seabirds from oil spills." IOSC. 1987, 747–757.

Foy, R. J. and B. L. Norcross. 1999. *Feeding behavior of herring (Clupea pallasi) associated with zooplankton availability in PWS, AK*. Ecosystem Approaches for Fisheries Management, Alaska Sea Grant College Program, AK-SG-99-01: 129–135.

Foy, R. J. and A. J. Paul. 1999. "Winter feeding and changes in somatic energy content of age-0 Pacific herring in PWS, AK." *Transactions of the American Fisheries Society*, 128: 1193–1200.

Francis, R. C. and S. R. Hare. 1994. "Decadal-scale regime shifts in the large marine ecosystems of the northeast Pacific: A case for historical science." *Fisheries Oceanography*, 3: 279–291.

Francis, R. C., S. R. Hare, A. B. Hollowed and W. S. Wooster. 1998. "Effects of interdecadal climate variability on the oceanic ecosystems of the NE Pacific." *Fisheries Oceanography*, 7: 1–21.

Freemantle, T. 1995. "Billion-dollar battle looms over spill costs. Exxon Corp. trying to collect from its insurance companies." *ADN from Houston Chronicle*, 5 September.

Frost, G. 1989. "VECO purchases The Anchorage Times." *ADN*, 21 September.

Frost, K. J. 1997. *Harbor seal (Phoca vitulina richardsi). Restoration notebook*. EVOS Trustee Council, Anchorage, AK.

Frost, K. J. 2003. Affiliate Associate Professor of Marine Science, University of Alaska, Institute of Marine Science, Fairbanks, AK; Retired Marine Mammal Biologist, ADFG, Fairbanks, AK. Interview by Riki Ott, 19 July.

Frost, K. J. and L. F. Lowry. 1993. "Assessment of damages to harbor seals caused by the EVOS. Abstract." *EVOS Symposium Abstracts*, 300–302.

Frost, K. J., L. F. Lowry, E. H. Sinclair, J. Ver Hoef and D. C. McAllister. 1994. "Impacts on distribution, abundance, and productivity of harbor seals." In Loughlin. 1994, 97–118.

Frost, K. J., L. F. Lowry and J. M. Ver Hoef. 1999. "Monitoring the trend of harbor seals in PWS, AK, after the EVOS." *Marine Mammal Science*, 15(2): 494–506.

Frost, K. J., L. F. Lowry, J. M. Ver Hoef, S. J. Iverson and M. A. Simpkins, eds. 1999. *Monitoring, habitat use, and trophic interactions of harbor seals in PWS, AK.* EVOS Restoration Project (Restoration Project 98064), ADFG, Division of Wildlife Conservation, Fairbanks, AK.

Frost, K. A., L. L. Lowry, J. M. Ver Hoef, S. J. Iverson and M. A. Simpkins. eds. 1998. *EVOS Trustee Council Restoration Project Annual Report* (Restoration Study 97064). ADFG, Division of Wildlife Conservation, Fairbanks, AK.

Frost, K. J., C. A. Manen and T. Wade. 1994. "Petroleum hydrocarbons in tissues of harbor seals from PWS and the Gulf of Alaska." In Loughlin. 1994, 331–358.

Frost, K. J., M. A. Simpkins and L. F. Lowry. 2001. "Diving behavior of subadult and adult harbor seals in PWS, AK." *Marine Mammal Science*, 17(4): 813–834.

Funk, F. C., D. W. Carlile and T. T. Baker. 1993. "The PWS herring recruitment failure of 1989: Oil spill or natural causes? Abstract." *EVOS Symposium Abstracts*, 258–261.

Garloch, K. 1995. "The Gulf War and birth defects." *ADN*, 22 January.

Garrott, R. A., L. L. Eberhardt and D. M. Burn. 1993. "Mortality of sea otters in PWS following the EVOS." *Marine Mammal Science*, 9(4): 343–359.

Gay, S. M. III and S. L. Vaughan. 2001. "Seasonal hydrography and tidal currents of bays and fjords in PWS, AK." *Fisheries Oceanography*, 10(Suppl. 1): 159–193.

Geiger, H. J., B. G. Bue, S. Sharr, A. C. Wertheimer and T. M. Willette. 1996. "A life history approach to estimating damage to PWS pink salmon caused by the EVOS." *AFSS*, 18: 487–498.

Geiser, K. 2001. *Materials Matter: Toward a Sustainable Materials Policy.* Cambridge, MA: MIT Press.

General Electric Co. v. Joiner, 522 U.S. 136(1997).

George, S. E., G. M. Nelson, M. J. Kohan, S. H. Warren, B. T. Eischen and L. R. Brooks. 2001. "Oral treatment of Fischer 344 rats with weathered crude oil and a dispersant influences intestinal metabolism and microbiota." *Journal of Toxicolology and*

Environmental Health, 63(4): 297–316.

Georghiou, P. E. 1989. "Mutagenicity of Prudhoe Bay crude and weathered products." Paper presented at the Alaskan Oil Spill and Human Health conference, sponsored by National Institute of Environmental Health Sciences, NIOSH, University of Washington School of Public Health, US EPA, and ATSDR, Seattle, WA , 28–30 July.

Gerde, P. and P. Scholander. 1987. "An experimental study of the penetration of PAHs through the bronchial lining layer." *Environmental Research*, 44: 321–344.

Gerde, P. and P. Scholander. 1989. "An experimental study of the penetration of PAHs through a model of the bronchial layer." *Environmental Research*, 48: 287–295.

Gibeaut, J. C. and E. Piper. 1993. *Shoreline oiling assessment of the EVOS*. EVOS Restoration Project Final Report (Restoration Project 93038). ADEC, Anchorage, AK.

Gilfillan, E. S., E. J. Harner and D. S. Page. 2002. Comment on Peterson et al.(2001) "Sampling design begets conclusion." *Marine Ecology Progress Series*, 231: 303–308.

Gilfillan, E. S., D. S. Page, E. J. Harner and P. D. Boehm. 1995a. "Shoreline ecology program for PWS, AK, following the EVOS: Part 3 —Biology." *ASTM STP*, 1219: 398–443.

Gilfillan, E. S., T. H. Suchanek, P. D. Boehm, E. J. Harner, D. S. Page and N. A. Sloan. 1995b. "Shoreline impacts in the Gulf of Alaska region following the EVOS." *ASTM STP*, 1219: 444–481.

Gilfillan, E. S., D. S. Page, K. R. Parker, J. M. Neff and P. D. Boehm. 2001. "A 10-year study of shoreline conditions in the EVOS zone, PWS, AK." IOSC. 2001, 559–567.

Glantz, S. A., J. Slade, L. A. Bero, P. Hanauer and D. E. Barnes. 1996. *The Cigarette Papers*. Berkeley, CA: University of California Press.

Golet, G. H. 1999. Senior Ecologist, The Nature Conservancy, Northern Central Valley Office, Chico, CA. Interview by Riki Ott, 3 December.

Golet, G. H. and D. B. Irons. 1999. "Raising young reduces body condition and fat stores in black-legged kittiwakes." *Oecologia*, 120: 530–538.

Golet, G. H., D. B. Irons and D. P. Costa. 2000. "Energy costs of chick rearing in black-legged kittiwakes (Rissa tridactyla)." *Canadian Journal of Zoology*, 78: 982–991.

Golet, G. H., D. B. Irons and J. A. Estes. 1998. "Survival costs of chick rearing in black-legged kittiwakes." *Journal of Animal Ecology*, 67: 827–841.

Golet, G. H., K. J. Kuletz, D. D. Roby and D. B. Irons. 2000. "Adult prey choice affects chick growth and reproductive success in pigeon guillemots." *The Auk*, 117(1): 82–91.

Golet, G. H., P. E. Seiser, A. D. McGuire, D. D. Roby, J. B. Fischer, K. J. Kuletz, D. B.

Irons, T. A. Dean, S. C. Jewett and S. H. Newman. 2002. "Long-term direct and indirect effects of the EVOS on pigeon guillemots in PWS, AK." *Marine Ecology Progress Series*, 241: 287–304.

Gomer, C. J. and D. M. Smith. 1980. "Acute skin phototoxicity in hairless mice following exposure to crude shale oil or natural petroleum oil." *Toxicology*, 18: 75–85.

Goodwin, T. 2001. Owner/Manager of Seagoville Ecological Housing, Seagoville, TX. Interview by Riki Ott, 22 May.

Gordon, R. I. 1998. "No balm in Gilead: Why workers' compensation fails workers in a toxic age." In Matthews. 1998, 61–100.

Grabacki, S. 1998. *Making the most of the Copper River resources: Fisheries resource options*. Prepared by Graystar Pacific Seafood, Ltd. for the Copper River Watershed Project, Cordova, AK.

Gruber, J. A. and M. E. Hogan. 1990. "Transfer and placement of nonreleasable sea otters in aquariums outside AK." *Sea Otter Symposium*, 90(12): 428–431.

Haebler, R. J., R. K. Wilson and C. R. McCormick. 1990. "Determining health of rehabilitated sea otters before release." *Sea Otter Symposium*, 90(12): 390–393.

Hansen, D. J. 1997. "Shrimp fishery and capelin decline may influence decline of harbor seal (Phoca vitulina) and northern sea lion (Eumetopias jubatus) in western Gulf of Alaska. Abstract." *Forage Fish Proceedings*, 197–207.

Harding, A. 2002. "Horned puffin biology on Duck (Chisik) Island." In Piatt. 2002, 110–121.

Harding, A., J. F. Piatt, and K. C. Hamer. 2003. "Breeding ecology of horned puffins (Fratercula corniculata) in Alaska: Annual variation and effects of El Niño." *Canadian Journal of Zoology*, 81: 1004–1013.

Harris, R. K., R. B. Moeller, T. P. Lipscomb, J. M. Pletcher, R. J. Haebler, P. A. Tuomi, C. R. McCormick, A. R. DeGange, D. Mulcahy and T. D. Williams. 1990. "Identification of a herpes-like virus in sea otters during rehabilitatiion after the T/V EVOS." *Sea Otter Symposium*, 90(12): 366–368.

Harrison, C. M. 1990. "Statement of Executive Vice President, Exxon Company, USA." In U.S. Congress House. 1990, 185–188.

Harrison, O. R. 1991. "Overview of the EVOS." IOSC. 1991, 313–319.

Harte, J., C. Holdren, R. Schneider and C. Shirley. 1991. *Toxics A to Z: A Guide to Everyday Pollution Hazards*. Berkeley, CA: University of California Press.

Hayes, D. L. and K. J. Kuletz. 1997. "Decline of pigeon guillemot populations in PWS, AK, and apparent changes in distribution and abundance of their prey. Abstract."

Forage Fish Proceedings, 669–702.

Hayes, M. O. and J. Michel. 1997. *Evaluation of the condition of PWS shorelines following the EVOS and subsequent shoreline treatment, 1997 geomorphology monitoring survey.* NOAA Technical Memorandum, NOS ORCA 126, Hazardous Materials Response and Assessment Division, NOAA, Seattle, WA.

Heinemann, D. 1993. "How long to recovery for murre populations, and will some colonies fail to make the comeback? Abstract." *EVOS Symposium Abstracts*, 139–41.

Heinrich, P. C., J. V. Castell and T. Anders. 1990. "Interleukin-6 and the acute phase response." *Biochemical Journal*, 265: 621–636.

Heintz, R. 1998. Fishery Research Biologist, NOAA/NMFS ABL, Juneau, AK. Interview by Dorothy Shepard, 28 June.

Heintz, R. A. and M. Larsen. 2003. Classification of fish diet composition and quality with lipid class and fatty acid analysis. Poster.(www.afsc.noaa.gov/posters.htm)

Heintz, R. A., S. D. Rice, A. C. Wertheimer, R. F. Bradshaw, F. P. Thrower, J. E. Joyce and J. W. Short. 2000. "Delayed effects on growth and marine survival of pink salmon Oncorhynchus gorbuscha after exposure to crude oil during embryonic development." *Marine Ecology Progressive Series*, 208: 205–216.

Heintz, R. A., J. W. Short and S. D. Rice. 1999. "Sensitivity of fish embryos to weathered crude oil: Part II. Incubating downstream from weathered Exxon Valdez crude oil caused increased mortality of pink salmon (Oncorhynchus gorbuscha) embryos." *Environmental Toxicology and Chemistry*, 18: 494–503.

Helle, E., M. Olsson and S. Jensen. 1976. "PCB levels correlated with pathological changes in seal uteri." *Ambio*, 5: 261–263.

Hennelly, R. 1990. "Split wide open: Did the Valdez (sic) spill 11 million gallons or 27 million?" *Village Voice*, 2 January.

Hickey, D. 1992. Letter from Advanced Metabolic Imaging, North Dallas, Inc., to Dr. Rea; re: brain scan and SPECT test on Smith. 4 December. In Roberts v. Exxon (1999), No.101, attachment.

Highsmith, R. 1999. Professor and Director of West Coast and Polar Regions Undersea Research Center, University of Alaska, School of Fisheries and Ocean Sciences, Fairbanks, AK. Interview by Riki Ott, 22 April.

Highsmith, R. C., T. L. Rucker, M. S. Stekoll, S. M. Saupe, M. R. Lindeberg, R. N. Jenne and W. P. Erickson. 1996. "Impact of the EVOS on intertidal biota." *AFSS*, 18: 212–237.

Hileman, B. 1991. "Multiple chemical sensitivity: A special report." *Chemical and Engineering News*, 69(29): 26–42.

Hileman, B. 1999. "White House defines scientific misconduct." *Chemical and Engineering News*, 77(43): 12.

Hill, E. 1989. Photo. *ADN*, 27 March.

Hill, P. S., D. P. DeMaster and R. J. Small. 1996. *Draft Alaska marine mammal stock assessments*. NMML/NMFS/NOAA, Seattle, WA.

Hobbie III, R. and A. J. Garger. 2001. "Oil spills and criminal sanctions: An insurer's perspective." IOSC. 2001, 825–828.

Hoff, R. Z. and G. Shigenaka. 1999. "Lessons from 10 years of post- Exxon Valdez monitoring on intertidal shorelines." IOSC. 1999, 111–117.

Hofman, R. J. 1994. "Foreword." In Loughlin. 1994, xiii–xvi.

Holland, J. M., M. J. Whitaker and L. C. Gipson. 1980. "Chemical and biological factors influencing the skin carcinogenicity of fossil liquids." In Rom and Archer. 1980, 463 –480.

Holland-Bartels, L. E. 1998. *Mechanisms of impact and potential recovery of nearshore vertebrate predators*. EVOS Trustee Council Restoration Project Annual Report (Restoration Project 97025). USGS, Biological Resources Division, Anchorage, AK.

Holland-Bartels, L. 1999. Director, USGS' Upper Midwest Environmental Sciences Center, La Crosse, WI. Interview by Riki Ott, 9 December.

Holland-Bartels, L. E. 2000. *Mechanisms of impact and potential recovery of nearshore vertebrate predators*. EVOS Trustee Council Restoration Project Final Report (Restoration Project 98025). USGS, Biological Resources Division, Anchorage, AK.

Holland-Bartels, L. E. ed. 2002. *Mechanisms of impact and potential recovery of nearshore vertebrate predators following the EVOS*, volume 1. EVOS Trustee Council Restoration Project Final Report (Restoration Project 99025). USGS, Alaska Biological Science Center, Anchorage, AK.

Homer News staff. 1989. "Fumes sicken security men." *Homer News*, 17 August.

Hong, S. 1997. "Deposition. 10 December." In Roberts v. Exxon(1999).

Hong, S., MD. 1997. Letter to Daniel Stenson; re: La Joie symptoms. 5 November. In Roberts v. Exxon(1999), No.101, attachment.

Hoover-Miller, A., K. R. Parker and J. J. Burns. 2001. "A reassessment of the impact of the EVOS on harbor seals (Phoca vitulina richardsi) in PWS, AK." *Marine Mammal Science*, 17(1): 111–135.

Hopkins, M. 1991. "Work Therapy Enterprises' report on Smith, Work Hardening Program for Eagle Pacific Insurance Company. 25 July." In Roberts v. Exxon(1999), No.101, Exhibit Q.

Hose, J. E., E. Biggs and T. T. Baker. 1993. "Effects of the EVOS on herring embryos and larvae: Sublethal assessments, 1989–1991. Abstract." *EVOS Symposium Abstracts*, 247–249.

Hose, J. E., M. D. McGurk, G. D. Marty, D. E. Hinton, E. D. Brown and T. T. Baker. 1996. "Sublethal effects of the EVOS on herring embryosand larvae: Morphological, cytogenetic, and histopathological assessments, 1989–1991." *Canadian Journal of Fisheries and Aquatic Sciences*, 53: 2355–2365.

Houghton, J. 2000. Senior Marine Biologist, Pentec Environmental, a Division of Hart Crowser, Inc., Edmonds, WA. Interview by Riki Ott, 24 March.

Houghton, J. D. and T. Elbert. 1991. *Evaluation of the condition of intertidal and shallow subtidal biota in PWS following the EVOS and subsequent shoreline treatment*. NOAA Report No.HMRB91-1, March.

Houghton, J. P., R. H. Gilmour, D. C. Lees, W. B. Driskell, S. C. Lindstrom and A. Mearns. 1997. "Intertidal biota seven years later—Has it recovered?" IOSC. 1997, 679–686.

Houghton, J. P., D. C. Lees, W. B. Driskell, S. C. Lindstrom and A. J. Mearns. 1996. "Recovery of PWS intertidal epibiota from Exxon Valdez oiling and shoreline treatments, 1989 through 1992." *AFSS*, 18: 379–411.

Howe, G. R., D. Fraser, J. Lindsay, B. Presnal and S. Z. Yu. 1983. "Cancer mortality in relation to diesel fume and coal exposure in a cohort of retired railway workers." *Journal of the National Cancer Institute*, 70(6): 1015–1019.

Huff, D. 1954. *How to Lie with Statistics*. NewYork: W. W. Norton & Company, Inc., paperback reissue 1993.

Hyce, L. 2003. Director of Training, PWS Community College, Valdez, AK. Interview by Riki Ott, 23 September.

Impact Assessment, Inc. 1990. *Economic, social, and psychological impact assessment of the EVOS*. Final report. Prepared for Oiled Mayors' Subcommittee, Alaska Conference of Mayors. ARLIS, Anchorage, AK.

Irons, D. B. 1996. "Size and productivity of black-legged kittiwake colonies in PWS before and after the EVOS." *AFSS*, 18: 738–747.

Irons, D. B., S. J. Kendall, W. P. Erickson, L. L. McDonald and B. K. Lance. 2000. "Nine years after the EVOS: Effects on marine bird populations in PWS, AK." *Condor*, 102:

723–737.

Irons, D. B., S. J. Kendall, W. P. Erickson, L. L. McDonald and B. K. Lance. 2001. "A brief response to Wiens et al. twelve years after the EVOS." *Condor*, 103: 892–894.

Isleib, M. E. and B. Kessel. 1973. *Birds of the North Gulf Coast —PWS, AK*. Biological papers of the University of Alaska, No.14. Reprint, Fairbanks, AK: University of AK Press, 1989, 1992.

Iverson, S. J., C. Field, W. D. Bowen and W. Blanchard. 2004. "Quantitative fatty acid signature analysis: A new method of estimating predator diets." *Ecological Monographs*, 74(2): 211-235.

Iverson, S. J, K. J. Frost and S. L. C. Lang. 1999. "The use of fatty acid signatures to investigate foraging ecology and food webs in PWS, AK: Harbor seals and their prey." In Frost et al. 1999, 40–127.

Iverson, S. J., K. J. Frost and S. L. C. Lang. 2003. "High body energy stores and condition are linked with diet diversity in juvenile harbor seals in PWS, AK: New insights from quantitative fatty acid signature analysis (QFASA). Abstract." 15th Biennial Conference on the Biology of Marine Mammals, Greensboro, NC.

Iverson, S. J., K. J. Frost, S. L. C. Lang, C. Field and W. Blanchard. 1998. "The use of fatty acid signatures to investigate foraging ecology and food webs in PWS, AK: Harbor seals and their prey." In Frost et al. 1998, 38–117.

Iverson, S. J., K. J. Frost, and L. F. Lowry. 1997. "Fatty acid signatures reveal fine scale structure of foraging distribution of harbor seals and their prey in PWS, AK." *Marine Ecology Progressive Series*, 151: 255–271.

Jewett, S. C., T. A. Dean, B. R. Woodin, M. K. Hoberg and J. J. Stegeman. 2002. "Exposure to hydrocarbons ten years after the EVOS: Evidence from cytochrome P450-1A expression and biliary FACs in nearshore demersal fishes." *Marine Environmental Research*, 54: 21–48.

Johanson, G., A. Boman and B. Dynesius. 1988. "Percutaneous absorption of 2-butoxyethanol in man." *Scandanavian Journal of Work, Environment, and Health*, 14(2): 101–109.

Johanson, G. and P. Fernstrom. 1988. "Influence of water on the percutaneous absorption of 2-butoxyethanol in guinea pigs." *Scandanavian Journal of Work, Environment and Health*, 14(2): 95–100.

Johnson, A. 1993. Letter from Environmental Health Center —Dallas to Robert Cowan; re: Smith's physical exam and chiropractic adjustment. 6 January. In Roberts v. Exxon(1999), No.101, attachment.

Johnson, C. B. and D. L. Garshelis. 1995. "Sea otter abundance, distribution, and pup production in PWS following the EVOS." *ASTM STP*, 1219: 894–929.

Johnson, S. W., M. G. Carls, R. P. Stone, C. C. Brodersen and S. D. Rice. 1997. "Reproductive success of Pacific herring, Clupea pallasi, in PWS, AK, six years after the EVOS." *Fisheries Bulletin*, 95: 368–379.

Jones, L. 1989. "Former cleanup worker. Interview with Susan Ogle, 2 May." In U.S. Congress House. 1989a, 1141–1143.

Juday, G. and N. Foster. 1990. "A preliminary look at effects of the EVOS on Green Island research natural area." *Agroborealis*, 22: 10–17.

Kanner, A. 1999. "Toxic tort causation — A new frontier." In King. 1999, 124–128.

Karinen, J. 1988. "Sublethal effects of petroleum on biota." In Shaw and Hameedi. 1988, 293–328.

Karinen, J. 1998. Oceanographer, NOAA/NMFS ABL, Juneau, AK. Interview by Dorothy Shepard. 29 June.

Karinen, J. F. and M. M. Babcock. 1991. *Pre-spill and post-spill concentrations of hydrocarbons in sediments and mussels at intertidal sites within PWS and the Gulf of Alaska.* NRDA Draft Status Report, Coastal Habitat Study No.1B. NOAA/NMFS, ABL, Juneau, AK.

Karinen, J. F., M. M. Babcock, D. W. Brown, W. D. MacLeod, Jr., L. S. Ramos and J. W. Short. 1993. *Hydrocarbons in intertidal sediments and mussels from PWS, AK, 1977–1980: Characterization and probable sources.* NOAA Technical Memorandum NMFSAFSC-9.

Keeble, J. 1999. *Out of the Channel: The EVOS in PWS.* Tenth anniversary ed. Spokane, WA: Eastern Washington University Press.

Kelder, B. 1988. "Mapco, VECO fines urged for waste violations." *Fairbanks Daily News-Miner*, 17 February.

Kilburn, K. H. 1998. *Chemical Brain Injury.* New York: Van Nostrand Reinhold, a division of International Thomson Publishing, Inc.

King, L. P. 1999. *Chemical Injury and the Courts, A Litigation Guide for Clients and Their Attorneys.* Jefferson, NC: McFarland & Company.

Kitaysky, A. S., J. F. Piatt and J. C. Wingfield. 1999. "The adrenocortical stress-response of black-legged kittiwake chicks in relation to dietary restrictions." *Journal of Comparative Physiology B*, 169: 303–310.

Kitaysky, A. S., J. C. Wingfield and J. F. Piatt. 1999. "Dynamics of food availability, body condition, and physiological stress response in breeding black-legged kittiwakes." *Functional Ecology*, 13: 577–584.

Klosiewski, S. P. and K. K. Laing. 1994. *Marine bird populations of PWS, AK, before and after the EVOS*. EVOS State/Federal NRDA Final Report, Bird Study Number 2. USFWS, Anchorage, AK. June.

Kocan, R. M., T. T. Baker and E. Biggs. 1993. "Adult herring reproductive impairment following the EVOS. Abstract." *EVOS Symposium Abstracts*, 262–263.

Kocan, R., M. Bradley, N. Elder, T. Meyers, W. Batts and J. Winton. 1997. "North American strain of viral hemorrhagic septicemia virus is highly pathogenic for laboratory-reared Pacific herring." *Journal of Aquatic Animal Health*, 9(4): 279–290.

Kocan, R. M. and P. Hershberger. 2001. "Epidemiology of viral hemorrhagic septicemia (VHS) among juvenile Pacific herring and Pacific sand lances in Puget Sound, WA." *Journal of Aquatic Animal Health*, 13(2): 77–85.

Kocan, R. M., P. Hershberger and N. Elder. 2001. "Survival of the North American strain of viral hemorrhagic septicemia (VHS) virus in filtered seawater and seawater containing ovarian fluid, crude oil and serum-enriched culture medium." *Diseases of Aquatic Organisms*, 44: 75–78.

Kocan, R. M., J. E. Hose, E. D. Brown and T. T. Baker. 1996b. "Pacific herring (Clupea pallasi) embryo sensitivity to Prudhoe Bay petroleum hydrocarbons: Laboratory evaluation and in situ exposure at oiled and unoiled sites in PWS." *Canadian Journal of Fisheries and Aquatic Sciences*, 53: 2366–2375.

Kocan, R. M., G. D. Marty, M. S. Okihiro, E. D. Biggs and T. T. Baker. 1996a. "Reproductive success and histopathology of individual PWS Pacific herring three years after the EVOS." *Canadian Journal of Fisheries and Aquatic Science*, 53: 2388–2393.

Korten, D. 2002. "Economies for life. Yes!" *A Journal of Positive Futures*, fall 2002(issue #23), 12–17.

Krimsky, S. 1999. "Will disclosure of financial interests brighten the image of entrepreneurial science? Abstract A-29." In Boyd. 1999. Quoted in Rampton and Stauber. 2001, 204.

Kubaiewicz, M., A. Starzynski and W. Symczak. 1991. "Case-referent study on skin cancer and its relation to occupational exposure to PAHs. II. Study Results." *Polish Journal of Occupational Medicine and Environmental Health*, 4: 141–147.

Kuhn, T. S. 1996. *The Structure of Scientific Revolutions*. 3rd ed. Chicago, IL: University of Chicago Press.

Kuletz, K. 1997. *Restoration notebook: Marbled murrelet*(Brachyramphus marmoratus marmoratus). EVOS Trustee Council, Anchorage, AK.

Kuletz, K. J., D. B. Irons, B. A. Agler and J. F. Piatt. 1997. "Long-term changes in diets and populations of piscivorous birds and mammals in PWS, AK. Extended abstract." *Forage Fish Proceedings*, 703–706.

Kumho Tire Co. v. Carmichael, 526 U.S. 137(1999).

Kvenvolden, K. A., F. D. Hostettler, J. B. Rapp and P. R. Carlson. 1993. "Hydrocarbons in oil residues on beaches of islands of PWS, AK." *Marine Pollution Bulletin*, 26: 24–29.

Laborers' International Union of North America. 1989. Letter from Angelo Fosco, general president, to Congressman G. Miller (DCA), enclosing prepared statement of Mano W. Frey, executive president, AFL-CIO; re: recommendations for the EVOS cleanup and other attachments. In U.S. Congress House. 1989a, 1029–1069.

Laborers' National Health and Safety Fund. 1989a. Letter to Jim Sampson, ADOL; re: VECO worker training program deficiencies. 28 April. In U.S. Congress House. 1989a, 1067–1068.

Laborers' National Health and Safety Fund. 1989b. "Report of the public health team assessing the EVOS cleanup. Washington, DC, 24 April." In U.S. Congress House. 1989a, 1036–1062.

La Joie, P. 1996. "Deposition. 2 October." In Roberts v. Exxon(1999), No.64, Exhibit A.

Lamming, J. 1989a. "Spill stench permeates Aleut village." *Anchorage Times*, 28 March.

Lamming, J. 1989b. "Oil spill crews apprised of peril, but crews don't comprehend." *Anchorage Times*, 16 April.

Lancaster, J. 1991. "Exxon plea bargain thrown out by judge, $100 million oil spill fine called too lenient." *Washington Post*, 25 April.

Lanctot, R., B. Goatcher, K. Scribner, S. Talbot, B. Pierson, D. Esler and D. Zwiefelhofer. 1999. "Harlequin duck recovery from the EVOS: A population genetics perspective." *The Auk*, 116(3): 781–791.

Lange, E.(alias). 2001. Former cleanup worker, Fairbanks, AK. Interview by Riki Ott, 23 November.

Langford, T. 1996. "Exxon, Lloyd's settle. Insurers to pay $480 million." *ADN*, 1 November.

Larsen, K. S., M. Hougaard, M. Hammer, Y. Alarie, P. Wolkoff, P. A. Clausen, C. K. Wilkins and G. D. Nielson. 2000. "Effects of r-(+) and s-(−) limonene on the respiratory tract in mice." *Human and Experimental Toxicology*, 19: 457–466.

Lamoreaux, B. and B. Baker. 1989. "ADEC and ADFG memorandum to Commander

McCall, U.S. Coast Guard. ADEC, Anchorage, AK." In Lethcoe and Nurnberger. 1989, 45.

Leahy, J. G. and R. R. Colwell. 1990. "Microbial degradation of hydrocarbons in the environment." *Microbiological Reviews*, 54: 305–315; In Braddock et al. 1996.

Lees, D. C., W. B. Driskell and J. P. Houghton. 1999. "Response of infaunal bivalves to EVOS and related shoreline treatment." IOSC. 1999, 999–1002.

Lees, D. C., J. P. Houghton and W. B. Driskell. 1996. "Short-term effects of several types of shoreline treatment on rocky intertidal biota in PWS." *AFSS*, 18: 329–348.

Lethcoe, J. 1990. *An Observer's Guide to The Geology of PWS*. Valdez, AK: PWS Books.

Lethcoe, N. 1987. *An Observer's Guide to The Glaciers of PWS*. Valdez, AK: PWS Books.

Lethcoe, N. and L. Nurnberger. eds. 1989. *PWS Environmental Reader, 1989 —T/V EVOS*. Valdez, AK: PWS Conservation Alliance.

Liberman, M. S., B. J., DiMuro and J. B. Boyd. 1999. "Multiple chemical sensitivity: An emerging area of law." In King. 1999, 129–139.

Lipscomb, T. P., R. K. Harris, R. B. Moeller, J. M Pletcher, R. J. Haebler and B. E. Ballachey. 1993. "Histopathologic lesions in sea otters exposed to crude oil." *Veterinary Pathology*, 30: 1–11.

Lipscomb, T. P., R. K. Harris, A. H. Rebar, B. E. Ballachey and R. J. Haebler. 1994. "Pathology of sea otters." In Loughlin. 1994, 265–279.

Little, R. 2002. "Infamous oil tanker hung out to dry. It may be end of line for old Exxon Valdez." *San Francisco Chronicle*, 17 October.

Litzow, M. A. 2002. "Pigeon guillemot biology in Kachemak Bay." In Piatt. 2002, 100–109.

Litzow, M. A., J. F. Piatt, A. A. Abookire, A. K. Prichard and M. D. Robards. 2000. "Monitoring temporal and spatial variability in sandeel (Ammodytes hexapterus) abundance with pigeon guillemot (Cepphus columba) diets." *ICES Journal of Marine Science*, 57: 976–986.

Lobdell, H. 1989. *Testimony of Laborers' International Union of North America*. U.S. House of Representatives Committee on Merchant Marine and Fisheries, Subcommittee on Coast Guard and Navigation, Seattle, WA. 16 June.

Loughlin, T. R. ed. 1994. *Marine Mammals and the Exxon Valdez*. San Diego: Academic Press.

Lowry, L. F. and K. J. Frost. 1993. "Harbor seals: Were they injured and will they recover?" *AK's Wildlife*, 25(1): 20–21.

Lowry, L. F., K. J. Frost and K. W. Pitcher. 1994. "Observations of oiling of harbor seals in PWS." In Loughlin 1994, 209–226.

Lowry, L. F., K. J. Frost, J. M. Ver Hoef and R. A. DeLong. 2001. "Movements of satellite-tagged subadult and adult harbor seals in PWS, AK." *Marine Mammal Science*, 17(4): 835–861.

Lubchenco, J. 1998. "Entering the century of the environment: A new social contract for science." *Science*, 279: 491–497.

Lyondell Petrochemical Company. 1990. *MSDS for crude oil*. MSDS No.HCR00001.

Lyons, R. A., J. M. F. Temple, D. Evans, D. L. Fone and S. R. Palmer. 1999. "Acute health effects of the Sea Empress oil spill." *Journal of Epidemiology and Community Health*, 53: 306–310.

MacFarland, H. N. et al. eds. 1984. *Applied Toxicology of Petroleum Hydrocarbons*. Vol.6 of Advances in Modern Environmental Toxicology. Series Editor M. A. Mehlman. Princeton, NJ: Princeton Scientific Publishers.

Maki, A. W. 1991. "The EVOS: Initial environmental impact assessment." *Environmental Science and Technology*, 25(1): 24–29.

Maki, A. W., E. J. Brannon, L. G. Bilbertson, L. L. Moulton and J. R. Skalski. 1995. "An assessment of oil spill effects on pink salmon populations following the EVOS: Part 2—Adults and escapement." *ASTM STP*, 1219: 585–625.

Margasak, L. 2001. "Environmental labs caught faking data." *Seattle Times*, 22 January.

Marty, G. D., E. F. Freiberg, T. R. Meyers, J. Wilcock, T. B. Farver and D. E. Hinton. 1998. "Viral hemorrhagic septicemia virus, Ichthyophonus hoferi, and other causes of morbidity in Pacific herring (Clupea pallasi) spawning in PWS, AK, USA." *Diseases of Aquatic Organisms*, 32: 15–40.

Marty, G. D., R. A. Heintz and D. E. Hinton. 1997. "Histology and teratology of pink salmon larvae near the time of emergence from gravel substrate in the laboratory." *Canadian Journal of Zoology*, 75: 978–988.

Marty, G. D., J. E. Hose, M. D. McGurk, E. D. Brown and D. E. Hinton. 1997a. "Histopathology and cytogenetic evaluation of Pacific herring larvae exposed to petroleum hydrocarbons in the laboratory or in PWS, AK, after the EVOS." *Canadian Journal of Fisheries and Aquatic Sciences*, 54: 1846–1857.

Marty, G. D., M. A. Okihiro, E. D. Brown, D. Hanes and D. E. Hinton. 1999. "Histopathology of adult pacific herring in PWS, AK, after the EVOS." *Canadian Journal of Fisheries and Aquatic Sciences*, 56: 419–426.

Marty, G. D., T. J. Quinn II, G. Carpenter, T. R. Meyers and N. H. Willits. 2003. "Role of disease in abundance of a Pacific herring (Clupea pallasi) population." *Canadian*

Journal of Fisheries and Aquatic Sciences*, 60(10): 1258–1265.

Marty, G. D., J. W. Short, D. M. Dambach, H. H. Willits, R. A. Heintz, S. D. Rice, J. J. Stegeman and D. E. Hinton. 1997b. "Ascites, premature emergence, increased gonadal cell apoptosis, and cytochrome P4501A induction in pink salmon larvae continuously exposed to oil-contaminated gravel during development." *Canadian Journal of Zoology*, 75: 989–1007.

Masry, E., E. Brockovitch, M. Schneider and R. Ott. 2001. Letter to U.S. Senator H. Clinton (D-NY), U.S. Senator H. Reid(D-NV), U.S. Congressman G. Miller(D-CA), and U.S. Congressman M. Owens(D-NY); re: Protecting cleanup workers and lessons learned from Exxon Valdez. 21 November.

Matkin, C. 1998. Executive director and marine mammal biologist, North Gulf Oceanic Society, Homer, AK. Interview by Riki Ott, 5 June.

Matkin, C. 1994. *An Observer's Guide to the Orcas of PWS*. Valdez, AK: PWS Books.

Matkin, C. 1997. *Comprehensive killer whale investigation*. EVOS Restoration Project Annual Report(Restoration Project 96012). North Gulf Oceanic Society, Homer, AK.

Matkin, C., G. Ellis, M. Dahlheim and J. Zeh. 1994. "Status of killer whale pods in PWS 1984–1992." In Loughlin. 1994, 141–162.

Matkin, C., G. Ellis, P. Olesiuk and E. Saulitis. 1999. "Association patterns and inferred genealogies of resident killer whales, Orcinus orca, in PWS, AK." *Fisheries Bulletin*, 97: 900–919.

Matkin, C., D. R. Matkin, G. Ellis, E. Saulitis and D. McSweeney. 1997. "Movements of resident killer whales in southeastern Alaska and PWS, AK." *Marine Mammal Science*, 13(3): 469–475.

Matkin, C. and E. Saulitis. 1997. *Killer whale Orcinus orca*. Restoration notebook series, EVOS Trustee Council, Anchorage, AK.

Matkin, C., R. Steiner and G. Ellis. 1986. *Photo-identification and deterrent experiments applied to orcas in PWS, AK*. Unpublished report to the University of Alaska, Sea Grant, Anchorage, AK.

Matthews, B. L. ed. 1998. *Defining Multiple Chemical Sensitivity*. Jefferson, NC and London: McFarland and Company, Inc.

Matthews, D. 1993. "The remarkable recovery of PWS." *The Lamp*, 75(3): 4–13. Exxon Corporation Public Affairs Department, P. O. Box 160369, Irving, TX 75016-0369.

Mauer, R. 1989. "Allen begins a new chapter in powerful Alaska career." *ADN*, 21 November.

McCoy, C. 1989. "Broken promises–Alyeska record shows how big oil neglected Alaska environment. Pipeline firm cut corners and scraped safeguards, raising risk of disaster. Allegations of fabricated data." *WSJ*, 6 July.

McDonald, L. L., W. P. Erickson and M. D. Strickland. 1995. "Survey design, statistical analysis, and basis for statistical inferences in coastal habitat injury assessment: EVOS." *ASTM STP*, 1219: 296–311.

McDowell, T. 1989. Seldovia town meeting with spill agency representatives. 24 August 1989. VHS. ARLIS, Anchorage, AK. 7 videos.

McGonigle, S. and E. Timms. 1992. "Doctor detects oil poisoning in 2 ailing gulf war veterans. Army says it's studying possible exposure in Desert Storm." *The Dallas Morning News*, 2 August.

McGurk, M. and E. Brown. 1996. "Egg-larval mortality of Pacific herring in PWS, AK, after the EVOS." *Canadian Journal of Fisheries and Aquatic Sciences*, 53: 2343–2354.

Mearns, A. J. 1996. "Exxon Valdez shoreline treatment and operations: Implications for response, assessment, monitoring, and research." *AFSS*, 18: 309–328.

Medred, C. 1989. "Biologists track a slaughter. Oil killed thousands of Barren Islands murres, researchers say." *ADN*, 13 July.

Med-Tox. 1989a. "Air monitoring results for oil mist: VOCs master by task and VOCs master by date." In Stubblefield v. Exxon(1994).

Med-Tox. 1989b. "Results of air sampling for PAHs." In Stubblefield v. Exxon(1994).

Med-Tox. 1989c. "Statistical summary of industrial hygiene monitoring." In Stubblefield v. Exxon(1994).

Meggert, E. 1991. Letter to Surety of Alaska Claim Manager. 9 January. In ADOL·AWCB. 1992a.

Meggert, E. 2001. State On-Scene Coordinator, ADEC, Fairbanks, AK. Interview by Riki Ott, 24 November.

Menez, J. F., F. Berthou, D. Picaut and C. Riche. 1978. "Impacts of the oil spill Amoco Cadiz on human biology." *Penn. Ar. Bed.*(French), 94: 367–378.

Merrick, R. L., T. R. Loughlin and D. G. Calkins. 1987. "Decline in abundance of the northern sea lion, Eumetopias jubatus, in AK, 1956–1986." *U.S. National Marine Fisheries Service Fishery Bulletin*, 85: 351–365.

Michel, J. M. and M. O. Hayes. 1993. *Evaluation of the condition of PWS shorelines following the EVOS and subsequent shoreline treatment, Vol. 1.* NOAA Technical Memorandum NOS ORCA 67, Seattle, WA.

Michel, J. M. and M. O. Hayes. 1999. "Weathering patterns of oil residues eight years after the EVOS." *Marine Pollution Bulletin*, 38(10): 855–863.

Milbank, D. 1994. "Lloyd's investors win key ruling in British court." *WSJ*, 5 October.

Moeller, D. S. 1989. *Journal entries, 1–4 August*. Papers. Private collection of D. S. Moeller, Valdez, AK.

Moeller, D. S. 2001. Former cleanup worker. Interview by Riki Ott, 13 January 2001.

Moles, A., M. M. Babcock and S. D. Rice. 1987. "Effects of oil exposure on pink salmon Oncorhynchus gorbuscha alevins in a simulated intertidal environment." *Maine Environmental Research*, 21: 49–58.

Moles, A. and S. D. Rice. 1983. "Effects of crude oil and naphthalene on growth, caloric content, and fat content of pink salmon juveniles in seawater." *Transactions of the American Fisheries Society*, 112(2A): 205–211.

Moles, A., S. D. Rice and M. S. Okihiro. 1993. "Herring parasite and tissue alterations following the EVOS." IOSC. 1993, 325–328.

Monahan, T. P. and A. W. Maki. 1991. "The Exxon Valdez 1989 wildlife rescue and rehabilitation program." IOSC. 1991, 131–139.

Monnett, C. 1990. Letter to Larry Pank, Chief, Mammals Section, Alaska Fish and Wildlife Research Center, USFWS, Anchorage, AK. 13 June.

Monnett, C. and L. M. Rotterman. 1990. *Assessment of the fate of sea otters oiled and treated as a result of the EVOS*. Draft Marine Mammal Study No.7, USFWS, Anchorage, AK.

Monnett, C. and L. M. Rotterman. 1993. "The efficacy of the T/V EVOS sea otter rehabilitation program and the possibility of disease introduction into recipient sea otter populations. Abstract." *EVOS Symposium Abstracts*, 273.

Monnett, C. and L. M. Rotterman. 1995a. *Movements of weanling and adult female sea otters in PWS, AK, after the EVOS*. EVOS State/Federal NRDA Final Report, Marine Mammal Study No.6-12. USFWS, Anchorage, AK.

Monnett, C. and L. M. Rotterman. 1995b. *Mortality and reproduction of female sea otters in PWS, AK*. EVOS State/Federal NRDA Final Report, Marine Mammal Study No.6-13. USFWS, Anchorage, AK.

Monnett, C. and L. M. Rotterman. 1995c. *Mortality and reproduction of sea otters oiled and treated as a result of the EVOS*. EVOS State/Federal NRDA Final Report, Marine Mammal Study No.6-14, USFWS, Anchorage, AK.

Monnett, C. and L. M. Rotterman. 2000. "Survival rates of sea otter pups in Alaska and California." *Marine Mammal Science*, 16(4): 794–810.

Monnett, C., L. M. Rotterman, C. Stack and D. Monson. 1990. "Postrelease monitoring of radio-instrumented sea otters in PWS." In Bayha and Kormendy. 1990, 400–420.

Monson, D. H., D. F. Doak, B. E. Ballachey, A. Johnson and J. Bodkin. 2000a. "Long-term impacts of the EVOS on sea otters, assessed through age-dependent mortality patterns." *Proceedings of the National academy of Science*, 97(12): 6562–6567.

Monson, D. H., J. A. Estes, J. L. Bodkin and D. B. Siniff. 2000b. "Life history plasticity and population regulation in sea otters." *OIKOS*, 90: 457–468.

Morita, A., Y. Kusaka, Y. Deguchi, A. Moriuchi, Y. Nakanaga, M. Iki, S. Miyazaki and K. Kawahara. 1999. "Acute health problems among people engaged in the cleanup of the Nakhodka oil spill." *Environmental Research*(Section A), 81: 185–194.

Morris, B. F. and T. R. Loughlin. 1994. "Overview of the EVOS, 1989–1992." In Loughlin. 1994, 1–22.

Morton, A. B. 1990. "A quantitative comparison of the behavior of resident and transient forms of killer whale off the central British Columbia coast." *Report of the International Whaling Commission Special Issue*, 12: 245–248.

Mulcahy, D. M. and B. E. Ballachey. 1994. "Hydrocarbon residues in sea otter tissue." In Loughlin. 1994, 313–330.

Mulligan, T. and M. Parrish. 1994. "Exxon ordered to pay \$5 billion for oil spill." *Los Angles Times*, 17 September.

Mullins, R. 1994. "We will make you whole." VHS. Cordova town meeting, 28 March 1989. Ross Mullins, POB 436, Cordova, AK, 99574.

Murchison, J. 1991. Letter to Assistant Attorney General Mike Mitchell; re: preliminary review EVOS volume. In ADOL. 1991, ACE 9486067–9486071. ARLIS, Anchorage, AK.

Murphy, K. 2001. "Exxon spill's cleanup workers share years of crippling illness." *Los Angeles Times*, 5 November.

Murphy, S. M., R. H. Day, J. A. Wiens and K. R. Parker. 1997. "Effects of the EVOS on birds: Comparison of pre- and post-spill surveys in PWS, AK." *Condor*, 99: 299–313.

Murphy, M., R. A. Heintz, J. W. Short, M. L. Larsen and S. D. Rice. 1999. "Recovery of pink salmon spawning areas after the EVOS." *Transactions of the American Fisheries Society*, 128: 909–918.(poster: www.afsc.noaa.gov/abl/evos/pssynthe.htm)

Myren, R. T. and J. J. Pella. 1977. "Natural variability in distribution of an intertidal population of Macoma balthica subject of potential oil pollution at Port Valdez, AK." *Marine Biology*, 41(4): 371–382.

Myren, R. T., G. Perkins and T. R. Merrell. 1992 unpublished manuscript. *Reduced abun-*

dance of Macoma balthica near an oil tanker terminal in Port Valdez, AK, 1971–1984. NOAA/NMFS ABL, Juneau, AK.

Nagel., R, Capt. 2003. Former cleanup worker, Florida. Interview by Riki Ott, 22 April.

National Academy of Sciences. 1991. *Addressing the Physician Shortage in Environmental and Occupational Medicine.* Washington, DC: National Academies Press.

National Research Council. 1980. *International Mussel Watch.* E. D. Goldberg(ed.). Washington, DC: National Academies Press.

National Research Council. 1985. *Oil in the Sea: Inputs, Fates, and Effects.* Washington, DC: National Academies Press.

National Research Council. 1989. *Using Oil Spill Dispersants on the Sea.* Washington, DC: National Academies Press.

National Research Council. 2002. *Oil in the Sea III: Inputs, Fates, and Effects.* Washington, DC: National Academies Press.

National Science Board. 1999. *Statement on sharing of research data.* Document number(NBS 99-30) PS 99-2. 23 February.

National Wildlife Federation, National Research Defense Council, Wildlife Federation of Alaska, and the Windstar Foundation. 1990. "The day the water died. A Compilation of the November 1989 Citizens Commission Hearings on the EVOS." Available through NWF, Washington, DC.

Nauman, S. A. 1991. "Shoreline cleanup: Equipment and operations." IOSC. 1991, 141–147.

Neff, J. M. 1990. *Water quality in PWS.* Summary of findings from the report by J. M. Neff. Battelle Ocean Sciences, Duxbury Operations, 397 Washington Street, P. O. Drawer AH, Duxbury, MA 02332–0601.

Neff, J. M. 1991. *Water quality in PWS and the Gulf of Alaska.* Summary of findings from the report by J. M. Neff. Arthur D. Little, 20 Acorn Park, Cambridge, MA 02140–2390. March.

Neff, J. M., E. H. Owens, S. W. Stoker and D. M. McCormick. 1995. "Shoreline oiling conditions in PWS following the EVOS." *ASTM STP*, 1219: 312–346.

Neff, J. M. and W. A. Stubblefield. 1995. "Chemical and toxicological evaluation of water quality following the EVOS." *ASTM STP*, 1219: 141–177.

New York Times. 1993. "New trouble in PWS. Editorial, 25 August. Nichols, W. J. 2001. The U.S. EPA: National oil and hazardous substances pollution contingency plan, subpart J product schedule(40 CFR 300. 900)." IOSC. 2001, 1479–1483.

NIOSH. 1988. *Current Intelligence Bulletin 50: Carcinogenic effects of exposure to diesel exhaust.*

U.S. DHHS, Centers for Disease Control, Cincinnati, OH. Publication No.88-116.

NIOSH. 1991. *Health Hazard Evaluation Report*. Prepared by R. W. Gorman, S. P. Berardinelli and T. R. Bender. U.S. DHHS, May. HETA 89-200 & 89-273-2111, Exxon/Valdez Alaska Oil Spill.

NIOSH. 2003. "Major findings for NHANES studies: National report on human exposure to environmental chemicals and national health and nutrition examination survey." U.S. DHHS, National Center for Environmental Health and Centers for Disease Control and Prevention. Atlanta, GA.(www.cdc.gov/nchs/about/major/nhanes/findings.htm)

NIOSH. 2004. "NIOSH Pocket Guide to Chemical Hazards, Appendix D." U.S. DHHS, www.cdc.gov/niosh/npg/nengapdx.htm#d.

Norcross, B. L., E. D. Brown, R. J. Foy, M. Frandsen, S. M. Gay III, T. C. Kline, Jr., D. M. Mason, E. V. Patrick, A. J. Paul and K. D. E. Stokesbury. 2001. "A synthesis of the life history and ecology of juvenile Pacific herring in PWS, AK." *Fisheries Oceanography*, 10(Suppl. 1): 42–57.

Norcross, B. and M. Frandsen. 1996. "Distribution and abundance of larval fishes in PWS, AK, during 1989 after the EVOS." *AFSS*, 18: 463–486.

Norcross, B., M. Frandsen, J. Hose and E. Biggs[Brown]. 1996. "Distribution, abundance, morphological condition, and cytogenetic abnormalities of larval herring in PWS, AK, following the EVOS." *Canadian Journal of Fisheries and Aquatic Sciences*, 53: 2376–2387.

Nysewander, D. R., C. Dippel, G. V. Byrd and E. P. Knudtson. 1993. *Effects of the T/V EVOS on murres: A perspective from observations at breeding colonies*. EVOS State/Federal NRDA Final Report, Bird Study No.3. USFWS, Migratory Bird Management, Homer, AK.

Oakley, K. L. and K. J. Kuletz. 1993. "Effects of the EVOS on pigeon guillemots (Cepphus columba) in PWS, AK. Abstract." *EVOS Symposium Abstracts*, 144–146.

Oakley, K. L. and K. J. Kuletz. 1996. "Population, reproduction, and foragingof pigeon guillemots at Naked Island, AK, before and after the EVOS." *AFSS*, 18: 759–769.

O'Clair, C. E., J. W. Short and S. D. Rice. 1996. "Contamination of intertidal and subtidal sediments by oil from the Exxon Valdez in PWS." *AFSS*, 18: 61–93.

O'Harra, D. 2002. "Experts amazed at oil left in Sound." *ADN,* 23 January.

O'Harra, D. 2003. "Agency seeks protection for orca group. Seal-eating pod seems to be dying out." *ADN,* 28 October.

Oil Pollution Act of 1990. Public Law 101-380. U.S. Statutes at Large 104(1990).

Olson, A. 1989. "Telephone record of 5 May." In U.S. Congress House. 1989a, 1126.

O'Neill, A. 2003. *Self-reported exposures and health status among workers from the EVOS cleanup. Master's thesis M. P. H.* Yale University, Department of Epidemiology and Public Health.

Orange-Sol, Inc. 1987. MSDS for De-Solv-It cleaner, solvent. 22 April.

Orange-Sol, Inc. 1991. MSDS for De-Solv-It (MSDS Serial Number BSPYW). Chandler, AZ

Ornitz, B. E. 2001. "Sustainable shipping: The benefits of the safety culture far outweigh the costs." IOSC. 2001, 839–843.

Ortega, B. 1989. "Day-by-day account of the spill shows evolving tragedy." *Homer News,* 29 December.

OSHA. 1989. *Hazardous Waste Operations and Emergency Response Standard, 29 CFR Part 1910. 120*(Federal Register 54 [42]: 9294- 9336). U.S. Department of Labor, 6 March.

OSHA. 1994. *Final Rule.* Hazard Communication, Section 1-I. Background 59(27): 6126–6184. U.S. Department of Labor, 9 February.

OSHA. 1998. *Chemical Hazard Communication*(OSHA 3084), *revised.* U.S. Department of Labor.

OSHA. 2004a. *Determination of work-relatedness; Recording and reporting occupational injuries and illness. Subpart: Record-keeping forms and recording criteria.* U.S. Department of Labor, 29 CFR 1904. 5, Subpart C, Section 1904. 5(b)(2)(viii). www.osha.gov/ pls/oshaweb/owadisp.show_document?p_table=STANDARDS&p_id=9636

OSHA. 2004b. *Occupational Safety and Health Standards: Subpart Z —Toxic and Hazardous Substances, Table Z-1.* U.S. Department of Labor, 29 CFR 1910. 1000. www.osha. gov/pls/oshaweb/owadisp.show–document?p_table= STANDARDS&p_id=9992

OSHA. 2004c. *Occupational Safety and Health Standards: Subpart Z —Toxic and Hazardous Substances, Table Z-2.* U.S. Department of Labor, 29 CFR 1910. 1000. www.osha. gov/pls/oshaweb/owadisp.show–document?p_table= STANDARDS&p_id=9993

Ostrand, W. D., K. O. Coyle, G. S. Drew, J. M. Maniscalco and D. B. Irons. 1997. "Selection of forage-fish schools by murrelets and tufted puffins in PWS, AK. Extended abstract." *Forage Fish Proceedings,* 171–173.

Ott, F. S. 1986. "Amphipod sediment bioassays: Effects on response of methodology, grain size, organic content, and cadmium." PhD. diss., University of Washington.

Ott, R. 1989a. "Spilled oil and the Alaska fishing industry: Looking beyond fouled nets and

lost fishing time." Presented at the IOSC Panel on the Open Ocean and Coastal 」
Spills, 12~15 February 1989, San Antonio, TX.(Also in U.S. Congress House.
1989a, 1104–1123.)

Ott, R. 1989b. "Testimony." In U.S. Congress House. 1989a, 69–146.

Ott, R. 1989c. "Oil in the marine environment." In Lethcoe and Nurnberger. 1989, 30–35.

Ott, R. 1999. "Exxon Valdez aftermath. A decade after the huge Alaskan oil spill, hardly
any wild species have fully recovered." *Defenders*, 74(2): 16–24.

Ott, R. 2000. Letter to George Frampton, White House Council on Environmental
Quality; re: amended Freedom of Information Act policy. 22 November.

Ott, R., C. Peterson and S. Rice. 2001. *EVOS legacy: Shifting paradigms in oil ecotoxicology.*
Briefing paper prepared for the Alaska Forum for Environmental Responsibility,
POB 188, Valdez, AK 99686. Available from: www.alaskaforum.org.

Owens, E. H. 1991a. "Shoreline conditions following the EVOS as of fall 1990." *Proceedings
of the 14th AMOP*, 579–606.

Owens, E. H. 1991b. "Shoreline conditions following the EVOS as of fall 1990." Brochure.
Presented at the 14th AMOP Technical Seminar. June. Woodward-Clyde
Consultants, 3440 Bank of California Center, 900 Fourth Avenue, Seattle, WA
98164.

Owens, E. H. 1999. "SCAT–A ten-year review." *Proceedings of the 22nd AMOP*, 337–360.

Pagano, R. 1992. "Workers allege illnesses tied to Exxon Valdez cleanup." *Anchorage Times*,
16 April.

Pagano, R. 1993. "Commercial fishers among those hardest hit by Exxon disaster." *ADN*,
5 February.

Page, D. S. 2002. "Point counterpoint: Has PWS recovered? Short study exaggerates:
Sound is as healthy as ever." *ADN*, 31 January.

Page, D. S., P. D. Boehm, G. S. Douglas and A. E. Bence. 1995a. "Identification of hydro-
carbon sources in the benthic sediments of PWS and the Gulf of Alaska following
the EVOS." *ASTM STP*, 1219: 41–83.

Page, D. S., P. D. Boehm, G. S. Douglas, A. E. Bence, W. A. Burns and P. J. Mankiewicz.
1996. "The natural petroleum hydrocarbon background in subtidal sediments of
PWS, AK, USA." *Environmental Toxicology and Chemistry*, 15(8): 1266–1281.

Page, D. S., P. D. Boehm, G. S. Douglas, A. E. Bence, W. A. Burns and P. J. Mankiewicz.
1997. "An estimate of the annual input of natural petroleum hydrocarbons to sea-
floor sediments in PWS, AK." *Marine Pollution Bulletin*, 34(9): 744–749.

Page, D. S., P. D. Boehm, G. S. Douglas, A. E. Bence, W. A. Burns and P. J. Mankiewicz. 1998. "Reply to letter to editor: Source of polynuclear aromatic hydrocarbons in PWS, AK, USA, subtidal sediments." *Environmental Toxicology and Chemistry*, 17(9): 1651-1652.

Page, D. S., P. D. Boehm, G. S. Douglas, A. E. Bence, W. A. Burns and P. J. Mankiewicz. 1999a. "Pyrogenic plycyclic aromatic hydrocarbons in sediments record past human activity: A case study in PWS, AK." *Marine Pollution Bulletin*, 38(4): 247-260.

Page, D. S., E. S. Gilfillan, P. D. Boehm and E. J. Harner. 1995b. "Shoreline ecology program for PWS, AK, following the EVOS: Part 1 —Study design and methods." *ASTM STP*, 1219: 263-295.

Page, D. S., E. S. Gilfillan, J. M. Neff and S. W. Stoker. 1999b. "1998 shoreline conditions in the EVOS zone in PWS." IOSC. 1999, 119-126.

Park, J. M. and M. G. Holliday. 1999. "Occupational-health aspects of marine oil spill response." *Pure Applied Chemistry*, 71(1): 113-133.

Parrish, J. K. and P. D. Boersma. 1995a. "Muddy waters." *American Scientist*, 83: 112-115.

Parrish, J. K. and P. D. Boersma. 1995b. Letters to the editor. American Scientist 83: 398-399.

Pasztor, A. and R. E. Taylor. 1986. "Unsafe harbor. Alyeska pipeline firm is accused of polluting sea water since 1977." *WSJ*, 20 February.

Patten, S. M., Jr. 1993. "Acute and sublethal effects of the EVOS on harlequins and other seaducks. Abstract." *EVOS Symposium Abstracts*, 151-154.

Patten, S. M., Jr. 1993. "Reproductive failure of harlequin ducks." *Alaska's Wildlife*, 25(1): 14-15.

Patten, S. M., Jr. 2003. Fire Management Officer, USFWS, Fairbanks, AK. Interview by Riki Ott, 18 March.

Patten, S. M., Jr., T. Crowe, R. Gustin, R. Hunter, P. Twait and C. Hastings. 2000a. *Assessment of injury to sea ducks from hydrocarbon uptake in PWS and the Kodiak archipelago, AK, following the EVOS*. Volume I, plus five appendices. EVOS State/Federal NRDA Final Report, Bird Study No.11. ADFG in cooperation with USFWS, Anchorage, AK.

Patten, S. M., Jr., T. Crowe, R. Gustin, R. Hunter, P. Twait and C. Hastings. 2000b. *Assessment of injury to sea ducks from hydrocarbon uptake in PWS and the Kodiak Archipelago, AK, following the EVOS*. Volume II, plus three supplements. EVOS State/Federal NRDA Final Report, Bird Study No.11. ADFG in cooperation with USFWS, Anchorage, AK.

Payne, Jacqueline, Jacob Payne, Randy W. Lowe, Ferdinand Samuel and Daniel Saliors v. Exxon Corporation, Exxon Company USA, Exxon Shipping Company, and VECO, Inc.(1997). U.S. 9th Circuit Court of Appeals, No.96-35043. D.C. No.CV-93-00107-JWS. Filed 6 August 1997.(laws.findlaw.com/9th/9635043.html)

Pearcy, W. G. ed. 2001. "Introduction [to Ecosystem-level studies of juvenile Pacific herring and juvenile pink salmon in PWS, AK]." *Fisheries Oceanography*, 10 (Suppl. 1): v.

Pearson, W. H., D. L. Woodruff and P. C. Sugarman. 1984. "The burrowing behavior of sand lance, Ammodytes hexapterus: Effects of oil-contaminated sediment." *Marine Environmental Research*, 11: 17–32.

Pearson, W. H., R. W. Bienert, E. Moksness and J. R. Skalski. 1995. "Potential effects of the Exxon Valdez Oil Spill on Pacific herring in Prince William Sound." *Canadian Technical Report of Fisheries and Aquatic Sciences*, 2060: 63–68.

Pearson, W. H., E. Moksness and J. R. Skalski. 1995. "A field and laboratory assessment of oil spill effects on survival and reproduction of Pacific herring following the EVOS." *ASTM STP*, 1219: 626–661.

Pearson, W. H., R. A. Elston, R. W. Bienert, A. S. Drum and L. D. Antrim. 1999. "Why did the PWS, AK, Pacific herring (Clupea pallasi) fisheries collapse in 1993 and 1994? Review of hypotheses." *Canadian Journal of Fisheries and Aquatic Sciences*, 56: 711–737.

Perera, F. P. 1992. "DNA adducts and related biomarkers in populations exposed to environmental carcinogens." *Environmental Health Perspectives*, 98: 133–137.

Perera, F. P., W. Jedrychowski, V. Rauh and R. M. Whyatt. 1999. "Molecular epidemiological research on the effects of environmental pollutants on the fetus." *Environmental Health Perspectives*, 107(1999 suppl. 3): 451–460.

Peterson, C. H. 1993a. "Overview of intertidal processes, damages, and recovery. Abstract." *EVOS Symposium Abstracts*, 19–22.

Peterson, C. H. 1993b. "Improvement of environmental impact analysis by application of principles derived from manipulative ecology: Lessons from coastal marine case histories." *Australian Journal of Ecology*, 18 (1993): 32–33.

Peterson, C. 2000. Alumni Distinguished Professor of Marine Sciences at the University of North Carolina at Chapel Hill, Institute of Marine Sciences. Interview by Riki Ott, 18 January.

Peterson, C. H. 2001. "The EVOS in Alaska: Acute, indirect and chronic effects on the ecosystem." *Advances in Marine Biology*, 39: 1–103.

Peterson, C. H. and L. Holland-Bartels. 2002. "Chronic impacts of oil pollution in the sea: Risks to vertebrate predators." *Marine Ecology Progressive Series*, 241: 235–236.

Peterson, C. H., L. L. McDonald, R. H. Green and W. P. Erickson. 2001. "Sampling design begets conclusions: The statistical basis for detection of injury to and recovery of shoreline communities after the EVOS." *Marine Ecology Progressive Series*, 210: 255–283.

Peterson, C. H., L. L. McDonald, R. H. Green and W. P. Erickson. 2002. "Reply comment. The joint consequences of multiple components of statistical sampling designs." *Marine Ecology Progressive Series*, 231: 309–314.

Peterson, C. H., S. D. Rice, J. W. Short, D. Esler, J. L. Bodkin, B. E. Ballachey and D. B. Irons. 2003. "Long-term ecosystem response to the EVOS." *Science*, 302: 2082–2086.

Phillips, N. 1992. "Spill left murres without a clue." *ADN*, 2 June.

Phillips, N. 1999. "Still painful. 10 years later, front-line spill workers link physical ailments to cleanup work." *ADN*, 23 March.

Piatt, J. F. 1987. "Behavioral ecology of common murre and Atlantic puffin predation on capelin: Implications for population biology." PhD. diss. Memorial University of Newfoundland, St. John's.

Piatt, J. F. 1993. "The oil spill and seabirds: Three years later." *Alaska's Wildlife*, 25(1): 11–12.

Piatt, J. F. 1995. "Water over the bridge. Letters to the editor." *American Scientist*, 83: 396–398.

Piatt, J. F. 1997. "Alternative interpretations of oil spill data." *BioScience*, 47(4): 202–203.

Piatt, J. F. 2000. Research Wildlife Biologist, USGS, Alaska Biological Science Center, Anchorage, AK. Interview by Riki Ott, 6 July.

Piatt, J. F. 2002. "Response of seabirds to fluctuations in forage fish density: Can seabirds recover from effects of the EVOS?" In Piatt. 2002, 132–171.

Piatt, J. F. ed. 2002. *Response of seabirds to fluctuations in forage fish density*. EVOS Trustee Council Final Report(Restoration Project 00163M). Minerals Management Service (Alaska Outer Continental Shelf Region) and Alaska Biological Science Center, USGS, Anchorage, AK.

Piatt, J. F. and P. Anderson. 1996. "Response of common murres to the EVOS and long-term changes in the Gulf of Alaska marine ecosystem." *AFSS*, 18: 720–737.

Piatt, J. F., G. Drew, T. van Pelt, A. Abookire, A. Nielsen, M. Shultz and A. Kitaysky. 1999. *Biological effects of the 1997/1998 ENSO event in lower Cook Inlet, AK*. Proceedings of the 1998 symposium on the impacts of the 1997/98 El Niño event on the North Pacific ocean and its marginal seas. North Pacific Marine Science Organization

(PICES) Scientific Report No.10: 82–86.

Piatt, J. F. and R. G. Ford. 1996. "How many seabirds were killed by the EVOS?" *AFSS*, 18: 712–719.

Piatt, J. F. and C. J. Lensink. 1989. "Exxon Valdez bird toll." *Nature*, 342: 865–866, 21/28 December.

Piatt, J. F., C. J. Lensink, W. Butler, M. Kendziorek and D. Nysewander. 1990. "Immediate impact of the EVOS on marine birds." *The Auk*, 107: 387–397.

Piatt, J. F. and D. Roseneau. 1999. "Can murres recover from effects of the EVOS?" *Sisyphus News*, 1999 (1): 1–5.(www.absc.usgs.gov/research/seabird_foragefish/products/)

Piatt, J. F. and T. I. van Pelt. 1997. "Mass-mortality of guillemots (Uria aalge) in the Gulf of Alaska in 1993." *Marine Pollution Bulletin*, 34(8): 656–662.

Picou, S. J. and D. A. Gill. 1997. "Commercial fishers and stress: Psychological impacts of the EVOS." In Picou, Gill and Cohen. 1997, 211–232.

Picou, J. S., D. A. Gill and M. J. Cohen. eds. 1997. *The Exxon Valdez Disaster: Readings on a Modern Social Problem*. Dubuque, Iowa: Kendall/Hunt Publishing Company.

Pirtle, R. B. and M. L. McCurdy. 1977. *PWS general districts 1976 pink and chum salmon aerial and ground escapement surveys and consequent brood year egg deposition and preemergent fry index programs*. ADFG, Division of Commercial Fisheries, Technical Data Report 9, Juneau, AK. In Bue et al. 1996.

Platt, J. 2002. Commercial fisherman, Area E, PWS and the Copper River Delta, AK. Interview by Riki Ott, 22 August.

Postman, D. 1989. "Curtain coming down on Atwood era." *ADN*, 21 November.

Prichard, A. K., D. D. Roby, R. T. Bowyer and L. K. Duffy. 1997. "Pigeon guillemots as a sentinel species: A dose-response experiment with weathered oil in the field." *Chemosphere*, 35: 1531–1548.

Prince, R. C., J. R. Clark and J. E. Lindstrom. 1990. *1990 Bioremediation Monitoring Program*. Water Research Center. Fairbanks, AK: University of Alaska.

Project on Scientific Knowledge and Public Policy. 2003. "Daubert: The most influential supreme court ruling you've never heard of."(www.defendingscience.org/pdf/Daubert Report. pdf)

Prosser, W. L. and W. P. Keaton 1984. *Prosser and Keaton on Torts*. St. Paul, MN: West Publishing Company.

PWS Science Center, Conservation International, Copper River Delta Institute, Ecotrust. 1991. *PWS Copper River North Gulf of Alaska: Ecosystem*. PWSSC, POB 705, Cordova,

AK 99574.

Rachel's Environment and Health Weekly. 1999. "Corporate manipulation of scientific evidence: A tale of two industries, tobacco and pesticides." In King. 1999, 207–211.

Radtke, H., C. M. Dewees and F. J. Smith. 1987. *The fishing industry and Pacific coastal communities: Understanding the assessment of economic impacts*. Pacific Sea Grant College Program, Marine Advisory Program Publication UCSGMAP-87-1.

Rahimtula, A. D., P. J. O'Brien and J. F. Payne. 1984. "Induction of xenobiotic metabolism in rats on exposure to hydrocarbon-based oils." In MacFarland et al. 1984, 71-80.

Rahimtula, A. D., Y. -Z. Lee and J. Silva. 1987. "Induction of epidermal and hepatic ornithine decarboxylase by a Prudhoe Bay crude oil." *Fundamentals of Applied Toxicology*, 8: 408–414.

Rall, D. P. 1989. "Oil spill health effects —letter." *Science*, 246: 564.

Rampton, S. and J. Stauber. 2001. *Trust Us, We're the Experts! How Industry Manipulates Science and Gambles with Your Future*. New York: Jeremy P. Tarcher.

Rappoport, A. G., M. E. Hogan and K. Bayha. 1990. "Development of the release strategy for rehabilitated sea otters." *Sea Otter Symposium*, 90(12): 375–383.

Rea, W. 1992. *Principles and Mechanisms*. Vol. 1 of Chemical Sensitivity. Boca Raton, FL: Lewis Publishers.

Rea, W. J. 1993. Letter to Daniel Stenson; re: Smith's diagnosis and list of chemical sensitivities. 6 January. In Roberts v. Exxon(1999), No.47, attachment.

Rea, W. 1994. *Sources of Total Body Load*. Vol. 2 of Chemical Sensitivity. Boca Raton, FL: Lewis Publishers.

Rea, W. 1995. *Clinical Manifestations of Pollutant Overload*. Vol. 3 of Chemical Sensitivity. Boca Raton, FL: Lewis Publishers.

Rea, W. 1997a. *Tools of Diagnosis and Methods of Treatment*. Vol. 4 of Chemical Sensitivity. Boca Raton, FL: Lewis Publishers.

Rea, W. J. 1997b. "Expert witness report, 24 October." In Roberts v. Exxon(1999), No.62, Exhibit L.(This report was not written by Rea: see Roberts v. Exxon, No.90.)

Rea, W. J. 1998. "Deposition. 30 January." In Roberts v. Exxon(1999), No.62, Exhibit A.

Rea, W. FACS, FAAEM. 2001. Founder, Environmental Health Center–Dallas. Dallas, TX. Interview by Riki Ott, 21 May.

Rebar, A. H., B. E. Ballachy, D. L. Bruden and K. Koelcher. 1994. *Hematological and clinical chemistry of sea otters captured in PWS, AK, following the EVOS*. NRDA Report, Marine Mammal Study 6. USFWS, Anchorage, AK.

Rebar, A. H., T. P. Lipscomb, R. K. Harris and B. E. Ballachey. 1995. "Clinical and clinical laboratory correlates in sea otters dying unexpectedly in rehabilitation centers following the EVOS." *Veterinary Pathology*, 32: 346–350.

Redburn, D. 1988. "Scientific, technical, and regulatory considerations in environmental management." In Shaw and Hameedi. 1988, 375–402.

Reller, Carl. 1993. "Occupational exposures from oil mist during the EVOS cleanup. Abstract." *EVOS Symposium Abstracts*, 313–315.

Reuters Network. 2004. "Exxon to Pay $4. 5 Bln [Billion] for Valdez (sic) spill." *Reuters*, 28 January.

Rice, S. 2001. Habitat Division Program Director, NOAA/NMFS ABL, Juneau, AK. Interview by Riki Ott, 19 January.

Rice, S. D., M. M. Babcock, C. C. Brodersen, M. G. Carls, J. A. Gharrett, S. Korn, A. Moles and J. Short. 1987a. *Lethal and sublethal effects of the water-soluble fraction of Cook Inlet crude oil on Pacific herring (Clupea harengus pallasi) reproduction*. NOAA Tech. Memo. No.NMFS F/NWC-111, NOAA, Juneau, AK. 63 pp.

Rice, S. D., M. M. Babcock, C. C. Brodersen, J. A. Gharrett and S. Korn. 1987b. "Uptake and depuration of aromatic hydrocarbons by reproductively ripe Pacific herring and the subsequent effect of residues on egg hatching and survival." In Vernberg et al. 1987, 139–154.

Rice, S. D., C. C. Brodersen, P. A. Rounds and M. M. Babcock. 1993. "Oiled mussel beds: A lasting effect." *Alaska's Wildlife*, 25(1): 28–29.

Rice, S. D. and T. Collier. 2000. Letter to Bruce Wright; re: Comments on OPA 90 and the PEW Oceans Commission report on North Cape oil spill. NOAA/NMFS ABL, Juneau, AK.

Rice, S. D. and R. Heintz. 2000. *A shifting paradigm for impacts of oil pollution with a bibliography of papers relevant to the paradigm shift*. NOAA/NMFS ABL, Juneau, AK.

Rice, S. D., S. Korn, C. C. Brodersen, S. A. Lindsay and S. A. Andrews. 1981. "Toxicity of ballast-water treatment effluent to marine organisms at Port Valdez, AK." IOSC. 1981, 55–61.

Rice, S. D., A. Moles and J. F. Karinen. 1979. "Sensitivity of 39 Alaska marine species to Cook Inlet crude oil and No. 2 fuel oil." IOSC. 1979, 549–554.

Rice, S. D., A. Moles, J. F. Karinen, S. Korn, M. G. Carls, C. C. Brodersen, J. A. Gharrett and M. M. Babcock. 1984. "Effects of petroleum hydrocarbons on Alaskan aquatic organisms: A comprehensive review of all oil-effects research on Alaskan fish and invertebrates conducted by the Auke Bay Laboratory, 1970–1981." U.S. Department of Commerce, NOAA Technical Memorandum NMFS F/NWC-67. 128pp.

Rice, S. D., A. Moles and J. W. Short. 1975. "The effect of Prudhoe Bay crude oil on survival and growth of eggs, alevins, and fry of pink salmon Oncorhynchys gorbuscha." IOSC, 667-670.

Rice, S. D., J. W. Short and R. Heintz. 2001. "Oil and gas issues in Alaska: Lessons learned about long-term toxicity following the EVOS." Conference Proceedings. *Exploring the Future of Offshore Oil and Gas Development in BC: Lessons from the Atlantic*, Continuing Studies in Science at Simon Fraser University, Burnaby, British Columbia, 91–97.

Rice, S. D., J. W. Short, R. A. Heintz, M. G. Carls and A. Moles. 2000. "Life history consequences of oil pollution in fish natal habitat." In Catania. 2000, 1210–1215.

Rice, S. D., J. W. Short and J. F. Karinen. 1977. "Comparative oil toxicity and comparative animal sensitivity." In Wolfe 1977, 78–94.

Rice, S. D., R. B. Spies, D. A. Wolfe, B. A. Wright. eds. 1996. *Proceedings of the EVOS Symposium*. American Fisheries Society Symposium 18. Bethesda, MD: American Fisheries Society.

Rice, S. D., R. E. Thomas, M. G. Carls, R. A. Heintz, A. C. Wertheimer, M. L. Murphy, J. W. Short and A. Moles. 2001. "Impacts to pink salmon following the EVOS: Persistence, toxicity, sensitivity, and controversy." *Reviews in Fishery Science*, 9(3): 165–211.

Rigg, R. W. 1989. Letter to Cordova District Fishermen United(CDFU). 13 May. CDFU, Cordova, AK.(Also in CFS. 1989 1[29].)

Robards, M. D., J. A. Anthony, G. A. Rose and J. F. Piatt. 1999a. "Changes in proximate composition and somatic energy content for Pacific sand lance (Ammodytes hexapterus) from Kachemak Bay, AK, relative to maturity and season." *Journal of Experimental Marine Biology and Ecology*, 242: 245–258.

Robards, M. D. and J. F. Piatt. 1999. "Biology of the Genus Ammodytes —The Sand Lances." In Robards et al. 1999c, 1–16.

Robards, M. D., J. F. Piatt, A. B. Kettle and A. A. Abookire. 1999b. "Temporal and geographic variation in fish communities of lower Cook Inlet, AK." *Fisheries Bulletin*, 97(4): 962–977.

Robards, M. D., J. F. Piatt and G. A. Rose. 1999. "Maturation, fecundity, and intertidal spawning of Pacific sand lance (Ammodytes hexapterus) in the northern Gulf of

Alaska." *Journal of Fish Biology*, 54: 1050–1068.

Robards, M. D., G. A. Rose and J. F. Piatt. 2002. "Growth and abundance of Pacific sand lance, Ammodytes hexapterus, under differing oceanographic regimes." *Environmental Biology of Fishes*, 64: 429–441.

Robards, M. D., M. F. Wilson, R. H. Armstrong and J. F. Piatt. eds. 1999c. *Sand lance: A review of biology and predator relations and annotated bibliography*. Research Paper PNW-RP-521. Portland, OR, U.S. Department of Agriculture, Forest Service, Pacific Northwest Research Station.(www.fs.fed.us/pnw/pubs. htm)

Robbins, C. 1989. *Overview of cleanup methods and operations*. Paper presented at the Alaskan Oil Spill and Human Health conference, sponsored by NIEHS, NIOSH, University of Washington School of Public Health, US EPA, and the Agency for Toxic Substances and Disease Registry, 28–30 July, Seattle, WA, 2–3.

Scott Roberts v. VECO, Inc. and Eagle Pacific Insurance Company. 1996. AWCB Case No.9034054, AWCB Decision No.96-0029, Decision and order. 19 January.

Scott Roberts, Richard Merrill, Phyllis La Joie and Ron Smith v. Exxon Corp., SeaRiver Maritime, and VECO. A96–040–CV(HRH), US District Court for the District of Alaska(1999).

______. No.1. plaintiff's complaint for damages and demand for jury trial, jurisdiction and venue. 2 February 1996.

______. No.10. HRH Order granting stipulation; re: confidentiality of documents. 30 May 1996.

______. No.18. HRH Order denying VECO's motion to dismiss for laches. 7 August 1996.

______. No.26. Defendants Exxon's and VECO's motion for summary judgment dismissing Roberts' claims on statute of limitation grounds. 25 September 1996.

______. No.37. HRH Judgment that plaintiff's Roberts' claims and complaints are dismissed with prejudice as to all defendants. 16 April 1997.

______. No.47. plaintiff's amended disclosure of expert witnesses. 11 August 1997.

______. No.57. Stipulation for dismissal of plaintiff's Merrill's claims with prejudice. 14 November 1997.

______. No.61. Defendant VECO's motion for summary judgment against plaintiff's Smith. 5 March 1998.

______. No.62. Defendant Exxon's and SeaRiver's motion in limine to exclude expert testimony of Dr. Rea. 5 March 1998.

______. No.63. Defendant Exxon's and SeaRiver's motion in limine to exclude expert testimony of Dr. Ewing. 5 March 1998.

______. No.64. Defendant Exxon's and SeaRiver's motion for summary judgment against plaintiff's La Joie and Smith. 5 March 1998.

______. No.65. Defendant VECO's motion in limine to exclude expert testimony of Dr. Rea. 5 March 1998.

______. No.72. HRH Order granting motion for order extending time for filing opposition to motions of Exxon(No.66). 14 April 1998.

______. No.73, HRH Order granting motion for order extending time for filing opposition to motions of VECO(No.69). 14 April 1998.

______. No.74. plaintiff's opposition to defendants' motion for summary judgment against plaintiff's La Joie and Smith. 21 May 1998.

______. No.76. Defendants Exxon's and SeaRiver's reply to opposition defendants' motions in limine and motions for summary judgment. 3 June 1998.

______. No.78. HRH Judgment granting VECO's motion for entry of final judgment under rule 54(b) against Smith; all claims against VECO dismissed with prejudice and VECO awarded undetermined costs and attorney's fees against Smith. 15 July 1998.

______. No.79. plaintiff's appeal to 9CCA(Ninth Circuit Court of Appeals) to No.#78 fld 07/15/98(98-35844). 18 September 1998.

______. No.83. Certified copy 9CCA mandate; U.S. District Court affirmed(97-35518). 30 September 1998.

______. No.87. Defendant VECO's reply to plaintiff's Smith's opposition to motion in limine of VECO, Inc. to exclude expert testimony of Dr. Rea. 12 November 1998.

______. No.90. HRH Order granting motions in limine of VECO(Docs. 62, 63, 65). 8 February 1999.

______. No.91. HRH Order granting motions for summary judgment against plaintiff's La Joie and Smith(No.64) and granting VECO's motion for summary judgment against Smith(No. 61); plaintiff's complaint is dismissed. 24 February 1999.

______. No.92. HRH Judgment that plaintiff's complaint is dismissed. 24 February 1999.

______. No.94. Defendant VECO's memorandum (bill of costs) in support of motion for attorneys' fees [case background]. 10 March 1999.

______. No.96. Defendant VECO's motion for attorney's fees. 10 March 1999.

______. No.101. Defendant Exxon's application re: Writ of execution as to Ron Smith in the amount of $1,585.18. 26 March 1999.

______. No.103. Defendant Exxon's application re: Writ of execution as to Phyllis La Joie in the amount of $2,926.44. 26 March 1999.

______. Note. Issued: Writ of execution as to Phyllis La Joie to the U.S. Marshal for the District of Alaska. 29 March 1999.

______. Note. Issued: Writ of execution as to Ron Smith to the U.S. Marshal for the District of Alaska. 1 April 1999.

______. No.105. HRH Order granting motion for attorneys' fees in the amount of $57,418.00. 7 April 1999.

______. No.107. Defendant VECO's judgment satisfaction; re: Smith in the amount of $951.36 for costs and $57,418.00 for attorney's fees. 20 April 1999.

Robinson, A. R. and K. H. Brink. eds. 1998. *The Global Coastal Ocean/Regional Studies and Syntheses*. New York: John Wiley & Sons.

Roby, D. D. and A. K. Hovey. 2002. *Pigeon guillemot restoration research at the Alaska Sea Life Center*. EVOS Restoration Project Final Report(Restoration Project 01327). USGS-Oregon Cooperative Fish and Wildlife Research Unit, Department of Fisheries and Wildlife, Oregon State University, Corvallis, OR.

Rodin, M., M. Downs, J. Petterson and J. Russell. 1997. "Community impacts of the EVOS." In Picou, Gill and Cohen. 1997, 193–205.

Rogers, M. L. 1990. *Acorn Days. The Environmental Defense Fund and How it Grew*. New York: Environmental Defense Fund.

Rolseth, V., R. Djurhuus and A. M. Svardal. 2002. "Additive toxicity of limonene and 50% oxygen and the role of glutathione in detoxification in human lung cells." *Toxicology*, 170: 75–88.

Rom, W. N. and V. E. Archer. eds. 1980. *Health Implications of New Energy Technologies*. Ann Arbor, MI: Ann Arbor Science Publishers.

Rooper, C. N. and L. J. Haldorson. 2000. "Consumption of Pacific herring (Clupea pallasi) eggs by greenling (Hexagrammidea) in PWS, AK." *Fisheries Bulletin*, 98: 655–659.

Rosen, Y. 2002. "Exxon Valdez oil still harmful, US studies say." *Planet Ark*, 16 January.

Roseneau, D. G. and G. V. Byrd. 1997. "Using Pacific halibut to sample the availability of forage fishes to seabirds. Abstract." *Forage Fish Proceedings*, 231–241.

Rosenberg, D. H. and M. J. Petrula. 1998. *Status of harlequin ducks in PWS, AK, after the EVOS, 1995–1997*. EVOS Restoration Project Final Report(Restoration Project 97427). ADFG, Division of Wildlife Conservation, Anchorage, AK.

Rotterman, L. M. 1992. "Patterns of genetic variability in sea otters after severe population subdivision and reduction." PhD. diss. Univ. of Minnesota.

Rotterman, L. M. and C. Monnett. 1991. *Mortality of sea otter weanlings in eastern and western PWS, AK, during the winter of 1990-91.* NRDA Report, Marine Mammal Study No.6. USFWS, Anchorage, AK.

Rotterman, L. M. and C. Monnett. 1993. "Health, reproduction and survival of adult, dependent, and weanling sea otters in PWS from October 1989 to December 1991. Abstract." *EVOS Symposium Abstracts*, 296.

Rotterman, L. M. and C. Monnett. 1995. *Mortality of sea otter weanlings in eastern and western PWS, AK, during the winter of 1990-91.* EVOS State/Federal NRDA Final Report, Marine Mammal Study No.6-18. USFWS, Anchorage, AK.

Royer, T. C. 1979. "On the effects of precipitation and runoff on coastal circulation in the Gulf of Alaska." *Journal of Physical Oceanography*, 9: 555-563.

Royer, T. C. 1981a." Baroclinic transport in the Gulf of Alaska: Part I—-Seasonal variations of the Alaska Current." *Journal of Marine Resources*, 39: 239-249.

Royer, T. C. 1981b. "Baroclinic transport in the Gulf of Alaska. Part II —A freshwater driven coastal current." *Journal of Marine Research*, 39: 251-265.

Royer, T. C. 1982. "Coastal freshwater discharge in the Northeast Pacific." *Journal of Geophysical Research*, 87: 2017-2021.

Royer, T. C. 1993. "High-latitude oceanic variability associated with the 18. 6-year nodal tide." *Journal of Geophysical Research*, 98: 4639-4644.

Royer, T. C. 1998. "Coastal processes in the northern North Pacific." In Robinson and Brink. 1998, 395-414.

Royer, T. C. and W. J. Emery. 1987. "Circulation in the Gulf of Alaska, 1981." *Deep Sea Research*, 34: 1361-1377.

Royer, T. C., D. V. Hansen and D. J. Pashinski. 1979. "Coastal flow in the northern Gulf of Alaska as observed by dynamic topography and satellite-tracked, drogued drift-buoys." *Journal of Physical Oceanography*, 9: 785-801.

RurAL CAP. 2002. *Alaska Native fish, wildlife, habitat and environment statewide summit report.* Anchorage, AK.

Sanger, G. A. 1986. *Diets and food-web relationships of seabirds in the Gulf of Alaska and adjacent marine regions.* NOAA OCSEAP(Outer Continental Shelf Environmental Assessment Program) Final Report 45: 631-771.

Saulitis, E. 1993. *The behavior and vocalizations of the at group of transient orcas in PWS, AK.* MS thesis, Institute of Marine Science, University of Alaska, Fairbanks.

Saulitis, E., C. Matkin, L. Barrett-Lennard, K. Heise and G. Ellis. 2000. "Foraging strategies of sympatric killer whale (Orcinus orca) populations in PWS, AK." *Marine Mammal Science*, 16(1): 94–109.

Scheel, D., C. O. Matkin and E. Saulitis. 2001. "Distribution of killer whale pods in PWS, AK 1984–1996." *Marine Mammal Science*, 17(3): 555–569.

Schindler, D. W. 1987. "Detecting ecosystem response to anthropogenic stress." *Canadian Journal of Fisheries and Aquatic Sciences*, 44(Suppl.): 6–25.

Schmidt Etkin, D. 2001. "Analysis of oil spill trends in the United States and worldwide." IOSC. 2001, 1291–1300.

Schneider, K. 1991. "Judge rejects $100 million fine for Exxon in oil spill as too low." *The New York Times*, 25 April.

Seiser, P. E., L. K. Duffy, A. D. McGuire and D. D. Roby. 2000. "Comparison of pigeon guillimot, Cepphus columba, blood parameters from oiled and unoiled areas of Alaska eight years after the EVOS." *Marine Pollution Bulletin*, 40(2): 152–164.

Sharp, B. E. and M. Cody. 1993. "Black oystercatchers in PWS: Oil spill effects on reproduction and behavior. Abstract." *EVOS Symposium Abstracts*, 155–158.

Sharp, B., M. Cody and R. Turner. 1996. "Effects of the EVOS on the black oystercatcher." *AFSS*, 18, 748–758.

Sharp, D., S. Sharr and C. Peckham. 1994. "Homing and straying patterns of coded-wire-tagged pink salmon in PWS." *AK Sea Grant Rep.*, 94-02: 77–82.

Sharr, S. 2001. Principal Research Biologist for Salmon and Steelhead, Idaho Department of Fish and Game, Boise, ID. Interview by Riki Ott, 24 January.

Sharr, S., B. Bue and S. Moffitt. 1989 (sic) [1990a]. "Injury to salmon eggs and pre-emergent fry in PWS." EVOS State/federal NRDA Draft Preliminary Status Report, Fish/Shellfish Study No.2. ADFG, Commercial Fisheries Division, in cooperation with USFS and ADNR, Anchorage, AK.

Sharr, S., B. Bue and S. Moffitt. 1990b. "Injury to salmon eggs and preemergent fry in PWS." EVOS State/federal NRDA Draft Preliminary Status Report, Fish/Shellfish Study No.2. ADFG, Commercial Fisheries Division, in cooperation with USFS and ADNR, Anchorage, AK.

Sharr, S., B. Bue and S. Moffitt. 1991. "Injury to salmon eggs and preemergent fry in PWS." EVOS State/federal NRDA Draft Preliminary Status Report, Fish/Shellfish Study No.2. ADFG, Commercial Fisheries Division, in cooperation with USFS and ADNR. Anchorage, AK.

Shaw, D. G. and M. J. Hameedi. eds. 1988. *Environmental Studies on Port Valdez, Alaska. A Basis for Management*. Lecture Notes on Coastal and Estuarine Studies 24. Berlin: Springer-Verlag.

Sheppard, C. ed. 2000. *Seas at the Millennium: An Environmental Evaluation*. Amsterdam: Pergamon Press.

Shigenaka, G. and C. B. Henry. 1995. "Use of mussels and semipermeable membrane devices to assess bioavailability of residual polynuclear aromatic hydrocarbons three years after the EVOS." *ASTM*, 1219: 239–260.

Short, J. 1998. Chemist, NOAA/NMFS ABL, Juneau, AK. Interview by Riki Ott, 16 June.

Short, J. W. 2002a. Letter to editor. Critic of oil spill study attempts to discredit government science. ADN, 3 February.

Short, J. W. 2002b. "Point counterpoint: Has PWS recovered? Oil remains; appears to be affecting wildlife rebound." *ADN*, 31 January.

Short, J. W. and M. Babcock. 1996. "Prespill and postspill concentrations of hydrocarbons in mussels and sediments in PWS." *AFSS*, 8: 149–166.

Short, J. W. and P. M. Harris. 1996a. "Chemical sampling and analysis of petroleum hydrocarbons in near-surface seawater of PWS after the EVOS." *AFSS*, 18: 29–39.

Short, J. W. and P. M. Harris. 1996b. "Petroleum hydrocarbons in caged mussels deployed in PWS after the EVOS." *AFSS*, 18: 29–39.

Short, J. W. and R. A. Heintz. 1997. "Identification of Exxon Valdez oil in sediments and tissues from PWS and the northwestern Gulf of Alaska based on PAH weathering." *Environmental Science and Technology*, 31: 2375–2384.

Short, J. W. and R. A. Heintz. 1998. "Letter to the editor. Source of polynuclear aromatic hydrocarbons in PWS, AK, USA, subtidal sediments." *Environmental Toxicology and Chemistry*, 17(9): 1651–1652.

Short, J. W. and R. A. Heintz. 2003. "Normal alkanes and the unresolved complex mixture as diagnostic indicators of hydrocarbon source contributions to marine sediments of the northern Gulf of Alaska." Proceedings of the 26th AMOP, 55–168.

Short, J. W. and R. A. Heintz. 1997. "Identification of Exxon Valdez oil in sediments and tissues from PWS and the northwestern Gulf of Alaska based on a PAH weathering model." *Environmental Science and Technology*, 31: 2375–2384.

Short, J. W., K. A. Kvenvolden, P. R. Carlson, F. D. Hostettler, R. J. Rosenbauer and B. A. Wright. 1999. "Natural hydrocarbon background in benthic sediments in PWS, AK: Oil vs coal." *Environmental Science and Technology*, 33: 34–42.

Short, J. W., K. A. Kvenvolden, P. R. Carlson, F. D. Hostettler, R. J. Rosenbauer and B. A. Wright. 2000. "Response to comment; re: The natural hydrocarbon background in benthic sediments of PWS, AK: Oil vs. coal." *Environmental Science and Technology*, 34: 2066–2067.

Short, J. W., M. R. Lindeberg, P. M. Harris, J. M. Maselko, J. J. Pella and S. D. Rice. 2002. "Vertical oil distribution within the intertidal zone 12 years after the EVOS in PWS, AK." Proceedings of the 25th AMOP, 57–72.

Short, J. W., M. R. Lindeberg, P. M. Harris, J. M. Maselko, J. J. Pella and S. D. Rice. 2004. "Estimate of oil persisting on the beaches of PWS 12 years after the EVOS." *Environmental Science and Technology*, 38(1): 19–25.

Shultz, M. 2002. "Black-legged kittiwake biology in lower Cook Inlet." In Piatt. 2002, 86–99.

Shultz, M. and A. Harding. 2002. "Black-legged kittiwake biology in lower Cook Inlet." In Piatt. 2002, 86–99.

Shultz, M. and T. I. van Pelt. 2002. "Biology of other seabird species in lower Cook Inlet." In Piatt. 2002, 122–131.

Sims, G. 1989. "A clot in the heart of the earth. Fighting the lost war of the Valdez (sic) oil spill." *Outside June*, 39–105.

Smith, R. 1996. "Deposition. 3 October." In Roberts v. Exxon(1999), No.62, Exhibit A.

Smith, R. 1997. "Peer review: Reform or revolution?" *BMJ*, 315: 759- 760. Quoted in Rampton and Stauber. 2001, 199.

Smoker, B., P. Crandell and P. Malecha. 2000. *Genetic analysis of development mortality in oiled and unoiled lines of pink salmon*. Final Report Project 40HCNF700235, revised 20 May to NOAA/NMFS ABL, Juneau, AK.

Solomon, C. 1993. "Exxon attacks scientific views of Valdez (sic) spill. Exxon seeks to change beliefs about Valdez (sic) oil spill damage." *WSJ*, 12 April.

Speckman, S. and J. Piatt. 2002. "Hydroacoustic forage fish biomass and distribution in Cook Inlet." In Piatt. 2002, 55–63.

Spence, H. 1989a. "Fertilizer blamed for illnesses." *Homer News*, 24 August.

Spence, H. 1989b. "Seldovians charge workers' health neglected." *Homer News*, 31 August.

Spence, H. 1989c. "Feds ask state inspectors to get tough." *Homer News*, 31 August.

Spence, H. 1990. "Was the spill 38 million gallons?" *Homer News*, 12 April.

Spies, R., M. McCammon and J. Balsinger. 2002. Letter to editor. PWS oil study critic's fraud charge is unfounded. *ADN*, 3 February.

Spies, R. B., S. D. Rice, D. A. Wolfe and B. A. Wright. 1996. "The effect of the EVOS on the Alaskan coastal environment." *AFSS*, 18: 1–16.

Spiess, B. 2001. "Dispersants study casts doubt on effectiveness. OIL: Weapon against spills doesn't handle Slope oil or cold water well, tests say." *ADN*, 23 February.

Spraker, T. R. 1990. "Hazards of releasing rehabilitated animals with emphasis on sea otters and the T/V EVOS." *Sea Otter Symposium*, 90(12): 385–389.

Spraker, T. R., L. F. Lowry and K. J. Frost. 1994. "Gross necropsy and histopathological lesions found in harbor seals." In Loughlin. 1994, 281–311.

Springborn Institute for Bioresearch. 1985. *28-day subchronic dermal toxicity study in rats*. American Petroleum Institute(API), Medical Research Publication 32-32652. Washington, DC.

Springer, A. M. and S. G. Speckman. 1997. "A forage fish is what? Summary of the symposium." *Forage Fish Proceedings*, 773–801.

State of Alaska v. Exxon Corporation and Exxon Shipping. A91- 083-CV(HRH), US District Court for the District of Alaska(1991).

Stauber, J. C. and S. Rampton. 1995. *Toxic Sludge is Good for You. Lies, Damn Lies, and the Public Relations Industry*. Monroe, ME: Common Courage Press.

Steiner, R. and D. Grimes. 1999. Professor and Conservation Specialist for the University of Alaska Marine Advisory Program (Steiner); Cordova fisherman and musician (Grimes). Interview by Riki Ott, March.

Steingraber, S. 1998. *Living Downstream: A Scientist's Personal Investigation of Cancer and the Environment*. New York: Vintage Books.

Steingraber, S. 2001. *Having Faith: An Ecologist's Journey to Motherhood*. Cambridge, MA: Perseus Publishing.

Stekoll, M. S. and L. Deysher. 1996. "Re-colonization and restoration of upper intertidal Fucus gardneri (Fucales, Phaeophyta) following the EVOS." *Hydrobiologia*, 326/327: 311–316.

Stekoll, M. S., L. Deysher, R. C. Highsmith, S. M. Saupe, Z. Guo, W. P. Erickson, L. McDonald and D. Strickland. 1996. "Coastal habitat injury assessment: Intertidal communities and the EVOS." *AFSS*, 18: 177–192.

Stenson, D. 1998. Letter to Exxon. 6 February. In Roberts v. Exxon(1999), No.63, Exhibit L.

Stewart, R. B. 1990. "Testimony of Assistant Attorney General, Land and Natural Resources Division, Department of Justice, Washington, DC." In U.S. Congress House. 1990, 202–206.

Stokesbury, K. D., E., R. J. Foy and B. L. Norcross. 1999. "Spatial and temporal variability in juvenile Pacific herring, Clupea pallasi, growth in PWS, AK." *Environmental Biology of Fishes*, 56: 409–418.

Stokesbury, K. D., E., J. Kirsch, E. D. Brown, G. L. Thomas and B. L. Norcross. 2000. "Spatial distributions of Pacific herring, Clupea pallasi, and walleye pollock, Theragra chalcogramma, in PWS, AK." *Fisheries Bulletin*, 98: 400–409.

Stokesbury, K. D., E., J. Kirsch, E. V. Patrick and B. L. Norcross. 2002. "Natural mortality estimates of juvenile Pacific herring (Clupea pallasi) in PWS, AK." *Canadian Journal of Fisheries and Aquatic Sciences*, 59: 416–423.

Stranahan, S. 2003. "The Valdez Crud. Are crude oil and chemicals to blame for the health problems of workers who cleaned up Exxon's mess?" *Mother Jones*, 3 March.

Stringer, W. J., G. Dean, R. M. Guritz, H. M. Garbeil, J. E. Groves and K. Ahlnaes. 1992. "Detection of petroleum spilled from the T/V Exxon Valdez." *International Journal of Remote Sensing*, 13: 799–824.

Stuart, T. 1989. ADOL letter to Dr. Knut Ringen, Director, Laborers' National Health and Safety Fund, 21 April. In U.S. Congress House. 1989a, 1061–1062.

Stubblefield, Garry and Melissa Stubblefield v. Exxon Shipping Company, Exxon Corporation, VECO, Inc., and Norcon, Inc. 3AN–91–6261 CV(HBS), AK Superior Court, Third Judicial District at Anchorage(1994).

______. No.910919. Discovery Master's order relating to production of confidential materials by all parties. 19 September 1991.

______. No.911030. Defendant Exxon Shipping's answer to plaintiff's requests for production. 30 October 1991.

______. No.920810. Summons to Exxon to file written answer to complaint. 10 August 1992.

______. No.920817. plaintiff's motion in support of second motion to compel. 17 August 1992.

______. No.920903. plaintiff's reply to Exxon's opposition to request for production. 3 September 1992.

______. No.920906. plaintiff's motion to remove from rule 16. 1 designation. 6 September 1992.

______. No.921104. HBS Order compelling production from Exxon. 6 September 1992.

______. No.921231. plaintiff's motion for order requiring production of toxicological information in accordance with court order of 4 November 1992. 31 December 1992.

______. No.930324. Stipulation for protective order protecting confidentiality of medical information. 24 March 1993.

______. No.930526a. Defendant Exxon's motion for protective order for medical information. 26 May 1993.

______. No.930526b. Defendant VECO's motion for protective order for medical information. 26 May 1993.

______. No.930604. plaintiff's opposition to VECO's motion for protective order and motion to rescind VECO stipulation. 4 June 1993.

______. No.930915. Master's report on Exxon's motion for protective order. 15 September 1993.

______. No.930928. Order dismissing plaintiff's punitive damage claims and Melissa Stubblefield's loss of consortium claim. 28 September 1993.

______. No.931005. plaintiff's preliminary witness list. 5 October 1993.

______. No.931015. Order granting protection of medical information. 15 October 1993.

______. No.931018. Master's report; re: defendants' motions for protective order. 18 October 1993.

______. No.941017. plaintiff's opposition to Exxon's motion for protective order. 17 October 1994.

______. No.941219. Order dismissing case with prejudice. 19 December 1994.

Stubblefield, W. A., G. A. Hancock, W. H. Ford, H. H. Prince and R. K. Ringer. 1995. "Evaluation of the toxic properties of naturally weathered Exxon Valdez crude oil to wildlife species." *ASTM STP*, 1219: 665–692.

Stubblefield, W. A., R. H. McKee, R. W. Kapp and J. P. Hinz. 1989. "An evaluation of the acute toxic properties of liquids derived from oil sands." *Journal of Applied Toxicology*, 9: 59–65.

Sturdevant, M. V., A. L. J. Brase and L. B. Hulbert. 2001. "Feeding habits, prey fields, and potential competition of young-of-the-year walleye pollock (Theragra chalcogramma) and Pacific herring (Clupea Pallasi) in PWS, AK, 1994–1995." *Fisheries Bulletin*, 99: 482–501.

Sturdevant, M. V., A. C. Wertheimer and J. L. Lum. 1996. "Diets of juvenile pink and chum salmon in oiled and non-oiled nearshore habitats in PWS, 1989 and 1990." *AFSS*, 18: 578–592.

Sundberg, K, L. Deysher and L. McDonald. 1996. "Intertidal and supratidal site selection using a geographical information system." *AFSS*, 18: 167–176.

Sunshine Makers, Inc. 2002. *MSDS: Simple Green®. Version No.1007.* Sunshine Makers,

Inc., Huntington Harbour, CA.

Surety of Alaska. 1990. Letter to Ed Meggert; re: controversion notice. 19 September. In ADOL·AWCB. 1992a.

Suryan, R. M. and D. B. Irons. 2001. "Colony and population dynamics of black-legged kittiwakes in a heterogeneous environment." *The Auk*, 118(3): 636–649.

Suryan, R. M., D. B. Irons and J. Benson. 2000. "Prey switching and variable foraging strategies of black-legged kittiwakes and the effect on reproductive success." *Condor*, 102: 374–384.

Suryan, R. M. and J. T. Harvey. 1998. "Tracking harbor seals (Phoca vitulina richardsi) to determine dive behavior, foraging activity, and haul-out site use." *Marine Mammal Science*, 14: 361–372.

Suryan, R. M., D. B. Irons, M. Kaufman, J. Benson, P. G. R. Jodice, D. D. Roby and E. D. Brown. 2002. "Short-term fluctuations in forage fish availability and the effect on prey selection and brood-rearing in the black-legged kittiwakes, Rissa tridactyla." *Marine Ecology Progressive Series*, 236: 273–287.

Suuberg, M. J. 1990. "Testimony of Associate Solicitor for Conservation and Wildlife, U.S. DOI." In U.S. Congress House. 1990, 214–221.

Taneda, S., H. Hayashi, A. Sukushima, K. Seki, A. Suzuki, K. Kamata, M. Sakata, S. Yoshino, M. Sagai and Y. Mori. 2002. "Estrogenic and antiestrogenic activities of two types of diesel exhaust particles." *Toxicology*, 180: 153–161.

Tarbell, I. M. 1904. *The History of Standard Oil Company*. 2 vols. New York: Macmillan.

Tarbell, I. M. 1939. *All in the Day's Work: An Autobiography*. New York: Macmillan.

Teal, A. R. 1991. "Shoreline cleanup–reconnaissance, evaluation, and planning following the EVOS." IOSC. 1991, 149–160.

Teitelbaum, D. T. 1994. "Deposition. October 12." In Stubblefield v. Exxon(1994).

Tellus Report ☞ Project on Scientific Knowledge and Public Policy. 2003.

Testa, J. W., D. F. Holleman, R. T. Bowyer and J. B. Faro. 1994. "Estimating populations of marine river otters in Prince William Sound, AK, using radio-tracer implants." *Journal of Mammalogy*, 75: 1021–1032.

The Dallas Morning News. 1992. "Summary: Two Desert Storm veterans with mysterious ailments are suffering from petroleum poisoning, a nationally recognized medical expert said." 2 August.

The Dallas Morning News. 1994. "For investors, a sigh of relief. Exxon stock, prospects rise as uncertainty ends." 19 September.

The Exxon Valdez Case. A89-095-CV(HRH) (Consolidated). (Filed in 1989.)

Thomas, R. E., M. G. Carls, S. D. Rice and L. Shagrun. 1997. "Mixed function oxygenase induction in pre- and post-spawn herring (Clupea pallasi) by petroleum hydrocarbons." *Comparative Biochemistry and Physiology*, 116C(2): 141–147.

Thompson, M. 1993. "Government to study Gulf vet illnesses." *ADN*, 2 November.

Thorne, L . ☞ Weidman, L.

Townsend Environmental. 1994. The promises issue. "Commitments and representations by Alyeska and its owner companies regarding the Trans-Alaska Pipeline System." Prepared for private citizens Chuck Hamel and Dan Lawn. Promises I: www.Alaskaforum.org/rowhist/rt/101rt.pdf and Promises II: www.Alaskaforum.org/rowhist/rt/102rt. pdf

Trust, K., D. Esler, B. R. Woodin and J. J. Stegeman. 2000. "Cytochrome P450-1A induction in sea ducks inhabiting nearshore areas of PWS, AK." *Marine Pollution Bulletin*, 40(5): 397–403.

Tyson, R. 1990. "VECO International: Revenues skyrocket from oil spill cleanup." *Alaska Business Monthly*, October, 53–58.

U.S.A. 1974. Agreement and Grant of Right-of-Way for Trans-Alaska Pipeline between the United States of America and Amerada Hess Corporation, ARCO Pipe Line Company, Exxon Pipeline Company, Mobil Alaska Pipeline Company, Phillips Petroleum Company, Sohio Pipe Line Company, and Union Alaska Pipeline Company. Washington, DC.

U.S.A. v. Exxon Corporation, Exxon Shipping Company, and Exxon Pipeline Company, and the T/V Exxon Valdez. A91-082(HRH), US District Court for the District of Alaska(1991a).

U.S.A. v. Exxon Shipping Company and Exxon Corporation. A90-015-CR(HRH), US District Court for the District of Alaska(1991b).

U.S.A. v. State of Alaska. A91-081-CV(HRH), US District Court for the District of Alaska (1991).

U.S.A., ex rel., W. Findlay Abbott v. Exxon Corporation and Exxon Shipping Company. A96-0041-CV (HRH). US District Court for the District of Alaska(filed in 1996).

U.S. Coast Guard. 1993. *T/V EVOS: Federal On-Scene Coordinator Report*. Washington, DC: USCG, U.S. Department of Transportation.

U.S. Congress House. 1973. Committee on Interior and Insular Affairs. Subcommittee on Public Lands. *Oil and Natural Gas Pipeline Rights-of-Way Hearings*. 93rd Cong., 1st sess., Serial No.93-12. Washington, DC: GPO.

U.S. Congress House. 1989a. Committee on Interior and Insular Affairs. *Investigation of the EVOS, PWS, AK, Part I.* 101st Cong., 1st sess. 5 May, Cordova, AK, and 7–8 May, Valdez, AK. Serial No.101-5. Washington, DC: GPO.

U.S. Congress House. 1989b. Committee on Interior and Insular Affairs. *Investigation of the EVOS, PWS, AK, Part II. Oil Spill Cleanup Research and Technology.* 101st Cong., 1st sess. 18 July, Washington, DC. Serial No.101-5. Washington, DC: GPO.

U.S. Congress House. 1989c. Committee on Interior and Insular Affairs. *Investigation of the EVOS, PWS, AK, Part III. Status of Exxon AK Oil Spill Cleanup.* 101st Cong., 1st sess. 28 July, Washington, DC. Serial No.101-5. Washington, DC: GPO.

U.S. Congress House. 1990. Committee on Interior and Insular Affairs. *Investigation of the EVOS, PWS, AK, Part IV. Books 1 and 2. Oil Spill Cleanup Operation and Damage.* 101st Cong., 2nd sess. 22 March and 24 April. Serial No.101-5. Washington, DC: GPO.

U.S. Congress House. 1991a. Committee on the Budget. *Hearing before the Task Force on Urgent Fiscal Issues.* 102nd Cong., 1st sess. 31 October, Washington, DC. Serial No.4-3. Washington, DC: GPO.

U.S. Congress House. 1991b. Committee on Interior and Insular Affairs. *Oversight Hearings on Alyeska Pipeline Service Company Covert Operation.* 102nd Cong., 1st sess. November 4, 5 and 6. Serial No.102-13. Washington, DC: GPO.

U.S. Congress House. 1992. Committee on Interior and Insular Affairs. *Oversight Hearings on Alyeska Pipeline Service Company Covert Operation. Part I, Session Report and Table of Contents; Part II, Appendix–Exhibits 1–83; Part III, Exhibits 84–200; Part IV, Appendix –Minority Exhibits 1–44.* 102nd Cong., 1st sess., hearings held in Washington, DC, 4–6 November 1991. Serial No.102-13. Washington, DC: GPO.

U.S. Congress Senate. 1969. Committee on Interior and Insular Affairs. *Trans-Alaska Pipeline Hearings on the Status of the Proposed Trans-Alaska Pipeline.* 91st Cong., 1st sess. on 9 September (Part 1) and 16 October (Part 2). Washington, DC: GPO.

U.S. Department of Commerce, NOAA. 1989. *National Status and Trends Program for Marine Environmental Quality, Progress Report.* NOAA Technical Memorandum NOS OMA 49, NOAA, Rockville, MD.

U.S. Department of Health, Education and Welfare. 1977. *Occupational Diseases. A Guide to their Recognition.* Washington, DC: GPO Office. Stock No.017-033-00266-5.

U.S. EPA. 1991. *Technical support document for water quality-based toxics control.* Office of Water Enforcement and Permits, Office of Water Regulations and Standards, Washington, DC. EPA/505/2-90-001, PB91-127415, March.

U.S. EPA. 1992. *Oil tanker waste disposal practices: A review*. Water Division, Water Permits and Compliance Branch, Region 10, Seattle, WA.

U.S. EPA. 2000. 1999 *Persistent, Bioaccumulative and Toxic Pollutants Initiative (PBTI) Report*. Pollution Prevention Information Clearinghouse, Washington, DC.(www.epa.gov/ pbt/accomp99.htm)

U.S. EPA. 2001. Emergency Planning and Community Right-to-Know Act, Section 313. Guidance for reporting toxic chemicals: Polycylic aromatic compounds category. Final. Washington, DC: U.S. EPA. EPA 260-B-01-03. August.(www.epa.gov/ tri/guide_docs/2001/pacs2001.pdf)

U.S. EPA. 2003. Janitorial Products Pollution Prevention Program.(www.westp2net. org/janitorial/tools/haz2.htm)

U.S. EPA. 2004a. Oil Program, National Contingency Plan Product Schedule and Notebook, bioremediation agents, Inipol EAP 22.(www.epa.gov/ceppo/ncp/ inipoleap. htm)

U.S. EPA. 2004b. PBT Chemical List [PAHs listed as 'PACs'or polycyclic aromatic compounds]. TRI [Toxic Release Inventory] category number N590.

U.S. GAO. 1987. Water pollution. EPA controls over ballast water at Trans-Alaska Pipeline marine terminal. Report to U.S. House of Representatives, Committee on Energy and Commerce, Subcommittee on Oversight and Investigations. GAO/ RCED-87-118. Washington, DC. June.

U.S. GAO. 1993. Natural resources restoration: Use of EVOS settlement funds. GAO/ RCED-93-206BR.

U.S. Office of Management and Budget. 1999. Circular A-110.

VanBlaricom, G. R. 1990. "Capture of lightly oiled sea otters for rehabilitation: A review of decisions and issues." *Sea Otter Symposium*, 90(12): 130–136.

Van Kooten, G. W., J. W. Short and J. J. Kolak. 2002. "Low maturity Kulthieth formation coal: A possible source of polycyclic aromatic hydrocarbons in benthic sediment of the northern Gulf of Alaska." *Environmental Forensics*, 3: 227–242.

van Pelt, T. and M. Shultz. 2002. "Common murre biology in lower Cook Inlet." In Piatt. 2002, 71–85.

Van Tamelen, P. G. and M. S. Stekoll. 1996a. "Population response of the brown alga Fucus gardneri and other algae in Herring Bay, PWS, to the EVOS." *AFSS*, 18: 210.

Van Tamelen, P. G. and M. S. Stekoll. 1996b. "The role of barnacles in recruitment and subsequent survival of the brown alga, Fucus gardneri (Silva)." *Journal of Experimental Marine Biology and Ecology*, 208: 227–238.

Van Tamelen, P. G., M. S. Stekoll and L. Deysher. 1997. "Recovery processes of the brown alga Fucus gardneri following the EVOS: Settlement and recruitment." *Marine Ecology Progress Series*, 160: 265–277.

Varanasi, U. 1990. *Survey of subsistence finfish and shellfish for exposure to oil spilled from the Exxon Valdez: The first year.* NOAA, NMFS. Northwest Fisheries Center, Environmental Conservation Division, Seattle. Memo F/NWC 191.

Varanasi, U., T. Hom, D. G. Burrows, C. A. Sloan, L. J. Field, J. E. Stein, K. L. Tilbury, B. B. McCain and S.-L. Chan. 1993. *Survey of Alaskan subsistence fish, marine mammal and invertebrate samples collected 1989–1991 for exposure to oil spilled from the Exxon Valdez.* NOAA Technical Memorandum NMFS-NWFSC. National Technical Info. Services. U.S. Dept. Commerce. 5285 Port Royal Rd., Springfield VA 22161.

Vaughan, S. L., C. N. K. Mooers and S. M. Gay III. 2001. "Physical variability in PWS during the SEA study (1994–1998)." *Fisheries Oceanography*, 10(Suppl. 1): 58–80.

VECO, Inc. 1989. VECO EVOS hazardous waste cleanup training video. VHS. ARLIS, Anchorage, AK.

Vernberg, W. B., A. Calabrese, F. P. Thurberg and F. J. Vernberg. eds. 1987. *Pollution Physiology of Estuarine Organisms.* Columbia, SC: Univ. SC Press.

Waldron, J. K. 2001. "Stratety to cooperate and minimize financial liability." In IOSC. 2001, 835–838.

Wang, J., M. Jin, E. V. Patrick, J. R. Allen, D. L. Eslinger, C. N. K. Mooers and R. T. Cooney. 2001. "Numerical simulations of the seasonal circulation patterns and thermohaline structures of PWS, AK." *Fisheries Oceanography*, 10(Suppl. 1): 131–148.

Ward, G. 1989. "Memorandum to Oil Spill Response Steering Committee." In U.S. Congress House. 1989a, 1135–1140.

Warheit, K. I., C. S. Harrison and G. J. Divoky. 1997. *EVOS seabird restoration workshop.* EVOS Restoration Project Final Report(Restoration Project 95038). Pacific Seabird Group, Seattle, WA.

Watterson, B. 1992. *Calvin and Hobbes.* Distributed by Universal Press Syndicate. 17 May.

Weidman (formerly Thorne), L. 2001. Former cleanup worker, Santa Clarita, CA. Interview by Riki Ott, 12 February.

Weiser, B. 1989. "Toxic waste, court secrets. How the American legal system covers up environmental hazards." *The Washington Post*, 2 April.

Wells, P. G., J. N. Butler and J. Staveley Hughes. eds. 1995. *EVOS: Fate and Effects in Alaskan Waters*. Philadelphia, PA: ASTM.

Wells, K. and C. McCoy. 1989. "Exxon confronted by mutiny in ranks of cleanup workers. Shore crews refuse to spray new chemical on shore. Safety may be concern." *WSJ*, 9 August.

Wertheimer, A. 1998. Fisheries Research Biologist, NOAA/NMFS ABL, Juneau, AK. Interview by Dorothy Shepard, 28 June.

Wertheimer, A. C. and A. Celewycz. 1996. "Abundance and growth of juvenile pink salmon in oiled and non-oiled locations of western PWS after the EVOS." *AFSS*, 18: 518–532.

Wertheimer, A., R. A. Heintz, J. F. Thedinga, J. M. Maselko and S. D. Rice. 2000. "Straying behavior of adult pink salmon (Oncorhynchus gorbuscha) exposed as embryos to weathered Exxon Valdez crude oil." *Transactions of the American Fisheries Society*, 129: 989–1004.

Whitney, D. 1991. "Hot washing oily beaches was mistake. NOAA says marine life 'cooked.'" *ADN*, 10 April.

Wiedmer, M., M. J. Fink, J. J. Stegeman, R. Smolowitz, G. D. Marty and D. E. Hinton. 1996. "Cytochrome P-450 induction and histopathology in pre-emergent pink salmon from oiled spawning sites in PWS." *AFSS*, 18: 509–517.

Wiens, J. A. 1995. "Recovery of seabirds following the EVOS: An overview." *ASTM STP*, 1219: 854–893.

Wiens, J. A. 1996. "Oil, seabirds, and science. The effects of the EVOS." *Bioscience*, 46(8): 587–597.

Wiens, J. A., R. H. Day, S. M. Murphy and K. R. Parker. 2001. "On drawing conclusions nine years after the EVOS." *Condor*, 103: 886–892.

Wiens, J. A., T. O. Crist, R. H. Day, S. M. Murphy and G. D. Hayward. 1996. "Effects of the EVOS on marine bird communities in PWS, AK." *Ecology Applied*, 6: 828–841.

Wiens, J. A. and K. R. Parker. 1995. "Analyzing the effects of accidental environmental impacts: approaches and assumptions." *Ecological Applications*, 5(4): 1069–1083.

Wilkinson, S. L. 1998. "Breather beware? Chemical sensitivity may result from stress, learned behavior, or a new disease process." *Chemical and Engineering News*, 76(38): 57–67.

Willette, M. 1996. "Impacts of the EVOS on the migration, growth, and survival of juvenile pink salmon in PWS." *AFSS*, 18: 533–550.

Willette, T. M. 2001. "Foraging behavior of juvenile pink salmon (Oncorhynchus gorbuscha) and size-dependent predation risk." *Fisheries Oceanography*, 10(Suppl. 1): 110–131.

Willette, T. M., R. T. Cooney, E. V. Patrick, D. M. Mason, G. L. Thomas and D. Scheel. 2001. "Ecological processes influencing mortality of juvenile pink salmon (Oncorhynchus gorbuscha) in PWS, AK." *Fisheries Oceanography*, 10(Suppl. 1): 14–41.

Wilson, J. 1991. "Accident rate for oil spill cleanup not unusual." *Alaska Economic Trends*, September.

Willson, M. F., R. H. Armstrong, M. D. Robards and J. F. Piatt. 1999. "Sand lance as cornerstone prey for predator populations." In Robards et al. 1999c, 17–44.

Wohlforth, C. 1989. "Admiral wants to water-blast oiled beaches. Coast Guard commandant's call to action gets a mixed response." *ADN*, 15 April.

Wohlforth, C. 1990a. "Hot-water spill cleanup kills shore life. Tests show high death toll for organisms on beach and those under water near shore." *ADN*, 17 February.

Wohlforth, C. 1990b. "Spill scientists frustrated. Researchers say spill science impedes knowledge." *ADN*, 4 March.

Wolfe, D. A. ed. 1977. *Fate and Effects of Petroleum Hydrocarbons in Marine Organisms and Ecosystems*. New York: Pergamon Press.

Wolfe, D. A., M. M. Krahn, E. Casillas and S. Sol. 1996. "Toxicity of intertidal and subtidal sediments contaminated by the EVOS." *AFSS*, 18: 121–139.

Wood, M. A. and N. Heaphy. 1991. "Rehabilitation of oiled seabirds and bald eagles following the EVOS." IOSC. 1991, 235–239.

Wright, B. 1999. Executive Director, Conservation Science Institute, Santa Cruz, CA. Interview by Riki Ott, 29 December.

Wright, B. 2003. Executive Director, Conservation Science Institute, Santa Cruz, CA. Interview by Riki Ott, 9 July.

Wright, B. A., J. W. Short, T. J. Weingartner and P. J. Anderson. 2000. "The Gulf of Alaska." In Sheppard. 2000, 373–384.

Wuerth, S. 1993a. "Fishermen blame spill for disaster, plan protest." *Cordova Times*, 19 August.

Wuerth, S. 1993b. "Officials seeking antidote for area's ailing economy." *Cordova Times*, 26 August.

Yergin, D. 1991. *The Prize. The Epic Quest for Oil, Money, and Power*. New York: Simon & Schuster.

Ylitalo, G. M., C. O. Matkin, J. Buzitis, M. M. Krahn, L. L. Jones, T. Rowles and J. E. Stein.

2001. "Influence of life-history parameters on organochlorine concentrations in free-ranging killer whales (Orcinus orca) from PWS, AK." *The Science of the Total Environment*, 281: 183–203.

Zador, S. G. and J. F. Piatt. 1999. "Time-budgets of common murres at a declining and increasing colony in Alaska." *Condor*, 101: 149–152.

Zamzow, K. 2002. *Contaminants in wildlife and people of Saint Lawrence Island, Alaska*. A report of the Alaska Community Action on Toxics, Anchorage, AK.(www.akaction.org)

Zarembo, A. 2003. "Funding studies to suit need." *Los Angles Times*, 3 December.

Zeh, J. E., J. P. Houghton and D. C. Lees. 1981. "Evaluation of existing marine intertidal and shallow subtidal biological data." Prepared by Mathematical Sciences Northwest, Inc., and Dames & Moore for MESA Puget Sound Project, Office of Environmental Engineering and Technology, Office of Research and Development, U.S. EPA. EPA Interagency Agreement No.D6-E693-EN, Seattle, WA.

Zenteno-Savin, T. and M. A. Castellini. 1998. "Plasma angiotensin II, arginine vasopressin and atrial natriuretic peptide in free ranging and captive seals and sea lions." *Comparative Biochemistry and Physiology*, 119C(1): 1–6.

Zenteno-Savin, T., M. A. Castellini, L. D. Rea and B. S. Fadely. 1997. "Plasma haptoglobin levels in threatened Alaskan pinniped populations." *Journal of Wildlife Diseases*, 33(1): 64–71.

Zhou, T. and H. Liu. 2001. "Modeling research of exposure to oil aerosols during oil spills." IOSC. 2001, 413–416.

Zimmerman, S. T., C. S. Gorbics and L. F. Lowry. 1994. "Response activities." In Loughlin. 1994, 23–45.

　2007년 12월 7일, TV를 통해 긴급 뉴스가 흘러나왔다. 삼성중공업의 해상크레인과 홍콩 선적의 유조선 허베이 스피릿 호가 충돌하면서 12,547㎘가량의 원유가 서해안의 태안군 인근 해안에 유출되는 대형 참사가 발생한 것이다. TV에서는 연일 현장의 피해 소식과 기름으로 뒤덮인 검은 바다의 모습이 흘러나왔다. 국민은 대대적인 성금 모금에 나섰고 120만 명이 넘게 '바다 살리기 프로젝트'의 자원 봉사자로 참여했다. 기름 제거 작업은 속도전을 방불케 했다. 흡착제와 헝겊으로 자갈이나 바위에 들러붙은 기름을 일일이 닦아내는 작업도 마다하지 않았다. 그 과정에서 자원봉사자들은 별다른 보호장비도 없이 기름의 독성에 그대로 노출되었다.

　그리고 4년이 흘렀다. 바다는 언제 사고가 있었냐는 듯 푸름을 되찾았고, 사고 당시 해안을 가득 메웠던 사람들도 모두 제자리로 돌아갔다. 이제 허베이 스피릿 호 기름 유출 사건이란 과거의 불행한 기억쯤으로만 남아 있는 것 같다. 과연 그럴까?

　역사는 현재와 미래에 대해 소중한 정보와 교훈을 제공해준다. 이것이 역사를 배워야 하는 까닭이다. 1989년 미국 알래스카 주에서 발생했던 엑손 밸디즈 호 기름 유출 사건은 좋은 본보기이다. 우리는 그 사건으로부터 서해안 기름 유출 사건의 현재와 미래를 읽을 수 있다. 이것이 바로 이 책을 번역하게 된 이유이다. 우리는 이 책을 번역하면서 깜짝 놀랐다. 엑손 밸디즈 호 기름 유출 사건의 가장 큰 교훈은 기름 유출 사건에서 4년은 매우 짧은 시간에 불과하다는 것이기 때문이다. 기름 유출에 따른 인체적·환경적 피해는 이제 막 시작되었을 따름이다. 결코 끝난 것이 아니다!

이 책은 미국의 해양독성학자이자 어부인 리키 오트 박사가 1989년 알래스카에서 발생한 기름 유출 사고의 현장을 직접 발로 뛰며 느낀 문제의식을 바탕으로 관련 재판 기록을 비롯한 방대한 자료를 수집하고, 당시 방제작업에 참여했던 사람들을 인터뷰하고, 그들의 건강과 생태계에 미친 영향을 장기간 추적하면서 얻어내 결과를 충실히 담아낸 장대한 보고서이다. 오트 박사는 이 장대한 보고서에서 기업의 변명과 눈가림에 속지 말고 사운드의 진실에 귀 기울여야 한다고 말한다. 사운드가 말하는 진실이란 유출된 기름이 바다 생태계와 함께 사람들의 건강 그리고 인근 지역의 사회·문화와 경제 모든 것을 송두리째 빼앗아갔다는 것이다.

1989년 3월 24일 자정을 조금 지난 시각, 알래스카의 청정지역 프린스윌리엄사운드(Prince William Sound, PWS)에서 역대 최악의 기름 유출 사고로 기록된 엑손 밸디즈 호 기름 유출 사고가 발생했다. 엑손 사의 유조선이 PWS의 블라이 암초와 충돌하면서 좌초되었고, 기름 탱크에서 흘러나온 엄청난 양의 기름이 알래스카 연안을 온통 뒤덮었다. 그 당시 얼마나 많은 양의 기름이 바다로 흘러들었는지는 지금도 논란이 되고 있다. 엑손 사에서는 약 1,100만 갤런(41,635㎘)이라고 주장하지만, 오트 박사는 여러 자료를 종합해 약 3,800만 갤런(143,839㎘)으로 추정하고 있다. 기름은 사고 지역에서 1,200마일 정도 떨어진 곳까지 퍼져나가면서 바다와 해안을 오염시켰다. 바다수달, 바다표범, 범고래를 비롯해 수천 마리의 해양 포유류와 수십만 마리의 해양 조류가 검은 기름을 뒤집어 쓴 채 죽어갔고 수백만 마리의 연어, 청어, 홍합 양식장, 해초 숲이 사라졌다. 상상을 초월한 천문학적 피해가 발생한 것이다.

또한 방제작업을 진행하면서 기름 유출에 따른 피해가 걷잡을 수 없이 커져갔다. 작업자들은 제대로 된 보호장비도 갖추지 못한 채 방제작업에 참여했다. 그들은 고온·고압 세척 과정에서 발생한 석유 증기를 통해 2-부톡시에탄올, 다환방향족탄화수소(PAHs), 에어로졸 등의 유해물질에 노출되었고 코렉시트, 이니폴, 심플그린 등의 화학 세척제를 사용하면서 화학 독성에 노출되었다. 그 결과 차츰 시간이 지나면서 많은 방제작업자들이 호흡기 계통, 소화기 계통, 중추신경 계통에 이상을 호소했다. 생태계 또한 고온·고압 세척 때문에 오히려 인위적인 방제작업을 하지 않은 지역보다 훨씬 더딘 회복을 보였다. 풍부한 연어와 청어 어장을 자랑하던 사운드 해역에서 연어와 청어가 사라지자 어업이 떠받치고 있던 지역 경제는 고사 상태가 되었다. 더욱이 겉보기에는 기름이 사라졌지만, 풍화된 기름이 해변 깊숙이 파묻힌 채 10년이 넘도록 독성을 내뿜으며 인근 해양 조류의 먹잇감을 오염시켜 장기간 지속적으로 생태계를 파괴시켰다.

서해안 기름 유출 사고가 발생한 지 벌써(?) 4년이 지났다. 우리 대부분에게 이 사건은 과거에 지나간 불운한 사고로, 그렇지만 국민의 자발적이고 신속한 대응으로 잘 '처리된' 사건으로 기억되고 있다. 그러나 이 책은 우리의 기억이 허구일 수 있음을 보여준다. 즉, 서해안 기름 유출 사고는 겉으로 잘 마무리된 것처럼 보이지만, 청소작업에 참여했던 자원봉사자들과 생태계에 미치는 영향까지 잘 '처리'되었다고 장담할 수 있을지 의문이다. 현재에도 지역 주민의 경제적 피해는 물론 건강상의 피해에 대한 호소가 계속되고 있다. 보상 문제도 제대로 진척되지 않고 있다. 이런 사실은 지난 4년이 '벌써'가 아니라 '아직'이라는 점을 우리에게 일깨워준다. 우리의 관심에서 멀어졌을 뿐 서해안 기름 유출 사고는 현재진행형인 것이다.

이 책을 번역하는 동안 우연치 않은 기회에 태안에서 환경운동을 하시는 분을 만나서 경험담을 들은 적이 있다. 기름 유출 사고가 났을 때 그분은 방제에 매우 적극적으로 나섰다. 그런데 최근 들어 자꾸 몸에 힘이 없고 아파서 병원에 갔지만 아무 이상이 없다는 진단을 받았다는 것이다. 그러자 그 자리에 있던 자원봉사자로 참여했던 다른 분도 요즘 들어 자꾸 의욕이 없고 몸에서 힘이 빠져 힘들다는 이야기를 하셨다. 두 분은 서해안 기름 유출 사고 때 방제작업에 참여했다는 공통점을 지니고 있었다. 이 책은 놀랍게도 두 분의 증상과 너무도 흡사한 다양한 사례를 너무도 생생하게 전하고 있다. 두 분의 건강상 문제가 우연일 수도 있지만, 엑손 밸디즈 호 기름 유출 사고의 경험에 비춰볼 때 간단히 우연으로 치부해서는 안 될 것 같다. 방제작업에 참여했던 대상자들과 지역 주민을 중심으로 종합적인 역학조사가 필요한 이유이다.

이 책은 여러모로 타산지석의 중요성을 일깨워준다. 서해안 기름 유출 사고가 발생하기 전에 이 책이 번역되었다면, 돌격대식의 방제작업이 아니라 작업자의 건강과 생태계의 피해를 충분히 고려하는 데 한몫했을 것이란 점에서 아쉬움이 크다. 하지만 지금이라도 과거의 잘못으로부터 배우고, 미래를 준비하는 데 적지 않은 도움을 줄 것이라 믿어 의심치 않는다. 또한 이 책은 보건의료, 환경, 사회·경제적 피해 등에 관한 장기적이고 종합적인 연구와 함께 향후 유사 사고에 대비할 수 있는 체계적인 정책 수립의 단초를 제공해줄 수 있을 것이다.

마지막으로 예상보다 길어진 번역을 끝까지 기다려주고 힘을 북돋아준 소나무출판사 식구들에게 감사의 말을 전한다.

2011년 10월

강윤재·조아라

옮긴이

강윤재   서울대학교 화학과를 졸업하고, 고려대학교 대학원 과학기술학협동과정
         에서 과학사회학 박사학위를 받았다. 현재 가톨릭대학교 연구교수로 있다.
         저서로는 『세계를 바꾼 과학 논쟁』, 『과학 시간에 사회 공부하기』(공저)가
         있고, 역서로는 『사이언스』, 『과학토크쇼』, 『H_2O: 물의 전기』 등이 있다.

조아라   이화여자대학교 화학과를 졸업하고, 고려대학교 과학기술학협동과정에
         서 과학기술사회학으로 석사를 졸업했다. 현재 동 대학원에서 박사를 수
         료하고 박사학위 논문을 준비 중이다. 고려대, 동덕여대, 서강대에서 과학
         기술학을 강의하고 있으며, 시민과학센터 ≪시민과학≫ 편집위원으로 활
         동 중이다. 저서로는 『과학이 나를 부른다』(공저)가 있다.